JN045884

Make: Electronics

第2版

作ってわかる電気と電子回路の基礎

Charles Platt 著
鴨澤 眞夫 訳

本書で使用するシステム名、製品名は、それぞれ各社の商標、または登録商標です。
なお、本文中では、™、®、©マークは省略しています。

© 2020 O'Reilly Japan, Inc. Authorized translation of the English edition.
© 2015 Charles Platt. This translation is published and sold by permission of Make Community LLC.
the owner of all rights to publish and sell the same.

本書は、株式会社オライリー・ジャパンがMake Community LLC.との許諾に基づき翻訳したものです。
日本語版の権利は株式会社オライリー・ジャパンが保有します。
日本語版の内容について、株式会社オライリー・ジャパンは最大限の努力をもって正確を期していますが、
本書の内容に基づく運用結果については、責任を負いかねますので、ご了承ください。

Make: Electronics

SECOND EDITION

—

Charles Platt

献辞

この第2版に多くのアイデアや提案をくれた、『Make: Electronics』第1版の読者たちに捧げる。特に、Jeremy Frank、Russ Sprouse、Darral Teeples、Andrew Shaw、Brian Good、Behram Patel、Brian Smith、Gary White、Tom Malone、Joe Everhart、Don Girvin、Marshall Magee、Albert Qin、Vida John、Mark Jones、Chris Silva、and Warren Smithに。この人たちの一部は、文の誤りを正すべくボランティアでレビューまでしてくれた。読者からのフィードバックというものは常に素晴らしいリソースである。

謝辞

私は学校の友達とともにエレクトロニクスを発見した。われわれはナードという言葉がまだ存在しない時代のナードだった。Patrick Fagg、Hugh Levinson、Graham Rogers、そしてJohn Wittyが、可能性のいくらかを見せてくれたのだ。

モノを作るという習慣に私を引き戻したのはMark Frauenfelderである。Gareth Branwynが『Make: Electronics』を推し進め、Brian Jepsonは続編と、この新版を可能にしてくれた。彼ら3人は私の知るベスト編集者たちであり、私の大好きな人物の3人でもある。これほど幸運な筆者はめったにいないものだ。

Dale Doughertyにも感謝する。彼は私が想像すらしなかった非常に重要になることを始めたうえで、私の参加を歓迎してくれた。

Russ SprouseとAnthony Golinが回路の製作とテストをおこなった。技術的ファクトチェックはPhilipp Marek、Fredrik Jansson、およびSteve Conklinにやっていただいた。本書に誤りが残っていたとしても、彼らを責めてはならない。私がエラーを出す方が、誰かがそれを見つけるよりも、はるかに簡単なのである。

目次

まえがき：この本の楽しみ方

Preface: How to Have Fun with This Book

すべての人がエレクトロニクス機器を使っている。しかしその中で起きていることを本当に知っている人は、ごく少ない。

そんなことを知っている必要はないと思うことは可能だ。内燃機関の内部動作を理解せずともクルマが運転できるのに、なぜ電子工学を学ぶ必要があるのか。

私が考える理由は3つある：

- テクノロジーの仕組みを知れば、周囲の世界をもっとうまくコントロールできる。コントロールされる代わりに。問題が起きたときは解決できる。イライラさせられる代わりに。
- エレクトロニクスを学ぶことは楽しくなりうる——正しい道筋でアプローチすれば。また、これは非常に割のよい投資でもある。
- エレクトロニクスの知識は、雇われる者としてのあなたの価値を高め、まったく別のキャリアに移ることすら可能にしてくれるかもしれない。

発見による学習

ほとんどの入門ガイドは、定義と理論を使ってなんらかの基本概念を解説するところから始まっている。回路は説明したことをやって見せるために置かれるのだ。

学校での科学教育もしばしばこうした計画に従って行われる。これは説明による学習だと思う。

本書では別のやり方を採る。いきなり部品を組み上げてほしいのだ。何を期待すべきかすら知らなくてもよい。何が起きるか見ることにより、どんな仕組みか考えるのだ。これが発見による学習である。こちらの方がより楽しく、より興味深く、より記憶に残ると私は信じている。

探索ベースで行動すれば、ミスを犯すリスクがある。しかし私はミスが悪いこととは思わない。ミスはかけがえのない学習手段だからだ。ぜひ焼き切ったり、ぶち壊しにしたりしてほしい。あなたが使っていく部品たちの振る舞いや限界を自分自身で見るためである。本書を通して扱う電圧はごく低く、部品を壊すことはあっても、あなたを壊すことはない。

「発見による学習」の鍵は、自分で手を下さねばならない、である。あなたはただ読むだけでも本書からいくらかの価値を引き出すことができるであろうが、実験を自分で実行すれば、はるかに価値ある体験を謳歌できる。

さいわいながら、必要なツールや部品は高価ではない。ホビー・エレクトロニクスの費用はレース編みと比べてもたいして高くないし、作業場も必要ない。すべては机でできるのだ。

難しいの？

私は読者に予備知識がないことを前提としている。このため、最初の方の実験は非常に単純で、ブレッドボードもハンダごても使わない。

概念も理解しにくいものとは考えていない。もちろん、正式にエレクトロニクスを学んで自分で回路設計ができるところまで行きたい、というのであれば、それはチャレンジングなものになるかもしれない。しかし本書では、理論は最小限に、数学も加減乗除の範囲に留めるようにした。小数点を動かす操作ができれば役に立つと思うはずだ（が、それすら必須ではない）。

本書の構成

入門書が提供できる情報は2種類ある：チュートリアルとリファレンス（個別指導と参照情報）だ。私は両方の手法でやることにした。

以下の見出しがついたセクションはチュートリアルである：

- 実験
- 必要なもの
- 注意

「実験」は本書の心臓部だ。これは順を追って配置されており、つまり最初で得た知識を、続くプロジェクトで応用することができるようになっている。実験は順番にやっていき、飛ばすのは最小限にすることをお勧めする。

リファレンス・セクションには次のような見出しがつけてある：

- 基礎
- 理論
- 背景

リファレンス部は重要だと考えている（でなければわざわざ入れない）が、せっかちな人はアトランダムに読み込んだり、飛ばして後で見るのでも構わない。

動作しないとき

ふつう、動作する回路を組む方法は1通りだけなのに対し、動かないようになるミスをする方法は何百通りもある。つまり、オッズはあなたに不利にできているわけだが、これは本気で慎重に、きちんとしたやり方で進めることで覆せる。

部品が鎮座してるだけで何もしないことがどれほどフラストレーションのたまるものかは、よく知っている。しかし回路が動かないときは、お勧めの障害追跡手順を示すので、ぜひここから始めてほしい（66ページ「基礎：障害追跡」参照）。私は問題に突き当たった読者からのメールにはできる限り答えるようにしているが、まずあなたが問題解決に挑戦するのが筋である。

作者－読者コミュニケーション

あなたと私の相互コミュニケーションが望ましいという状況は3つある：

- プロジェクトをうまく完成させられなくなるようなミスが本書に見つかれば、私はあなたに知らせたくなるだろう。同様に、本書に付随して販売されるパーツキットに瑕疵があった場合にもお知らせしたい。これは私からあなたに知らせる形のフィードバックだ。
- 本書、あるいはキットのパーツにエラーがあるのを見つけたら、知らせてくれるのが望ましい。これはあなたから私に知らせる形のフィードバックだ。
- なにかを動作させるのに困難を生じたが、それが私のミスなのかあなたのミスなのかわからないとする。あなたは何らかの助けが欲しいかもしれない。これはあなたが私に依頼する形のフィードバックだ。そうした状況での個別対処法も説明しよう。

私があなたに知らせる

過去に『Make: More Electronics』（オライリー・ジャパンから2020年刊行予定）などですでに私のところに登録されている方は、本書について再度の登録は必要ない。まだ登録されていない方に向け、以下にその機能を書いておく。

あなたの連絡先を持ってないと、本書やパーツキットにエラーがあったときお知らせすることはできない。ゆえにメールアドレスをお知らせいただけるようお願いする。目的は以下であり、あなたのメールアドレスが他のいかなる用途にも濫用されることはない。

- 本書またはその続編である『Make: More Electronics』について、明らかな誤りが発見された場合には、あなたにそれについてお知らせし、対策を提供する。
- 本書や『Make: More Electronics』と併売される部品キットについて、誤りや問題があれば、あなたにお知らせする。
- 本書や『Make: More Electronics』、または他の書籍について、新版を出版したときは、あなたにお知らせする。これらのお知らせは非常に稀なものとなるはずだ。

これまでの登録カードはすべて見ている（これは抽選へのエントリーを保証するものでもある）。ここではもっとよい取引を提供しようと思う。メールアドレス（上記の三つの目的にのみ使用される）を登録してくれた方には、未出版のエレクトロニクスプロジェクトを、完全な製作図の入った2ページのPDFの形でお送りする。楽しく、ユニークで、比較的簡単なものにする予定だ。これは他の方法では手に入らないものとなる。

登録への参加を推進する理由は、もし誤りが見つかり、しかもそれをあなたにお知らせする方法が存在せず、さらにあなたがそれを自分で発見した場合、あなたがイライラするかもしれないからである。これは私および私の仕事に対する評判に悪いことになるだろう。あなたが不満を抱えているという状況を避けることに、私は多大な関心があるのだ。

- make.electronics@gmail.comに空メールを送るだけである。件名に「REGISTER」と入れてください。

あなたが私に知らせる

見つけた誤りを知らせたいだけという場合、出版社の正誤表システムを使う方がずっとよいだろう。出版社は正誤情報を、本書の更新時の修正に利用しているからだ。

誤りを見つけたのが確かな場合、ぜひ以下のサイトに来てください：

http://shop.oreilly.com/category/customer-service/faq-errata.do

このウェブページには正誤情報の登録方法が書いてある（英文）。

あなたが私に依頼する

私の時間は明らかに有限だが、動作しないプロジェクトの写真を添付していただければ、アドバイスができると思う。写真は必須である。

この目的にもmake.electronics@gmail.comが利用できる。件名に「HELP」の語を入れてほしい。

公開された場で

本書について話したり問題に触れたりすることができるオンラインフォーラムは何ダースも存在するが、どうかあなたが読者として持っているパワーを意識し、それを適切に使用していただきたい。1つのネガティブなレビューは、あなたが認識してるより大きな効果をもたらすことがあるのだ。それは半ダースものポジティブなレビューに勝ることがある。

私がもらう反応はおおむねポジティブなものだが、部品がオンラインで見つからないなどの小さな問題に悩まされているケースも見られる。こうした人が私に聞いてくれて、助けられれば嬉しいこと。

私は月に1度程度Amazonのレビューを読んでいるし、必要なときはいつでも返事を書いている。

当然だが、私が本書を書いたやり方が気に入らないのであれば、遠慮なくそのように言えばよい。

もっと遠くに

本書をすべてやり終えたとき、あなたはエレクトロニクスの基本原則の多くを掴んでいるはずだ。もっと多くのことを知りたい方に、私としては自著の『Make: More Electronics』が理想のネクストステップだ、と言いたいところである。これはもうちょっとだけ難しいが、本書と同じ「発見による学習」法を使った本である。私の意図は、あなたがエレクトロニクスの「中級」知識（私が思うところの）を習得するところにある。

私には「上級」のガイドを書くだけの資格がなく、ゆえにたとえば『Make: Even More Electronics』などという書名で第三の本を書くつもりはない。

エレクトロニクスの理論をもっと知りたいのであれば、私が以前からもっともよく、お勧めしている、Paul Scherzの『Practical Electronics for Inventors』（未邦訳）という本がある。これを有用だと思うには発明家でなければ、などということはまったくない。

第2版で変わったこと

改版にあたり、初版の文章はすべて書き直し、写真と回路図もほとんど入れ替えている。シングルバスのブレッドボードを(『Make: More Electronics』同様に)全体で使用して、配線ミスのリスクを軽減した。この変更により回路の組み直しを余儀なくされたのだが、やった価値はあったと思っている。ブレッドボード回路では、部品配置を示すのに図を使用するようにして写真をやめた。図の方がクリアだと思うのだ。ブレッドボードの内部結線図は上記の改定にともない書き直した。工具と消耗品には新しい写真を加えた。小型のアイテムについては、大きさを示すため方眼を背景にするようにした。可能な場合は安価な部品に置き換えることもした。また、購入が必要な部品の範囲も絞っている。

3つの実験は根本的に改訂している:

- 「ナイス・ダイス」プロジェクトは初版ではLSシリーズの74xxチップを使っていたが、74HCxxチップを使い、本書の他の部分および現代の利用状況に合わせた。
- ユニジャンクション・トランジスタを使用していたプロジェクトは2本のバイポーラトランジスタを使った無安定マルチバイブレータ回路に入れ替えた。
- マイクロコントローラを扱った部分では、メイカーコミュニティでArduinoがもっとも人気のあるものとなったことを反映した。

このほか、多くの読者から有用と思われなかった、ABSプラスチックを使った工作をともなう2つのプロジェクトを割愛した。

全ページのレイアウトをハンドヘルド機器にかんたんに合わせられるように変更した。組版はプレーンテキストのマークアップ言語で制御されているので、将来の改定は容易で素早くできるようになった。我々は本書が長きに渡り有用で価値あるものとして留まり続けることを望んでいる。

連絡方法

本書にまつわるコメントや質問は出版社宛てにお送りください:

株式会社オライリー・ジャパン
japan@oreilly.co.jp

「Make:」は自宅の裏庭や地下室やガレージで魅惑のプロジェクトに乗り出す多才な人々により成長中のコミュニティを、結びつけ、刺激し、情報を伝え、楽しませます。「Make:」はあらゆるテクノロジーを思うがままにいじり倒し、ハックし、ねじ曲げるあなたの権利を祝福します。「Make:」のオーディエンスは成長するカルチャーとコミュニティであり続け、それが我々自身を、我々の環境を、我々の教育システムを ―我々の世界全部を、改善すると信じています。これは単なるオーディエンスをはるかに超えた、「Make:」が導く世界規模のムーブメントです――我々はこれを、メイカームーブメントと呼んでいます。

「Make:」の詳細はオンラインで:

- Make: magazine:http://makezine.com/magazine/
- Maker Faire:http://makerfaire.com/
- Makezine.com:http://makezine.com/
- Maker Shed:http://makershed.com/
- Make: Japan:https://makezine.jp/

本書のウェブページには、正誤表、その他の追加情報を掲載しています。http://bit.ly/make_elect_2e(英語)、https://www.oreilly.co.jp/books/9784873118970/(日本語)でアクセス可能です。

本書へのコメントや技術的な質問は、bookquestions@oreilly.com(英語)、japan@oreilly.co.jp(日本語)にお寄せください。

基本

The Basics

1

本書の1章には実験1〜5が含まれている。

実験1では電気の味見をしてもらう──文字通りの意味で！　ワイヤと部品の中だけでなく、あなたの周りの世界の中で、電流を体験し、電気抵抗の性質を見出すのである。

実験2〜5では、電気の「圧力」と「流れ」の測り方を実践して理解する。最後は日用品を使った電気の作り方までやっていただこう。

エレクトロニクスの知識をすでにいくらか持っている方も、これらの実験は飛ばさずに、やってみておくことをお勧めする。楽しい上に、基本的な概念が確認できるからである。

1章で必要なもの

本書では章の冒頭に、必要なツール、機器、部品、消耗品の写真と解説をおく。ひと通り理解したら、巻末のクイックリファレンスで、買えるところが調べられるようになっている。

- ツールや機器については315ページ「ツールと機器の購入」を参照。
- 部品については306ページ「部品」を参照。
- 消耗品については305ページ「消耗品」を参照。
- 部品をセットで購入したい場合はキットも販売されている。詳しくは299ページ「キット」を参照していただきたい。

ツールと機器という分類は、何らかの役に立つもの、を指す。プライヤーからマルチメータまで、いろいろなものがここに入る。消耗品とは、ワイヤやハンダのように、さまざまなプロジェクトで、だんだん消費されるものである。推奨した量を購入すれば本書のすべての実験をまかなえるようにした。部品とは、個々のプロジェクト中でリストアップする、プロジェクトの一部として使われるものである。

マルチメータ

図1-1　この種のアナログテスターでは不十分である。デジタルマルチメータが必要だ。

ここではツールと機器の話をするが、マルチメータ（多機能テスター）から始めることにする。これは、もっとも必要不可欠の機器であると考えているからだ。この機器は、回路中の任意の2か所の間にどれだけの電圧が存在しているか、あるいは、回路にどれだけの電流が流れているか、といったことを教えてくれる。配線の間違いを見つけるのに役立ち、また部品の抵抗値や静電容量——どれだけの電荷を蓄えられるか——を計測することができる。

知識があまりない、あるいはまったくない人には、こうした用語は理解しがたいとか、マルチメータは複雑で使い方が難しそうだとか、感じられるかもしれない。しかしそれは違う。見えないものを明らかにしてくれる、学習プロセスを楽にしてくれる道具なのである。

どのマルチメータを買えばいいかより先に、どういうものを買ってはならないか、を言っておこう。計器の中を針が動く、図1-1に示したような古風なマルチメータは、買ってはいけない。これはアナログメータ（アナログテスター）である。

入手すべきは、値が数字で表示されるデジタルマルチメータである。どんなものだかわかるように、4台ほど適当に選んでみた。

図1-2は、私が見つけた中で一番安いデジタルマルチメータで、小説のペーパーバックや、6缶パックのコーラより安い。非常に大きな抵抗値や、非常に小さい電圧は測れず、正確性に乏しく、静電容量はまったく測れない。とはいうものの、予算が本当に限られているのであれば、本書の実験をすべてこなすだけのことはできるはずだ。

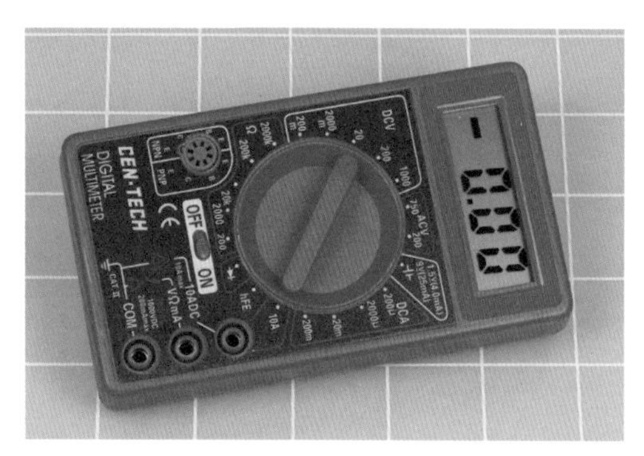

図1-2　私が見つけた最安のマルチメータ。

図1-3のマルチメータは、より正確性が高いうえに、多機能だ。このマルチメータや類似品は、エレクトロニクスの学習向けに、基本としてよい選択肢だ。

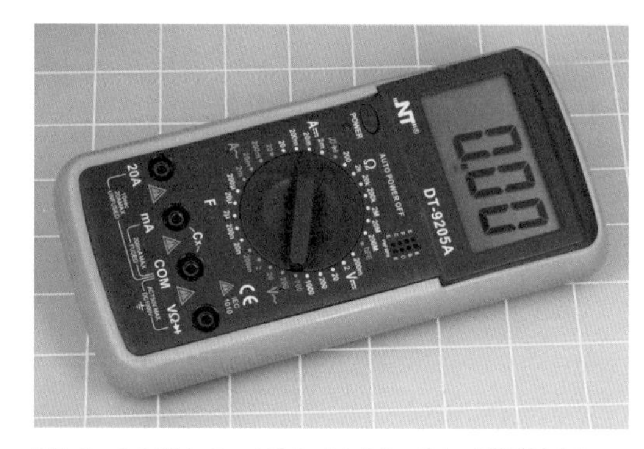

図1-3　このくらいのマルチメータならよい基本の選択肢となる。

図1-4のマルチメータは、もう少しだけ高価だが、ずっとよい作りとなっている。写真のモデルは販売終了品だが、類似のものは数多く存在し、価格は図1-3のNT製の2〜3倍程度である。Extechはしっかりした会社で、他社の値下げ攻勢に立ち向かい、自分の基準を保とうとし続けている。

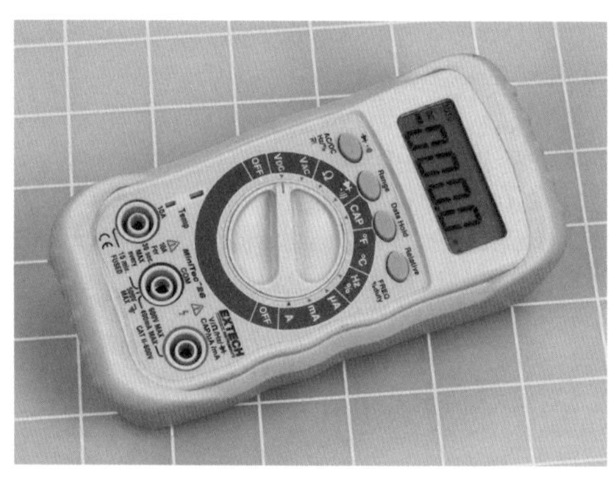

図1-4　少し高いがよい作りのマルチメータ。

図1-5は著者が執筆時点で愛用中のマルチメータだ。物理的に頑丈で、私が望める限りの機能を持ち、きわめて高い正確性で広範囲の値が計測できる。ただし最安のメータのバーゲン価格に比べれば、20倍も高い。私はこれを長期投資と捉えている。

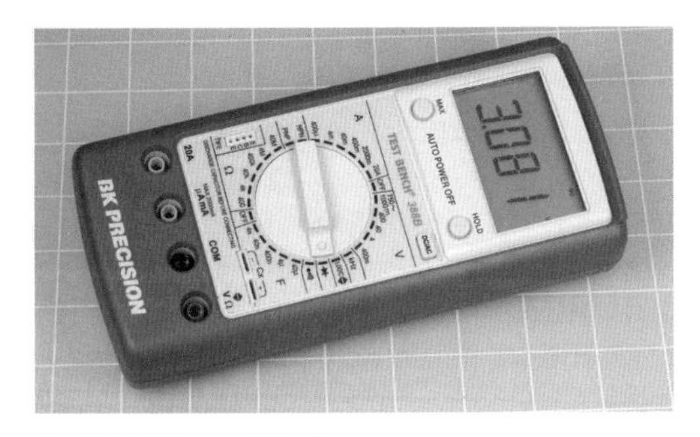

図1-5　高品質のマルチメータ。

どれを買うべきか、どうやって決めたらよいのだろう。たとえば、運転のしかたを学ぶ際に、高価なクルマは必要ないだろう。同様に、エレクトロニクスの学習に、高価なマルチメータは必要ない。一方で、最安のマルチメータには欠点があるかもしれない。たとえば内部のヒューズの交換が難しかったり、ロータリースイッチの接点が、あっという間に悪くなったりするかもしれない。だからここでは、安くても許容できるものについての、私の経験則を書いておくことにしよう：

- eBayで見つけられる限り一番安いモデルを探し、その2倍の価格をガイドラインとする。

いくらのものを買うにしても、以下の能力や特性が重要である。

計測範囲

どれだけ多様な対象を測れるにしても、計測範囲を狭められるようになっている必要はある。マニュアルでレンジが選択できる、つまりダイヤルを回して欲しい値の範囲が選べるマルチメータもある。レンジとは、たとえば2〜20ボルトといった、範囲のことである。

マニュアル式でないものは、オートレンジになっている。これは単にプローブを当てて待っているだけで計測してくれるという、より便利なものだ。ただしここでのキーワードは「待っているだけで」である。オートレンジのマルチメータを使う計測とは、それが内部評価を実行する数秒間を待つことにほかならない。私はせっかちなので、マニュアルメータの方が好きである。

オートレンジのもう1つの問題は、レンジを自分で選んでいないので、マルチメータがどのような単位を選択したか知るために、ディスプレイ上の小さな表示に注意を払う必要があることだ。たとえば、電気抵抗計測時の「k」と「M」の違いは1,000倍もある。これにより私は以下をお勧めする：

- あなたの最初の冒険には、マニュアルレンジのマルチメータを使った方がよい。間違う可能性が低くなるうえ、わずかに安いはずだ。

オートレンジかマニュアルレンジかはベンダーの説明にあるはずだが、ない場合にはセレクタダイヤルの写真を見ればわかるだろう。ダイヤルの周囲に数字がなければ、それはオートレンジのマルチメータである。図1-4のマルチメータはオートレンジだ。ほかはすべてマニュアルレンジである。

計測値

ダイヤルを見ると、どういったタイプの計測が可能であるかもわかる。絶対的な最低限として欲しいもの：

ボルト、アンペア、オーム——これらはV、A、Ω（ギリシャ文字のオメガ。図1-6参照）で示されることが多い。これらがどのような意味を持つかは、今すぐには知らなくていいが、とにかくこれらは根底をなすものである。

ミリアンペア（mA）やミリボルト（mV）も、計測できるのが当然である。こちらはダイヤルからはすぐにはわからないかもしれないが、仕様には列記されているものである。

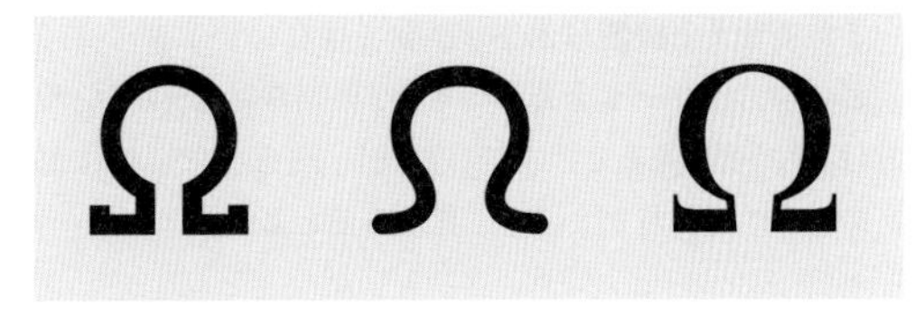

図1-6　電気抵抗を表現するギリシャ文字オメガの3つの例。

DCとACは、直流と交流という意味だ。押しボタンかセレクタダイヤルで、選択できるようになっているはずだ。押しボタンの方が便利かもしれない。

導通テストは接触不良や回路の切断のチェックができるという便利機能だ。警告音が鳴ってくれると理想的で、この場合は図1-7のような形のシンボルが、どこかにあるだろう。

図1-7　この記号はブザーでフィードバックするような、導通チェック機能が付いていることを示す。これは非常に便利な機能である。

少しお金を足すと、以下のような計測もできるマルチメータが購入可能だ。重要度順に挙げる：

静電容量（Capacitance）コンデンサ（キャパシタともいう）は、ほとんどの電子回路で必要な小さな部品の一種で、その能力は、静電容量（キャパシタンス）の値で測られる。小型のものでは値が印字されていないことが多いので、それを計測する能力は、ときに――混ざってしまったり、（もっと悪いことに）床にぶちまけてしまったときは特に――重要なものになる。静電容量は普通、ごく安価なマルチメータでは計測できない。この機能が存在していれば、通常は「F」の文字で示されている。これは計測単位であるファラッド（farad）を意味する。CAPという略号が使われていることもある。

トランジスタ・テスト機能はE、B、C、さらにEという表示のついた小さな穴があることでわかる。この穴は計測するトランジスタを差し込むためのものだ。この機能があれば、トランジスタをどちら向きに取り付ければよいかがわかり、焼き切ってしまわずに済む。

周波数。略号はHzである。これは本書の実験では重要ではないが、もっと先に行ったときに便利かもしれない。

これを超える機能はあまり重要ではない。

どのマルチメータを買うべきか、まだ決めかねている方は、もう少し先まで読んで、実験1、2、3、4で、これがどのように使われているか、見てみるとよい。

安全メガネ

実験2では安全メガネを使用していただきたい。一番安いプラスチックタイプでも、このささやかなアドベンチャーには十分であり、つまりバッテリーが爆発するリスクは存在しないも同然だし、大した強度も要求されない。

通常のメガネでも代用品として許容範囲であろうし、透明プラスチック（水のペットボトルを切ったものなど）を通して観察するという手もある。

電池とコネクタ

電池とコネクタは回路の一部となるので、私はこれらを部品のカテゴリーに入れた。これらの購入については308ページ「その他の部品」を参照のこと。

本書の実験のほとんどでは、9ボルト電源を使用する。この電源はスーパーマーケットやコンビニエンスストアで売られているベーシックな9ボルト電池から取ることができる。後の方ではACアダプタへのアップグレードを提案することになるが、とりあえずは必要ない。

実験2では1.5ボルトの単3電池が2本必要だ。これはアルカリ電池である必要がある。充電タイプの電池は絶対に使わないこと。

電池から回路に電力を送るには、図1-8のような9ボルト電池用スナップコネクタや、図1-9の単3電池用電池ボックスが必要だ。電池ボックスは1個あればよいが、9ボルト電池のコネクタは、後の方でも使うので、最低3個は必要である。

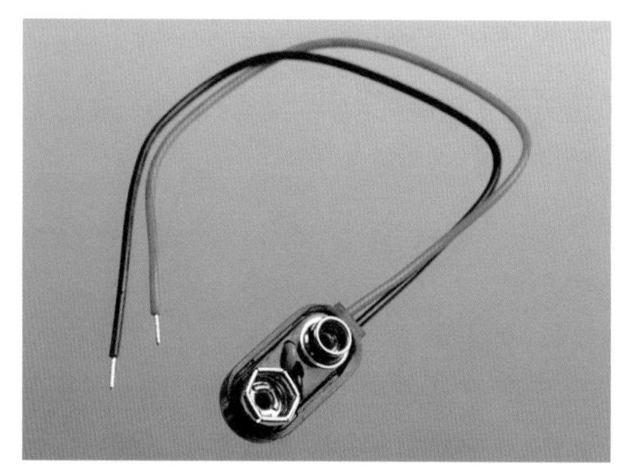

図1-8　9ボルト電池から電力を取り出すコネクタ。

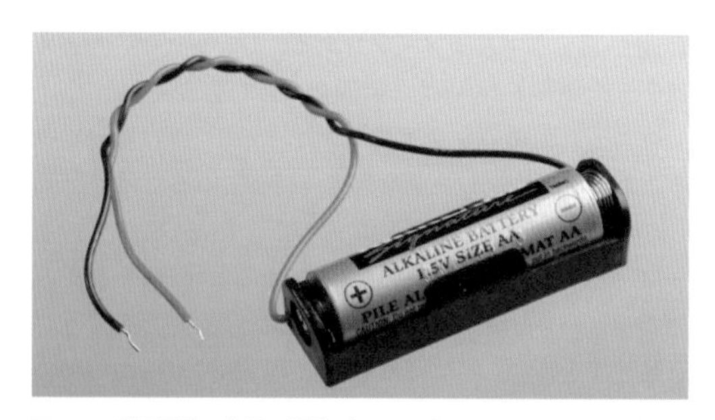

図1-9　単3電池1本用の電池ボックスが必要である。2本用（または3本、4本用）を買わないこと。

テストリード

テストリード（ミノムシクリップ付きコード）は、最初の方の実験で、部品同士を接続するのに使う。ここで欲しいのは、両端接続タイプのものである。もちろんすべての配線とは両端で接続できるものなので、ここで両端接続と言っているのは、図1-10のように、両端にミノムシクリップが付いたものを意図した用語である。クリップたちが対象を掴んで安全に固定したままでいてくれるので、両手が自由になるのだ。

両端が小さなプラグになったものを買ってはいけない。こちらはジャンパ線と呼ばれるものである。

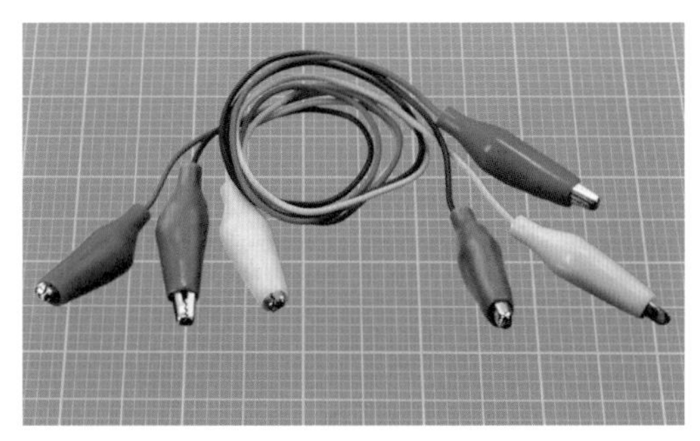

図1-10　両端にミノムシクリップの付いた両端接続型テストリード。

テストリードは本書では機器に分類されている。詳しくは315ページ「ツールと機器の購入」を参照のこと。

可変抵抗器

可変抵抗器は、昔のステレオのボリュームつまみのように機能するものだ。図1-11のようなタイプは現代の基準では大型とされるが、端子をテストリードのミノムシクリップで掴みたいので、まさにこうした大型タイプが必要だ。直径1インチ（2.5センチ）の可変抵抗器が望ましい。1kΩのものがあるはずだ。自分で購入する場合は308ページ「その他の部品」を参照。

図1-11　実験1では汎用型の可変抵抗器が必要である。

ヒューズ

ヒューズは流れる電流が多くなりすぎた時に回路を遮断するものである。理想的には図1-12のような、3アンペアの自動車用ヒューズを買いたいところで、これはテストリードで挟むのが簡単なうえ、中のエレメントがクリアに見えるようになっている。自動車用ヒューズの物理サイズはさまざまだが、3アンペアでさえあればよい。意図的に飛ばすこと、アクシデントもありうることから、3個購入すること。自動車用品店に行きたくなければ、電子部品店で、図1-13にあるようなガラス管カートリッジ型2AGサイズの、3アンペアヒューズが手に入る。ただし、あまり使いやすくはない。

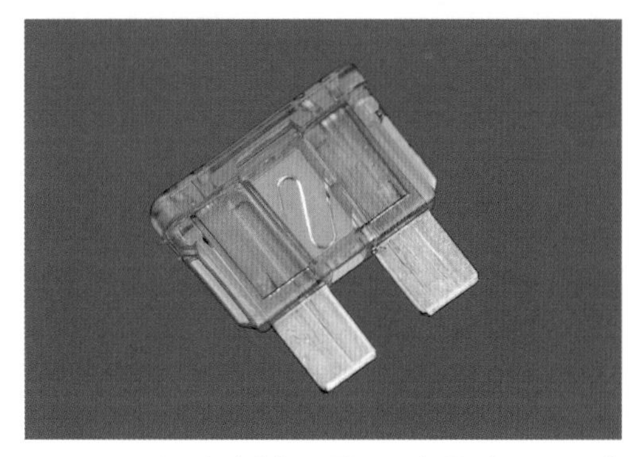

図1-12　このタイプの自動車用平型ヒューズは電子部品用ガラス管カートリッジヒューズよりも扱いやすい。

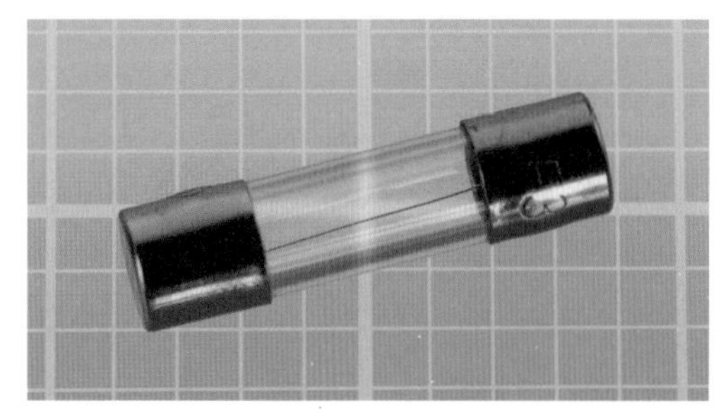

図1-13　このようなガラス管カートリッジ型ヒューズも使うことができるが、ミノムシクリップで挟むのは簡単ではない。

発光ダイオード

より一般的にはLEDと呼ばれ、さまざまな形状・形態のものがある。これから我々が使用するものは、標準型スルーホールタイプのLED、と呼ばれるものだ。図1-14の例は直径5ミリだが、回路のスペースに限りがあるときは、3ミリのものを使うと実装しやすいだろう。どちらを使ってもよい。

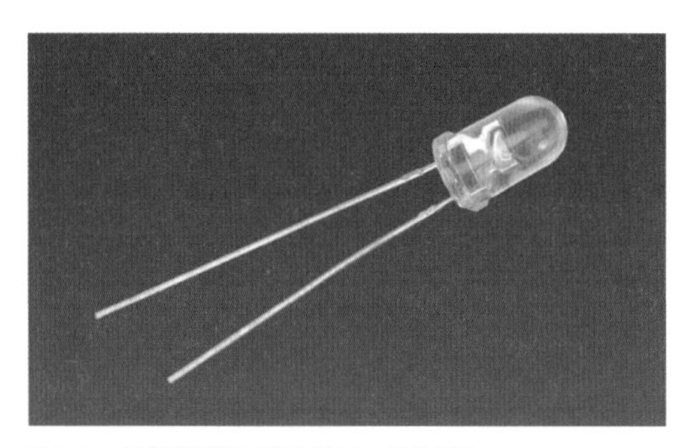

図1-14　直径約5ミリの発光ダイオード（LED）。

本書を通じ、汎用LEDといったときは、もっとも安くて特別明るいわけでもない、たいていは赤や黄色や緑色であるLEDを指すものとする。これはよくバルクで売られているうえ、非常にたくさんの用途があるので、各色少なくとも1ダースは購入しておこう。

汎用LEDには、無色透明のプラスチックに封入されているのに、光らせると色が出るものがある。そうでないものは、発光色と同じ色に染められたプラスチックに封入されている。どちらのタイプでもよい。

実験のいくつかでは低電流LED（小電力LED）の方がよい。これはわずかに高価だが、高感度だ。たとえば実験5では、電池をでっち上げて、わずかな電流を生成するので、低電流LEDを使った方が見栄えがよい。キットを使わない方は、308ページ「その他の部品」にある詳しいガイドラインを参照のこと。

抵抗器

回路で使われるさまざまな部品にかかる、電圧や電流を制限するには、さまざまな抵抗器が必要である。図1-15のような外見の部品がそれである。抵抗器本体の色は問わない。カラーストライプは抵抗器の値を示すもので、後で読み方を説明する。

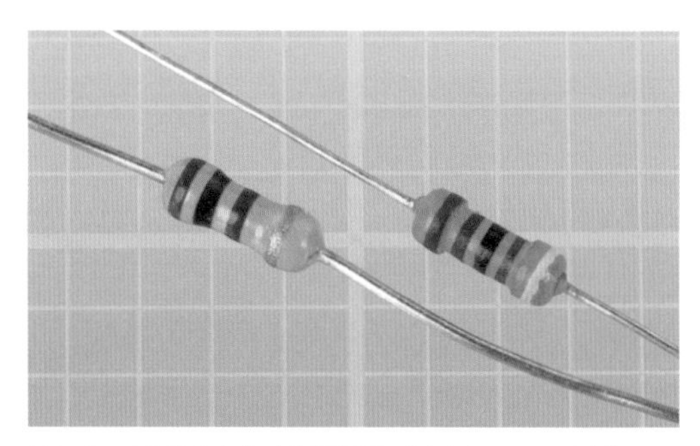

図1-15　必要なタイプの抵抗器2種。どちらも1/4ワット定格。

自分で選んで買う場合、非常に小さく安い部品なので、実験に書いてあるものだけを選んで買うのは、ばかげている。どこか安い店やeBayを探して、セットになったものをまとめ買いしよう。抵抗器についてのさらなる詳細や、本書で使用するすべての抵抗器のリストなどは、306ページ「部品」を参照のこと。

実験1～5で必要な部品は以上だ。さあ始めよう！

実験1：電気を味わえ！

電気を味わうことができるだろうか。できているような気にはなれる。

必要なもの

- 9ボルト電池（1）
- マルチメータ（テスター）（1）

これだけだ！

注意：上限は9ボルト

この実験では普通の9ボルト電池以外を使わないこと。より高い電圧や大電流の流せるバッテリーにトライしてはいけない。また、金属の歯列矯正器などをつけている方は、電池が触れないように注意すること。そして、傷口に電気を流すことは、いかなる電池からでも絶対にやらないこと。

方法

舌を濡らし、図1-16のように、舌先を9ボルト電池の金属電極に触れる。（あなたの舌はこのイラストほど大きくないだろう。私のも、もちろんそうだ。しかしこの実験は、舌が大きくても小さくてもうまくいくはずだ。）

図1-16　果敢なメイカーがアルカリ電池の特性を調べているところ。

ピリッとしただろうか。それでは電池を脇において、舌を突き出して、ティッシュで水分を完全に取り去る。そして電池をまた舌に当ててみよう。今度はあまりピリッとしないはずだ。

何が起きているのだろうか。マルチメータを使えばわかる。

マルチメータの準備

マルチメータには電池が入っているだろうか。ダイヤルを回して適当な機能に合わせ、ディスプレイに数字が出るか見てみよう。何も出てこないなら、マルチメータを開けて電池を入れなければ使えない、ということだ。やり方は取説に書いてあるはずだ。

マルチメータには赤と黒のリードが付属している。どちらも一端にプラグが、反対側にプローブが付いていることだろう。これは、プラグ側をマルチメーターに差し込んで、プローブを調べたいところに当てるようになっている。図1-17を参照してほしい。プローブは電気を検出するもので、そこから大きな電気を出力することはない。本書で扱っているような低い電流と電圧では、プローブがあなたに危険をもたらすことはない（尖った先を自分で刺したりしなければ）。

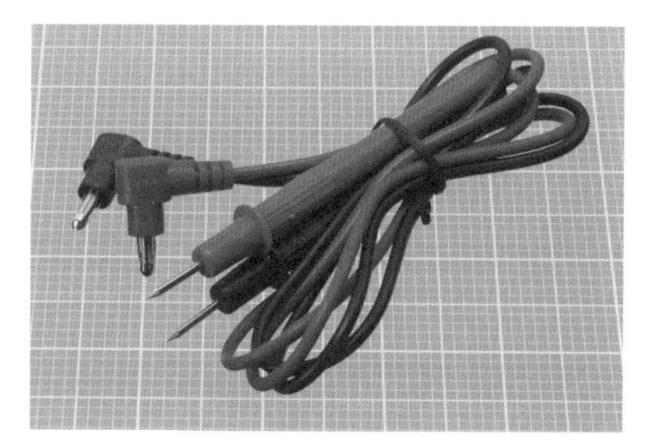

図1-17　マルチメータのリード。金属のプローブが付いている。

多くのマルチメータにはプローブソケットが3穴、ものによっては4穴ある。図1-18、1-19、1-20に例を挙げた。一般的には次のような決まりがある：

- ソケットの1つにはCOMと表示されているはずだ。これはどのような計測でも共通（common）に使われる。黒のリードは、いつもこのソケットに入れる。
- オメガ記号（Ω）とVの文字が表示されたソケットがあるはずだ。こちらは抵抗値や電圧の計測のためにある。赤のリードをこのソケットに入れる。
- この電圧/抵抗計測ソケットは、ミリアンペア単位の小電流の計測にも使用できる。そうでなく、小電流計測にも別のソケットが用意されていて、赤のリードを差し替える必要があるものもある。これについては後で見ていく。
- もう1つのソケットには2A、5A、10A、20Aなどなどの表示があるはずだ。これは大電流の測定用であることを示しており、本書のプロジェクトでは必要ではない。

図1-18　ソケットの表示に注目。

図1-19　このメータのソケットの機能分割は違ったものになっている。

図1-20　もう1つのメータのソケット。

基礎：オーム

あなたは舌の抵抗値を「オーム」単位で計測する。しかし、オームとはなんぞや?

われわれは距離をキロメートルやマイルで計測し、重量をキログラムやポンドで計測し、温度を摂氏や華氏で計測する。そしてわれわれは電気抵抗をオームで計測する。これは電気のパイオニアであったゲオルク・ジーモン・オームにちなんでつけられた国際単位である。

オーム単位はギリシャ語のオメガ記号で表すが、999Ωを超える場合は小文字のkを用いる。これはキロオーム（kΩ）、すなわち1,000Ωである。たとえば1500Ωの抵抗器があれば、これを1.5kΩと表示する。

999,999オームを超える場合、大文字のMを用いる。これはメガオーム（MΩ）、すなわち100万Ωである。日常的にはメガオームはしばしば「メガ」と呼ばれる。だれかが「にーてんにメガの抵抗」というなら、それは2.2MΩだ。

オーム、キロオーム、メガオームの換算表を図1-21に示す。

オーム（Ω）	キロオーム（kΩ）	メガオーム（MΩ）
1Ω	0.001kΩ	0.000001MΩ
10Ω	0.01kΩ	0.00001MΩ
100Ω	0.1kΩ	0.0001MΩ
1,000Ω	1kΩ	0.001MΩ
10,000Ω	10kΩ	0.01MΩ
100,000Ω	100kΩ	0.1MΩ
1,000,000Ω	1,000kΩ	1MΩ

図1-21　もっとも一般的なオーム単位間の換算表。

- ヨーロッパでは間違いのリスクを減らすため、小数点をR、K、Mに置き換える。よって、ヨーロッパの回路図で5K6とあれば5.6kΩを、6M8とあれば6.8MΩを、6R8とあれば6.8Ωを意味する。本書ではこのヨーロッパスタイルは使わないが、よそでは見かけることがあるはずだ。

非常に大きな電気抵抗を持つ物質を絶縁体という。ほとんどのプラスチックは、色つきワイヤの被覆などを含め、絶縁体である。

非常に小さな電気抵抗を持つ物質を導体という。銅、アルミ、銀、金のような金属は素晴らしい導体だ。

舌を計測する

マルチメータの前面ダイヤルを調べれば、Ω記号のついたポジションが1つはあるはずだ。オートレンジのメータでは、ダイヤルを図1-22のようにΩ記号の位置に合わせ、プローブを舌にやさしく触れ、メータがレンジを自動選択するのを待とう。kの文字がディスプレイに出るだろう。プローブを舌に刺さないこと!

図1-22　オートレンジのメータでは、ダイヤルをΩ（オメガ）表示に合わせるだけでよい。

マニュアルメータでは、レンジを自分で選択する必要がある。舌の計測では、おそらく200kΩ（200,000Ω）でだいたい正しいだろう。ダイヤルの横の数字は最大値なので、200kは「200,000Ω以下」、20kは「20,000Ω以下」を示す。図1-23および1-24にある、マニュアルレンジメータのダイヤルのアップを参照していただきたい。

図1-23　マニュアルメータではレンジを選択する必要がある。

図1-24　別のマニュアルメータだが原理は同じだ。

2本のプローブを舌に触れる。間隔はおよそ1インチ（2.5センチ）だ。メータの読みを記録しよう。およそ50kΩとなっているはずだ。続いてプローブを脇に置き、舌を突き出し、ティッシュで注意深くよく拭いて乾かす。また濡れてくる前に、もう一度計測すると、読みは大きくなっているはずだ。マニュアルレンジの場合、もっと高いレンジにしないと、読みが出ないかもしれない。

- 皮膚が濡れている場合（汗をかいているなど）、電気抵抗は低下する。この原理は嘘発見器に使われている。自分の嘘を自覚している人は、ストレス由来の発汗をする傾向にあるのだ。

この実験が示唆する結論は以下のようになる：抵抗が小さくなればより多くの電流が流れ、最初の舌実験では、多くの電流は大きな刺激をもたらした。

基礎：電池の中身

最初の舌実験で電池を使ったとき、電池（バッテリー）の動作原理にわざわざ言及することはしなかった。今こそ、この省略を正すときである。

9ボルト電池には電子（電気の粒）を放出する化学物質が含まれており、その化学反応の結果として、電子が一方の電極から他方へと動こうとする。電池内部にあるセルを2つの水タンクと考えてみよう——片方は満タンでもう片方は空だ。2つをパイプとバルブで結び、バルブを開けば、水は水位が等しくなるまで流れ続ける。図1-25を見ると想像しやすいだろう。同様に、電池の端子間に電気的な道を開いてやれば、電子は両者の間を流れていく。「道」があなたの舌の水分だけであっても、この現象は起きる。

ある種の基質（濡れた舌など）では、ほかの基質（乾いた皮膚など）より楽に電子が流れる。

図1-25　電池は相互接続された貯水タンクのようなものである。

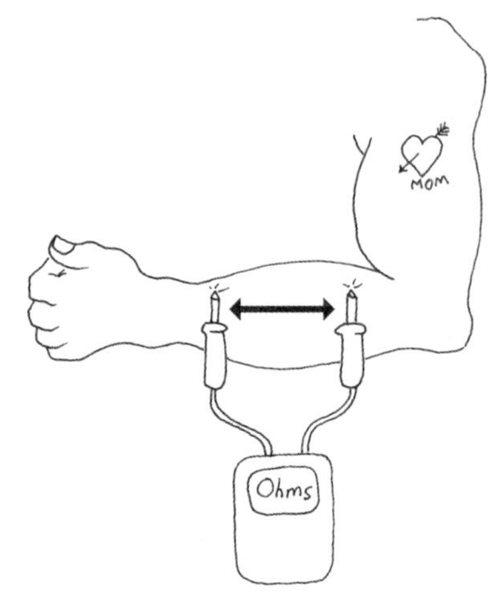

図1-26　プローブ間の距離を変化させていき、そのときのメータの読みを記録しよう。

さらなる検討

舌テストは、よく制御された実験とはいえない。試行のたびにプローブ間の距離がわずかに変わってしまうからだ。これが意味のある違いになるだろうか。確かめてみよう。

2本のプローブの先が5ミリ間隔になるように保持する。これを湿った舌に当ててみよう。続いて1インチ(2.5センチ)間隔にして、もう一度試してみよう。読みはどのようになっただろうか。

電気は通る距離が短くなると、受ける抵抗が小さくなる。この結果、流れる電流は増加する。

同様の実験を、図1-26のように、腕でやることもできる。プローブ同士の間隔を決まったステップで、たとえば5ミリごとに変化させて、マルチメータに出た抵抗値を記録してみよう。プローブ間の距離を2倍にすると、メータの抵抗値は2倍になるのだろうか？　それはどのように証明、あるいは反証できるだろうか。

抵抗値が高すぎて計測できない場合、ディスプレイには数字ではなく「L」などのエラー表示が出る。皮膚を湿らせて実験を繰り返せば、結果が得られるだろう。唯一の問題は、皮膚の水分が蒸発するために、抵抗値が変わることだ。実験における要素をすべて制御することが、どれほど難しいかわかることだろう。こうしたランダムファクターは、正式には制御不能変数と呼ばれている。

もう1つ論じていない変数がある。プローブを皮膚に押し付ける圧力だ。強く押しつけると、おそらく抵抗値は減る。これを証明できるだろうか。こうした変数を排除する実験計画は、どうしたら立てられるだろうか。

皮膚の抵抗値の計測に疲れたら、プローブをコップの水に突っ込んでみよう。水に塩を少し溶かし、また測ってみよう。あなたは水は電気を通すと教えられているだろうが、完全なストーリーはそれほどシンプルではない。不純物が重要な役割を果たすのだ。

不純物の入っていない水の抵抗値を計測しようとした場合、何が起きるだろうか。このときあなたの最初のステップは、純水を入手することとなる。いわゆるピュア・ウォーターなるものは、ふつうは精製後にミネラルが添加されているので、目的にはかなわない。同様に湧水由来の飲料水も、まったく純粋ではない。必要なのは蒸留水で、脱イオン水とも呼ばれる。これはよくスーパーで販売されている。その抵抗値は、プローブ間の距離あたりでいえば、あなたの舌より高いと思う。確かめてみよう。

抵抗について私が考えられる実験は、今のところこのくらいだ。とはいえ、まだほかにも示せる背景情報がある。

背景：抵抗を発見した男

ゲオルク・ジーモン・オーム（Georg Simon Ohm、図1-27）は、1787年にババリアで生まれ、人生のほとんどを無名に過ごしながら、自作の必要があった金属線を用いて（19世紀初頭では、ホームデポに乗りつけて配線を1巻き買ってくるというわけにはいかない）、電気の性質を研究し続けた。

その限られたリソースと不十分な数学能力にもかかわらず、オームは1827年、温度の変化がないときの銅などの導体の電気抵抗は断面積に応じて変化し、そこに流れる電流は電圧に比例する、ということを示すことができた。14年後、ロンドンの英国学士院が、ようやく彼の寄与の重要さを認識し、コプリー・メダルを授与した。こんにち彼の発見はオームの法則として知られている。これについては、実験4で詳しく説明する。

図1-27　ゲオルク・ジーモン・オーム。相対性の曖昧の中を探り続けたパイオニア的研究に対して賞を受けてからの姿。

片づけとリサイクル

この実験では電池は壊れたり、ひどく放電したりしていない。これはもう一度使用できる。

マルチメータは使い終わったらスイッチを切ること。使わずに放置していると警告を発したり、自動でスイッチが切れてくれる製品も多いが、そうでないものもある。スイッチがオンの間、たとえ何も計測していなくても、マルチメータはわずかずつ電池を消費する。

実験2：電池を濫用しよう！

電気の力をもっとよく実感するために、ほとんどの本に「やってはいけない」と書いてあることをしよう。電池をショートさせるのだ。（ショートサーキット［短絡］とは、電源から出た電気が本来の回路［サーキット］を通らずに、ショートカットすることだ。）

注意：小型電池を使うこと

ここで説明しようとしている実験は安全なものだが、ショートサーキットには危険なものがある。家のコンセントは絶対にショートさせないこと。バーンと大きな音がし、閃光が起き、使ったワイヤや工具は部分的に溶け、溶けた金属の粒が飛び散り、これにより火傷や失明の危険がある。

車のバッテリーをショートさせれば、電流はバッテリーを破裂させうるほど大きくなるし、そうなればあなたは硫酸でずぶぬれだ。図1-28の男にたずねてみるとよい（彼が答えられるなら）。

図1-28　カーバッテリーの端子間にレンチを落とすことは健康に悪い。ショートとは、もしバッテリーが十分に大きければ、「たったの」12ボルトでもドラマチックなものになりうる。

リチウム電池は、電動工具、ラップトップコンピュータその他の携帯機器によく見られる。リチウム電池は絶対にショートさせないこと：発火して大やけどになることがある。リチウム電池は図1-29のように、ショートもさせていないのに発火することで知られている。初期のラップトップが何台か自己破壊されたあと、リチウムバッテリーパックはこうしたことが起きないように改良された。とはいえ、それをショートさせるのは、依然としてよくない考えだ。

図1-29 リチウム電池でふざけてはいけない！

この実験ではアルカリ電池のみを使う。それも単3電池1本だけだ。また、欠陥電池に当たった時のために安全メガネを着用した方がよいだろう。

必要なもの

- 1.5ボルト 単3電池（2）
- 電池ボックス（1）
- 3アンペアのヒューズ（2）
- 安全メガネ（通常のメガネやサングラスでよい）
- 両端にミノムシクリップの付いたテストリード（2）

電流による発熱

アルカリ電池を使うこと。あらゆる充電池を禁止する。図1-9のように、電池1本用の、細い被覆ワイヤが2本出た電池ボックスに電池を入れる。図1-30のように、ワイヤの先端同士をくっつけてねじる。最初は何も起きていないと思うだろう。ところが1分待てば、ワイヤが熱くなっていることがわかるはずだ。もう1分待てば、電池も熱くなる。

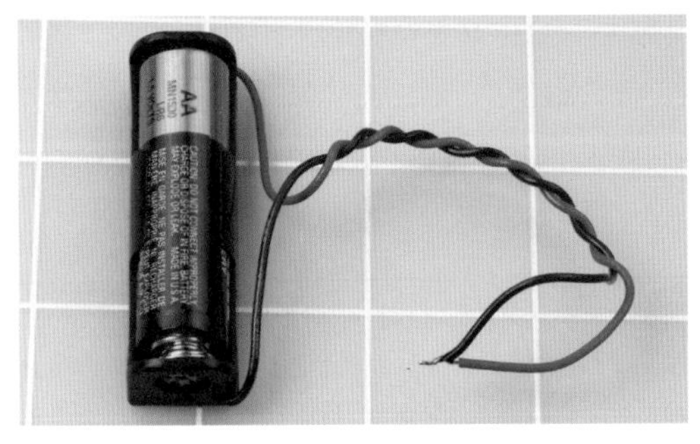

図1-30 この指示に正しく従う限り、アルカリ電池をショートさせることは安全だ。

この熱は、ワイヤや電池内の電解液（導電性の液体）を通して流れる電気によるものだ。自転車のタイヤに手押しのポンプで空気を入れたことがあれば、ポンプが温かくなることを知っているだろう。電気もこれと非常によく似たふるまいをする。電気は粒子（電子）でできているとみなすことができ、これがワイヤを押し通ることで熱くするのだ。このアナロジーは完璧ではないが、我々の用途には、おおむね十分だ。

電子はどこから来たのだろうか。電池内部の化学反応がそれを遊離させ、電気的な圧力を生ずるのだ。この圧力の正しい名前を電圧といい、単位はボルト。電気のパイオニアであるアレッサンドロ・ボルタ（Alessandro Volta）にちなんで名付けられている。

水のアナロジーに戻ろう。タンク内の水面の高さは、水の圧力と比例関係にあるが、これは電圧に似ている。図1-31を見ると、思い浮かべやすいだろう。

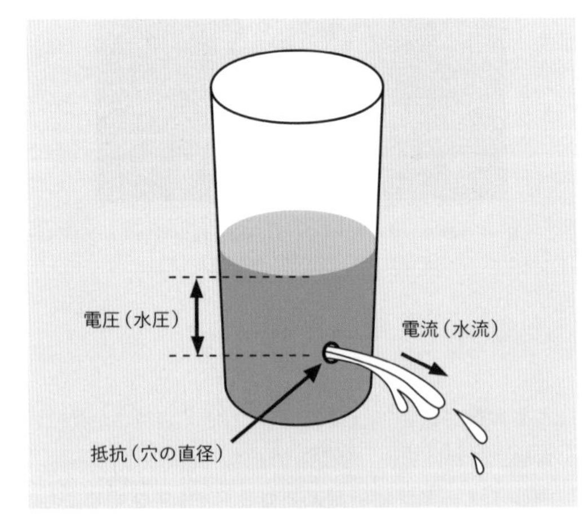

図1-31 水槽における水圧と電源における電圧はよく似ている。

ただし、電圧は話の半分にすぎない。電子がワイヤの中を流れる時の、時間あたりの流れの量はアンペア単位で測られる。アンペアもまた、電気のパイオニアの一人であるアンドレ=マリー・アンペール(André-Marie Ampère)にちなんで名付けられている。この流れを、一般的には電流と呼ぶ。熱を生み出すのはこの電流——アンペア——なのだ。

- 電圧を水圧と考えよう。
- アンペアを水の——電流の——流れる率と考えよう。

背景:あなたの舌が熱くならなかったのはなぜか

9ボルト電池を舌に触れた時、ピリっとした感じはしたものの、熱は感じなかった。電池をショートさせた時は、ただの1.5ボルト電池を使ったにすぎないのに、はっきり判るほどの熱が発生した。どういうことだろう?

マルチメータは、舌の電気抵抗が高いことを示していた。この高い抵抗が、電子の流れを減らしたのだ。

ワイヤの抵抗は非常に小さいので、電池の端子同士の間にワイヤしか存在しないのであれば、舌より電流が多く流れ、生ずる熱も多くなる。

ほかのファクターが不変の場合:

- 抵抗が小さくなれば、より多くの電流が流れられる。
- 電気によって発生する熱は、導体を流れる電気の時間あたりの量(電流)に比例する。(この関係はワイヤが熱くなるとワイヤの抵抗が変わるため、厳密には真とはいえない。とはいえ、おおむね真である。)

ほかの基本概念も少し挙げておく:

- 毎秒ごとの電気の流れの計測単位はアンペアである。
- 電気の流れはその圧力により起きる。圧力の単位はボルトである。
- 電気の流れに抵抗する力の単位はオームである。
- 抵抗は、その値が大きくなるほど電流を制限する。
- 電圧が大きくなるほど、抵抗に打ち勝てるようになり、電流が増える。
- 電圧、抵抗、電流(圧力、抵抗、流量)の関係を図1-32に示す。

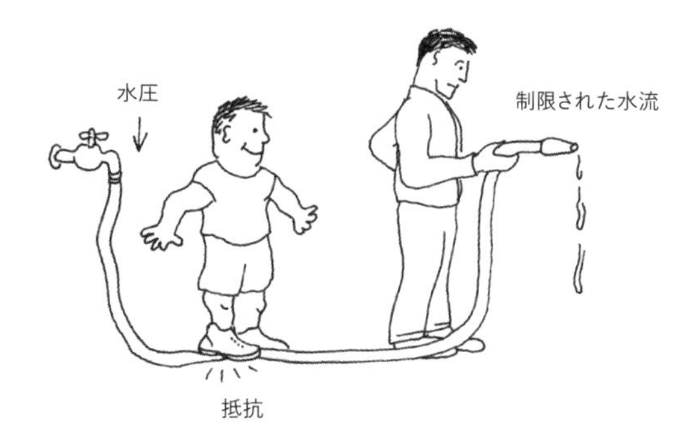

図1-32 抵抗は圧力をブロックし、流れを制限する——水においても電気においても。

基礎:ボルトの基本

ボルトは大文字のVで表記される国際単位である。米国やヨーロッパの多くの地域では、家庭用のAC電源は110ボルト、115ボルト、120ボルトで供給され、産業用電源の220ボルト、230ボルト、240ボルトとは分けられている。ソリッドステートの電子部品は、伝統的に5ボルト〜20ボルト程度のDC電源を必要とする(現代の表面実装デバイスでは2ボルト未満も使う)。マイクロフォンなどの機器には、出力がミリボルト単位のものもある。ミリボルトは1/1,000ボルトで、これをmVと表記する。送電線における単位はキロボルトで、kVと表記する。長距離送電ではメガボルト単位のものもある。ミリボルト、ボルト、キロボルトの換算表を図1-33に示す。

ミリボルト(mV)	ボルト(V)	キロボルト(kV)
1mV	0.001V	0.000001kV
10mV	0.01V	0.00001kV
100mV	0.1V	0.0001kV
1,000mV	1V	0.001kV
10,000mV	10V	0.01kV
100,000mV	100V	0.1kV
1,000,000mV	1,000V	1kV

図1-33 もっとも一般的なボルト単位間の換算表。

基礎:アンペアの基本

アンペアは大文字のAで表記される国際単位である。家電製品の消費電流は数アンペア程度、米国の一般的な漏電遮断器は20アンペア定格である。電子部品の定格はミリアンペア（mA）単位が多い。ミリアンペアは1/1,000アンペアである。液晶などの機器には、消費電流がマイクロアンペア（μA）単位のものがある。マイクロアンペアは1/1,000ミリアンペアである。アンプ、ミリアンペア、マイクロアンプの換算表を図1-34に示す。

マイクロアンペア（μA）	ミリアンペア（mA）	アンペア
1μA	0.001mA	0.000001A
10μA	0.01mA	0.00001A
100μA	0.1mA	0.0001A
1,000μA	1mA	0.001A
10,000μA	10mA	0.01A
100,000μA	100mA	0.1A
1,000,000μA	1,000mA	1A

図1-34　もっとも一般的なアンペア単位間の換算表。

ヒューズを飛ばすには

電池をショートさせたとき、電池ボックスのワイヤに流れた電流は厳密にはどのような値だっただろうか。それは計測できるのだろうか。

簡単ではない。マルチメータを大きな電流の測定に使うと、メータの内部のヒューズを飛ばすことがよくあるからだ。だからマルチメータは脇に置いておき、3アンペアヒューズを使おう。これはあまり高くないので犠牲にできる。

まずはヒューズを観察しよう。虫眼鏡があれば使う。自動車用のヒューズでは、真ん中の透明窓のところに小さなS字型のものが見えるはずだ。このSは簡単に溶ける細い金属である（図1-12）。ガラスカートリッジ型のヒューズでは、細いワイヤが同じ役目を果たす。

1.5ボルト電池を電池ボックスから外す。この電池はもう使えなくなっているので捨てる（可能ならリサイクルに出す）。ねじって接触させていたワイヤはほどいて離し、ここに図1-35や1-36のように、テストリードを使ってヒューズを接続する。電池ボックスに新しい電池を入れて、ヒューズを観察しよう。ヒューズのエレメントの中央が切れるはずだ。この部分で金属が溶けるのだ。図1-37および1-38に、ここで言っていることを示す。

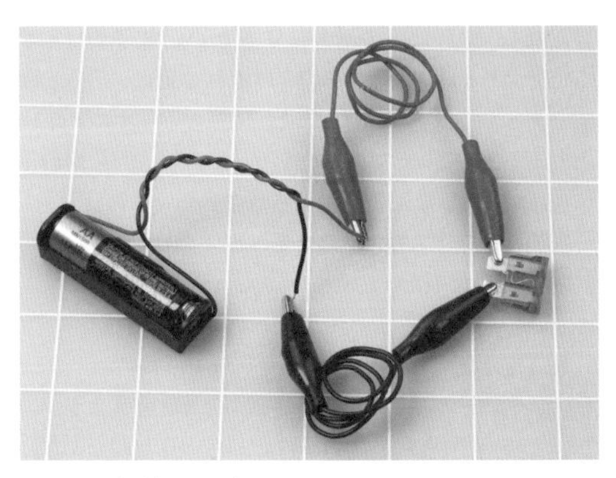

図1-35　自動車ヒューズをショートさせるには。

ヒューズによっては、同じ定格でも飛びにくいものがある。ヒューズに反応が見られないようであれば、テストリードを使わずに、電池ボックスのワイヤを直接当ててみる。また、新品ではない単3電池を使っている場合は、ヒューズに反応が出るまで数秒かかるはずだ。どうしてもうまくいかない場合は、同じ電圧だが大電流が流せる単1か単2の電池を使ってみよう。まあ、ここまでやらねばならない場合はなかなかないだろう。

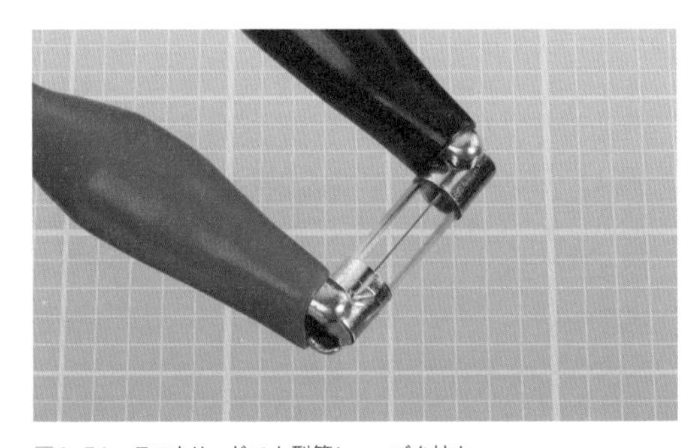

図1-36　テストリードで小型管ヒューズを挟む。

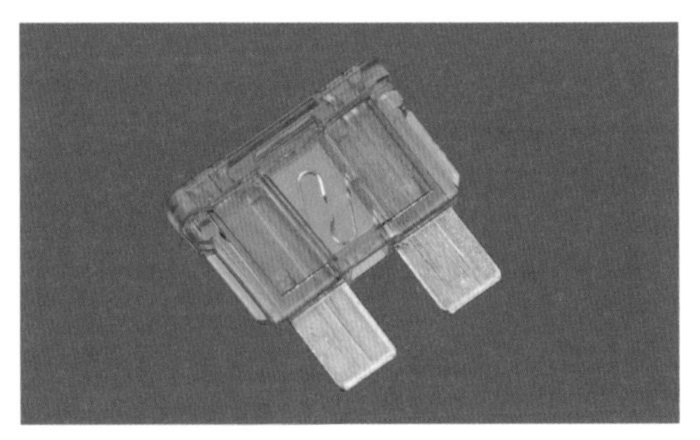

図1-37　エレメントの切れている場所に注目。

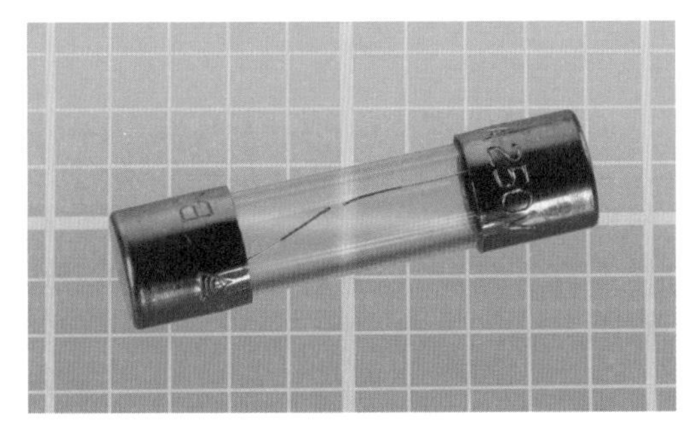

図1-38　管ヒューズをショートさせても同様の溶断がみられる。

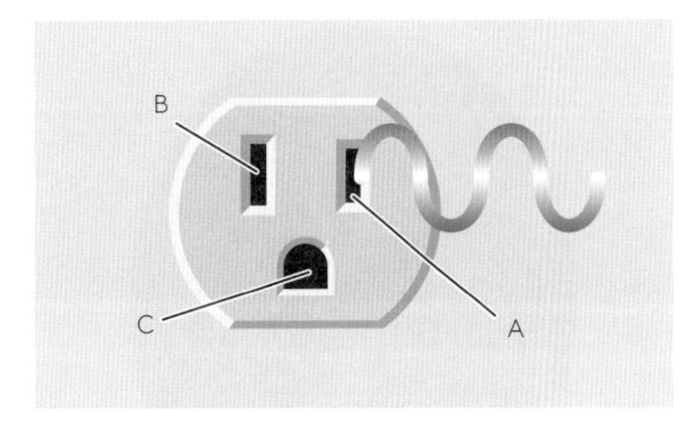

図1-39　電源コンセントの構成要素。

これがヒューズの働きである。回路全体を守るために溶け落ちるのだ。ヒューズの小さな断裂が、回路にさらに電流が流れるのを防ぐ。

基礎：直流と交流

電池から得られる電流は直流（DC：direct current）だ。蛇口からの水流に似たそれは、一方向へのゆるぎない流れである。

家のコンセントから取る電流の流れはまったく違う。コンセントの活線側は、中性線側に対して相対的にプラスになったりマイナスになったりすることを、1秒間に50回または60回の割合で繰り返す（活線、中性線は英語ではliveとneutral）。これは交流（AC：alternating current）と呼ばれるもので、クルマを洗う高圧洗浄機のパルス水流に似ている。

交流はある種の用途、たとえば電圧を上げて電気を遠くまで給電するには必須である。ACはまた、モーターや家電製品に便利だ。家庭用コンセントの構成要素を図1-39に示す。このスタイルのコンセントは北米、南米、日本ほか、いくつかの国に見られる。ヨーロッパのコンセントは見た目が違うが、原理は同じだ。

差し込みAは「ホット」または「ライブ（活線）」電極で、「ニュートラル（中性線）」側の差し込みBに対してプラスとマイナスの電圧を交互に供給する。機器は、内部でワイヤが外れるなど不備が出た場合に人間を守るため、電気がソケットCの「グランド（接地/アース）」に落ちるようにしてあるべきである。

米国では、図のようなコンセントの定格は110〜120ボルトである。高電圧ではほかのタイプのコンセントも使われているが、主として産業用に使われる三相交流の場合を除き、やはり活線、中性線、接地線を持つ。

この本のほとんどの部分ではDCについてのみ触れるが、これには2つの理由がある。1つは、簡単な電子回路のほとんどはDCで駆動されること。2つ目は、ふるまいの理解がずっと楽であることだ。

- DCを使っている場合はいちいち言わない。特に書いていなければ、すべてDCを使っているものと考えてほしい。

背景：電池の発明者

アレッサンドロ・ボルタ（Alessandro Volta、図1-40）がイタリアで生まれたのは1745年、科学が分野ごとに分割されるより、はるかに前のことである。化学を研究したのち（1776年にはメタンを発見している）、彼は物理学の教授となり、カエルの足が静電気に反応して痙攣する、ガルバーニ反応と呼ばれる現象に興味を持つようになった。

ボルタは塩水を満たしたワイングラスを用いて、銅と亜鉛の2つの電極間に起きる化学反応が、絶え間ない電気の流れを起こすことを示した。1800年、彼は多数の銅板と亜鉛板を塩水に浸したボール紙で仕切って重ねるように、装置を改良した。この「ボルタ電堆」は西欧文明で最初の電池である。

図1-40　アレッサンドロ・ボルタは化学反応で電気が作れることを発見した。

背景：電磁気学の父

1775年にフランスで生まれたアンドレ=マリー・アンペール（André-Marie Ampère、図1-41）は、ほとんど父の書斎で独学しただけで理科教師となった、数学の天才である。もっともよく知られた業績は、1820年に電磁気学の定理をもたらした研究で、電流が磁場を作り出す仕組みを示したものだ。彼は最初の電流計（現在ガルバノメータと呼ばれているもの）の製作や、フッ素の発見も行っている。

図1-41　アンドレ=マリー・アンペールは、流れる電流がワイヤの周囲に磁場を作り出すことを発見した。彼はこの原理を、のちにアンペアとして知られるものを信頼できる形で初めて計測するのに用いている。

片づけとリサイクル

ショートで壊した電池は処分してよい。電池をゴミ箱に捨てるのはよい考えではない。生態系から隔離するべき重金属を含んでいるからだ。あなたの市町村で電池はリサイクルの対象かもしれない。（カリフォルニアではほとんどすべてのバッテリーをリサイクルするよう定められている。）詳細は地域の規制を確認すること。

飛んだヒューズはもう使えないので捨てる。

2番目に使った電池はヒューズによって守られたので、まだ使えるはずだ。

電池ホルダも再使用できる。

実験3：初めての回路

それではついに、電気を使って何か役に立つことをするときがきた。このために、抵抗器および発光ダイオード（LED）と呼ばれる部品を試してみよう。

必要なもの

- 9ボルト電池（1）
- 抵抗器：470Ω（1）、1kΩ（1）、2.2kΩ（1）
- 汎用LED（1）
- 両端にミノムシクリップの付いたテストリード（3）
- マルチメータ（テスター）（1）

準備

さあついに、電子回路で使うもっとも基礎的な部品に詳しくなる時がきた。それは何か：みすぼらしい抵抗器だ。名前の通り、それは電気の流れに抵抗する。単位はご想像にたがわず、オームである。

特売の詰め合わせを買った場合、抵抗器の袋に値が書いていないこともある。問題ない――値は簡単にわかるからだ。実のところ、明確に表示されていたところで混ざりやすいものなので、これから行うような自前でのチェックを経験しておくべきである。選択肢は2つある：

- オーム値計測にセットしたマルチメータを使う。
- カラーコード（ほとんどの抵抗器についている）の読み方を学ぶ。両方ともすぐ後で解説する。

チェック済みのものを小さなプラスチックのパーツ入れに整理しておくというのはよい考えだ。個人的にはクラフトショップチェーンのMichaelsで売っているボックスが好きだが、ほかにも選択肢はいくらでもある。小さなビニール袋を使う手もある。これはeBayで"plastic bags parts"で検索すると見つかる*。

基礎：抵抗器を解読する

図1-42に示すように、抵抗器には、虫眼鏡で読むような微小な文字で値をクリアに印刷してあるものもある。

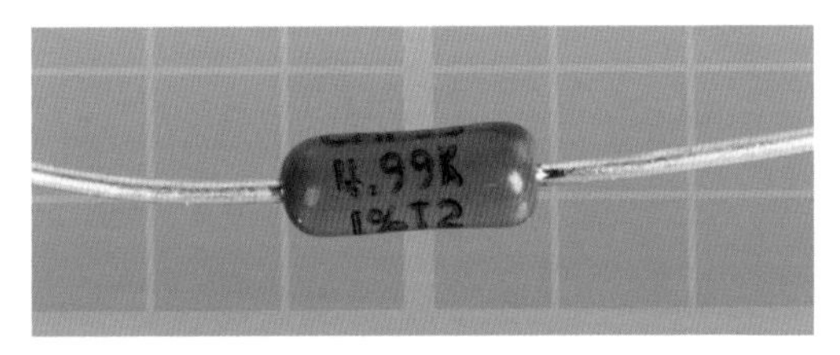

図1-42　値の書いてある抵抗器はごく稀だ。

しかし、ほとんどの抵抗器では色帯によるカラーコードを使っている。このコードの構成を図1-43に示す。

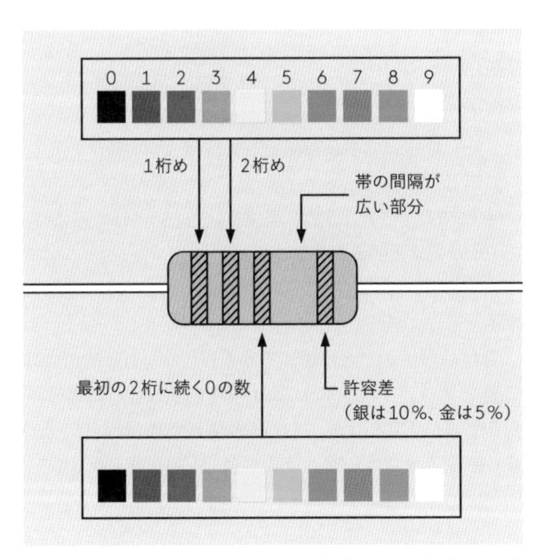

図1-43　抵抗値を示すカラーコードの構成。本文で解説するように、3本でなく4本の色帯のついた抵抗器もある。

図1-44にいくつか例を示す。上から下に：許容差（誤差）10%で1,500,000Ω（1.5MΩ）、許容差5%で560Ω、許容差10%で4,700Ω（4.7kΩ）、許容差5%で65,500Ω（65.5kΩ）。

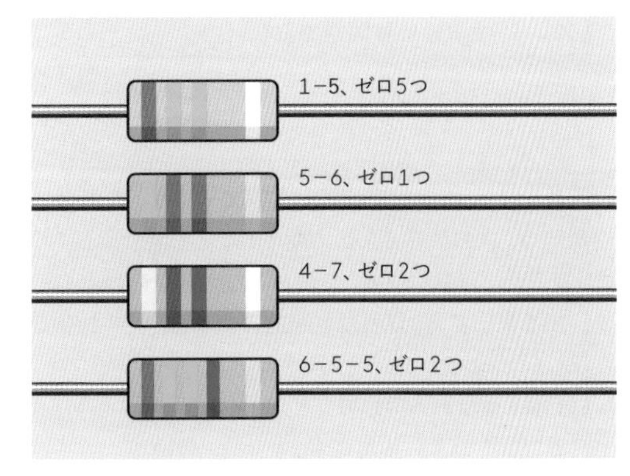

図1-44　カラーコード付き抵抗器。

コードの読み方をまとめると次のようになる：

- 抵抗器本体の色は無視する。（このルールの例外は不燃性やヒューズ入りの抵抗器に見られる白色で、同じタイプのものと交換する必要がある。まあ、あまり出会うことはないだろう）。
- 銀色か金色の帯を見つける。見つけたらこちらが右に来るように、抵抗器の向きを直す。銀色は抵抗器の値の精度が10%以内であることを、金色は5%以内であることを示す。これを抵抗の許容差（誤差）という。
- 銀帯も金帯もなかったら、帯が左寄りに来るようにする。通常は3本である。4本ある場合のことはすぐ後で説明する。
- 最初の2本の帯を左から右に読むと、抵抗器の値の最初の2つの数字となる。左から3番目の帯の色は、この2つの数字の後ろに付ける、ゼロの数である。図1-43に、色が示す数値を示す。

帯が3本ではなく4本ある抵抗では、最初の3本が数字で、4本目がゼロの数だ。第3の数字を示す帯が存在するので、中間の値を持つ抵抗も表示できる。

*訳注：ユニパックなどのチャック付きビニール袋が該当する。

混乱した？　それならマルチメータで値を読む方法もある。ただし、メータに出る数字と、抵抗の表記の値には、少し違いが出ることがあるのは知っておいてほしい。これはメータが絶対的には正確でなかったり、抵抗が絶対的には正確でなかったりするためだ。本書のプロジェクトでは、小さな違いは問題ではない。

LEDを光らせる

それでは汎用LEDを1本とって見てみよう。昔風の白熱電球は、電力の多くを熱に換えることで無駄にしてしまっていた。LEDはずっとスマートだ。電力のほとんどすべてを光に変え、ほとんど永遠に切れない——あなたが正しく扱う限り!

LEDは、受け取る電力の量とスタイルに、とてもうるさい。常に以下のルールに従うこと：

- LEDの長い方の足（リード線）には、短い方よりプラスである電圧をかけねばならない。
- 長い足と短い足にかかる電圧の差は、製造者が定める限界を超えてはならない。これは順方向電圧と呼ばれている。
- 長い足と短い足の間に流れる電流は、製造者が定める限界を超えてはならない。これは順方向電流と呼ばれている。

ルールを破ったらどうなるだろう。自分で確かめてみよう。実験4である。

9ボルト電池が新品であることを確認する。図1-8のようなコネクタを電池につけてもよいが、図1-45のように、2本のテストリードでバッテリ端子を直接挟む方が簡単だと思う。

ここでは2.2kΩの抵抗を使う。「2.2kΩ」が「2,200Ω」を意味することを思い出そう。どうして2,200であり、2,000のようにきれいに丸めた数字になっていないのだろうか。これはすぐ後で解説する。今すぐ知りたいという方は、019ページ「背景：謎の数字たち」を参照のこと。

2.2kΩの抵抗器のカラーコードは赤−赤−赤となっているはずで、これは2、2と連続した数字のあとに2個のゼロが続くという意味だ。ほかに1kΩ（茶−黒−赤）と470Ω（黄−紫−茶）の抵抗器が必要なので、用意してほしい。

2.2kΩの抵抗器を、図1-45のような配線で回路に入れる。電池の向きを間違えないように注意しよう。プラス極が右である。

- プラス記号は常に正（極）を意味する。
- マイナス記号は常に負（極）を意味する。

LEDの長い方の足が右側にあることを確認し、また、ミノムシクリップ同士が触れないように注意する。LEDが薄ぼんやりと点灯するはずだ。

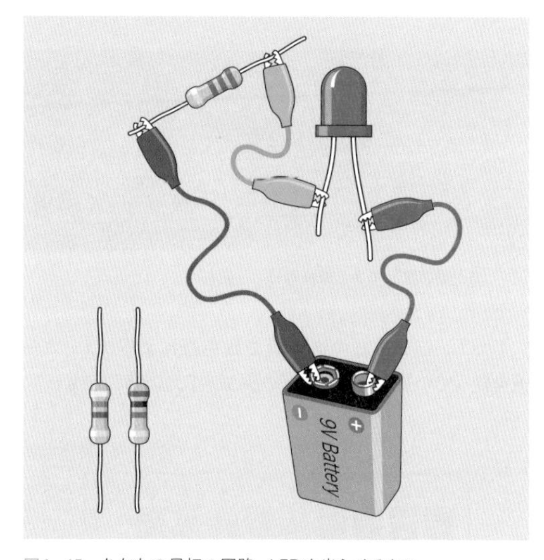

図1-45　あなたの最初の回路。LEDを光らせるもの。

それでは2.2kΩの抵抗器を1kΩに交換してみよう。LEDは、前より明るく光るはずだ。

次に1kΩを470Ωに交換してみよう。LEDは、さらに明るく光るはずだ。

これは当然のことに思えるかもしれないが、そこには重要な意味がある。抵抗器は回路において、電流の一部をブロックするのだ。抵抗器の値が大きくなれば、より多くの電流をブロックし、LEDには少ししか残さなくなる。

抵抗器を調べる

先ほどマルチメータで抵抗器の値を調べることができる、という話をした。これは本当に簡単だ。手順を図1-46に示す。最初にマルチメータをΩレンジにセットするのを忘れないこと。抵抗器をほかすべての部品から切り離し、マルチメータのプローブを当てる。マニュアルレンジのマルチメータでは必ず、「読むつもりの値よりも高い値」を持つレンジに設定する必要がある。そうしなければエラーメッセージが出る。

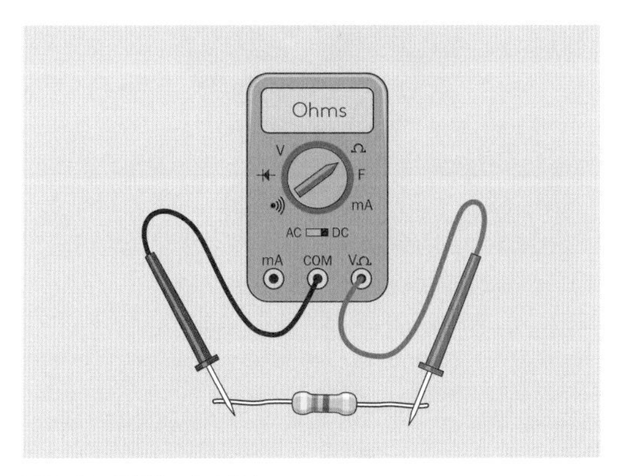

図1-46　抵抗器の値を読む。

プローブを抵抗器の足にしっかり押し付けることで、読みがより正確になることを覚えておいていただきたい。抵抗器とプローブを指で持つのはやめよう――抵抗器とともに、自分の体の抵抗値を測ってしまうからだ。抵抗器を非金属製の机の上など、絶縁された面に置く。プローブはプラスチックの持ち手のところを持ち、金属の先端部を押し付けるようにする。

また、テストリードを2本使う方法もある。各テストリードの片方のクリップで抵抗器の片足を、もう片方のクリップでプローブの1本を挟むのだ。ハンズフリーで抵抗器の値が読めるので、こちらの方がずっと簡単だ。

背景：謎の数字たち

抵抗器を何本か読んでみると（またはオンラインで買っていると）、決まった数字の組み合わせが何度も現れることに気づくと思う。キロオームの桁であれば、1.0k、1.5k、2.2k、3.3k、4.7k、6.8kΩをよく見かける。1万オームの桁であれば、10k、15k、22k、33k、47k、68kΩである。

これらの数字のペアは、1、1,000、10,000、100、10などで乗ずることによって、基本のオーム値を得られるため、乗数（multiplier、かける数）と呼ばれる。

ここには論理的理由がある。はるかな昔、多くの抵抗器の精度は±20%であり、これゆえ1.0kの抵抗器が実際には1+20%＝1.2kΩであり、対して1.5kの抵抗器も実は1.5−20%＝1.2kΩである、などということがありえた。このため、1kと1.5kの間の値の抵抗器を作っても意味がなかったのだ。同様に、68Ωの抵抗器は68+20%=80Ωちょっとの値ということがありえ、100Ωの抵抗器が100−20%=80Ωという低い値となることがありえた。このため、68から100までの間の値を設定する必要がなかった。

図1-47の一番上の行の白い数字たちはもともとの抵抗器用乗数である。現代の抵抗器は±10%かそれ以上の精度を持っているが、これらの数字は現在も広く使われている。

白い数字に加えた黒い数字を使うと、10%精度の抵抗器に適した、すべての乗数が得られる。青い数字を含めた場合、5%精度の抵抗器向けの可能なすべての乗数が得られる*。

1.0	1.5	2.2	3.3	4.7	6.8
1.1	1.6	2.4	2.6	5.1	7.5
1.2	1.8	2.7	3.9	5.6	8.2
1.3	2.0	3.0	4.3	6.2	9.1

図1-47　抵抗器とコンデンサの伝統的な乗数値。詳細は本文を参照。

本書のプロジェクトでは必要部品の範囲を最小限にするため、もともとの6個の乗数値の抵抗器のみを使用する。精度が重要になる場合は（たとえば168ページの、回路であなたの反射神経を計測する実験19）、次の実験でお見せするように、出力の微調整に可変抵抗器や半固定抵抗器を使うことができる。

片づけとリサイクル

電池とLEDは次の実験で使う。抵抗は再利用できる。

*訳注：上記の6個の乗数はE6系列と呼ばれ、各数字は前の数字のおよそ1.47倍を適当に丸めて作られている。これは6回かけることで10倍になる数字の列（$10^{1/6}$）で、2本の組み合わせで間の値を得ることもできる。より高精度の抵抗器を揃えるならE12系列（$10^{1/12}$＝1.21倍ずつ。1、1.2、1.5、1.8、2.2、2.7、3.3、3.9、4.7、5.6、6.8、8.2）やE24系列（およそ1.1倍ずつ）を使うのが一般的である。

実験4：可変抵抗器

電流を制御する可変抵抗器を入れることで、回路の抵抗を変えられるようになる。この実験では可変抵抗器を使うことにより、電圧、電流、および両者の関係について、より深く学ぶことができる。また、データシートの読み方も学ぶ。

必要なもの

- 9ボルト電池（1）
- 抵抗器：470Ω（1）、1kΩ（1）
- 汎用LED（2）
- 両端にミノムシクリップの付いたテストリード（4）
- 可変抵抗器。1kリニア（Bカーブ）（2）。
- マルチメータ（テスター）（1）

可変抵抗器の中を見る

まずやってほしいのは、可変抵抗器の仕組みを知ることなのだが、これには抵抗器を開けてみるのが最上だ。この実験のために2個の可変抵抗器を買うように書いたのは、分解したものを戻せなかった場合に備えるものである。

初版の読者には、わざわざ開けて破壊するリスクを冒すのは無駄だと文句を言った方もいる。しかし、ほとんどすべての学習体験とは、何らかの資源——ペンや紙からホワイトボードマーカーまで——を消費するものである。可変抵抗器の未来を危険にさらすのが本気で嫌なのであれば、いじるのをやめて写真で見るだけにすることは可能である。

ほとんどの可変抵抗は、小さな金属タブで閉じてある。これらのタブを上に曲げる必要がある。ナイフをこじいれて梃子（てこ）にするのが1つの方法で、ほかにドライバーを——でなければプライヤーを——使う方法もある。ここではツールは指定しない。ナイフ、ドライバー、プライヤーといった工具なら、家にあるものと期待できるからだ。

図1-48ではタブに赤丸を付けてある。（4本目のタブはシャフトの裏に隠れている）図1-49はタブを上に、そして外側に曲げたところを示している。

図1-48　可変抵抗器を組んでいるタブたち。

図1-49　タブを上に、そして外側に曲げたところ。

タブを開けたら、可変抵抗器本体を片手で持ち、もう片方の手でシャフトを慎重に引き上げる。図1-50のように分解できるはずだ。

図1-50　可変抵抗器のワイパーを丸で囲んである。

殻の中には周回トラックのようなものがある。購入した可変抵抗器が極めて安いものなのか、ちょっとだけ高級品であるかにより、トラックは導電プラスチックだったり、細いワイヤを巻きつけたものだったりする。どちらにしても原理は同じだ。ワイヤまたはプラスチックは、一定の（1kΩの可変抵抗器なら全体で1,000Ω分の）電気抵抗を持っており、シャフトを回すことでワイパーがこの抵抗を撫でるように動き、中央端子からのショートカットを形成する。ワイパーを図1-50に赤丸で示す。

分解した可変抵抗器はおそらく元に戻すことができるが、必要であれば予備を使うこと。

可変抵抗器をテストする

マルチメータを抵抗計測に合わせ（マニュアルレンジの場合は1kΩ以上にセットする）、図1-51のように、プローブを隣り合った端子に当てる。可変抵抗器のシャフトを（上から見て）時計回りに回していくと、抵抗値はおよそゼロまで下がっていく。シャフトを反時計回りに回していくと、抵抗値はおよそ1kΩまで増加する。それでは黒のプローブの位置はそのままで、赤のプローブを反対側の端子に当てよう。可変抵抗器の動作は逆転する。

中央端子が可変抵抗器内部でワイパーに接続されているのがわかるだろうか。ほかの2つの端子がトラックの両端に接続されているのがわかるだろうか。

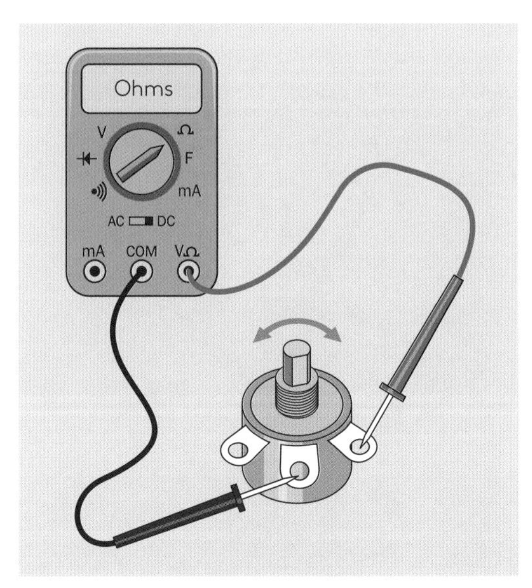

図1-51　可変抵抗器の動作をテストする手順。

赤のプローブを黒のプローブのあったところに、黒のプローブを赤のプローブのあったところに動かした場合、抵抗値は変わらない。どちらの向きでも同じなのだ。正しい方向に接続する必要のあったLEDとは異なり、可変抵抗器は無極性である。

注意：電源を入れないで

抵抗値の計測中に回路の電源を入れてはいけない。マルチメータは、抵抗値の計測時に内部電池からわずかな電圧を加える。これが電池から加えられる電圧とバッティングするのは望ましくない。

注意：前方に破壊的実験あり

私は以下の手順を何度も無事に実行しているが、読者の一人からはLEDが破裂したとの報告があった。慎重にふるまいたい方は、安全メガネを着用した方がよいだろう。通常のメガネでも大丈夫である。

LEDを暗くする

あなたはすでに、可変抵抗器でLEDの明るさを制御することができる。図1-52のように、すべてを正しく接続すること。2本のミノムシクリップが図の通りの端子に接続されているのを確認する。これにより、実験3で固定抵抗が入っていた場所に、可変抵抗を使うことになる（図1-45参照）。

最初にシャフトを（上から見て）反時計回り方向にいっぱいに回しておくこと。そうしなければ始める前からLEDを焼き切ってしまう。それから青い矢印のように、シャフトを時計回りに、非常にゆっくり回していこう。LEDは次第に明るく、さらに明るく、もっと明るくなっていく——うっ、暗くなるまでは。現代の電子部品がいかに容易に破壊できるかわかっただろうか。この手順の「LEDを暗くする」というタイトルを見たとき、まさか永久に暗くするとは思っていなかったのではないだろうか。

LEDを取り外す。残念ながら、これは二度と光ることがない。

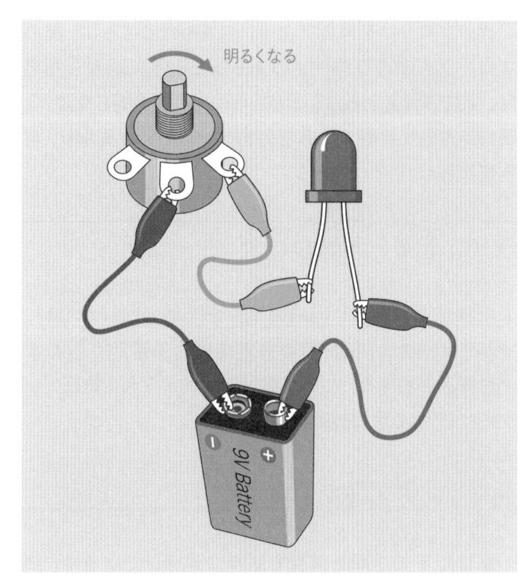

図1-52　可変抵抗器でLEDの明るさを調節する。

新しいLEDに取り替えたら、今度は保護を入れよう。図1-53のように、470Ωの抵抗器を追加する。これで電気は可変抵抗に加えて470Ωの抵抗も通過するので、可変抵抗器の抵抗値がゼロまで落ちた場合でも、LEDは保護されるようになる。これで、何か壊すのでは、とひやひやすることなく、可変抵抗器のシャフトが回せるようになった。

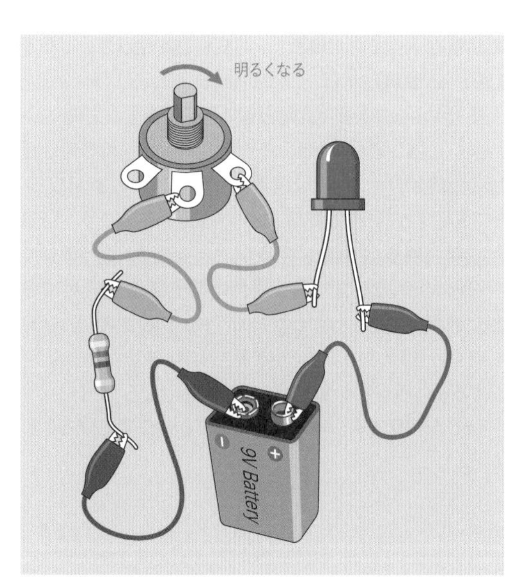

図1-53　LEDを保護する。

あなたが学んだはずだと私が願う教訓は、LEDは9ボルト電池に直接接続するには敏感過ぎる、ということである。回路には、必ず何らかの抵抗を入れて保護してやる必要があるのだ。

1.5ボルトの電池1本を直接つなぐことはできるだろうか？　やってみよう。暗く光ることもあるが、1.5ボルトはLEDの閾値を下回っている。LEDに必要な電圧を調べてみよう。

電位差を測定する

回路に電池をつなぎ、マルチメータのダイヤルをDC電圧計測にセットする。電圧計測と抵抗計測のソケットは共通なので、赤のプローブのリードを差し替える必要はない。

マニュアルレンジのメータの場合は、電圧レンジを9ボルトより高くにセットする。繰り返しになるが、マルチメータのダイヤルの脇に書いてある数字は、それぞれのレンジの最大値である。

プローブを図1-54の通りに可変抵抗器の端子に当てる。プローブを当てたまま、可変抵抗を少しずつ、左右に回してみよう。電圧はこれに従って変わるはずだ。これを2本のプローブの間の電位差と呼ぶ。

- 「電位差」の意味するところは2点間の電圧と同じである。

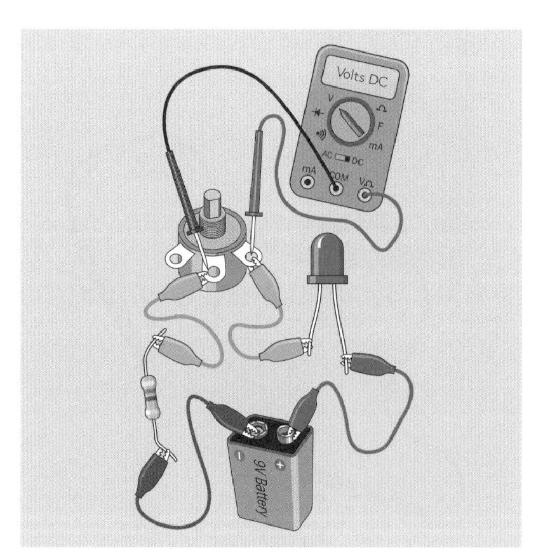

図1-54　LEDをまたぐ電位差の測定。

LEDをまたいだ電位差を測定すると、可変抵抗器を調整した時にこれに応じて変わるものの、思っていたほどは、変わらないということが起きる。LEDにはいくらかの自己調整能力があり、電圧や電流の変動に応じて抵抗値が変わるのだ。

赤と黒のプローブの位置を入れ替えるとどうなるだろうか。マルチメータのディスプレイにマイナス記号が表示されるだろう。これによりマルチメータを傷めたりすることはないが、常に赤のプローブを高電位、黒のプローブを低電位の側に当てた方が混乱は少ないだろう。

最後にプローブを固定抵抗器の両側に当て、可変抵抗器を回すと、このときも電位差が変化する。こうした単純な回路では、電池からの電圧はすべての部品間でシェアされる。可変抵抗器のシェアが下がれば、固定抵抗器やLEDでは、より大きな電圧(電位差)が得られる。これに加え、可変抵抗器の抵抗値が下がると、回路全体の総抵抗値が下がり、流れられる電流の量が増える。

覚えておくべきことをいくつか:

- 回路内のすべての部品について電位差を足していくと、その合計は電池の供給電圧に等しくなる。
- あなたが測定しているのは回路中の2点間の相対的電圧である。これが電位差の意味するところである。
- 電圧計測の際は、マルチメータは回路を乱したり切断することなく、聴診器を当てるように測る。

電流をチェックする

それでは別の計測をやってもらおう。mA(ミリアンペア)にセットしたマルチメータを使い、回路中の電流を確認していただきたい。電流計測の際は、以下のルールに従う必要がある:

- 電流は、それがマルチメータを通過するときにのみ測定可能である。
- メータを回路の途中に割り込ませる必要がある。
- 電流が大きすぎれば、メータの中のヒューズが飛ぶ。
- mAと表示されたソケットを使う必要がある。これはこれまで使っていたのと同じソケットであることもあれば、異なることもある。

以下をやってみる前に、マルチメータのダイヤルがmA計測にセットされているのを必ず確認すること。

注意:マルチメータの過負荷

電流計測の際はよく注意すること。たとえば電池の両極にプローブを直接当て、しかもメータがmA計測にセットされていれば、一瞬にして過負荷が生じ、メータ内部のヒューズが飛ぶ。安いマルチメータでは予備のヒューズが付属していないので、ケースを開けてヒューズの値を確認し、正しい交換品が見つかるまでオンライン検索をする必要がある。これは本当に面倒だ(これまで何度もやったことがある)。本当に安いメータだと、楽に交換可能なヒューズなど入っていないこともある。

- 計測は回路に電流制限のための部品が入っている場合にのみ行う。
- メータに電流計測専用のソケットがある場合は、予防措置として、赤のプローブをそのソケットに差すのは計測時のみと決めておく。終わったらすぐにボルト/オームソケットに戻すこと。

電流を確認する

図1-55のように、LEDと可変抵抗器の間にマルチメータを入れる。可変抵抗をわずかに上下すれば、回路上の抵抗値を変動させることで電流の流れ具合——アンペア数——を変えられることがわかる。前の実験でLEDが焼き切れたのは、多すぎる電流により発生した熱が、内部をヒューズのように溶かしてしまったということだ。抵抗値が大きくなっていけば、アンペア数は制限されていく。

それではここで面白いテストをしてみよう。可変抵抗器を反時計回りにいっぱいに回す。これで測定した電流を記録しておく。

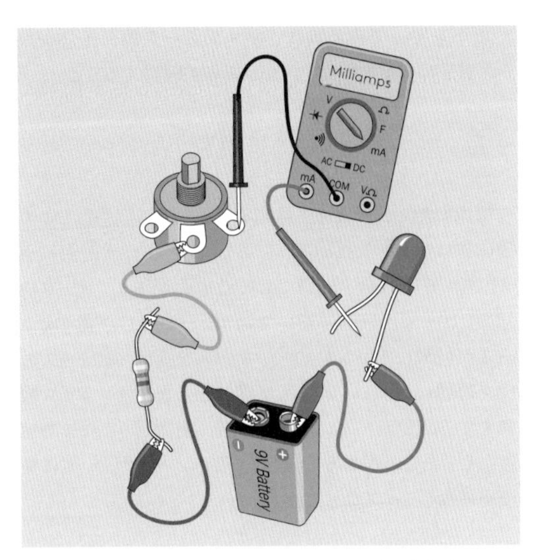

図1-55　電流は回路をめぐるなかでマルチメータを通過する。

図1-56のようにマルチメータとLEDを入れ替える。このとき可変抵抗器は回さないこと。電流の値はどうなっただろうか。入れ替える前とまったく同じ——せいぜいミノムシクリップがずれたことによる、ごくわずかな違いしか見られない——はずである。

- 単純な回路では、電流はあらゆる箇所で同じである。電子の流れに逃げ場はないから、これは当然だ。

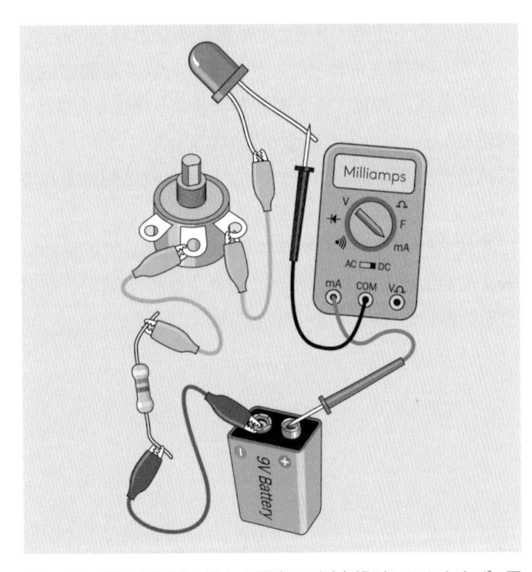

図1-56　単純な回路を流れる電流は、測定場所にかかわらず、回路のあらゆる場所で常に同じ。

計測する

それでは数字を使って明確にしてみよう。これにより、あなたはエレクトロニクス全体の中でももっとも基本的なルールを導き出せるようになる。

回路からLEDを取り除き、電池と可変抵抗器の間にマルチメータを直接入れる。図1-57のように、470Ωの抵抗器を1kΩの抵抗器（茶−黒−赤）に交換する。これでこの回路の電気抵抗は、1kΩの可変抵抗器と1kΩの固定抵抗器によるものだけになった。（メータにもいくらか抵抗があるが、これはたいへん小さくて無視することができる。ワイヤとミノムシクリップにも若干の抵抗があるが、これはマルチメータの抵抗よりも、さらに低い。）

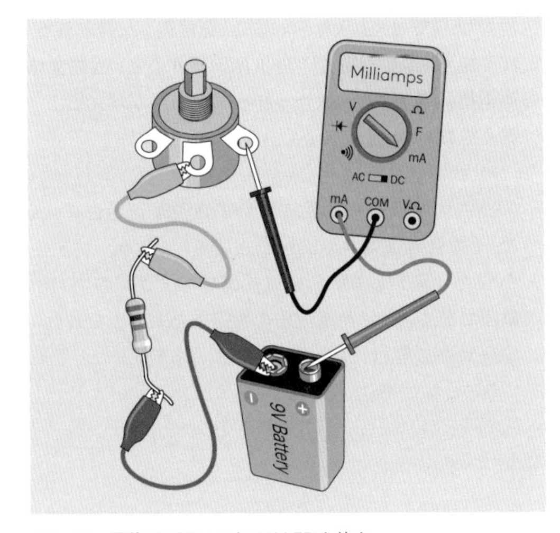

図1-57　最後のLEDテストではLEDを外す。

可変抵抗器を時計回りにいっぱいまで回し、抵抗値をほぼゼロにする。これにより回路には固定抵抗器による1,000Ωの抵抗しか存在しなくなる。マルチメータが示す電流値はどうなっているだろうか。

可変抵抗器を半分まで回し、500Ωの抵抗が生ずるようにする。回路の総抵抗は約1,500Ωとなる。メータの電流値は、今度はどうなっているだろうか。

可変抵抗器を反時計回りにいっぱいまで回し、抵抗を最大値まで回路に入れるようにすると、固定抵抗器と合わせた総抵抗は2,000Ωとなる。アンペア数はどうなるだろうか。

私が試したときの値を下に示す。あなたのも、ほぼ同じになるはずだ。

総抵抗1kΩ時……9ミリアンペア
総抵抗1.5kΩ時……6ミリアンペア
総抵抗2kΩ時……4.5ミリアンペア

ちょっと面白いことがあるのに気付いただろうか。各行の2つの数字をかけると、答えは常に9になるのだ。そして電池の電圧は、ちょうど9ボルトだ。

計測値は3つだけだが、固定抵抗器を何本も使って、もっと詳しく調べたとしても、結果は同じになるはずだ。要約すると次のようになる：

電池の電圧=ミリアンペア×キロオーム

しかしちょっと待ってほしい。1kΩは1,000Ωであり、1ミリアンペアは1アンペアの1/1,000だ。したがって、ボルト、アンペア、オームといった基本単位を使った本来の式は次のようになる：

電圧=(アンペア／1,000)×(オーム×1,000)
(ここではスラッシュ[／]を除算記号に使っている)

1,000倍と1/1,000を相殺すると、次式が得られる：

ボルト=アンペア×オーム

これはオームの法則と呼ばれている。電気工学の絶対的な基礎をなすものである。

基礎：オームの法則

オームの法則の一般表現は次のようになっている：

電圧=電流×抵抗

これは通常、次のように略記される：

$V=I\times R$

Iという文字が使われているのは、電流がもともとインダクタンス(inductance)、すなわち磁気を誘導する力により測られていたからだ。電流(current)にはほかの文字、たとえばCなどを使えば、おそらくもっとわかりやすくなるのだが、そうするように全員を説得するには、もう遅すぎる。Iは電流だと覚えるよりしかたがない。

式を変形すると、次のようなバージョンが得られる：

$I=V/R$
$R=V/I$

これらの式を使う際は、単位が一貫しているかどうか、確認すること。Vがボルト単位、Iがアンペア単位なら、Rもオーム単位である必要がある。

電流をミリアンペア単位で計測したときはどうなるだろうか。アンペア単位で表現する必要があるのだ。たとえば30ミリアンペアという電流値は、式では0.03と書く必要がある。0.03アンペア=30ミリアンペアであるからだ。混乱するようであれば、電卓でミリアンペアの値を1,000で割れば、アンペア単位の値になる。同様に、ミリボルト値を1,000で割ればボルト単位の値が得られる。

間違うリスクを最小にするには、次のように、実際の単位を使ってオームの法則を覚える手もある：

ボルト=アンペア×オーム
アンペア=ボルト／オーム
オーム=ボルト／アンペア

ただし留意すること：

- 電圧とは、単純な回路の2点間の電位の差として計測されるものである。オームとは、同じ2点間に存在する抵抗値である。アンペアとは、回路全体に流れる電流の値である。

基礎：直列と並列

テスト回路では、抵抗器と可変抵抗器は直列つなぎであった。つまり、電気は片方を通過する前に、もう片方を通過する必要があった。もう1つ、これらを横並びに、すなわち並列にするという方法がある。

- 抵抗の直列つなぎとは、1つがほかの1つの後ろに続くよう配置したものだ。
- 抵抗の並列つなぎとは、それぞれを横並びに配置したものだ。

同じ値の抵抗器を直列につなぐとき、総抵抗値は倍になる。これは電気が2つの障壁を連続的に通過する必要があるためだ。これを図1-58に示す。

同じ値の抵抗器を並列につなぐとき、総抵抗値は半分になる。電気の経路が1本ではなく、等しい抵抗により、2本与えられているからだ。これを図1-59に示す。

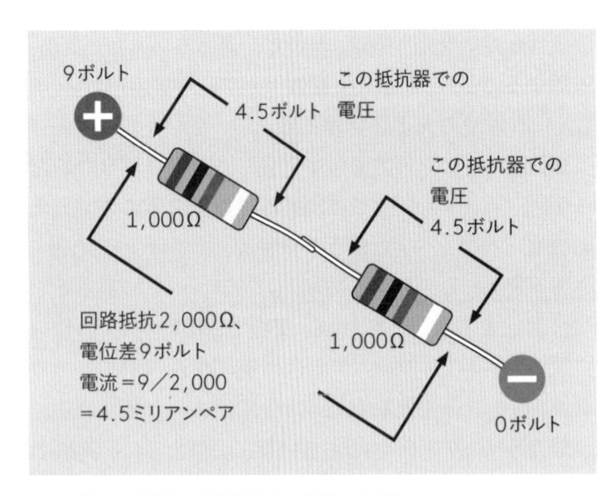

図1-58　同じ値の抵抗器2本の直列つなぎ。

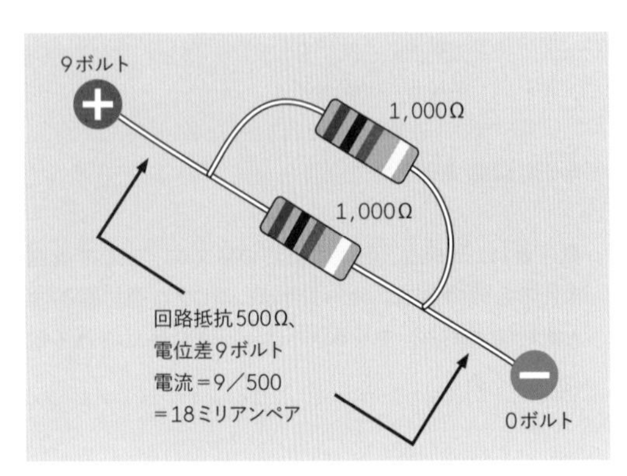

図1-59　同じ値の抵抗器2本の並列つなぎ。

どちらの図でも、ミリアンペア単位の電流値は、オームの法則を使って計算したものだ。

実際には、抵抗を並列につなぐ必要が出ることはあまりないが、多種の部品を並列につなぐことはよくある。たとえば、あなたの家の電球は、すべて並列つなぎで主電源に接続されている。だから、部品を並列つなぎで増やしていけば回路の抵抗が下がっていくのを理解しておくと便利である。このとき、電気が流れる経路を追加することにより、回路の総電流が増大する。

オームの法則を使う

オームの法則はものすごく便利だ。たとえばこれは、LEDにできる限りの光を生成させつつ適切に保護したいとき、直列で入れる抵抗器の厳密な値を教えてくれる。

最初のステップはLEDのメーカーが定めた定格値を見つけることだ。この情報はオンラインで見つかるデータシートから、容易に得ることができる。あなたがVishay Semiconductors製のLEDを持っているものとする。部品番号がTLHR5400であることは知っているものとする。通販で買ったときに袋にプリントされており、ちぎってLEDとともに保管してあるからだ。（これは最低限やるべきことである。）

あとはパーツナンバーとメーカー名を検索すればよい：

検索：vishay tlhr5400

Vishayが維持しているデータシートがトップに来る。データシートをスクロールしていけば、必要な情報が見つかる。図1-60にスクリーンショットの左右の部分を掲載する。左側の部品番号、右側の順方向電圧（forward voltage）を赤囲みにしてある。“Typ”はtypical（典型値：データシート用語では「標準」値）、“Max”はあなたの推測通りmaximum（最大）である。つまりこのLEDは、通常2ボルトの電位差で動作する。しかし「I_F（mA）」はどういう意味だろう。ここで、文字Iが回路を通過する電流を表すことを思い出してほしい。文字FはForward（順方向）である。つまり、表の順方向電圧は、順方向電流20ミリアンペア（このLEDの推奨値）で測定された値である。

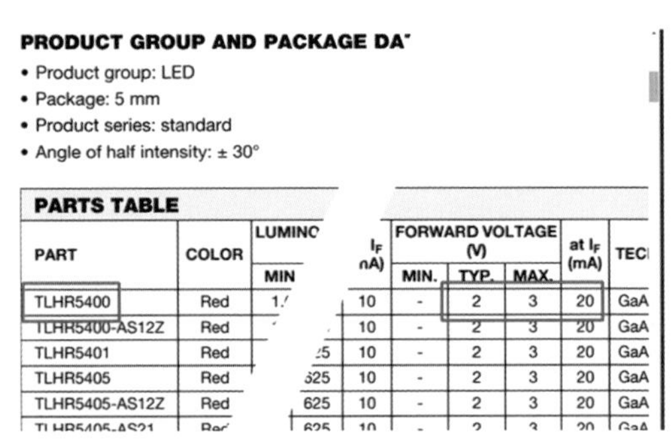

PRODUCT GROUP AND PACKAGE DA

- Product group: LED
- Package: 5 mm
- Product series: standard
- Angle of half intensity: ± 30°

PARTS TABLE

PART	COLOR	LUMINO		I_F (mA)	FORWARD VOLTAGE (V)			at I_F (mA)	TEC
		MIN			MIN.	TYP.	MAX.		
TLHR5400	Red	1.		10	-	2	3	20	GaA
TLHR5400-AS12Z	Red			10	-	2	3	20	GaA
TLHR5401	Red		25	10	-	2	3	20	GaA
TLHR5405	Red		625	10	-	2	3	20	GaA
TLHR5405-AS12Z	Red		625	10	-	2	3	20	GaA
TLHR5405-AS21	Red		625	10	-	2	3	20	GaA

図1-60　LEDのデータシートのスクリーンショット。

持っているのがKingbright WP7113SGCだったときはどうだろうか。今度はGoogle検索で2番目にヒットしたものが適切なデータシートで、順方向電圧2.2ボルト、最大2.5ボルト、順方向電流が最大25ミリアンペアであることが2ページ目に示されていた。Kingbrightのデータシートの形式はVishayのものとは違っていたが、情報はやはり容易に見つけることができた。

Vishayのを使ってみよう。2ボルトと20ミリアンペアで正しく動作することがわかっているので、あとはオームの法則が教えてくれる。

抵抗値はどのくらい?

図1-61の単純な回路における正しい抵抗値を知りたいものとする。前に言及したルールを思い出すところから始めよう:

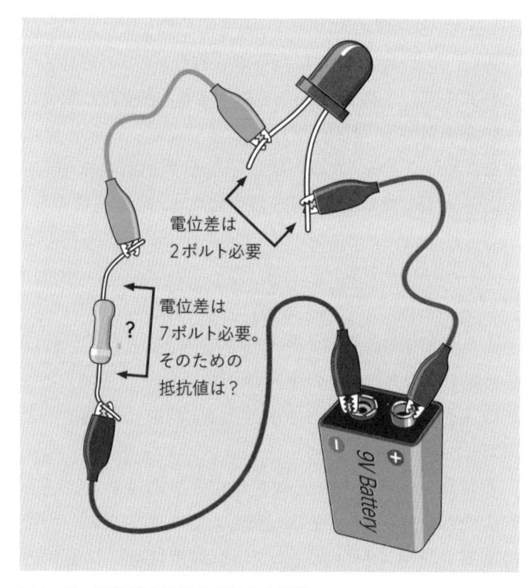

図1-61　抵抗値を計算する基本の回路。

- 回路内のすべての部品について電位差を足していくと、その合計は電池の供給電圧に等しくなる。

電池は9ボルトで、このうち2ボルトをLEDが取るようにしたい。ゆえに抵抗器は7ボルトの電圧を降下させなければならない。電流はどうなるだろうか。前述のルールをもう1つ思い出してほしい:

- 単純な回路の電流値は回路内のすべての場所で同じになる。

ゆえに、抵抗器を流れる電流はLEDを流れる電流と同じになる。目標値は20ミリアンペアだが、オームの法則はすべての単位が一致することを要求する。ボルトとオームで考えるなら、電流もアンペアで表現する必要がある。ということで、20ミリアンペアは20/1,000アンペア、つまり0.02アンペアとなる。

これで知っていることを書き出すことができる。いつでもやるべき第一歩だ:

$$V=7$$
$$I=0.02$$

どのバージョンのオームの法則を使うべきだろうか。あなたの知らない/知りたい値が左辺にあるものである。すなわちこれだ:

$$R=V/I$$

そしてこのようにVとIに値を代入する:

$$R=7/0.02$$

小数点を含む計算のコツを後で教えるが、今は時間を節約して、電卓で求めよう:

$$7/0.02=350\,(\Omega)$$

これは抵抗器で標準的な値ではないが、330Ωなら標準的だ。または、より繊細なLEDを使う場合を考えて、次の標準値である470Ωに行ってもよいだろう。覚えているかもしれないが、実験3で私は470Ωの抵抗器を使っている。今では理由がわかるだろう:計算したのだ。

ボルトをアンペアで割って直列抵抗の正しい値を求めるには電源電圧(この場合9ボルト)を使うべきだ、と誤解している人もいる。これは正しくない。電源電圧は抵抗器とLEDの両者に加えられるからだ。抵抗器の値を知るためには、この部品の電位差のみを考慮する必要があり、それは7ボルトなのである。

別の電源を使う場合はどうなるだろう。本書の後の方には、5ボルト電源を使った実験がいくつかある。このとき適切な抵抗値は、どのくらい変わるだろうか。

LEDはやはり2ボルト取るものとする。電源が5ボルトなので、抵抗器は3ボルトの電圧降下をしなければならない。電流も同じ値なので、式は次のようになる：

$$R=3/0.02$$

抵抗値はゆえに150Ωだ。LEDを最大出力で光らせる必要は必ずしもないし、下限値が20ミリアンペアより低いLEDを使うこともあるかもしれない。また電池駆動の回路であれば、電池を持たせるために消費電力を下げた方がよいかもしれない。これらを考えると、次に来る標準値の抵抗器、220Ωを使えばよさそうだ。

背景：ホット・ワイヤ

ワイヤ（配線・電線）の抵抗値が非常に低いことは前に述べた。これは常に無視できるほど低いといえるだろうか。実はそうではない。実験2で1.5ボルト電池をショートさせたときに見たように、ワイヤは大電流が流れると熱くなる。そしてワイヤが熱くなっているということは、ワイヤがいくらかの電圧をブロックしていることが確実であり、接続されたほかのデバイスが使える電圧は、その分だけ低くなるということだ。

ここでもオームの法則を使って数字を定めることができる。

0.2Ωの抵抗を持つ非常に長いワイヤがあるとしよう。大電力を消費する機器を駆動するため、これに15アンペアを流したいものとする。

知っていることを書き出すことから始めよう：

$R=0.2$（ワイヤの抵抗）
$I=15$（回路のアンペア数）

知りたいのはV、ワイヤの端から端での電圧降下である。だから左辺にVがあるバージョンのオームの法則を使う：

$$V=I\times R$$

数字をはめ込もう：

$$V=15\times 0.2=3\text{ボルト}$$

3ボルトとは高電圧の電源にとっては大したものではないが、12ボルトのカーバッテリーを使う場合、この長いワイヤは使える電圧の1/4を持っていく、ということになる。

自動車用の配線が比較的太い理由がわかるだろう——12ボルトから捨てる電力を可能な限り小さくしたいのだ。

基礎：小数点

イギリスの伝説の政治家、サー・ウィンストン・チャーチルは、「あの嫌なドットども」に不平を鳴らしたことで有名だ。これは小数点のことである。チャーチルは当時大蔵大臣で、政府の全歳出を監督していたので、小数点が苦手なことはちょっと問題だった。しかし彼は、由緒正しきイギリス風のやり方で、どうにか切り抜けることができた。つまり、あなたにだってやれる。

割算の式に小数点があるものとする。割る数と割られる数の小数点を同じ桁だけ動かすことで、式を簡単にすることができる。たとえばLEDの直列抵抗のため7／0.02を計算したいとき、両方の小数点を2桁分移動する：

$$7/0.02=700/2$$

この方がずっと簡単だ。存在する数字より右に小数点を移動したときは、その余分の桁数だけゼロを加えることに注意。つまり、7.0の小数点を2桁右に移動すると700となる。

かけ算で小数点がある場合はどうすればいいだろうか。たとえば0.03を0.002倍したいものとする。今度は割算ではなくかけ算なので、小数点は互いに反対方向に動かす必要がある*。このようになる：

$$0.03\times 0.002=3\times 0.00002$$

*訳注：反対方向に動かすのは、「かけ算なので」ではない。式全体として1をかけるようにすることで、値を変えずに式を簡単にすることができるからである。割算の例では100／100を、かけ算の例では100×0.01を、左辺にかけているだけである。7／0.02＝（7×100）／（0.02×100）＝700／2、0.03×0.002＝（100×0.03）×（0.002×0.01）＝3×0.00002である。

つまり答えは0.00006だ。繰り返すが、これが面倒すぎるなら電卓を使えばよい。しかしペンと紙で計算した方が速いこともある――暗算でいいときすらある。

理論：舌に関する計算

前回の実験で問いかけた問題に戻ろう。あなたの舌が熱くならなかったのは何故だろうか？

あなたはもうオームの法則を知っているので、数字で答えることができる。電池が定格通り9ボルト出しており、あなたの舌に50kΩ、つまり50,000Ωの抵抗があるとする。いつも通り、知っていることを書き出すことから始めよう：

V＝9
R＝50,000

知りたいのは電流のIなので、これを左辺に取るオームの法則の式を使う：

I＝V／R

数字を当てはめる：

I＝9／50,000＝0.00018アンペア

小数点を3桁ずらしてミリアンペアに変換しよう：

I＝0.18ミリアンペア

これは非常に小さな電流だ。これなら多くの熱を発することはない。

電池をショートさせたときはどうだろう。ワイヤはどれほどの電流で熱くなったのだろう。ワイヤの抵抗を0.1Ωと想定してみよう（おそらくもっと小さいが、0.1Ωを叩き台にする）。知っていることを書き出そう：

V＝1.5
R＝0.1

ここでも電流Iが知りたいので、こちらを使う：

I＝V／R

数字を当てはめる：

I＝1.5／0.1＝15アンペア

これは舌に流れたであろう電流の、ほとんど10万倍だ。細いワイヤに相当な熱が生じたことになる。

暖房機器やテーブルソーなどの大型の電動工具では、15アンペアの消費電力もありえるだろうが、小さな単3電池で本当にそんな大電流が出せるか、不思議に思うかもしれない。答えは……よくわからない。この電流は私のマルチメータでは計測不能だったからだ。10アンペアと書かれた大電流計測ソケットにプローブを入れても、15アンペアではメータのヒューズが飛んでしまうのだ。それで実験の3アンペアヒューズの代わりに10アンペアヒューズを試してみたところ、このヒューズは生き残った。

さて、これはなぜだろう。オームの法則は電流が15アンペアになるというが、いくつかの理由によりもっと小さかったということだ。電池ボックスの抵抗が0.1Ωより大きかったのか？　いや、もっと小さかったはずだ。では――オームの法則が予測するより電流を小さく制限したのは何であろうか。

答えは、日常世界のすべての物体はいくらかの電気抵抗を持っており、電池も例外ではない、ということだ。電池が回路の能動部品であることは、常に念頭に置いてほしい。

電池をショートしたとき、ワイヤだけでなく電池も熱くなったのを覚えているだろうか。電池には間違いなく、ある程度の内部抵抗があるのだ。ミリアンペア単位の小さな電流を扱っているときはこれを無視することができるが、大電流となると、電池は積極的に関与する。

私が大型バッテリー（特に車のバッテリー）を使わないように書いたのはこのためだ。大型のバッテリーの内部抵抗はずっと小さく、ずっと大きな電流が流れることができるので、爆発的な熱量を発生させうるのだ。カーバッテリーはスタータモータを回す時に、文字通り数百アンペアもの電流を流せるように設計されている。これは簡単にワイヤを溶かして、不快な火傷につながるほどの電流だ。実際、カーバッテリーを使えば溶接が可能である。

リチウム電池もやはり小さい内部抵抗を持っており、ショートさせると危険だ。要するにこういうことだ：

- 大電流は高電圧と同じようには危険ではない。しかしやはり危険である。

背景：ワット

みんなが親しんでいる単位について、これまで触れていなかった。ワットである。

ワットは力の単位であり、力はある時間のあいだ加えられることによって仕事を行う。エンジニアであれば、仕事とは人、動物、機械といったものが、何かを機械的抵抗に打ち勝って動かした際に行われるものである、と言うかもしれない。例としては、平らな道を巡航する自動車（摩擦と空気抵抗に打ち勝っている）、階段を上がる人（重力に打ち勝っている）などがある。

1ワットの力が1秒間加えられたとき行われる仕事を1ジュールといい、通常はJの文字で表記する。力をPと書いた場合：

J＝P×s

またはこの式を変形して：

P＝J／s

電子が回路を押し通るとき、それはある種の抵抗に打ち勝っており、ゆえにそれらは仕事をしている。

ワットの電気的な定義は簡単だ：

ワット＝ボルト×アンペア

Wをワットの意味に使う慣習的な文字で表現した次の3式は、すべて同じことを意味している：

W＝V×I（ワット＝ボルト×アンペア）
V＝W／I
I＝W／V

一般的にはミリワット（mW）、キロワット（kW）、メガワット（MW）といった単位が状況に応じて使われている。メガワットは普通、発電所の発電機のようなヘビーデューティ機器にのみ使われる。ミリワットの小文字のmと、メガワットの大文字のMを混同しないように注意すること。ミリワット、ワット、キロワットの換算表を図1-62に示す。

ミリワット（mW）	ワット（W）	キロワット（kW）
1mW	0.001W	0.000001kW
10mW	0.01W	0.00001kW
100mW	0.1W	0.0001kW
1,000mW	1W	0.001kW
10,000mW	10W	0.01kW
100,000mW	100W	0.1kW
1,000,000mW	1,000W	1kW

図1-62　もっとも一般的なワット単位の換算表。

昔風の白熱電球はワット単位の製品だ。ステレオシステムもそうだ。ワットは蒸気機関の発明者、ジェームズ・ワットにちなんで名付けられている。ちなみにワットは馬力と相互に変換できる。

抵抗器の一般的な定格は1/8ワット、1/4ワット、1/2ワット、1ワット、それ以上で、処理できる電力を示す。本書ではすべてのプロジェクトで1/4ワット抵抗器が使用可能だ。どうやって判断したのだろうか。

9ボルト電池を使った最初のLED回路に戻ってみよう。このとき抵抗器は、20ミリアンペアの電流で7ボルトの電圧降下をさせていた。抵抗器が処理すべき電力はどのようになるだろう。

知っていることを書き出そう：

V＝7（抵抗器における電位差）
I＝20ミリアンペア＝0.02アンペア

知りたいのはWだ。だから次のバージョンの式を使う：

W＝V×I

数字を当てはめる：

W＝7×0.02＝0.14ワット

これが抵抗器で消費される電力だ。

1/4ワットとは0.25ワットなので、1/4ワット抵抗器は0.14ワットを問題なく処理できる。実のところ1/8ワット抵抗器でもなんとかなる程度だが、後の方の実験では1/4ワットが処理できる抵抗器が必要になるうえ、通す電力より大ワットの抵抗器を使ってもペナルティはない。わずかに高価でわずかに大きいだけだ。

背景：ワットの起源

ジェームズ・ワット（James Watt、図1-63）は蒸気機関の発明者として知られている。1736年にスコットランドで生まれた彼は、グラスゴー大学に小さな工房を構え、そこでシリンダー内のピストンを蒸気で高効率に動かすデザインを完成させようと格闘した。財政上の問題と未発達の金属加工技術により、実用化は1776年まで遅れた。

図1-63　ジェームズ・ワットの蒸気機関の開発は産業革命を可能にした。彼は死後、名前が電気の力の基本単位となる栄誉を受けた。

特許取得の困難にかかわらず（当時それは法として議会を通過しなければ授与されなかった）、最終的にワットと彼のビジネスパートナーは、この発明から大金を得た。電気のパイオニアとなるには早すぎた彼だが、1889年（死後70年である）に、彼の名前は、アンペアとボルトをかけ合わせたものと定義される、電力の基本単位に帰せられた。

片づけとリサイクル

死んだLEDは捨ててよい。ほかはすべて再使用可能だ。

実験5：電池を作ろう

ずっと昔、ウェブが存在する以前、子供はレモンに釘と銅貨を突っ込んで原始的な電池を作るようなキッチンテーブル実験を楽しもうとするほど、恐ろしく虐げられていたものだ。信じがたいことだが、本当だ！

現代的なLEDは、数ミリアンペア程度の電流を通すだけで点灯するので、昔ながらのレモン電池実験は、より興味深いものとなっている。これまでやったことがないなら、今がその時だ。

必要なもの

- レモン（2）または100％レモンジュースのスクイーズボトル（1）
- USペニー（1セント）硬貨などの銅メッキされたコイン（4）
- 1インチの（またはそれ以上のサイズの）亜鉛メッキされたブラケット（L字金具）（4）
- 両端にミノムシクリップの付いたテストリード（5）
- マルチメータ（テスター）（1）
- 小電力LED（1）（汎用LEDと小電力LEDの違いについては、006ページ「発光ダイオード」参照）

準備

電池は電気化学的なデバイスである。化学反応が電気を生み出す、ということだ。当たり前だが、これは正しい化学物質を使ったときにのみ動作する。ここで使うのは銅、亜鉛、レモンジュースだ。

ジュースにはまず問題ないだろう。レモンは安価だし、濃縮果汁還元の小さなスクイーズボトルを買うこともできる。どちらでもうまくいく。

現在のペニー硬貨は銅貨ではないが、銅の薄膜がメッキしてあるから十分だ。ただし新しい、輝きのあるものを使うこと。銅が酸化されると鈍い茶色になり、実験もうまくいかない*。

亜鉛はさらにちょっと問題だ。必要なのは亜鉛メッキされた（ガルバナイズされた）、つまり防錆のために亜鉛で覆われた金属である。亜鉛メッキの小さなスチール金具が、ホームセンターなどで安く買えるはずだ。長さ1インチ程度のものがあればよい**。

*編注：ペニー硬貨の代わりに10円硬貨を使ってもよい。硬貨の汚れはタバスコや醸造酢で落とすことができる。
**編注：亜鉛メッキされた金具の代わりに1円硬貨やアルミホイルを使ってもよい。

レモンテスト：パート1

レモンを半分に切り、ペニー硬貨を差し込む。ペニー硬貨のすぐ傍に（ただし触れないように）亜鉛メッキ金具を差し込む。続いてマルチメータをDC2ボルトが計測できるようにセットして、プローブの片方をペニー硬貨に、もう片方を金具に当ててみよう。メータは0.8から1.0ボルトの電圧を検出するはずだ。

普通のLEDを光らせるには、もっと電圧が必要である。どうしたらいいだろうか。電池を直列つなぎにすればよい。言い換えれば、もっとレモンを！　ということだ。図1-64のように、電池をテストリードでリンクする。各リードが金具とペニー硬貨を接続していることに注目してほしい。硬貨同士、金具同士を接続しないこと。

すべて慎重に組み上げれば、つまり硬貨と金具を近づけながら触れさせないことを守れれば、レモンジュース電池3基の直列つなぎで、LEDを点灯させられるはずだ。

図1-65のように、小さく区切られた小型のパーツボックスを使う手もある。すべてをうまく並べてから、レモンジュースを絞り入れるようにしよう。酢やグレープフルーツでもうまくいくだろう。

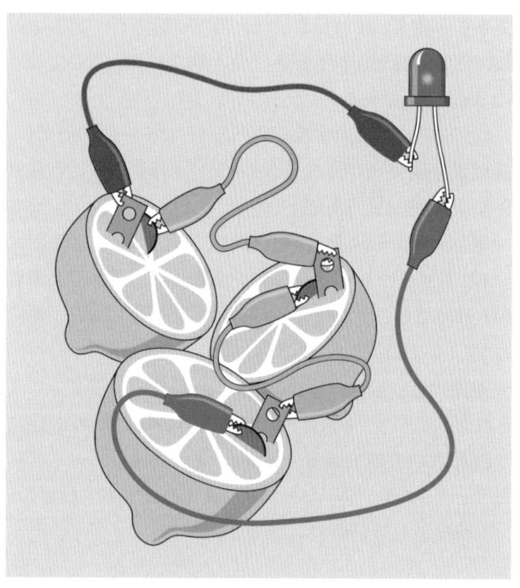

図1-64　3個のレモン電池があれば小電力LEDの駆動に十分な電圧が発生するはずだ。

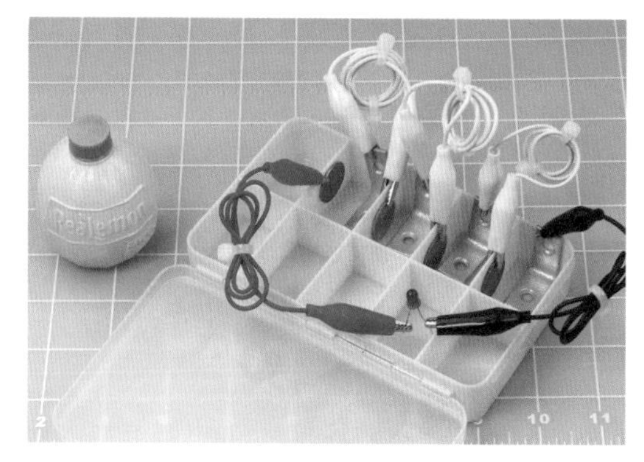

図1-65　レモンジュースは生でもスクイーズボトルのものでもよく、装置が多少雑でも安定した結果が得られる。こちらではパーツ用の箱を4セルジュース電池に転用した。

私のジュース電池は4セルにしてみた。LEDによる電圧降下があるのと、この電池にはLEDを破壊するほどの電流供給能力がないためだ。写真の組み合わせは即座に動作した。

理論：電気の性質

レモン電池がなぜ動くかを理解するには、原子についての基礎知識から始める必要がある。原子の中心にある原子核には、正電荷を持つ陽子という粒子が含まれている。またこの原子核は、負電荷を持つ電子に囲まれている。

原子核の破壊には大きなエネルギーを必要とし、それはまた大きなエネルギーを遊離させることがある――核爆発の中で起きていることだ。しかし原子核から電子をいくつか引きはがす（または与える）には、ほんの少しのエネルギーしか使わない。たとえば、亜鉛と酸が化学反応を起こす時、それは電子を遊離する。

亜鉛メッキのパーツがどこにも接続されていなければ、電子はどこにも行けないので、この反応はすぐに止まる。電子は互いに反発する力を持っているので、反感を持ちあう群衆のように考えることができ、図1-66のように、新しい人が入ってくるのを拒絶する。

図1-66　電極の電子同士は斥力という名の敵意を抱いている。

さて、過剰な電子を持ったこの亜鉛電極にワイヤをつなぎ、ワイヤの先には電子が占めるべき「ホール」を持った別の材料（銅など）の電極がつながっているとする。何が起きるだろうか。電子は原子から原子へジャンプすることにより、ワイヤ中を容易に進むことができる。ワイヤという道を付ければすぐに、電子同士はその斥力により、互いになるべく早く逃げ出し、新しい居場所に行こうとする。電流はこうして作られる。図1-67を参照してほしい。

図1-67　亜鉛電極から銅電極へ逃げる電子。

そして亜鉛電極にある電子同士の反発力が減ると、亜鉛−酸反応が続けられるようになり、居なくなった電子は新しいもので置き換えられる――そしてすぐに前者に続き、お互いから逃げ出そうとしてワイヤを走り去るのだ。このような力で動く彼らを、われわれはLEDを通るよう寄り道させ、持っているエネルギーの一部を開放することで、点灯させることができる。

このプロセスは亜鉛−酸反応がゆっくりと停止するまで続く。停止はたいてい、酸化亜鉛などの化合物層が形成されることで起きる。酸化亜鉛は酸と反応せず、下層の亜鉛が酸と反応するのを妨げる。（亜鉛電極を酸性の電解液から抜くとススがついたようになっていることがあるのはこのためだ。）

この描写は一次電池、つまり電極同士をつないで一方の電極から他方に電子が流れられるようになればすぐ電気を発生するような電池に対して適切なものだ。一次電池が発生できる電流の大きさは、内部で起きる化学反応が電子を遊離する速度によって決まる。電極の中で未反応だった金属がすべて化学反応に使われてしまうと、電池はそれ以上の電気を発生できず、つまり死んでしまう。再充電が簡単じゃないのは、起きている化学反応が逆転しやすいものではなかったり、電極が酸化されていることがあるためだ。

二次電池とも呼ばれる充電式の電池では、電極と電解質の選択がもっと賢く、化学反応が逆転できるようになっている。

背景：プラスとマイナス

電気は負電荷を持つ電子の流れだと書いた。であるなら、これまでの実験において、我々はなぜ電気が電池の正極から負極に流れるかのように話していたのだろうか。

お話は電気の研究史における気まずいできごとから始まる。ベンジャミン・フランクリン（Benjamin Franklin）が荒天時の雷などの現象を研究し、電流の性質を理解しようとしていたとき、彼は正から負への「電気流体」の流れを観察したと信じた。この概念を彼は1747年に提唱する。

実際はフランクリンは不運な誤りを犯しており、これは物理学者のJ. J. トンプソン（J. J. Thomson）が電子の発見を発表した1897年まで正されなかった。電気は実際には負の電荷を持つ粒子の流れであり、強く負に荷電した空間から、「より負ではない」、すなわち「より正の」空間へと流れるのだ。電池では、電子は負極から生じて正極へと流れる。

事実が確立したのだから、正極から負極への流れという、ベン・フランクリンの理論は放棄すべきだと思うかもしれない。しかし、みんなが150年もそのように考えてきたのである。また、電子がワイヤの中を動くとき、これと等量の正電荷が逆方向に流れているものと考えることができるのだ。電子が元の場所を離れるときは、微小な負電荷を運び出す。つまり、元の場所はわずかにプラスに変わる。電子が目的地に着くと、負電荷はその場所をわずかに「より正ではない」ようにする。これは想像上の正の粒子が逆方向に動いたとき起きることと、ほとんど同じである。さらにいえば、電気のふるまいを記述する数学のすべては、想像上の正電荷電流に適用しても、依然として有効だ。

慣習と利便性により、プラスからマイナスへの流れというベン・フランクリンの誤った概念は生き残った。結局のところ、何も変わらないからだ。

図1-68　天候条件によっては、落雷時の電子の流れは地面からあなたの足、あなたの頭のてっぺんへと通って雲に上がる。ベンジャミン・フランクリンも驚くだろう。

ダイオードやトランジスタといった電子部品を表す記号にも部品の向きを教える矢印があるが、この矢印もすべてプラスからマイナスに向いている——実際の動作の方向とは違うにもかかわらず。

ベン・フランクリンが雷を研究したとき、彼はこれを正の領地（空の雲）から負の貯水槽（惑星地球）に動いていく電荷とみなしていた。雲がより正になることがあるのは事実で、ということは、こうした雷は地面から空に移動する電子である、ということになる。これは本当に起きていることであり、つまり「雷に打たれた」人は、電子を受けることでなく、それを発することで怪我をしたのかもしれない。図1-68に示した通りである。

理論：基本の計測単位

私は今、普通ならエレクトロニクスの教科書の最初のところに出てくるような定義に立ち戻ろうとしている。

電位は個々の電子の電荷を合計することで測られる。その基本単位はクーロンで、1クーロンは6,241,509,629,152,650,000個の電子の電荷の合計に等しい。

ワイヤを1秒ごとに通過する電子の数がわかれば、電気の流れを計算することができ、それはアンペアで表せる。実際は：

1アンペア=1クーロン／秒（約624京電子／秒）

電流が流れているワイヤの内部が見えたとしても、電子は可視光の波長より小さいので、それを見る方法はないし、多すぎるほどの数が速すぎるほど高速に動いている。とはいえ、それらを検知する間接的な方法はある。たとえば、電子が運動すれば電磁力の波が発生する。電子が増えれば電磁力も増え、これは測ることができるのだ。われわれはここからアンペアを計算できる。電力会社があなたの家に設置した電気メータは、この原理で動く。

電子を導体に通すのに必要な力は電圧であり、それは流れを生み出す。電池をショートさせたときに見たように、流れは熱を生ずることがある。（抵抗ゼロのワイヤを使っていれば、そこを通る電気が熱を生ずることはない。）この熱を電気ストーブのように直接使ってもよいが、電気エネルギーにはほかの使い道もある——たとえばモーターが回せるのだ。いずれにせよ、我々は電子からエネルギーを取り出して、何らかの仕事をする。

1ボルトとは、1ワットの仕事を行う1アンペアの流れを作るのに必要な圧力の量と定義できる。前に定義した通り、1ワット=1ボルト×1アンペアだが、この定義は実は逆向きに生じている：

1ボルト=1ワット／1アンペア

この方が意味するものが多い。ワットを非電気的な用語として定義できるからだ。興味があれば、メートル法の単位を遡っていくこともできる：

1ワット=1ジュール／秒
1ジュール=1ニュートンの力で1メートルの作用
1ニュートンは1キログラムを毎秒1メートル加速

これらにもとづき、電気的単位のすべてを、質量、時間、電子の電荷の観測と結びつけることができる。

実用的に説明する

実用の上では、電気についての直感的理解は理論に勝ると思っている。私が好きなのは、電気の入門ガイドで何十年も使われてきた、水のアナロジーに戻ることだ。

図1-31で私は、タンクの穴からの水の流出率をアンペア数になぞらえたが、その水の高さが生ずる水圧は電圧に相当し、穴の径の小ささは抵抗と同等である。

この絵の中で、電力はどれだろう？　図1-69のように、穴からの水流が当たるところに小さな水車を置いたとする。この水車には機械を付けることができる。つまり流れが仕事をできるようになったというわけだ。（そう、ワットは仕事がなされる率の単位なのである。）

これはタダ取りのように見えるかもしれない。システムにエネルギーを戻すことなく水流から仕事を得ているからだ。しかし思い出してほしい。タンクの水位は下がっていくのだ。排水をタンクの上に戻すヘルパーさんたちを組み込んでみると、仕事を取り出すには仕事を投入する必要があることが明らかになる。図1-70を参照してほしい。

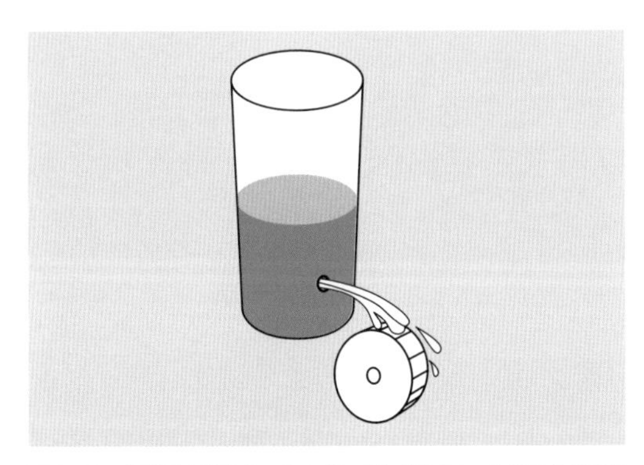

図1-69　水車が水流からエネルギーを取り出すと、水流はある期間のあいだワット単位で計測可能な仕事を行う。

同様に電池も、何も入れなくても電気をくれるもののように見えるが、中で起きている化学反応が純金属を金属化合物に変え、この状態変化によって電池からの電力を可能にする。充電式の電池であれば、充電の際に化学反応を逆転させるために、電力を押し込む必要がある。

水タンクの話に戻って、水車を回すのに十分な力が得られないものとする。1つの答えは、図1-71のように水位を上げて、より多くの力を生じさせることだ。

図1-70　システムから仕事を取り出すには、そこに仕事を投入する必要がある。

これは2本の電池を縦に、端と端を正極と負極でくっつけて並べる（レモン電池のレモンでやったもの）のと同じだ。図1-72に示すように、直列つなぎの2つの電池によって、電圧は2倍になる。回路の抵抗値が同じである限り、電圧が大きくなれば多くの電流が生まれる。電流=電圧／抵抗だからだ。

タンクのアナロジーで、もう一度考えよう。水車を2倍の時間回したいが、タンク容量が足りない場合に、どうすればいいだろうか。2番目のタンクを作り、両方の水が1つの穴から出るようにすべきだろう。これと同様、2本の電池を横並びにして並列つなぎに配線すると、同一の電圧を得ながら電池は2倍長く持つ。また、2個の電池は1個の電池より多くの電流を流すことができる。図1-73を参照してほしい。

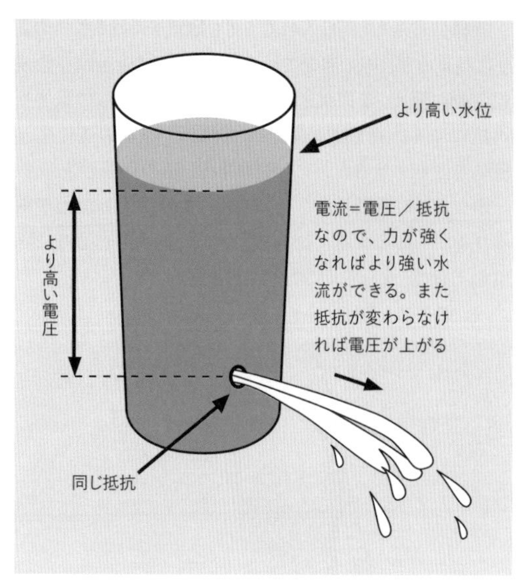

図1-71　利用可能な仕事の量は水圧が高いほど増加する。

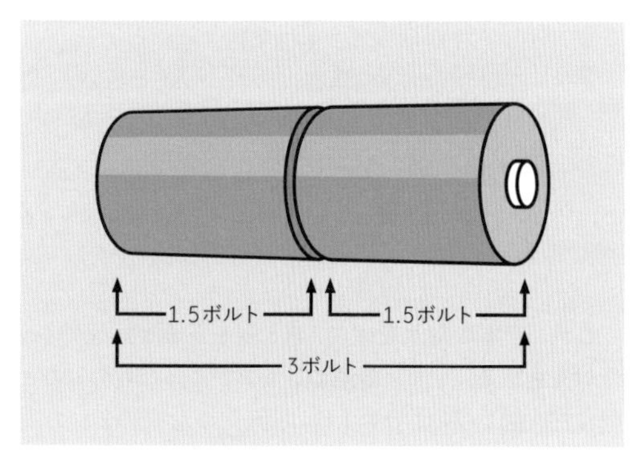

図1-72　直列つなぎの2本の電池は、充電状態が同じであれば、1本の電池の2倍の電圧が出せる。

まとめ：

- 直列につないだ2個の電池は2倍の電圧を出せる
- 並列につないだ2個の電池は1本の時と同じ電流を2倍の時間流すか、2倍の電流を同じ時間流すことができる。

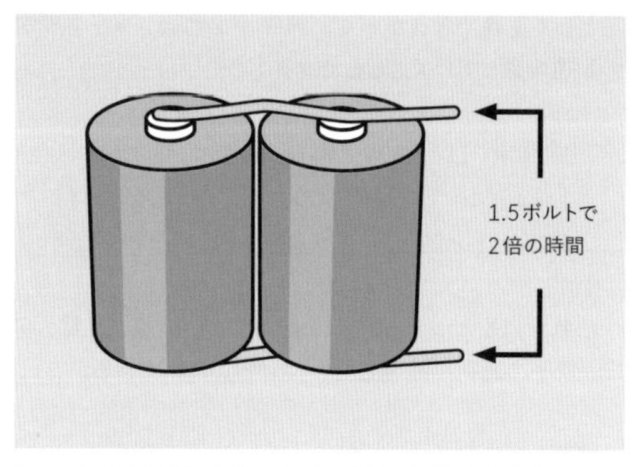

図1-73　同じ負荷に給電するとき、並列つなぎの電池なら、およそ2倍の時間動作できる。もしくは、1本の電池のときと同じ時間のあいだ、2倍の電流を流すことができる。

今のところ理論はこれで十分だ。次の章ではこの電気的知識を基礎に実験を続け、面白くて実用的であろうガジェットに向けて、少しずつ進んでいく。

片づけとリサイクル

レモンやレモン汁に浸けた金物は変色しているだろうが再利用できる。レモンには亜鉛イオンがいくらか溜まっているはずなので、食べるのはあまりよい考えではないかもしれない。

スイッチング

Switching

2

本章は実験6〜11から成り、一見単純な「スイッチング」というトピックを探る。ここでいうスイッチングとは、単に手で切り替えることにとどまらず、1つの電流で別の電流を切り替えるということである。これは非常に重要な原理であり、これなくしてデジタル機器は存在できない。

現在、スイッチングのほとんどは、トランジスタで行われている。これについては詳しく取り上げるつもりだが、その前に、リレーを紹介することで概念の強化と図解をしようと思う。リレーは中で起きていることが目に見えるので理解しやすいのだ。そしてリレーに行く前に、概念の一部が手でオンオフするスイッチにより示せるところを見せる。というわけで、解説はスイッチ、リレー、トランジスタの順となる。

本章では静電容量についても解説する。これは静電容量が電子回路にとって、抵抗と同じくらい基礎的なものだからである。

2章で必要なもの

これまで同様、ツールなどの購入時にはショッピングリストとして315ページ「ツールと機器の購入」を参照してほしい。必要な部品や消耗品のキットについては299ページ「キット」を参照のこと。部品や消耗品をオンラインで自力で購入したいなら306ページ「部品」を参照されたい。

必須：時計ドライバー

図2-1にスタンレー製のセット（部品番号66-052）を示す。家にあるようなドライバーは、部品についた小さいネジにはだいたい大きすぎる。

図2-1のような比較的安価な時計ドライバーセットを買えばよいが、有名ブランドのドライバーの方が材質がよいと思う。

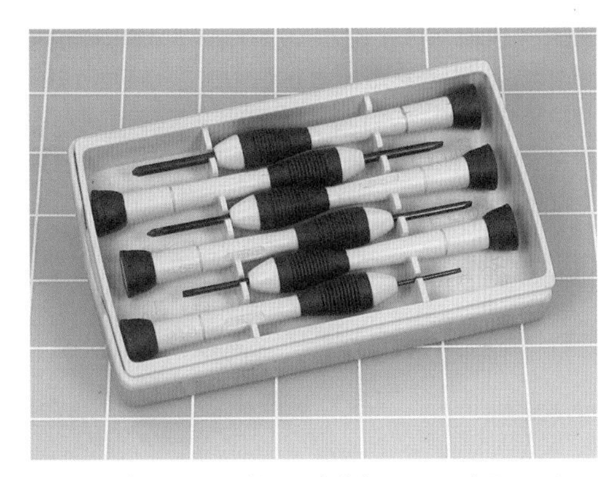

図2-1　プラスマイナス揃いの時計ドライバー。方眼は1インチ（2.54センチ）間隔である。

必須：小型ラジオペンチ

これからの作業では全長が13センチ以下のラジオペンチが必要だ。ワイヤを正確に曲げたり、太く不器用な指先で摘むには小さすぎる部品を掴むのに使う。この種の作業向けに高価で高品質のツールを投入しても、あまり得るものはないので、一番安い品で構わない。一例を図2-2に示す。バネ付きが好きじゃない方もいるだろうが、バネは外すことができる――ペンチがもう1本あれば。

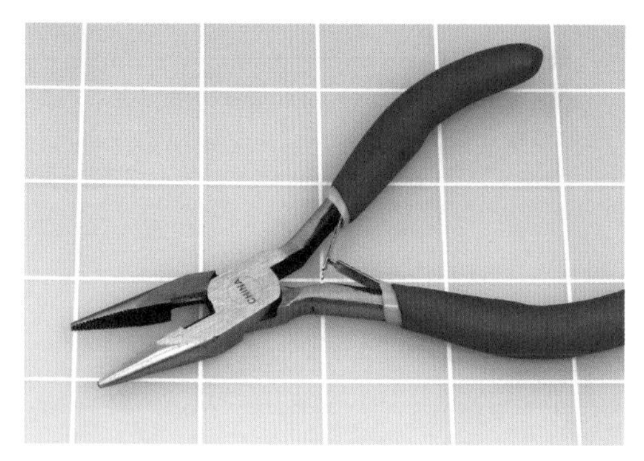

図2-2　エレクトロニクス作業には全長13センチ以下のペンチが適切だ。

任意：細いラジオペンチ

小型ラジオペンチと似ているが、先端が非常に精密で尖ったもの。ブレッドボード上の、きつく混み合った部品にアクセスするのに、とても便利だ。ビーズ細工などのクラフト作業に特化した店やウェブサイトで買うのが一番だ。ただし針金を丸くするための丸い先端を持つビーズプライヤーを買わないように注意すること。われわれの用途では、図2-3のように噛み合わせ部がフラットなものがよい。

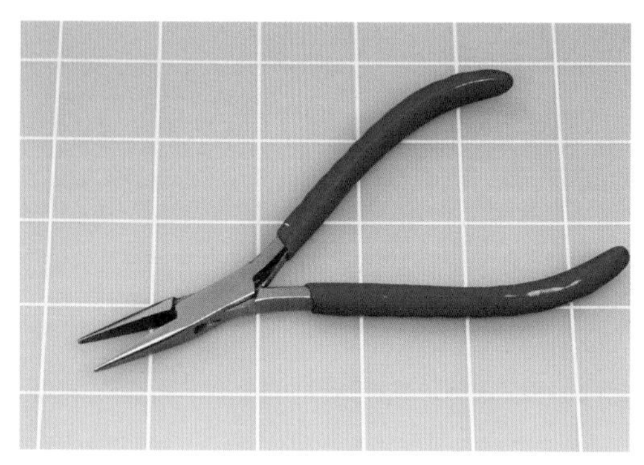

図2-3　細いラジオペンチがあると細かい作業が非常に正確にできる。

必須：ニッパ（ワイヤカッター）

ペンチの根本には普通、刃が付いていて、ワイヤを切るのに使える。ただ、ワイヤというのは何かに取り付けられていてプライヤーでは届かない場合がよくあるので、図2-4のようなニッパが必ず必要だ。13センチ以下のものにしよう。細くて柔らかい銅線を切る限り、高品質のものである必要はない。

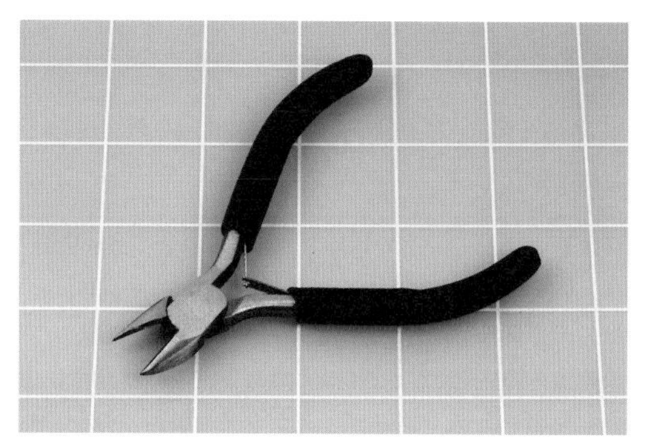

図2-4　ニッパは13センチ以下のものにしよう。

任意：精密ニッパ

図2-5のような精密ニッパはニッパの同類だが、薄く小さいので狭い場所に入れやすい。ただし頑丈ではない。こちらを使うか普通のニッパを使うかは好みによる。私は普通のニッパが好きだ。

図2-5　精密ニッパは普通のニッパより狭いところに入れやすい。

必須：ワイヤストリッパ

これから使うワイヤは絶縁ビニールなどでコーティングされている。ワイヤストリッパは被覆を短く剥いて芯線を露出させるために専用設計されている。マッチョなホビーストであれば、こんなことをするのに工具なんか必要ない、と主張するかもしれないが、それは大きな間違いであることを証明すべく、私の前歯は内側の端が2か所ほど欠けている（図2-6参照）。

図2-6　急いでる？　ワイヤストリッパが見つからない？　誘惑はすごいが、よい考えではない。

もう1つの方法として、ニッパを図2-7のように使う手がある。片手でワイヤを持ち、もう片方の手に持ったニッパで軽く挟んで、両手を梃子（てこ）のように使って離すのだ。ただしこのスキルは練習が必要だ。刃が滑って何も起きないこともあるし、線を切ってしまうこともある。

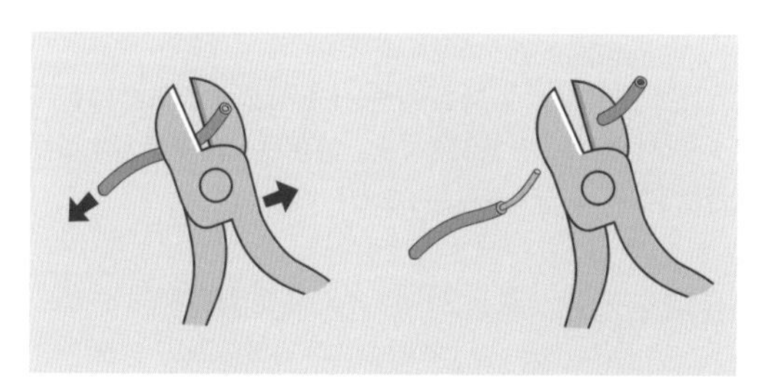

図2-7　ニッパで被覆を剥く方法。ワイヤストリッパの方が使うのが楽だ。

ワイヤストリッパはほんの数ドルの追加投資で作業を格段に楽にしてくれる。

初版では片手で使える、いわゆる自動ワイヤストリッパも「任意」で紹介していた。ただ残念ながら、この種のものは、ほかのタイプのワイヤストリッパよりかなり高い上、本書のどの回路でも必要なAWG22番（0.65ミリ）の配線には使えないものが多い。というわけで、推奨するのはやめにした。

図2-8のタイプのツールは、多くのメーカーが販売している。ハンドル部に角度がつけてあるもの、ストレートのもの、曲がったハンドルのものもある。私はそこに意味があるとは思わない。動作はどれも同じだ：ワイヤを適したサイズの穴に挟み、刃を閉じて被覆を引き抜く。

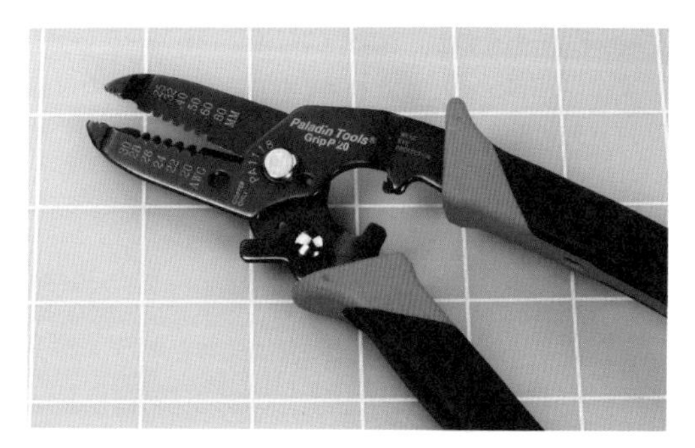

図2-8　推奨するのはAWG20番から30番用のワイヤストリッパである。

ただし、必要なサイズに正しく合ったものであるか注意する必要がある。

ゲージ（アメリカンワイヤゲージ：AWG）は導体の太さの規格である。番号が大きくなるほど線が細くなる。われわれの用途には、AWG20番（20ゲージ）のワイヤはわずかに太すぎ、24番だとわずかに細すぎる。最適な太さは22番であり、この特定のサイズに合わせた工具を持つことで、作業はかなり簡単になる。図2-8では20番から30番の間に、22番用の小さいくぼみがあるのがわかるだろう。これこそこの作業のためのツールだ。

必須：ブレッドボード

ブレッドボードは実験8まで必要ではないが、ここで軽く入門しておこう。ブレッドボードは0.1インチ（2.54ミリ）間隔の穴が並んだプラスチックの小さな厚板だ。この穴に部品やワイヤを押しこむようになっている。プラスチックの中には、穴同士を列方向に接続する導体が隠れている。

ブレッドボードは、これまで使ってきたテストリードよりすっきりと部品を接続できるし、ハンダ付けで組み立てるより簡単で、しかも可逆的だ。

- ブレッドボードは正しくはソルダーレス（ハンダ無用の）ブレッドボードといい、プロトタイピング・ボードと呼ばれることもある。

ブランドや購入先は重要ではないが、本書で使用しているのと同じ構成のものを購入するように気をつけよう。3種類あるが、正しいのは1つだけだ：

ブレッドボードその1：ミニタイプ（図2-9）

よく「Arduino用」とされるこれは、われわれの目的には穴数が足りないので購入しないこと。

図2-9　ミニタイプのボードは本書の多くのプロジェクトにとって大きさが足りない。

ブレッドボードその2：シングルバス（図2-10）

「バス」はボードの左右にある、長い列になった穴を指す用語だ。写真では両側に1列ずつのバスがあり、赤囲みにしてある。必要なのはこのタイプのボードだ。購入時に製品の写真を見て確認すること。また、穴が60列で700接続ポイント（「タイポイント」ともいう）のものにすること。自力で購入する場合はAmazonやeBayで「solderless breadboard 700」と検索する。

お好みであれば、デュアルバスのブレッドボードを使い、余分の穴は無視することもできる。

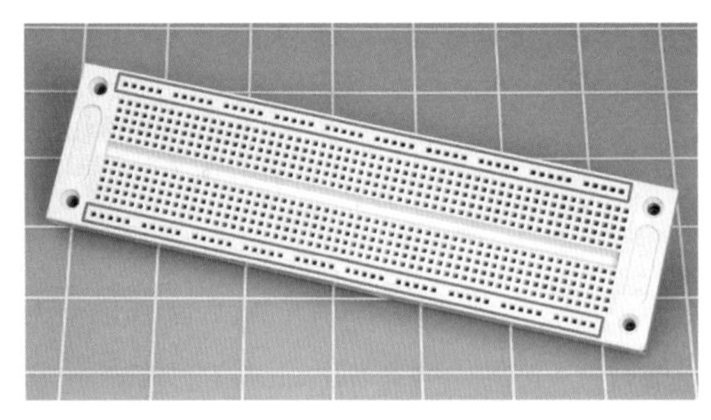

図2-10　シングルバスのブレッドボードは両側に長い1列ずつの穴列を持つ。

ブレッドボードその3：デュアルバス（図2-11）

これは両側に長い2列の穴列（デュアルバス。写真赤囲み）を持つ。より便利なので、初版ではこのタイプのボードを使用した。そして初めて使う人がいかに配線ミスしやすくなるかを目の当たりにしたのだ。もはやデュアルバスブレッドボードは推奨しない。

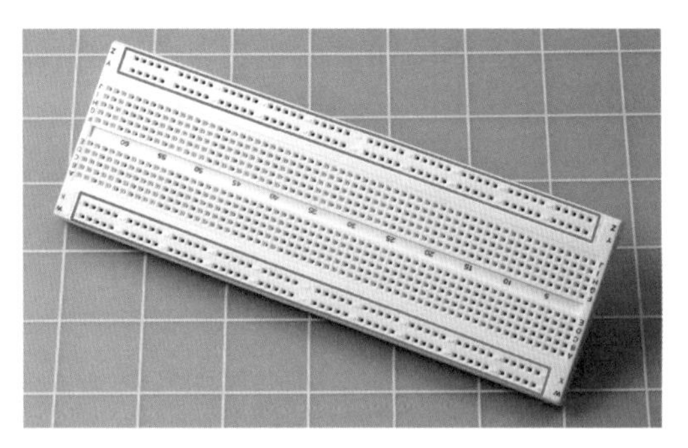

図2-11　デュアルバスブレッドボードは、写真で赤囲みにした長い2列の穴列を持つ。このスタイルのボードはもう推奨しない。

さて、私の推奨するボードのタイプは定まった。これがいくつ必要だろうか。以前は再使用できることを念頭に「1つだけ」と言っていたのだが、昨今は2つ3つ買うことを考えるべきところまで価格が下がった。そうすれば、新しい回路のプロトタイピングを始める際に、古い回路の分解から始める必要がない。

消耗品

必要な部品や消耗品のキットを購入する場合は299ページ「キット」を参照のこと。消耗品を自力購入する場合は305ページ「消耗品」を参照のこと。

必須：フックアップ・ワイヤ（配線材）

ブレッドボードでの接続に必要なタイプのワイヤはフックアップ・ワイヤと称されるもので、一般ばら線のカテゴリーで見つかることも多い。どちらにしても、単芯で（「より線」でない）AWG22番の線径であること。

これらは図2-12のような、10メートルや30メートルでプラ製スプールに巻いたものがよく売られている。

図2-12　フックアップ・ワイヤはこのような10メートルや30メートル巻きで購入可能。

30メートルスプールだとメートル単価は安くなるが、もっと少量でいいので、被覆の色が3色以上になるように購入することをお勧めする。これはワイヤに色がついていると、製作した回路の誤りを見つけるのに役立つためだ。赤と青を正負の電源接続に、ほかの色をその他の接続に使うとよい。

ワイヤの被覆をむくと、図2-13のように内部の銅芯が現れる。図2-14のより線と比較してほしい。より線にはすぐ後で述べるようにさまざまな用途があるが、ブレッドボードの穴に押し込もうとすれば、すぐさまフラストレーションを感じることになる。単芯線が絶対に必要だ。

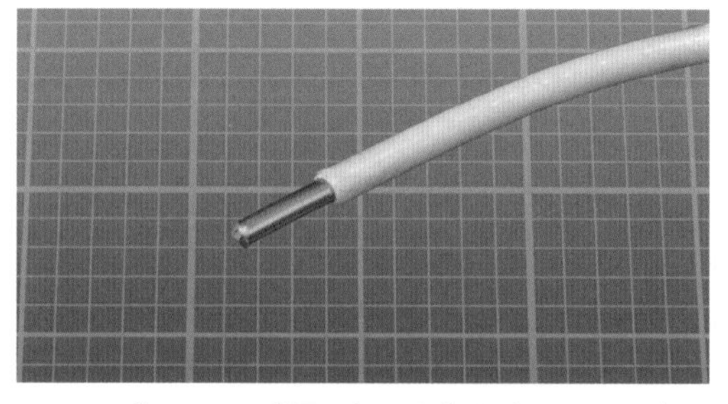

図2-13　プラスチックの被覆の中には銅線が1本だけあるはずだ。

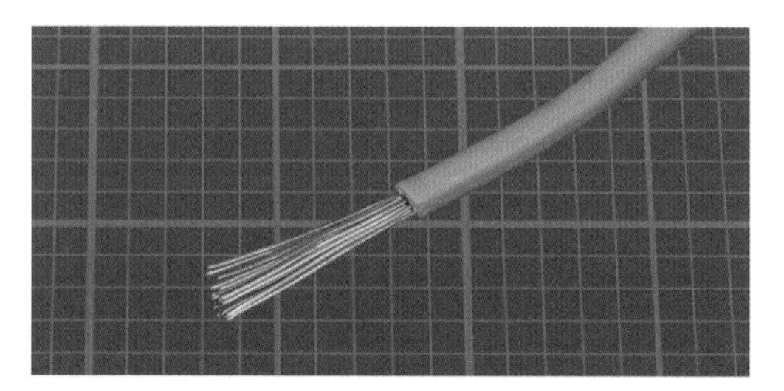

図2-14　ある種の用途（42ページ本文記載）では、より線が有用な選択肢だ。

AWG22番線用のワイヤストリッパが必要だと強調したのと同様に、ここでは20番でも24番でもなく、22番のワイヤが必要であることを強調する。24番のワイヤはブレッドボードへの差し込みが甘くて接続に信頼性がないし、20番のワイヤは少しだけ太すぎて、差し込もうとするとうまく入らずに曲がることがある上、差し込めたときは抜くのが難しくなりやすい。

銅線には被覆をむいたとき銀色にコーティングされたものがある。これは「スズメッキ線」だ。ほかのワイヤは普通の銅で、私にはどちらがよいという意見はない。

どのくらい必要だろうか。本書の回路を組み立てるには、各色10メートルもあれば十二分である。ただ、実験26、28、29では電気と磁気の関係を探求し、自分の鉱石ラジオを作るために、コイルの作成が必要になる。これらのプロジェクトを追求するなら（その価値はあると思う）、60メートルのワイヤが必要だ。これはあなたの選ぶことだ。本書向けのキットでこれほどたくさんのワイヤの入ったものはない。ワイヤの購入にまつわる情報は305ページ「消耗品」を参照のこと。

ジャンパ線

ワイヤを切ったら両端の被覆を6ミリ以上10ミリ以下に剥き、両端とも下に折り曲げると、ブレッドボードの穴に押し込むジャンパ線が作れる。これはブレッドボードの穴をジャンプで横切って接続するものである。このタイプのジャンパ線は回路がすっきりして誤りを比較的見つけやすい。

問題は、作業に適したツールを使ってもなお、被覆をはがして直角に曲げるのは面倒だ、ということだ。だからジャンパ線に作ってあるカット済ワイヤを買いたい方もいるだろう。図2-15のようなセットがある。このタイプのものを見つける方法の解説は305ページ「消耗品」を参照されたい。

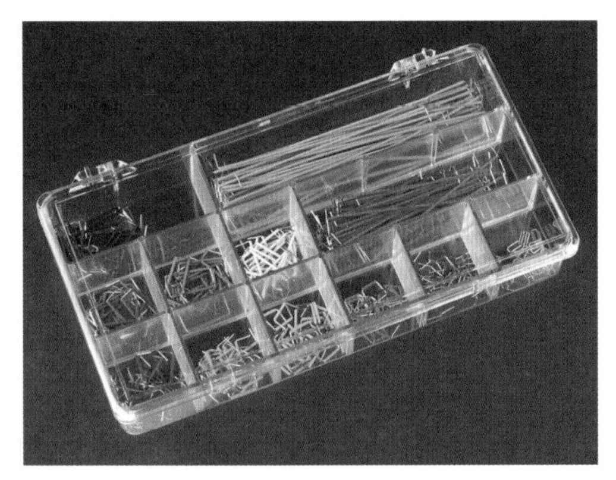

図2-15　ブレッドボード用に被覆をむいて曲げてあるカット済ワイヤのセット。

私も昔はカット済ワイヤを使っていたが、今では諦めた。色分けが機能ごとではなく、長さごとになっているからである。赤は全部0.2インチ長、黄色は全部0.3インチ長、などなどだ。

私は配線が回路内で何をしているかによって色分けしたい。つまり、赤のワイヤは長さに関係なく、いつも電源の正極に接続されるべきなのだ。

これを達成する唯一の方法は自分でカットすることであり、つまり私がしていることだ。カット済ワイヤを使うのがあなたの選択であればそれでよい——ただし、まぎらわしい色分けに加えて値段も高い。

ジャンパについてはもう1つ、はっきりさせておきたいことがある。両端にブレッドボードの穴に差すのにちょうどいいサイズのプラグの付いたジャンパ線を使いたがる方は多い。こうした「プラグ付きジャンパ」は束で売られており、「ジャンパ線」で検索して最初に出てくるのは、たぶんこちらである。

これには柔軟性があり、長さも8センチほどで、ブレッドボード回路に必要な、ほぼあらゆる接続がまかなえる。再使用可能でもあり、一番単純で素早く安価な選択肢に見えるのだ。

ここまでは順調だ：ところがあなたがミスをしたときは、それを見つけるという問題がある。図2-16は本書のものではないが、両端にプラグのあるフレキシブルジャンパ線を使った小さな回路だ。図2-17はAWG22番の単芯線をハンドカットしたジャンパで作った、まったく同じ回路だ。どちらにも1か所の配線エラーがある。ハンドカットの線を使った方なら、私はそれを数秒以内に見つけられる。フレキシブルジャンパを使った方では、間違いを探すのにしばらくマルチメータを振り回して掘って回る必要があるだろう。

図2-16　両端にプラグのあるフレキシブルジャンパ線を使って2個のミニブレッドボードに組んだ回路。

図2-17　前図と同じ回路をハンドカットの単芯ジャンパ線で組んだもの。

事態を悪化させるのは、フレキシブルジャンパ線のプラグにはたまに欠陥があり、接触不良が起きるかもしれないことだ。これは障害追跡をほぼ不可能なものにしかねない。したがって：

- 両端にプラグのあるフレキシブルジャンパは推奨しない。

任意：より線材

接続に「より線」を使う場合、1つの利点がある。それは単芯線よりずっと柔軟で、基板から引き出してスイッチや可変抵抗器に接続するのに便利なことだ。動いたり振動したりする物体との接続に使われるワイヤには、柔軟性が不可欠なことがある。

本書のプロジェクトで柔軟なワイヤが不可欠というものはないが、22番のより線が10メートルもあれば、便利なこともあるだろう。購入の際は単心線とは色を分け、混同しないようにするとよいだろう。

部品

本書のプロジェクト用の部品キットが販売されていることをもう一度書いておかねばなるまい。299ページ「キット」参照のこと。オンラインの店で自力で購入したい方は306ページ「部品」を参照のこと。

必須：トグルスイッチ

フルサイズのトグルスイッチは古風なデバイスだが、スイッチングの実験に有用だ。2台必要である。SPDT（単極双投）の既述のあるものが必要である。これについてはすぐ後で詳説する。双極双投（DPDT）でもよいが、少し高いかもしれない。

ネジ端子のついたトグルスイッチは配線の接続の不便を緩和してくれるが、ほかの端子タイプでも構わない。

一般的なフルサイズのトグルスイッチを図2-18に示す。E-Switch ST16DD00が一例だが、eBayならもっと安い汎用品が見つかるだろう。

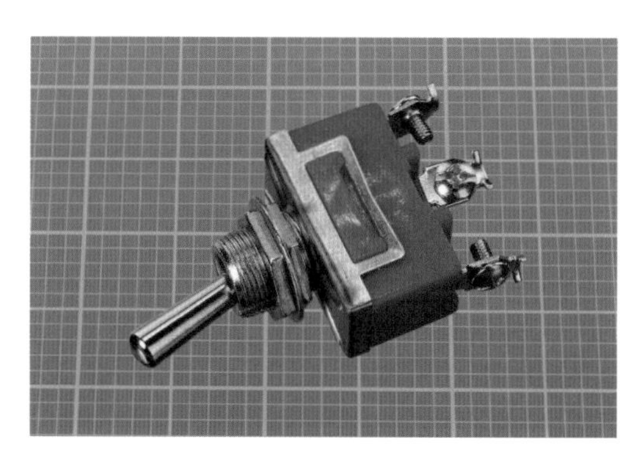

図2-18　フルサイズのトグルスイッチ。

必須：タクトスイッチ

紛らわしいことに、タクトスイッチはあなたがスイッチと言われて思いつくような意味でのスイッチではない。非常に小さな押ボタンだ。ブレッドボードに差し込んだそれは、回路がユーザーからの入力を受けるための、便利な手段になる。

もっとも一般的なタクトスイッチにはブレッドボードに差し込む足が4本あるが、これがときに面倒の元になる。なかなかきちんと接続されてくれないのだ。この部品は予期せぬ瞬間にバッタの幼虫のように飛び跳ねがちだ。お勧めするのは足が2本で、その間隔が0.2インチ（約5ミリ）になったものだ。本書を通して使用したのはアルプスSKRGAFD-010だ。図2-19に示した。Panasonic EVQ-11シリーズなど、0.2インチ間隔で2ピンのタクトスイッチであればほかのもので構わない。

図2-19　本書のブレッドボードプロジェクトで推奨するタクトスイッチ。

必須：リレー

リレーのピン配置にはメーカー間の標準規格がないので、代用品の購入時には注意が必要だ。私は図2-20のオムロンG5V-2-H1-DC9を薦めるが、これはピン機能がプリントされていて混乱が少ないからだ。

図2-20　本書で使うのにお勧めのリレー。

オムロンはリレー製造大手なので、推奨したものが長くは販売されるであろうことをちょっと期待している。Axicom V23105-A5006A201や富士通RY-9W-Kも使用できる。これらはすべてDC9ボルトのDPDTリレーで、図2-21左側に示したピン間隔になっている。間隔の表示がミリ単位の場合、5ミリや5.08ミリであれば0.2インチ、7.5ミリや7.62ミリであれば0.3インチと考えればよい。

リレーに配線図がプリントしてある場合は、図2-21右側のようになっていること。リレーのデータシートには、まず確実にこの情報が含まれている。ピン機能が異なるリレーを使うこともできるが、掲載する回路図とマッチしないので、いくらか不便になる。

私が推奨したリレーは高感度タイプ、つまり消費電力が小さいものだ。別のタイプを選んでもよいが、消費電力は大きくなる。何を選ぶにしても、コイル電圧がDC9ボルトでピン配置が同じものにすること。

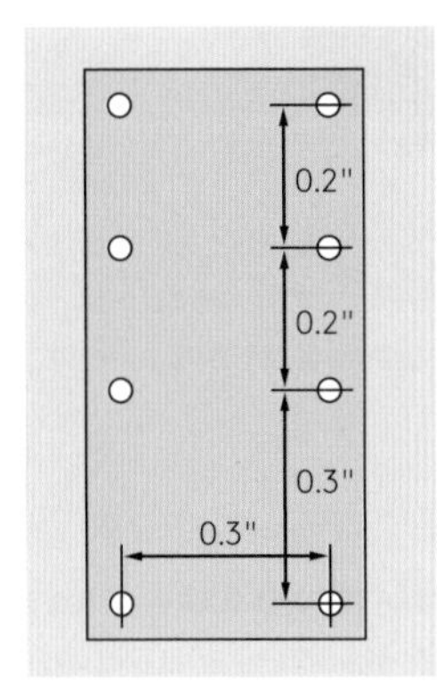

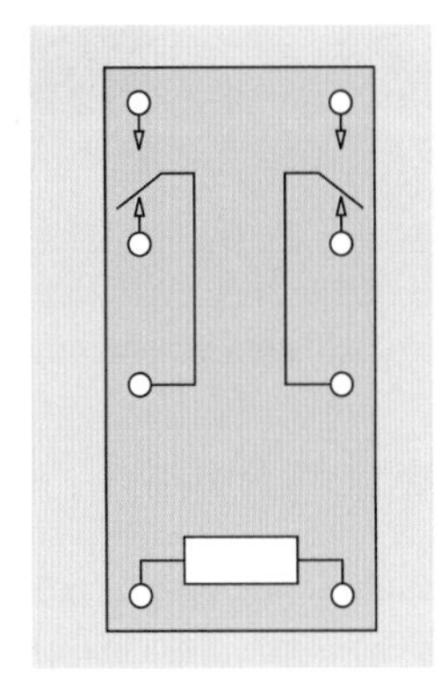

図2-21　リレーのピン間隔と内部接続は図と同じものを選ぼう。

リレーの購入時に1つ注意すべきなのは極性だ。これは指定の向きに電流を流す必要があるということであり、つまり、コイルに間違った向きに電流を流すと動作しないのだ。私は無極性のリレーを推奨している。パナソニックには有極リレーが多いので、購入時にデータシートを確認すること。

最後に、購入するリレーは必ずノンラッチング型のものであること。

これを紛らわしいとか技術的すぎるとか感じるのであれば、使用法を解説している実験7まで、購入を先延ばししてもよい。この実験を完全に実行するには2個のリレーが必要だ。

必須：半固定抵抗器

実験4で使用した大型の可変抵抗器に代えて、小型で安価でブレッドボードに差し込める半固定抵抗器（トリマ）を使う。

図2-22に例を示す（定格はさまざま）。

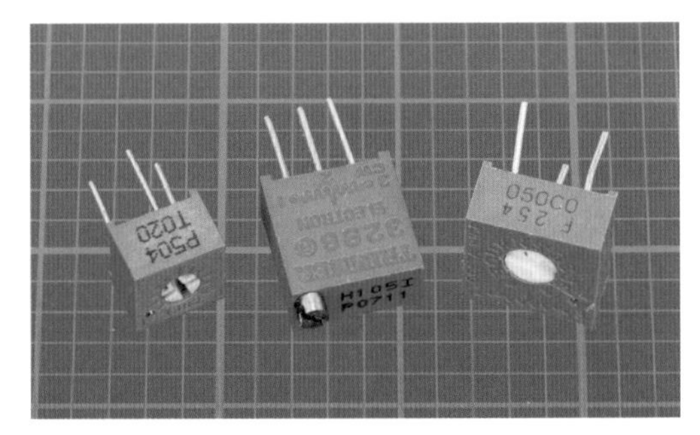

図2-22　半固定抵抗器。

写真左と右のトリマは本書で使うために私が選んだタイプだ。リード（足）をブレッドボードに押し込むときっちりとはまる。2種の唯一の違いは、片方がわずかに大きいことである。基板に対して直角に立ち上がった横型タイプもあるが、これは操作がしにくい。

写真中央は多回転の半固定抵抗器で、内部のウォームギアにつながる真鍮のネジを回すことで、非常に精密な調整が可能というものだ。あまり便利なものではなく、高価で、そこまでの精度は求めていないので必須ではない。

必須：トランジスタ

本書で使うトランジスタは一種類のみである。その一般型番は2N2222である。ただし残念なことに、すべての2N2222トランジスタは同じではない。

キットを使っている人は問題ない。自力で購入する場合は、2222の前にP2Nと付いたものは絶対に避けること。P2N2222発売の際、メーカーは数十年来標準化されていた2N2222のピン配列を逆にした。（なぜそんなことをしたのだろうか。私にはわからない。）

以下がルールだ：

- パーツナンバーが2N2222やPN2222、PN2222Aは大丈夫だ。PN2222は2N2222より普通の表記になってきた。どれも動作する。
- パーツナンバーがP2N2222やP2N2222Aのものは駄目である。

罠は2N2222で検索しているときにP2N2222が出てくることで、これはサーチエンジンがあなたのために、数字の頭に余計な文字が付いた部品も表示してくれてしまうためだ。だから——注意して買おう！　そしてトランジスタ計測機能のついたマルチメータを持っていれば確認する。トランジスタが従来のピン配列であれば、マルチメータは200以上の増幅率を示すはずだ。間違ったタイプのトランジスタであれば、エラー表示か増幅率50以下が出る。

2N2222トランジスタはかつては小型の金属缶パッケージだった。最近では、ほぼすべてが黒のプラスチックパッケージだ。両方のタイプを図2-23に示す。プラスチックでも金属でも動作は同じだ——型番がP2Nで始まっていない限り。

図2-23　2種類の2N2222トランジスタ。どちらも使用可能だ。

必須：コンデンサ

コンデンサは抵抗器ほどは安くないが、小さい値のものがまとめられたセット品を考慮に入れてもよい程度には安い。これから使うコンデンサは、そのほとんどがマイクロファラッド（μFと書く）単位のものだ。これについては回路でコンデンサを使い始めるときに詳しく説明する。

小さい値のものはセラミックコンデンサがお薦めだ。大きな値では電解コンデンサの方が安くなる。購入時の詳細なガイドは306ページ「部品」を参照されたい。図2-24にさまざまなコンデンサを示す。円筒形のものが電解コンデンサ、ほかはセラミックコンデンサだ。

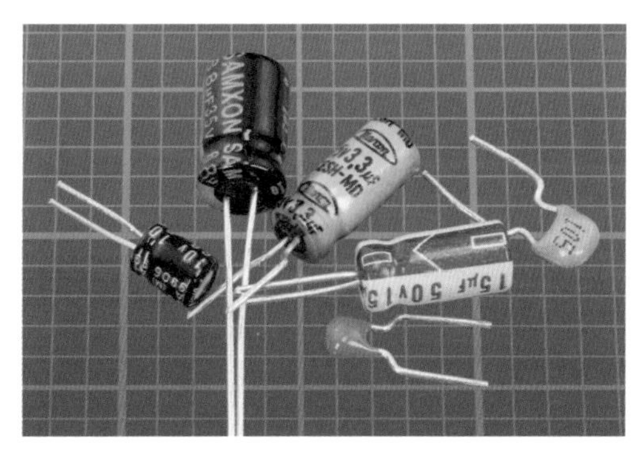

図2-24　さまざまなコンデンサ。

必須：抵抗器

自力で部品を買っている方については、実験1で挙げたような良質の抵抗器を購入しているものと仮定している。

必須：スピーカー

スピーカーの最小サイズは直径1インチであるが、2インチがよい。最大は3インチまでとする。インピーダンスが8Ω以上のものであること。スピーカー購入時に英語で検索する場合、「speakers」と「loudspeakers」両方の表記があることに注意する。「loudspeakers」でヒットしないものもあるのだ。

ハイファイサウンドは扱わないので、どんなに安いスピーカーでもよい。図2-25に2種類サンプルを挙げる。

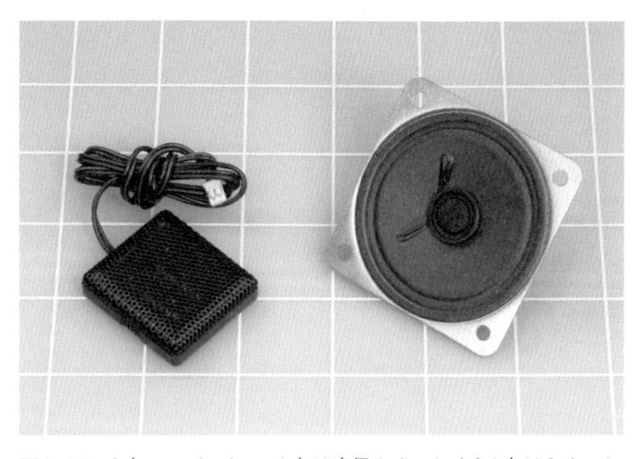

図2-25　2台のスピーカー。1台は直径1インチ、もう1台は2インチ。

ほかには?

ここまでで、ずいぶんたくさんの部品を指定したもんだな、とお思いかもしれない。ここで挙げた部品は、ほとんどすべてが再使用可能であり、残りの章で追加で必要になる部品もそれほど多くはないので、安心していただきたい。

実験6: 非常に単純なスイッチング

本実験では手動操作のスイッチの機能を紹介する。スイッチの使い方なんか知ってるよ、とお思いかもしれないが、双投スイッチを回路に組み込むと、話はちょこっと面白くなる。

必要なもの

- ドライバー、ニッパ、ワイヤストリッパ
- 配線材。AWG22番。長さ50センチは使わない
- 9ボルト電池(1)
- 汎用LED(1)
- トグルスイッチ。SPDTまたはDPDT(2)
- 470Ω抵抗器(1)
- 両端にミノムシクリップの付いたテストリード(2)

部品を図2-26のように組む。ワイヤストリッパの使い方をここで練習する必要がある。2本の黒い配線の両端を皮むきするのだ。配線をスイッチのネジ端子に固定するときは、先端をラジオペンチで「J」の字に曲げてみよう。それから、時計回りに締めた時に引き込まれるように、ワイヤをネジの下に左から入れる。

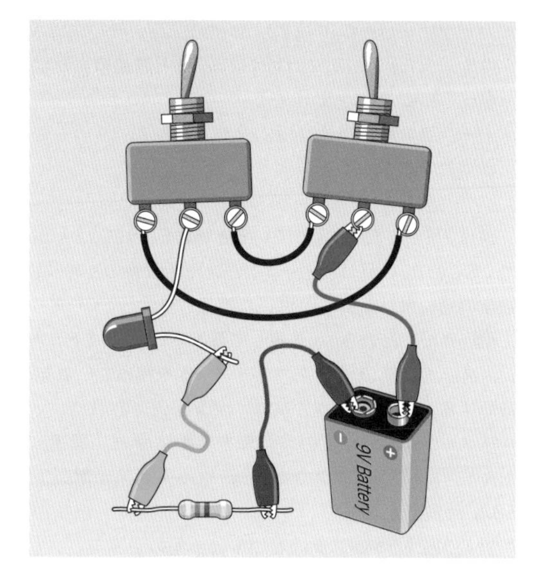

図2-26　スイッチ接続の最初の実験。

LEDの長い方の足(リード線)も、同様にネジ端子に取り付ける。間違って短い方のリード線を接続しないこと。忘れないでほしい。長いリード線は短い方より常に「より正(高い電位)」になければならないのだ。

スイッチがネジ端子でないときは、ミノムシクリップのついたテストリードを、黒の配線のかわりに2本使う。また、左のスイッチとLEDの接続に、もう1本使う。

電池に接続したら、スイッチを切り替えて試してみよう。どんな発見があっただろうか。

LEDがオンの時は、どちらのスイッチを切り替えてもオフになる。オフの時は、どちらのスイッチでもオンになる。この面白い挙動については、すぐ後で解説するが(50ページ「初めての回路図」参照)、まずはいくらかの基礎と背景について話さねばなるまい。

基礎:スイッチのすべて

トグルスイッチのトグルは、指で切り替える部分だ。図2-26のタイプのスイッチでは図2-27に示すように、トグルを切り替えることで中央端子を左右いずれかの端子に接続する。

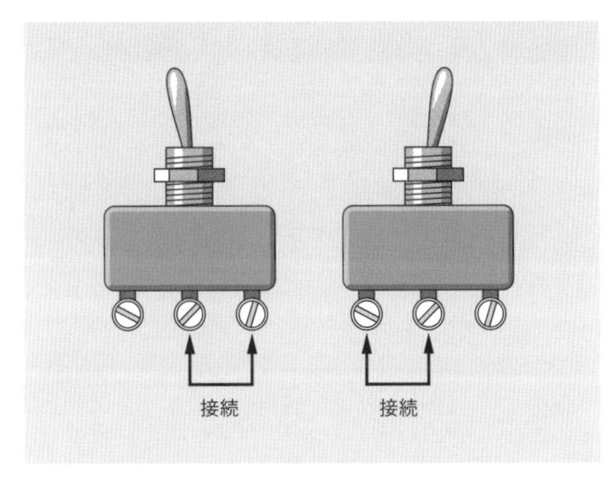

図2-27　全部が全部というわけではないが、普通のトグルスイッチはこのような動作だ。

この中央端子のことをスイッチの極(pole)という。このスイッチは2つの接続に切り替える(投ずる)ことができるので、双投スイッチと呼ばれる。略号はDT(または2T)だ。単極双投スイッチの略号はSPDT(または1P2T)である。

スイッチには、端子が3本でなく2本しかないものもある。これはオン／オフ型、つまり、一方向に切り替えると接続するが、もう一方に切り替えると何にも接続しないスイッチである。家庭用の照明のスイッチは、ほとんどこれだ。これは単投(single-throw)スイッチと呼ばれる。単極単投スイッチの略号はSPST(または1P1T)である。

2つの断続を同時に行えるように、2つの、完全に分離された極を持つスイッチもある。これは双極スイッチと呼ばれる。略号はDP(または2P)である。図2-28、2-29、2-30は古風なナイフスイッチの写真だ。学校で子供に電気を教えるなどで、今でも使われることがある。こうしたスイッチを実用に供することは普通はないが、SPST、SPDT、DPST接続間の違いを非常に明確に見せてくれる。

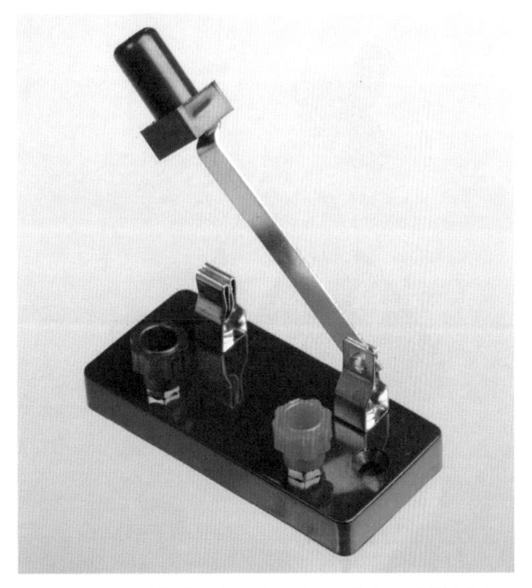

図2-28　これは単極単投(SPST)スイッチ。教育用に製造されたものである。

ナイフスイッチがシリアスな用途で使われているのを見る可能性のある唯一の場は、ホラー映画であろう。図2-31は、地下実験室の壁に便利に取り付けてある単極双投のナイフスイッチで、マッドサイエンティストが実験の電源を入れているところだ。

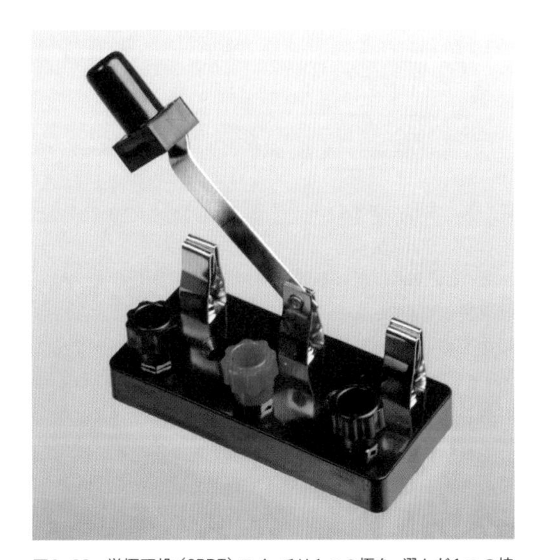

図2-29　単極双投(SPDT)スイッチは1つの極を、選んだ1つの接点に接続する。

図2-30　双極単投（DPST）スイッチは完全に絶縁された2つの極を持つ。各極は1つの接点とだけ接続できる。

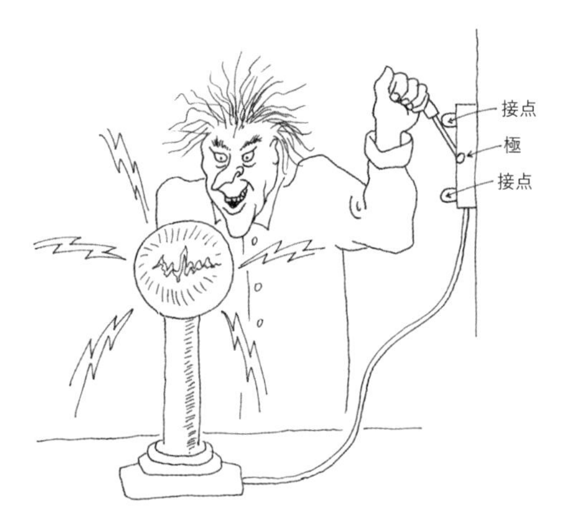

図2-31　左：マッドサイエンティスト。右：SPDTナイフスイッチ。

もっと面白くしたければ、極が3本か4本付いたスイッチを買ってきてもよい（ロータリースイッチにはさらに多極のものもあるが、ここでは使用しない）。また、双投スイッチの中には、さらに「センターoff」の位置を持つものもある。

これらをすべてまとめて、ありえるタイプのスイッチと、その略号を示した表にした。押しボタンでも同じ略号が使われる。図2-32参照。パーツカタログを見る際、略号の意味を思い出すのにこの表を使うとよい。

	単極	双極	3極	4極
単投	SPST（または1P1T）ON-OFF	DPST（または2P1T）ON-OFF	3PST（または3P1T）ON-OFF	4PST（または4P1T）ON-OFF
双投	SPDT（または1P2T）ON-ON	DPDT（または2P2T）ON-ON	3PDT（または3P2T）ON-ON	4PDT（または4P2T）ON-ON
双投（センターオフ）	SPDT（または1P2T）ON-OFF-ON	DPDT（または2P2T）ON-OFF-ON	3PDT（または3P2T）ON-OFF-ON	4PDT（または4P2T）ON-OFF-ON

図2-32　トグルスイッチ（や押しボタンスイッチ）のバリエーションまとめ。

バネ入りで、手を離すとデフォルト位置に戻るスイッチもある。表示のONまたはOFFがカッコでくくられていれば、スイッチをその位置に保つためには、押し続ける必要がある、ということだ。

例をいくつか：

- OFF－(ON)：カッコでくくってあるONが一時的な状態だ。つまりこれは押している間だけオンになり、離すとオフになる単極スイッチである。「常開（normally open。略号NO）」のモメンタリ・スイッチともいう。押しボタンのほとんどは、この動作である。
- ON－(OFF)：逆動作のモメンタリ・スイッチ。通常はオンであり、押せば接続が切れる。オフ状態が一時的ということだ。これを「常閉（normally closedで略号NC）」のモメンタリスイッチという。
- (ON)－OFF－(ON)：このスイッチは中央にオフがある。どちらかに押すことで一時的な接続が行われ、離すと中央に戻る。

ON－OFF－(ON)やON－(ON)といったタイプもある。カッコが一時的状態を示すことさえ知っていれば、これらのスイッチがどのようにふるまうか理解できるはずだ。

スパーク

電気的な接続を断続すると、スパークが飛ぶことがある。スパークが起きるのはスイッチの接点に悪い。接点を電蝕して、最後には信頼性のある接触ができなくなる。電圧と電流に見合ったスイッチを使う必要があるのは、このためである。

本書で扱う電子回路は低電流・低電圧なので、ほとんどあらゆるスイッチを使えるが、モーターの場合、起動時の突入電流が定常回転時の定格の2倍以上もあるものだ。たとえば2アンペアのモーターのオンオフには、4アンペアのスイッチを使った方が、たぶんよい。

導通チェック

スイッチはマルチメータで点検できる。これをしておくと、スイッチを切り替えた時に、どの接点がどこに接続されるか確認できる。また、押しボタンが常開（押すと接続が起きる）なのか常閉（押すと接続が切れる）なのか、わからなくなったときにも便利だ。

スイッチを点検するときは、マルチメータを「導通（continuity）」にセットすると便利だ。マルチメータは導通時にブザーを鳴らし（または画面に表示を出して）、非導通時には何も反応しない。導通測定にセットしたマルチメータの例を、図2-33、2-34、2-35に示す。実験1でもマルチメータの導通表示を示した。図1-7を参照してほしい。

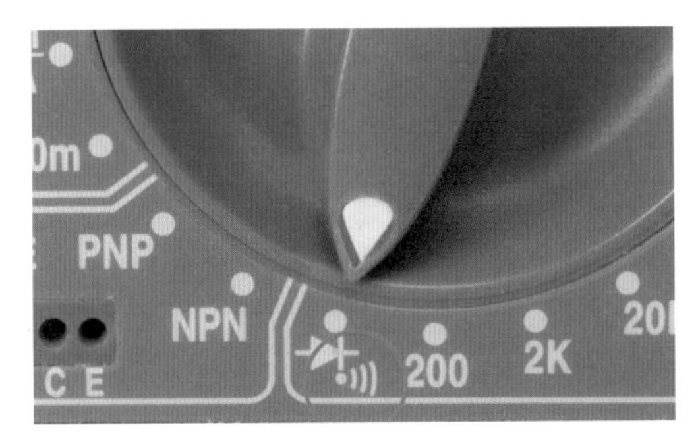

図2-33　マルチメータのダイヤルを導通計測に合わせたところ。

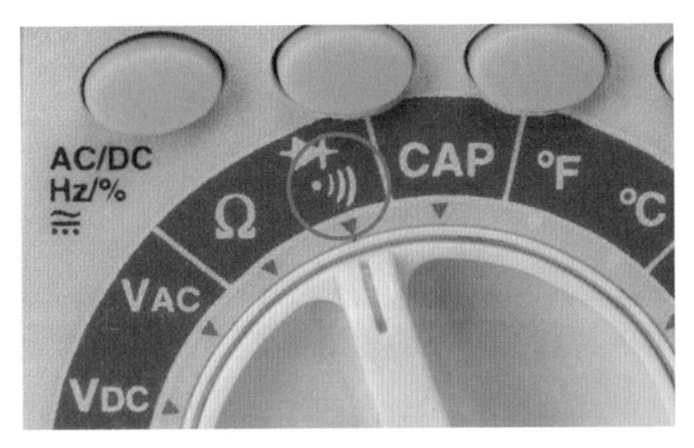

図2-34　別のマルチメータ。やはり導通計測にセットしてある。

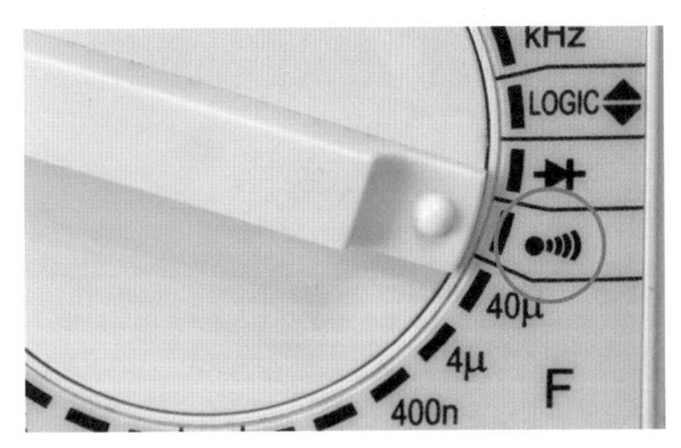

図2-35　導通計測にセットしたメータの3台目。

背景：初期のスイッチングシステム

スイッチはわれわれの世界のとても基礎的なものであり、概念もとてもシンプルなので、それが漸進的な進化プロセスを経てきたことを、われわれは忘れがちだ。ラボの機器の接続・切断ができるだけでよかった電気のパイオニアたちには、プリミティブなナイフスイッチでだいたい十分だったが、電話システムが増殖し始めると、もっと洗練されたアプローチが求められるようになった。「スイッチボード（電話交換盤）」を操作する交換手は、盤上に来ている、典型的には10,000もの回線の、どのペアでも接続できる必要があった。どうすればこんなことができるだろうか。

1878年、チャールズ・E. スクリブナー（Charles E. Scribner、図2-36）は「ジャックナイフ・スイッチ」を開発した。この名は交換手が持つ部分がジャックナイフの柄に似ていたことに由来する。柄からはプラグが突き出ており、このプラグをソケットに差し込むと、ソケット内で接続ができる。ソケットには、実はスイッチ接点が入っているのだ。

図2-36　チャールズ・E. スクリブナーは1800年代終盤の電話システムのスイッチング・ニーズを満たすべく、「ジャックナイフ・スイッチ」を発明した。現代のオーディオ・ジャックも、今なお同じ原理で動作する。

ギターやアンプのオーディオ・コネクタも同じ原理で動作し、我々はこれを「ジャック」と呼ぶが、この用語はスクリブナーの発明に由来するのである。ジャックのソケットの中には、今でもスイッチの接点が付いているのだ。

もちろん現在では、電話の交換盤は交換手と同じくらいレアだ。最初に取って代わったのはリレーだ――これは電気的に操作されるスイッチで、この章の後の方で取り上げる。そしてリレーは、動く部品なしで完結するトランジスタに置き換えられた。実験10では電流をトランジスタで切り替える。

初めての回路図

図2-37は、図2-26の回路を「回路図」と呼ばれる単純化したスタイルで書き直したものだ。ここから先、回路は回路図で示す。こちらの方が接続を理解しやすい。解釈に必要なのは、何種類かの回路図記号を知ることだけだ。

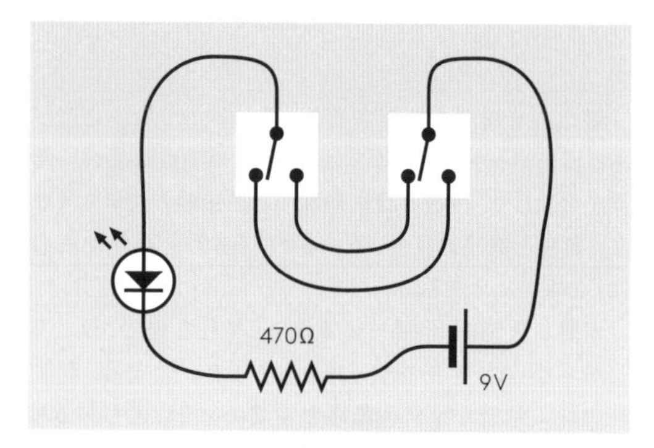

図2-37　2つのスイッチの回路を回路図で描き直している。

図2-26と2-37は、同じ部品を同じように接続したところを示している。回路図のジグザグの物体は抵抗器、斜めの矢印が2つ付いた記号がLED、電池は長さの等しくない2本の平行線で示されている。

LEDの記号の大きな三角形は伝統的電流、つまりプラスからマイナスに流れる想像上の流れの、流れる向きである。斜めの矢印2本は、これが発光するタイプのダイオードであることを示している（そうでないダイオードについては後で触れる）。電池の記号では、2本線の長い方がプラス側である。

回路の中で電気の流れる経路をたどり、スイッチが道を切り替えるのを想像してほしい。どちらのスイッチを使ってもLEDのオン・オフ状態を切り替えられることが、今度はクリアに理解できるはずだ。

図2-38は、同じ回路図を少し整理したものだ。線は直線になり、電源は正極側を左上、負極側を右下で示すようにした。伝統的電流が回路図の上から下へ、また信号（アンプのオーディオ入力など）があれば左から右へ流れると見るのだ。回路を上から下に組むことで、理解が易しくなる。

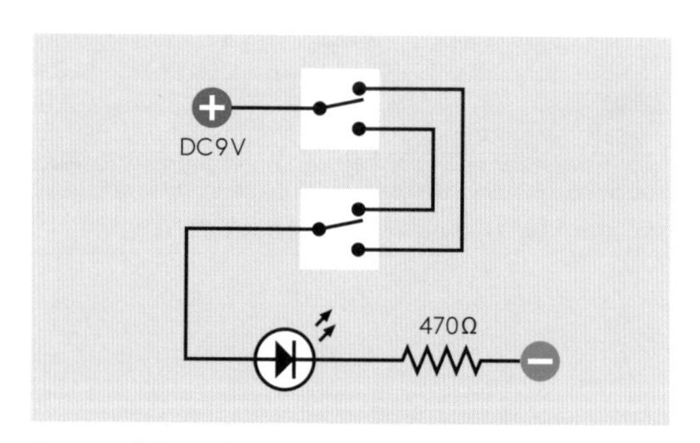

図2-38　前図の回路をより一般的な体裁で再構成したもの。

心に刻んでほしいのは、見た目の違うこの2枚の回路図が、まったく同じ回路を示しているということだ。部品の種類や接続方法は、どれもすべて重要であり、部品の厳密な位置は、どれもどうでもよいのである。

- 回路図は部品の位置を指定するものではない。つなぎ方を示すだけだ。

ところで、図2-38の例の回路は、あなたの家にもあるかもしれない。よくあるのは、階段の一番上と下に照明のスイッチがあり、どちらを使っても明かりをオンオフできるという場所だ。これを図2-39に示す。AC電源の活線と中性線は左下から入っている。スイッチされる活線に対し、中性線はそのまま電球まで伸ばされている(カールした線を丸で囲んであるのは古風な白熱電球のフィラメントを表現している)。

回路図というものの唯一の問題は、一部の記号が標準化されていないことだ。同じものにいくつものバリエーションがあることがある。それらについては追い追い説明する。

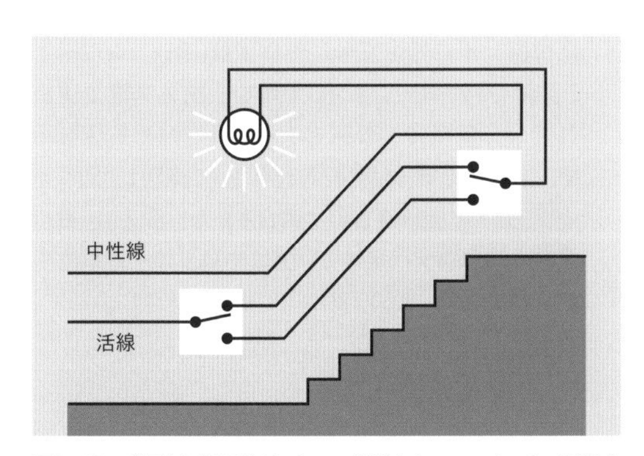

図2-39　前図と同じ回路は、1つの照明を2つのスイッチで制御する家屋で使われている。

基礎:基本の回路図記号

1. **スイッチ。**図2-40は非常に基本的な部品、単極単投スイッチの、5つのバリエーションを示したものだ。いずれも極は右、接点は左となっている(SPSTスイッチではこれは大きな違いにはならないが)。本書ではスイッチを白の長方形で囲んだものを選んだ。2つの部分を持つものの、合わせて1つの部品であることを強調するためだ。

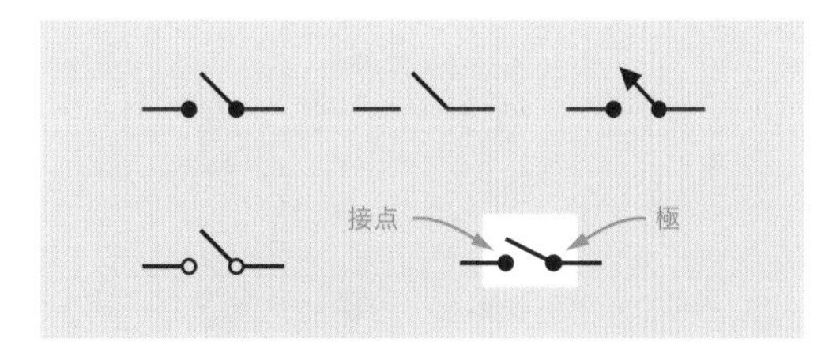

図2-40　SPSTスイッチ回路図記号の5つのバリエーション。機能的にはすべて同一のものである。

図2-41は、双投双極スイッチで物事が少し複雑になったところ。点線は、極や接点が電気的には絶縁されつつ、スイッチを動かせば両方のスイッチセグメントが同時に動くことを示すものだ。中央のバリエーションは、レイアウトの都合で2つのセグメントを近くに置くのが難しいような、大規模な回路図で見られることがある。接点の組同士の区別はA、B、C……で終わる略号で行い、各接点が実際には1つのスイッチに収められているのを理解する必要がある。

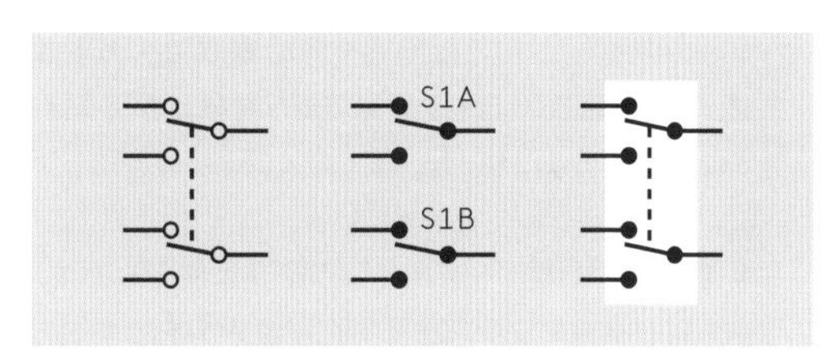

図2-41　DPDTスイッチ記号の3つのバリエーション。

2. **電源。**直流(DC)電源には、さまざまな回路図記号がある。図2-42上図は電池を示す記号だ。短い線が負極、長い線が正極を示す。伝統的には長短1対で1個の1.5ボルト電池を示す。2対で3ボルト、などなどだ。ただし、真空管などの高電圧を使った回路では、この線を何ダースも並べるのではなく、途中を点線で略す。

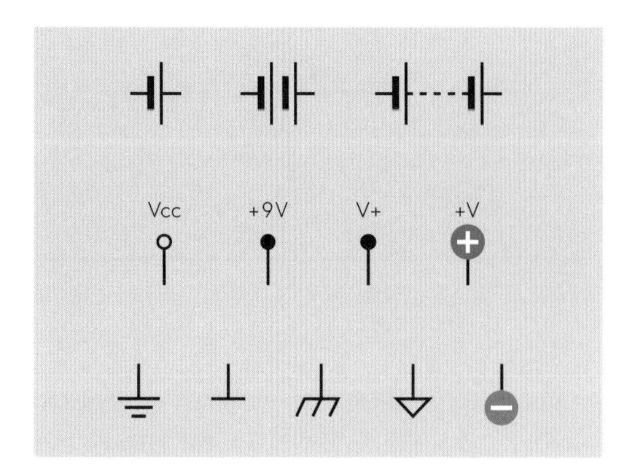

図2-42　回路図の正負直流電源のさまざまな表示法。

単純な回路図では電池の記号が使われていることもまだあるが、図2-42の中・下図のように、正負の電源接続を別々の記号で示すことの方が多い。正電源は回路図中でVcc、VCC、V＋、＋V（電圧を示す数字を併記）などといったラベルで示される。VCという用語はもともと、トランジスタのコレクタ電圧を表すものだった。VCCは回路全体の電源電圧の意味で、これが現在ではトランジスタの有無にかかわらず使われるようになった。多くの人は、由来も知らずに「ヴィーシーシー」と言っている。

本書ではフルカラー印刷という贅沢が使えるので、赤丸に白抜きのプラス記号で正電源入力を示すことにした。

電源の負極側は図2-42下図のいずれの記号を使ってもよい。こちらは「負極接地（ネガティブグランド）」または単に「接地（グランド）」と称される。負極電位は多くの部品で共有されることがあり、このため、複数のグランド記号が回路図中にちらばっていることもよくある。こうした方が、たくさん線を引いてすべてまとめるよりも便利なのだ。

本書では、青丸に白抜きのマイナス記号を使うことにした。非常に直感的だからである。一般的な回路図ではあまり使われていないものである。

さて、ここまでの解説は電池駆動機器についてのものである。コンセントからAC電源を取るガジェットでは、状況は少し複雑だ。コンセントには活線（ライブ）、中性線（ニュートラル）、接地線（アース）の3つの端子があるのだ。図2-43に示すように、回路図ではAC電源を横倒しのS字で示すのが通例だ。電源電圧も示されることが多く、米国ではこれは普通110、115、120ボルトのいずれかである。回路のほかの部分には図2-43右図の記号が示されるが、これは機器が電気的に接続されているシャーシを表したものだ。

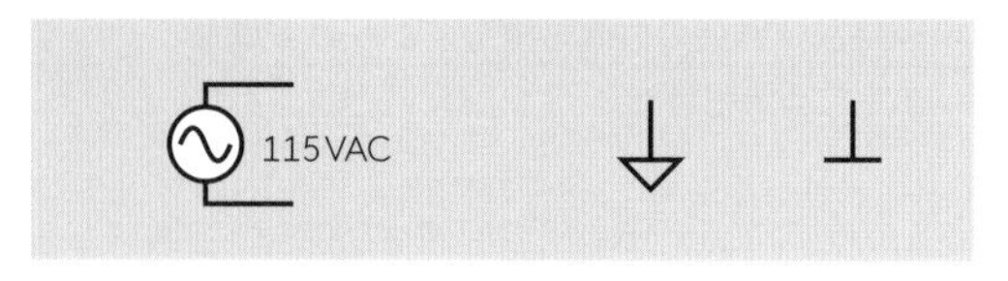

図2-43　回路図記号表現。AC電源（左）とAC機器のシャーシ（右）。

家庭用のACコンセントの接地ピン（アース）は、建物の外で実際に接地（地面に接続）されるものであることに注意。このピンに接続された金属シャーシを持つ電子機器は、「接地され」ているのだ。高電圧を使用しない電池駆動の回路では、「地面に」接地を行う必然性はないが、それでも接地記号は普通に使われる。

イギリスでは（日本でも）、接地された機器を称して「アースされている」ということがある。

3. **抵抗器。** 抵抗器の記号については、図2-44に示す2種類のバリエーションしかない。左は米国で使われている記号で、添字でオーム単位の抵抗値を示す。または抵抗器はR1、R2、R3…で識別し、別にパーツリストで抵抗値を示す場合もある。図2-44右の記号はヨーロッパ発祥で、値はやはりオーム単位の抵抗値である。図の220Ωという値は適当に選んだ。

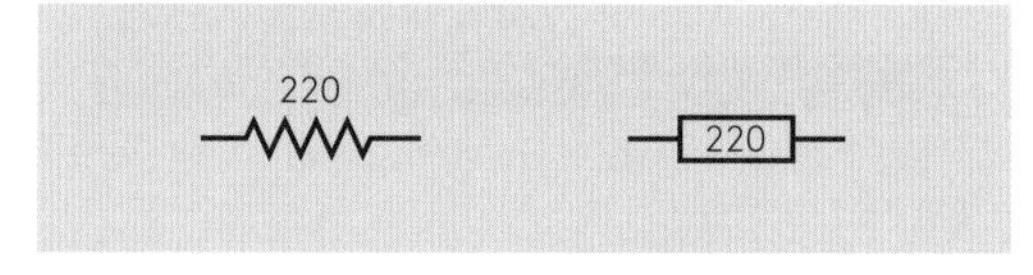

図2-44　米国（左）とヨーロッパ（右）の抵抗器記号。

抵抗値に小数点があるとき、ヨーロッパ式では小数点をKやM、または1kΩ未満のときはRで置き換えて表示する。

4. **可変抵抗器。** 図2-45左は米国で使われる回路図記号、右はヨーロッパで考案されたものである。どちらの記号でも、矢印は可変抵抗器のワイパーを表している。470Ωという値は適当に選んだ。

図2-45　左は米国で使われている可変抵抗器の回路図記号、右の記号はヨーロッパで考案されたもの。

5. **押しボタン。** 図2-46は押しボタンスイッチの3種類の回路図記号だ。これらはもっとも一般的な常開の押しボタン、すなわちモーメンタリ・スイッチで、押すことで接点が閉じ、離すと開く（接点が切れる）。もっと複雑な押しボタンでは、1個のボタンを押すことで多くの接点を開閉するが、その回路図記号は、複数のスイッチを描くことでまかなわれる。

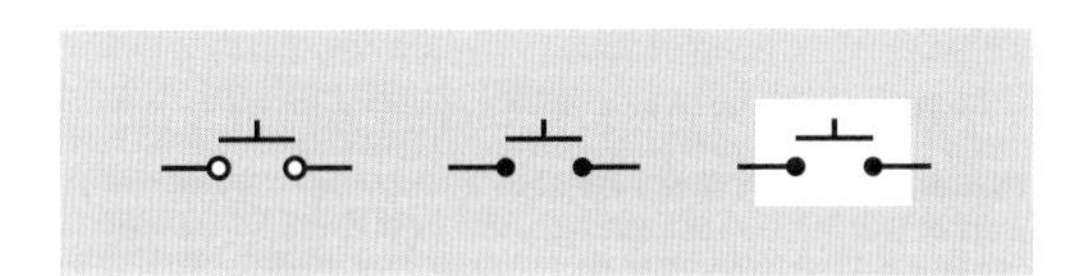

図2-46　押しボタン記号の3つのバリエーション。本書ではわかりやすく白抜きで囲んでいるが、これはほかでは使われていない。

6. **発光ダイオード**（**LED**）。図2-47はLEDを表す4種類の回路図記号である。丸囲みの有無や三角形の塗りつぶしにかかわらず、意味は同じだ。本書ではわかりやすく、丸囲みに白のハイライトまで入れてあるが、これはほかでは使われていない。LED記号は回路を描く上で便利なように、電流に沿ったさまざまな向きに描かれる。これにともない、矢印もさまざまな方向を向く。

図2-47　LEDを表現する4つの方法。機能的にはすべて同一のものである。

ほかのさまざまな記号やバリエーションは、後で紹介する。今のところ覚えてほしい重要事項は、次の通りだ：

- 回路図中での部品の位置は機能に影響しない。
- 回路図中の記号のスタイルは重要ではない。
- 部品同士の接続は極めて重要である。

回路図のレイアウト

回路図は正電源を最上部に、負電源を最下部に配置するのが一般的であることは、先に書いた。この慣習は回路の動作の理解に非常に役立つものの、回路を実際に組み立てる上では、まったく役に立たない。なぜならあなたはほぼ確実にブレッドボードを使って始めることになるし、それはまったく違った部品配置を要求するからだ。

私がこれまでに見たエレクトロニクスの書籍はほぼすべて、回路図での回路を読者が自力でブレッドボード上のそれに変換することを想定していた。これはなかなか大変で、どうかすると、エレクトロニクスを学ぶ上で大きな障壁になりうる。というわけで、本書の回路図はすべて、ブレッドボードに似たパターンでレイアウトするようにした。実験8でブレッドボードを実際に使ってみれば、意味がよくわかるはずだ。

交差配線

回路図の話の最後は、2本の配線が交差するときに、どのようにするかという話である。ここまで作ってきたシンプルな回路では配線の交差は生じなかったが、回路が複雑になると、配線同士を接続せず、またがせる必要が出てくる。これを回路図ではどのように描き表すだろうか。

本書初版では、またぐ方の配線に小さい半円の「ジャンプ」を付けるスタイルを採った。図2-48の「旧スタイル」である。このスタイルは、電気的接続のないワイヤ同士を非常に明瞭に示せるので依然として好きだ。しかしながら、数十年前に回路図をペンとインクでなくグラフィックソフトで作成するようになって以来、小さいジャンプを入れ込むのが面倒のもとになった。この頃から、ジャンプはあまり利用されなくなってきた。

図2-48で「新スタイル」とした方法では、一方のワイヤを切って他方が通るようになっている。これは混乱の元であるうえ、回路図描画ソフトで自動的に描くのが容易ではなかった。というわけで、これもあまり見なくなった。

3番目の「慣習的」とあるスタイルが、今では非常に一般的だ。『Make: Electronics』の今度の版では、外の全世界で使われている慣習的スタイルに準拠する。これが旧スタイルより明確だとは思わないのだが。

たぶん疑問に思っているはずだ——2本の線が交差しても電気的には接続されない描き方があるなら、接続される線はどう描くのだろう、と。答えは、ドットを使う、である。それも混乱を避けるべく、ドットはピンの頭ほどではなく、大きく打つ。何を言っているかは図2-48下図を見ればわかる。以下が一般ルールだ：

- 2本の線の交差は電気的接続を意味しない。
- 2本の線がドット付きで交差している場合、そこには電気的接続がある。

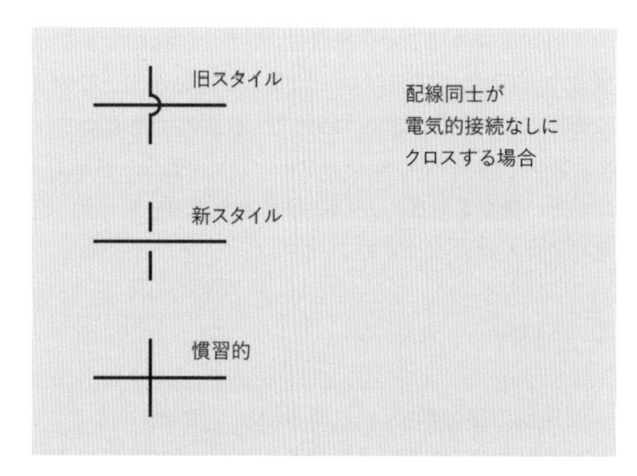

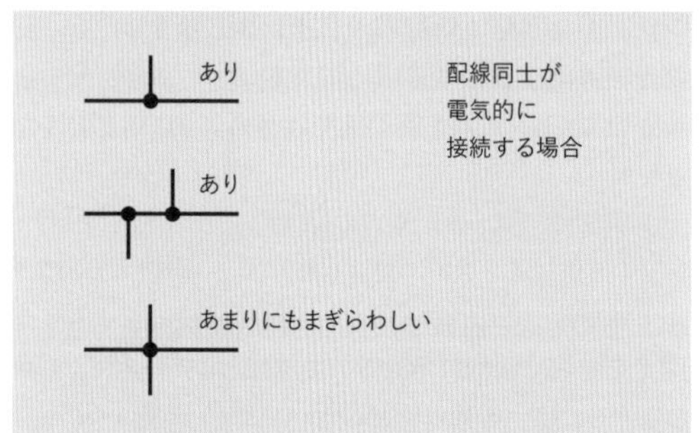

図2-48　接続・未接続のワイヤを表すさまざまなスタイル。詳細は本文を参照。

あともう1つ、注意を加えたい。明瞭性の観点から、図2-48一番下のスタイルを避けることが、よい慣習だと考えている。これはあまりにもまぎらわしいのだ。この形を避け、すぐ上のスタイルを使うようにすれば、交差した線同士にはいかなる状況においても接続がない、ということがはっきりする。

色つき配線

回路図について最後に取り上げるのは交差の話、と言ったような気がしないでもないが、実はさらにもう1つ、小さいことがある。電源のプラスとマイナスは絶対に間違えてほしくないので、本書では以後、回路図中の正極側の配線を赤で、負極／接地側の配線を青で描く。私がときどき使ったこの方法が、いかに有用であったかを知らせてくれる読者が何人もいたので、以後一貫して使うことにした。

負極／接地には黒色の方がよく使われている（マルチメータや電池ボックスの黒いケーブルにも使われているだろう）。しかし青だって使われるし、より区別がつきやすい。

本書の外の世界で見ることになる回路図では、この便利なカラーリング慣習は使われていないので注意してほしい。すべての配線は黒で、どの線が電源に接続されているか確認する必要があるのだ。

実験7：リレーの探索

スイッチ探求の次の段階は、リモコンスイッチの利用だ。ここで言う「リモコン」とは、あなたが送った信号でオンオフできる、という意味だ。このようなスイッチをリレーというが、それは命令を回路の一方から他方にリレーするからだ。

- リレーは低電圧や小電流で制御され、高電圧や大電流をスイッチするようにしてあることがよくある。

これはとても便利に使える。たとえば自動車の始動の際は、比較的小型で安価なスイッチから、小電力の信号を、細い安価な配線経由で、スタータモーターの近くにあるリレーに送れる。リレーはずっと太くて高価で100アンペアもの電流が流せる短い配線を通じ、モーターを動かす。

同様に、古風な縦型洗濯機で脱水中にフタを開ければ、あなたは細いワイヤ経由でリレーに小信号を送る、小さいスイッチを閉じることになる。濡れた洗濯物でいっぱいのドラムを回している大型モーターのスイッチを切るのは大仕事だが、それをやるのは、このリレーの方である。

必要なもの

- 9ボルト電池（1）
- DPDTリレー（2）
- SPSTタクトスイッチ（1）
- 両端にミノムシクリップの付いたテストリード（5）
- カッター（1）
- マルチメータ（テスター）（1）

リレー

使用していただくリレーは、本体下面の前方に2本、後方に6本のピンがあるものだ。6本は図2-49のように、3本ずつ2列に並んでいる（この図ではリレーは裏返しで、ピンは上に出ている）。リレーを2個購入していれば、解析用に1個使える、つまり、切って分解して中を見ることができる。とても慎重に、本当に慎重にやれば、リレーは開いた後も使用できる。できなかったら、そう、スペアがある。

注意：極性の問題

一部のリレーは、内部に隠れたコイルに電圧を加える方法にうるさい。電流がコイルを一方向に流れている間は何も悪いことはないが、電源の正負を逆にすると（つまり極性を逆にすると）、リレーは動作をやめるのだ。

これはデータシートに明確な記述がない場合に、特に嫌な感じだ。推奨したリレーは極性指定のないものである。43ページ「必須：リレー」を参照のこと。

方法

テストリードとタクトスイッチ（押しボタン）を図2-49のように接続する。（図の部品同士の寸法の縮尺は異なっているので注意。）ボタンを押すことで、ほかから離れた2本のピンに9ボルトをかけると、かすかにカチッと音が聞こえるはずだ。ボタンを離すと、もう一度カチッと音がする。（聴力が低い場合は、リレーに指先をそっと当てておけば、カチッといったときのかすかな振動を感じるはずだ。）

何が起きているのだろうか。これはマルチメータがあれば調べやすい。導通測定モードにセットし、まずはプローブ同士を接触させて動作確認する。これでブザーが鳴らない場合、導通測定にセットできていないか、電池が切れているか、プローブが間違ったソケットに入っているかである。

それではプローブを図2-50のようにリレーのピンに当てよう。ボタンを押すと、押している間ブザーが鳴るはずだ。

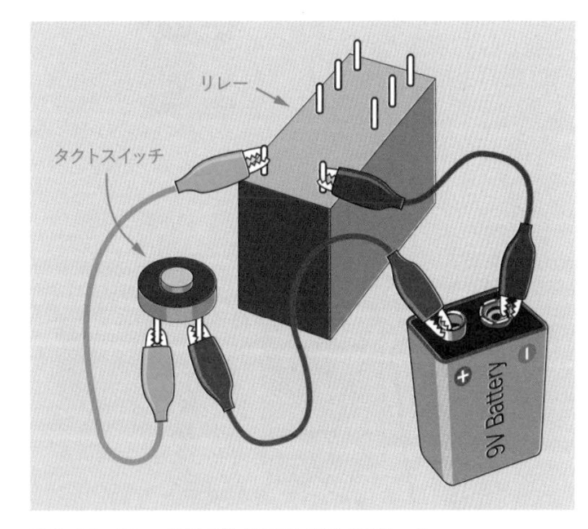

図2-49　リレー内部で起きることを調べる第一歩。

このテストからわかるのは、手前の2本のピンに電圧をかけると、内部で何らかの接点が閉じるに違いない、ということだ。ところで、メータープローブを持ったままボタンを押すのが難しい場合もあるだろう。このようなときは、テストリードを2本、図2-51のように接続するとよい。それぞれのリードの一方のクリップをプローブに、反対側をリレーのピンに付けると、あなたの両手はフリーになる。

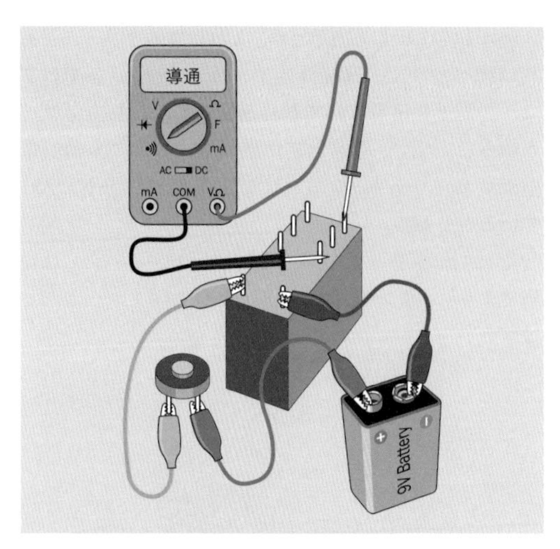

図2-50　ステップ2：導通の確認。

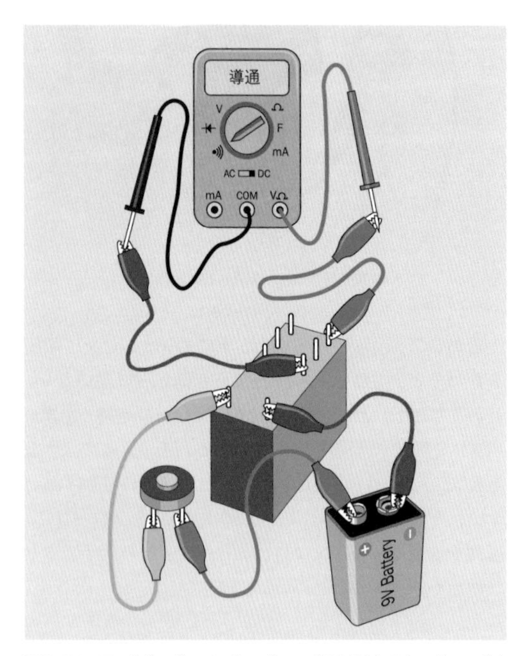

図2-51　テストリードでメータープローブを延長すると、プローブを持っていた手が自由になる。

それでは赤のテストリードを、リレーの一番向こうのピンから、その隣の空いたピンに移動してみよう。これでマルチメータの挙動は逆転し、ボタンを押してない時にブザーが鳴り、押すと止まるようになるはずだ。

内部で起きていること

図2-52はボタンを押したときのリレーの透視図だ。リレーの下部にはコイルがあり、これが磁場を生じて、対になった内部のスイッチを動かす。コイルが右のスイッチを動かし、AとCのピンを内部で接続したので、マルチメータはブザーを鳴らした。

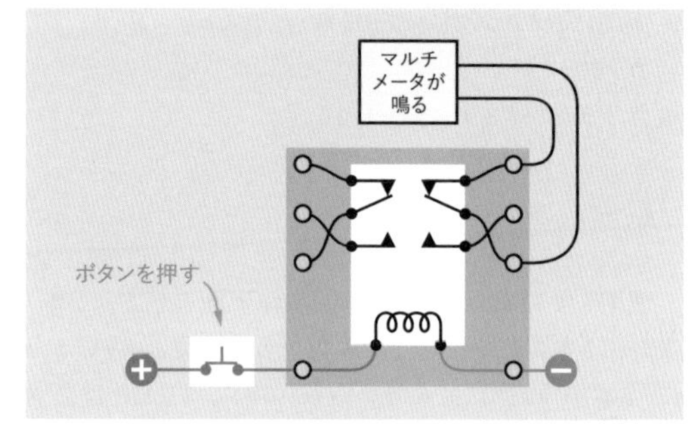

図2-52　リレー内部の様子。ボタンを押すとマルチメータのブザーが鳴る。

リレーのコイルが内部のスイッチを押しやる動作になっているように見えるが、これはどういうことだ、と思っている方もいるかもしれない。こうなっているのは、リレー内部の機械的なリンクが、引力を斥力に変えているからだ。後の実験でリレーを分解するところまでいくと、これを実際に見ることができる。

図2-53はボタンを押していない時の状態を示している。スイッチの接点は解放されて逆向きに動き、AとBの接続が切れて、BとCが接続される。リレーコイルに電気が流れていないとき、接点はこの位置に戻る。

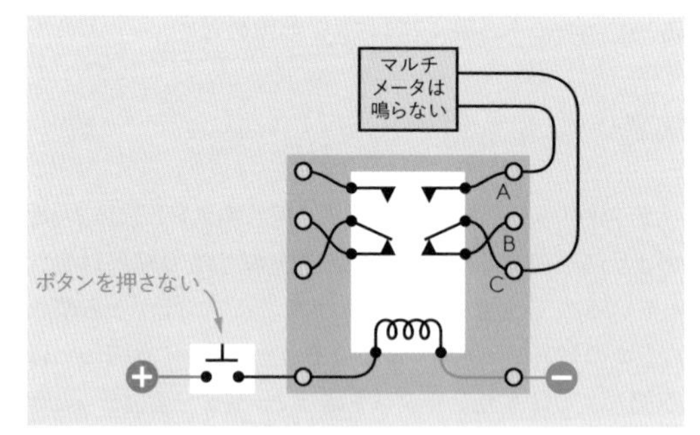

図2-53　リレー内部。ボタンが押されておらずマルチメータのブザーは鳴らない。

その他のリレー

ここで解説したピン配置は、このサイズでもっとも一般的なリレーのものだが、例外もいろいろあり、その場合は別の動作をする。実のところ、本書初版では別のピン配置のリレーを使用していた。

双極双投（DPDT）リレーを初めて見たとき、中で起きることを突き止めるにはどうしたらいいだろうか。コイルに電圧をかけながら、異なる対のピン間の導通を調べればよい。ピン同士の接続を消去法で求められる。

メーカーのデータシートを見る手もある。図2-21のような図が入っているはずだ。

リレーについて知るべきことはこれだけだろうか。そんなことはない。表面をひっかくこともできてない。

- ラッチ式、つまり電源オフ時に内部スイッチの状態が保持されるリレーもある。この「ラッチングリレー」は普通2つのコイルが入っており、スイッチをそれぞれの状態に動かす。これは本書では使用しない。
- リレーは、双極、単極、双投、単投など、さまざまなものがある。
- ACでスイッチするコイルとDCでスイッチするコイルがあり、そして前述したように、DCコイルには、正しい極性で直流をかける必要のあるものと、そうでないものがある。

常のごとく、データシートはこうした必須情報を提供しているはずだ。

図2-54に、さまざまなリレーのさまざまな回路図記号を示す。Aは単極単投である。Bは単極双投である。Cは単極単投で、パーツが1つの部品に収められていることを四角い白囲みで知らせるという、私の好きなスタイルで描かれたものである。Dは単極双投である。Eは双極双投である。Fは単極双投のラッチングリレーである。

回路図上のリレーは、内部スイッチを開放した状態で、つまり電力供給されていないときの状態で描かれる。例外はラッチングリレーで、そのスイッチ位置は任意である。

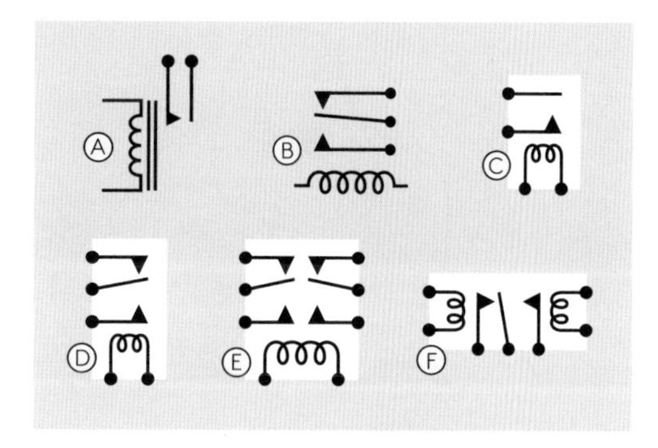

図2-54　さまざまなリレーの回路図記号。詳細は本文を参照。

あなたが調べているリレーは小信号リレー、つまり大電流をスイッチすることはできないリレーである。大型のリレーには、かなりの大アンペアをスイッチできる能力があるものもある。リレーは回路の最大電流（以上）の定格を持つものを選ぶのが重要だ。リレーを過負荷にするとスパークを生じ、接点が急速に蝕まれる。

以後の実験では、たとえばホームセキュリティシステムなど、リレーの実用例をいくつか見ていく。それに先立ち、リレーをブザー音を発する発振器にする方法をお見せする。とはいえまずは、内部を見てみよう。

開けてみよう

せっかちな質の方は、図2-55や56のような方法でリレーを開けてもよい。ただ一般的には、カッターナイフや小刀など、ごく普通の道具を使った方がよいだろう。

図2-55　リレーを開ける方法1（ちょっとお勧めできない）。

図2-56　リレーを開ける方法2（ぜったいお勧めできない）。

図2-57と58では私の使いたいテクニックを図解した。プラスチックの殻のエッジを削り、髪の毛1本ほどの開口が見えるまで削いでいくのだ。これより先に行ってはいけない。内部のパーツがナイフの刃の本当にすぐ近くにあるからだ。それから上面を外す。今の行程をほかのエッジでも繰り返す。本当に慎重に作業すれば、リレーの中身が見え、かつ、コイルに通電すれば依然として動作する。

図2-57　リレーのプラスチックケースのエッジを削いでいくことが開けるための第一歩だ。常に自分から離す方向に、ワークベンチに向かって下ろすように刃を動かすこと。

図2-58　エッジを削り終えたら、ケースをこじ開けられるはずだ。

中には何があるか？

図2-59は、よくあるタイプのリレーのパーツを単純化して示したものだ。コイルAが電磁力を発してレバーBを下に引く。プラスチックの延長部Cはしなやかな金属板を外向きに押しており、リレーの極Dを接点の間で動かす。（これは本書で実験用にお薦めしたリレーとは少し違った構成のものだが、一般則は同じだ。）

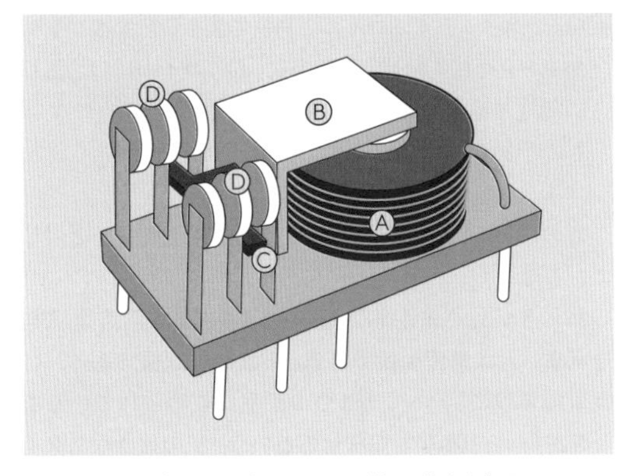

図2-59　さまざまな12ボルトリレー。詳細は本文を参照。

この図を図2-60の実際に開けたリレーと比較するとよい。

図2-61にさまざまなサイズのリレーのケースを外したものを示した。すべてDC12ボルト動作の設計だ。自動車用リレー（一番左）は、もっとも単純で理解しやすい。パッケージサイズをあまり考慮せずに設計されているからだ。小型のリレーはもっと巧妙な設計になっており、複雑で理解しにくい。普通は（「必ず」ではない）小型のリレーほど、小さな電流をスイッチする設計になっている。

図2-60　実際のリレー(ケースなし)。カッティングマットの正方形は1インチ(2.54センチ)×1インチだ。

図2-61　さまざまな12ボルトリレー。詳細は本文を参照。

基礎：リレーの用語

コイル電圧(コイル定格電圧)は、コイルを作動させる際に、リレーが受けるべき電圧だ。ACもDCもある。

セット電圧(感応電圧、動作電圧)は、リレーがスイッチを閉じるのに必要な最低限の電圧だ。これは定格のコイル電圧より少し低い。実際には、リレーはこのセット電圧より少し低い電圧でも動作するものだが、セット電圧が動作の保証された最小値を教えてくれる。

動作電流(定格電流、励磁電流)は、リレー動作時のコイルの消費電流で、通常はミリアンペア単位である。ミリワット表示のこともある。

開閉容量は、リレー内部の接点を損傷せずに切り替えられる電流の最大値である。通常これは抵抗負荷、つまり白熱電球のような受動デバイスについて指定されている。誘導負荷であるモーターのスイッチにリレーを使うと、大きなサージ電流(突入電流)が流れる。モーターをオフにしたときも、またサージが発生する。リレーのデータシートに誘導負荷を扱う際の能力が定められていないときは、経験則として、モーターは起動時に回転時の2倍の電流を取る、と想定すること。

実験8：リレー発振器

これまでの実験で使っていた、ミノムシクリップつきテストリードには、2つの大きな利点があった。1つは回路をすばやく組み立てられること、もう1つは接続を簡単に見て取れることである。

しかし遅かれ早かれ、あなたは回路の構築に、より素早く、より便利で、より小さく、より万能な方法が使えるようにならなければならないし、今がその時だ。私が言っているのは、もっとも広く使われているプロトタイプ機材、ブレッドボードのことである。

1940年代、回路は本当にパン切りまな板(ブレッドボード)に見えるプラットフォームの上に組み立てられていた。

ワイヤや部品は釘、ホッチキス、ネジで固定されていた。これは別の選択肢、つまり鉄板に取り付けるよりは、ずっと簡単だったからだ。そう、プラスチックは当時ほとんど存在しなかったのだ。(プラスチックのない世界——想像できるだろうか。)

現在、「ブレッドボード」という用語は、図2-10のような2×7インチ、厚さ1/2インチ以下の小さな板を指す。これはとんでもなく素早く、簡単に部品を組み立てるためのシステムだ。唯一の問題は、部品同士の内部接続を可視化するのが難しいことである——とはいえ、これをどうにかする方法はある。

ブレッドボードの使い方を学ぶ最高の方法は、回路を組んでみることであり、これこそあなたが今からやろうとしていることである。前のリレーの実験をもう一歩先に進める。

必要なもの

- 9ボルト電池(1)
- 電池スナップ(1)
- ブレッドボード(1)
- DC9ボルトのDPDTリレー(1)

* 汎用LED（2）
* タクトスイッチ（1）
* 抵抗器、470Ω（1）
* コンデンサ、1,000μF（1）
* プライヤー、ニッパ、ワイヤストリッパ（各1）
* 配線材。2色以上、各50センチ以下

初心者のボード

図2-62はブレッドボードの上の方に、これからあなたに組んでもらう通りに部品を差した図だ。

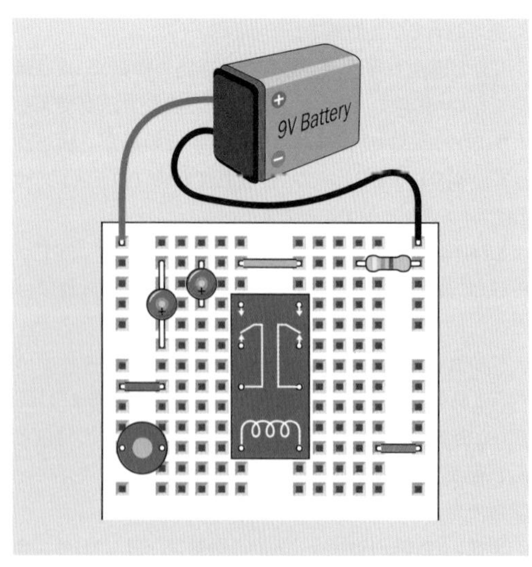

図2-62　ブレッドボードに取り付けたリレーテスト回路。

部品の正体をはっきりさせたい方もいると思うので、図2-63に、以後本書で使うブレッドボード図向けピクトグラムをすべて掲載した。大部分はまだ出てきていないものだが、後で参照したいときに見返してほしい。

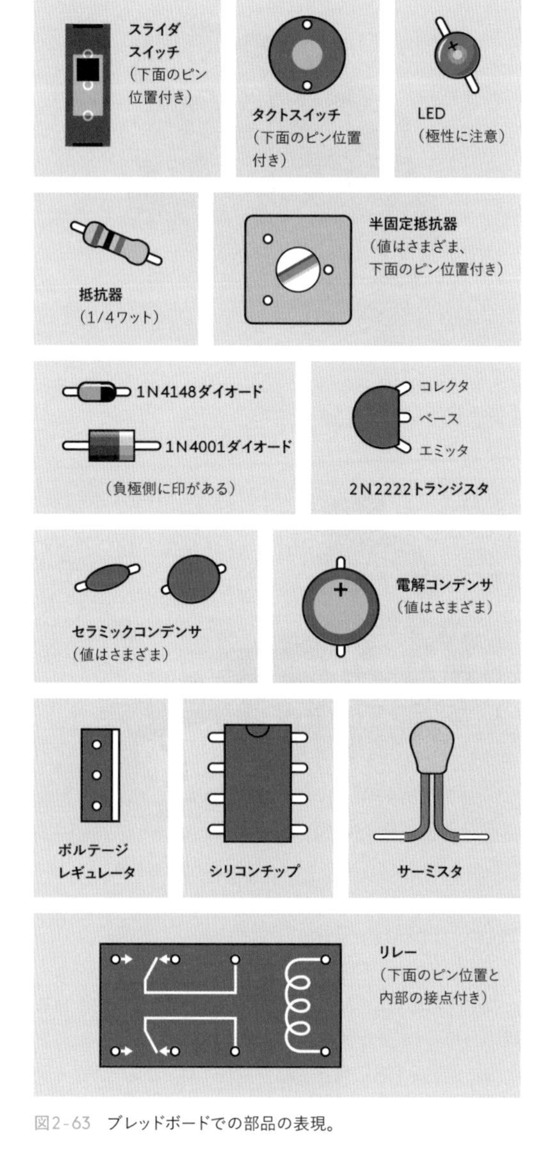

図2-63　ブレッドボードでの部品の表現。

図2-62の中央には、前の実験から引き継いだリレーがある。ピンは部品の下のボードに差し込まれているので、上から見ることはできない。ピンの位置を示したのは、リレーをどの方向に配置すべきかが（つまり、コイルピンを下にすることが）わかるようにするためだ。また、内部構造がわかるように、リレー内部の配線も示した。内部スイッチの位置は電源オフ時のものだ。これは「開放」位置である。

グレーの円形物体は押しボタン、より厳密にはタクトスイッチ、である。向きがわかるように、これもピン配置を透視で示している。

2つの赤丸物体はLEDだ。どちらも長い方のリード線が、プラス記号をつけてある側にあるので、確認してほしい。

抵抗器は470Ωである――色帯のカラーコードでわかったかもしれない。

赤、緑、青の、ブレッドボードに差し込まれた配線のように見えるものは、実際にブレッドボードに差し込まれた配線だ。私の次のタスクは、この配線の作り方を教えることである。

ジャンパ線を作る

カット済みの配線材（ジャンパ線、ともいう）を購入された場合は、そのまま次に進んで、ブレッドボード上の示した位置に差し込めばよい。配線の色が図と異なっていてもかまわない。

前述の通り、私は自作を推奨する。図2-64に私の手順を完全に示した。最初に配線の被覆を何センチか剥く。これにはまず左手で（左利きなら右手で）配線材を持つ。もう片方の手でワイヤストリッパを持つ。刃の22番の穴に配線を入れてワイヤストリッパを閉じる。ストリッパをもう片方の手から離れる方にひっぱると、被覆が付いてくる。（なぜ22の穴を使うか不思議に思うかもしれない。それはあなたがAWG22番の配線材を使っているからだ。というか、あなたがそのサイズを使っているものと期待しているからだ。）

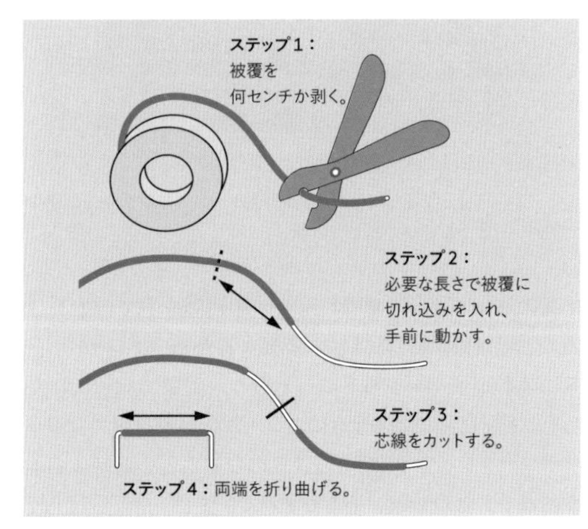

図2-64　ジャンパ線を作る手順。詳細は本文を参照。

次にそのジャンパ線をブレッドボードに差した時の、見える部分の長さを調べる。ここではXインチとおく。配線材についたままの被覆をXインチ測る。このXインチの長さの被覆を、ワイヤストリッパで挟んでひっぱり、芯線が先から1センチ弱だけ出る状態になるまで、被覆を動かす。

ニッパ、またはワイヤストリッパに付いた刃を使い、移動したXインチの被覆の後ろから1センチ弱のところで、芯線を切る。

最後にペンチで両端をきれいに直角に曲げ、ブレッドボードに差す。ちょっと待った――うまく合わないって？　少し練習すれば、目分量だけで正しい長さのジャンパ線を作れるようになる。

電源オン

最後に、9ボルト電池で電源を供給する必要がある。電池ホルダの配線の先は通常、ハンダで固めてあり、ブレッドボードに差せる。難しい場合は、ラジオペンチの先で差し込んでみよう。それでもうまくいかないときは、ワイヤストリッパで被覆をさらに数ミリ剥く。

ブレッドボードに配線を差し終えたら、図2-62のように電池ホルダに電池を付ける。ブレッドボードの電源をオンにすれば、左のLEDが点灯する。ボタンを押すとリレー内部のスイッチが閉じて、右側のLEDが点灯する。おめでとう！　最初の回路をブレッドボード化できた！

さて、これはどうしてうまくいくのだろうか。

ブレッドボードの内部

図2-65はブレッドボードの内側に隠れている銅板を見せたものだ。小さな四角は、部品のリード線を差して銅板と接続できる場所を示している。

2本の縦長の帯はバスという。このタイプのバスは人間を運搬せず、電子を運搬する。電源の正極と負極は普通、このバスに接続する。

- 本書では常に、電源の正極を左のバスに、負極を右のバスに配置する。

ここで重要かつ注意が必要なことがある。バスには断点があるのだ。すべてのブレッドボードがこうなっているわけではないが、なっているものは多い。これはボードの場所ごとに電圧の異なる複数の電源を使いわけるためのものだ。実際にはそうしたいことは多くないので、存在していることを忘れがちな断点は面倒なものである。ブレッドボード全体にまたがる回路を作り、半分くらいに不思議な電源の欠落が見られたとき、バス断点にジャンパ線を入れてブリッジするのを忘れていたのに最後になって気付く、というのはあることだ。

この細部については、必要なときは注意を喚起する。

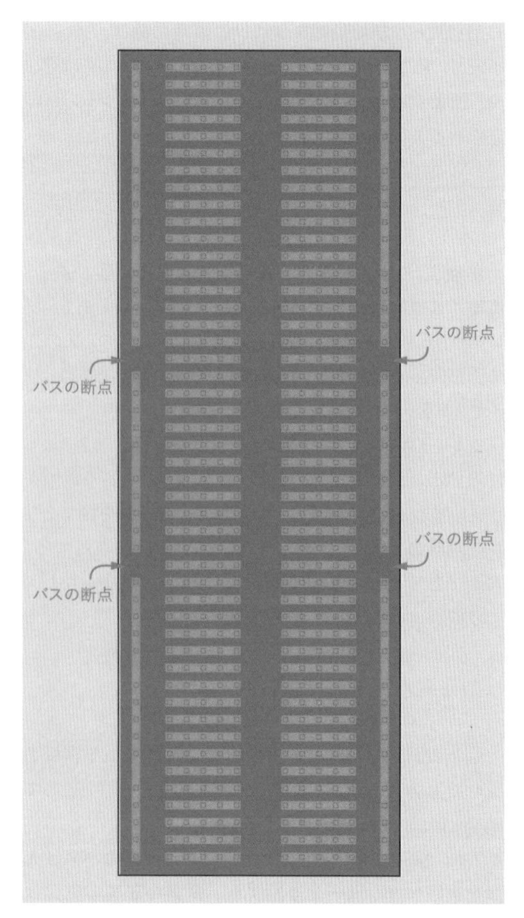

図2-65　シングルバスのブレッドボードの接続銅板はこのような構成になっている。

リレー回路の中味

図2-66はブレッドボード内部の銅板が見えるようにしたものだ。銅板はブレッドボードに差した部品同士を接続する。電気はジグザグの道をたどることになるが、銅板の抵抗値は非常に低いので、経路の長さは問題にならない。

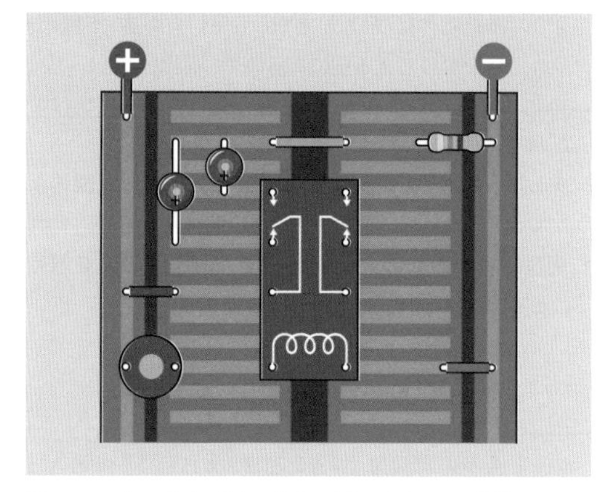

図2-66　ブレッドボード上の部品は内部の銅板により接続される。

図2-67のように、何もしていない銅板を隠し、回路の一部となっているものだけを示した方が、わかりやすい図になるかもしれない。

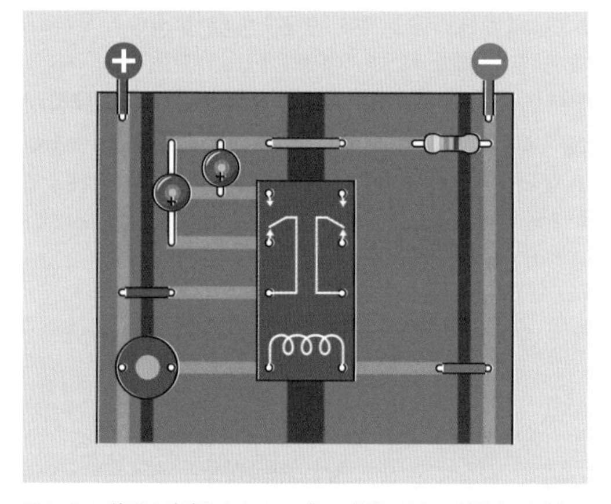

図2-67　前図を改変したもの。ブレッドボード内の銅板から回路の一部として生きていない部分を省略。

それでは図2-68で同じ回路の回路図を見ていただきたい。回路図は似た感じを強調するため、ブレッドボードに合わせたレイアウトにしてある。本書では、これからもっと回路図に頼るようになり、あなたが自力でブレッドボードをレイアウトできるようになることを期待するようになる。とはいえ、そこまで行くまでは、まだしばらくある。

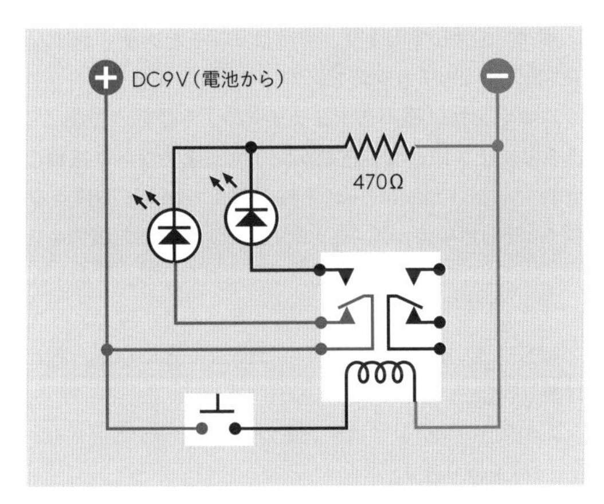

図2-68　先のブレッドボードでの接続に対応する回路図。

2本のLEDの保護に470Ω抵抗を1本しか使わないことに疑問があるかもしれない。これはLEDが同時には1本しか点灯しないためだ。

バズを起こす

次の一歩は回路の改造だ。もっと面白くするのである。図2-69の新しい回路図を見てほしい。図2-68の現状と比較してみよう。違いがわかるだろうか。これまでのバージョンでは、コイルを作動させる押しボタンは9ボルト電源から直接電気を受けていた。新バージョンでは、押しボタンはリレーの下側接点から電源をもらうようになっている。これにはどんな効果があるのだろうか。

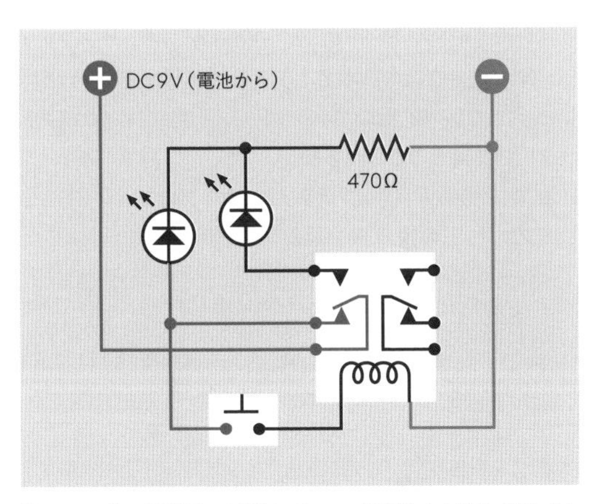

図2-69　前の回路図の改訂版。リレーの下側接点を通じて押しボタンに電源供給するようにしている。

図2-70に既存のブレッドボード回路を新しい回路図に合わせるやり方を示した。やるべきことは、押しボタンを90度回転させること、もう1本のジャンパ線（図で緑色）で、これを左のLEDを光らせるリレーピンに接続することだけだ。

ボタンを押すと——一瞬だけだ！——何が起きるだろうか。リレーがブザー音を発するのだ。（聴覚がよくない場合は、リレーに触れて振動を感じてほしい。）

何が起きているかわかるだろうか。開放状態にあるとき、リレー内部のスイッチ極は、下側接点に通じている。これにより、左のLEDと押しボタンには、正電圧がかかっている。ゆえに、ボタンを押せばリレーコイルに電源が接続される。コイルは内部のスイッチ極を上側に押す——こうなると、コイルに電圧をかけていた接続は切れる。それでスイッチは開放位置に戻るのだが、今度はこれにより、コイルが再び作動する。こうしてサイクルが繰り返される。

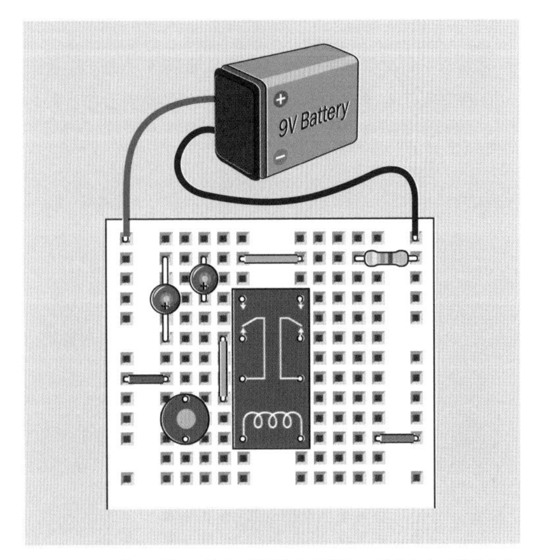

図2-70　既存のブレッドボード回路を回路図に合うように改変したもの。

リレーは取れる2つの状態の間で発振している。

小型のリレーを使っているので、スイッチのオンオフはきわめて速い。実際これは、秒あたり20回ほどの発振となる（動作の様子がLEDで確認できないほど速い）。

- リレーにこのようなふるまいを強要すると、コイルを焼いたり接点を駄目にすることがある。また、タクトスイッチの設計容量を少々超えた電流を制御することになる。だからボタンを長く押してはいけない！ 回路をあまり自己破壊的でなくするには、何もかもが、もっとゆっくり起きるようにする必要がある。これにはコンデンサを使うとよい。

コンデンサを入れる

図2-71に示すように、リレーのコイルと並列に、1,000μFの電解コンデンサを追加する。コンデンサの短い方のリード線（足）を負極側に接続すること。そうしないと動作しない。足の短さだけではない。コンデンサ本体にも、負極側であることを示すマイナスのマークが付いているはずだ。図中でプラス記号を使っているのは、マイナス記号よりわかりやすいのと、LEDの記号と一貫させるためだ。

- 電解コンデンサを間違った向きに接続すると、非常に激烈な反応をする。自己破壊して、破裂することもある。極性はダブルチェックすること。

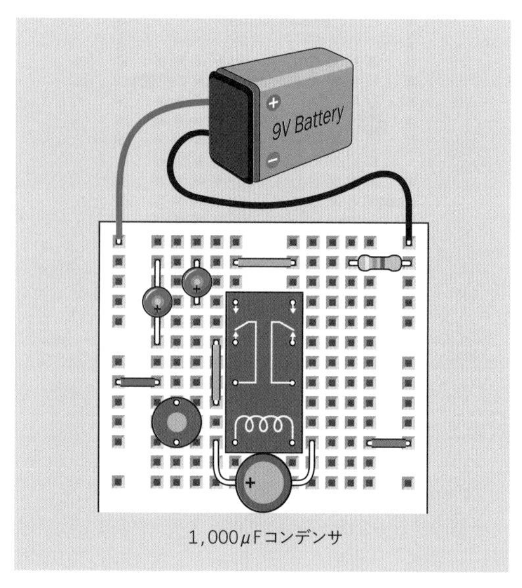

図2-71　大型のコンデンサを追加すれば、回路の動作が遅くなる。

ボタンを押してみよう。今度はリレーはブザー音でなく、間欠的なカチカチ音を出すはずだ。

コンデンサは極小のバッテリーのようなものである。あまりに小さいので、充電が完了するまでコンマ数秒しかかからないが、リレーはそれが済んでから下側接点を開く。そして接点が開くと、コンデンサは蓄えた電力をリレーに（そしてLEDに）放出する。これにより、わずかな時間だが、リレーのコイルに電気を与える。コンデンサの電気を使い終わると、リレーは開放位置になる。あとは繰り返しだ。

この間、コンデンサは充電と放電（チャージとディスチャージ）を繰り返す。

右のLEDを外した場合、左のLEDは、コンデンサの電圧が下がることで次第に暗くなるという、よい感じの点滅になる。

コンデンサは充電時に大きな突入電流を取るので、本実験でタクトスイッチを長いこと押しすぎると、過熱することがある。

基礎：ファラッドの基本

コンデンサの蓄電能力は、ファラッドという単位で測られる。これを大文字のFで表す。単位名の由来は電気のパイオニアとして偶像的な地位にあるひとり、マイケル・ファラデーだ。

ファラッドは大きな単位で、小さな単位として、マイクロファラッド（μF、ファラッドの1/1,000,000）、ナノファラッド（nF、マイクロファラッドの1/1,000）、ピコファラッド（pF、ナノファラッドの1/1,000）がある。ナノファラッドは、米国では（日本でも）ヨーロッパほど使われない。大きな数字のピコファラッドや、小数のマイクロファラッドで表現することが多い。

ピコファラッド、ナノファラッド、マイクロファラッド、そしてファラッドの換算表を図2-72に示す。

ピコファラッド	ナノファラッド	マイクロファラッド	ファラッド
1pF	0.001nF	0.000001μF	
10pF	0.01nF	0.00001μF	
100pF	0.1nF	0.0001μF	
1,000pF	1nF	0.001μF	
10,000pF	10nF	0.01μF	
100,000pF	100nF	0.1μF	
1,000,000pF	1,000nF	1μF	0.000001F
		10μF	0.00001F
		100μF	0.0001F
		1,000μF	0.001F
		10,000μF	0.01F
		100,000μF	0.1F
		1,000,000μF	1F

図2-72　ファラッドとその小数単位間の換算表。

注意：コンデンサによる感電

大型のコンデンサが高電圧でチャージされると、その電圧は数分から数時間も残っている。本書の回路では低い電圧を使うので心配はないが、古いテレビを分解して中を探索しようと思うほど無鉄砲な方は（お勧めしない）、イヤな驚きに出くわすかもしれない。大型の充電されたコンデンサは、コンセントに指を突っ込んだときと同じくらい簡単に、あなたを殺す。

基礎：コンデンサの基本

コンデンサ内部には電気的な接続が存在しない。その2本のリード線は、内部にある2枚のプレート（極板）に、それぞれ接続している。プレート同士は、誘電体といわれる絶縁体により、わずかな距離で隔てられている。このため、直流電流はコンデンサを通じて流れることができない。しかしながら、コンデンサに電池を接続すると、図2-73のようにコンデンサへの充電が起きる。これは片側の極板の電荷が、もう一方の極板に、逆の電荷を引きつけるからだ。

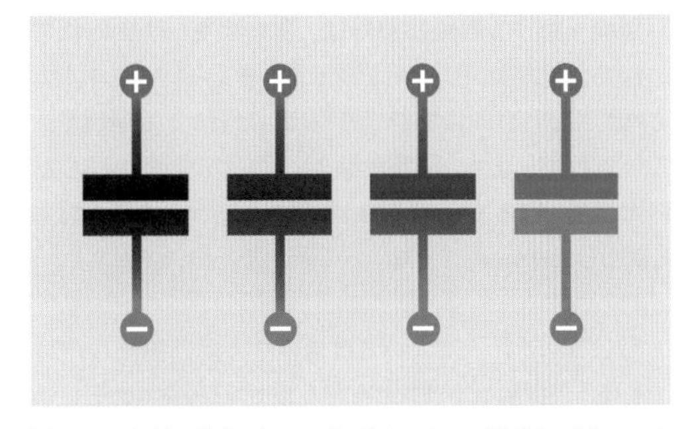

図2-73　電池に接続したコンデンサは、互いに逆極性で等しい大きさの電荷を蓄積する。

現代のコンデンサでは、極板は非常に薄く柔軟な金属フィルムの帯に小型化されている。

コンデンサのバリエーションで一般的なのは、セラミックコンデンサ（普通は小型で比較的小さな電荷を保持する）と電解コンデンサ（ずっと大きなものまである）だ。電解コンデンサは普通ミニチュアの缶のような形で、黒がもっとも一般的だが、あらゆる色がある。古いセラミックコンデンサは円盤型だが、新しいものは小さな丸い塊状だ。

セラミックコンデンサには極性がない。つまり、回路に入れるときにどちらを向けるべきかを気にする必要がない。電解コンデンサには極性があり、正しい向きに接続しないと動作しない。

コンデンサの回路図記号には、内部の2枚の極板を表す2本の線がある。線が2本とも直線であれば、コンデンサには極性がない。どちら向きに入れても大丈夫だ。線の1本が曲線になっていれば、そちら側を、もう一方の側よりも負にする必要がある。極性がすぐわかるように＋記号が書いてあることもある。図2-74に両者を示す。

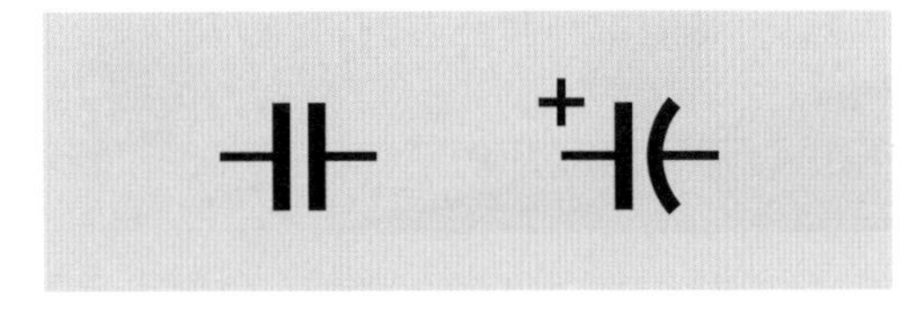

図2-74　コンデンサを表す回路図記号2種。詳細は本文を参照。

極板を曲げる回路図記号は、今では多くは使われていない。電解コンデンサを持っているくらいであれば、それを正しい方向に接続する程度には賢い、と期待されているのだ。また、積層セラミックコンデンサはだんだん大容量になっているので、電解コンデンサを置き換えるかもしれない。

- 私はコンデンサについては無極性の回路図記号だけを使う。電解コンデンサを使うかセラミックコンデンサを使うかは、あなた次第である。
- ブレッドボード図では電解コンデンサを使う。あなたが使う可能性が一番高いからである。だがお望みであれば、セラミックコンデンサに置き換えることは可能だ。

注意：コンデンサの極性に注意！

もっとも一般的なタイプの電解コンデンサは、アルミの極板を使っている。ほかの二種類はタンタルとニオブを使っている。いずれのコンデンサも極性にうるさい。図2-75は、ブレッドボードにタンタルコンデンサを入れて、大電流の流せる電源を極性を間違えて接続したものである。1分かそこら、この虐待に耐えたあと、コンデンサは破裂することで反抗し、燃える破片をまき散らし、ブレッドボードまで焼けた。教訓：極性を確認せよ！

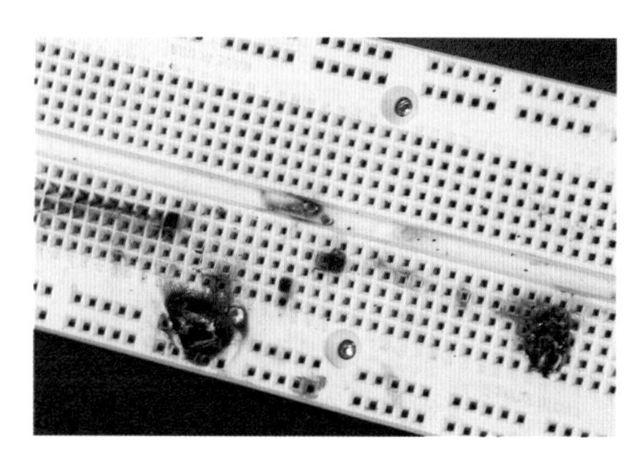

図2-75　有極のタンタルコンデンサと大電流を流せる電源を、極性を間違えて接続するという過ちの帰結。

基礎：障害追跡

ブレッドボード上でどんどん回路を組むようになり、それが複雑になっていくと、エラーはどんどん起きやすくなっていく。この不幸な事実からは何人も逃れ得ない。

ブレッドボードでよくあるエラーに、ワイヤを間違った段に挿す、というものがある。これはリレーのようにピンの見えない部品で、非常に起きやすい。私はよく、単に確認のためだけに、部品を抜いてもう一度見直し、それから戻すということをする。

もっと微妙なエラーは、ブレッドボード内部の銅板の構成を忘れた時に起きる。図2-76を見てほしい。もっとシンプルにできるだろうか。正電源からの電流がLED、ジャンパ線、抵抗器経由で負電源バスに通じているのは明らかだ。しかしこの通りに部品を組めば、絶対に動作しない。このことを私は確信を持って保証する。

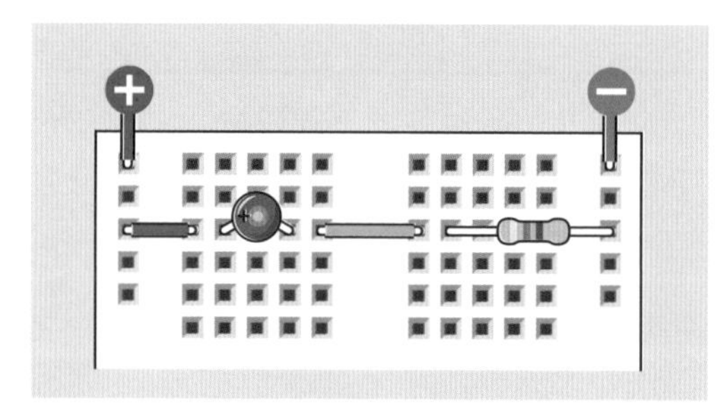

図2-76　このブレッドボード回路は動かない。なぜだかわかるだろうか。

もしLEDと抵抗器の位置を入れ替えると、事態はかなり悪化する。即座にLEDを焼き切る回路になるのだ。

図2-77の透視図を見れば、理由は明らかである。問題は、LEDの両方のリード線が、ブレッドボード内部で同じ銅板に接続されていることにある。電気はLEDを通ってもいいし、内部銅板を通ってもいい——そして銅板の抵抗はLEDのそれに比べればコンマ以下といってよいので、ほとんどの電子は銅板を通り、LEDは暗いままになる。

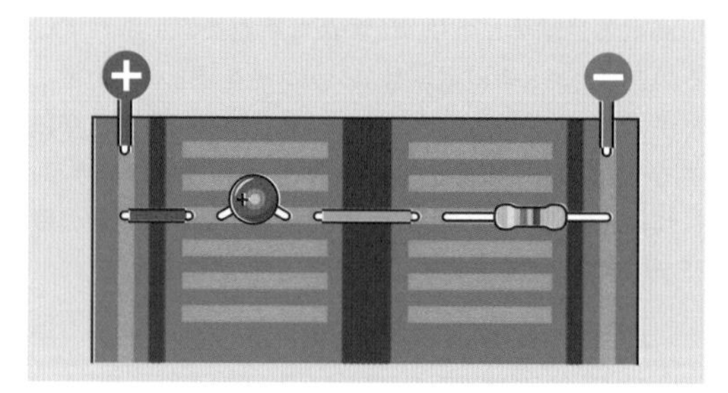

図2-77　透視図があると、なぜ動作しないかわかりやすい。

ほかにもさまざまな種類のエラーが起きうる。どうやったらもっとも速く、効率的に、それらを見つけることができるだろうか。順序立ててやればいい。それだけのことである。次の手順の通りにやってみよう：

1. **電圧を確認する。**ブレッドボードの正極バスの最上部付近の接続に、マルチメータの赤リードを取り付ける。マルチメータを電圧測定（実験で特に触れない限りDCボルト）にセットする。回路の電源がオンになっていることを確認する。そしてマルチメータの黒リードを、負極バスに至るまでのあちこちに触れさせてみる。メータの読みは電源電圧に近いはずだ。ゼロ付近の値があればおそらく、負極バスへのギャップを埋めるようなジャンパブリッジの1つを入れ忘れている。何ボルトか出ているものの電源電圧よりはたしかに低い部位を見つけたら、これはどこかにショートがあって、電池（電池を使っているなら）の電圧を引き下げている可能性がある。
   次に黒のプローブを負極バスの最上部付近に固定し、正極バスの上下をチェックする。
   最後に、黒のプローブを負極バス最上部付近に接続したままで、赤のプローブを回路内のあちこちに適当に触れさせて、電圧を確認する。ゼロ付近の電圧を見つけたら、どこかで接続を忘れたか、部品やワイヤの中に、ブレッドボードの銅板とうまく接続していないものがあるかもしれない。
2. **配置を確認する。**ジャンパ線や部品のリード線がブレッドボード上の正しい位置に差さっているか、すべて確認する。
3. **部品の向きを確認する。**ダイオード、トランジスタ、有極コンデンサは、向きが正しくなければならない。本書の後半で集積回路チップを使い始めたら、チップの前後を間違えないように、またピンが曲がってチップの下に入り込まないように注意する。
4. **接続を確認する。**部品がブレッドボード内部で接触不良を起こすことがたまにある（まれではあるがこれは起きる）。説明の付かない、起きたり起きなかったりする不具合やゼロ電圧があったら、部品のいくつかの位置を変えてみるとよい。経験的には、これは非常に安いブレッドボードを買うと起きやすいようである。また、AWG22番より細い線を使うと起きやすい。（忘れないこと。AWGの数字が大きくなるほど、ワイヤは細くなる。）
5. **部品の値を確認する。**すべての抵抗器およびコンデンサの値が正しいことを確認する。私の標準の手順は、抵抗器をマルチメータでチェックしてから差す、である。これには時間が掛かるが、実は長い目で見れば時間を節約してくれる。
6. **破壊を確認する。**集積回路やトランジスタは電圧の誤り、極性の誤り、そして静電気により破壊されることがある。交換できるように予備を手元に置こう。
7. **自分を確認する！** すべてうまく行かなければ、休憩を取る。長い時間頑張り続けると視野狭窄に陥って、誤りが見えなくなることがある。少しのあいだほかに注意を向け、問題に戻ってみると、答えが突然明らかになったりする。

この障害追求手順のところにしおりを挟んでおいて、後で何かが動かない時に、戻ってくるとよい。

背景：マイケル・ファラデーとコンデンサ

前述のように、ファラッドはマイケル・ファラデー（Michael Faraday）にちなんで名付けられた。彼はイギリスの化学者・物理学者である（1791～1867年）。図2-78参照。

図2-78　マイケル・ファラデー。ファラッドの名の由来である。

ファラデーは比較的低い教育しか受けておらず、数学の知識に乏しかったが、製本工見習いとして働いた7年間に広範囲の書物を読む機会があり、独学が可能だった。また、比較的単純な実験で電気の基礎を成す性質を発見できた時代に生きていた。こうして彼は、電磁誘導（モーターの開発につながる）など数々の大発見を行っている。磁力が光線に影響を及ぼしうることも発見している。

こうした業績は彼に数々の栄誉をもたらし、肖像は1991年から2001年までイギリスの20ポンド紙幣に使われた。

実験9：時間とコンデンサ

電子はほとんど光の速さで動くものだが、それでも秒、分、時の単位の時間計測に使える。この実験は、その方法を示すものである。

必要なもの

- ブレッドボード、配線材、ニッパ、ワイヤストリッパ、テストリード、マルチメータ
- 9ボルト電池と電池スナップ（1）
- タクトスイッチ（2）
- 汎用LED（1）
- 抵抗器：470Ω、1kΩ、10kΩ（各1）
- コンデンサ：0.1μF、1μF、10μF、100μF、1,000μF（各1）

コンデンサのチャージ

最初にマルチメータをDCボルト計測にセットし、9ボルト電池の電圧を計測する。9.2ボルト未満であれば、この実験用にもっと新しい電池が必要だ。

2個のタクトスイッチ、1kΩ抵抗器、1,000μFコンデンサを図2-79のようにブレッドボードに挿す。テストリードを2本マルチメータにつなぎ、手が自由な状態でコンデンサ両端の電圧を測れるようにする。

電池スナップに電池をつなぎ、線をブレッドボードに挿して、DC9ボルトをブレッドボード両側のバスに供給する。図のように正極側が左だ。

メータの読みが0.1ボルトを超えていたら、コンデンサの両端をショートするボタンBを押し、コンデンサを放電する。

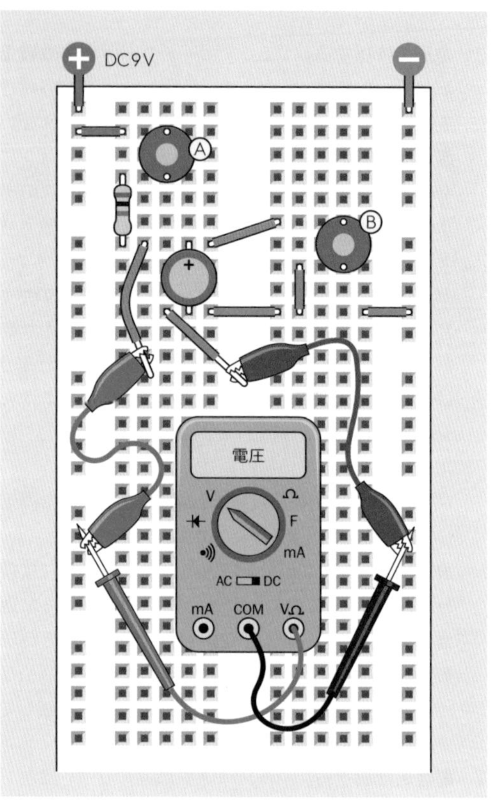

図2-79　コンデンサのチャージ（充電）時間計測のための簡単な装置。コンデンサは1,000μF、抵抗器は1kΩである。

図2-80の回路図は同じ回路を示したもので、何が起きているか理解するのによいはずだ。

それではボタンAを押し、コンデンサのチャージが9.0ボルトに達するまでの秒数を、時計やスマートフォンで測ろう。オートレンジのマルチメータの場合、最初はミリボルト計測で、チャージが上がるに従って自動でボルト計測に切り替わるはずだ。私が実験したときは、メータが上がるのに3秒ちょっとかかった。

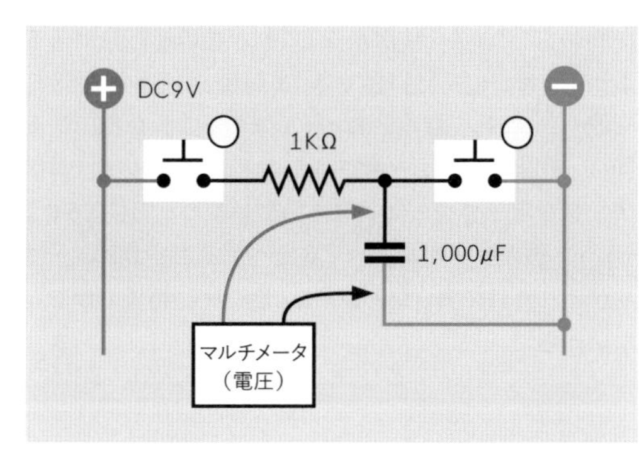

図2-80　この回路図は、先のブレッドボード版と同じ回路を示す。

極板に電子とホール（正孔。電子の欠乏状態だが、正電位を持つ電子のようにふるまう）が互いに引き寄せられることで、コンデンサの正極側は「より正に」、負極側は「より負に」なる。コンデンサの2本のリード線の間の電位差は大きくなるが、コンデンサには電流は流れない。電子回路の入門書を読むと、初めによくこんなことが書いてある：

- コンデンサはDC（直流）を遮断する。

コンデンサに加える電位を一定に保つ限りにおいて、これは真実だ。

RCネットワーク

1kΩ抵抗器を10kΩ抵抗器に交換しよう。マルチメータを見て、コンデンサ両端の電圧がいくらか残っているようであれば、ボタンBを押して放電しておく。

それでは実験を繰り返そう。10kΩの抵抗を通じてチャージすると、コンデンサが9.0ボルトに達するまで、どれくらいかかるだろうか。

コンデンサと抵抗器によるこの簡単なコンビネーションをRCネットワークという（Rは抵抗器［resistor］、Cはコンデンサ［capacitor］である）。これはエレクトロニクスにおいて非常に重要な概念だ。これが何をするものか説明する前に、考えてほしい質問をいくつか用意した：

- 1kΩ抵抗器のときと10kΩ抵抗器のときでは、コンデンサが9ボルトに達するまでの時間は、ちょうど10倍になっているだろうか？
- コンデンサの電圧は一定の率で上昇するのだろうか。あるいは最初の方が速かったり、終わりの方が速かったりするのだろうか？
- 十分に長い時間をかければ、コンデンサは最初の値に、つまり測っておいた電池の電圧に達するのだろうか？

電圧、抵抗、静電容量

抵抗を蛇口、コンデンサは水を満たそうとしている風船と考えるものとする（図2-81参照）。ポタポタしたたる程度に蛇口を開けば、風船がいっぱいになるまで長くかかる。しかし十分に長い時間だけ待っていれば、ゆっくりした水流でも風船はいっぱいになる。風船が割れないものと仮定すると、このプロセスは蛇口につながっている水道管の水圧と風船の内圧が等しくなった時に終了する。

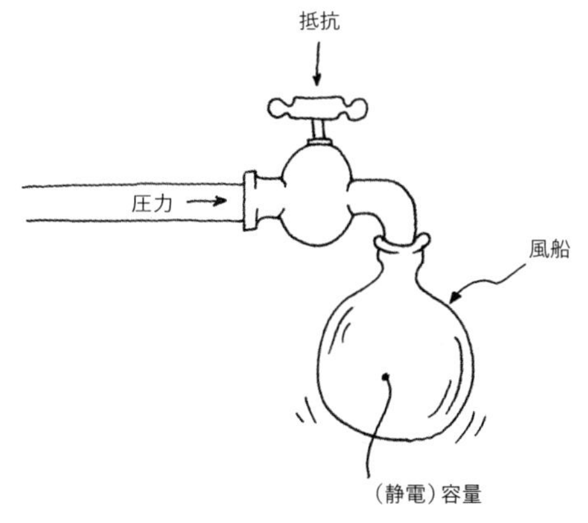

図2-81　コンデンサに流れ込む電子は風船に流れ込む水になぞらえることができる。

しかしこの記述は大事な要素を落としている。風船は満たされていくにつれて伸び、内容物に多くの圧力をかけるようになるのだ。高まった風船の内圧は、入ってくる水流を押し戻す。これにより、水流は次第に遅くなっていくことが予想される。

これをコンデンサに流れこむ電子になぞらえると、どうなるだろうか。概念は似ている。電子は初め急激に流れこむが、正孔を埋めていくにしたがい、新しく来たものが落ち着き場所を探すのに時間がかかるようになる。チャージのプロセスはだんだん遅くなる。実は理論的には、コンデンサのチャージが加えられている電圧に達することはない。

背景：時定数

コンデンサのチャージ速度は時定数という関数で測られる。時定数の定義は非常に単純だ：

$$T = R \times C$$

Cという値のコンデンサ（単位はファラッド）がRオームの抵抗器を通じてチャージされるとき、時定数はTとなる（単位は秒）。

最初にテストした1kΩ抵抗の回路に戻り、部品の値を時定数の式に入れてみよう。ただし単位はオームとファラッドに変換するものとする。1kΩは1,000Ω、1,000μFは0.001ファラッドである。つまり計算は非常に簡単だ：

$$TC = 1{,}000 \times 0.001$$

ゆえに、この値の抵抗器とコンデンサではTC=1となる。

ところでこれは厳密には何を意味するのだろうか。このコンデンサは1秒で充電される、ということだろうか。残念だが、そこまで単純ではない。

- T（時定数）は、コンデンサがゼロからチャージされた時に、供給電圧の63%を得るのにかかる秒数である。

コンデンサがゼロからチャージされなかったときはどうなるだろうか。もともといくらか電圧のあるコンデンサを測る場合、時定数の定義は少し複雑になる。V_{DIF}を供給電圧とコンデンサ電圧の差としたとき、Tは現在のチャージにV_{DIF}の63%を加えるのに必要な秒数、となる。

（なぜ63%なのか。なぜ62%、64%、あるいは50%ではないのか。答えはこの本にはちょっと複雑すぎるので、さらに知りたい方はほかで時定数について読んでもらう必要がある。微分方程式を覚悟すること。）

比喩がわかりやすいかもしれない。図2-82は、今まさにケーキを食べんとしている食いしん坊さんだ。最初彼は猛烈にお腹が空いており、ケーキの63%を1秒で食べる。これは彼がケーキを食べるときの時定数だ。2口目では、そこまでがつがつしておらず、残ったケーキの63%を食べる――もうあまりお腹が空いた感じがしないため、ここでも1秒かかる（これが彼の時定数であることを忘れずに）。3口目では、まだ残ってるうちの63%を取って、これを飲み込むのに、また1秒かかる。以下同じ。彼は次第にケーキでいっぱいになっていく。コンデンサが電子でいっぱいになっていくのと同じように。しかし、彼がケーキのすべてを食べ切ることはない。残りがどれだけであったとしても、そこから63%しか取らないからだ。

図2-82　このグルメ氏は常にお皿に載っているケーキの63%を食べ、充電されるコンデンサとまったく同じように胃をチャージする。どれだけ長く食べ続けようと、ケーキが完全になくなることはなく、彼の胃が完全に満たされることもない。

図2-83はこの過程を別の方法で示したものだ。時定数秒（1,000μFのコンデンサと1kΩの抵抗器では1秒）の経過ごとに、コンデンサは現チャージ電圧と供給電圧の差の63%ずつを得る。

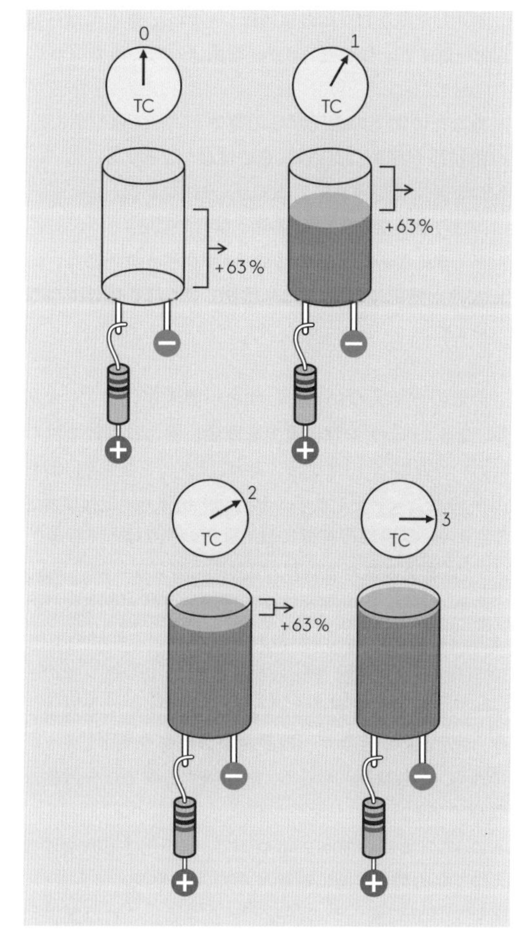

図2-83　チャージされるコンデンサのもう1つの図解。

完全な部品から成る完全な世界では、コンデンサをチャージするこのプロセスは、無限の時間続く。しかし現実世界では、もう少し勝手なことが言える：

- 5時定数秒経過したら、コンデンサのチャージは100%に充分近く、プロセスが完了したものとみなせる。

背景：グラフ化する

充電中のコンデンサの電圧を示すグラフを描きたいものとする。このために、時定数の式を使ってデータを計算する。

V_{CAP}がコンデンサの現電圧、V_{DIF}を現在のチャージと印加されている電池電圧とする（前と同じ）。以下は1時定数経過後のコンデンサ電圧を求める式だ。新しい電圧をV_{NEW}としよう。つまり、式はこのようになる：

$$V_{NEW} = V_{CAP} + (0.63 \times V_{DIF})$$

0.63という値は63%と同じだ。

電池はきっかり9ボルトを供給し、コンデンサはきっかり0ボルトから始めるものとする。つまり、$V_{CAP}=0$で$V_{DIF}=9$だ。式にこれらの値を代入する：

$$V_{NEW} = 0 + (0.63 \times 9)$$

電卓では0.63×9=5.67となった。つまり1時定数（1kΩ抵抗器と1,000μFコンデンサでは1秒）が経過すると、コンデンサは5.67ボルトを得る。

次の1秒ではどうなるだろうか。新しい値で計算を繰り返そう。コンデンサの現電圧V_{CAP}は5.67である。バッテリーのかける電圧はやはり9ボルトなので、V_{DIF}は9マイナス5.67、すなわち3.33である。これらの値を式に戻すと：

$$V_{NEW} = 5.67 + (0.63 \times 3.33)$$

電卓では0.63の3.33倍は約2.1となった。そして2.1プラス5.67は7.77だ。つまり、2秒後にコンデンサは7.77ボルトを得る。

この計算は何度でも繰り返すことができ、次のような数（小数点以下第2位で四捨五入）の並びが作れる。これは各秒の終わりでのコンデンサ電圧を示すもので、電源は9ボルトを想定している*：

*訳注：なぜこんな迂遠な式を出すのかわからない。37%とは自然対数の底eの逆数、1/e=0.36787944……のことである。63%は（1−1/e）と書けるので、t時定数後の充電量を「電圧×（1−（1/e）ᵗ）」とすれば、現象を明快に表現してくれる。eを出したくないなら「電圧×（1−0.3679ᵗ）」でよい。グラフも簡単に描ける。

1秒後：5.67ボルト
2秒後：7.77ボルト
3秒後：8.54ボルト
4秒後：8.83ボルト
5秒後：8.94ボルト
6秒後：8.98ボルト

図2-84のグラフは、これらの値をなめらかなカーブでつないで作ったものだ。6秒より先は9ボルトにきわめて近くなるので、わざわざ書かない。

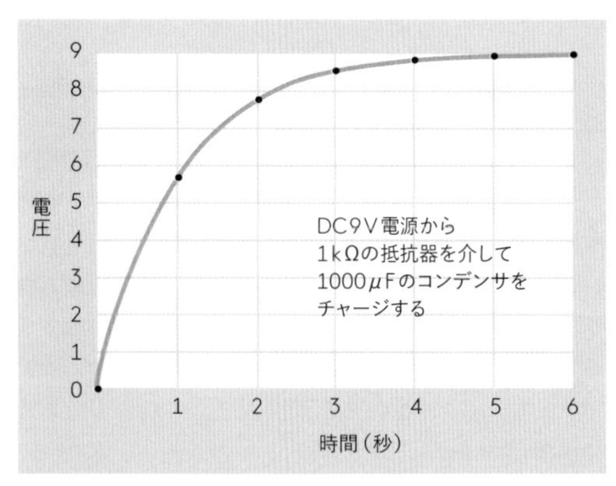

図2-84　ある時間にコンデンサがチャージされる様子はグラフを見るとわかりやすい。

実験的検証

ここまではRCネットワークでのコンデンサのチャージを計算する方法を示した。しかし私が正しいかどうか、どうやれば確かめられるだろうか。私の言葉をそのまま受け取るべきだろうか。

自分で確かめた方がよいだろう。言い換えれば、あなたは実験的検証をやればいいのだ。「発見による学習」の大事な部分である。

先ほど使った回路に戻ろう。1kΩではなく10kΩの抵抗が入っていることを確認してほしい。友達に頼んで、あなたがマルチメータの電圧を見ている間の時間を測ってもらおう。10秒ごとに合図してもらい、その瞬間の電圧を書き留めるのだ。これを1分間続ける。

1kΩではなく10kΩの抵抗器を使っているので、時定数は1秒ではなく10秒である。つまり測定値は、間隔が10秒になるだけで、上の1秒ごとの値と似た数字が並ぶはずである。

測定した電圧は、私の値に近いものの、厳密には一致しないはずだ。なぜだろうか。理由はいろいろ思いつく。

- あなたの電池の電圧が私の電池と同一ではないこと。
- 抵抗器が厳密に10,000Ωではないこと。
- コンデンサが厳密に1,000μFではないこと。
- マルチメータが完全に正確ではないこと。
- メータの読みを見るのに数マイクロ秒かかること。
- 友達が厳密に10秒ごとに合図してくれるわけではないこと。

あなたが考えないかもしれない要素がほかに2つある。まず、コンデンサは電気を完全に蓄えるわけではないということ。リークが常にあり、チャージは徐々に漏れ出すのだ。コンデンサのチャージ中にすら、これは起きる。チャージ過程の終盤には、電子の入りはとても遅く、リーク（電子の漏れる率）は相対的に大きなものになる。

これに加え、マルチメータには内部抵抗がある。これは非常に高いのだが、無限大ではない。これはつまり、マルチメータは電圧を計測するときに、コンデンサのチャージをわずかながらも盗んでいる、ということだ。そう、測定という行為が、測定対象の値を変えてしまうのである。これは実のところ、物理学や工学では一般的な問題である。

こうした要素のすべてについて、最小化する方法は考えつくものの、完全に排除する方法は想像もできない。実験では常に何らかの誤差が存在する。これは実験により理論を検証する際の課題なのだ。検証には非常に時間がかかることがあり、高い忍耐力が必要になる——理論系の学者と実験系の学者で毛色が違うのは、このためだ。

容量結合

コンデンサがどのように充放電されるかの解説が済んだので、先の言葉に戻ろう：

- コンデンサはDC（直流）を遮断する。

「コンデンサに加える電位を一定に保つ限りにおいて、これは真実だ。」とも言ったのを覚えているかもしれない。

しかし、一定の電位が存在しなければどうなるだろうか。チャージのないコンデンサに、電圧源にいきなり接続した瞬間には、何が起きているのだろうか。

うーん、これは別の話になる。こうした状況下では、コンデンサは信号を通過させるのだ。

どうしてこうなるのか。コンデンサ内部の極板同士には接触がないのに、電子のパルスは、どうやればその一方から一方にジャンプできるのだろうか。

「どうやれば（how）」と「なぜ（why）」については、すぐに説明する。まずは私が言っていることが実際に起きているのを確認してもらう必要がある。

図2-85のブレッドボード上の部品を見てほしい。レイアウトは図2-79の回路に似ているが、10kΩ抵抗器は左側から右側に移され、LEDと470Ω抵抗器が追加してある。

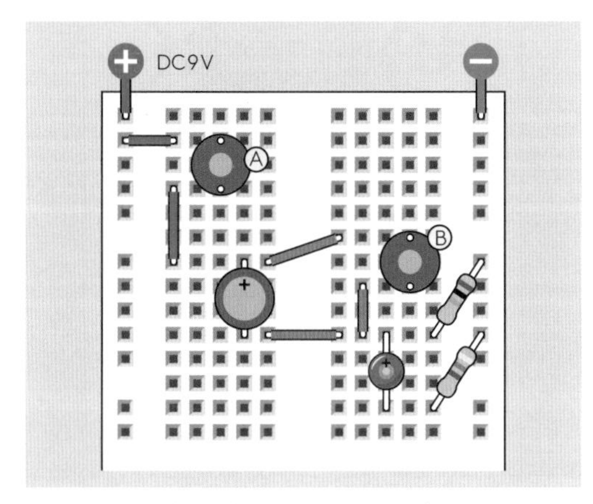

図2-85　電圧の急激な変化があることでコンデンサのふるまいが変わるのを、赤色LEDの点滅から見て取れる。

明快になるように、図2-86にこのブレッドボード回路の回路図を載せた。

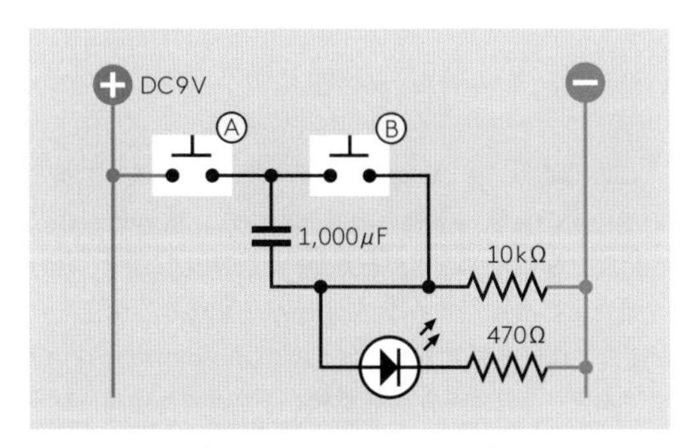

図2-86　電圧の急激な変化があることでコンデンサのふるまいが変わるのを、赤色LEDの点滅から見て取れる。

混乱がないように図2-87に部品の値を示しておく。

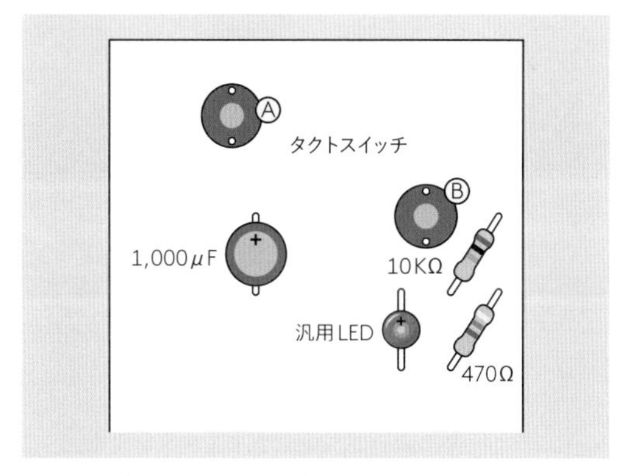

図2-87　ブレッドボード回路の各部品の値。

回路を組み立てたら、まずボタンBを押して、コンデンサを放電するのを忘れないこと。続いてボタンAを押そう。LEDは点灯し、ゆっくり消える。なぜだろうか。

ボタンAをもう一度押そう。今度は何も、またはほとんど何も、起こらない。何かが起きるには、コンデンサを放電状態で始める必要があるのは明らかである。それでは、ボタンBを押して放電しよう。そしてまたボタンAを押せば、LEDはまた点灯する。

コンデンサのマイナス側のピンは10kΩ抵抗器を通して負極に接続されているので、開始時に正電圧がほぼ存在しないことは明らかだ。また、コンデンサのプラス側も、ボタンBでマイナス側のピンとショートさせているので、開始時の正電圧は、やはりほぼゼロである。（放電しておくように言ったのはこのためだ。）

そしてボタンAを押して、急激なプラスのパルスが加えられると、コンデンサの反対側でLEDが点灯する。LEDを通る電流はどこからか来なければならないし、それはコンデンサを通して来ている、が唯一の説明である。

変位電流

LEDと直列抵抗のかわりにマルチメータを入れて、もう一度やってみよう。図2-88に回路図、図2-89にブレッドボードのレイアウトを示す。ボタンBを押してコンデンサを放電し、マルチメータの読みを確認しておく。0ボルト付近になっていること。

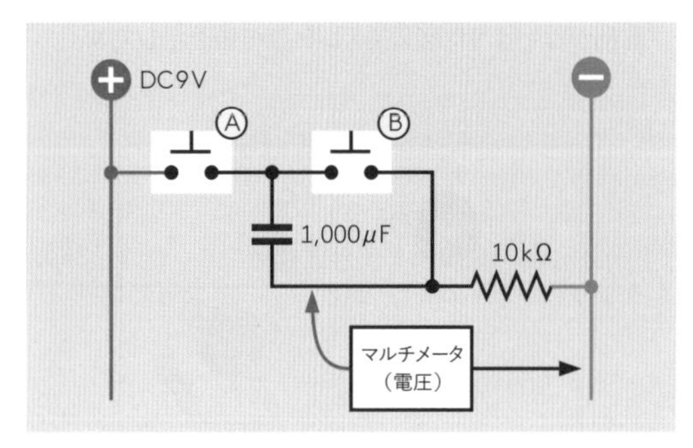

図2-88　前のバージョンで使われていたLEDと470Ω直列抵抗の代わりにマルチメータを入れた回路の回路図。

マルチメータの読みに注目したままボタンAを押す。デジタルメータはあまり速く反応しないが、それでも電圧が急上昇し、それからゆっくり下がっていくのがわかるはずだ。

オシロスコープは電圧の急激な変化を測定して表示できる。この回路に接続すると、図2-89下部に加えたグラフのような軌跡が出る。電圧上昇は、非常に速く瞬間的なものがあるようだ。

コンデンサが急激な電圧変化を通過させる現象はよく知られており、エレクトロニクスではよく利用されてもいる。しかしこれは、どうやって起きているのだろうか。

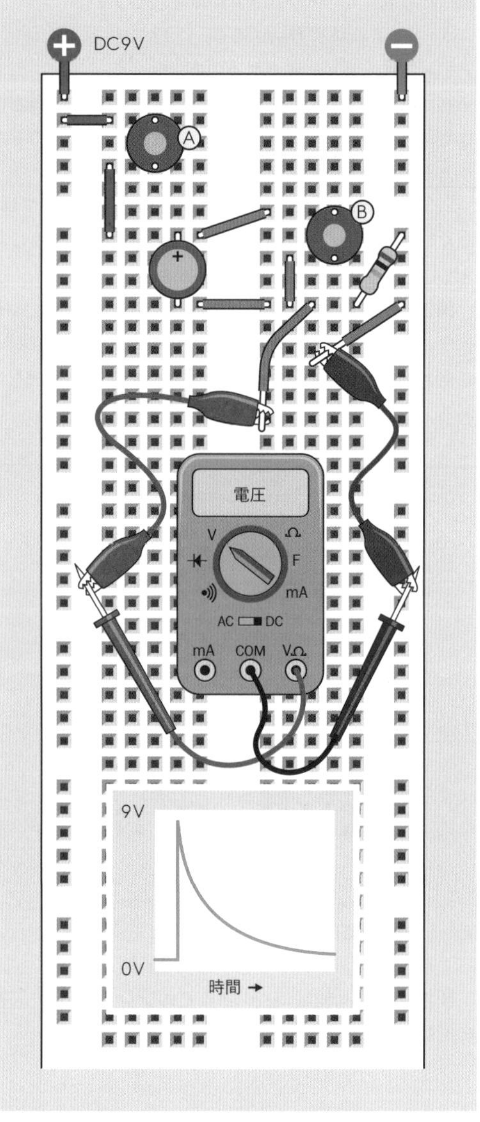

図2-89　図2-88のブレッドボード図。

この問題は、ジェームズ・クラーク・マックスウエルという初期の実験科学者の興味を引いた。彼はそんなことは起きないはずだと思ったが、それゆえにこそ、自分が見たものを説明する理論と、それを記述する用語を発明した。彼はそれを変位電流（displacement current）と呼んだ。これは彼が当時構築しつつあった理論に従っていたのだ。

現在はほかの理論もある。電流の急激な流入がコンデンサ内部に場の効果を作り出し、場の効果が反対側の極板に電圧を誘導できるようである*。しかしこの概念は非常に急速に複雑になっていくので、多くの本では「コンデンサはDCを遮断するが電圧の変動を通過させる」とだけ説明している。

コンデンサを小さくすると、通過するパルスは短くなる。回路からマルチメータを外して、LEDと470Ω抵抗器を戻し、100μF、10μF、1μF、0.1μFのコンデンサを試してみよう。最後のコンデンサでは、LEDはわずかにまたたく程度になる。

交流

回路を逆にすると、電流は逆に流れるものの、やはり動作する。図2-91は10kΩ抵抗器を左に、ボタンAを右に移動した回路である。マルチメータはそのままで、抵抗器とコンデンサの間の電圧を測る。図2-90の回路図も同じバージョンだ。

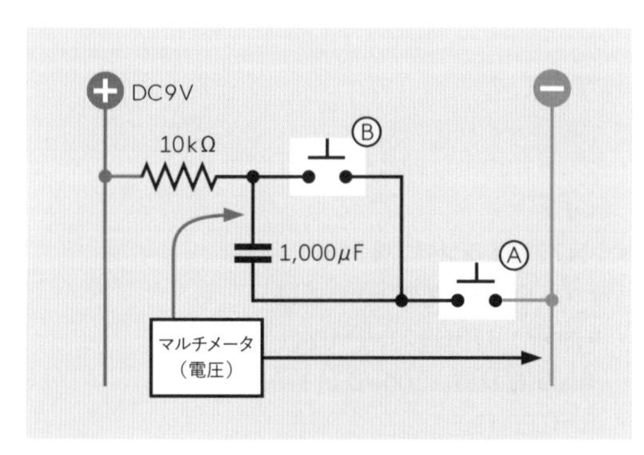

図2-90　図2-88の回路を改造して電圧を逆にしたもの。

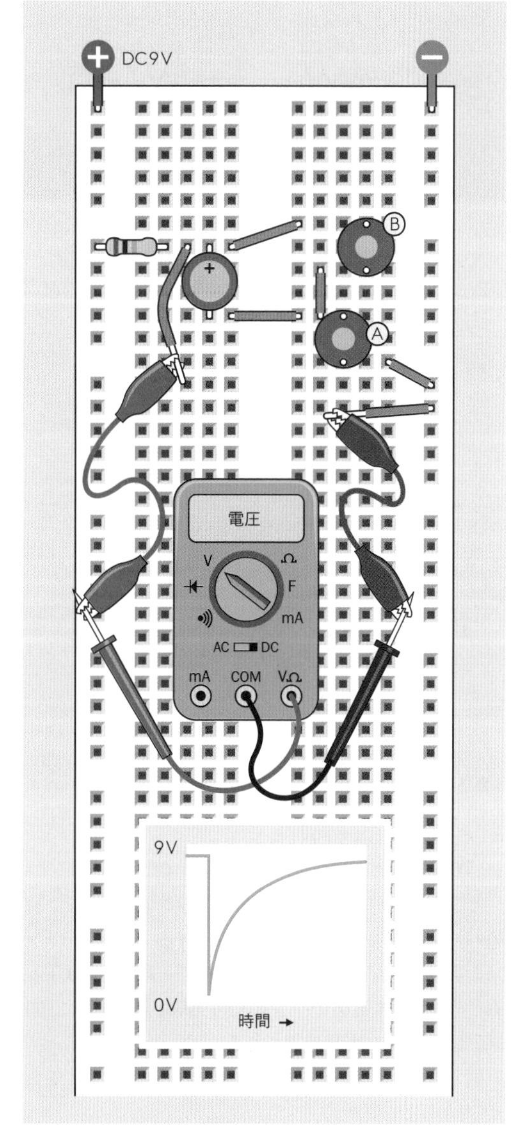

図2-91　図2-90のブレッドボード図。

ボタンBを押してコンデンサを放電すると、マルチメータには約9ボルトの電圧が出る。これはコンデンサの上のピンが、10kΩ抵抗器を通じて、正極バスに接続されているためだ。コンデンサはDCを遮断するので、無限の抵抗を持つように見え、正電荷は「どこにも行けない」のだ。これを図解したのが図2-92である。これは2本の抵抗の間の点からグランドまでの電圧が、後方の抵抗値が増すことで上がっていく様子を示している。

*訳注：何のことを言っているのかわからない。両者は同じだ。

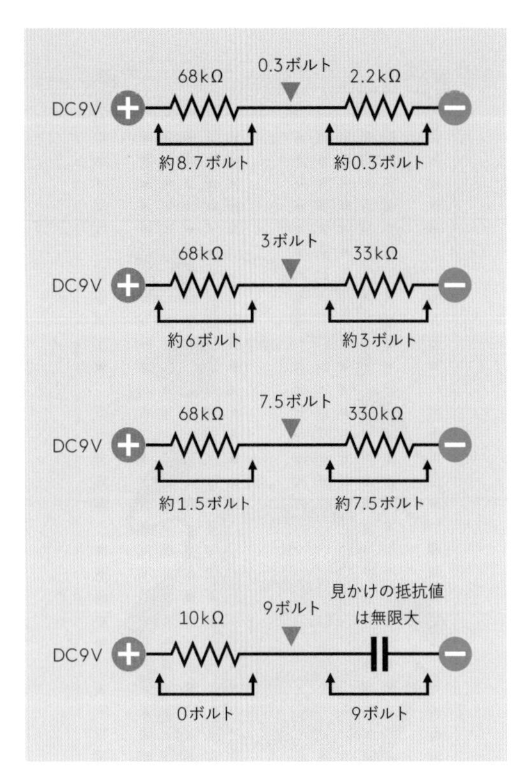

図2-92　2本の抵抗器を直列にして、左の抵抗を電圧に、右の抵抗を負極グランドに接続したとき、抵抗の中間で観測される電圧は、右の抵抗器の抵抗値が増すことで上昇する。コンデンサはDC電流に対して、ほぼ無限の実効抵抗を持つ。

ところが、ブレッドボード回路のボタンAを押すと、負のパルスが発生する。パルスが通過することでコンデンサの実効抵抗が一瞬消滅し、マルチメータの読みは下がる。その後、本実験の一番最初の実験と同じように、コンデンサはゆっくり再充電される。

図2-91のグラフはコンデンサのチャージの変化をざっくり示したものだ。

- コンデンサは直流（DC）を遮断する。
- そうしたコンデンサでも、短い変動であれば、どちらの方向からの電流でも通してしまう。
- この実験の初めのところで説明したように、コンデンサはチャージ（電荷）を蓄積する。

これは重要な結論へと導く。交流（AC）は短くて相対的に負のパルスと相対的に正のパルスを連ねたものなので、コンデンサはこれを通すのだ。

ここではコンデンサのサイズが重要になる。小さな容量のものに交換すると、反応が短くなることが観察された。小さなコンデンサは高周波の変動を通過させるが、低周波の変動は遮断するのだ——そしてこのふるまいには、オーディオなどの多数の応用がある。実験29で、自分で確かめてみよう。オーディオ信号は急速に変化するものであり、つまり交流の一形態であることを念頭に置く。

コンデンサを、ACを通しつつDCを遮断するように回路の中に置いたとき、われわれはそれをカップリングコンデンサと呼ぶ。これを使うと、回路のある部分から別の部分へと、DC電圧成分を遮断しながら信号を通過させられる。実験11まで進んだときに、この概念を使う。

実験10：トランジスタスイッチ

コンデンサの次に、もう1つの基礎的な部品を見ていこう。トランジスタである。トランジスタの動作を学べば、コンデンサと一緒に使う方法が見えてくる。

必要なもの

- ブレッドボード、配線材、ニッパ、ワイヤストリッパ、マルチメータ
- 2N2222トランジスタ（1）
- 9ボルト電池と電池スナップ（1）
- 抵抗器：470Ω（2）、1MΩ（1）
- 半固定抵抗器。500kΩ（1）
- 汎用LED（1）

フィンガー・テスト

ここでは史上もっとも広く使われた半導体（1962年にMotorolaから発売され、今も生産され続けている）、2N2222トランジスタを使う。

2N2222に関するモトローラの特許はずっと昔に切れているので、どこの会社でも自社版を製造することができる。小さい黒のプラスチックパッケージになっているものもあれば、小さな金属の「缶」に封入されたものもある。両方のバージョンの写真を図2-23に示した。我々の用途ではどちらを使ってもよい。ただし前述の型番まわりの話には注意すること（44ページ「必須：トランジ

スタ」参照)。2N2222の一部はほかのものとは異なっており、正しいタイプを使う必要があるのだ。

図2-93のように、ブレッドボードにトランジスタ、LED、470Ω抵抗器を差す。LEDの長い方のリード線を左側にすること(+記号で示してある)。また、トランジスタの平たい側を右向きにすること。金属缶タイプのトランジスタを使うことはないかもしれないが、使う場合は缶の端のタブを左下に向けること。

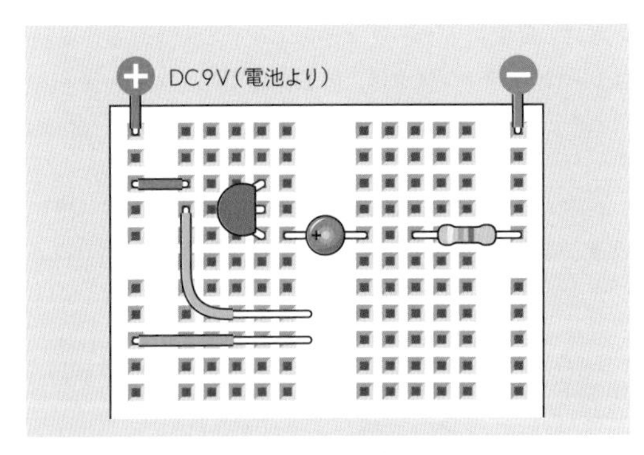

図2-93　初めてのトランジスタ実験のブレッドボード配置。

緑とオレンジのワイヤの被覆が大きく剥いてあることに注意。カット済みジャンパ線を使用している方は、ブレッドボード上にまっすぐ置けるように、一端を伸ばす必要がある。

楽しいのはここからだ。LEDを見たままで、図2-94の緑とオレンジ両方のワイヤの露出した芯線に、指を押し付けてみよう。何も起きなければ、指を少し湿らせてからやり直す。強く押し付ければ押し付けるほど、LEDは明るく光るだろう。トランジスタが、あなたの指を通して流れるわずかな電流を、増幅しているのである。

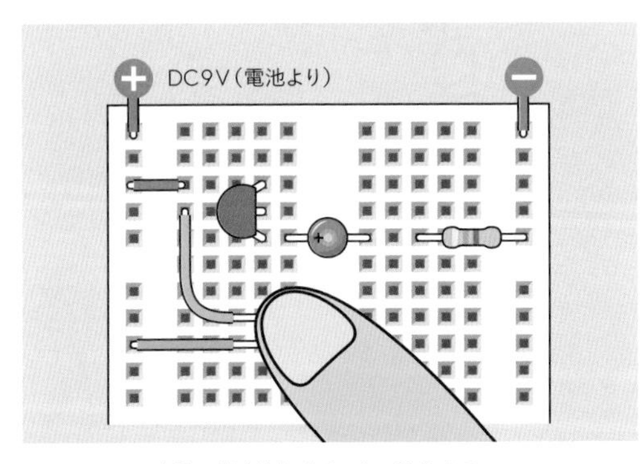

図2-94　この実験は指を追加することで動作する。

注意:両手を使っちゃいけません

指先スイッチング・デモは、電気が指先を流れるだけなら安全だ。小さな電池からのDC9ボルトにすぎないから、感じることすらないだろう。しかし、片手で一方の線を、もう片方の手でもう片方の線をつまむ、というのはよくない考えだ。こうすると、あなたの体を電気が流れることになる。電流は非常に小さく、この回路で自分を傷つける心配はまったくないが、それでも左右の手と手の間に電気を通すことを許すような習慣は絶対につけるべきではない。また、電線に触れる際は、指に刺さらないよう注意すること。これは、ピアスの類に電圧をかけてはならない、という意味でもある。

フィンガー・テストの中

図2-95を見てみよう。ブレッドボード内部の接続を、実験で使用してないものを除いて示した図だ。トランジスタの一番下のリード線はブレッドボードを通じてLEDに接続し、それから470Ω抵抗器を通じて負極バスに接続されている。つまり、LEDを点灯させるのに十分な電流がトランジスタから流れ出ているということだ。

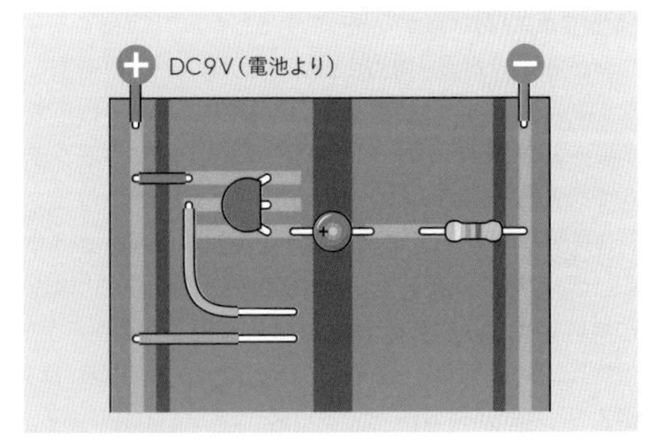

図2-95　前図のブレッドボードの透視図。

この電流はどこから来たのだろうか。まず、いくらかの電気が指の皮を通してトランジスタの中央リードに流れている。しかしこれはLEDを点灯するのに十分ではない。

ほかに可能な説明は1つだけだ。トランジスタには3本目のリード線があり、一番上にあるこれは、正極バスに接続されている。電気はこのリードを通じてトランジスタに入ったのだ。またこの電流は、あなたの指を通じてトランジスタの中央リードに流れた比較的小さな電流によって、どういうわけか制御されている。

この考えを図にしたのが図2-96だ。

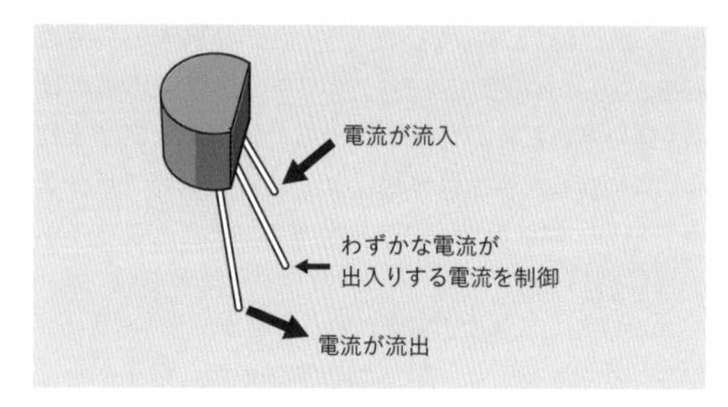

図2-96　NPNトランジスタの基本機能。

ついでに言うと、この現象は、前の実験で観察したコンデンサのふるまいとは、大きく異なっている。コンデンサは電気の短いパルスを通しただけだ。トランジスタは一定した流れを制御するのである。

基礎：トランジスタの種類

本実験で使用している部品はバイポーラ・トランジスタである。これにはNPNとPNPの2つの種類がある。NPNタイプ（あなたが今使っているもの）には3層のシリコンがあり、2層の「N」層では負電荷キャリアが過剰になっている。挟まれた3番目が「P」層で、こちらでは正電荷キャリアが過剰になっている。トランジスタの原子レベルでの動作の詳細には立ち入らない。本書では、トランジスタがどうやってそれをするかを説明する理論ではなく、トランジスタが何をするかに着目したいからだ。理論については、多くの技術書やネット上に見つかるだろう。

NPNバイポーラ・トランジスタの3本のリード線には、図2-97のように、コレクタ、ベース、エミッタの名がある。

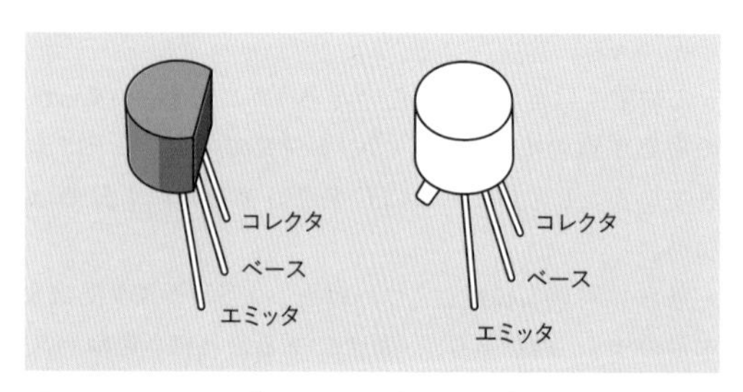

図2-97　NPNバイポーラ・トランジスタの3本のリード線の名前。プラスチック（左）と金属缶（右）パッケージ。

- NPNトランジスタのベースがエミッタよりわずかに正であるとき、トランジスタはコレクタから正電流が流れ込みエミッタから出ていくことを許す。
- これにより、トランジスタのベースに流れ込む非常に小さな電流が、コレクタから流れ込む大きな電流を制御することができる。

PNPトランジスタの動作はNPNトランジスタの反対だ。こちらはベースがエミッタよりわずかに負であるときに、負電流がコレクタからエミッタへ流れるのを許す。PNPトランジスタは、ある種の回路ではより便利なことがあるが、それほど使用されてはいない。『Make: Electronics』では使用しない。

NPNトランジスタの4種類の回路図記号を図2-98に示す。機能はすべて同じである。C、B、Eの文字はコレクタ、ベース、エミッタを示す。

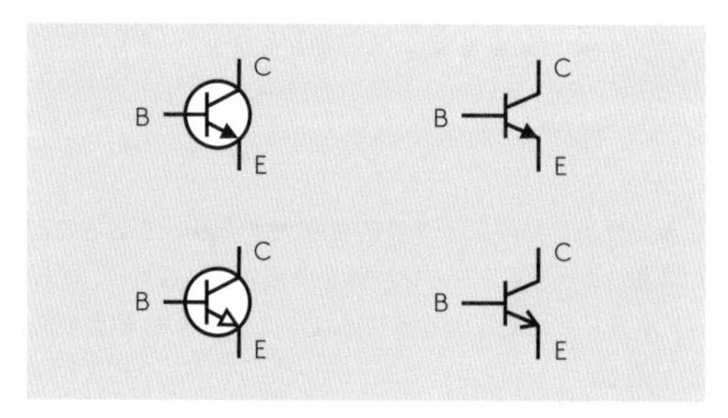

図2-98　これらの回路図記号はどれもNPNトランジスタを示すのに使われている。

PNPトランジスタの4種類の回路図記号を図2-99に示す。機能はすべて同じである。

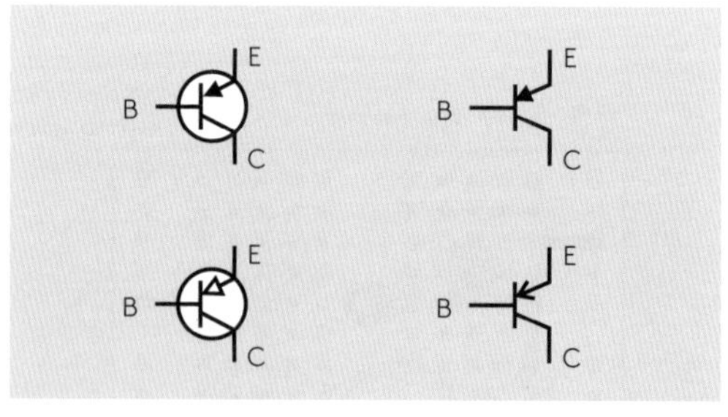

図2-99　これらの回路図記号はどれもPNPトランジスタを示すのに使われている。

PNPとNPNのトランジスタ記号は間違えやすいが、どちらがどちらか簡単にわかる方法がある。NPNの矢印は外側を向いており、中を向くことがない（never in）。なので、「NPN」を「never pointing in（矢印が中を指さない）」の略だと思えばよい。

可変抵抗器の追加

トランジスタの動作をよりよく学ぶには、指先よりも制御が少し簡単な部品が必要だ。可変抵抗器にはこれが可能だが、前に使った大型のものは向いていない。私が考えているのは図2-22の半固定抵抗器である。

これらは形や大きさがぜんぜん違うが、どれも3本のピンを持つ。これらのピンは、前に使ったような大型の可変抵抗器から出ている3本のタグと、機能的に同じである。中央ピンは必ず半固定抵抗器の内部のワイパーに、ほかの2本のピンが内部の抵抗トラックの両端に接続されている。必ず守らねばならない基本ルールは次の通りだ：

- 半固定抵抗器をブレッドボードに差すときは、各ピンを必ずブレッドボードの別の列の穴に入れること。

このルールを図2-100に示す。図の上側には3種類の半固定抵抗器の平面図を描いてある。多回転タイプも描いてあるのは、推奨していないとはいえ、いつか使うことがありえるからだ。ピンは上からでは見えないが、部品を通して見えているかのように、位置を示してある。ピンの位置はさまざまだが、必ず3本のピンがあり、普通は縦に1/10インチ間隔で並んでいる。

図の下側には、まず2つの「イエス」例がある。これらは各ピンがブレッドボードの異なる穴列に差してあり、動作する。2つの「ノー」の例は許容不能だ。ピンのそれぞれ2本が、ブレッドボード内部の導体により、ショートしているからだ。

さて、半固定抵抗器の基本について論じたので、500kΩの半固定抵抗器をトランジスタ回路に追加してみよう。これを図2-101に示す。電源を接続し、小さなドライバーで半固定抵抗器を回す。まず時計方向にいっぱいまで、そして反時計方向にいっぱいまでだ。LEDが完全に暗い状態から始めると、点灯を始めるまで半固定抵抗のネジを少し多く回す必要がある。

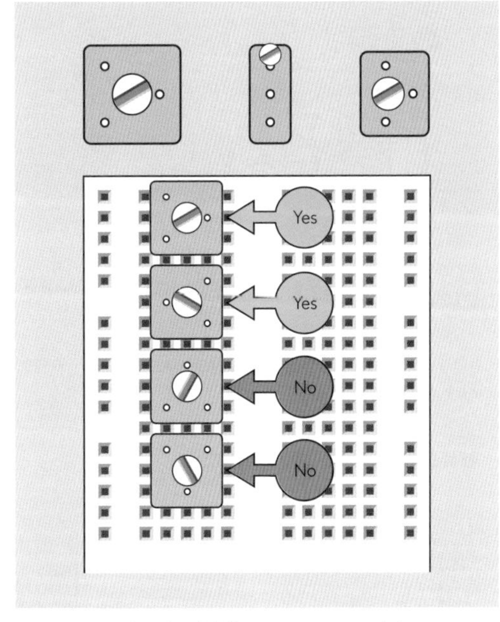

図2-100　3種類の半固定抵抗器と、ピンの正しい方向。

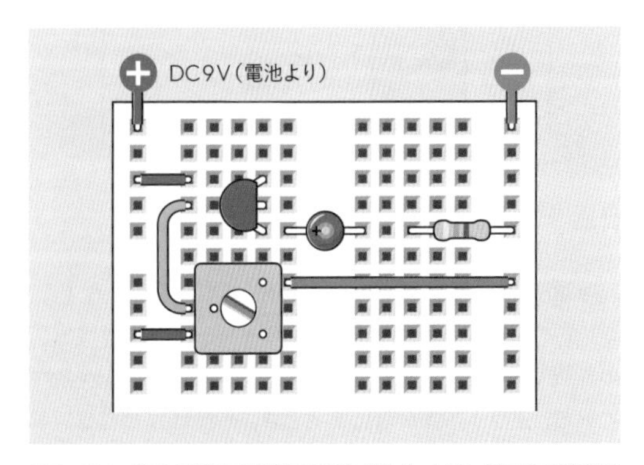

図2-101　前の回路に半固定抵抗器が入り、トランジスタの制御が指より高精度にできるようになった。

図2-102の回路図を見てほしい。示しているものはブレッドボードと同じ接続だが、より理解しやすい形式で描かれている。

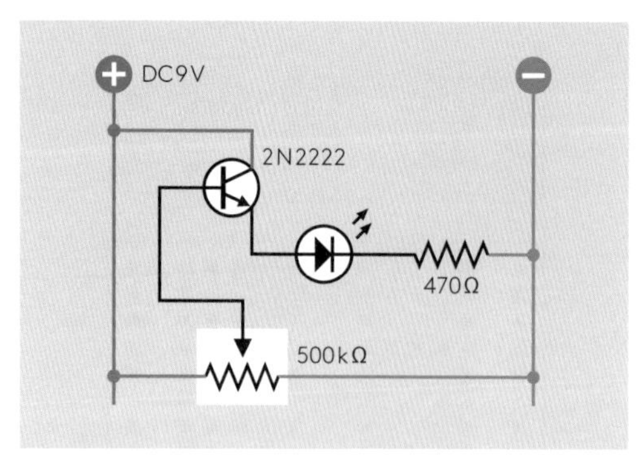

図2-102　この回路図は半固定抵抗器を使ったブレッドボード回路を示したもの。

各部品の値は図2-103に示した。

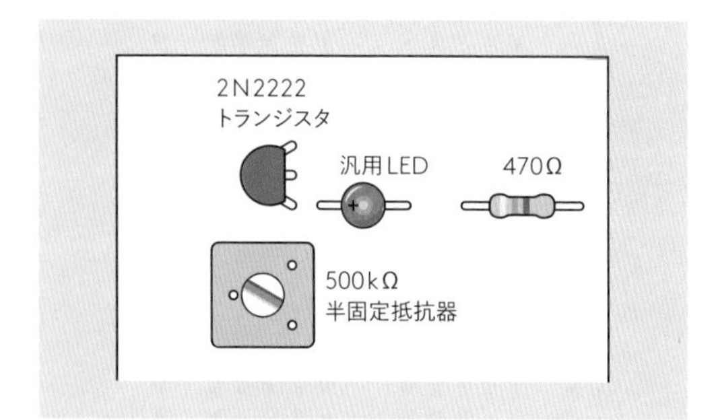

図2-103　ブレッドボード部品の値。

半固定抵抗器は正極バスと負極バスに接続されている。この配置を分圧器と呼ぶ。ワイパーが抵抗トラックの左端にあるとき、それは電源の正極側に直接接続されている。トラックの右端にあるとき、それは負極グランドに直接接続されている。間のどこかにあるとき、それは電圧を分割する。可変抵抗器はよくこのように、範囲内のあらゆる電圧を供給するために使われる。

可変抵抗器のワイパーを負から正へと最初に動かし始めたとき、LEDが点灯しないと書いた。これはLEDが十分な電力を得ていないというだけのことだろうか。厳密には違う。バイポーラトランジスタはサービスの利用料金として、いくらかの電力を差し引いてくる。それはベース電圧がエミッタ電圧より（通常およそ0.7ボルトほど）高くなるまで反応しない。このモードを、トランジスタに正のバイアスがかかっているという。

これを一般概念の形で図2-104に示す。

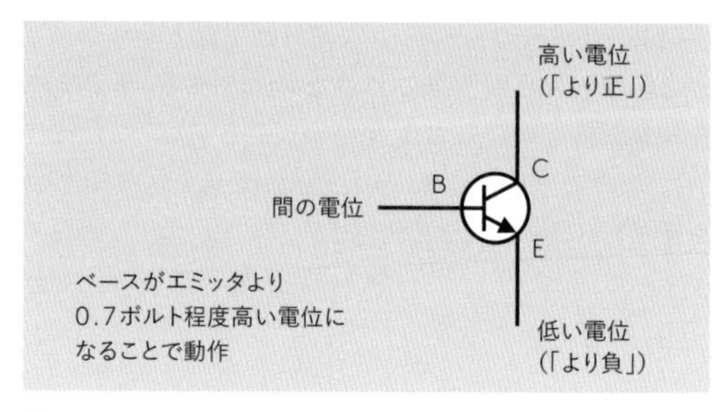

図2-104　NPNトランジスタを使うときの目安。

電圧と電流

バイポーラトランジスタのベース電圧がトランジスタの出力を制御するのを見てきた。トランジスタは電圧を増幅している、ということだろうか。

これは自分で確かめられる。マルチメータを電圧計測に合わせ、テストリードで黒のプローブを負極バスに接続する（図2-105）。赤のプローブをトランジスタのエミッタピンに当てて電圧を記録し、次にベースピンに当てる。エミッタ電圧がベース電圧より低いことは保証してもよい。

では半固定抵抗器を別の位置に回し、もう一度見てみよう。ベースピンの電圧がどうであれ、エミッタピンの方が常に低くなっているだろう。

これは470Ωの抵抗ではエミッタピンと負極バスの間に大きな電圧がかけられない、ということだろうか。これが電圧を引き下げているのだろうか。

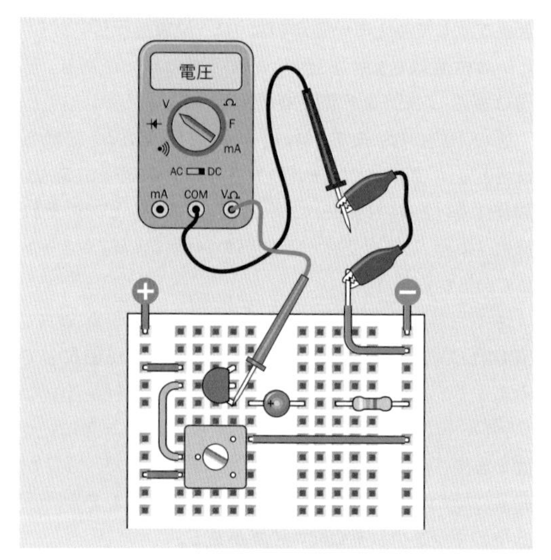

図2-105　トランジスタが電圧を増幅するか調べるための実験。

確かめてみよう。LEDと470Ωの抵抗器を外し、代わりに1MΩの抵抗器をトランジスタのエミッタと負極グランドの間に入れる。大きな変化はないだろう。やはりエミッタ電圧はベース電圧より低くなるのだ。

ベースに入る電流と、エミッタから出てくる電流を測定するという根気があれば、かなり違った様子が見えるだろう。これにはマルチメータをミリアンペア測定にセットした上で、回路の各所で割り込ませてやる必要がある。電流測定のときは電流をマルチメータに通す必要があるのだ。

まあ、何が見つかるか書いてしまおう。このトランジスタは、ベースに入っていく「電流を」200：1以上の割合で増幅するのだ。これをトランジスタのベータ値といい、根本的なことがわかる：

- バイポーラトランジスタは電圧ではなく電流を増幅する。

『Make: More Electronics』（オライリー・ジャパンより出版予定）では、このトピックについてかなり詳しく書いてある。本書は入門書なので簡単に済ませておく。

それでは将来の参考用に、バイポーラトランジスタの真実をまとめておこう。

基礎：NPN・PNPトランジスタのすべて

トランジスタは半導体、すなわち導体と絶縁体の中間である。その実効内部抵抗は、ベースに加えられる電力により変化する。

バイポーラトランジスタには3つの端子がある。コレクタ、ベース、エミッタであり、データシートのピン配置ではそれぞれC、B、Eという略号で書いてある。

- NPNトランジスタはベースがエミッタよりも高い電位になることでアクティベートされる。
- PNPトランジスタはベースがエミッタよりも低い電位になることでアクティベートされる。

不活性状態では、どちらのタイプもコレクタ〜エミッタ間の電子の流れをブロックする。これはSPSTリレーの常開接点と同じだ。（実はトランジスタの場合、わずかなリーク（漏れ電流）を流してしまう。）

回路図上では、トランジスタの方向はさまざまだ。エミッタが上でコレクタが下の場合も、その逆の場合もある。ベースも左になったり右になったり、回路図を描く人の都合次第だ。トランジスタの中の矢印をよく見て、どちらが上か、またNPNかPNPか確認すること。トランジスタは正しく接続しないと壊れやすい。

トランジスタは、サイズもピン配置もさまざまだ。多くの場合、どのリードがエミッタか、コレクタか、ベースなのかを見分ける方法はない。メーカーのデータシートで確認する必要があるだろう。

どれがどの足かわからなくなったときのため、多くのマルチメータにはエミッタ、コレクタ、ベースの判別機能がある。E、B、C、さらにEの4つの穴があるものが一般的だ。トランジスタのエミッタリードをどちらかのEに、ベースをBに、コレクタをCに入れれば、メータはトランジスタのベータ値を表示する。ほかの組み合わせでは値が不安定、表示されない、ゼロ、あるべき値よりずっと低い（まず確実に50未満、普通は5未満）、などとなる。

注意：壊れもの注意！

トランジスタは破損しやすく、壊れてしまえば直ることはない。

- トランジスタのいずれか2本のピン間に電源を直接接続しないこと。電流を流しすぎれば焼けてしまう。
- トランジスタのコレクタ〜エミッタ間に流れる電流は、抵抗などの外付け部品を使い（LEDの保護と同じ方法）、必ず制限すること。
- 逆電圧をかけないこと。NPNトランジスタのコレクタはベースよりも、またベースはエミッタよりも、常に正でなければならない。

背景：トランジスタの起源

史家によってはトランジスタの起源をダイオード（電気を一方向には流し、逆向きには流さない）の発明まで遡るとする場合もあるものの、実用的で完全に機能する最初のトランジスタは、1948年にベル研究所のジョン・バーディーン、ウィリアム・ショックリー、ウォルター・ブラッテンによって開発された（図2-93）。

チームのリーダーだったショックリーは、固体スイッチが潜在的にどれほど重要なものになりうるか、見て取るだけの先見性があった。バーディーンは理論家であり、ブラッテンが実際の動作に持っていった。これはとてつもなく生産的なコラボレーションであった——成功するまでは。成功の時点で、ショックリーは、トランジスタを自分の名前だけで特許登録しようと画策し始めた。彼がそのことを協力者たちに伝えると、当然ながら、彼らは嫌がった。

広く流布した写真も悪くて、ショックリーが中央で顕微鏡の前に座り、あたかも実地の仕事をしてきたかのようにしている一方で、ほかの2人は彼の後ろに立っていて、比較的小さな役割しか果たしていないかのようだった。この写真はElectronics誌の表紙に使われている（図2-106参照）。実際はショックリーはスーパーバイザーにすぎず、事が行われたラボに居ただけのことだった。

図2-106　手前：ウィリアム・ショックリー（William Shockley）、後方：ジョン・バーディーン（John Bardeen）、右：ウォルター・ブラッテン（Walter Brattain）。1948年の世界最初のトランジスタの協同開発に対し、彼らは1956年のノーベル賞を受賞した。

生産的なコラボレーションは、あっという間に瓦解した。ブラッテンはAT&Tの別の研究所に異動を申し出た。バーディーンは理論物理学の研究をするためにイリノイ州立大に移った。ショックリーも最終的にはベル研を出て、ショックリー・セミコンダクタ社を創立し、これは後のシリコン・バレーにつながったものの、野望は当時の技術の枠を超えていた。彼の会社が利益の出る製品を製造することはなかった。

ショックリーの会社で働いた8人の協力者も最後は彼に背き、辞職して自分たちの会社、フェアチャイルド・セミコンダクタを設立した。トランジスタのメーカーとして、そして後にはICチップのメーカーとして、同社は巨大な成功を収めた。

基礎：トランジスタとリレー

NPNおよびPNPトランジスタの限界の1つは、リレーと違って機能するのに電気が必要なことである。リレーは電気の入力がなくとも、受動的にオンまたはオフであることができる。

リレーはスイッチング方法の選択肢も多い。常開、常閉、またはいずれかの状態にラッチするなどの、さまざまなバージョンがある。2つの「オン」位置を選べる双投スイッチも可能だ。完全に別の接点を接続する（または切断する）双極スイッチも可能だ。動作をエミュレートする複雑な回路をデザインすることはできるものの、単一トランジスタのデバイスでは、双投や双極の機能を提供することはできない。

トランジスタとリレーの属性の比較を図2-107に示す。

	トランジスタ	リレー
長期の信頼性	抜群	限定的
双極・三極でのスイッチング	No	Yes
大電流スイッチング能力	限定的	優れる
交流（AC）電流のスイッチが可能	通常はNo	Yes
交流（AC）によるトリガ	通常はNo	選択肢あり
小型化への適合性	抜群	非常に限定的
高速でスイッチする能力	抜群	限定的
高電圧大電流での価格優位性	No	Yes
低電圧小電流での価格優位性	Yes	No
非導通の漏れ電流	Yes	No

図2-107　リレーとトランジスタの主要な属性の比較。

リレーを使うかトランジスタを使うかは用途による。

理論はこんなところだ。ではトランジスタを使った楽しいとか実用的とか両方とか、何かできないだろうか。できるとも。実験11だ！

実験11：光と音

機能と使い道のある最初のプロジェクトをやる時がきた。完成するのは超シンプルなシンセサイザーだ。

必要なもの

- ブレッドボード、配線材、ニッパ、ワイヤストリッパ、マルチメータ
- 9ボルト電池と電池スナップ（1）
- 抵抗器：470Ω（2）、1kΩ（1）、4.7kΩ（4）、100kΩ（2）、220kΩ（4）
- コンデンサ：0.01μF（2）、0.1μF（2）、0.33μF（2）、1μF（1）、3.3μF（2）、33μF（1）、100μF（1）、220μF（1）
- トランジスタ：2N2222（6）
- 汎用LED（1）
- スピーカー。8Ω、1インチまたは2インチ（お勧めは2インチ）（1）

ゆらぎ

図2-108に新たにブレッドボードに組んでいただく回路を示す。部品の間にあまり隙間がないので、実装は指ではなくプライヤーでやった方が簡単であろう。ボードに見える穴の数を注意して数え、また、すべてが正しい場所にあることをダブルチェックすること。

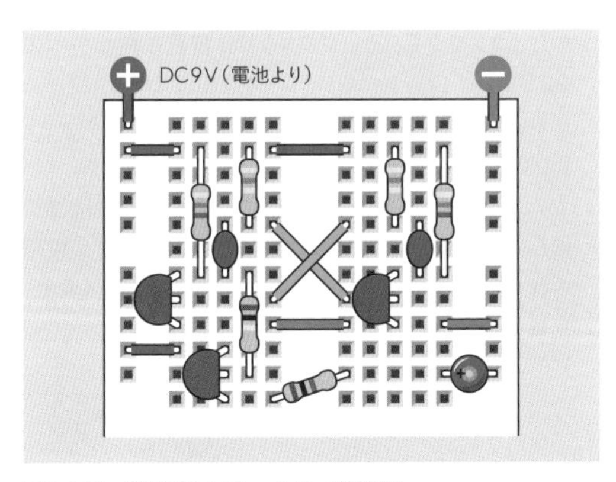

図2-108　発振回路のブレッドボード配置図。

各部品の値は図2-109に示した。

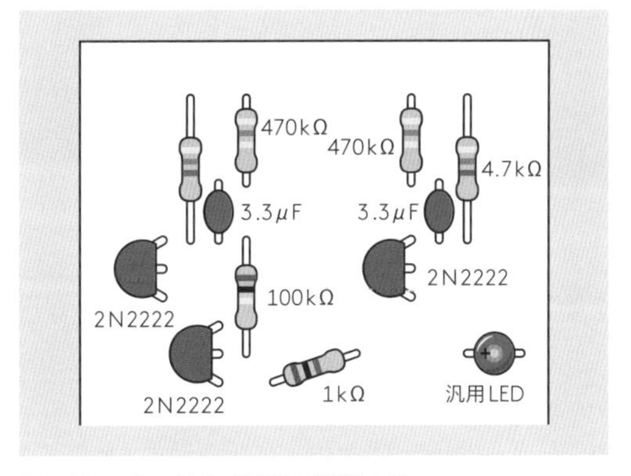

図2-109　ブレッドボード回路の各部品の値。

電源を入れると、LEDが約1秒間点灯、そして約1秒間消灯する。

これだけだろうか。ちがう。始まったばかりだ。ともあれまずは、動作を理解していただくべきなのだ。部品がブレッドボード内部で接続されている様子が透けては見えないはずなので、図2-110のレイアウトを参照してほしい。そして図2-111の回路図を見てほしい。部品間の接続が同じであることがわかるだろう。何が起きているかの説明には回路図を使う。

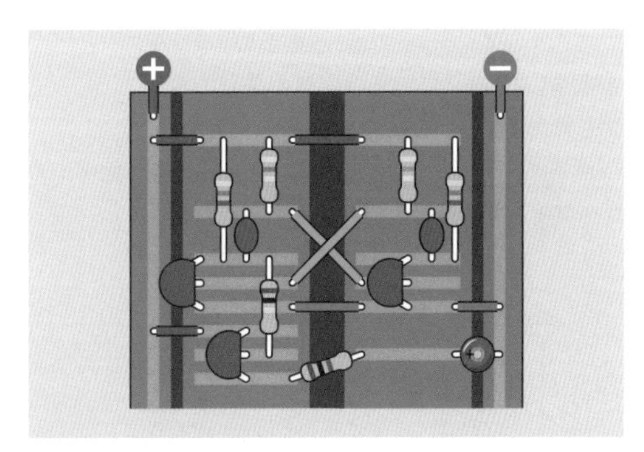

図2-110　この透視図は部品間の接続の解明に役立つであろう。

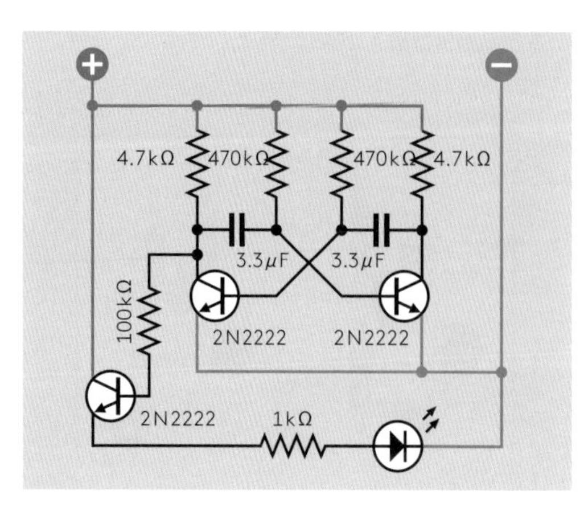

図2-111　この回路図の部品はブレッドボードに似せた配置になっている。

最初に気付くのは、これがどこか対称的である、ということだろう。左半分と右半分で同じことをしている、ということになるだろうか。その通りである、が、同時にではない。実際は半分がLEDをオンに、もう半分がそれをオフにするのである。

これの詳細はちょっと理解しにくい。なぜなら電圧が常にゆらいでおり、どの瞬間にも複数のことが起きているからだ。そういうわけで、内部動作をある間隔で示す4枚のスナップショットを用意した。これですべてが明瞭になるとよいのだが。

各スナップショットでは、3番目のトランジスタとLEDを省略してある。これらは回路の発振において、何の役割も果たさないからだ。

最初のスナップショットが図2-112である。配線のカラーコードは次の通り：

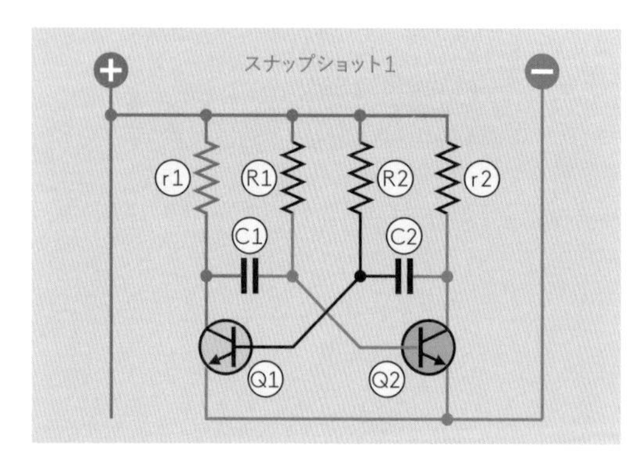

図2-112　LED点滅回路における電圧を示す4枚のスナップショットの最初の1枚。詳細は本文を参照。

- 線や部品が黒色のとき、その電圧は未知または不定である。
- 線が青色のとき電圧はゼロ付近である。
- 線が赤色のときは正の電源電圧に向けて上昇中である。
- 線が白色のときは、後で説明する理由により負の電圧に（負のグランドより下に）一時的にプルダウンされている。

トランジスタについて：

- 灰色のトランジスタはコレクタからエミッタに電気を通していない。これは「スイッチオフ」と考えてよい。
- ピンクのトランジスタは通電している。

トランジスタにはQ1、Q2の表示がしてある。これは半導体のラベリングとして一般的なものである。昔風の金属缶のトランジスタには小さなタブの突起があったので、トランジスタを上から見るとQの字に見え、これによりトランジスタを示すという習慣が生まれたのだ。

回路の左右を見分けるため、r1とR1は左に、r2とR2は右に配置してある。小文字にしてある方が、小さい値の抵抗器だ。

あと1つ、解説を始める前に書いておくことがある。トランジスタの動作の根っこを心に留めてほしいのだ。

- それはベースに電流が流入することで「オン」に切り替わり、内部の実効抵抗が非常に低くなる。これにより、もしエミッタが接地され0ボルト程度になっているなら、コレクタも、そしてコレクタに接続されたすべても、0ボルト付近となる。ベース電圧はエミッタ電圧より高い限り、わりに低い電圧でよい。スナップショット1のQ2ではこれが起きていることを見て取れる。
- 「オフ」に切り替わると、トランジスタの実効内部抵抗は5kΩ以上に上昇する。これにより、コレクタに接続された部品はトランジスタ経由での接地がなくなり、正電荷を溜められるようになる。

ステップバイステップ

すでに動作中の回路の適当なタイミングから始めよう。連続的に起きることをひと通り見た後で、最初にどうやって発振が始まるかの話をする。

スナップショット1を、Q1がちょうどオフに、Q2がオンに切り替わったところだとしよう。r1の下側はQ1を通じて接地されるが、このQ1はこのときオフなので、コレクタ電圧は上昇を始める。そしてこれがC1左側の電圧を上昇させる。Q1のベース電圧も上昇を始める。ただしR2の値が大きいので、上がり方はゆっくりだ。一方Q2はオンなので、r2から電流を吸い込んで（シンクする、という）、その電圧を下げる。Q2のベースも、トランジスタ本体を通じて、電流を負極グランドにシンクする。

これが準備段階だ。次はどうなる？

図2-113のスナップショット2では、Q1のベース電圧が、トランジスタの導通が始まるほど高くなっている。これにより、トランジスタはC1から電流をシンクする。またベースからもシンクしているので、この配線は今は青色になっている。C1左側の電圧は急変し、電界効果（これは実験9で解説した変位電流である）によって、右側にも等量の電圧降下を生じる。これにより、C1右側は実にゼロ未満にまで引き下げられる（白色で表現される）。それがQ2のベースに負のバイアスをかけるので、Q2は瞬時にオフになる。

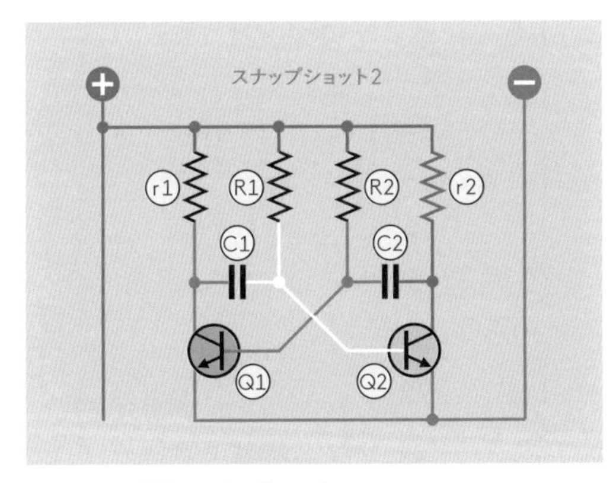

図2-113　2枚目のスナップショット。

図2-114、スナップショット3では、Q1はスイッチオンのまま、Q2はオフのままだ。これはスナップショット1の鏡像だ。C1はR1を通して逆向きの充電を始める。これはQ2のベース電圧を少しずつ上げていく。

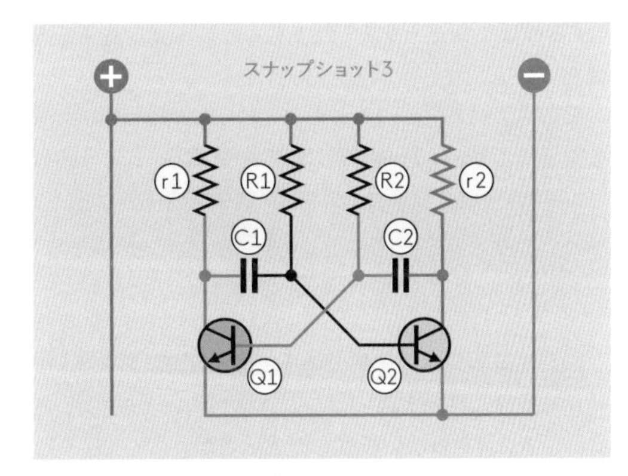

図2-114　3番目のスナップショット。

図2-115のスナップショット4は、Q2が導通を開始してC2の右側を接地し始めたところである。この変化はC2左側の電圧をゼロより下まで引き下げ、Q1のベースを接地することで、Q1をオフに切り替える。これはスナップショット2の鏡像だ。

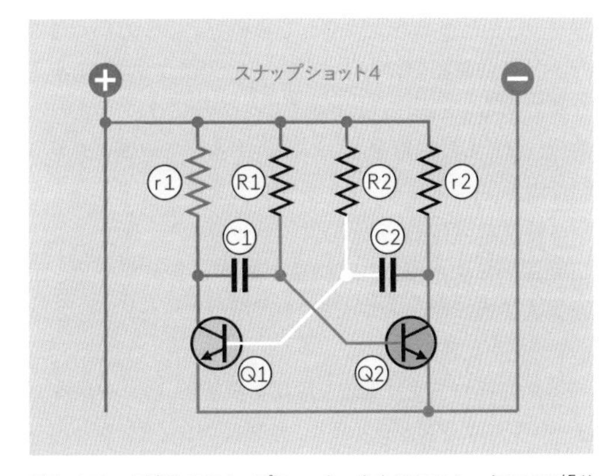

図2-115　4番目のスナップショット。あとはこのシーケンスの繰り返しだ。

4番目のスナップショットのあとは、このシーケンスがスナップショット1から繰り返される。図2-111のように、LEDとトランジスタを追加すると、スナップショット1と4で点灯する。

カップリングコンデンサ

見ての通り、発振器の理解は難しいことがある。この回路はものすごく一般的なものだ。実のところ、Google Imagesで“oscillator”で検索すれば、まず出てくるのはこれだろう。それでもこれに困難を覚える人はたくさんいる。

鍵はスナップショット2と4で、コンデンサ片側の急激な電圧降下が、反対側に同じ降下を生ずる、という部分だ。実験9で見ているカップリング効果である。

でもこれ、どうやって始まるの？

回路が基本的に対称形であることを念頭におこう。最初に電源を入れたとき、トランジスタが両方ともオン、あるいはオフにならないのはなぜだろうか。

2個のトランジスタまたは2個の抵抗器が完全に同一というパーフェクトワールドでは、この回路は自分を対称形に初期化するだろう。しかし現実では、抵抗やコンデンサには製造上の小さな違いが常に存在するので、一方のトランジスタが、もう一方より先に導通を始める。これが起きたとたん、回路はバランスを崩し、上で書いたような発振が始まる。

もう1つ説明すべきは、発振回路からの出力をどこで取るか、またそれをどうやって決めたのか、ということだ。元の回路図では、r1とr2がR1とR2よりずっと小さな値であることに注意してほしい。これにより、C1の左側は、ほとんど電源電圧いっぱいの値まで急速にチャージできる——そしてC2の右側も同じようにふるまう。というわけで、このどちらのポイントからでも、具合のよい広範囲の電圧が得られる。私が左側を選んだのは、回路図上で追加部品のレイアウトが簡単だったから、というシンプルな理由による。

追加回路があまり電流を取りすぎると、コンデンサのチャージプロセスが遅くなり、発振器のタイミングとバランスに影響する。というわけで、追加のトランジスタのベースには、100kΩの抵抗器を介して信号を伝えるようにした。このトランジスタがベースから吸い込む電流は非常に小さいが、それを信号として増幅を行うので、何か便利なことができる、というわけだ。

どうしてそんなに複雑なの？

本書の初版では、点滅LEDプロジェクトは、プログラマブルユニジャンクショントランジスタ（PUT）という部品でやるようにしていた。この部品のふるまいはずっと理解しやすいし、1個だけ使えば結果を得られるのだ。しかしPUTはもうあまり使われておらず、簡単には買えないとか、あまりにも古臭いという読者からの不満が出た。

実際はPUTはまだ買えるのだが、ほとんど消えつつあるのも確かだ。バイポーラトランジスタは今でも広く使われているので、読者の意見を尊重し、PUTを捨てることにした。ほかの発振回路もいろいろ検討したが、この発振回路に落ち着いたのは、基本的にはこれがもっとも一般的だからである。また、発振回路はすべてどこかしら理解しにくいものだろう、と私が思っていることもある。

処理されたパルス

ここまでで、2つのトランジスタでオンオフを繰り返す信号を生成し、3番目のトランジスタで増幅してLEDを点灯させる、ということを学んできた。それでは1つ前の実験をちょっと振り返ってみよう。そこに適用できることを、何か学んでないだろうか。

われわれは、非常にゆっくり変化する「出力」を持っている。ここにRCネットワークを追加すれば、何かもっと面白いものが作れるだろう。（この概念について記憶をリフレッシュしたい向きは69ページ「RCネットワーク」を参照のこと。）

図2-116を見てほしい。下部にRC部を追加してある。

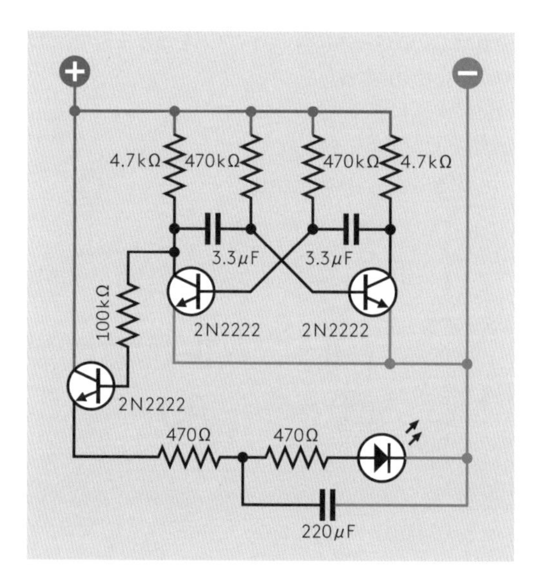

図2-116　前の回路を改造。下部に220μFコンデンサを追加してRCネットワークを作る改造を加えている。

図2-117で追加したり場所を移したりした部品はカラーで、変わってない部品はグレーで示してある。

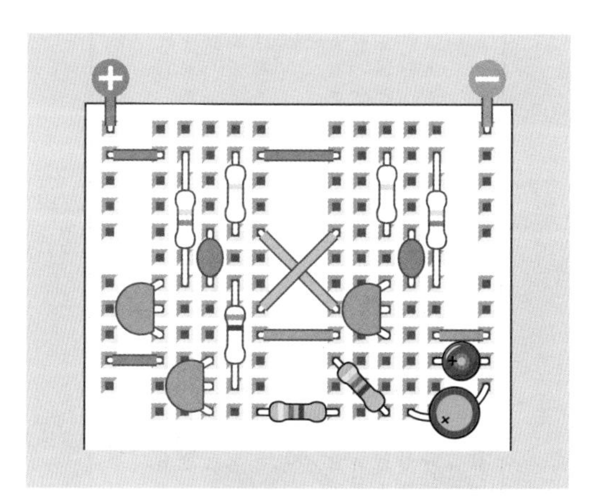

図2-117　追加または配置の変わった部品をカラー表示してある。新しいコンデンサは220μFの電解コンデンサである。

回路を動かすと、LEDはパッ、パッと点滅せず、ゆるやかに明滅する。なぜだかわかるだろうか。コンデンサは最初の470Ω抵抗器を通じてチャージされ、もう1つの470Ω抵抗器を通じて放電するからだ。これがなぜ重要なのだろうか。それではたとえば、電子宝石を作ろうと思っているものとしよう。点滅の様子を調整することは、美的に重要な要素になるかもしれない。昔のアップルのラップトップでは、ロゴはパッと点くのではなく拍動していたものである。

スピードを上げる

ほかにこの回路でできることはあるだろうか。スピードの調整は簡単だ。3.3μFの2つのコンデンサを外し、代わりに0.33μFのコンデンサを入れてみよう。これはチャージが10倍速いので、LEDの点滅も10倍速くなる。これで何が起きるだろうか。

コンデンサの値をさらにさらに小さくして、0.01μFにしたら、どうなるだろうか。50点滅/秒を越えることで、あなたは「見える」周波数から「聞ける」周波数の世界に移行する。

この回路で、出力を可視化ではなく、可聴化するにはどうしたらよいだろうか。簡単だ！　LED、470Ω抵抗器、220μFコンデンサを外し、代わりに小型スピーカー、100μFカップリングコンデンサ、1kΩ抵抗器を入れるのだ（図2-118）。抵抗器はトランジスタのエミッタを接地する。これはエミッタ電圧がベース電圧より一定以上（定格がある）低くないと、トランジスタが動作しないからである。コンデンサは信号の直流成分を遮断しつつ、交流電流を通過させる。この回路図には変更したパーツだけを記した。ブレッドボードにどうやって収めるの？　自分でどうにかできるはずだ。

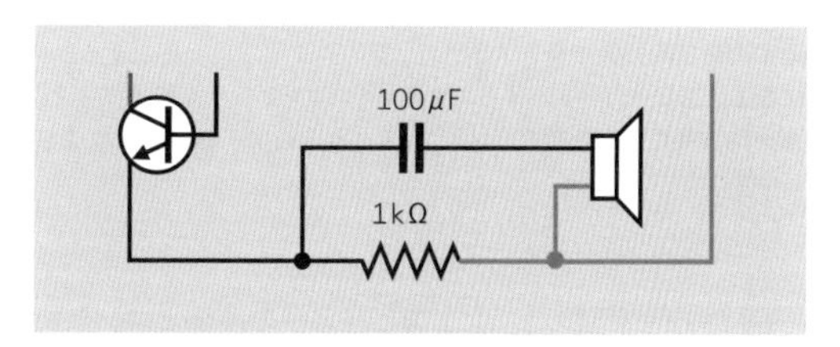

図2-118　音が出るように回路を改造する。

さらなる改造

音は出た。じゃあ、もっとピッチを上げてみてはどうだろうか。発振回路の抵抗器やコンデンサを小さい値に換えてみよう。470kΩ抵抗を220kΩに交換することは可能だ（間の値でもよい）。トランジスタは1秒に100万回以上もスイッチできるので、発振回路をどれだけ速く動かしても限界に達することはない。毎秒10,000回も発信する信号になると、音のピッチは非常に高くなる。毎秒20,000回ともなると、ほぼ全人類の可聴域を超える。

音の性質を変えるのはどうだろう。

図2-119上図では、以前の100μFに換えて1μFのカップリングコンデンサをスピーカーに直列に入れている。このコンデンサの値を小さくすると、高い周波数（短いパルス）しか通さなくなり、低域の音が奪われる。

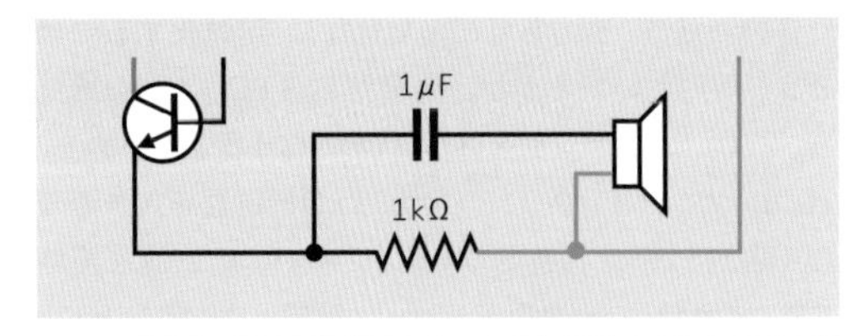

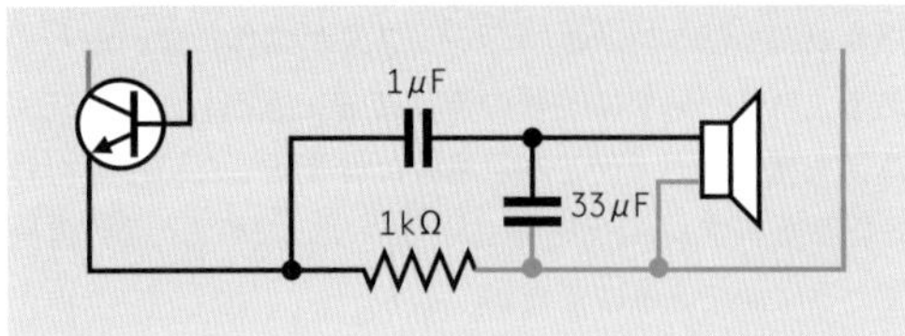

図2-119　カップリングコンデンサを小さな値のものに替えると、音の中の低い周波数成分が遮断され、高い周波数だけが聞こえるようになる。スピーカーをバイパスするようにコンデンサを配置すると、高い周波数成分が負極グランドに落とされるので、低い周波数成分しか聞こえなくなる。

図2-119下図のように、スピーカーの両側とコンデンサを接続する配置では、どのようになるだろうか。今度は反対の効果が起きる。コンデンサはやはり高い周波数を通すのだが、その経路はスピーカーを通らないからだ。この配置をバイパスコンデンサという。

これらはどれも、簡単に回路を改造する方法だ。もうちょっと野心を感じる向きには、回路を複製し、片方をもう片方の制御に使う、というやり方がある。

図2-109の当初の値に部品を戻し、元のゆっくりした速度で動作するようにする。そしてその出力を複製部分の電源に使う。ブレッドボード下側の複製部では、0.01μFコンデンサを使って、オーディオ周波数を生成するのだ。これを図2-120に示す。プロジェクトで作った元の部分はグレーに、オーディオ部は下側にカラーで示してある。

Aとラベルされた赤色の配線は、下側の回路が上側の出力から電源を得られるように、差し替えてある。Bとラベルされた赤と青の配線は、ブレッドボードのバスにあるギャップをブリッジするために追加したものだ。

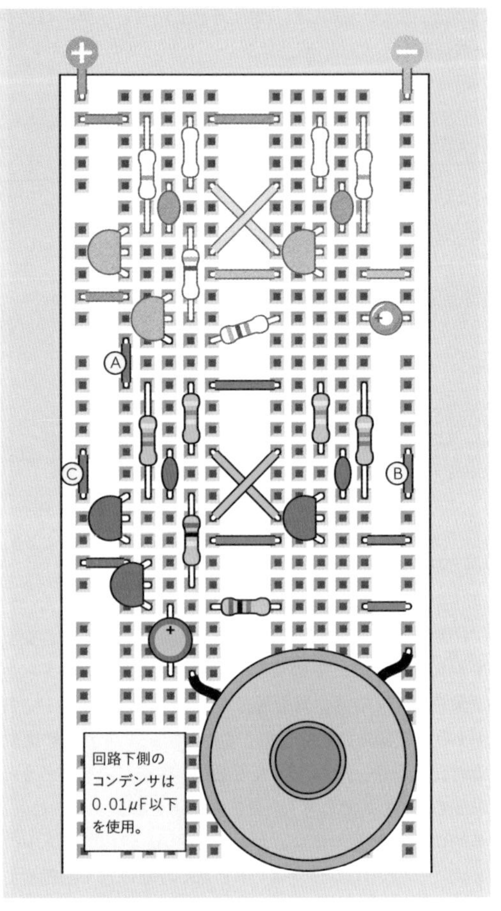

図2-120　回路のオーディオ部の電源は、ゆっくり動作する方の回路から供給し、電源が変動するようにしてある。

回路の下半分が高速で切り替わるように、上半分のコンデンサや抵抗器の値を変更すると何が起きるだろうか。

220μFのコンデンサを持ってきて、回路のさまざまなポイント（上半分でも下半分でもよい）と負極グランドの間に接続すると、何が起きるだろうか。部品を壊すことはないので、気軽に実験してほしい。

ほかのオプションとして、図2-116で作った「処理されたパルス」のライトに立ち戻り、部品の物理的接続方法を変える、というのがある。つまりブレッドボードから取り外し、小さなウエアラブル機器に作り直せる。

実験14でこの方法を示す。もちろんこれにはいくらかのハンダ付けが必要になるわけだが、部品をハンダでくっつける方法を学ぶ、ということが、まさに次の実験12でやってもらうことなのである。

背景：スピーカーの取付

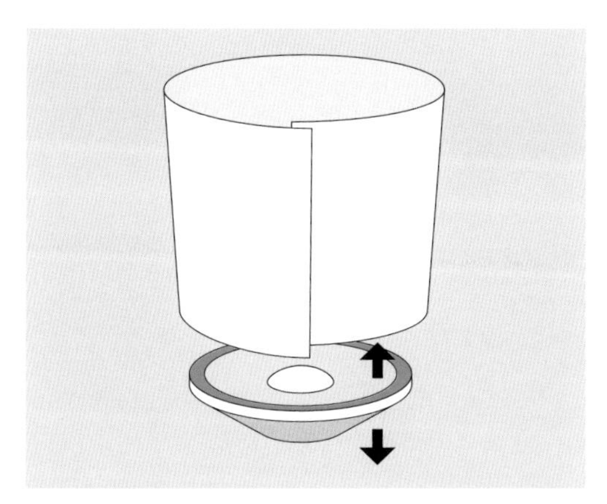

図2-121　普通の紙や厚紙の管でスピーカーの知覚音量を増大する。

スピーカーのダイヤフラム（コーン）は音を放射するように作られている。ところがこれは上下に振動するので、音は前面だけでなく背面からも出る。前面と背面の音は位相が逆であるため、打ち消しあってしまう。

管状のホーンを追加して、前面からの出力を集中させることで、聞こえる音は劇的に大きくなる。1インチのミニチュアスピーカーなら、ファイルカード（3×5インチや4×6インチのカード）を巻いて、テープで留めてやればよい。図2-121参照。

もっとよいのは穴の開いた箱に取り付けることである。スピーカー前面からの音は、穴から放射され、背面からの音は、箱の中で吸収されるようにするのである。

もう少しだけ真剣に

Getting Somewhat More Serious

3

3章では、これまでのプロジェクトで学んできたことを応用していく。「脈動する明かり」のウエアラブルバージョンの作り方や、侵入警報機の初期開発を紹介していく。もっと先の4章では、集積回路チップの世界に入っていく。

これまでに推奨したものに加え、実験12から15では、以下のツールや機器、部品と消耗品を使う。

3章で必要なもの

これまで同様、ツールなどの購入時にはショッピングリストとして315ページ「ツールと機器の購入」を参照してほしい。必要な部品や消耗品のキットについては299ページ「キット」を参照のこと。オンラインの店で自力購入したい方は、306ページ「部品」を参照のこと。消耗品については、305ページ「消耗品」を参照。

必須：電源

これまでと同様に、9ボルト電池を、本書の最後まで使い続けることもできるのだが、ここでACアダプターを「必須」に分類する。こちらの方が、はるかに便利だからである。より電力を必要とする回路を作り始めるので、電池を買い続けるよりは、結局安くつくという面もある。

家庭用コンセントの交流を直流に変換する方法として、3つの選択肢がある：

図3-1のようなユニバーサルアダプターは、出力電圧を切り替えられるので、もっとも万能である。出力電圧は、3ボルト、4.5ボルト、5ボルト、6ボルト、9ボルト、12ボルトとなっているものが一般的だ。ユニバーサルアダプターはボイスレコーダー、電話、メディアプレイヤーといった小型機器用の電源だ。ACアダプターは完全に平滑（安定した）・正確なDC電圧を出力するわけではないが、以後のプロジェクトでお見せするように、電源の平滑化はコンデンサでできる。

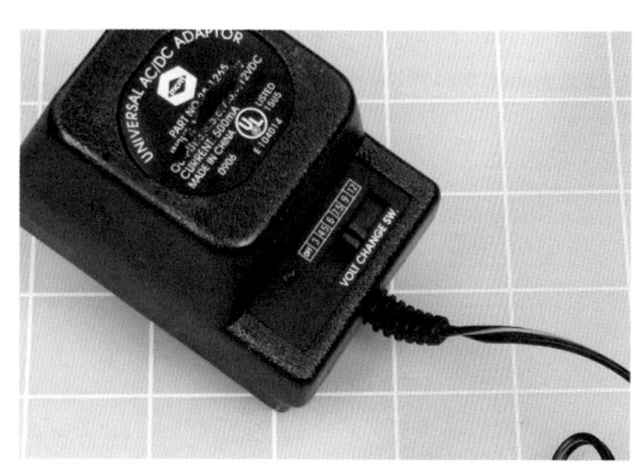

図3-1　このACアダプターはコンセントに差し込むもので、出力DC電圧を小さなスイッチで切り替えることができる。

また、図3-2のようなDC9ボルト単一出力のACアダプターを買ってもよい。5ボルトを必要とするデジタルロジックチップを使う際には、ボルテージレギュレータという小型で安価な部品を使い、9ボルトから変換すればよい。（レギュレータは9ボルト電池からの変換にも使える。）

図3-2　DC9ボルト出力固定のACアダプター。

3番目の選択肢は、もっともっとお金をかけて、0〜+15ボルトと0〜−15ボルトの可変出力および5ボルト固定出力を持つ、正しい実験室電源を購入することだ。ケースの上にブレッドボードを何枚も付けた、便利なものもある。あなたが今後もエレクトロニクスを続けるなら、間違いなく大変便利なものだが、たぶん決心はまだだろう。

ユニバーサルアダプターを買う場合は、308ページ「その他の部品」の3章のところに検索の仕方が書いてある。

どのタイプのACアダプターを買うにしても、以下は必須である：

- 出力が（ACでなく）DCであること。ACアダプターはほとんどすべてDC出力だが、そうではないものもある。
- 出力が500ミリアンペア（0.5アンペア）以上あること。
- DC出力プラグの形式は、どんなものでも構わない。どうせ切ってしまうからである。
- 同じ理由により、ユニバーサルアダプターに付属しているかもしれないさまざまなプラグのことも気にしないこと。これらは使わない。
- あまり安いACアダプターは、定格ぎりぎりまで電流を取ると、信頼性が保てないことがある。米国ではUL（Underwriters Laboratories）認定マークが付いているか見ておくこと。

必須：低ワットハンダごて

ブレッドボードは回路をすばやく組み上げて動作を見るのに不可欠なものであるが、とっておきたい回路の恒久的な接続については、ハンダごてが必要だ。ハンダごては、ハンダという合金の細い針金を溶かして、配線や部品を接続する。ハンダが冷えて固まると、丈夫な接続ができる。

ハンダごては絶対に必要というわけではない。本書のプロジェクトは、すべてブレッドボードで完成できる。しかし長持ちするものを作ることには特別な喜びがあるし、ハンダ付けは有用なスキルである。私がハンダごてを「必須」に分類したのはこのためだ。

私の場合、熱に弱い小型の部品には低ワットのハンダごてを使い、重作業（すぐ述べる）用の汎用ハンダごてとは別にしておきたい。温調タイプのハンダごてを1本だけ持ち、これを何にでも使うという人もいるが、小型のものだと、たまに必要になる大きな熱容量がまかなえるとは思えないし、中型のものだと、デリケートな作業に使いやすいとは思えない。また、温調ユニットは高価なものだ。

低ワットハンダごては15W定格のこてがよい。また、小型のものほど扱いやすい。先端は削ったばかりの鉛筆のような、先細の円筒形になっているものがよい。こて先がメッキされたものがよいが、これは製品の説明には書いていないかもしれない。よく使われる15Wハンダごてを図3-3に示す。変色は熱による通常のもので、これによる機能低下はない。

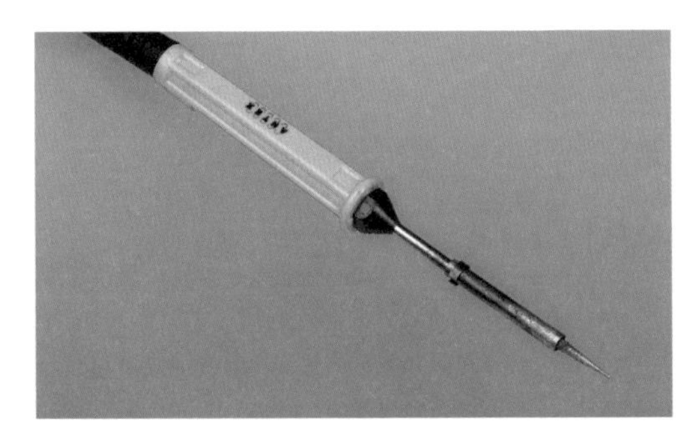

図3-3　精密作業用の低ワットハンダごて。

必須：汎用ハンダごて

15Wハンダごての限られた熱容量では、太い電線のハンダ付けには不十分だ。これは、大電流が流せる端子が付いた大型スイッチなどをハンダ付けする際に、特に言えることだ。端子が熱を急速に吸収するので、低ワットのハンダごてでは、ハンダを溶かせるほどの温度に到達できなくなるのである。フルサイズの可変抵抗器の端子に電線をハンダ付けしようとした場合にも、同じようなことが起きる。

このようなときに必要なのは、30ワットか40ワットのハンダごてだ。これは本書のプロジェクトのほとんどには不要のものだが、大きな熱容量がある方がハンダ付けが簡単にできるので、初めてのハンダ付けにもお勧めである。30Wのこては普通15Wのこてよりも安く、大した追加投資にはならない。先端は平型の方が熱を伝えやすいし、デリケートな作業には使わないので、尖っている必要はない。

ハンダごての用語

ハンダ付けをやり直せるように、吸取器が組み込まれたハンダごてもある。これは指で引っぱるプランジャで、こて先から少量の空気を吸い込む。私はこれがとてもうまくいくとは思っていない。いずれにしても、30Wのこてでしか見たことがないので、電子機器の多くに対してはパワフルすぎる。

ハンダごての製品の記述に「溶接」という用語が使ってある場合がある。こうした用語の不正確な用法は無視してよい。なぜならハンダごては、普通のいわゆる溶接はしないからだ。

小さなパーツをつかんでおけるヘルピングハンドが付属したハンダごてセットもわりにある。別々に買うより安くなるはずなので、この組み合わせには考慮の余地があるだろう。ヘルピングハンドについては後述する。

ハンダごてに少量のハンダが付属していることもあるが、電子機器用のフラックス入りハンダでなければ使わないこと。

ハンダごての多くの製品には、エンピツ型の表記がある。この用語にはあまり情報量がない。15Wにも30Wにも使われているからだ。

エンピツ型のハンダごてというのは、図3-4のWeller Therma-Boostのようなピストル型ではないこてのことである。ピストル型グリップのエルゴノミックスを好む人もいるし、Therma-Boostには1分もかからずに作業温度に達する素敵なクイックスタート機能があるので、イライラしがちな方には理想的なものではある。とはいうものの、ピストル型のこてはどれも定格30W以上だし、普通のエンピツ型より高いのだ。

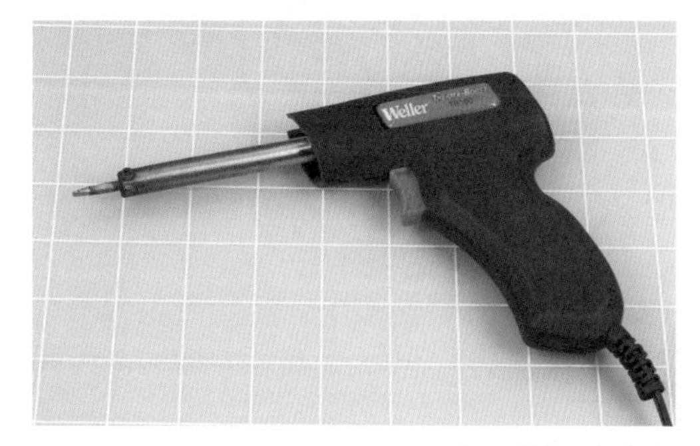

図3-4　30WのWeller Therma-Boostは太めの電線や大型の部品の作業に便利なこてだ。

必須：ヘルピングハンド

いわゆるヘルピングハンド（または「サードハンド」）には、ハンダ付けの際に部品や配線を正確に保持してくれる2本のワニ口クリップが付いている。ヘルピングハンドには、拡大鏡、こて台になるコイル部、こて先が汚れたときに掃除する小さなスポンジなどが付いたものもある。これらの追加機能は素敵だが、必須ではない。図3-5を見てほしい。

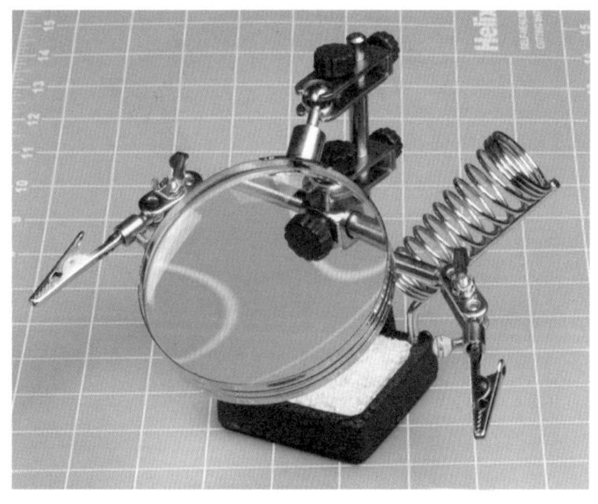

図3-5　アクセサリー付属型のヘルピングハンド。

必須：拡大鏡

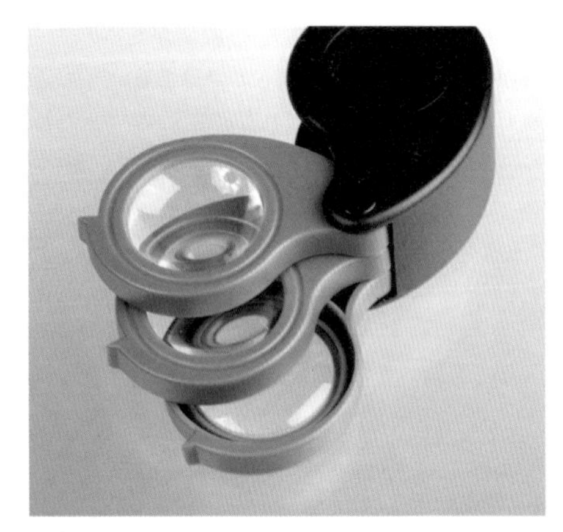

図3-6　手持ちできる拡大具はハンダ付け部の検査に不可欠だ。

あなたの目がどんなによかったとしても、基板のハンダ付けのチェック時には、小型で手持ちの強力な拡大鏡が必須である。図3-6の3枚セットのレンズは、目の近くに保持するように作られているもので、ヘルピングハンドについている大型のレンズ（あまり役に立つとは思わない）より高倍率だ。図3-7の折畳み式のレンズは、作業台に置いてハンズフリーで使える。どちらもホビー向けのストアやeBay、アマゾンなどで購入可能である。やさしく扱えるのであれば、プラスチックレンズで、まったく構わない。

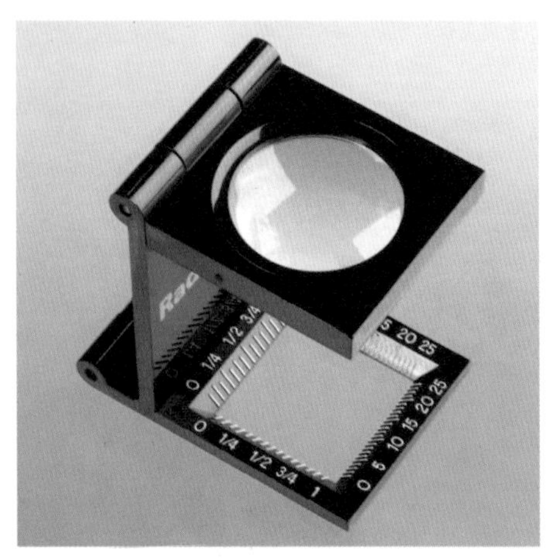

図3-7　このタイプの折畳み式拡大鏡は机の上に立てることができる。

任意：ICクリップ型テストリード

前の実験では、メータープローブの先をテストリードの一方のワニ口クリップで掴み、もう一方のワニ口クリップで電線や部品を掴むように書いた。

よりエレガントな方法として、バネの入った小さなクリップが先についた「ミニグラバー」プローブを購入する、というのがある。Pomonaのモデル6244-48-0（図3-8）などが一例だ。とはいうものの、これらは比較的高価だ。図3-9のような、先が小型のミノムシクリップになったメーターリードを探す方がよいかもしれない。これが普通はもっとも安い選択肢だ。でなければ、先ほどのテストリードで挟む方法を使い続ける、という手もある。

図3-8　「ミニグラバー」はメーターリードの先につけて配線や部品の足を掴む。

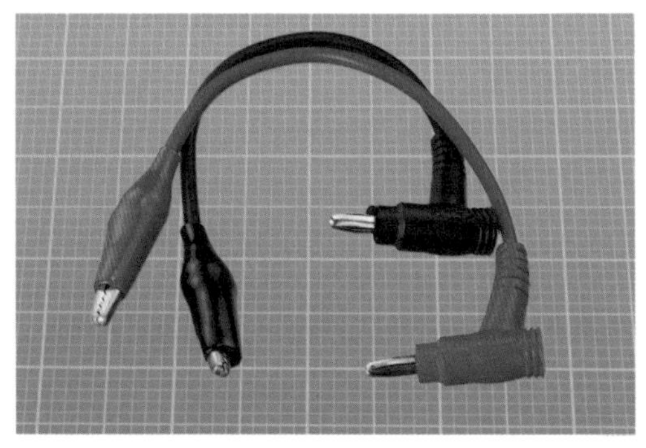

図3-9　先が小型のミノムシクリップになっているメーターリード。

任意：ヒートガン

ハンダ付けで2本の線を接続したら、普通は絶縁が必要だ。ビニールテープ（絶縁テープなどとも呼ばれる）を使ってもよいが、これははがれやすい。熱収縮チューブはよりよいオプションで、裸の金属の接続部のまわりに安全で永久的なカバーを形成する。このチューブの収縮にはヒートガン、つまり非常にパワフルなヘアドライヤーのようなものを使う。図3-10参照。工具・金物を扱う店ではたいてい売っているので、一番安いものを買えばよい。

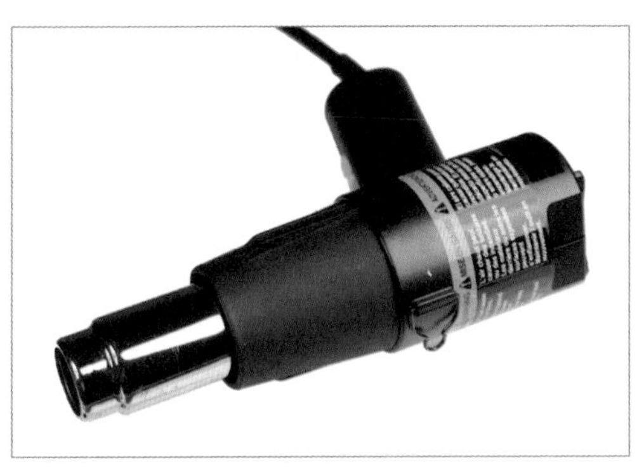

図3-10　ヒートガンの風を熱収縮チューブに当てると、裸電線のまわりにきれいな絶縁体のカバーを形成できる。

精密作業用には図3-11のようなミニヒートガンを使う方がよいだろう。

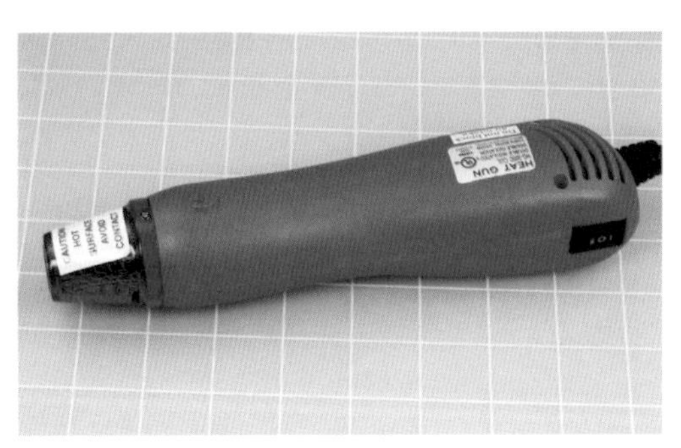

図3-11　ミニヒートガンはフルサイズ版よりも少しばかり扱いやすい。

任意：ハンダ外し道具

ハンダ吸取り器は、間違ったハンダ付けを除去したい時に熱く溶けたハンダを吸い取ることになっているものだ。図3-12を見てほしい。読者の中には、これを「任意」ではなく「必須」だと主張する方もいるのだが、結局好みの問題だ。自分では間違ったハンダ付けは切って捨ててやり直す方が好きである。

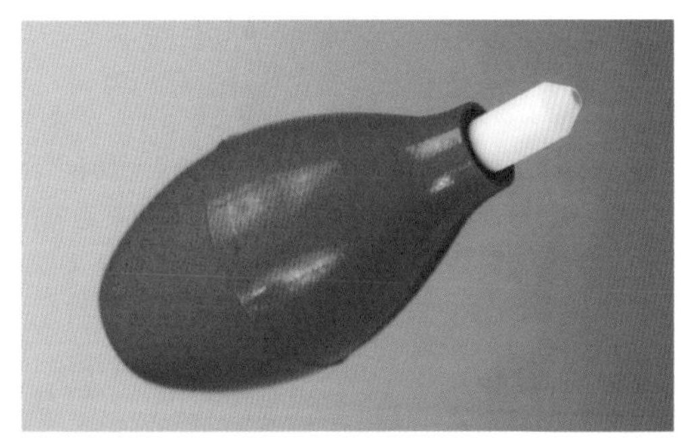

図3-12　ハンダ付けの除去には、溶けたハンダをこの握りつぶせるゴム球で吸ってやればよい。

ハンダ吸取り線はハンダを吸収するもので、吸取り器と組み合わせて使う。図3-13参照。

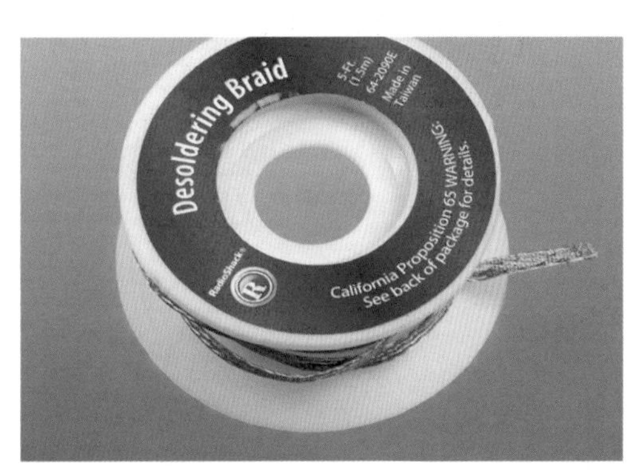

図3-13　ハンダの除去には、溶かした上で銅のより線に吸わせる、という手段もある。

任意：こて台

作業中のこては、使っていないときこて台に差しておくべきだ。キッチンナイフをラックに差しておくのと同じことだ。図3-14を見てほしい。スタンドにお金をかけたくないのであれば、木の板に鉄管やスチール缶を打ち付けるなどして、でっち上げるとよい。でなければ、作業台の端にひっかけるようにして、絶対に落とさない用心深さを自分に約束するという手もある。（約束したことがあるが、落とした。）ハンダごてが床に落ちたときは（「もし落ちると」ではない。「落ちたときは」だ）、化学繊維のカーペットやプラスチックのフロアタイルが溶ける。これを知っていると、落ちるのを見たときに掴もうとしてしまうものだ。熱い方を掴んでしまえば手を離すものなので、床まで落ちていくのを何もせずに傍観しても、途中であなたが焼かれても、結局同じことである。

たぶんこて台は「必須」と考えるべきなのだ。

図3-14 熱いこてのための安全でシンプルなこて台。黄色のスポンジは湿らせてこて先をぬぐうのに使う。

任意：ミニチュアハンドソー（極小の手ノコ）

でき上がったエレクトロニクスプロジェクトは、見た目のよいエンクロージャに収めたいものである。このためには、薄いプラスチックを切断したり、好きな形に切ったり、細かく調整する工具が必要になるだろう。四角い電源スイッチを取り付けるには、四角い穴を空ける必要があるのだ。

この種のデリケートな作業に電動工具はオーバーキルだ。微調整してフィットさせるにはミニチュアハンドソー（「ホビーソー」ともいう）が最適だ。X-Actoからは小型のノコ刃がいろいろ出ている。図3-15参照。

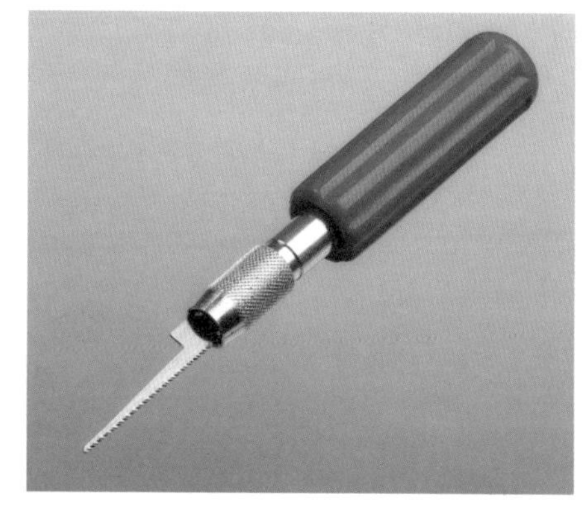

図3-15 プラスチックの箱に小さな穴を開けて部品をはめ込むのに便利。

任意：バリ取りバー

バリ取りバーは、粗く切ったプラスチックやアルミのエッジを素早く整えたり、穴をわずかに大きくしたりするのに使う。これは「必須」に入れてもよかったかもしれない。電子部品の外寸にはインチ規格とメートル規格が混在しており、ドリルの穴に合わなかったりピッチが違っていることがあるからだ。図3-16参照。

図3-16 バリ取りバー。

任意：ノギス

贅沢品だと思うかもしれないが、ノギスは円柱物（スイッチや可変抵抗に切ってあるネジなど）の外径や穴の内径（スイッチや可変抵抗を入れたい穴など）を測るのに非常に便利だ。図3-17を見てほしい。ボタン電池式のデジタルノギスはセンチとインチが切り替えられる。

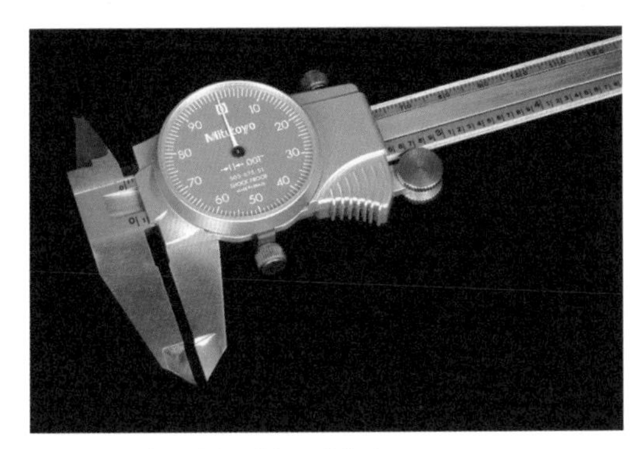

図3-17　ノギスは内径も外径も計測できる。

消耗品

ツールの多くが「任意」であったのに対し、消耗品はだいたいが「必須」である──まあ、恒久的な機器は断固として作りたくない、というのでない限り。プロジェクトの恒久版を作るのに必要な工具や材料を買っていくと、ケーブルテレビの月々の払いと同じくらいになる。私はそれを価値ある投資だと思っている。

必須：糸ハンダ

これが部品同士を（願わくば）永久的に結びつけておくために熔解する部材である。極小サイズの部品には極細の、直径0.5ミリから1ミリの糸ハンダがよい。さまざまな太さの糸ハンダを図3-18に示す。本書のプロジェクトをまかなうには、最小限の量（15グラムとか1メートルとか）で十分である。

配管用やアクセサリー製作用のものを買わないように。説明書きに用途として「電子部品／エレクトロニクス」の文字があること。

図3-18　さまざまな太さのハンダのスプール。

鉛入りのハンダの使用については論争が見られる。ある熟練機械工は、この古いタイプのハンダについて、低温で使えてハンダ付けが楽にうまくいくし、たいして使わないなら健康リスクも最小限だと保証した。彼は鉛フリーハンダには鉛フリーハンダの問題があると指摘する。フラックスが多いのでヒュームが多く出るというのだ。「鉛 スズ ハンダ 安全性」で検索するとわかるように、オンラインではこれについて大きな論争がある。

私はこれについて判決を下すだけの知識がない。EU地域にお住まいであれば、環境上の理由により、鉛入りハンダの使用は想定されていない、というのを知っているだけだ。

確実に必要といえるのは「電子機器用のフラックス入りハンダ」である。鉛入りにするかどうかは、あなたの選択だ。

任意：熱収縮チューブ

上で書いた通り、ヒートガンと一緒に使う。好きな色でさまざまなサイズのものを持っておくとよい。図3-19参照。熱収縮チューブをハンダ付け部までスライドさせて、ヒートガンで加熱する。チューブはハンダ付け部を囲んで収縮することで絶縁する。収縮後の直径は普通、元の径の半分程度だが、もっと高い収縮率を持つ製品もある。材質が違えば、絶縁性、耐摩耗性といった特性が変わってくる。McMaster-Carrには驚くほどさまざまな熱収縮チューブがあり、さまざまな特性について詳細な記述がついている。我々の用途では、240ボルト（以上）の定格であれば一番安いもので十分だ。5、6種類の径がセットになったものが1袋（1箱）あればよいだろう。大径よりも小径のものをよく使うはずだ。

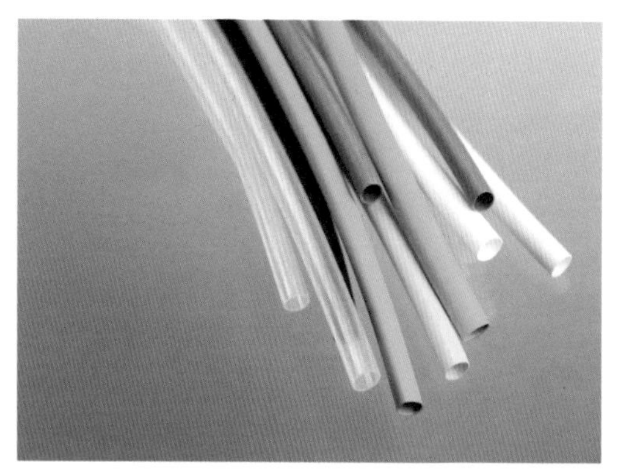

図3-19　さまざまな熱収縮チューブ。

必須：銅のワニ口クリップ

デリケートな部品をハンダ付けする際に熱を吸収させる。銅メッキのスチールクリップというのもあるので騙されないように。あなたは本当に全部銅でできたものを入手する必要があるのだ。永久に再利用できるので、できるだけ少量で購入すること。2個で十分だ。

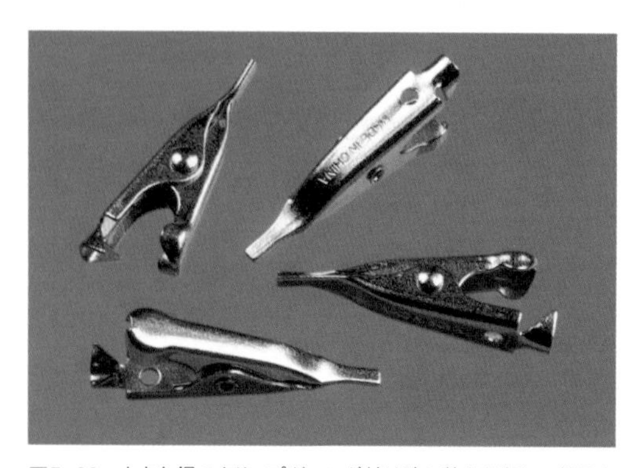

図3-20　小さな銅のクリップがハンダ付け時に熱を吸収して部品を守る。

任意：ユニバーサル基板

回路をブレッドボードからもっと恒久的な場所に移したくなったら、ユニバーサル基板（蛇の目基板、試作用基板などともいう）にハンダ付けするとよい。

一番簡単なのは、ブレッドボード内部に隠れた導体と同じレイアウトの銅箔がついたものだ。部品配置を保ったままユニバーサル基板に移せるので、誤りを最小限にできる。図3-21参照。最初は1枚だけ買えばよい。

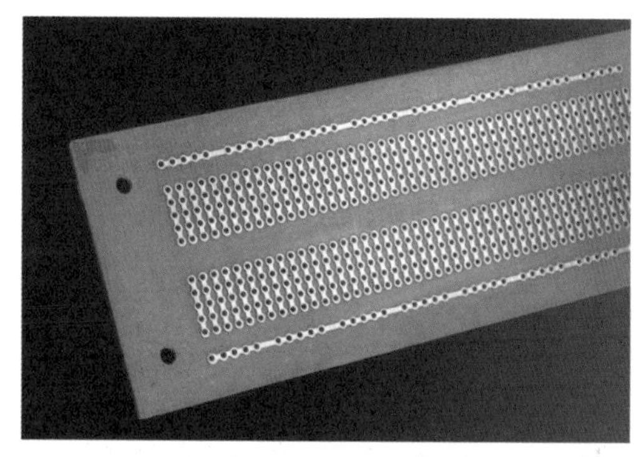

図3-21　このユニバーサル基板の銅箔パターンは、ブレッドボード内部の導体とまったく同じだ。

ブレッドボードの部品配置を使うことのデメリットは、スペース効率がよくないことである。回路を最小サイズまで圧縮するには、普通のユニバーサル基板で二点間配線をするとよい。これのやり方は実験14で示す。ごく小さな基板しか使わないかもしれないが、大きなものを買って必要に応じて切ればよい。図3-22参照。

ほかのパターンの銅箔をもったユニバーサル基板を使うことも可能だ。たとえばストリップボードというのがあるが、これは平行に並んだ銅箔を必要に応じてナイフで切るようになっている。よくハンダ付けをする方は誰でも、好みのタイプの基板があるものだが、こうした色々を探し求める前に、まずはハンダ付けのプロセスに親しむ必要があると思う。

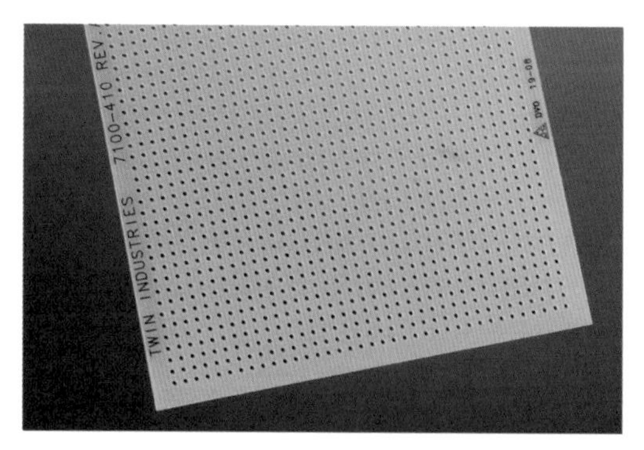

図3-22　二点間配線に向いたプレーン（銅箔なし）基板。

任意：ベニヤ板

ハンダごてを使うと、テーブルや作業台にハンダの滴が落ちやすい。ハンダはほぼ瞬間的にかたまるが、取れにくくて跡が残ることがある。ディスポーサブルな保護板として、2フィート（60センチ）四方で半インチ厚（日本なら1センチ厚）のベニヤ板を使うことを考えよう。ホームセンターならどこでもカット済みのものが購入可能だ。

任意：小ネジ

パネルの裏に部品を固定するには小ネジが必要だ。平頭の「皿小ネジ」はパネル面にカウンターシンク（ネジに合わせた円錐形の下穴）を入れると面一（つらいち）になって美しい。ステンレスの#4サイズ（およそM3）で長さ10ミリと12.5ミリ、それにナイロンの緩み止めが入ったロックナットがあればよいだろう。

必須：プロジェクトボックス（ケース）

プロジェクトボックスとは、単なる（たいていプラスチックの）小型の箱で、取り外せるフタを持つものだ。その名の通り、あなたの電子機器プロジェクトを保持するためにある。フタにドリルで穴を開けて、スイッチ、可変抵抗、LEDなどを固定し、ユニバーサル基板に組んだ回路を内部に取り付けるのだ。また、小型のスピーカーを入れるのにも使える。

実験15の侵入警報機のプロジェクトでは、長さ約6インチ、幅3インチ、高さ2インチ（15×7.5×5センチ）の箱を使うとよい。

必須：電源用コネクタ

完成したプロジェクトがボックスに収まったら、そこには電源が簡単に供給できなければならない。図3-23の写真のような、低電圧DC用のプラグとソケットを組で買うとよい。これらは標準DCプラグ／ジャック（英語だとburrel plugs/sockets）と呼ばれる、定格12ボルトの製品だ。さまざまなサイズがあるが、同じサイズ同士で買えば問題はない。

図3-23　右のソケットはプロジェクトボックスに取り付けるもので、ACアダプタのワイヤに接続した左のプラグから電源供給する。

任意：ピンヘッダ

回路をユニバーサル基板にハンダ付けで組んだときは、別組みしたスイッチ類への接続手段が必要だ。基板での不具合を直すなどの場面を考えると、脱着可能な方がよい。

これをする小型コネクタは、オス側をピンヘッダ、メス側をピンソケットまたはヘッダーソケットなどと呼び、40列などで販売されるものは、必要なだけ折って使える。

図3-24はソケットとヘッダそれぞれの、折る前のものと小さく折ったもの。購入時にはピン間隔がユニバーサル基板と同じ0.1インチ（2.54ミリ）かどうか確認すること。（ミリ単位の間隔のものもある。）

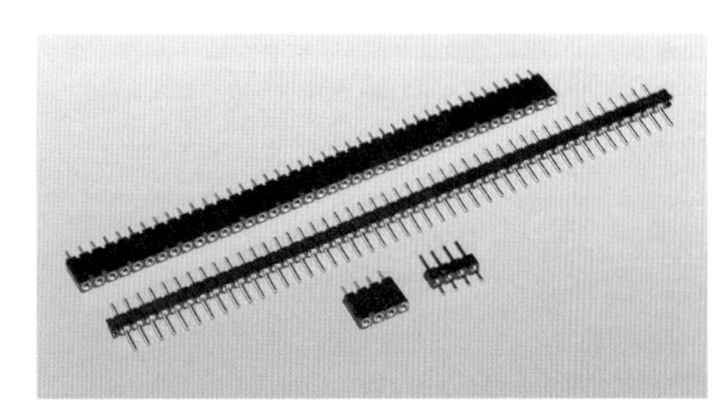

図3-24　こうした小型の接続端子を「ピンヘッダ」と呼ぶ。

部品

またも繰り返しになるが、キットが購入可能である。299ページ「キット」参照のこと。オンラインの店で自力購入したい方は、306ページ「部品」を参照のこと。2章の最初で書いた部品のほか（43ページ「部品」参照）、以下が必要である。

ダイオード

ダイオードは電流を一方向に流し、逆方向には遮断する。ダイオードの負極側をカソード（陰極）という。こちらには図3-25のように、線で印が入れてある。写真の右のダイオードは1N4001で、左の1N4148より、電流定格が少しだけ大きい。安価で後からも使うので10本買っておく。メーカーは問わない。

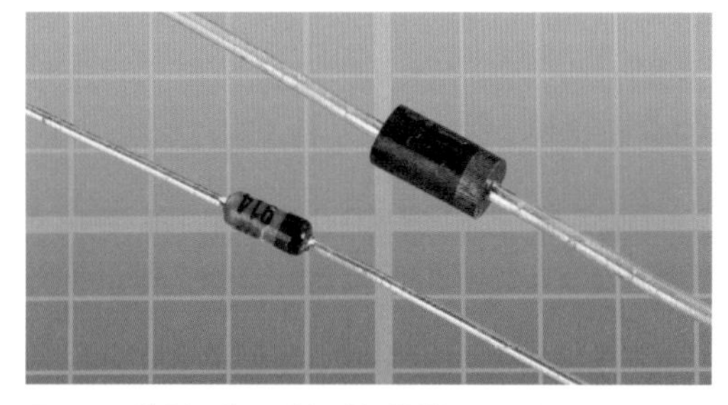

図3-25　ダイオード。マイナス側に印が入っている。

実験12：電線をつなぐ

さて、ここまでで説明したものを、もうすべて使い始めよう。まずはハンダごてだ。

ハンダごてを使った冒険は、第一歩こそ配線と配線をつなぐという平凡なタスクだが、完全な電子回路をユニバーサル基板に作り込むところまで、あっという間に進行する。さあ始めよう！

必要なもの

- 配線材、ニッパ、ワイヤストリッパ
- 30〜40ワットのハンダごて
- 15ワットのハンダごて
- 糸ハンダ
- 任意：棒ハンダ
- ワーク保持用の「ヘルピングハンド」
- 任意：熱収縮チューブひと揃い
- 任意：ヒートガン
- 任意：落ちたハンダから作業エリアを保護するダンボールやベニヤ板

注意：ハンダごては熱い！

基本事項なので、以下は必ず押さえておいてほしい：

作業中のハンダごては適切なスタンド（ヘルピングハンドに生えているものなど）に置くこと。作業台に置いたままにしてはいけない。

子供やペットが居る場合、ハンダごてのコードで遊んだり引っ張ったり、じゃれたりするかもしれないので忘れないこと。彼らは自分で自分を（そしてあなたを）火傷させようとするのだ。

こての電源コードに熱くなったこて先が触れないように、よく注意する。被覆は数秒で溶けるので劇的なショートになる。

ハンダごてが落ちるときにサッと掴んでヒーローにならないこと。

電源が入っているとき警告ランプが点くようなハンダごては、あまり存在しない。一般ルールとして、ハンダごては熱いものだ、と思っておくこと。たとえコードが刺さっていなくても、である。コンセントから抜いた後も、思ったよりもずっと長く、火傷するほど熱いことがある。

初めてのハンダ付け

まずは汎用のハンダごて——30ワットか40ワットのやつ——で始めよう。コンセントに差し込み、危なくないようホルダーに置き、5分間だけやるための、ほかのことを見つける。完全に熱くなる時間を与えずにハンダごてを使い始めると、ハンダが完全には溶けないため、よいハンダ付けにならない。

AWG22番の単芯線2本の先端の被覆を取り、図3-26のように、クロスで触れ合う形を作って、ヘルピングハンドで掴んでおく。

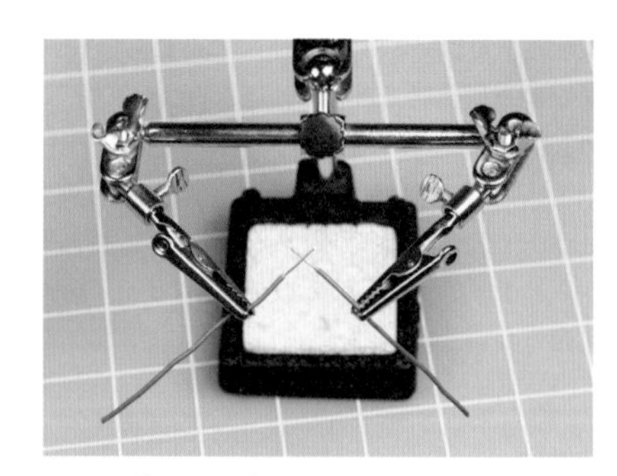

図3-26　ハンダ付けの冒険に備える。

こてが準備できているか確かめるため、糸ハンダをこて先に当ててみよう。一瞬で溶けただろうか。溶け方がゆっくりであれば、まだ熱が不十分なので、もう少し待つ。

こて先が汚れていれば綺麗にする必要がある。一般的にはスタンドに付いているスポンジを湿らせておき、こて先をぬぐう。個人的には、これはやりたくない。こて先に水分を付けると熱膨張と収縮が起き、これがこて先のメッキに微小なクラックを生じる、と信じているからだ。紙をクシャクシャにしたものを使い、焦げないようにすばやく拭く。それからこて先に少量のハンダをのせて、また拭く。これを均一な光沢が得られるまで繰り返す。

こて先がきれいになったら、図3-27、図3-28、図3-29、図3-30、および図3-31に示す手順でハンダ付けしてみよう。

ステップ1：線の交差したところに熱くなったこて先を当て、しっかり3秒加熱する。

図3-27　ステップ1。

ステップ2：こてを動かさずに、線の交差部にハンダを少しだけ溶かし入れる。ハンダはこて先にも触れるようにする。つまり、2本の芯線、ハンダ、そしてこて先が一点に集まるようにする。

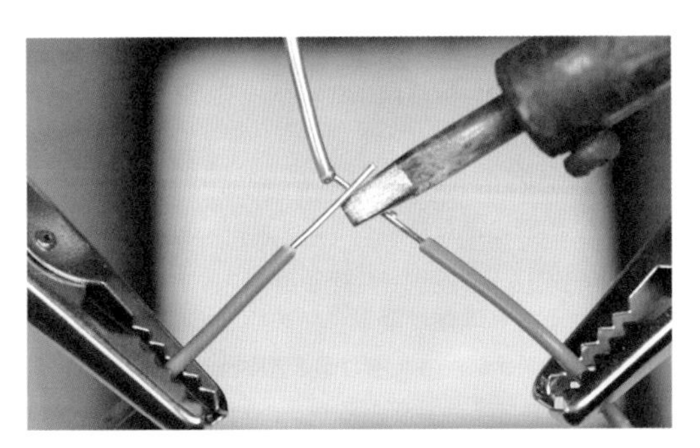

図3-28　ステップ2。

ステップ3：最初はハンダが溶けるのに少しかかるかもしれない。辛抱すること。

図3-29　ステップ3。

ステップ4：ハンダがきれいな丸い塊になった。

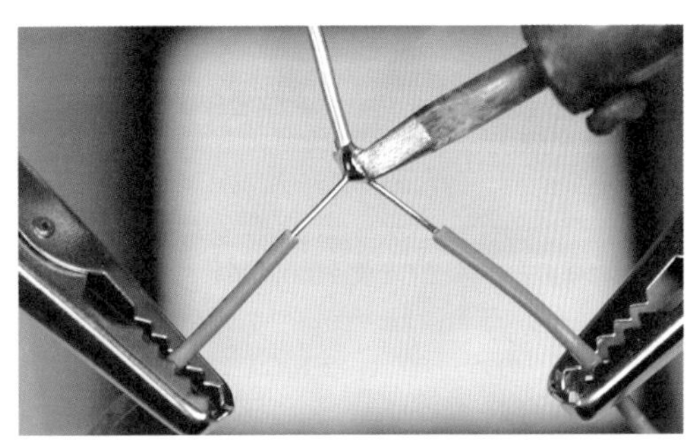

図3-30　ステップ4。

ステップ5：ハンダごてとハンダを離す。つないだ場所を吹いて冷ます。10秒もすれば、触れる程度には冷めるはずだ。完全なハンダ付け部は輝き、一様で、丸みを帯びている。

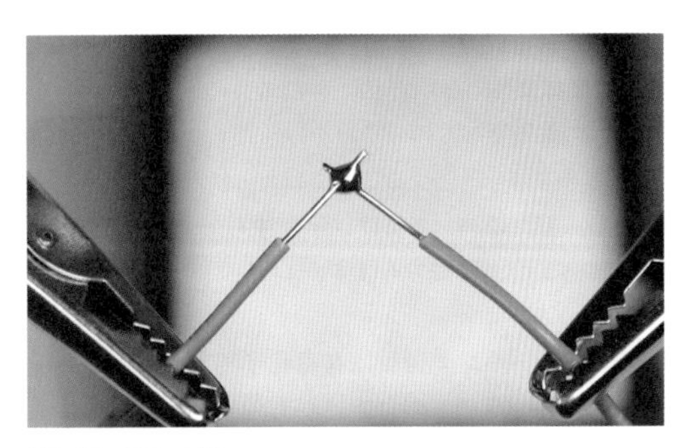

図3-31　ステップ5。

ハンダ付け部が冷えたら、ヘルピングハンドから外して、引っ張ってみる。思いきり引っ張ること！　本気で引っ張っても外れなければ、電線同士はきちんと電気的に接続されており、ずっと付いたままだろう。うまく付いてなければ、電線は割と簡単に外れる。これはおそらく、熱かハンダが不足だったということだ。図3-32を見ると、感じがわかるだろう。

図3-32　ハンダ付けの良し（右）悪し（左）を見分けるのはそれほど難しくない。

高ワットのハンダごてを使うように書いたのは、こちらの方が熱を多く伝え、つまり使いやすいからだ。

ハンダ付けのステップは、以下のようにまとめられる：電線に熱を加え、熱を保ったままハンダを入れる、ハンダが溶け始めるのを待つ、完全に溶けた玉ができるまでさらに少し待つ、それからこてを離す。プロセスは全体として4〜6秒かかる。

背景：ハンダ付けの神話

神話 #1……ハンダ付けはとても難しい：何百万人もの人々がこれを習得しており、あなたがその全員に劣るということはありえない。私は手に慢性の震顫（しんせん）があり、小さいものを安定して持っておくのが難しい。さらには細かい仕事を繰り返しやることに耐えられない性質を持っている。部品のハンダ付けは私にすらできるので、ほとんどすべての人ができるはずだ。

神話 #2……ハンダ付けは有毒化学物質を使うので健康に悪い：煙を吸うのは避けた方がいいが、それは漂白剤やペンキなどの日用品でも同じことだ。ハンダを扱った後は手を洗った方がいい。徹底的にやるならネイルブラシを使う方がいいだろう。とはいえハンダ付けに健康への有意の有害要因があるなら、何十年も前の段階で電子工作ホビーストの間に高い死亡率が観察されているはずだ。

神話#3……ハンダごては危険である：ハンダごて（soldering iron）は普通のアイロン（iron）よりも、危険が少ない。伝達する熱が少ないからである。実のところ、私の経験からすれば、ハンダ付けは典型的なDIY作業・地下室作業より安全だ。もちろん、だからといって注意不要というわけではない。こては触っただけで火傷するほど熱いのだから。

基礎：8種類のハンダ不良

熱不足：うまく付いているようだが、本当に十分には加熱されていないために、ハンダ内部の分子構造が適切な再配置を起こしていないもの。内部は顆粒状であり、ソリッドで一様な塊にはなっておらず、引っ張れば取れてしまう「ドライ・ジョイント」または「コールド・ジョイント」と呼ばれるような状態である。全体をよく再加熱した上で、ハンダを足すとよい。

ハンダをこてで接合部に運んだ：ハンダ付け部の加熱不足の原因として一番よくあるのが、ハンダをまずハンダごてで溶かし、それから接続部に持っていきたい、という誘惑に負けることだ。これはつまり、ハンダを付けたい電線が冷えたままである、という意味である。正しい手順は、まず電線にハンダごてを当てて温め、次にハンダを入れる、である。このようにすると、電線は十分に熱くなっているので、ハンダが溶けるのを助けてくれる。

- これは非常に普遍的な問題なので、自分で何度も繰り返している。熱いハンダを冷たい配線に乗せてはいけない。熱い配線に冷たいハンダを乗せるのだ。

熱過剰：これはハンダ付け部そのものには悪いことはないが、周囲のあらゆるものにダメージを与えうる。ビニール被覆は溶け落ち、芯線が露出してショートのリスクが上がる。半導体は簡単に熱破壊し、スイッチやコネクタ内部のプラ部品さえ溶ける。損傷した部品はハンダを外して交換する必要があるが、これには時間がかかるし、ものすごく大変だ。ハンダ付けが何らかの理由でうまくいってないときは、引き返して立ち止まり、すべてがクールダウンするのを待ってからやり直そう。

ハンダ不足： ハンダ付けする導体同士の間隔が狭いときは、強度不足が起きやすい。2本の線をつないだような場合、必ず裏側を見て、ハンダが十分に回ったかチェックすること。

ハンダが固化する前にハンダ付け部を動かす： 目に見えない断片化を起こしている可能性がある。これは回路の動作を止めるほどではないかもしれないが、将来のいつか、振動や端子にかかるストレスによってヒビ割れが大きくなり、電気的接続を断つほど成長する場合がある。そうなってから原因を追及するのは、非常に大変だ。ハンダ付け前に部品同士をクランプしておくか、ユニバーサル基板に差して固定しておくことで、この問題は回避できる。

ホコリや油脂： 電子部品用ハンダには金属表面を掃除する活性化ロジンが入っているが、それでも不純物によって、ハンダの定着が妨げられることはある。部品に汚れが付いているように見えるなら、ハンダ付け前に極細目の紙ヤスリで掃除しておく。

こて先へのカーボン付着： ハンダごてを使っているうちに、こて先に黒いカーボンの斑点を生じ、これが熱伝達を妨げることがある。上で書いたようにこて先を拭いてみよう。

不適切な材質： 電子部品用ハンダとはつまり、電子部品に使うものである。アルミ、ステンレスその他の金属は付けられない。クロームメッキされたものならハンダ付け可能ではあるが、作業は困難だ。

検査をしない： これはOKだろう、と簡単に思ってはならない。必ず手で引っ張って試してみること。ハンダ付け部に手が届かないなら、小さいマイナスドライバーの先で軽くこじるか、小型のラジオペンチで引っ張ってみよう。外れて作業が無駄になるのを心配しないこと。ラフな扱いに耐えられないのであれば、それはよいハンダ付けではない。

8つの過ちのうち、ドライ／コールド・ジョイントが群を抜いて悪い。簡単にやってしまう上に、OKに見えるからだ。

背景：ハンダ付けのオルタナティブ

1950年代というごく最近まで、ラジオのような電子装置は、生産ラインの工員が手ハンダで配線していた。しかし電話交換局数の成長は、二点間配線を高信頼性で多数生産できる高速な方法を要求し、これにより現実範囲の選択肢として浮かび上がったのがラッピング配線（wire wrap）である。

ラッピングを使った電子機器は、部品の配置された基板の裏側に、長くて断面が角ばった四角の金メッキピンがたくさん生えている。配線には専用の銀メッキ線を使うが、この配線の被覆は端から1インチ（2.5センチ）も剥く。ワイヤ・ラップの工具は手動または電動で、テンションをかけながら配線の端をピンに巻き付け、線の柔らかな銀メッキをピンに「圧接」する。このプロセスがラッピングで、7〜9周の巻き付けがあり、ピンの4つ角すべてに毎周強い力で接触するため、非常に高信頼性の接点が生まれる。

1970年代から1980年代にかけて、このシステムはホームコンピュータを自作するホビーストに受け入れられた。図3-33は手作業で製作されたコンピュータのワイヤラップ基板である。この技法はNASAが月へ行ったアポロ宇宙船のコンピュータを配線するのにも使われていたほどであるが、今の世でワイヤラッピングが商業的に成り立つような用途は稀だ。

図3-33　この写真は、スティーブ・チェンバレンのレトロなカスタムビルト8ビットCPU（そしてコンピュータ）の、ワイヤラッピングの一部。これほどの配線ネットワークをハンダ付けでつなげていくことは、とてつもない時間の浪費で、間違いの元だった。（Photo credit：Steve Chamberlin.）

初期のデスクトップコンピュータで使われたチップのような、「スルーホール」部品が生産現場で広汎に利用されるようになったことから、ウェーブソルダリング（フローハンダ）が発達した。これは溶融ハンダのウェーブ、つまり流れを、チップを差し込んで予熱してある回路基板の裏から当てる、というものだ。不要部へのハンダの付着はマスキング技術で防止する。

現在は、表面実装部品（スルーホール部品より著しく小型だ）をハンダペーストで基板にのり付けし、全体を加熱してハンダペーストを溶かすことで永久的に接続する。

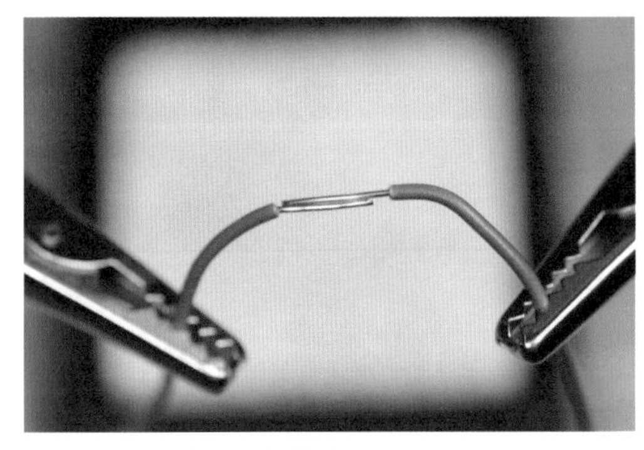

図3-34　ステップ1：電線を揃える。

二度目のハンダ付け

15Wハンダごてにトライするときが来た。こちらも同じように、コンセントに差したらたっぷり5分置いて、十分に熱くする。また、もう1本のハンダごてはコンセントから抜いて、冷めるまでどこか安全な場所に置いておくのを忘れないこと。

このハンダ付けには細い糸ハンダを使うこと。必要な熱量が小さいので、低ワットのハンダごての弱い熱源に向くのだ。

今度は線材同士を平行にして付ける。この形でのハンダ付けは交差させた時よりも少しだけ難しくなるが、必須のスキルだ。これができなければ、熱収縮チューブをかけて絶縁することもできない。

このハンダ付けは図3-34、図3-35、図3-36、図3-37、図3-38の5つのステップのようにする。芯線同士の接触が完全である必要はない。小さな隙間はハンダが埋めてくれるからだ。とはいえ、芯線はハンダが流れられるよう十分に熱くなっていなければならず、低ワットのハンダごてを使う場合、数秒程度長くかかるかもしれない。

ハンダは写真の通りに入れること。忘れないで：こて先でハンダを運ぼうとしてはいけない。まず芯線を熱し、こて先を芯線から離さないままで、ハンダの方を芯線とこて先に当てるのだ。ハンダが液化するまで待とう。接続部には自分でどんどん流れていく。そうならないときは、もっと我慢して、あと少しだけ長く熱をかける。

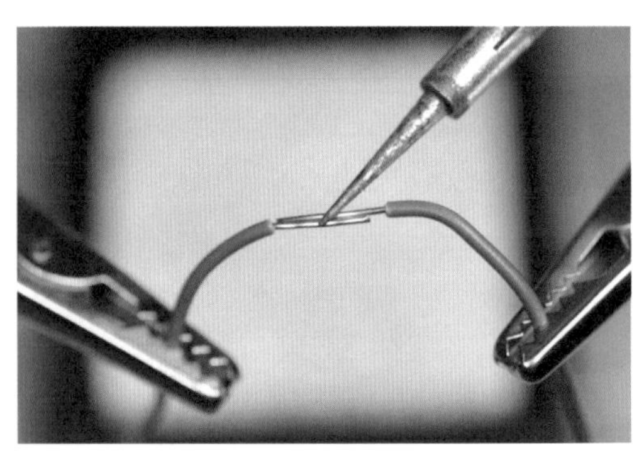

図3-35　ステップ2：電線を加熱する。

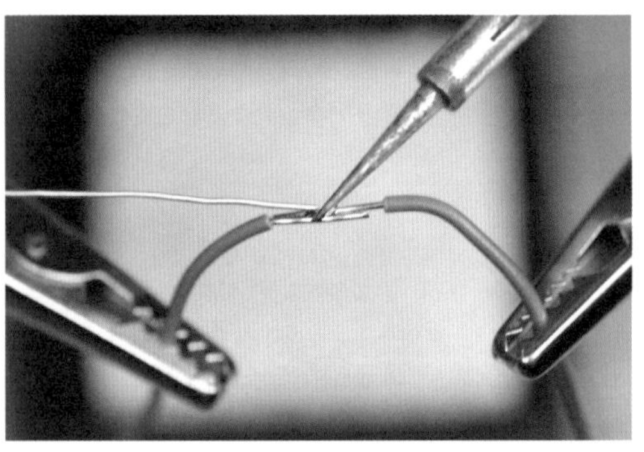

図3-36　ステップ3：電線を加熱したままハンダを入れる。溶けるのを待つ。辛抱すること。

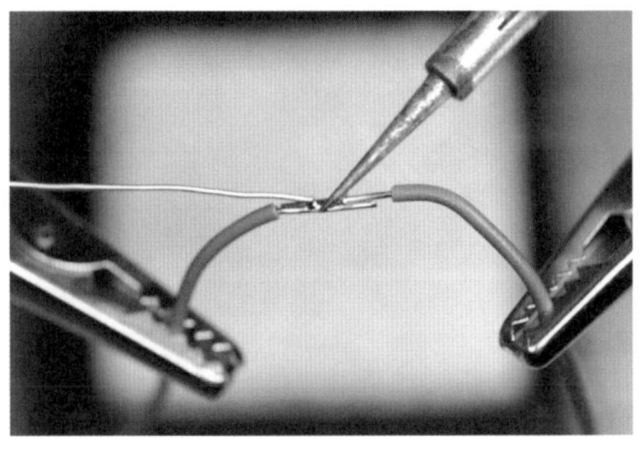

図3-37　ハンダが溶けて接合部に入ったところ。

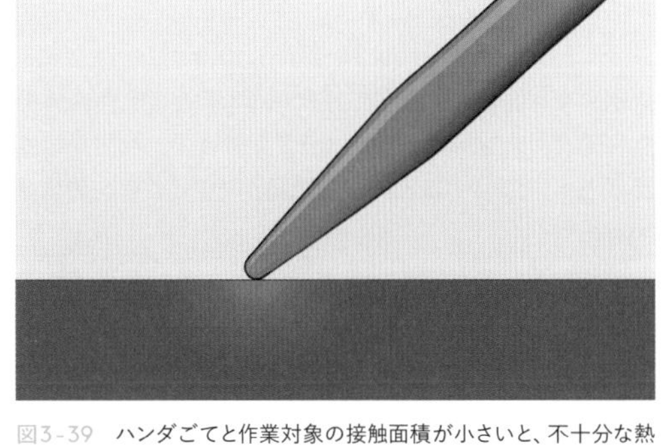

図3-39　ハンダごてと作業対象の接触面積が小さいと、不十分な熱しか伝えられない。

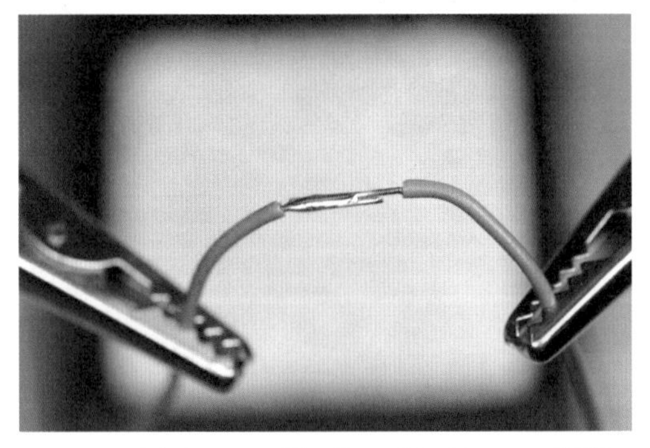

図3-38　でき上がり。ハンダ付け部には光沢があり、ハンダが銅の芯線に広がっている。

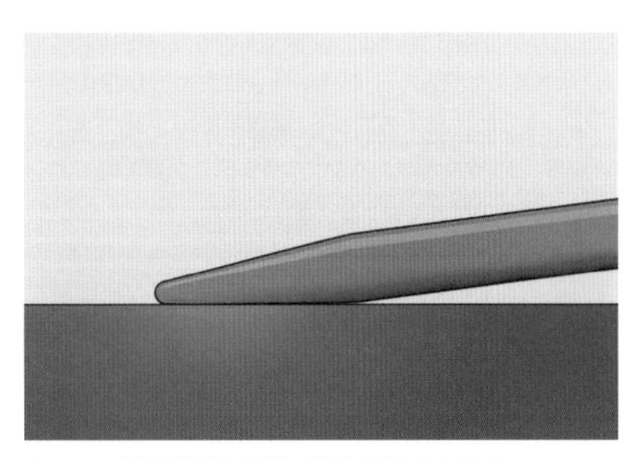

図3-40　接触面積が大きければ伝わる熱も大きくなる。

ハンダ付けが完成した。ハンダの量は強度的に十分で、かつ熱収縮チューブがかけられなくなるほどは多くない。すぐ後で説明する。

理論：熱伝達

ハンダ付けは、プロセスを理解すればするほど、上手に楽にできるようになるものだ。

ハンダごてのこて先は熱い。この熱を、ハンダ付け部位に送り込む必要がある。これはつまり、ハンダごての角度を調節して、接触ができるだけ大きくなるようにすべきである、ということだ。図3-39および図3-40を参照してほしい。

ハンダが溶け始めれば、流れたハンダで接触面積が広がり、さらに熱が伝わるようになるために、このプロセスが自然に加速される。面倒なのは最初なのだ。

熱の流れというものに関しては、もう1つ考慮すべき側面がある。それは望ましい場所から熱を奪い、いらない場所に運んでいく性質も持っている。極太の銅線をハンダ付けしようとしても、接続部はハンダが溶けるほど熱くならない。太いワイヤは熱を伝えやすく、接合部から熱を奪っていくからだ。40ワットのこてであってさえ、この問題を克服するには不十分な場合がある。そしてさらに、銅線に伝わる熱はハンダを溶かすには不十分でありながら、線の被覆を溶かすにはまったく十分であることがあるのだ。

ハンダ付けが10秒で完了しないなら熱量が足りない、が一般ルールである。

ハンダ付け部の絶縁

揃えた配線でのハンダ付けが成功したら、今度は簡単な作業だ。まずは熱収縮チューブを選ぼう。ハンダ付け部がちょうど通り、ほんの少し隙間ができるくらいの太さのものだ。

これはもちろん、前もっての計画が必要である。熱収縮チューブは普通、ハンダ付け前に片方の電線に通しておく必要があるからだ。以下のステップバイステップの手順で様子がわかるだろう。

片方の電線に熱収縮チューブが通っているものとして、これをハンダ付け部の中央まで滑らせて持ってくる。ヒートガンの前に保持した状態でヒートガンをオンにする（吹き出してくるスーパーヒートされたエアが指にかからないように注意すること）。電線を回転させて裏まで熱する。30秒もしないうちに、チューブが収縮してハンダ付け部位の周りをきっちり覆うだろう。熱しすぎると、チューブは収縮しすぎて切れてしまう。こうなれば、ちぎれたものを取り除いてやり直しだ。チューブが電線周りをきっちり覆ったら、このタスクは完了で、それ以上熱を加えても意味はない。熱収縮チューブは基本的に、その長さに対して垂直方向に収縮するものだが、長さ方向についても、少しは収縮する。

図3-41、図3-42、図3-43は、望ましい結果が得られたところである。白の熱収縮チューブを使ったのは写真映りがよいためだ。ほかの色でもまったく同じように使える。

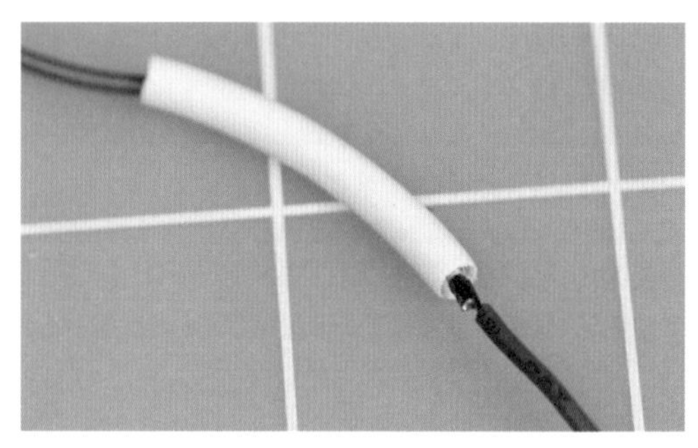

図3-41　チューブを線に通してハンダ付け部にかぶせる。

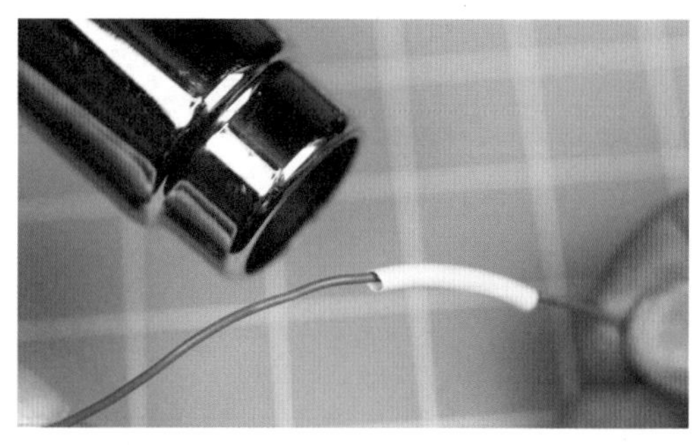

図3-42　チューブを加熱。

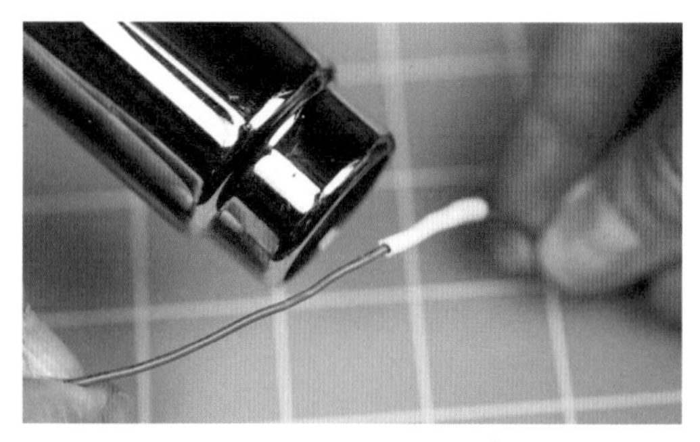

図3-43　加熱は接続部をきっちり被覆するまで続ける。

注意：ヒートガンだって熱くなる！

フルサイズヒートガンの吹き出し口の、クロームメッキされたパイプに注目してほしい。スチールはプラスチックより高価であり、メーカーがこれをここに使うには理由がある——その理由とは、ここを通って出てくる熱風が、プラスチックパイプを溶かすほど熱い、である。

この金属パイプは、使用後でも数分間は、十分火傷できるほど熱い。そしてハンダごて同様、あなたよりもほかの人（やペット）の方が危険である。彼らはヒートガンが熱いことを知らないかもしれないのだ。家族がヒートガンをヘアドライヤーと間違って使うことが絶対にないよう、特に対策すること（図3-44）。

図3-44　ヒートガンがヘアドライヤーと非常に異なっていることを、あなたの家族の全員が理解すべきである。

このツールは見た目より、実にちょっとばかり危険である。ミニヒートガンはリスクがわずかに少ないかもしれないが、それでも払われるべき注意は同じだ。

電源の配線加工

ハンダ付けスキルの次の応用は、さらに実用的なものになる。ACアダプターに、色分けされた単芯線を追加するのである。ACアダプターを持ってない方は、9ボルト電池スナップの電線を延長する。どちらにしても、延長線としてAWG22番の電線を使い、ブレッドボードに便利に差せるようにする。

熱に敏感な部品は関係しないので、大きい方のハンダごてが使える。

ACアダプターを手に入れている場合、その形態が、コンセントに直接差せるプラスチック製のモジュールであることを想定する。そこから、あなたが使う低電圧のDCが通ったケーブルが生えており、先には何らかの小型プラグが付いているものとする。このプラグはメディアプレイヤーなり電話なりの機器につながるもので、機器には適合するソケットがあるわけだが、本書の目的にプラグは不要だ。電源供給したいのはブレッドボードだからである。

どうすればよいだろうか。それではお見せしよう。

ステップ1：切断と計測

最初にACアダプターが目的通りのものであることを確認する。

まだコンセントには差さないこと。まずは低電圧側のケーブルの先にある小さなプラグを図3-45のように切断する。（この写真はRadioShackアダプターのものであるのに気付いたかもしれない。ああ、思い出が…。）

図3-45　ACアダプター改造の最初のステップ。

中の2本の線をニッパやカッターで分離し、それぞれ先を1/4インチ（6～7ミリ）ほど皮むきする（図3-46）。2本の線は長さを変えること。これは互いに接触する（ショートする）リスクを下げるためだ。

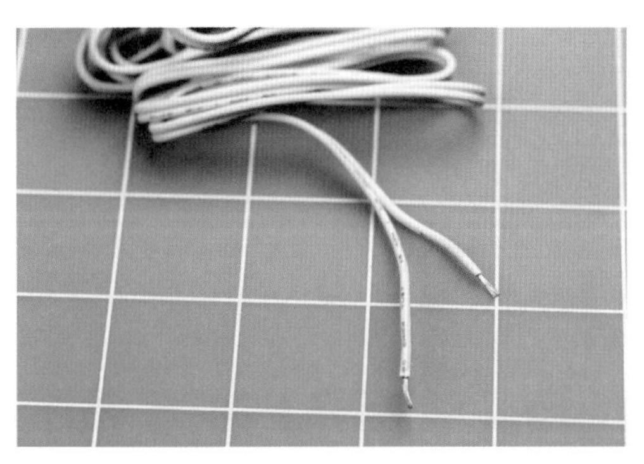

図3-46　皮剥きした電線。

アダプタをコンセントに差してあるときに、皮剥きした線の先が触れ合うと、過負荷になったり、中のヒューズが飛んだりする。火花が飛んでびっくりするかもしれない（怪我はしないと思う）。これらは大したことではないが、不便である。

マルチメータをDC電圧計測にセットして、ACアダプタからの線の先に触れさせる。できればミノムシクリップ付きのテストリードを使って、すべてを制御下に置くのがよい。赤のメーターリードがマルチメータの電圧ソケットに刺さっているか（mAソケットではないか）再確認してから、ACアダプタをコンセントに差し、出力電圧を計測する。

妙に高い値が出ることがあるが、これはおそらく、ACアダプタの出力電圧が、何にも電源供給していない時に高くなることが、しばしばあるためだ。マルチメータの内部抵抗は非常に高いので、ACアダプタは、負荷がまったくないかのようにふるまうのだ。

計測にもう少し意味があるようにするためには、680Ω程度の抵抗器を、ACアダプタの出力に接続し、この抵抗器と並列にマルチメータをつなぐことだ。このようにすると、ACアダプタの電圧は、適切なレベルに降下する。これで意味のある値になったはずだ。

680Ωを大きく下回る抵抗器を使うのは、よくない考えだ。ショッピングリストの抵抗器はどれも1/4ワット定格で、それ以上の電力を押し込むと、過負荷になるからである。680Ωの抵抗器を9ボルト電源に接続した場合、オームの法則により、流れる電流は13ミリアンペアほどになるが、この電力消費は約120mW、すなわち0.12Wであり、0.25W抵抗器の定格内に十分に入る。

抵抗値が低くなったときに、ACアダプタの出力電圧がどう変わるか見たいような場合には、複数の680Ω抵抗器を並列に接続するとよい。これは面白いテストになりそうだ――が、一番大事なことに戻ろう。ブレッドボードに電源を取ることだ。

ステップ2：ハンダ付け

ACアダプタのケーブルに接続してあるマルチメータの表示を見て、マイナス記号が出ていないのを、よく確認する。マイナス記号が出ていたら極性が逆なので、メーターリードをつなぎ替える。

測定値が負でない、正の値であれば、赤色のメーターリードがACアダプタの正極側に当ててあることがわかる。アダプタで正負が逆の電源を供給して部品を破壊するのは望ましくないので、これは重要である。

次のステップはAWG22番の単芯線を接続することだ。これはACアダプタでも9ボルト電池スナップでも同じ作業である。

AWG22番の単芯線を2本切り出す――1本は赤、もう1本は黒か青だ。2本とも長さは5センチとする。そして2本とも両端を1/4インチ（6～7ミリ）ほど皮むきする。

AWG22番の単芯線を、ACアダプタまたは電池スナップの電線に、前回練習した方法でハンダ付けする。当たり前だが、電源の正極側に赤い線をハンダ付けすること。

熱収縮チューブとヒートガンを持っている場合は、練習でやった通りに使ってみよう。でき上がりは図3-47のようになる。今回も、ショートの危険を減らすため、電線の長さをたがえよう。作業が済んだら、22番線の先は、ブレッドボードに差せるようになる。

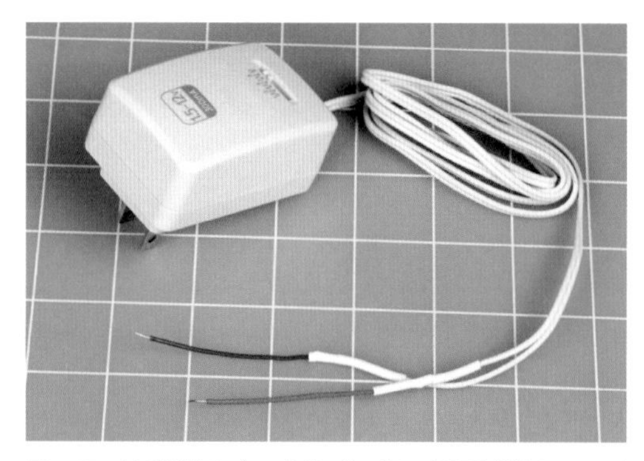

図3-47　22番電線はブレッドボードに差して電源を供給することができる。

電源コードを切り詰める

新しく得たハンダ付けスキルで、ほかに何かできないだろうか。お勧めがある。Apple製品を使ってない人であれば、お持ちのラップトップ機のACアダプタには、脱着できる電源コードが付いていることだろう。典型的なものを図3-48に示す。

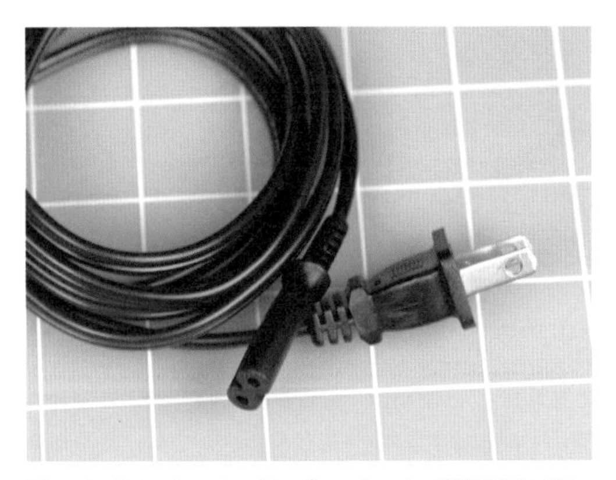

図3-48　非Appleのラップトップコンピュータの脱着可能な電源コード。

あなたがAppleのファンならどうすればよいだろう。プリンタやスキャナなどほかの機器に、脱着可能な電源コードがあるはずだ。この練習の目的は、電源コードを短くして、ぐじゃぐじゃ絡まったりせずに、思った通りになるようにすることだ。また、私のように、ラップトップ用電源ケーブルが必要より長すぎると感じている上に、可能な限り軽量化して旅行したいような人であれば、この練習が実際に役立つことになる。

短いコードに至る12のステップ

図3-49は最初のステップで、電源コードをぶった切るべく果敢にニッパを当てているところだ。言わずもがなだが、すべてのステップにおいて、電源コードをコンセントに差したまま作業してはいけない。

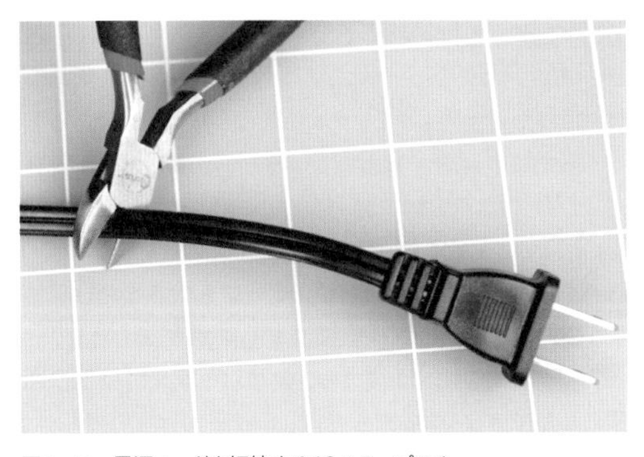

図3-49　電源コードを短縮する12ステップの1。

図3-50は残しておきたい両端である。切り落とした中央部は、将来ほかのことに使うために取っておいてもよいだろう。

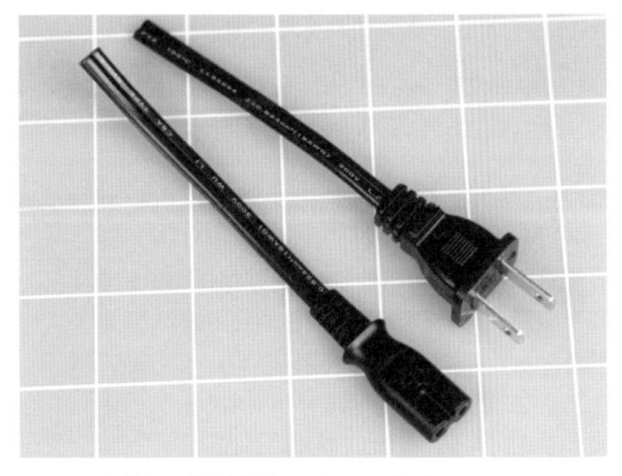

図3-50　電源コードを短縮する12ステップの2。

図3-51のようにカッティングマットの上でカッターナイフを使うと、電源コードの左右の線は楽に切り離せる。

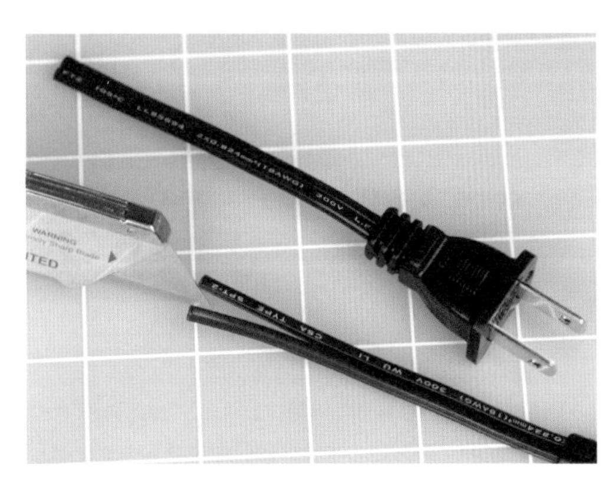

図3-51　電源コードを短縮する12ステップの3。

図3-52では、電源コードの左右の線を、等しくはないが合致する長さになるように、少し切り詰めている。このようにすると、細身に収まる上に、何かの拍子に接続部が外れた際も、ショートするリスクが小さくなる。

電源コードの片側の線が、印字なり外縁部の突起なりで、常に識別できるようになっていることに注目してほしい。再接続の際は、こうした印がつながるように合わせること。

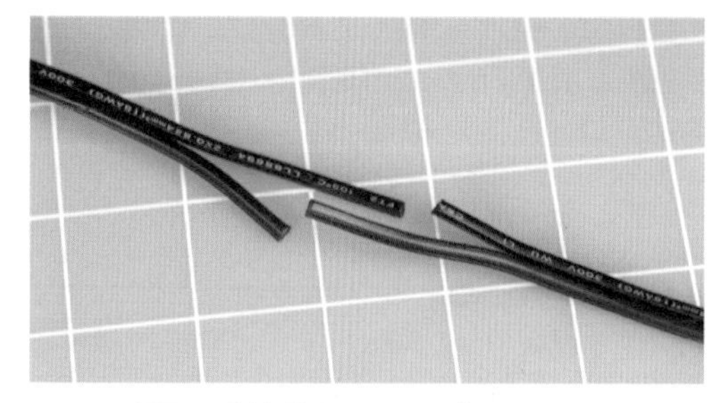

図3-52　電源コードを短縮する12ステップの4。

被覆の除去は最小限にする。3ミリ程度で十分だ。次に熱収縮チューブを数本切る。細径の2本は、電源コードの左右の線の接続部をそれぞれちょうど覆う長さに、太いものは、接続部全体をカバーするよう、5センチ程度の長さにする。図3-53参照のこと。

熱収縮チューブには低電圧専用のものもある。このプロジェクトには使わないこと。

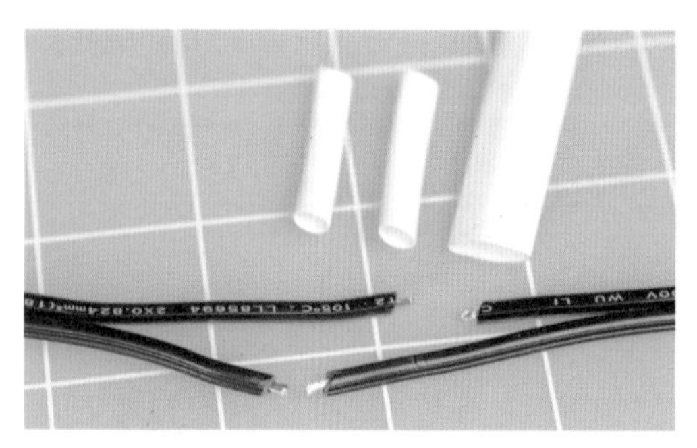

図3-53　電源コードを短縮する12ステップの5。

それではもっとも困難な手順にいく：あなたの記憶の活性化だ。ハンダ付けをする前に熱収縮チューブを差し込むのを忘れない必要があるのである。これは両端にプラグがあるために、後からチューブを差し込むことができないためだ。あなたが私くらいせっかちだと、これを毎回忘れないのは、とても難しいことだろう。図3-54を見てほしい。

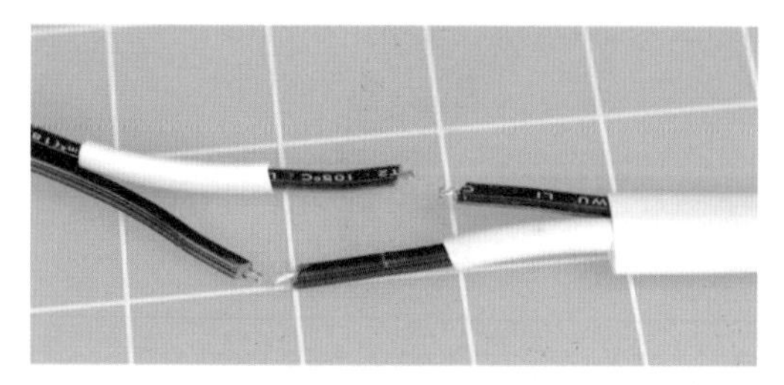

図3-54　電源コードを短縮する12ステップの6。

最初に、ハンダ付けする部分をヘルピングハンド上で揃えておく。2本のコードを突き合わせて、より線同士が混ざりあうようにしておき、親指と人差し指でつまんで整え、細かい線が飛び出さないようにする。細かいヨリ線の1本が迷い出るだけでも、熱く柔らかい熱収縮チューブがハンダ付け部にかぶさる際には、穴をうがつことがある。図3-55を見てほしい。

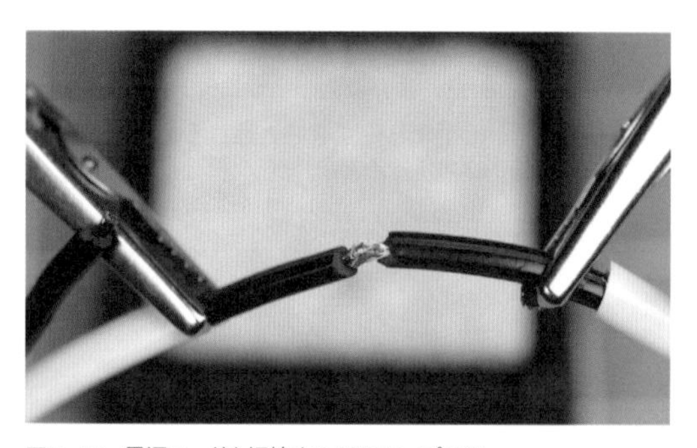

図3-55　電源コードを短縮する12ステップの7。

ここでハンダ付けするコードは、これまで作業したAWG22番の線よりずっと太く、多くの熱を吸収するので、ハンダごてはこれまでより長いこと当てておく必要がある。付ける部分全体にハンダが回るように気をつけ、冷めたら裏側もチェックすること。非常によくあるのが、裏で裸の銅線が露出しているという事態だ。ハンダ付け部は、丸くて固くて輝いた、よい感じの塊となるべきだ。図3-56を見てほしい。

ハンダ付けの際は、熱収縮チューブをできるだけ離すように、よく注意すること。こてからの熱が伝わってチューブが先に収縮してしまうと、後からハンダ付け部に通すことができなくなるからだ。

図3-56　電源コードを短縮する12ステップの8。

熱収縮チューブをハンダ付け部にすべらせ、図3-57のようにヒートガンで加熱する。

風を当てている以外の熱収縮チューブに熱が行かないようにすること。

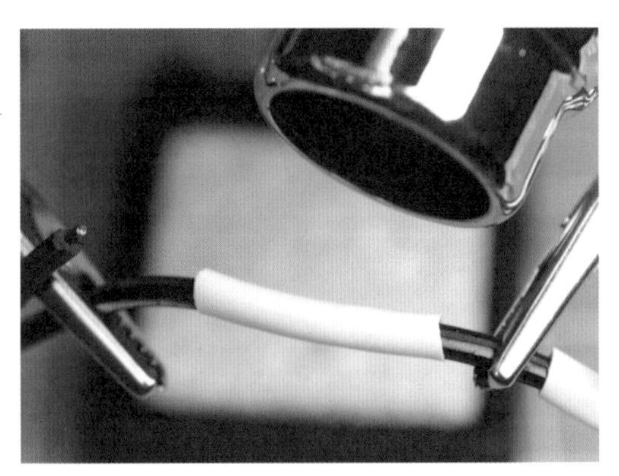

図3-57　電源コードを短縮する12ステップの9。

図3-58は熱収縮チューブが収縮したところだ。

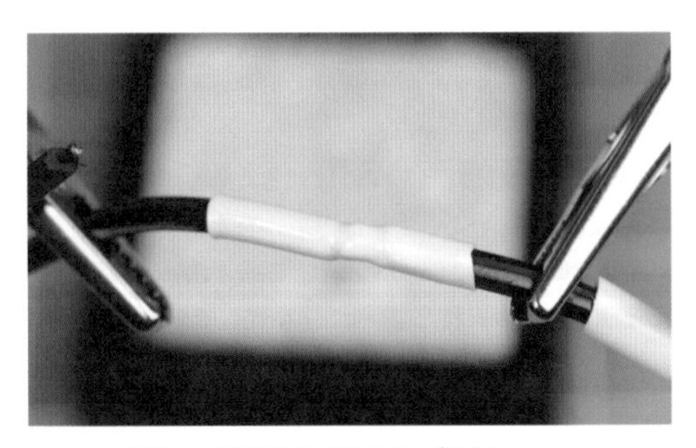

図3-58　電源コードを短縮する12ステップの10。

それではもう1本の線もハンダ付けしよう。図3-59参照。

図3-60は2番目のハンダ付けができたところだ。こちらも細い熱収縮チューブをかぶせて保護できたら、次は太い熱収縮チューブで全体を覆う。あー……太いチューブを入れておくの、もちろん忘れてないですね？

図3-59　電源コードを短縮する12ステップの11。

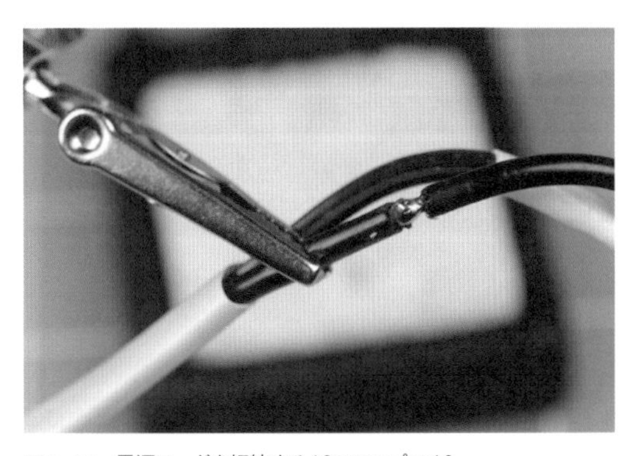

図3-60　電源コードを短縮する12ステップの12。

図3-61は完成した短縮電源コード。

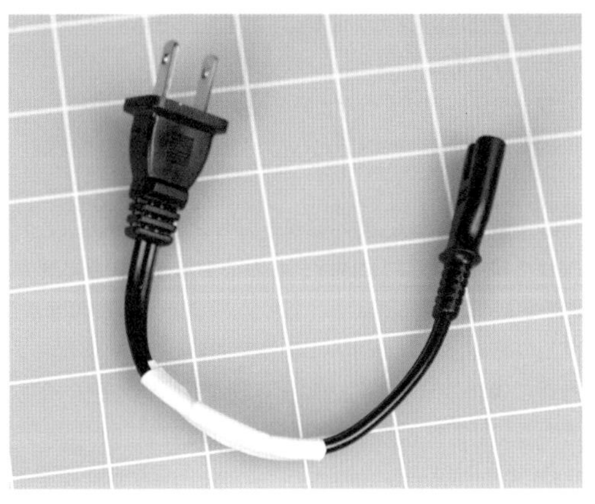

図3-61　短縮された電源コード。

次はどうする?

ここまでのハンダ付け演習を終えたことで、あなたには、初めてのハンダ付け電子回路を制作するのに必要な基本スキルが身に付いている。だがしかし——おそらく初めに簡単なデモをやって、誤って加熱しすぎてしまったときの影響を見ておいた方がよいだろう。ハンダ付けトラブルにやたらに巻き込まれ、結局トランジスタやLEDを溶かしただけ、ということになってほしくないのだ。壊れた部品のハンダを外すのは、ハンダ付けより、ずっとつまらないものだ。

実験13：LEDを焼く

実験4では、LEDを焼き切るのがどれほど簡単か見てきた。あの小さな冒険の真相は、LEDを通過した過電流が過熱を生じ、この熱が部品を殺した、である。

電気による熱がLEDを破壊できるなら、ハンダごてからの熱でも同じことができるだろうか。できるに決まってると思うかもしれないが、完全に納得する方法は、1つしかない。

必要なもの

- 9ボルト電池と電池スナップ、または9ボルトAC－DCアダプタ
- ラジオペンチ
- 30〜40ワットのハンダごて
- 15ワットのハンダごて
- 汎用LED(2)
- 470Ω抵抗器(1)
- ワーク保持用の「ヘルピングハンド」
- 純銅アリゲータークリップ。大型1個または小型2個

本実験の目的は、熱の影響を調べることである。これはつまり、熱はどこに向かうものであるか、知る必要があるということだ。

このため、ブレッドボードは使わない。ブレッドボード内部の導体は未知の量の熱を吸収する。テストリードも使わない。これも熱を吸収するからだ。

これらに代えて、LEDの2本の足を先の細いラジオペンチで曲げ、小さなフックを作る。470Ωの抵抗の足も、同じように曲げる。図3-62では、9ボルト電池からの電線を、同じように曲げてある。フック型を保つには、少し被覆をむいて、少量のハンダを入れてやる必要があるかもしれない。

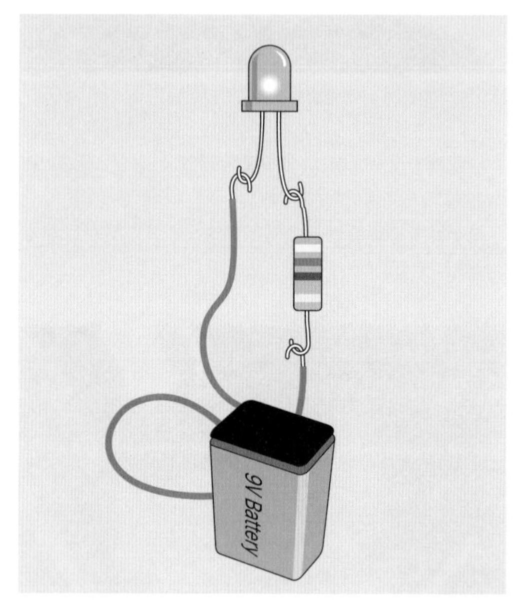

図3-62　LEDの耐熱性の測定。ACアダプターは9ボルト電池の代わりになる。

伝導による熱損失を最小にするため、抵抗器はLEDの一方の足から下げられ、電源の線はそのさらに下に下げられている。固定は重力だけで十分だ。

LEDのプラスチックの胴をヘルピングハンドで掴む。プラスチックは優れた熱伝導体ではないので、LEDのレンズを通じて、大きな伝導熱がヘルピングハンドに逃げることはない。

9ボルトをかければ、LEDは明るく光るだろう。私は白色LEDを使ったが、これは撮影しやすいためだ。

そして低電力の15Wハンダごてと、大ワットの汎用こてを使う。それぞれをコンセントに差して5分以上おき、しっかり熱くなるようにする。続いて時計で時間を測りながら、光るLEDの足の1本に、まずは15Wのこての先をしっかり当てる。図3-63は全体の配置だ。

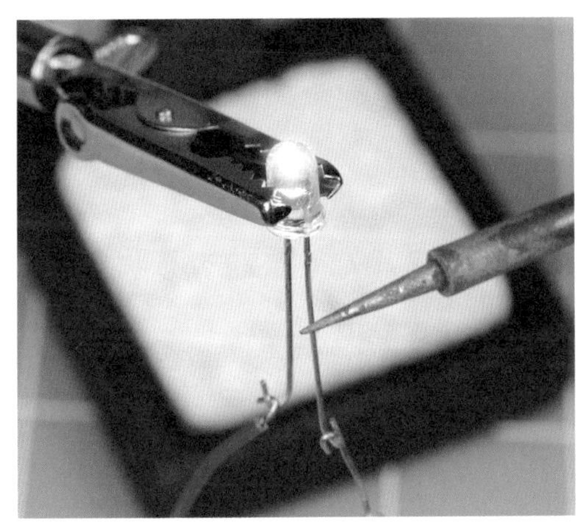

図3-63　15ワットのハンダごてで加熱する。

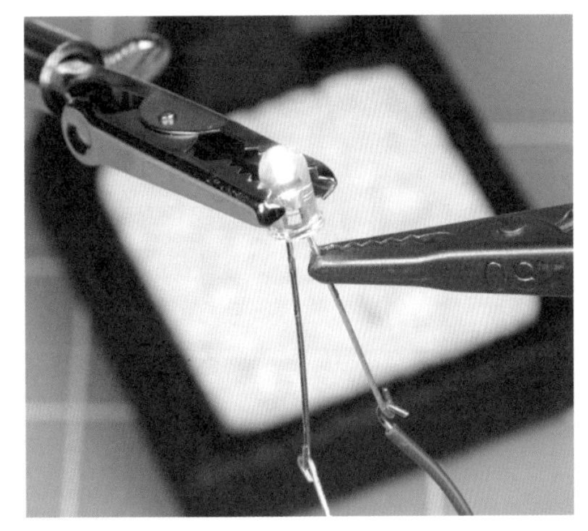

図3-64　LEDを保護するヒートシンクとして銅のワニ口クリップを使う。

あなたはLEDを焼き切ることなく、丸々3分間この接触を続けられることに、賭けてもいい。デリケートなエレクトロニクス作業に15Wハンダごてが推奨される理由が、わかったはずだ。

LEDの足が冷えてから、大きい方のハンダごてを、同じ位置に当てる。ほんの10秒かそこらで、LEDは暗くなり始めるはずだ。（LEDによってはほかより高温でも生き残るものもある。）これが、デリケートなエレクトロニクス作業に30ワットのハンダごてを使わない理由だ。

大きなこては小さなこてに比べて、必ずしも高い温度になるわけではない。単に熱容量が大きいのである。言い換えれば、大きな量の熱を、速く出せる、ということだ。

あなたのLEDは、知識の必要性を満たすための、犠牲となった。名誉ある死であった。ゴミ箱の中に安らかに眠らせよう。そして新しいLEDに交換する。今度はもうちょっと優しく扱う。配線は前回と同じにする。ただし今度は図3-64のように、フルサイズの銅製ワニ口クリップを1個（または小型のものを2個）、LEDの足の本体近くに取り付けよう。30〜40ワットのハンダごてを、このワニ口クリップのすぐ下に押し付ける。今度はLEDを焼き切ることなく、丸2分間も、強力なハンダごてを当てておけるはずだ。

熱はどこに行ったの？

実験の最後に触れてみれば、クリップが熱くなっているのに対し、LEDはそれほどではないのがわかるだろう。熱がハンダごての先から流れ出し、LEDに続く配線へと流れ込むところを想像しよう——ただし今度は、図3-65のように、熱は途中でワニ口クリップに出会う。クリップは満たされるのを待つ空のコンテナのようなものである。熱は銅クリップに流れたがり、LEDを危険に晒さない。

ワニ口クリップはヒートシンクとして働くのだ。銅は熱の良導体であるため、通常のニッケルメッキされたスチールのワニ口クリップよりも、さらによく機能する。

実験の最初のところに戻ると、15WのハンダごてはLEDの破壊に成功しないので、ヒートシンクは不要だった。これは、15Wのこてなら完全に安全、ということだろうか。

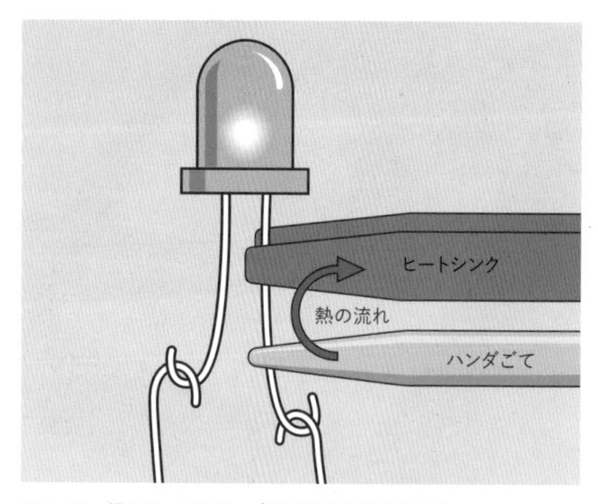

図3-65　銅のワニ口クリップがLEDから熱を逃がす。

まあ、たぶんそうだ。問題は、ある半導体がLEDより熱に敏感かどうかを、本当に知る人は居ない、ということだ。

部品を熱破壊すれば非常に面倒な状況になるので、安全なプレーを心がけ、以下のような場合は、ヒートシンクを使うことをお勧めする：

- 15ワットのこてを半導体の直近に20秒以上当てる場合。
- 30ワットのこてを抵抗やコンデンサから半インチ（1センチちょっと）以内に10秒以上当てる場合。（半導体の近くでは決して使わないこと。）
- 30ワットのこてを溶けやすいものの近くに20秒以上当てる場合。溶けやすいものとは、配線の被覆、プラスチックのコネクタ、スイッチ類の内部のプラスチックの部品などである。

ヒートシンクの原則

- フルサイズの銅のワニ口クリップが優れているが、狭いところには入らない。小型のものも揃えておくのが理想的だ。
- ワニ口クリップは可能な限り部品の近く、ハンダ付け部の遠くを挟むこと。ハンダ付け部は熱くなる必要があるのだ。部品からは熱を逃し、ハンダ付け部からは逃がさないようにするのだ。
- 熱伝導状態をよくするため、ワニ口クリップと足は、金属同士で接触するようにすること。

これらを念頭に置いておけば、二点間配線という魅惑の課題に進むことができる。

実験14：ウエアラブルな「脈動する明かり」

ここまでは、理論や計画をあまりやらずに、いきなり部品を組むことを推奨してきた。それが「発見による学習」の好む道である。しかし時として、計画がどうしても必要、ということがあり、今回がその1つだ。こちらで本プロジェクトの要求を概説し、続いて製作のプロセスを一歩一歩踏んでいく。

必要なもの

- 9ボルト電池と電池スナップ、または9ボルトAC－DCアダプタ
- 配線材、ニッパ、ワイヤストリッパ、マルチメータ
- 15ワットのハンダごて
- 極細の糸ハンダ（φ0.6ミリ程度）
- ユニバーサル基板（銅箔はなくてもよい）
- ヘルピングハンド
- 抵抗器：470Ω（2）、100kΩ（1）、4.7kΩ（2）、470kΩ（2）
- コンデンサ：3.3μF（2）、220μF（1）
- トランジスタ：2N2222（3）
- 汎用LED（1）

再訪・ゆらぎ

回路を思い出すべく図2-116に戻っていただきたい。今度のタスクは、これを可能な限り小型化し、着用できるようにすることだ。

部品同士を、接続を保ったままで組み替えられるように、足をゴム紐で結んであるところを想像していただきたい。ゴム紐の長さを可能な限り短くすると、回路は可能な限り小型化される。これをそのままユニバーサル基板で支えて、部品同士を裸の電線でつなぐのだ。

1つ問題がある。基板の裏の裸線同士は、交差できないのだ。心づもりとしては、回路の機能を確認した後で、プリント基板のエッチングサービスに送りたい。

もちろん、現代的なプリント基板とは（本当の最低限でも）両面基板であり、多くは内側にさらに層があって、たくさんの配線が電気的に接続されることなく交差することができる。しかしながら、シンプルで伝統的なベースから始める、というのは常によいことであり、もっともシンプルな基板とは、片側に部品が、もう一方の側に配線があるというものだ。基板の表にある部品は、裏にある配線をまたぐことができる。基板は絶縁材でできており、両者は分離されているからだ。ただし、裸の配線同士は交差できない。

私がやった、この回路のベストの最小化が図3-66で、0.9×1.3インチ（23×33ミリ）のユニバーサル基板上に乗る。さらに小型化できた方がいれば教えていただきたい。とても見てみたい。アイディアはいくつかあるのだ：

- 小型の抵抗器を使う（1/4ワットではなく1/8ワット）。
- 抵抗器を縦付けにする。
- 2本の足を1つの穴に通す（基板の穴が十分大きければ）。

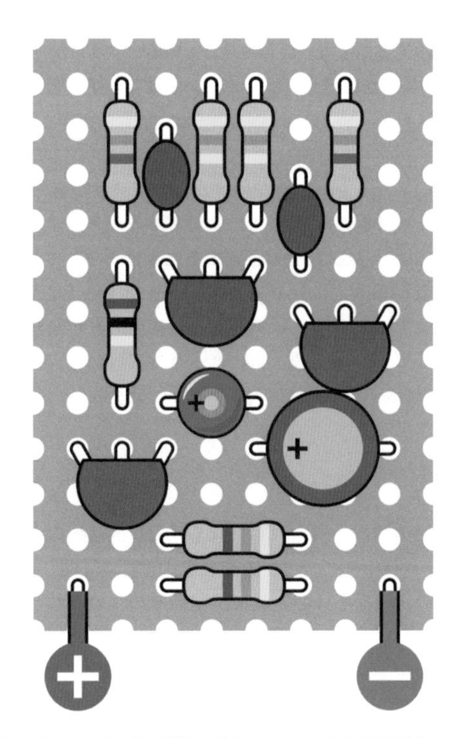

図3-66　ユニバーサル基板で最小スペースに収まるよう縮小した発振回路。

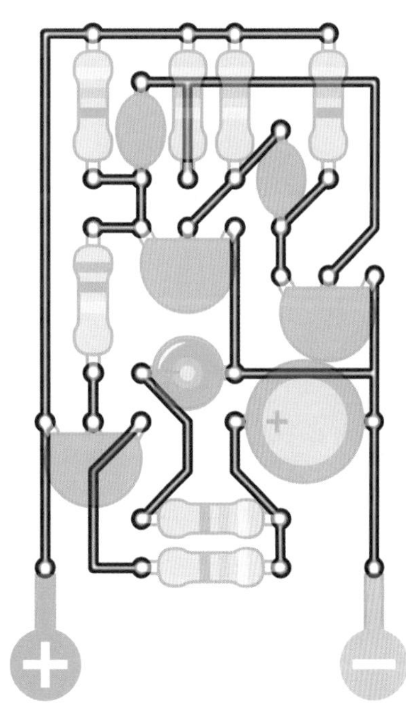

図3-67　黒の配線は基板の裏を通る接続。この図では基板は透明になっている。

部品間の接続はどこにあるのだろうか。基板の裏側だ。図3-67では部品をグレーの半透明に、基板を透明にして、配線が見えるようにしてある。

図2-116の回路図と非常に慎重に比べることで、部品間の接続状態は同一であるということが確認できるはずだ――私がやらかしてない限り。（やってないことを祈る。全部描き直すなんてまっぴらだ。）

図3-68はさらに別のビューで、今度は部品を消して基板を表示することで、0.1インチ間隔のユニバーサル基板の穴に配線がどのように収まるか、見ることができる。

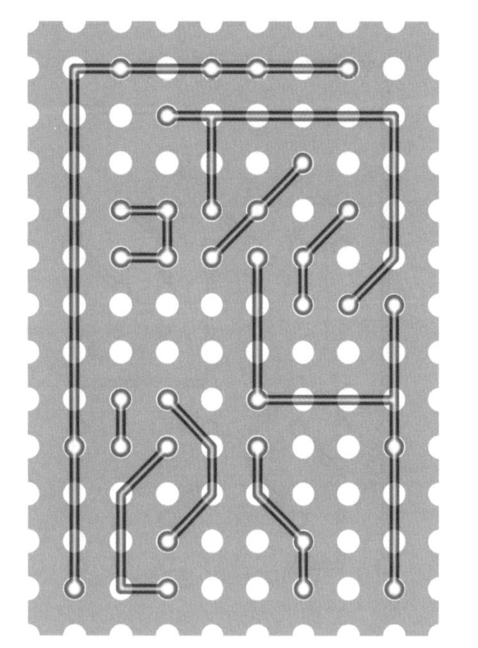

図3-68　このビューでは基板と接続のみを示している。丸いドットはすべて、基板の穴を通る接続を示している。

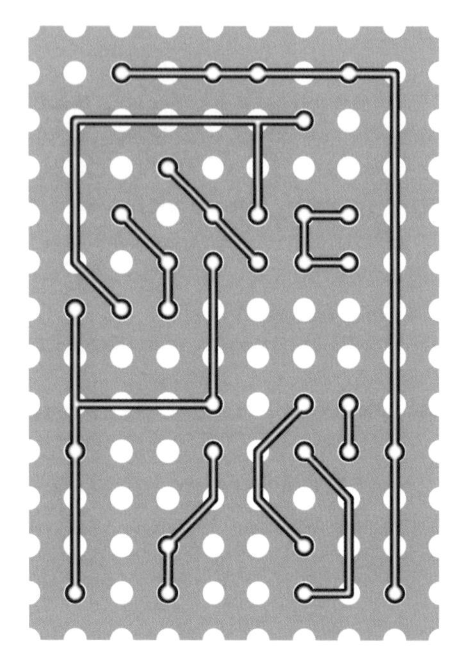

図3-69　前図を裏返し、基板を裏側から見た状態で配線を示している。

最後の図3-69は、基板を横回転で裏返して、裏から見たものである。これは製作時の配線に役立つものである。やってみますよね？

電線、曲げ！　ハンダ、入れ！

本プロジェクトの計画を見てきたわけだが、この接続を全部やっていくのに、どのようなものが想定されているのだろうか。

それほど難しいことはしない。抵抗器、コンデンサ、トランジスタには普通、短くて1/2インチ程度のリード線が付いている。だからこれをユニバーサル基板の穴に差し、互いに接触するよう曲げてやればよい。触れた状態でハンダ付けするのだ。余分な線があれば切り落とし、電池に接続すれば完成だ。

注意すべき問題が3つある。

- 作業中の基板をしっかり保持するには注意力と我慢強さが必要だ。ヘルピングハンドは不可欠であろう。
- 部品とハンダ付け部は非常に近い。熱保護に銅のワニ口クリップを使おう。
- 基板を裏返したり戻したりしていると混乱しがちである。配線を間違うのは簡単だ。私はこれが一番難しいと思う。

穴の周りに丸い銅箔が付いたユニバーサル基板がある。これは本プロジェクトに向いているだろうか。小さな銅箔は部品をしっかり固定する強みはあるものの、近づいた配線同士にショートを起こさせやすい。こうした小さなプロジェクトには銅箔なしの基板の方が楽だと思う。図3-22が一例だ。ユニバーサル基板には穴の大きなものもあるが、これは大きな違いにはならない。

ステップバイステップ

回路の製作手順を示す：ユニバーサル基板の大きなシートから0.9×1.3インチ分を切り出す。（1/10インチ目盛の定規などは必要ない。基板上の穴の行数と列数を数えればよい。）ミニチュアホビーソーで切ることもできるし、注意深くやるなら穴の列に沿って折ることもできる。ハクソーを使ってもよい。良質な木工ノコは使わない方がよい。ユニバーサル基板にはしばしばグラスファイバーが入っており、刃が鈍るからだ。

部品をすべて集めたら、そこから3個か4個取り、ユニバーサル基板の穴を数えて正しい位置を確認しながら差し込んでいく。基板を裏返し、足を曲げることで固定しながら、図3-69のように接続していく。長さの足りないリードがあったら、AWG22番の配線材を切って足してやる必要がある。配線の皮は邪魔なので取り除いておこう。

長すぎる線をニッパで整える。

ハンダづけで接続する。

ここで重要な作業：ハンダ付けをすべて近接型の拡大鏡でチェックし、配線を先の尖ったラジオペンチで動かしてみる。ハンダの足りない不完全な部分があれば、再加熱してハンダを追加する。付いてはいけない箇所がハンダ付けされてしまっているときは、カッターでハンダに2本の平行な切れ目を入れ、間を剥がしてやる。

私は一般的な慣行として、一度に3個か4個の部品だけを扱うようにしている。これより多くなると混乱するからだ。間違った場所にハンダ付けした部品があっても、やり直すのはそれほど難しくはない――間違いを発見した時点ですでに部品を追加してしまっていない限り。

注意：飛んでくるリード線

ニッパの刃先にかかる力は、ワイヤを切断するときがピークで、切った瞬間、これが開放される。この力は、切断された切れ端の高速な運動に変換されることがある。部品の足のリード線には柔らかめの材質のものもあり、これはそれほど危険ではないのだが、トランジスタやLEDには硬い線が使ってあるものだ。小さい切れ端は予想不能な方向に高速で飛んでくることがあり、クローズアップ作業時には、目に現実の危険をもたらす。

余分な線を詰める作業では、普通のメガネでも保護になる。メガネをかけていない方には、プラスチックの安全メガネが本当にお勧めだ。

仕上げ

私はいつも明るい照明を使っている。贅沢だからではない。必要だからだ。もし持ってなければデスクランプを買うことである。高価である必要はない。リサイクル屋でOKだ。

私は抵抗のカラーコードを読み取る信頼性が上がる昼光色スペクトラムのデスクランプを使っている。蛍光灯のデスクランプは、管の内部の蛍光剤が少しでも剥がれると紫外線が出てきかねない、と気付いたときに使うのをやめた。これはランプのすぐ近くで作業する人には危険をもたらす。

視力がどれほどよかったとしても、ハンダ付け部の検査には近接型の拡大鏡が必要だ。一部のハンダ付けがあまりに不完全なことに驚くはずだ。拡大鏡をできるかぎり目に近づけておき、それから基板を取って、検査するハンダ付け部を、ピントが合うまで近くに持ってくる。

最終的には、心臓のように拍動する回路が動作しているはずだ。どうだろうか？　うまく動かないときは、すべての配線をたどり、回路図と比較する。間違いが見つからなければ回路の電源を入れ、マルチメータの黒色リードをマイナス側に固定したまま赤色リードで回路のあちこちをあたり、プラス側の状態を探ろう。この回路では、動作時はすべての部分に何らかの電圧が出るはずだ。死んでいる部分がある場合、ハンダ不良か、付け忘れがあるかもしれない。

ここまでできたら、次はなんだろう。うん。電子工作趣味をちょっとやめて、手芸趣味に走るときだ。完成品を身に付ける方法を考えてみるのである。

まず考慮する必要があるのは電源だ。使った部品の制約から、うまく動かすにはどうしても9ボルトが必要である。9ボルト回路を（でっかい9ボルト電池を使いながら？）身に付けられるようにするには、どうしたらいいだろうか。

思いつく回答が3つほどある：

- 電池をポケットに入れ、細い電線を布に通し、ポケットの外側に発光部を取り付ける。
- 電池を野球帽の中に付け、発光部を前に出す。
- 3ボルトのボタン電池を3個重ね、プラスチッククリップか何かでまとめる。ただ、これがどのくらい持つのかわからない。

ここで注意しておきたいのは、本プロジェクトの2N2222トランジスタは理想ではないということだ。MOSFETとも呼ばれる電界効果トランジスタよりも、おおむね消費電力が大きいのである。とはいうものの、本書にはトランジスタファミリには1種類分のスペースしか割かないと決めていたし、もっとも基本的なのはバイポーラのNPNなのだ。

LEDの選び方について触れておくと、クリアレンズのものは定められた角度の光線を発するようにできており、あまりこのプロジェクトには向いていないかもしれない。拡散型のものの方が望ましい光り方をする。図3-70のように、1/4インチ（6ミリちょっと）以上の厚さの透明アクリル板にLEDを埋め込むと、光をさらに拡散させることができる。アクリルの表面は紙ヤスリ、理想的には研磨パターンが出ないオービタルサンダーで当たる。透明のアクリルを半透明にするのだ。

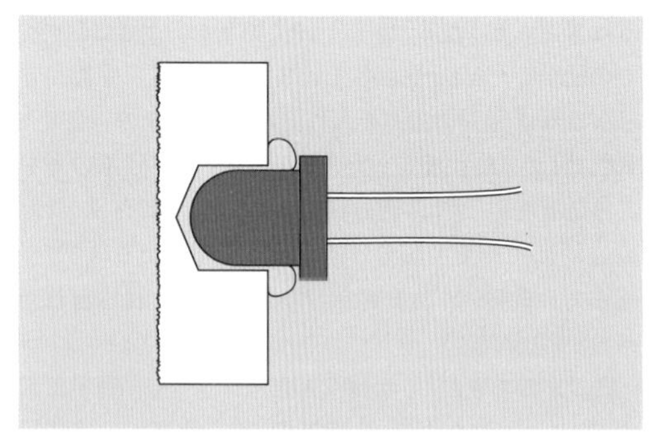

図3-70　この断面図は透明アクリル板に裏からドリルで途中まで穴開けしたところを示している。ドリルビットがうがつ穴は底が円錐状になっていて、LEDは丸みのある輪郭なので、透明エポキシやシリコンコーキングでLEDが取り付けられるのだ。

アクリル板の裏側からLEDよりわずかに大径の穴を掘る。このとき最後まで穴を通してしまわないようにする。バリや削りカスをエアで掃除する。エアコンプレッサがないなら洗う。穴の中が完全に乾いたら、透明シリコンコーキングか透明の5分間エポキシを穴の底に一滴入れる。LEDを挿入し、エポキシが溢れるまでぎゅっと押し込み、タイトに密着させる。

LEDを光らせてみてから、必要であればもう少しサンディングする。ここまでくれば、回路をアクリルの裏に取り付けるか、別の場所から配線を引っ張るか決められるだろう。

抵抗値を変えてやると、発振回路のLEDの点滅を人間の休息時の心臓に近い速度にすることができる。こうするとあなたの脈拍を測っているように見えるかもしれず、特に胸の中央あたりや手首のストラップに取り付けるとそうである。人をかついで遊びたいなら、驚異的な健康体だから激しい運動をしても脈拍が変わらない、などとほのめかしてもいいだろう。

回路を収める見た目のよいエンクロージャを作りたいとき、私は透明エポキシへの埋め込みから、ビクトリア調のロケットを探すことまで考える。まあ、いろいろ考えるのはお任せしよう。これはエレクトロニクスの本であり、クラフトプロジェクトの本ではないのだから。そういえば、クラフト系の問題で1つ言及しておきたいものがある。よい機会なので触れておこう。

背景：単位でおかしくなる

本書ではほとんどの場合、長さの単位としてインチを使っている。ただし「5ミリLED」に言及するときなど、たまにはメートル法に冒険する。この不一致は私の側にあるものではない。エレクトロニクス産業における葛藤を反映したものだ。この業界では、1枚のデータシートにインチとミリが混在するようなことすら、しばしばあるのだ。たとえば表面実装チップの寸法はミリ単位で呼ばれるのが通例だが、スルーホールチップは今でも0.1インチ間隔のピンを持っており、おそらく変わることはない。

さらに事態を複雑にするのは、インチ使用地域においてすら、1インチ以下を表現するシステムが2種類あることだ。たとえばドリルビットは1/64インチの倍数単位になっている。メタルシムは1/1,000インチごとである（0.001インチ、0.002インチなどなど）。さらにさらに混乱させるのは、金属板の厚さがしばしば「ゲージ」単位になっていることで、たとえば16ゲージ鋼板というのは約1/16インチ厚である。

なぜ米国は、はるかに合理的なメートル法に移行しないのであろうか。

まあ、それが本当に合理的かどうか、議論することは可能だ。メートル法が最初に正式に導入された1875年、1メートルは北極からパリを経由して赤道に達する線の一千万分の一の長さと定義された。なぜパリなのか。フランス人がこれを思いついたからである。このとき以来、科学に必要な高い正確性を得ようとする一連の努力の中で、メートルは3回定義し直されている。

10進法の有用性については、たしかに64分の1インチ単位の計算よりも小数点の移動の方がシンプルに違いないが、我々が10ずつ数える唯一の理由は、両手の指の数がたまたまそうなっているためだ。2でも3でも割り切れる12を基数にした方が、はるかに便利である。

まあこれらは非常に仮説的な話である。実際には我々は長さの単位の衝突にスタックしており、だから私は単位同士の変換に役立つ4つの換算表を書いておいた。これを見れば、たとえばφ5ミリのLED用に穴開けする際には、3/16インチのドリルを使えばおおむね正しい、ということが判るようになる。(実のところ、5ミリのドリルで開けた穴よりタイトにフィットする。)

図3-71は1/64インチ単位と1/1,000インチ単位間の変換に役立つ。グレーの列は1/64、ブルーの列は1/32、グリーンの列は1/16、オレンジの列は1/8インチ単位である。慣習的に、より大きな分母の値と一致したときは、そちらを使う。つまり、8/64インチであれば1/8インチと呼ぶ。これだと、どちらの値が大きいかの判断の時にちょっと迷う。たとえば11/32インチと3/8インチはどちらが大きいだろう。表を見て確認してみよう。

データシートではインチの小数を使うことが多いので、第2のグラフ(図3-72)は小数と1/64インチ単位の換算表とした。0.375インチなどの表記はよく見かけるものと思うが、これが3/8インチと同じである、という知識は役に立つと思う。

データシートの多くではミリ単位とインチ単位両方の表記があるが、現在ではミリ単位しか使わないものも出てきた。今もインチ単位で考えているとか、ある部品がユニバーサル基板の1/10インチ間隔の穴にフィットするか知りたい場合には、1/10インチが2.54ミリであることを思い出すとよい。部品が小さいときは、ピン間隔が2.5ミリの倍数になっていれば許容範囲だ。ただし、ピン間隔が25ミリを超えると、25.4ミリ(つまり1インチ)離れた2つの穴にはフィットしない。

図3-73では、ミリメートル、1/100インチ、1/64インチ単位を換算できる。

図3-74は前の図の拡大版で、目盛は1/10ミリと1/1,000インチだ。

米国におけるメートル法の採用の動きには、過去40年間の間にいくらかの進展が見られたが、移行が完了するには、まだ何十年もかかかるだろう。そのあいだ、米国で製造・販売されるパーツやツールを使う人は、両方のシステムに親しんでおく必要がある。避けて通る道はない。

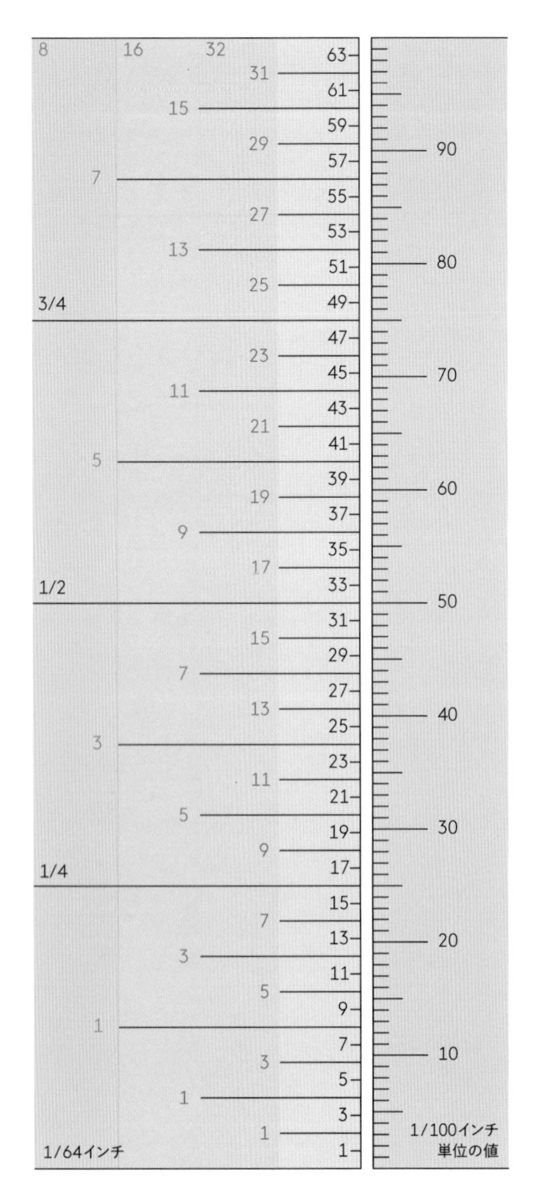

図3-71　1/64インチ単位と1/100インチ単位の換算表。

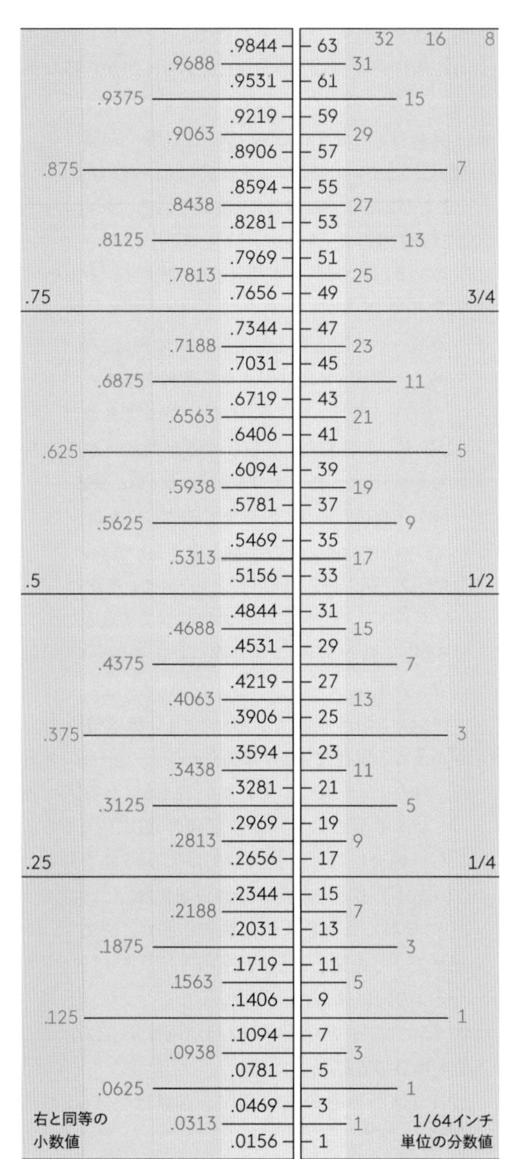

図3-72　インチの小数と1/64インチ単位の換算表。

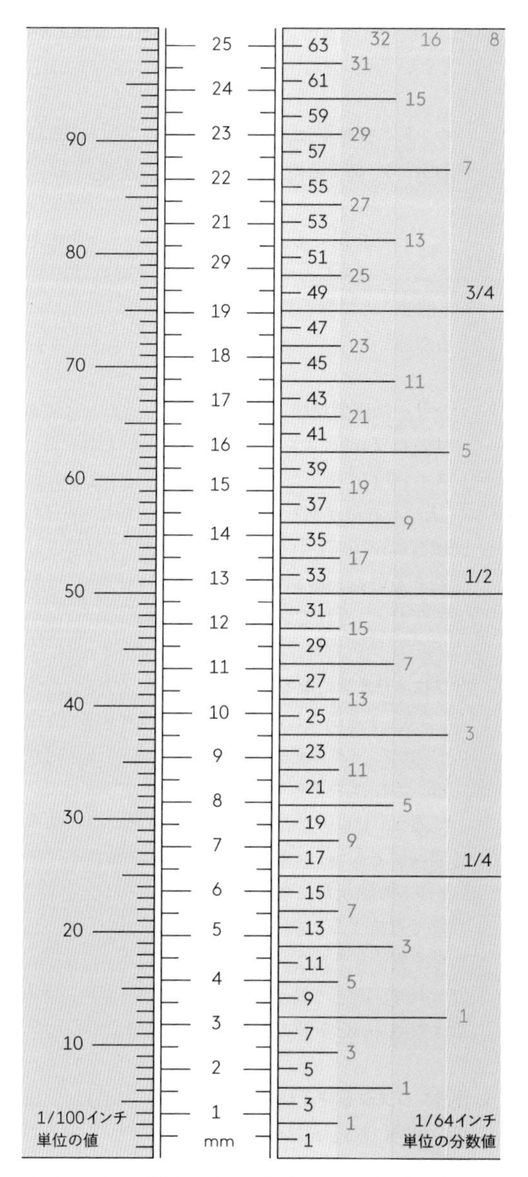

図3-73　インチ単位とメートル単位（ミリメートル）の換算表。

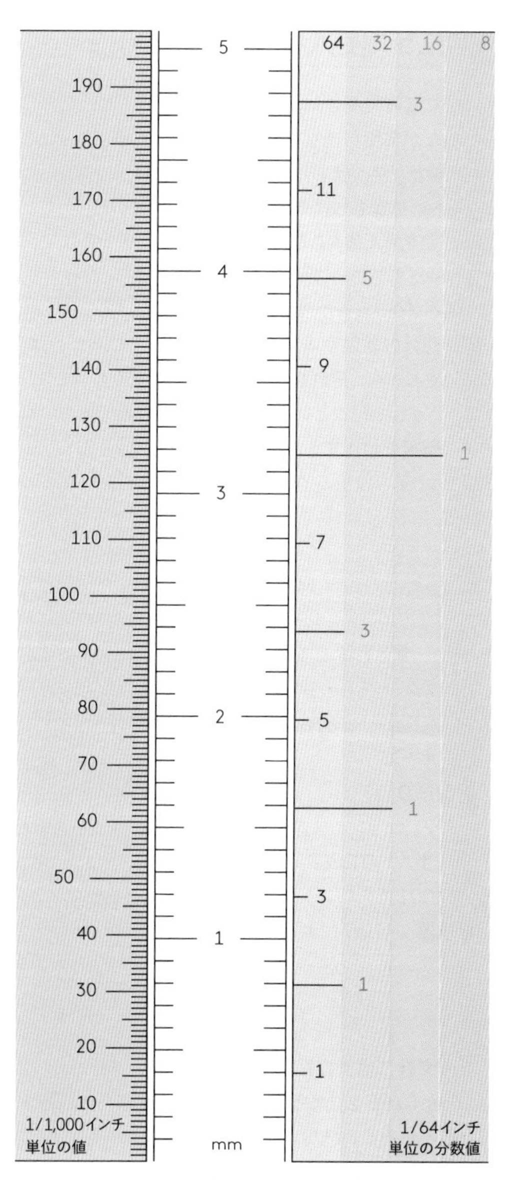

図3-74　1/1,000インチ単位とメートル単位（1/10ミリメートル）の換算表。

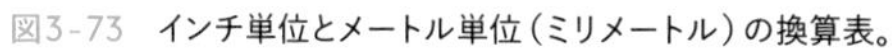

実験15：侵入警報機 パート1

ついにこの時がきた。これまでに得た知識をまとめ、簡易的だが実用可能なコンシューマ製品に適用する、という実験だ。侵入警報機なんか必要だとは思わない、という人もいるかもしれないが、これを作るにはどうすればいいかを考え抜くことは、現実世界で仕事をこなす回路を作り出すプロセスへの、素晴らしい入門になる。

回路をスクラッチからデザインする、という行為が、普通は予想外の問題やエラーへとつながっていることは、警告しておこう。それ以外のことを主張するのはミスリードというものだ。というわけで、以下の手順では、最終的に堅牢で動作するシステムにたどりつくまでに、少なくとも1回の挫折とやり直しに直面することになるのである。

必要なもの

- 9ボルト電池と電池スナップ、または9ボルトAC－DCアダプタ（どちらか選択）
- ブレッドボード、配線材、ニッパ、ワイヤストリッパ、マルチメータ
- 汎用LED（1）
- 2N2222トランジスタ（1）
- DC9ボルトのDPDTリレー（1）
- 1N4001ダイオード
- 抵抗器：470Ω（1）、1kΩ（1）、10kΩ（1）

ウィッシュリスト

この実験は相当に複雑である。つまり、計画が必要だ。しかし計画を立てる前に、自分が何を望んでいるか知る必要がある。「ウィッシュリスト」を書く必要がある、ということだ。プロジェクトを進める中では、ウィッシュリストの各要求が、これまでに実験で触れた部品によって、どのように満たされるかということについても、可視化していきたい。

さて、侵入警報機に必要なものは何だろう。

1. **トリガーシステム：**この機器は、家屋への侵入を検出する必要がある。レーザービームや超音波を使った洗練されたシステムはクールであろう──が、ちょっと難しすぎる。これは最初の試みなので、広く使われている「磁気センサースイッチ」をドアや窓に付けるというやり方に、しがみついておくことにする。

2. **サウンド：**警報機は、識別可能で注意を引き、変動するような、ある種の音を生じるべきである。

3. **いたずら防止型であること：**電線を切って警報機を止めることは誰にもできないべきだ。実際には、いじり回すことで警報機がオンになるようにしたいところだ。

4. **センサーは直列接続：**いたずら防止型のシステムにするには、たくさんの直列接続された常閉センサースイッチに、微小だが絶え間ない電流を流しておく、という方法がある。スイッチが開状態になるか、配線自体が切断されると、電流が止まって警報機が起動するのだ。有線の警報機は、だいたいこの原理でデザインされているのではないだろうか。

5. **オフによりオンになること：**直列のセンサを使う場合、スイッチを開にしたり回路を切ったりすることによる「オフ」イベントが、警報機をオンにする必要がある。これはおそらく双投リレーを使えば実現できるだろう。リレーコイルを流れる電流は2つの接点を開状態で保持し、電流が止まると、その時点でデフォルトの閉状態になる。ただ、リレーは接点を開状態で保持するときに、それなりの電力を取る。私なら警報システムは「レディ」時にごく小さな電流しか流れず、電池で動かせるものがよい。警報システムは家庭のAC電源に頼りきるべきではないのだ。

6. **トランジスタを使えばよい？：**リレーを使わない場合、回路に割込があったとき警報機をオンにするのはトランジスタで可能だろう。回路が切断されるまでは、トランジスタのベースは比較的低い電圧で保持することができる。切断されると電圧が上がり、トランジスタはオンになる。

7. **警報機の起動：**すべてのドアと窓が閉まった時にオンになる、小さなランプが必要だ。これは警報機が使用可能であることを示すものだ。それから1分間のカウントダウンをスタートするボタンを押す。この間に出ていくのだ。1分後、警報機は起動状態になる。

8. **自立型である：** 起動した警報機は簡単には止まらないようにしたい。誰かが窓を開けたなら、すぐに閉めたとしても、警報機は鳴り続けるべきなのだ。トランジスタでリレーをトリガーして、リレーがオンになったら、リレーが自分に電源供給するというのはどうだろうか。それとも、これはトランジスタでできるだろうか。

9. **初期遅延：** 保護エリアに入るたびに即座に警報機が鳴り始めるのは困る。警報機まで行ってオフにできるように、1分間の猶予が欲しい。時間内に無効化できなかったら、うるさく鳴り始めるのも仕方ないだろう。

10. **コードによる無効化：** 警報機をオフにするには、秘密コードのキーパッドというのがいいだろう。

ウィッシュリストの実装

このウィッシュリストは、これまで製作してきたのは3トランジスタの小さな発振器だけ、ということを念頭に置くと、ちょっと野心的すぎると感じるかもしれない。しかし実のところ、機能のほとんどは、そこそこ簡単に実装できる。比較的難しい部分は、本書の後半で、より広い知識ベースが確立できてからやることにする。最後には、リストにあるものすべてを扱えるようになるし、（オプションの警音装置を除き）すべてが1枚のブレッドボードに収まる。

マグネットセンサースイッチ

警報機をトリガーする部品から始めよう。一般的なセンサースイッチは2つのモジュールから成る。すなわち、磁石モジュールとスイッチモジュールだ。図3-75は、これらを横並びにした写真だ。

図3-75　一般的なアラームセンサーは、プラスチックのケースに入った磁石（左下）と、同様のケースに入った磁力動作のリードスイッチ（右上）から成る。

磁石モジュールに入っているのは永久磁石、ただそれだけである。スイッチモジュールにはリードスイッチが入っている。これは磁気で回路を（リレーのように）接続したり切断したりするものだ。

磁石モジュールをドアや窓の動く部分に、スイッチモジュールを枠に取り付けよう。窓やドアを閉めたとき、磁石モジュールとスイッチモジュールが、ほとんど接触するくらいにする。ドアや窓が開かない限り、磁石がスイッチを閉じており、ドアや窓が開くとスイッチも開く。マグネットスイッチのセットの断面図は図3-76を参照されたい。

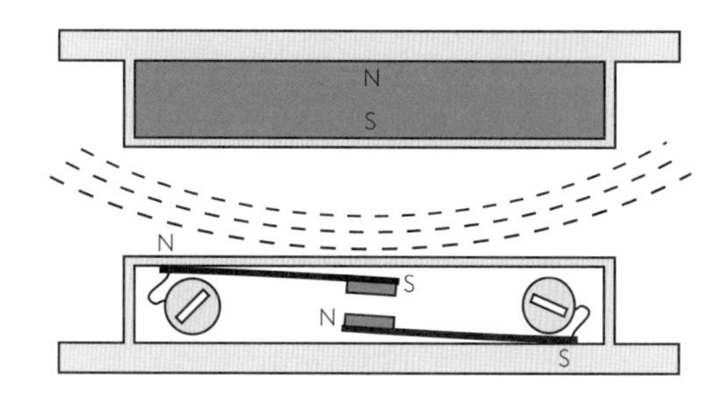

図3-76　この断面図は、警報システム用の一般的なセンサーの2つの部品、すなわちリードスイッチ（下）と、それを作動させるマグネット（上）を示したもの。

スイッチは、柔軟で磁化された2本のストリップの先に接点が付いたものだ。ストリップはそれぞれ、外部で配線が接続できるネジに接続されている。

スイッチに磁石が近づくと、それはストリップを磁化して互いに引き合わせ、その結果接点が閉じる。

このように書けば、リードスイッチが常開（略号NO）であること、磁場によって閉じたままになることがわかるだろう。アラームセンサを買うときは、逆動作（常閉）のリードスイッチも存在するので注意してほしい。常閉（NC）では、磁場により開状態になる。こちらはこのプロジェクトでは使わない。

切れるとつながるトランジスタ回路

さて、警報機の警音装置は、どうやってオンにしたらよいだろうか。われわれは直列に並んだ複数の閉状態のスイッチを持っており、どれかが開になれば、警報機は起動しなければならない。

まずはNPNトランジスタの動作を思い出そう。ベースがあまり正でないとき、トランジスタはコレクタ～エミッタ間の電流を遮断する。ベースが正になれば、トランジスタは電流を通す。

図3-77の回路図を見てみよう。我らが旧友2N2222 NPNトランジスタを中心とした回路だ。テスト用として、アラームセンサを表現する常閉の押しボタンスイッチを入れてある。もちろん、常閉の押しボタンは部品リストにはない。実際にブレッドボード化する準備が整うまでは、想像で補ってほしい。

押しボタンが閉状態にあるとき、これはトランジスタのベースと電源負極を、1kΩ抵抗器を介して接続する。ベースはまた、電源正極とも10kΩの抵抗を通じて接続されている。抵抗値に差があるため、ベース電圧は9ボルトよりは0ボルトに近くなっており、これはトランジスタのオン閾値より低電圧だ。このため、トランジスタはほとんど電流を流さず、LEDは点灯に十分な電圧を得ることがない。

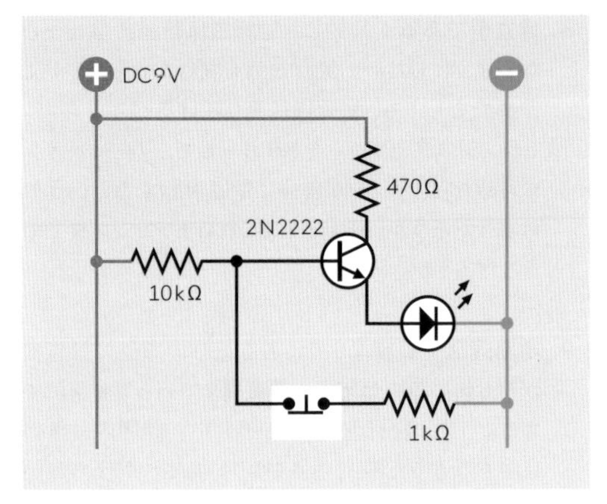

図3-77　常閉の押しボタンが開になるとLEDが点灯するという基本回路。

押しボタンが開になれば何が起きるだろうか。トランジスタのベースは負極への接続を失い、正極電源とのみ接続される。ベースはそれまでよりずっと高い電位となり、トランジスタ本体に「抵抗を下げて電流を通せ」と命令する。こうなればLEDは明るく光る。つまり、押しボタンで接続を切れば、LEDが点灯するのだ。

これは動作するシステムであるように見える。さまざまなドアや窓には多数のセンサーが必要だが、これはOKだ。なぜなら直列に、いくらでも接続できるからだ。この様子はセンサを押しボタンで置き換えて図3-78に示してある。この配線の総抵抗は抵抗器の10kΩより低いので、家中に張り巡らせることができる。

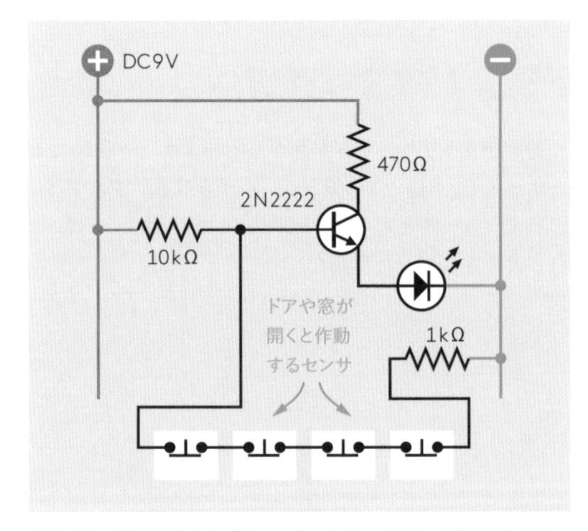

図3-78　直列接続のセンサー・ネットワークでは、どれか1つのセンサが導通を切るだけでトランジスタをトリガーできる。

すべてのセンサが閉状態にあるとき、トランジスタは非常に小さな電流（おそらく1ミリアンペア程度）しか流さない。開発用およびデモ用には、9ボルト電池で動作させればよい。実際の使用には、自動充電システムで維持される、12ボルトのアラームバッテリーが絶対に欲しいところである。これは本書の範囲を超えるのだが、アラームバッテリーとチャージャーの組み合わせは、欲しければ手に入るものである、ということを知っておくとよい。

さて、図3-79のようにLEDをリレーに置き換えることを考えてみよう。（ここでは双極リレーを示している。2本目の極は、ただちには使わない。）すべての押しボタンが閉状態のままであるあいだ、トランジスタのベースは比較的低い電位に保たれ、このためトランジスタはリレーコイルに電源供給せず、リレーの接点は図示された状態のままにある。

センサのどれかが開状態になると、高まったベース電圧はトランジスタを通電させ、リレーコイルに電流が流れ、これが警報機を起動する（図3-80）。（リレーをこのモードで使うのは構わない。リレーは「常にオン」ではないからだ。通常時はオフで、警報機が起動したときのみ電気を使う。）回路から470Ωの抵抗器を外したことに注意してほしい。これはリレーが電源からの保護を必要としないためだ。

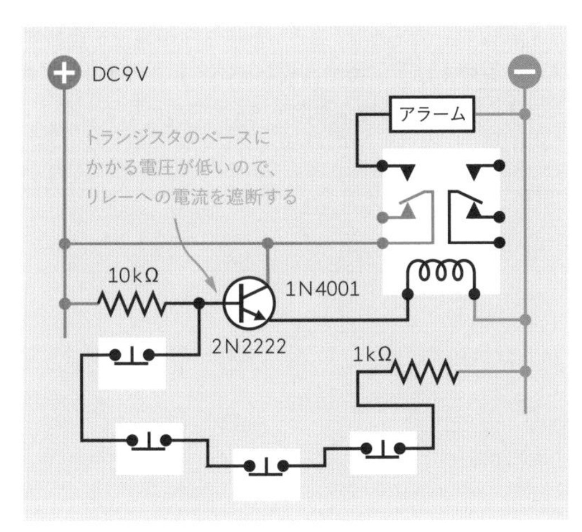

図3-79　この回路では、センサーネットワークのどのスイッチが開になってもリレーが作動する。

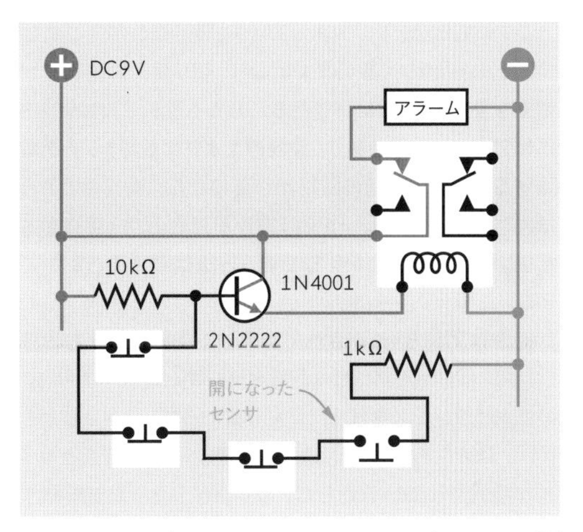

図3-80　この回路では、センサーネットワークのどのスイッチが開になってもリレーが作動する。

この回路は、実験7（54ページ「実験7：リレーの探索」参照）のリレーを使うことで、あなたにも自作できる。とはいえ、もうちょっと開発が進むまで待つべきかもしれない。

なぜなら、考えるべきことがいくつかあるからだ：

- リレーはトランジスタを過負荷にしないだろうか。これについては、両者のデータシートを見れば答えが書いてある。
- トランジスタは「オン」のときでも小さな電圧降下をもたらす。この電圧は依然9ボルトリレーを起動できるだろうか。リレーのデータシートには、コイルの最低動作電圧が書いてあるはずだ。テストして確認するとよい。

セルフロッキングリレー

ここまで開発してきた回路は、どのセンサが開になっても警報機が起動する、というものだ。これはよい。しかし、センサが閉状態に戻ったら、どうなるだろうか。トランジスタのベースにふたたび低い電圧が掛かると、警報機はオフになるのだ。これはよくない。

ウィッシュリストの#8には、警報機が自立型であることが書いてある。誰かがドアや窓を開けた後すばやく閉めても、アラームを鳴らし続けなければならないのだ。ということは、リレーはどうにかして、自分をオン状態でロックしなければならない。

1つの方法は、ラッチングリレーを使うことだ。これは開閉どちらかの状態のままになり、切り替えの時にしか電気を使わないリレーである。しかしラッチングリレーには2つのコイルがあり、警報機をオフにしてラッチを解除するために、追加の回路が必要になる。本当のところは、ノンラッチのリレーを使う方が簡単だし、一度作動したリレーを永久にオンにしておく方法は考えることができる。

秘密は図3-81に示されている。この図の一番右の押しボタンは、一度開になったあと再び閉じられており、このためトランジスタはオフに切り替わっている——しかしリレーはオンのままだ。追加の配線により、接点とコイルが接続されているからだ。リレーがアラームを起動するとき、それは自分自身をも起動するのだ。

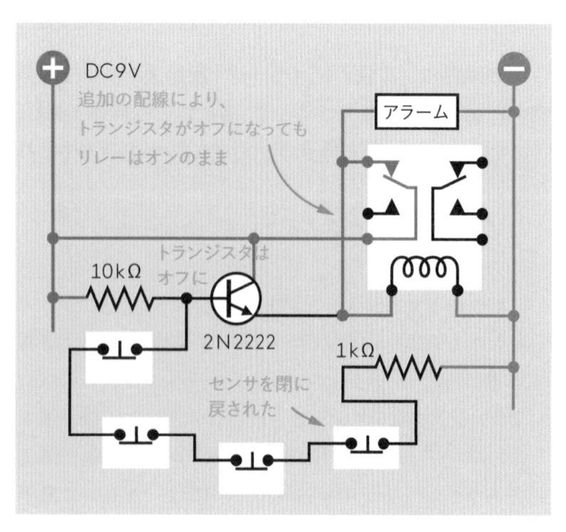

図3-81　センサは再び閉になった。トランジスタは動作をやめているが警報機はオン状態でロックされている。

図3-82は、電流がたどりうる経路を示すことで、この考え方を明瞭にしたものだ。リレーの接点が閉じている限り、リレーコイルは自らの接点を介して動作する。これにより、リレーは自分をオンにし続ける。

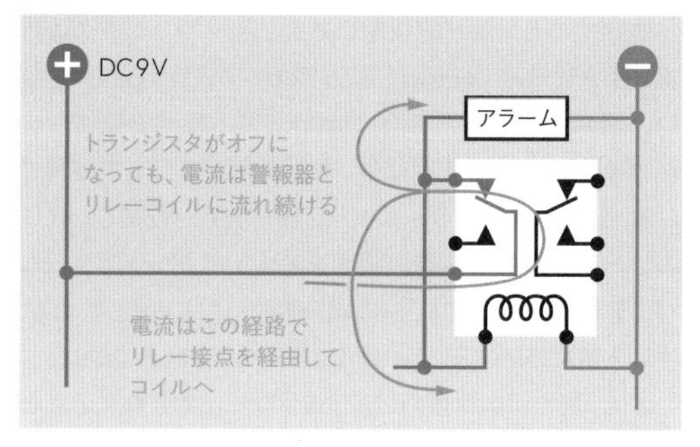

図3-82　前の回路図のクローズアップ。リレーが自分をオンにし続ける仕組みを示している。

有害電圧の遮断

これは有望そうなのだが、問題はある。図3-81の図が、完全に正確なものではないからだ。図3-83を見てほしい。この上図も、回路の関連部分のクローズアップだ。警報機が自分をオンにロックした状態でトランジスタがオフになると、電流はリレーコイルからトランジスタのエミッタに逆流しそうである。この部分の配線は赤で示してあるが、それは相対的に正になっているからだ。

トランジスタに逆方向の電力をかけるのは、よいことではない。破損の原因になるのだ。これについてはどうすればいいだろうか。こうした逆方向の電流を遮断するものを使えばよいのではないだろうか。つまり、整流ダイオードだ。この様子を図3-83の下図に示す。

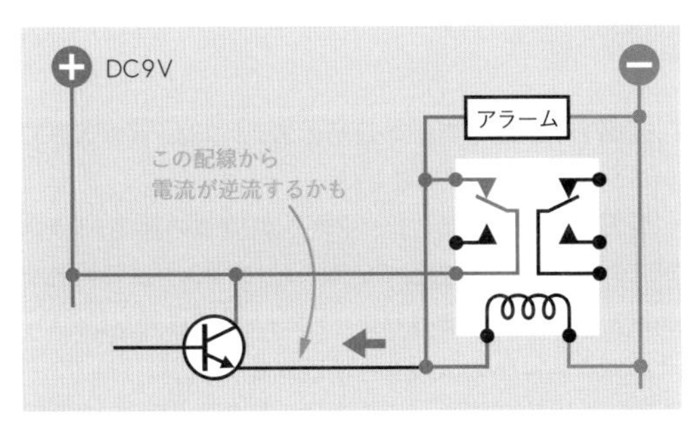

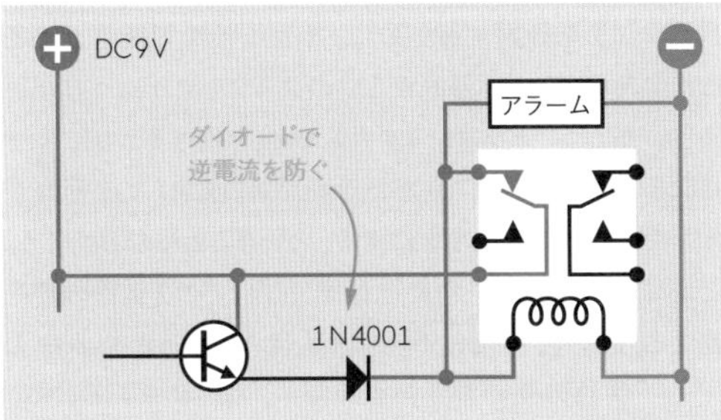

図3-83　アラームが自分をオンにロックし、トランジスタがオフになったとき、電流がトランジスタに戻るのを防ぐには、ダイオードを追加すればよい。

ダイオードを含んだ新しい回路の全体図を図3-84に示す。

ところで、ダイオードとは本当のところ何なのだろうか。発光ダイオード（LED）と同じものだろうか。イエスでありノーでもある。

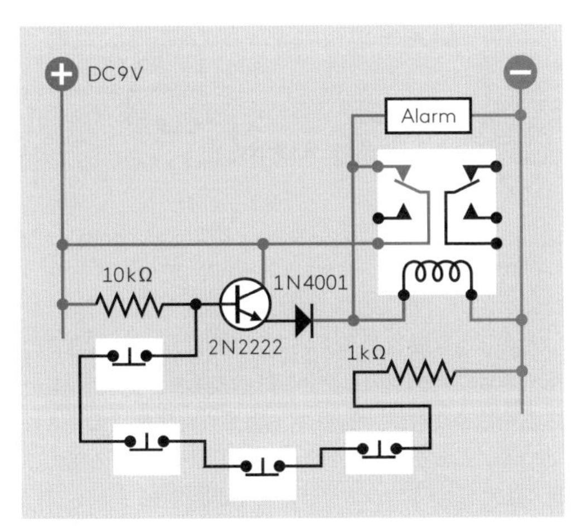

図3-84　センサは再び閉になった。トランジスタは動作をやめているが警報機はオン状態でロックされている。

基礎：ダイオードのすべて

ダイオードは、ごく初期のタイプの半導体だ。電気を1方向には通すが、逆方向には通さない。より新しい従兄弟であるLEDと同様に、ダイオードは逆電圧や過剰な電力により壊れるものではあるが、多くのダイオードは、LEDよりはずっと耐久性が高い。実際、これらはメーカーが定めた限界まで、逆電圧を遮断するように作られている。

ダイオードの正電圧を止める側の端には、図3-25のように、かならず帯状の印が付いている。この印のついた側をカソード（陰極）という。反対側はアノード（陽極）といい、こちらには何の印も付いていない。ダイオードはロジック回路で有用なことがあるし、交流（AC）を直流（DC）に変換することもできる。ダイオードの強さが十分でなく、その遮断しようとする電流に耐えられないときは、ただ大きなダイオードに替えればよい。さまざまなサイズが販売されているのだ。

ダイオードを定格より下で使うのはよい習慣だ。半導体はどれもそうだが、使い方を間違えるとオーバーヒートして焼き切れてしまうことがある。

ダイオードの回路図記号はLEDのそれによく似ているが、丸と矢印がない。図3-85に3種類のバリエーションを示す。

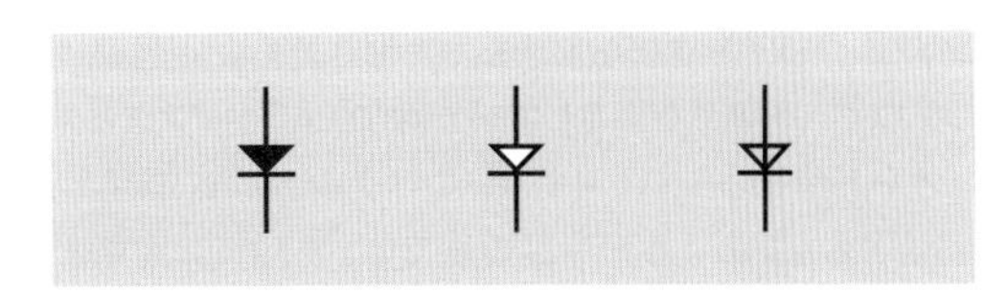

図3-85　ダイオードを示す回路図記号3種。機能的にはすべて同一のものである。

問題は別の問題を生む

前節では、リレーをオンにし続けるにはどうすればよいか、という問題を解決する必要があった。配線を追加することでこの問題を解決してみると、追加した配線が新しい問題、電流がトランジスタに逆流するかもしれない、を生み出した。ダイオードを追加することにより、こちらの問題を解決すると、さらにもう1つの問題が生み出された。

トランジスタが提供するサービスには料金を支払う必要があるのと同様に、ダイオードが提供するサービスにも料金を支払う必要がある。実のところ、両者はともに半導体であるため、料金はよく似たものとなっている。電圧降下をともなうのだ。

リレーがオフであるとき、電流がこれをオンにするためには、まずトランジスタを、次にダイオードを通る必要がある。リレーはオンになれば自分をオンにし続けるが、これには問題はない。しかし、トランジスタが0.7ボルト程度、さらにダイオードが0.7ボルト程度のペナルティを課せば、合計は1.4ボルト程度になる。このペナルティは電源電圧にかかわらず一定だ。

9ボルトリレーは、7.6ボルトでも高信頼で動作するはずだ。手元のオムロンのデータシートによれば、G5V-2シリーズ（推奨したもの）は、電源電圧の75%を必要とするとされるが、これは6.75ボルト程度である。これなら誤差範囲として妥当であるように思う。

しかし、別のリレーに交換したらどうなるだろうか。ほかよりも低スペックの製品も存在するのだ。または、回路の電源に電池を使っているとき、電圧が9ボルトより下がれば？　設計者は常に予想外のことを予想する必要があり、原則的に、部品はできるだけ定格付近で使うべきである。

この回路が本書の初版に出たとき、幾人かの読者が、電圧低下の問題について手紙をくれた。（はい、私は読者のフィードバックに注意を払っておりますよ。）当時はDC12ボルト電源を指定していたので、トランジスタとダイオードがもたらす1.4ボルトのペナルティは、許容範囲に思えた。ところが今度の版では、すべての実験がDC9ボルト電源で動作するようにすることを決めた。お好みならばACアダプタを買わずに、9ボルト電池で済ませられるようにしたのだ。ところが困ったことに、9ボルトから1.4ボルト落とすことは、許容範囲ではないのだ。

これは、決断が結果を導く様子がよくわかる例だ。DC9ボルト電源を使うからには、リレーが自分をロックするために、もっとよい方法が必要そうである。

問題の解決

問題を解決するための最初のステップは、何が起きているかを明確に捉えることだ。

警報機を制御するというタスクは、2つの部品、トランジスタとリレーが分担している。トランジスタは警報機を起動する。それが終われば、トランジスタは何もしない。それがオフになると、リレーは自分をオン状態にロックするというタスクを担う。このシステムの弱点は、2つの部品がタスクを分担するために、相互干渉の可能性があることにある。1つの部品が1つのタスクをまかなう方が望ましいだろう。トランジスタが制御役を続けるようにすべきなのだ。トランジスタが自分をオンのままにし、それがオンの間はリレーをオンにする、ということになるだろう。

おお——直し方がわかったぞ。リレーの2番目の極を使えばいいだけだ（リレーは実験7で使ったものなのだ）。2番目の極の常閉接点を使い、センサーチェーンの接地部を、図3-86のようにするのである。

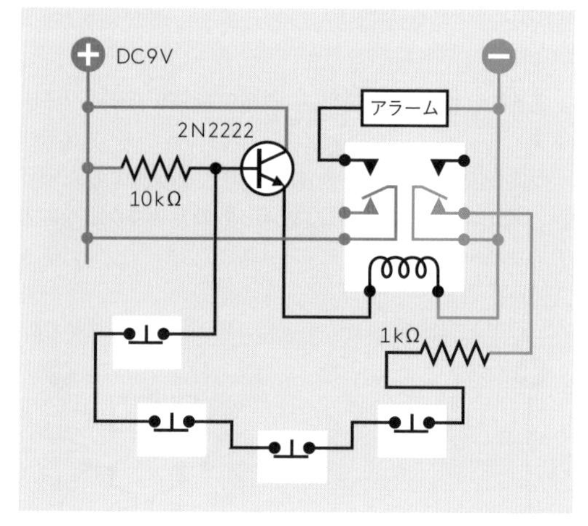

図3-86　センサーチェーンはこれによりリレー右側の常閉接点を通じて接地される。

どのような動作か見ていこう：今回、トランジスタのベースは、すべてのセンサ、1kΩの抵抗、そしてリレーの右側接点（常閉）を通じて、電源の負極側に接続されている。このチェーンが切られない限り、ベース電位は低く保たれ、トランジスタは電流を遮断する。

ここで誰かがセンサーを開にしたとしよう。ベースが接地されなくなるので、トランジスタはオンになり、リレーを駆動する。リレーが左側の接点を閉じると、警報機が起動する。そしてリレーは同時に、右側の接点を開く。

センサを開いた誰かが、また閉じ直したとしよう。もはや何も変わらない。なぜなら、リレーの右側接点が開いており、これが電源負極への接続を遮断しているからだ。トランジスタは電流を流し続け、リレーは駆動状態のままだ。これを図3-87に示す。

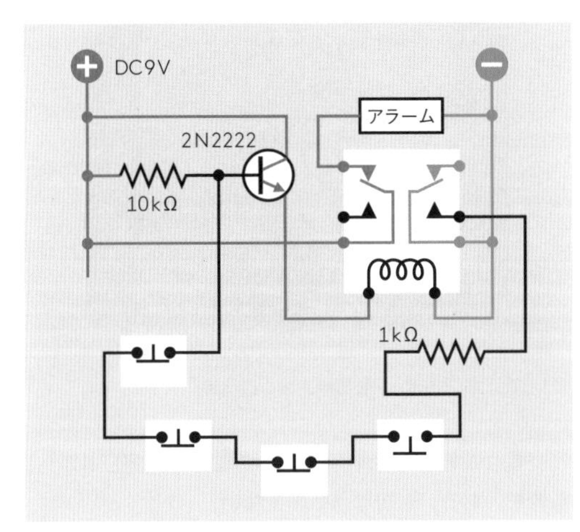

図3-87　センサが開いたのでトランジスタが作動する。その後センサが閉じても作動したままだ。これで問題は解決だ。

保護ダイオード

上図を見ると、回路からは保護ダイオードが除去されている。しかし図3-88（これが最終バージョンだと約束しよう。少なくとも今のところは。）を見れば、ダイオードが見事に戻ってきているのに気付くだろう――何かまったく別のことをしているように見えるが。ダイオードは、今度はリレーコイルと並列に接続されているのだ。こんなところで、いったい何をしてるんだ？

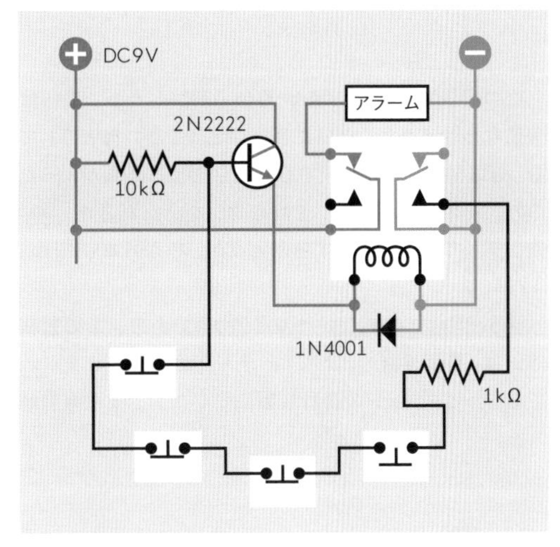

図3-88　ダイオードが戻ってきた。今度は保護ダイオードとして働いている。

コイルについては、本書のだいぶ後の方で書く。今のところいえるのは、コイルに電源をつなぐとエネルギーを蓄え、電源を外すと、そのエネルギーを解放する、ということだ。エネルギーの解放は電流のサージ（急増）をもたらし、これがある種の部品を、特に半導体を、危険にさらす。

このため、リレーコイルを挟んで保護ダイオードを入れるのは、標準的な方法となっている。ダイオードは、通常動作時の電流を流さない方向に取り付けられているので、このときの電流は、すべてコイルに流れる。望み通りの動作だ。そして電流が止まり、コイルがエネルギーを放出する段になると、そこにダイオードが立っていて、「こっち向きならすごく低い抵抗になってるよ。ほかの部品にがんばらせずに、ぼくを通して流すといいよ」と言うのだ。

そして起きることは、まさにその通りのことである。

小型コイルのリレーを使う場合、あまり多くの電流は流れないので、この保護ダイオードはなくてもよい。とはいえ、これがよい習慣であることは確かだし、いつも使うようにすべきである。

ブレッドボードのお時間

この実験ではずいぶんいろいろ解説したが、これは普通ならやろうとしないことだった。ここではどうしても、回路をいちから開発する方法を見せる必要があったのだ。それでは最後に、これを作っていただきたい——作らずして本当に動作するかどうか、わからないでしょう?

図3-89はブレッドボードレイアウトである。この警報機には、警音装置の代わりに、デモ用としてLEDを入れてある。オプションの警音装置については、すぐ後で触れる。

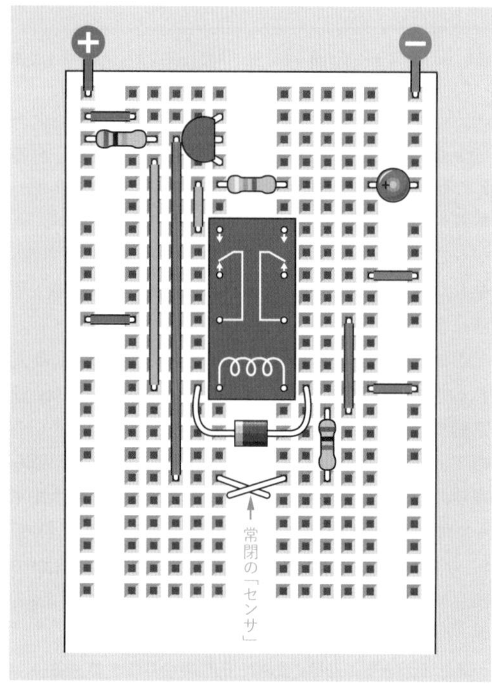

図3-89　ブレッドボード警報機回路。最終版。

図3-90はこのブレッドボード回路の透視図だ。

ブレッドボード上でアラームセンサー群をシミュレートするために、常閉の押しボタンを使う必要があった。しかし部品コストは最小限にしたいし、実際にこの警報機回路を使いたいのであれば、押しボタンスイッチではなく、マグネットセンサが欲しいところだ。そういうわけで、プッシュボタンはやめて、2本の電線を常閉になるように差してある。テストするにはこれで十分だ。この電線を「センサーワイヤ」と呼ぶことにする。リレーの下で交差しているのがわかると思う。

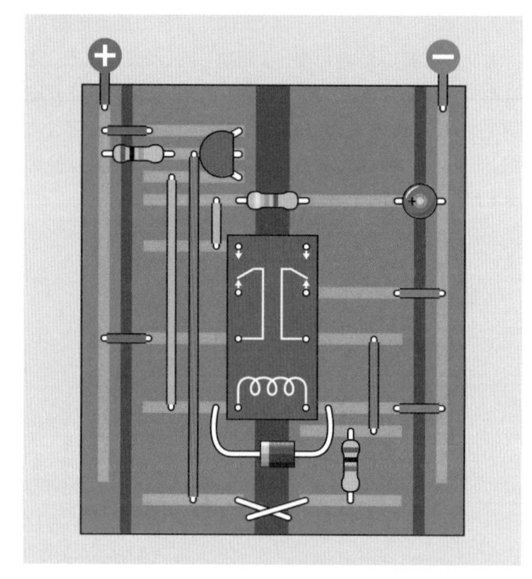

図3-90　ブレッドボード警報機回路の透視図。

交差した電線が触れ合っていることを確認してから、電源を入れる。最初は何も起きない。

それではセンサーワイヤを離してみよう。LEDがオンになり、警報機がトリガーされたことを示す。本回路の次バージョンを作った暁には、警音装置が鳴り響いている状況である。

では、侵入者が窓を開け、警報を聞いたあと、またすばやく窓を閉めた、という状況を再現すべく、センサーワイヤを再接続してみよう。回路の配線が正しければ、LEDはオンのままのはずだ。

ここまでは順調だ。機能する回路を得た。警報機は自分をオン状態でロックしている。

でもこの場合——どうやって止めたらいいんだろうか。

問題ない。電源を外せばよい。リレーは開放になり、デフォルト位置に戻るので、次に電源を入れたときは、再度スタンバイモードになっている。最終的に完成させるプロジェクトのバージョンでは、警報機の解除にキーパッドで秘密のコードを入れるようにする。実験21では、パスコード保護されたシステムを作る方法をお見せする。ロジックチップを使う必要があるが、それはこれから解説する。

サウンドの追加

警報音については、実験11の発振回路とスピーカーが使える。しかし実のところ、もっとよい方法がある。555タイマーという小さな集積回路チップが、これをもっとうまくやってくれるのだ――そしてたまたまだが、次の話題は、このチップについてのものなのだ（実験16）。

555タイマーはウィッシュリストの7番と9番も満たす。警報機が起動するときに遅延が必要、というものだ。そんなわけで、本警報機プロジェクトはここで保留にして、実験18で完成させるものとする。

参照：保存版まとめ

まだ終わっていない警報機プロジェクトだが、ここでは重要なことがいくつも提起されている。後から参照できるように、ここにまとめておく。

- トランジスタは、低入力に高出力で応答する場合にも、その逆にも使える。
- リレーをオン状態でロックするには、コイルに電流を流すだけでよい。
- ダイオードは、望まない場所に向かう電流を止めることができる。
- ダイオードに順方向の電流が流れるとき、電圧は約0.7ボルト降下する。
- トランジスタにも約0.7ボルトの電圧降下がある。
- 半導体による電圧降下量は、電源電圧に関わらず一定である。つまり、電源電圧が低いほど、この降下の影響は大きい。
- リレーコイルはオフにした際に、逆起電力（逆方向電流のパルス）を発生する。
- コイルと並列に保護ダイオードを入れると、逆起電力を抑制できる。ダイオードの方向は、通常の電流を遮断し、コイルが生成した逆方向パルス電流を通す向きに入れる。

チップス・アホイ!

Chips, Ahoy!

4

集積回路チップ（integrated circuit：IC。単にチップとも呼ぶ）の、めくるめく世界に飛び込む前に、私から懺悔しなければならないことがある。これまでの実験でやらせたことの一部は、チップを使えば、もう少しシンプルに作ることができたのだ。

つまりあなたは時間を無駄にしたということになる……だろうか？　まったく違う！　トランジスタやダイオードといった個別部品を使って回路を作ることで、エレクトロニクスの原理について、可能な限り最大限の理解が得られるということを、私は確信しているのだ。とはいうものの、何ダース、何百、何千、何万ものトランジスタ接合を内蔵したチップを使えば、さまざまなショートカットが可能になることも、これから明らかになっていく。

チップで遊ぶことに、不思議な中毒性があることにも気付くかもしれない――まあ、図4-1のキャラクターほど興奮するようにはならないかもしれないが。

これまで推奨してきたものに加え、実験16から24では、以下のツール、機器、部品、消耗品を使う。

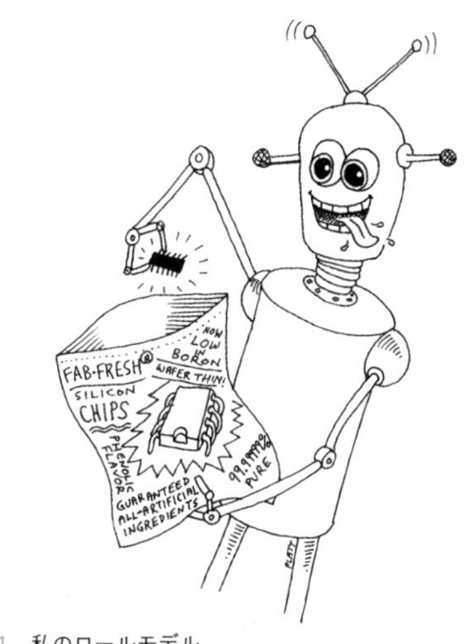

図4-1　私のロールモデル。

4章で必要なもの

チップと関連して新しく考慮にいれるべきツールはただ1つ、ロジックプローブだ。これはチップの1本のピンに対して、その電圧がハイかローかを教えてくれて、回路の動きを判断する助けになる。ロジックプローブにはメモリ機能があり、目に見えないほど素早いパルスにも反応し、LEDを点灯してくれる。

読者には不賛成の方もいるかもしれないが、ロジックプローブは「必須」ではなく「任意」とする。オンラインで検索して、一番安いものを買おう。特に推奨するブランドはない。

部品

これまでと同じく、必要部品のキットについては、299ページ「キット」を参照のこと。オンラインの店で自力購入したい方は、306ページ「部品」を参照のこと。消耗品については、305ページ「消耗品」を参照。

基礎：チップの選び方

図4-2に、2つの集積回路チップを示す。上は伝統的なスルーホール設計のチップで、ブレッドボードやユニバーサル基板の穴にフィットする、1/10インチ間隔のピンを持つ。本書ではこちらのタイプのチップだけを使う。取り扱いしやすいからだ。小型のチップの方は表面実装デザインのもので、ブレッドボードやユニバーサル基板では使いにくいので、本書では使わない。

多くのスルーホールチップと表面実装チップは機能的には同一だ。違いは大きさのみである（ただし一部の表面実装品は、低電圧版になっている）。

チップの本体はパッケージと呼ばれ、普通プラスチック製である。伝統的なチップはデュアル・インライン・パッケージで、これは2本（デュアル）のピン列を持つ、という意味だ。パッケージの略号はDIPまたは（プラスチック製のものなら）PDIPである。

図4-2　スルーホールチップ（上）と表面実装チップ（下）。

表面実装パッケージはSOIC（small-outline integrated circuit：小型アウトライン集積回路）のようにSで始まる略号になっていることが多い。表面実装チップにはさまざまなバリエーションがあり、これらはピン間隔その他の仕様が異なっている。どれも本書の範囲を超えるが、自分用に買うときは、間違ったものを選ばないように注意しよう。

パッケージの内部には、回路がエッチングされた、小さなシリコンウェハーがある。「チップ」という用語はここからくる。とはいえ、現在では部品全体をチップと呼ぶのが普通だし、ここではこの慣行に従う。パッケージの中では極細の電線が、左右に並ぶピンと回路の間をつないでいる。

図4-2のチップはピンを左右の列に7本ずつ、合計14本持つ。チップによってピン数は4、6、8、16本、またはそれ以上のものもある。

チップのほぼすべてには、パーツナンバーがプリントされている。写真のチップは見た目が非常に異なっているが、両者ともパーツナンバーに「74」があることに注目してほしい。これは両者がともに、数十年前の発売当時に7400から始まるパーツナンバーを割り当てられた、ロジックチップファミリーのメンバーであるためだ。しばしば74xxファミリーと呼ばれるもので、これからたくさん使っていく。

図4-3を見てほしい。最初にある文字は製造者を示す（我々の使い方だとまったく違いが出ないので無視できる）。（なぜ「SN」がTexas Instrumentsを表すか疑問かもしれないが、これは同社が昔、チップを「semiconductor networks：半導体ネットワーク」と呼んでいたからだ。）

「74」のところまでスキップしよう。74の後に文字が続いているが、これは重要だ。7400ファミリーは多くの世代にわたって進化してきており、「74」の後ろに挿入された文字で、チップの世代を示している。こうした世代の例としては、74L、74LS、74C、74HC、74AHCなどがある。さらにほかにもある。

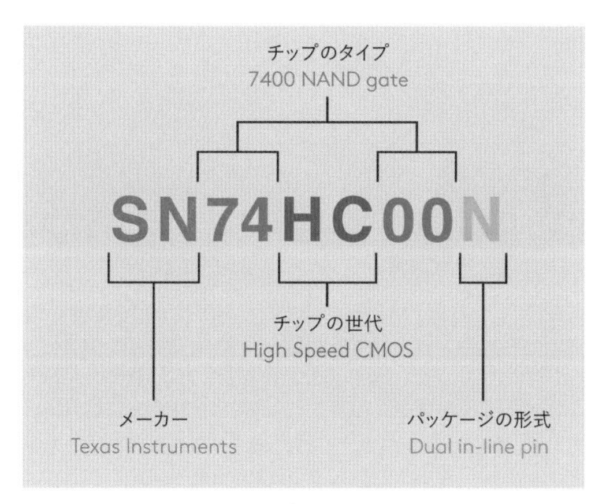

図4-3　74xxファミリーのチップのパーツナンバー解読法。

一般的に言えば、後の世代になるほど高速で融通がきくようになっている。本書では、7400ファミリーについて、HC世代のみを使う。この世代には、7400シリーズのほぼすべてのチップが存在し、コストはほどほどで、電気もあまり使わないからだ。われわれの用途では、後の世代がもたらす高速性はどうでもよい。まあ、お好みであればHCT世代を使うのは構わない。

世代を示す文字に続くのは、2、3、4桁、または（たまに）5桁の数字だ。これは、そのチップの機能を示す。数字の後にも、1文字か2文字、またはそれ以上の文字が続く。われわれの用途では、この末尾の文字たちは重要ではない。

図4-2に戻ろう。DIPチップのパーツナンバーM74HC00B1は、これがSTMicroelectronics製の74xxファミリー、HC世代で、数字00で示される機能を持ったチップであることを教えてくれる。

ここまでながなが説明したのは、あなたがチップを買うときに、カタログの記述を読めるようにするためだ。あなたは「74HC00」などのような語で検索すればよい。オンラインベンダーの検索エンジンは、ほとんどの場合十分に利口であり、前後にさまざまな文字のついた、さまざまな製造者による適切なチップを表示してくれるだろう。

ブレッドボードに合うものであることは確認すること。検索結果をDIP、PDIP、スルーホール型などで絞り込めばよい。パーツナンバーの先頭がSS、SO、TSSの場合は、確実に表面実装型なので、買わないこと。検索とショッピングについては、299ページ「オンラインでの検索と購入」に詳細があるので参照されたい。

本章の実験で必要なチップについては、すべて図6-7にリストアップした。ほかにも必要な部品がいくつかあるので、ここに列挙する。

任意：ICソケット

ハンダを使い、回路を不死身にするつもりがあるとき、チップを直接ハンダ付けすることはお勧めしない。配線を間違えたり、チップを壊したりしたときに、たくさんのピンのハンダを外して交換しなければならないからだ。これは非常に難しい。こうした問題を避けるには、DIPソケットを買って、ソケットを基板にハンダ付けし、チップはソケットに差すことだ。一番安いソケットでよい（我々の場合金メッキなどは要らない）。8ピン、14ピン、16ピンのソケットが必要だ。数量：各5個以上。図4-4に2つのソケットを示す。

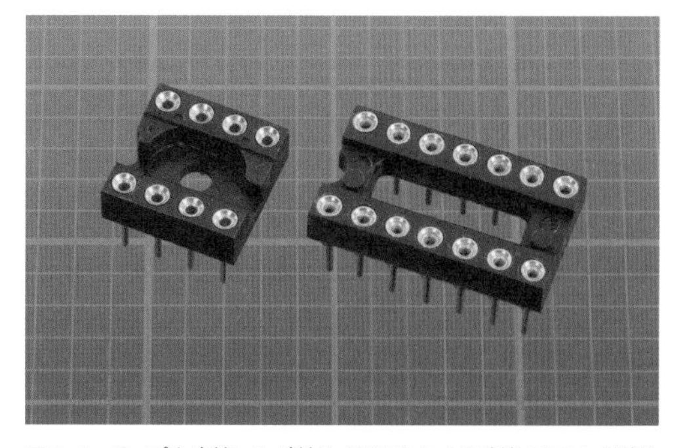

図4-4　チップを直接ハンダ付けすることによる破壊のリスクを避けるには、ICソケットを基板にハンダ付けし、チップはソケットに差すとよい。

必須：超小型スライドスイッチ

スライドスイッチには指で前後に動かせる小さなレバーがあり、スイッチ内部の電気接点を開閉することができる（図4-5）。これには0.1インチ（2.54ミリ）間隔で3本のピンがある。自分で購入する場合は、308ページ「その他の部品」の小見出し「4章の部品」のところで、スイッチの詳細を参照してほしい。

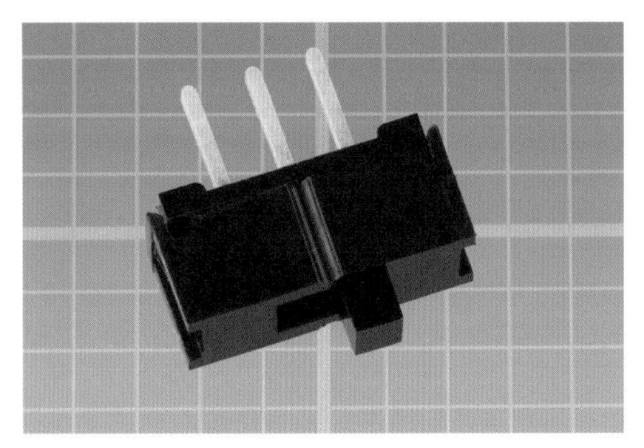

図4-5　本書のプロジェクトで推奨する超小型スライドスイッチ。

注意：スイッチ過負荷

超小型スライドスイッチは、大電流や高電圧をスイッチするようには設計されてない。低電力回路用なのだ。最大定格はDC12ボルトでせいぜい100ミリアンペアである。われわれの用途にはこれで十分だ。スライドスイッチにこれより多くを臨むなら、メーカーのデータシートをチェックすること。

必須：低電流LED

HCシリーズのロジックチップは5ミリアンペアを大きく超える電流を供給するようには設計されていない。20ミリアンペアほど取ってLEDを駆動することもできるが、こうすると出力電圧が降下し、ほかのロジックチップの入力用には適さなくなる。私のおすすめは、ロジックチップを使ったすべての実験に、低電流LEDを使うことだ。

低電流LEDが、大きな値の直列抵抗を必要とすることを忘れないこと。汎用LEDのようには大電流に耐えられないのだ。これが重要になる場面では言及する。

必須：数字ディスプレイ

チップのプロジェクトの1つでは、7セグメントの数値ディスプレイを使って出力を表示する。これは、デジタル時計や電子レンジに今も見ることができる、単純なタイプの数字表示だ。

図4-6参照。購入情報については、308ページ「その他の部品」の小見出し「4章の部品」参照。

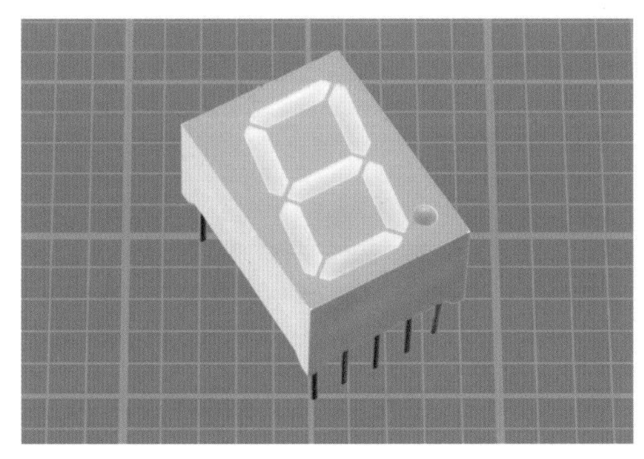

図4-6　7セグメントディスプレイは数値出力を表示するもっとも安価な方法で、一部のCMOSチップでは直接駆動できる。

必須：ボルテージレギュレータ

ロジックチップには厳密なDC5ボルトを要求するものが多いため、これを確実に供給するためのボルテージレギュレータが必要だ。LM7805はこのためのものである。チップの型番の前後には、製造者やパッケージスタイルを示す略号があるものであり、LM7805CT（フェアチャイルド）もその例だ。レギュレータはどこ製のものでも構わないが、図4-7のような外見のものにすること。（このパッケージの形はTO220という。）ロジック回路には必ず必要なので、5個くらいは手元にあるとよいだろう。

その他の任意購入品

実験18では、ドアや窓に取り付けるためのマグネットセンサが必要である。Directedのモデル8601などがあり、オンラインショップの多くで購入可能だ。

プロジェクトをブレッドボードから恒久的なケースの中に移したい場合、これまで使ってきたタクトスイッチでは丈夫さが足りず、また使いにくい。実験18では、フルサイズ、DPDTでON－（ON）タイプの押しボタンスイッチ（ハンダ端子付き）が必要だ。eBayで「DPDT pushbutton」を検索すれば、選択肢には困らないだろう。

図4-7　集積回路チップには5ボルトの制御された電源を要求するものが多いが、それは7.5〜12ボルトの電源と、このレギュレータで供給することができる。

背景：チップの登場

複数のソリッドステート部品を単一の小さなパッケージに統合する、というコンセプトは、イギリスのレーダー科学者ジョフリー・W. A. ダマー(Geoffrey W. A. Dummer)を起源としている。彼のこれへの言及は、最初に試作に失敗した1956年に、何年も先立つものだった。真の集積回路が初めて製造されたのは1958年で、Texas Instrumentsのジャック・キルビー(Jack Kilby)による。キルビーのバージョンは、すでに半導体として使用実績のあった元素、ゲルマニウムを使用していた。(ゲルマニウムダイオードは、実験13で鉱石ラジオに取り組む際に登場する。)しかしロバート・ノイス(Robert Noyce、図4-8写真)は、もっとよい考えを持っていた。

図4-8　集積回路チップの特許取得とIntelの共同設立を行ったロバート・ノイス。

1927年にアイオワで生まれ、1950年代にカリフォルニアに移ったノイスは、ウィリアム・ショックリーのもとで仕事を見つけた。ショックリーが、ベル研究所で共同で発明したトランジスタにまつわるビジネスを創立した直後のことだった。

ノイスは、ショックリーのマネージメントにいらだってFairchild Semiconductorを設立するべく辞職した、8人のうちの1人だ。ノイスはフェアチャイルドで統括マネージャーをしつつ、ゲルマニウムにまつわる製造上の問題を回避する、シリコンベースの集積回路を発明した。彼は通常、集積回路を可能にした男、とクレジットされている。

初期の用途は軍用だった。ミニットマンミサイルの誘導システムに、小型軽量の部品が必要だったのだ。こうした用途が、1960年から1963年にかけて製造されたほとんどすべてのチップを消費し、単価はこの間に下落した。1,000ドルだったものが25ドルになったのだ(1963年のドル価値)。

1960年代後半には、数百トランジスタを内蔵した中規模集積回路(MSI)が登場する。1チップあたり1万個以上のトランジスタを可能にした大規模集積回路(LSI)は1970年代中頃に登場し、そして現代のチップには、数十億のトランジスタが内蔵されている。

ロバート・ノイスは、後にゴードン・ムーア(Gordon Moore)とIntelを共同設立するが、1990年に心臓麻痺で急死した。チップのデザインと製造にまつわるめくるめく初期史については、シリコンバレー歴史協会(Silicon Valley Historical Association)*が詳しい。

実験16：パルスを放つ

チップにまつわるいくつかの実験は、史上最大の成功をおさめたチップの紹介から始めたいと思う。555タイマーだ。555のガイドはネットにも豊富だし、なんでわざわざここで論じる必要があるのか、と思うかもしれない。しかしこれには3つの理由がある：

それは不可避である。このチップは知っておく必要があるのだ。いくつかの推計によれば、いまだに年間10億個が製造されているという。本書でも今後、いろいろな使い方で、しょっちゅう登場する。

*編注：https://www.siliconvalleyhistorical.org/

それは便利である。 555はおそらく、存在するもっとも万能のチップで、無限の用途がある。比較的強力（定格200ミリアンペアまで）な出力はきわめて便利であり、チップ自体も壊れにくい。

それは誤解されてもいる。 私は文字通り何ダースものガイド類を、初期のSigneticsのデータシートからホビー分野のさまざままで読んだあげく、イントロダクションレベルで内部動作が説明されていることがほとんどない、という結論に達した。私はあなたに、中で何が起きているか手に取るような理解をもたらしたい。それがないと、このチップをクリエイティブに使う優位なポジションには立てないのだ。

必要なもの

- ブレッドボード、配線材、ニッパ、ワイヤストリッパ、マルチメータ
- DC9ボルト電源（電池またはACアダプタ）
- 抵抗器：470Ω（1）、10kΩ（3）
- コンデンサ：0.01μF（1）、15μF（1）
- 半固定抵抗器：20kΩまたは25kΩ（1）、500kΩ（1）
- 555タイマーIC（1）
- タクトスイッチ（2）
- 汎用LED（1）

チップを知ろう

555タイマーのピンには、（上から見て）反時計回りに、図4-9のように番号がふられている。パッケージには上端（とみなされる部位）に、ノッチ（切り欠き）またはディンプル（くぼみ）または、その両方がつけられている。ピン間隔は1/10インチである。

こうした仕様は、ほかのすべてのスルーホールチップも同じだ（もっと多くのピンを持つものもよくあるが）。ピンの列同士の左右の間隔は通常（常にではない）3/10インチで、これはつまり、チップはブレッドボード中央の溝をまたいできれいに収まり、各ピンにはブレッドボード内部の導体を通じてアクセスできる、ということだ。そう、ブレッドボードがこのように設計されているのは、このためなのである。

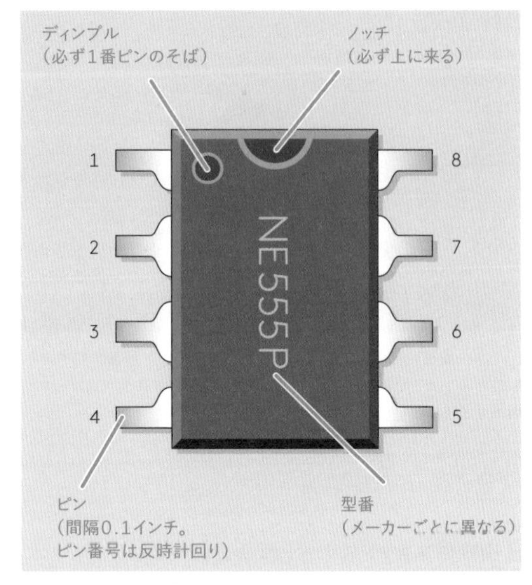

図4-9　8ピンチップのパッケージ設計。チップ上端の半円のノッチは、まずすべてのチップが持っているが、1ピンの横のディンプルは、持たないものもある。

単安定テスト

555タイマーの各ピンには、名前も付いている（図4-10）。このような図を見ることで、チップのピン配置がわかる。以下では各ピンの機能を解説しよう——しかしいつも通り、まずは自分で予備調査をしてもらおうと思う。

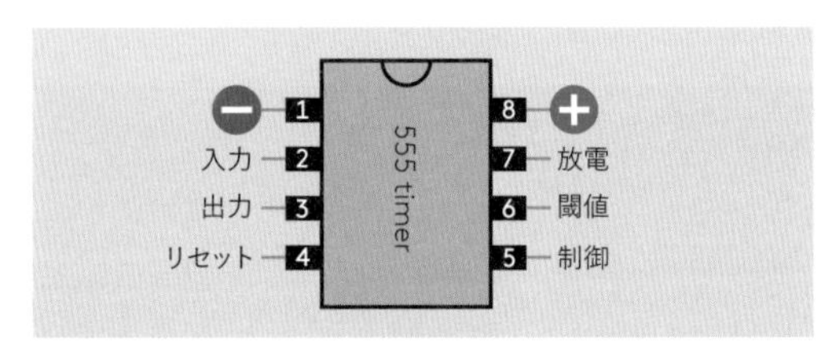

図4-10　555タイマーのピン配置。

タイマーのテスト回路の回路図は図4-11にある。

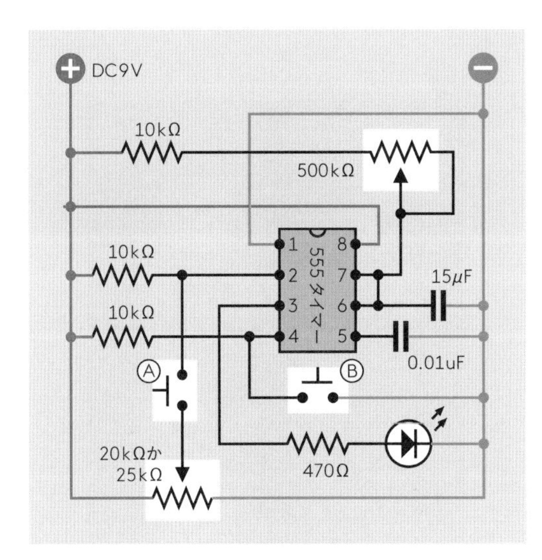

図4-11　555タイマーチップの調査を補助する回路。

回路は図4-12のようにブレッドボードにセットアップするとよい。左下付近に赤色の短いジャンパ線があり、正極バスの上下を接続していることに注意*。このジャンパは、電源バスに断点のあるブレッドボードをお使いの場合に、必要なものである。

各部品の値は図4-13に示した。接続状態を可視化した透視図バージョンを、図4-14に示す。

電源を入れてみると、何も起きない。タイマーはあなたのトリガーを待っているのだ。まずは500kΩの半固定抵抗を中央位置に合わせることで準備を整える。

それでは20kΩの半固定抵抗を反時計回りでいっぱいに回してから、Aボタンを押そう。まだ何も起きなければ、20kΩ半固定抵抗を時計回りでいっぱいに回して、もう一度押してみよう。どちらかのやり方で、LEDにパルスが出る。どちらになるかは、半固定抵抗器を入れた向きによる。何も起きないようであれば、回路に間違いがある。

回路図をチェックすれば、タイマーの2番ピン——これがトリガー端子だ——が、10kΩ抵抗器を通じて電源の正極側に接続されていることがわかる。ところが、紫のワイヤもトリガーピンに接続しており、こちらはタクトスイッチ経由で、半固定抵抗器に通じている。この半固定抵抗器を回し、ワイパーを電源の負極グランド側に直接接続すると、タクトスイッチを押したときに10kΩ抵抗器を打ち負かし、2番ピンに低い電圧を加え、タイマーICをトリガーできる。

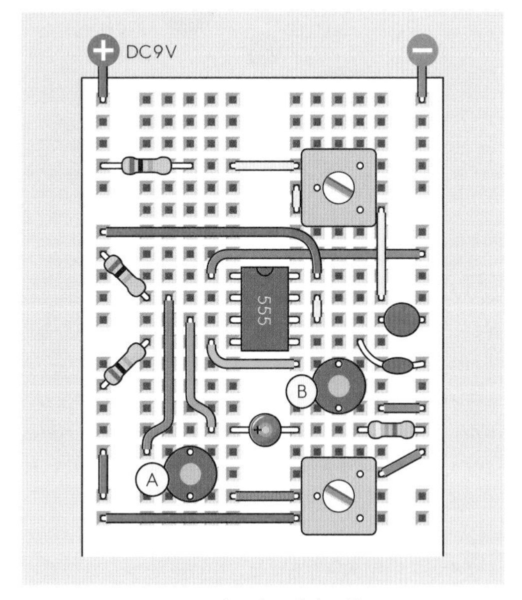

図4-12　タイマーテスト回路のブレッドボード版。

この20kΩ半固定抵抗器は反対方向にいっぱいまで回したとき、Aボタンは正極電圧を直接2番ピンに加えるようになるが、2番ピンはすでに10kΩ抵抗器を通じて正極電圧を受けているので、Aボタン経由でさらに電圧を加えても、何も変わらない。

- トリガーピンに加えられた正極電圧は、チップに無視される。
- トリガーピンでの電圧降下は、チップをトリガーする。

しかし、正とはどれだけ正であり、また電圧降下がどれだけあれば、トリガーとして機能するのだろうか。確かめてみよう。

*訳注：ここの図、ブレッドボードバスが5ピンずつに切れていてわかりにくい。上の15ピンは連続させて17ピンにすべき。

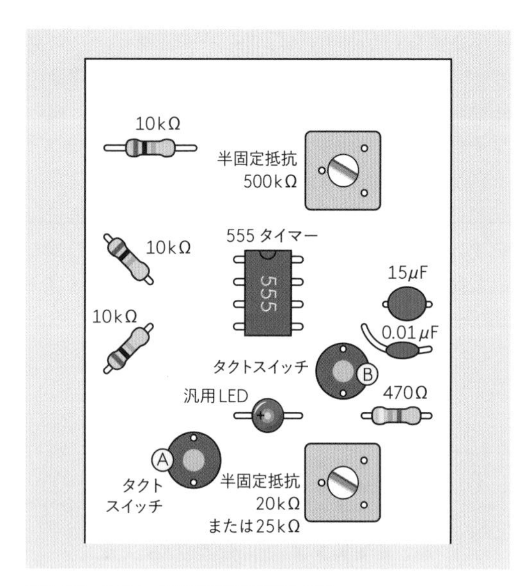

図4-13 タイマーテスト回路の各部品の値。

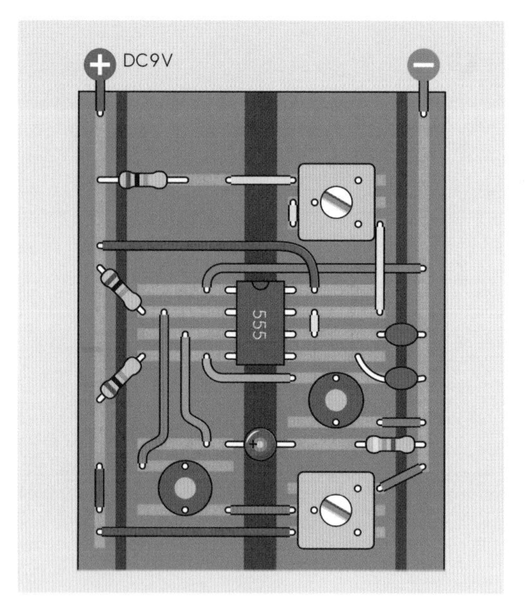

図4-14 タイマーテスト用に配線されたブレッドボードの内部の接続状態。

マルチメータを取り出し、DC電圧計測にセットし、2番ピンと負極グランド間の電圧を測るようにする。そして20kΩ可変抵抗器をさまざまな位置に回しながら、Aボタンを押していこう。賭けてもいいが、加える電圧が3ボルト未満になれば、ボタンを押したときにLEDが光るはずだ。3ボルトを超えているときは、何も起きないはずである。

- タイマーをトリガーするには、トリガーピンに電源電圧の1/3（以下）を加える。
- LEDは、ボタンを離した後も光り続ける。
- ボタンを（タイマーのサイクル時間内で）押し続けても、LEDの点灯から消灯までの時間は変わらない。

図4-15はタイマーのふるまいをグラフ形式で示したもの。555は周囲の不完全な世界を、正確で信頼できる出力に変換する。そのスイッチオン、オフは厳密には即時ではないが、即時見えるのに十分なほど高速だ。

それでは500kΩ半固定抵抗器を別の位置に動かしながら、タイマーをトリガーしてみよう。これがパルスの長さを調整することがわかるだろう。

- 7番ピンと電源正極の間の抵抗は、タイマーの出力パルスがどのくらいの長さになるかを（6番ピンに接続されたコンデンサの大きさとともに）決めるものだ。

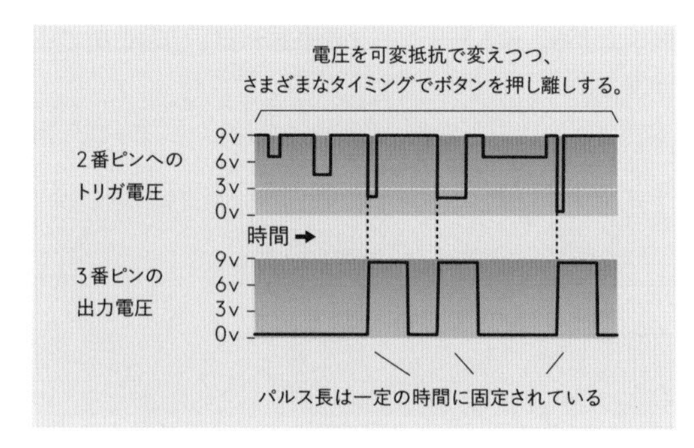

図4-15 トリガーピンに加えられる電圧とその長さに対する555タイマーの応答。

もう1つやってみよう。500kΩ半固定抵抗器で、長いパルスを設定する。Aボタンを押して、すぐにBボタンを押すと、パルスは終わりまで行かずに止まる。Bボタンを押したままでは、Aボタンを押すことでもう一度タイマーをトリガーしようとしても、何も起こらない。

- 4番ピンはリセットピンである。これを接地すると、タイマーがやっていることをすべて強制的に中断する。そして4番ピンと負極グランドの接続を開放するまで、タイマーは非活動状態になる。

最後に、Bボタンを離し、Aボタンを押し続けてみよう。Aボタンを押し続ける限り、タイマーからのパルス出力は延長される。

- タイマーのトリガーピンに低い電圧を加え続けると、無限に再トリガーがかかる。

2番ピン4番ピンに接続された10kΩ抵抗器について——これはプルアップ抵抗と呼ばれるもので、接続されたピンを正電圧レベルに保つ。より直接的に負極グランドに接続することで、プルアップ抵抗を打ち負かすことができる。

このプルアップ抵抗という考え方は、チップを使うときには重要だ。なぜなら、入力ピンを非接続のままにしてはならないからだ。非接続状態の入力ピンは浮きピン（フロート）と言われ、漂遊電磁界を拾うので、トラブルのもとだ。こうした浮きピンが、ある瞬間にどのような電位になっているか、我々には知るよしもないのだ。

プルダウン抵抗というのもあるのだろうか。当然ある。しかし555タイマーに必要なのは、プルアップ抵抗だ。これは2番ピンと4番ピンが正極電圧で通常状態に保たれ、低電圧になることで動作が起きるからだ。

- 555タイマーは、2番ピンまたは4番ピンに負極電圧を加えることで、トリガー、またはリセットされる。

パルスを計る

図4-11の回路図をよく見ると、正電流は10kΩ抵抗器および500kΩ半固定抵抗器を経由して、7番ピン（放電ピン）に到達することがわかるだろう。（10kΩ抵抗器は、7番ピンが電源正極に直接接続しないためにある。）

この電流が、500kΩ抵抗器を通過したあとで、15μFのコンデンサにも到達しているのもわかるだろう。うーん、抵抗器とそれに続くコンデンサ——RCネットワークみたいに見えないか？　タイマーは出力パルスの長さを決めるのに、抵抗器とコンデンサ（15μF）の組み合わせを使っているのだろうか。

イエス、それがまさに起きていることだ。タイマーチップの内部では、かしこい電子回路が15μFコンデンサの電圧を検知し、これを出力パルスの終了に使っている。

これは自分で計測することができる。500kΩ半固定抵抗器を長いパルスを出すようにセットし、マルチメータで15μFコンデンサの左側の電圧を測ってみよう。上昇の様子が——6ボルトまで見られるはずだ。タイマーはこれを出力パルスの停止シグナルとして使っている。そして、タイマーが内部で接地するために、電圧は急速に降下する。7番ピンを放電ピンと呼ぶのはこのためだ。つまり、タイマーは、このピンを通じてコンデンサを放電するのだ。

- この「計時コンデンサ」の電圧が電源電圧の2/3に達すると、タイマーは出力パルスを終了する。

しかし、放電ピンと閾値ピンが接続されているのはなぜだろうか。これについては次の実験で学ぶ。次の実験では、パルスを1回ではなく連続して出力するように配線を変える。そのときタイマーは無安定モードで動作することになる。今は単安定モードで使っている。

- 単安定モードでは、タイマーはトリガーに対して1回だけパルスを出力する。
- 無安定モードでは、タイマーは連続したパルスを出力する。

最後になるが、5番ピンに接続された0.01μFのコンデンサが何に使われているか、おわかりになるだろうか。このピンは「コントロール」ピンで、電圧をかけることでタイマーの感度をコントロールできる。この機能はまだ使わないので、未使用時に電圧変動がかかって通常動作が妨げることを防ぐべく、5番ピンにはコンデンサを接続して保護しておく……というのがよい習慣だ。

注意：ピン・シャッフルに注意！

本書では、すべての回路図のチップを、ブレッドボードにあるときとまったく同じように示しており、ピンは番号順に並んでいる。

しかし、ほかの書籍やウェブサイトに出てくる回路図はそうでないことが多い。回路図を描くのが楽なように、ピン番号を入れ替えてしまうことが多いのだ。しかも、左右にまっすぐの正極バスと負極バスを入れて、ブレッドボードでの配置を再現しようというものは、まったくない。例を出そう。図4-16は、4-11とまったく同じ回路だ。ただし接続をシンプルに、配線の交差を最小限にするように、ピンをシャッフルしてある。

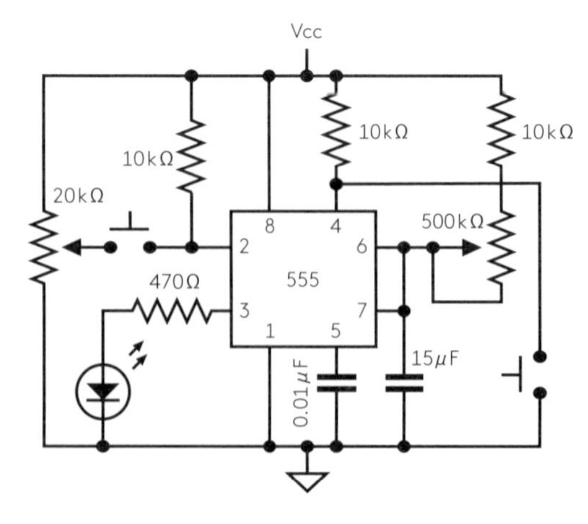

図4-16　この回路は前に挙げた回路と機能的には同一だが、回路図がシンプルになるようにチップのピンの順序を変えてある。

ピンをシャッフルすると、ある意味では（特に電源の正極を上に、負極グランドを下に配置したような場合に）理解しやすい回路を描くことができるが、ブレッドボード上に構築する際にはレイアウトを（しばしばペンと紙で）変換する必要が出る。

基礎：タイマーの持続時間

実験9でRCネットワークを組んだときは、コンデンサがある値の電圧に達するのにかかる時間を出すには、面倒な計算が必要だった。555タイマーを使うと、すべてがはるかに簡単になる。出力パルスの持続時間を図4-17のような表から探すだけでよいからだ。7番ピンと電源正極間の抵抗値を表の最上列に、計時コンデンサの値が一番左の列にとり、表中にある、およそのパルス持続時間を秒単位で示した数字を見る。

	10k	22k	47k	100k	220k	470k	1M
1,000μF	11	24	52	110	240	520	1,100
470μF	5.2	11	24	52	110	240	520
220μF	2.4	5.2	11	24	52	110	240
100μF	1.1	2.4	5.2	11	24	52	110
47μF	0.52	1.1	2.4	5.2	11	24	52
22μF	0.24	0.53	1.1	2.4	5.3	11	24
10μF	0.11	0.24	0.52	1.1	2.4	5.2	11
4.7μF	0.052	0.11	0.24	0.52	1.1	2.4	5.2
2.2μF	0.024	0.052	0.11	0.24	0.53	1.1	2.4
1.0μF	0.011	0.024	0.052	0.11	0.24	0.52	1.1
0.47μF		0.011	0.024	0.052	0.11	0.24	0.52
0.22μF			0.011	0.024	0.052	0.11	0.24
0.1μF				0.011	0.024	0.052	0.11
0.047μF					0.011	0.024	0.052
0.022μF						0.011	0.024
0.01μF							0.011

図4-17　計時抵抗と計時コンデンサの各値に対応する、単安定モード555タイマーのパルス持続時間（単位：秒）。時間は有効2桁に丸めてある。

- 1kΩ以下の抵抗は使うべきではない。
- 10kΩ以下の抵抗は消費電力が増大するので、望ましくない。
- 100μFを超えるコンデンサでは結果が不正確になることがある。これはコンデンサのリークがチャージ率に近くなるため。

1,100秒より長いパルスや、0.01秒より短いパルスを得たいときはどうしたらいいだろうか。または、表にある値と値の中間程度のパルス持続時間が欲しいときは、どのようにしたらいいだろうか。

以下の簡単な式を使えばよい。Tはパルス時間（秒）、Rは抵抗値（kΩ）、Cはコンデンサ容量（μF）だ。

$$T = R \times C \times 0.0011$$

結果が厳密ではないことには注意が必要だ。これは抵抗器やコンデンサに誤差があること、ほかにも周囲の温度などの要素があるためである。

理論：単安定モード555の内側

555タイマーのプラスチックパッケージにはシリコンのウエファ（薄板）が入っており、そこには何ダースものトランジスタが含まれているが、その接続パターンは、ここで説明するには複雑すぎる。とはいうものの、図4-18のようにグループ分けすれば、機能の概説は可能だ。

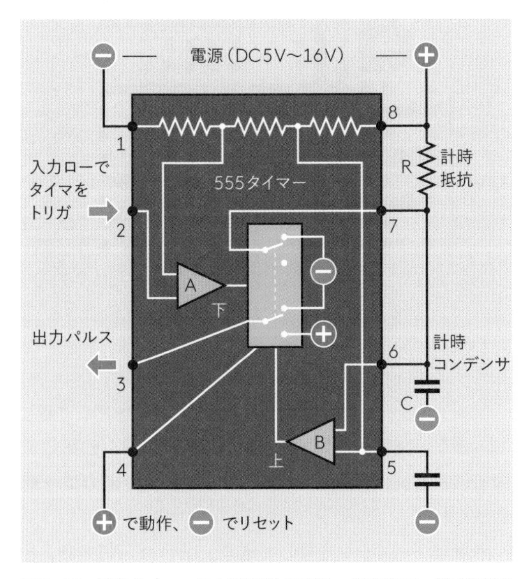

図4-18　555タイマーの内部機能の略図。単安定モードで配線された場合。

チップの中のマイナスとプラスの符号は電源で、実物だと1番ピンと8番ピンから来るものだ。わかりやすくするため、内部でのこれらの配線は省いてある。

2個の黄色の三角形はコンパレータである。どちらのコンパレータも、2つの入力（三角形の底辺に来るもの）を比較して、同様の値になれば出力を（頂点から）行う、というものだ。FFはフリップフロップ、2つの状態のどちらかに切り替わることができるという論理部品だ。私はこれをDPDTスイッチとして描いているが、実際にはソリッドステートだ。

最初にチップの電源を入れると、フリップフロップは「上」の位置になり、出力（3番ピン）にロー電圧を出す。このフリップフロップは、コンパレータAからの信号を受けると「下」状態にフリップし（切り替わり）、そこにフロップする（腰を下ろす）。コンパレータBからの信号を受けると、「上」状態にフリップし、そこにフロップする。コンパレータの「上」「下」というラベルは、それぞれがオンになった時に、どちらにスイッチさせるかを示している。「フリップフロップ」という用語が「フリップ」と「フロップ」の2つの状態から来たと思う人もいる。しかし私はフリップしてフロップする、と考える方が好みだ。

7番ピンとコンデンサCを接続している外部配線に注目してほしい。フリップフロップが「上」になっていると、これがRからのプラス電圧をシンクするので、コンデンサが正電圧でチャージされることがない。

2番ピンの電圧が電源の1/3に降下すると、コンパレータAはそれを検出し、フリップフロップを「下」位置にフリップする。これは3番の出力ピンに正のパルスを送り、同時に7番ピンと負極電源の接続を断つ。これで計時コンデンサが、抵抗器経由でチャージできるようになる。チャージされている間、タイマーからのプラス出力は続く。

コンデンサ電圧の上昇は、コンパレータBが6番ピンから監視している。コンデンサが電源電圧の2/3以上を蓄積すると、コンパレータBはフリップフロップにパルスを送り、元の「上」位置に戻す。これによりコンデンサは7番ピンを介して放電する。同時にフリップフロップは3番ピンからのプラスの出力を終わらせて、ここからマイナス電圧を出力するようになる。こうして555は、最初の状態に戻る。

この連続事象を、非常に単純化してまとめてみよう：

- 当初フリップフロップは計時コンデンサを接地し、また、出力（3番ピン）を接地している。
- 2番ピンの電圧が電源電圧の1/3以下に降下すると、出力（3番ピン）はプラスになり、計時コンデンサCは計時抵抗R経由でチャージを開始する。
- コンデンサの電圧が電源の2/3になると、チップはコンデンサを放電し、3番ピンからの出力をローに戻す。

基礎：パルスの抑制

単安定モードに組んだ555タイマーに電源を投入すると、タイマーはトリガー待ち状態で休眠するのだが、その前に自発的に1回のパルスを出力するようになっている。これは多くの回路では邪魔なものだ。

これを防ぐ方法の1つに、リセットピンと負極グランドの間に、1μFのコンデンサを入れるというものがある。コンデンサは最初の電源投入時にリセットピンからの電流をシンクし、0コンマ何秒間かロー状態に保つ——起動時のパルス出力を止めるのにちょうどいい時間だ。チャージされたコンデンサはその後何もせず、10kΩ抵抗器はリセットピンを正電圧に保つので、タイマーの動作を妨げることはない。

以降の実験では、このパルス抑制を使う。

基礎：555はなぜ便利なのか

555は単安定モードで、固定された（しかしプログラマブルな）長さのパルスを1回出力する。何か用途が思いつくだろうか？　555のパルスを、ほかの部品の制御に使うことを考えてみてほしい。たとえば、屋外照明に付いたモーションセンサだ。赤外線ディテクタが何か動くものを「見た」ときに、照明が決まった時間だけ点灯する——これは555でコントロールできる。

ほかの応用として、トースターはどうだろう。パンを入れてレバーを下げると、スイッチが閉じてパン焼きサイクルをトリガーする。サイクルの長さはR4の代わりに可変抵抗を入れれば変えられるので、これをトーストの焼き色の設定ツマミにする。パン焼きサイクルの終わりには、555からの出力をパワートランジスタに渡し、トーストを排出するソレノイド（リレーに似ているがスイッチ接点がないもの）を動かすのだ。

間欠ワイパーは555タイマーで制御できる——そして昔の自動車では実際にそうしていた。比較的ベーシックなコンピュータキーボードのリピート速度は、555タイマーで制御できる——そしてApple][では実際にそうだった。

実験15の侵入警報機はどうだろうか。ウィッシュリストの機能の1つに、警報音を鳴らす前に、停止をかけるのに十分な時間だけ待つ、というのがあった。555タイマーの出力で、どうにかなるだろう。

先ほどの実験は些細なものに見えたかもしれないが、そこには巨大な範囲の可能性が含まれているのだ。

基礎：双安定モード

タイマーの使用法にはもう1つ、双安定モードというものがある。これは基本機能の無効化を伴っているのだが、なぜこれをやりたいのだろうか。説明しよう。

図4-19に、ほんの数分で構築できる回路を示している。やってみよう。左の2本の抵抗器はプルアップ抵抗で、ともに10kΩだ。下の抵抗器は470ΩのLED保護抵抗だ。あとは2つのタクトスイッチとタイマーチップを追加すれば完成だ。

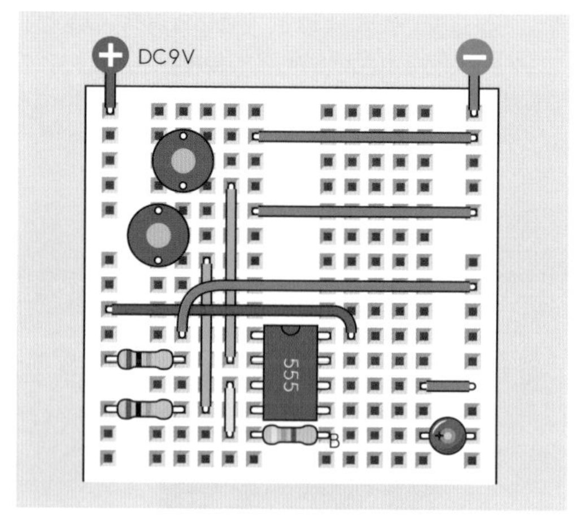

図4-19　555タイマーをフリップフロップとして機能させるブレッドボード回路。

ブレッドボードが完成したら、上のボタンを押して離してみよう。LEDが点灯する。どれだけ長く？　回路に電源を供給し続ける限り、である。タイマーの出力は永遠に続くのだ。

今度は下のボタンを押して離す。LEDは消灯する。どれだけ長く？　好きなだけ長く、である。もういちど上のボタンを押さない限り、再び光ることはないのだ。

タイマーの内部にフリップフロップが存在することは前に述べた。今度の回路は、タイマーチップを1つの大きなフリップフロップにしてしまう。それは2番ピンを接地することで「オン」状態にフリップし——そしてそのままフロップする。それは4番ピンを接地することで「オフ」状態にフリップし——そしてそのままフロップする。フリップフロップはデジタル回路で非常に重要なもので、これについてはすぐ後で解説するのだが、今はまず、これがどうやって動いているのか、また、なぜ必要なのかについて解説しよう。

図4-20の回路図を見てほしい。右側には抵抗もコンデンサもない、ということに気付くだろう。RCネットワークがないのだ。つまり——このタイマー回路には計時

部品がないのだ！　通常、タイマーをトリガーしたあとの出力パルスは、6番ピンの計時コンデンサが電源電圧の2/3を蓄積した時に終了する。しかし6番ピンは接地されているので、それが2/3に達することはない。このため、ひとたびタイマーをトリガーすれば、出力パルスは終わることがない。

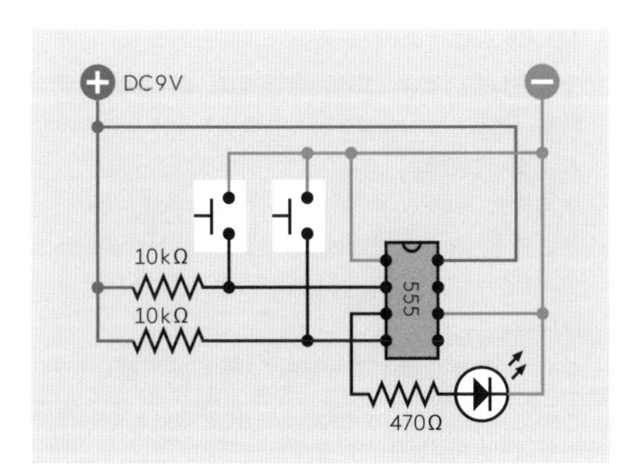

図4-20　双安定モード555タイマーのテスト回路。

もちろん、出力はリセットピンにロー電圧を加えることで止めることができる。しかし出力がひとたび止まれば、それは再びトリガーしない限りは止まったままになる。

この組み合わせが双安定モードと呼ばれるのは、出力がハイのときにもローの時にも、そこで安定しているからだ。このような単純なフリップフロップは、ラッチとも呼ばれる。

- 2番ピンへの負のパルスは出力を正にし、そこでラッチする。
- 4番ピンへの負のパルスは出力を負にし、そこでラッチする。

2番ピンも4番ピンも、トリガ時以外はハイに保つ必要がある。回路図のプルアップ抵抗はこのためにある。

5番ピンは未接続で構わない。なぜなら、ランダムなシグナルをすべて無視できる、極端な状態にしてあるからだ。

さて、タイマーをこんな風に使えるようにする理由だが──これがどれだけ便利か知れば、あなたも驚くはずだ。本書の残りの部分では、3つの実験でこれを使う。555タイマーは本当は双安定モードで使うようには設計されていないのだが、それでも便利なことがあるのだ。

背景：タイマー誕生

時を遡って1970年、シリコンバレーの肥沃な大地に、まだほんの半ダースの企業の種しか蒔かれていなかった頃、Signeticsという企業がハンス・カーメンチント（Hans Camenzind、図4-21）というエンジニアのアイディアを買った。そのコンセプトは大変なブレイクスルーというわけではなかった──23本のトランジスタと一束の抵抗がプログラマブル・タイマーとして機能する、というものだ。この回路は多用途で安定しておりシンプルだったが、そうした美点もその最大のセールスポイントに比べれば小さなものだった。最大のセールスポイントとは、新たに勃興しつつあった集積回路技術を使うことで、Signeticsはすべてをシリコンチップ上に再現できる、ということだった。

図4-21　ハンス・カーメンチント。Signeticsの555タイマーチップの発明者、設計者、そして開発者。

これには相当なトライアル&エラーが必要だった。カーメンチントは1人で働き、まずは大きなスケールで、市販のトランジスタ、抵抗、ダイオードを使い、タイマーをテスト基板に組み上げた。それが動作すると、彼は製造時のばらつきや、チップ使用時の温度といった要素が変化しても回路が耐えるように、部品の値を少しずつ変更していった。彼はこの回路を10種類以上作った。何か月もかかった。

次はクラフトワークだ。カーメンチントは製図盤の前に座り、専用に取り付けられたX-Actoナイフを使って、回路を大判のプラスチックシートに刻みつけた。Signeticsがこのイメージを写真技術で300分の1に縮小した。彼らはそれを小さなウエファにエッチングし、幅半インチの黒くて四角いプラスチックに埋め込み、製品番号を印刷した。555タイマーはこうして生まれた。

それは販売個数（数百億。なお増加中）から見ても、設計寿命（40年ほど大きな変更なし）から見ても、史上もっとも成功したチップとなった。555は玩具から宇宙船まで、何にでも使われている。ライトを光らせ、アラームシステムを動かし、ビープ音を断続させ、そのビープ音自体を生み出すことができるのだ。

現在では、チップは大規模なチームでデザインされるし、そのふるまいはコンピュータ・ソフトウェアでシミュレートすることでテストされる。つまり、コンピュータ内部のチップが、さらなるチップの設計を可能にしているのだ。ハンス・カーメンチントのようなソロ・デザイナーの全盛期は遠く過ぎ去ったが、彼の天才は製造工場から現れる555タイマー1つ1つの中に生きている。チップの歴史についてもっと知りたい方は、トランジスタ博物館（Transistor Museum）*を訪れられたい。

個人的メモ：『Make: Electronics』を書いていた2010年、私はHans Camenzindをオンラインで調べていて、彼が自分のウェブサイトを維持しており、そこに電話番号まで載っていることを発見した。衝動に駆られ、私は電話してみた。それは奇妙な瞬間だった。自分が30年以上も使ってきたチップを設計した人物と、話をしているのだ。彼は（無駄なおしゃべりをする人ではなかったが）フレンドリーで、私の本の文章をレビューすることに、すぐ同意してくれたのだ。さらに親切なことに、それを読んだあと、彼は強い支持までしてくれたのである。

その後、彼の書いたエレクトロニクス小史、『Much Ado About Almost Nothing』（シェイクスピア『から騒ぎ：Much Ado About Nothing』のもじり）を購入したが、これは今もオンラインで購入可能で、非常にお勧めだ。集積回路設計のパイオニアの一人と話す機会を持てたことを光栄に感じた。彼が2012年に亡くなったのを聞いたときは、悲しく思ったものである。

*編注：http://semiconductormuseum.com/Museum_Index.htm

基礎：555タイマーの仕様

- 555はDC5ボルトから16ボルトの比較的安定した電源で動作する。絶対最大定格はDC18ボルトだ。多くのデータシートではDC15ボルトで測定された仕様が書かれている。この電圧は、ボルテージレギュレータで安定化する必要がない。
- 7番ピンの抵抗は、ほとんどのメーカーで1k～1MΩを推奨しているが、10kΩ未満では、かなりの電流を取る。抵抗値よりもコンデンサの値を小さくするのがよい考えである。
- 本当に長いインターバルを計りたいときは、コンデンサの値を好きなだけ大きくしてよいが、コンデンサのリークがチャージ率に近くなるので、タイマーの精度は悪くなる。
- タイマーは電圧降下をもたらし、その降下量はトランジスタやダイオードより大きい。電源電圧と出力電圧の差は1ボルト以上になる。
- 出力定格は200ミリアンペアのソースまたはシンクとなっているが、出力電流が100ミリアンペアを超えると電圧が下がり、これは計時精度に影響を与えることがある。

注意：すべてのタイマーチップが同じではない

これまで書いてきたことはすべて、昔ながらのオリジナル「TTL」バージョンの555タイマーについてのことである。TTLはトランジスタ・トランジスタ・ロジックの略だが、これははるかに消費電力の少ない現代的なCMOSチップに先立つものだ。TTLバージョンのタイマーはバイポーラ版とも言われるが、これはバイポーラトランジスタを内蔵しているからだ。

オリジナル555の利点は、安くて頑丈なことだ。壊すのは簡単ではないし、出力はリレーコイルや小型スピーカーを直接接続できるほど強力だ。とはいうものの、このタイプの555は効率がよくないし、ほかのチップの動作を妨げる電圧スパイクを生じる傾向がある。

こうした欠点に対応すべく、低消費電力のCMOSトランジスタを使った、新しい555が開発されている。こちらのチップは電圧スパイクも生じない。しかし出力の限界はさらに低い。「さらに」とはどのくらいだろうか。メーカーによってまちまちだ。

困ったことに、CMOSバージョンの555タイマーは標準化されていない。100ミリアンペア出力できるというものもあれば、10ミリアンペアが上限というものもある。

そして紛らわしいことに、CMOSバージョンには、さまざまなパーツナンバーが付けられている。7555は明白にCMOSチップである例だが、ほかのものは555の数字の前に違った文字をいくつか付けているだけであり、その意味に気づき、理解できるかどうかはあなた次第になっているのだ。

本書では、混乱を避けて単純に保つために、TTL版の555タイマー（バイポーラ版とも呼ばれる）だけを使っている。自分で購入する場合は、308ページ「その他の部品」の小見出し「4章の部品」を参照してほしい。タイマーチップ購入時のアドバイスがある。

実験17：トーンをキメる

555タイマーの単安定モードと双安定モードについてはもう十分理解したと思うので、無安定モードについても熟知していただきたい——この名前は、出力がハイとローとを行き来し続け、どちらの状態にも安定しないことからくる。

これは実験11で作ったトランジスタ発振回路の出力に似ているが、はるかに多用途で制御が簡単だし、発振回路の形成に必要な部品数も少ない。トランジスタ2個、抵抗器4個、コンデンサ2個だったのに対し、チップ1個、抵抗器2個、コンデンサ1個ですむのだ。

必要なもの

- ブレッドボード、配線材、ニッパ、ワイヤストリッパ、マルチメータ
- 9ボルト電源（電池またはACアダプタ）
- 555タイマーIC（4）
- 小型8Ωスピーカー
- 抵抗器：47Ω（1）、470Ω（4）、1kΩ（2）、10kΩ（12）、100kΩ（1）
- コンデンサ：0.01μF（8）、0.022μF（1）、0.1μF（1）、1μF（3）、3.3μF（1）、10μF（4）、100μF（2）
- 1N4001ダイオード（1）
- 半固定抵抗器。100kΩ（1）
- タクトスイッチ（1）
- 汎用LED（4）

無安定テスト

一般的な無安定回路を図4-22に示す。出力にはスピーカーを付けている。このタイマーはオーディオ周波数で動作するからだ。スピーカーは電流を制限する抵抗とカップリングコンデンサを介して駆動する。カップリングコンデンサはオーディオ周波数を通過させつつDCを遮断するためのものだ。これらの部品の値は次の回路図に示す。今は一般的なレイアウトを見ていただきたい。

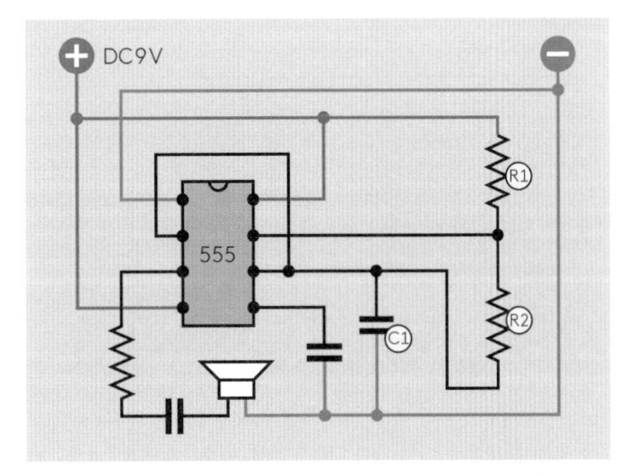

図4-22　無安定モード555タイマーの基本的、一般的な回路。

R1、R2、C1とラベルされた部品はタイマーの速度を決定する。これらのラベルはメーカーのデータシートその他、さまざまな情報で使用されているもので、私も慣例に従うものである。

C1は図4-11の単安定モード回路における計時コンデンサと同じことをするものだ。抵抗器が1本でなく2本必要なことについては、下で解説する。

実験16で得た知識で、この回路の動作を理解できるかどうか見てみてほしい。まず気付くのは入力がないことだろう。2番ピン（トリガーピン）は6番ピン（閾値ピン）に接続されている。どのように機能していくのか判るだろうか。C1は単安定モード時と同様にチャージを蓄積し、これが電源電圧の2/3になると、R2と7番ピンを通じて放電、電圧は降下する。これが2番ピンにも接続されているということは、トリガー（2番）ピンはC1の電圧降下を検知する、ということだ。ではトリガーピンは、そこに加えられている電圧が急に低下したとき、何をするだろうか。タイマーICをトリガーするのだ。つまりこの

構成では、タイマーは自分を再トリガーするのである。

これはどのくらいのスピードで起きるのだろうか。テスト回路を作って自分で調べてみるべきだと思う。図4-23は、各部品の値を示しつつ、半固定抵抗器を入れて描き直した回路である。これで抵抗値を変える効果が見える(というか、聞ける)ようになる。半固定抵抗器は、それに先立つ10kΩ抵抗器と足し合わせてR2とする。計時コンデンサC1は0.022μFで、R1は10kΩだ。

図4-24はブレッドボードレイアウトを、4-25は部品の値を示している。

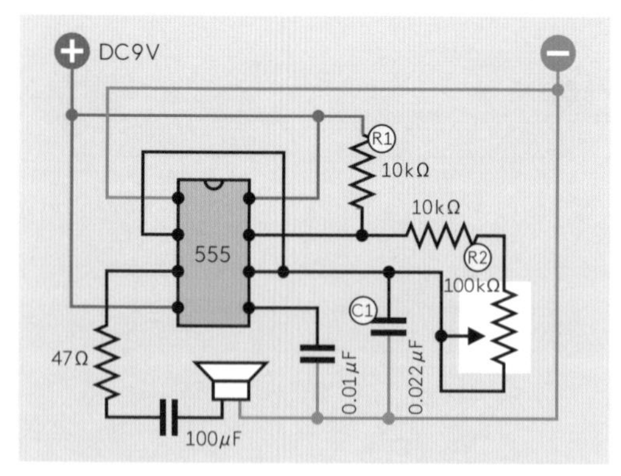

図4-23 無安定モード555タイマーの動作の様子を調整できるテスト回路。

さて、電源を入れたら何が起きるだろうか。その瞬間に、スピーカーからノイズ(高いブザー音)が出るはずである。何も聞こえない場合、まず間違いなく配線ミスだ。

押しボタンでチップを起動する必要がなくなったことに注目してほしい。555タイマーは予想通り自分をトリガーしている。

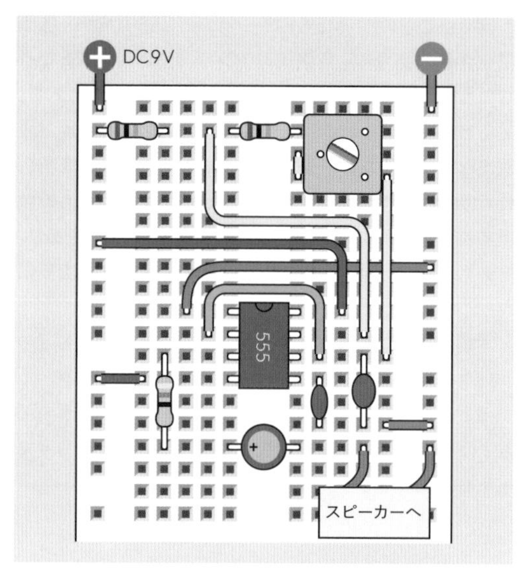

図4-24 無安定タイマーテスト回路のブレッドボード配置図。

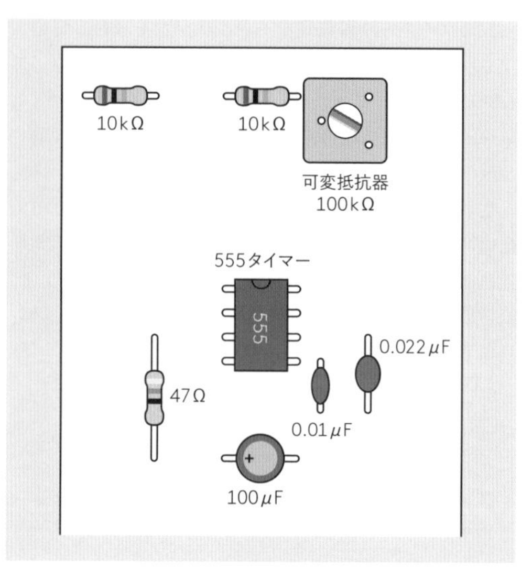

図4-25 無安定タイマーテスト回路の部品の値。

半固定抵抗器のネジを回すと音の高さが変わる。この半固定抵抗器は、C1の充放電の速さを調整するもので、これによりオーディオ信号における「オン」「オフ」サイクルの相対的な長さが決まる。部品の値がこれくらいだと、信号の流れは毎秒およそ300から1,200パルスの間で変化させることができる。このパルスはタイマーからスピーカーに送られ、コーンを上下に動かして空気の圧力波を作り出し、この圧力波に反応したあなたの耳が、それを音として聞く。

理論：出力周波数

音の周波数とは、毎秒ごとのサイクルの総数だ。全サイクルとはつまり、高圧パルスと、それに続く低圧パルスのことである。

周波数の単位はヘルツで、「サイクル／秒」と同じ意味である。ヨーロッパで導入された単位で、やはり電気のパイオニアであるハインリッヒ・ヘルツ（Heinrich Hertz）にちなんでいる。ヘルツの略号はHzであり、つまりテスト回路の555タイマーの出力は、およそ300Hzから1,200Hzということになる。

標準単位の多くと同様、「キロ」を意味するkを入れることができるので、1,200Hzは普通1.2kHzと書く。

計時コンデンサと抵抗器によるタイマー周波数の決定は、どのようになるだろうか。R1とR2がkΩ、C1がμF単位である場合、周波数f（Hz）は以下で与えられる：

$$f=1{,}440/(((2\times R2)+R1)\times C1)$$

この計算は面倒なので、図4-26に早見表を掲載した。この表では、回路図でR1とラベルされた抵抗器の値は、10kΩ固定である。表の一番上の値はR2である。表の左に並んだ値は、計時コンデンサC1のものである。

pFが「ピコファラッド」、すなわち100万分の1μFであることを思い出してほしい。μFとpFの間にはナノファラッド（nF）があるが、この単位は米国ではあまり使われていないため、表でも使っていない。

	10kΩ	22kΩ	47kΩ	100 kΩ	220 kΩ	470 kΩ	1MΩ
47μF	1	0.57	0.3	0.15	0.068	0.032	0.015
22μF	2.2	1.2	0.63	0.31	0.15	0.069	0.033
10μF	4.8	2.7	1.4	0.69	0.32	0.15	0.072
4.7μF	10	5.7	3.0	1.5	0.68	0.32	0.15
2.2μF	22	12	6.3	3.1	1.5	0.69	0.33
1.0μF	48	27	14	6.9	3.2	1.5	0.72
0.47μF	100	57	30	15	6.8	3.2	1.5
0.22μF	220	120	63	31	15	6.9	3.3
0.1μF	480	270	140	69	32	15	7.2
0.047μF	1k	570	300	150	68	32	15
0.022μF	2.2k	1.2k	630	310	150	69	33
0.01μF	4.8k	2.7k	1.4k	690	320	150	72
4,700pF	10k	5.7k	3k	1.5k	680	320	150
2,200pF	22k	12k	6.3k	3.1k	1.5k	690	330
1,000pF	48k	27k	14k	6.9k	3.2k	1.5k	720
470pF	100k	57k	30k	15k	6.8k	3.2k	1.5k
220pF	220k	120k	63k	31k	15k	6.9k	3.3k
100pF	480k	270k	140k	69k	32k	15k	7.2k

図4-26　無安定モード動作の555タイマーの早見表。上段は標準回路のR1を10kΩ固定としたときのR2の値である。表中の数字はタイマー周波数で、単位はHz（サイクル／秒）である。

理論：無安定モード555の内側

無安定モード動作時のタイマーで起きていることを、よりよく理解するために、図4-27を見ていこう。内部構成は単安定モードとまったく同じだが、外部の接続は異なっている。

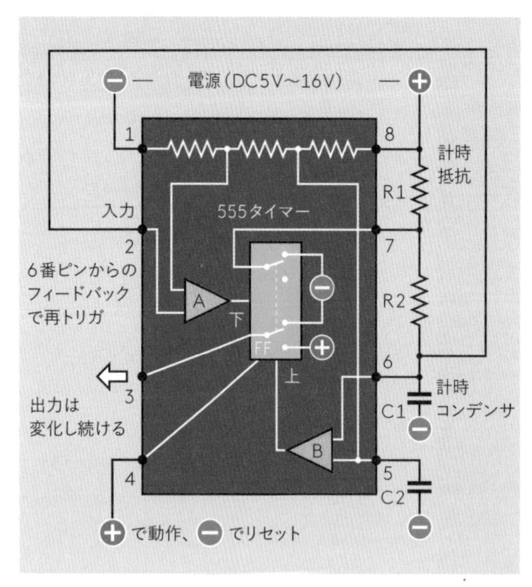

図4-27 555タイマーの内面図。外部接続を無安定モード動作用にしたもの。

初期状態では、前回と同様、フリップフロップは計時コンデンサC1を接地している。ただし今度の場合、このコンデンサの電圧は、6番ピンから2番ピンへと外部配線経由で伝わっている。この電圧が低くなると、チップは自分をトリガーする。忠実に「オン」位置へとフリップしたフリップフロップは、スピーカーに正のパルスを送り、また6番ピンを負電源から分離する。

これでC1のチャージが始まるのは単安定モードの時と同じだが、今回は直列のR1+R2を通じてチャージされる。C1の値は小さいので、チャージも速い。チャージが電源電圧の2/3に達すると、コンパレータBも前回同様の動作をして、コンデンサを放電しつつ、3番ピンの出力パルスを停止する。

コンデンサはR2と7番ピン(放電ピン)を通じて放電する。コンデンサが放電すれば、その電圧は降下する。そしてこの電圧は依然2番ピンにリンクされている。つまり、これが全電圧の1/3以下まで下がると、コンパレータAがパルスを出してフリップフロップを叩き、すべてのプロセスが繰り返される。

基礎:不等のオン - オフサイクル

無安定モードで動作するとき、C1は直列になったR1とR2を通じて充電される。しかし放電時のC1は、R2のみを通じて、電圧をチップの中に捨てる。コンデンサが2本の抵抗器を通じてチャージされ、その一方のみを通じて放電するということは、充電が放電より遅い、ということだ。3番ピンの出力は充電中はハイで、放電中はローである。ということは、「オン」サイクルは必ず「オフ」サイクルより長くなる。これを簡単なグラフで示したのが図4-28である。

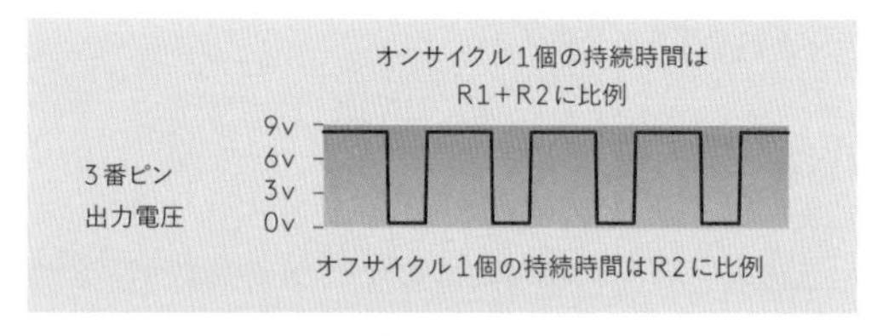

図4-28 555タイマーチップの出力において、ハイパルスの長さは谷間の長さよりも常に長くなる(チップが無安定動作するように標準的な方法で配線されている場合)。

オンサイクルとオフサイクルを等しくしたい、あるいはそれぞれを独立に設定したいなら(たとえばほかのチップに長い間隔で非常に短いパルスを送るなど)、ダイオードを追加すればよい。図4-29のようにする。(ダイオードは電圧をいくらか降下させるため、この回路は5ボルトより高い電源電圧でよく動作する。)

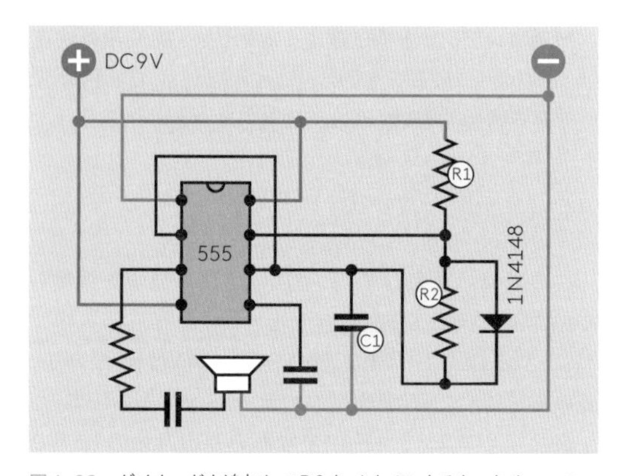

図4-29 ダイオードを追加してR2をバイパスすると、タイマーのハイとローの出力サイクルを個別に調整できる。

こうすると、C1充電時の電流は、これまで同様R1を通ったあと、R2を通らずにダイオードD1経由でショートカットする。C1の放電時は、電流がダイオードにブロックされる方向に流れるので、R2経由で放電する。

つまりR1が充電時間を制御し、R2が放電時間を制御することになる。このとき周波数の計算式は、およそ次のようになる：

周波数=1,440／((R1+R2)×C1)

ここでR1とR2はkΩ、C1はμFである。(「およそ」の語を使ったのは、ダイオードが回路にわずかな実効抵抗を加えることを、式に反映していないからである。)

R1=R2としたとき、ほぼ等しいオン/オフサイクルが得られる。

無安定モードのバリエーション

半固定抵抗器でR2の値を変える代わりに、5番ピン(制御ピン)を使ってタイマー周波数をある程度変えることができる。これを図4-30に示す。

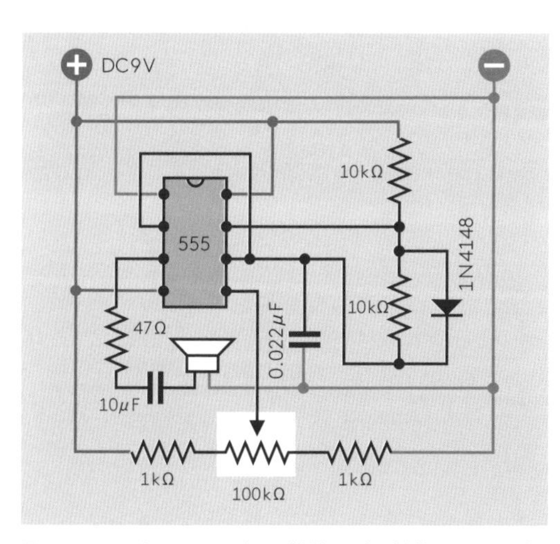

図4-30　555タイマーの5番ピン(制御ピン)の機能を見せる回路。

このピンに付いていたコンデンサを外し、図のように一連の抵抗を入れる。これらは5番ピンが正極側にも負極側にも少なくとも1kΩの抵抗を介して接続されるようにしている。5番ピンを直接電源につないでもタイマーが壊れることはないが、可聴のトーンを出力しなくなる。可変抵抗を回した場合は周波数が変化する。このようになるのは、チップの中のコンパレータBの参照電圧を変えているからだ。

チップを連鎖させる

タイマーチップを連鎖させる方法は4種類ある。これらの構成はどれも、特記なき限り、それぞれのタイマーが単安定モードだろうが無安定モードだろうが動作する。

- 555タイマーの電源に9ボルトを使っている場合、このタイマーの出力でほかの555タイマーに電源供給することができる。
- あるタイマーからの出力で、ほかのタイマーの入力をトリガーできる。これは2番目のタイマーが単安定モードで動作している場合にのみうまくいく。無安定モードでは自己トリガーするからだ。
- あるタイマーからの出力で、ほかのタイマーのリセットピンをアンロック制御できる。
- あるタイマーからの出力は、適切な抵抗器を介して、ほかのタイマーの制御ピンに接続することができる。

これらの方法を図4-31、4-32、4-33、4-34に示した。

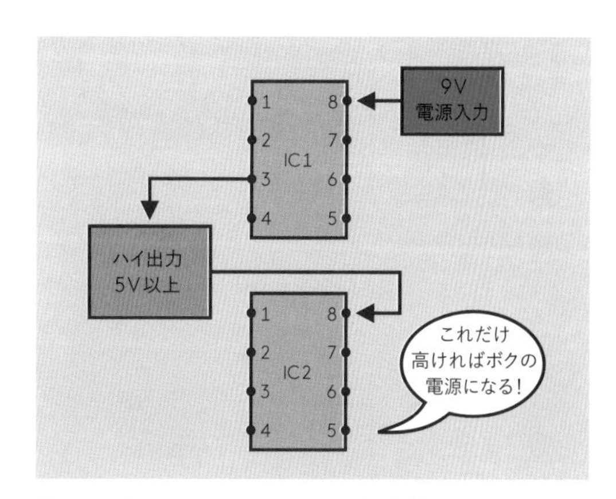

図4-31　タイマーでほかのタイマーに電源供給する。

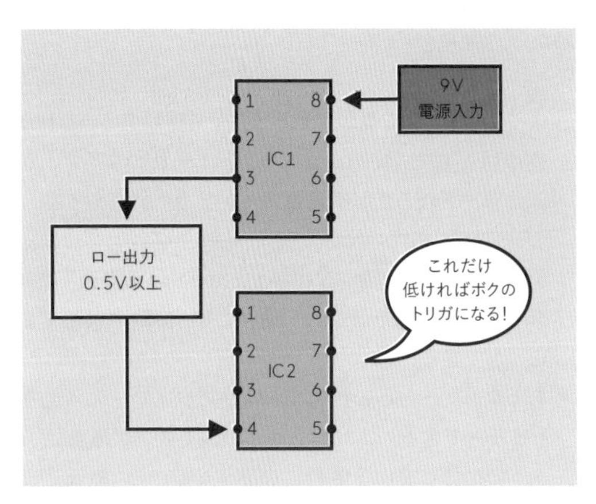

図4-32　タイマーで別のタイマーをトリガーする。

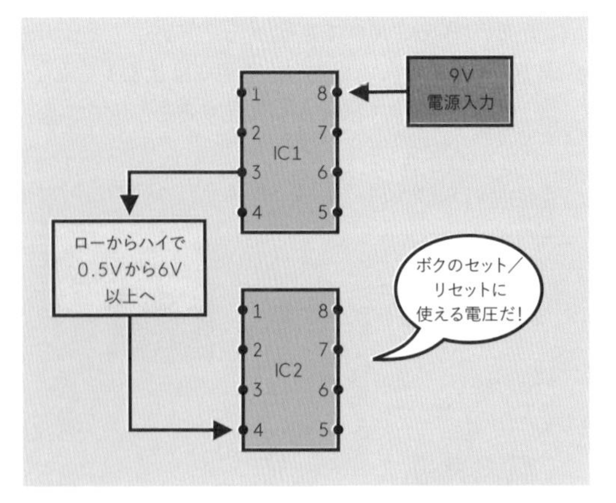

図4-33　タイマーで別のタイマーをセット/リセットする。

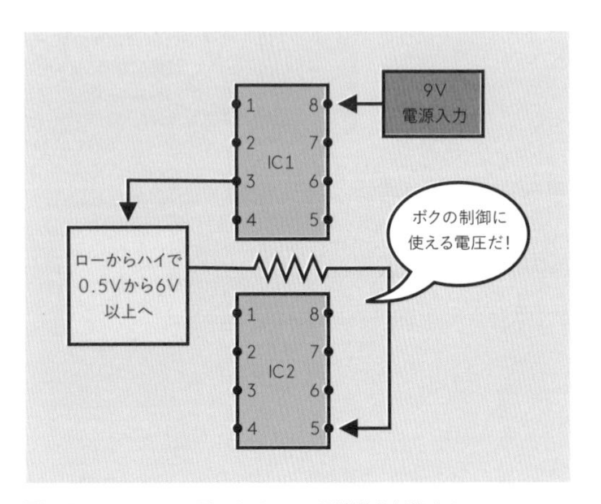

図4-34　タイマーで別のタイマーの周波数を制御する。

どうしてタイマーをチェーンさせたいのだろうか。たとえばタイマーをいくつか単安定モードで動作させておき、片方のハイパルスの終わりによって、もう一方のハイパルスの開始をトリガしたり、その反対をやったりすることができるからだ。実際、この方法ならタイマーを好きな数だけチェーンできるし、最後のチップからフィードバックして最初のチップをトリガすれば、その出力でLEDを連続的に、クリスマスライトのように点灯させられる。

図4-35はこの方法で4個のタイマーをチェーンしたものだ。これらはカップリングコンデンサを介してリンクしている。これはタイマーからタイマーを短いパルスでトリガーするだけにしたいからだ。コンデンサがない場合、チェーンの最初のタイマーのパルスが2番目のタイマーをトリガーしたあと、その後もロー状態のままのタイマー出力が、2番目のタイマーをトリガーしたままになってしまうのだ。

また、各タイマーのトリガーピンには10kΩのプルアップ抵抗を接続して、通常時はハイに保つ必要がある。

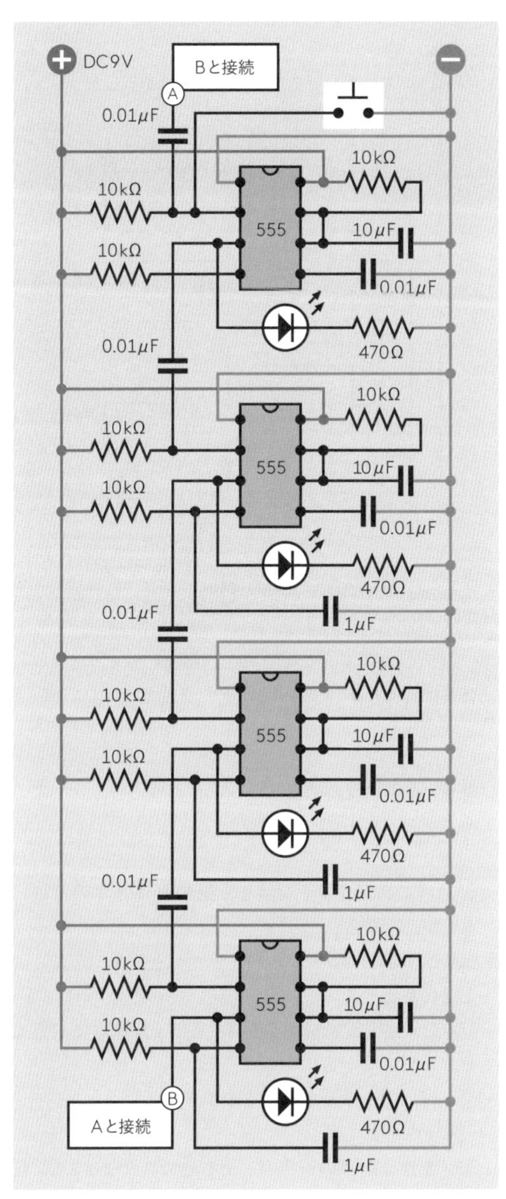

図4-35　4つのタイマーは循環シーケンスで互いにトリガーするように配線されている。

単安定モードのタイマーをチェーンしたらどうなるか、という興味深い疑問も浮かんでくる。でもこれ、どうやって始まるの？　実験16で触れたように、単安定モードの555タイマーは起動時に自発的に1回のパルスを出力する。複数のタイマーがチェーンされている場合、すべてのタイマーがほとんど同時にこれをしようとする上に、小さな製造誤差が存在するため、結果は予想できないものとなる。うまく順番のあるシーケンスに落ち着くこともあるが、2個ずつ点滅する場合も出る。

これに対処するには、実験16で触れたパルス抑制の方法を使うことである（143ページ「基礎：パルスの抑制」参照）。

リセットピンと負極グランドの間に1μFのコンデンサを接続することで、リセットピンを、タイマーの初期パルスを抑制するのにちょうどいい時間だけ、ローに保つことができる。リセットピンには10kΩのプルアップ抵抗も接続されているので、動作中の安定は保たれる。

経験上、これはうまく機能するのだが、メーカーによっては異なったふるまいのものもあるかもしれない。リセットピンの挙動はきちんとドキュメント化されていないのだ。パルス抑制で問題が出るときは、コンデンサ容量を大きくしたり小さくしたりしてみよう。

タイマーのチェーンでただ1つ残る問題は、パルス抑制があまりにうまく機能してしまうことである。電源を入れ、そして——何も起きない、ということが、すべてのタイマーの出力が抑制されていることで起きるのだ。

これを回避するには、1つのタイマーだけパルス抑制を行わないようにする。このタイマーは電源投入時にほぼ確実に初期パルスを出力し、これがシーケンスをトリガーする。構成を図4-35に示す。

だが——ちょっと待ってくれ。「ほぼ確実に」ってなんだ？　電子回路は常に動作するべきだ。常に、だ。「ほぼ」常に、ではいけない。

その通りである。しかし555タイマーが電源投入時に予想不能なことをする傾向があるのを制御することは、私にはできない。というわけで、回路の一番上にボタンを追加して、自分で起動しなかった時に起動できるようにしよう。

またほかの方法として、チェーンの最初のタイマーを無安定モードで動かす、というのもある。これが連続的なパルスをほかの単安定モード設定のタイマーに送り、最後のタイマーから最初のタイマーへのフィードバックは行わないようにするのだ。エレクトロニクスの用語では、最初のタイマーをマスターで、残りをスレーブという。

私はこの構成が好きだ。なぜなら完全に予想可能だからである。問題は、チェーンの最後のスレーブタイマーがパルスを出力し終わる、まさにその瞬間に、マスターが次のパルスを出力するよう厳密に調整する必要があるということだ。そうしないと、最後のパルスが出る前に次のパルスが出たり、最後のパルスと次の最初のパルスの間にギャップができてしまう。

これが重要かどうかは用途による。光の点滅では問題にならないかもしれないが、ステッピングモーターの駆動速度を上げようとしているのであれば、正しくタイミングを取るのは大変だ。

サイレンのような音

チップのチェーンの4番目のオプション（図4-34）には特別な意味がある。一般的な侵入警報機が出すのにそっくりのサイレン音を生成することができるからだ。実際これは、実験15で未完成だった警報機プロジェクトのオーディオ出力に使うことができる。

回路を図4-36に示す。タイマー1は基本の無安定回路として配線してある。図4-22と似ているのがわかるだろう。部品の値は大きくなっているので、タイマーの発振は約1Hzと遅くなる。この回路を図2-120の回路と比べてみてもよい。どちらにしても原理は同じだ。

タイマー2も基本の無安定回路に配線されており、1kHz程度で動作する。考え方としては、タイマー1からの遅い変動をタイマー2の制御ピンに加えることで、そのサウンドを警報システムらしい、うるさい感じに上下させるというものだ。

この回路は作ってみることをお勧めする。なぜなら、実験18で登場する最終バージョンの侵入警報機で使いたいからだ。このサイレン回路のブレッドボード配置図は図4-37、部品の値は図4-38にある。

動くようになったら、6番ピンとグランドの間にある100μFのコンデンサを外したり、別の値に交換したりすると、面白いかもしれない。このコンデンサは、周波数の変化が急激な切り替えではなく、すべるように上下させるものだ。実験11でコンデンサによりLEDをスムーズにフェードイン・フェードアウトさせたのと同じ方法である。

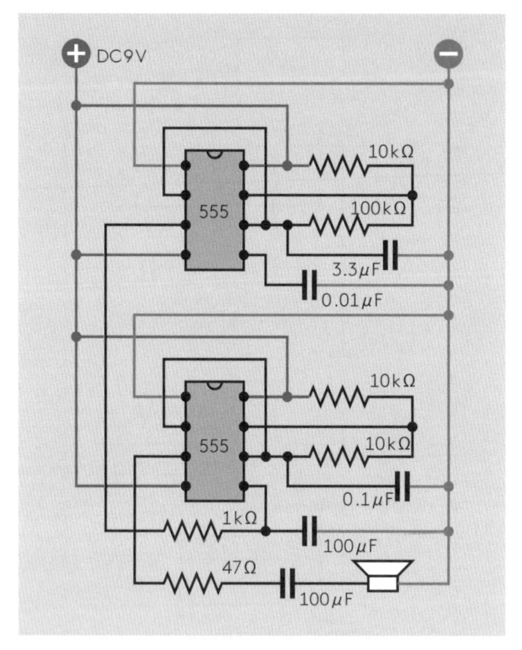

図4-36　一方のタイマーが比較的低速で動作し、もう一方を制御ピン（5番ピン）を介して変調させることで、警報機のサイレン的な、うねった音が出る。

サウンドはほかの方法でも変えられる。いくつか書いてみよう：

- 0.1μFの計時コンデンサを変更すれば基本の音のピッチが上下する。
- 6番ピンの100μFコンデンサの値を2倍、あるいは1/2にする。
- 10kΩの半固定抵抗器を1kΩ（固定）抵抗器に変更する。
- 3.3μFのコンデンサの値を変更する。

モノを作る喜びの一部は、それをカスタマイズし、自分のものにすることにある。満足するようなサイレン音ができたら、将来の参考のために部品の値を記録しておくこと。

ちなみに、2個の555タイマーの代わりに556タイマーを使えば、チップカウント（チップの個数）を減らすことができる。556は2個の555を単一のパッケージに収めたものだ。しかし（電源以外の）外部配線の数は変わらないので、わざわざこちらを使うことはしなかった。

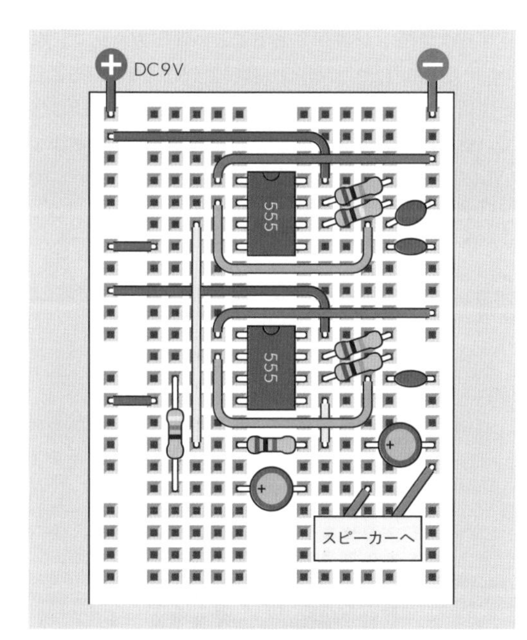

図4-37　サイレン回路のブレッドボード版。

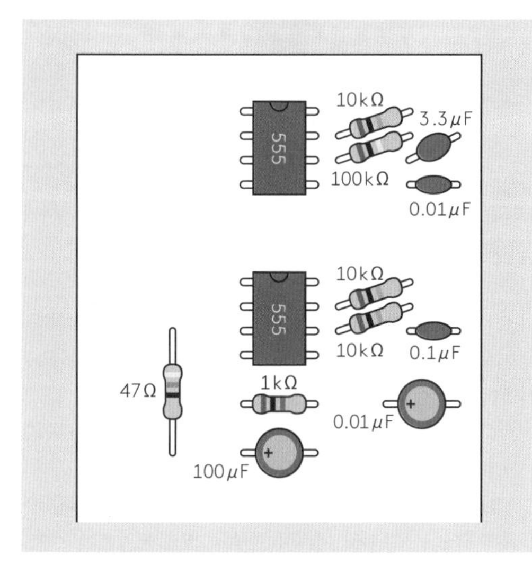

図4-38　無安定タイマーテスト回路の部品の値。

実験18：侵入警報機の完成

555タイマーにできることを見てきた今、あなたは侵入警報機のウィッシュリストに残った要求を満たすことができるようになった。

必要なもの

- ブレッドボード、配線材、ニッパ、ワイヤストリッパ、マルチメータ
- 9ボルト電源（電池またはACアダプタ）
- 555タイマー（2）
- DC9ボルトのDPDTリレー（1）
- トランジスタ：2N2222（2）
- LED：赤、緑、黄（各1）
- SPDTスライドスイッチ、ブレッドボード用（2）
- タクトスイッチ（1）
- コンデンサ：0.01μF（1）、10μF（2）、68μF（2）
- 抵抗器：470Ω（4）、10kΩ（4）、100kΩ（1）、1MΩ（2）
- ダイオード：1N4001（1）

任意（オーディオ出力用）：

- 図4-36に示した部品

任意（このプロジェクトの恒久型を製造する人向け）：

- 15ワットのハンダごて
- 糸ハンダ
- ブレッドボードレイアウトのユニバーサル基板
- SPDTまたはDPDTのトグルスイッチ（1）
- SPSTの押しボタンスイッチ（1）
- プロジェクトボックス（ケース）、6×3×2インチ（15×7.5×5センチ）以上（1）
- 電源ジャックおよびこれに適合する電源ソケット（各1）
- マグネットセンサースイッチ。家屋に適した数量。
- 警報機ネットワーク配線。家屋に適した長さ。

機能する機器に至る3ステップ

これは今まで取り組んできたいかなる回路より大きく複雑であるが、製作は比較的簡単だ。なぜなら、単独でテストできる3つの部分として作ることができるからだ。最終的には図4-45のようなブレッドボードができ上がる。部品の値は図4-46である。等価の回路図を図4-47に示す。とはいえ最初は、小さなタイマー回路から始めよう。

ステップ1

図4-39をよく見てほしい。555タイマーの右側には計時部品がない。実験16で解説した双安定回路（図4-20参照）のバリエーションだと思うかもしれない。タイマーはトリガーされると出力が無限に続く——これは警報システムによいように見える。

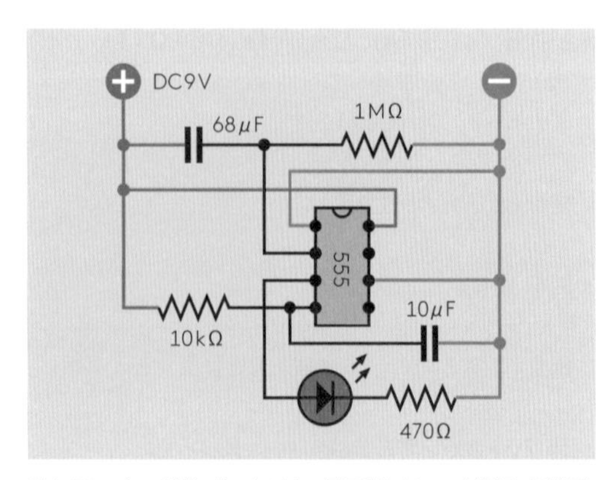

図4-39　ブレッドボードレイアウトの最下部セクションと等価の回路図。

しかしそれだけではない。この回路は保護エリアに入って警報機が鳴り始める前の、解除のための1分間の猶予を与えるものでもあるのだ。（実験15でまとめたウィッシュリストの#9にこれがあったのを覚えているだろうか。）

動作を見てみよう。部品は図4-40のように組み立てることができる。部品の値は図4-46の通りで、位置は図4-45のブレッドボードと同じにする。

位置決めは重要だ。ほかの回路セクションを追加するスペースを残す必要があるからだ。こうしたセクションの1つが、この部分の電源をオンにする。

すべてが正しい場所にあることの確認のために、右の1MΩ抵抗器が、上から29番目の列に入っていることを確認しよう。また、電源が部品のすぐそばに供給されていることに注意してほしい。ボードの最上部にではないし、正極バスもまだ使われていないのだ。

回路の電源はまだ入れない。マルチメータを、少なくともDC10ボルトが測れるようにセットし、図4-40に示すポイントに当てよう。負極（黒）プローブは負極バス、正極（赤）プローブは1MΩ抵抗器の左だ。

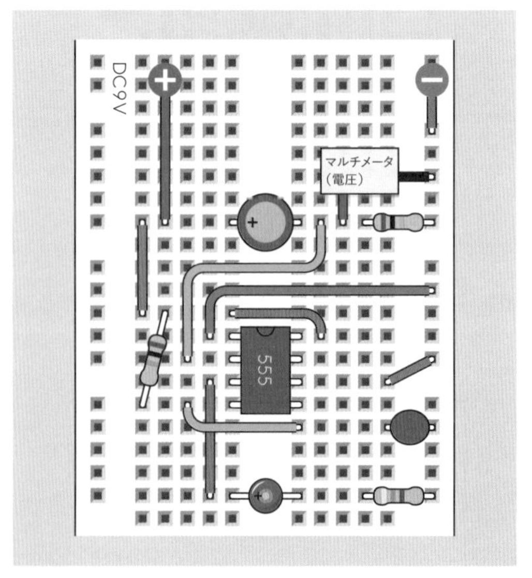

図4-40　ブレッドボード最下部の部品配置。テスト用。

それでは回路の電源を入れよう。マルチメータの読みは9ボルトからゆっくり下がっていくはずだ。電源電圧の1/3に達すると、これが555タイマーをトリガーし、LEDが点灯する。このLEDはテスト用に入れたものだ。最終バージョンでは、ここに警音装置回路を入れる。

68μFという大きなコンデンサが、タイマーの最初の反応を遅らせている。最初に回路に電源を入れたとき、このコンデンサは、初期パルスを自分と1MΩ抵抗器の間に送る。緑の配線は、ここからタイマーのトリガーピンに通じている。つまり、トリガーピンは最初ハイ状態にあり、覚えておいでの通り、タイマーはトリガーピンがローにならない限り何もしない。

コンデンサ右側の電圧は、1MΩ抵抗器を介して非常にゆっくり漏れていく。最終的にはタイマーをトリガーするほど低くなる。

回路の残りの部分は、実験16と17で解説した「パルス抑制」によって電源投入時のパルスを止めるものだ。4番ピン（リセットピン）に接続された10μFコンデンサと10kΩ抵抗器は、このためにある。今回1μFでなく10μFのコンデンサを使ったのは、今回の回路が実験17の回路よりも、少しゆっくり反応するものであるためだ。

- 555タイマーのトリガーパルスへの反応に遅延を入れたいときは、これらの部品を使うのがよい。
- 68μFコンデンサを大きくしたり小さくしたりすると、遅延の大きさを調節できる。

ここまでは順調だ。回路のこの部分は、電源投入時に遅延を入れ、また遅延が終わってからは警報機を起動して、無期限に動かし続けるものである。

ステップ2

図4-41および4-42は、回路構築の次のステップを示したものだ。これまでに配置した部品はそのままそこにあるが、新しく追加した部分が目立つように、グレーに落としてある。

最下部のスライドスイッチS2、その横の470Ω抵抗器、そして2本の長い黄色の配線を入れ忘れないこと。このスライドスイッチはテスト用である。実用時に使うアラームセンサーを表現したものだ。

リレーは実験15と同じ機能を担っている。実際、回路の接続を追っていけば、小さな変更以外は図3-88と同じように動作することがわかるはずだ。唯一の違いは、1kΩの代わりに470Ωの抵抗器が使われていることだ。またスイッチS1は最上部に移動し、緑のLEDを付けた。なぜだろうか。すぐ後で説明する。

すべての部品を慎重に配置しよう。左にある3本の赤色配線と、右にある3本の青色配線を見逃さないこと。リレーのピンに接続する配線がピンの真横にちゃんと来ているかどうか、確認すること。

S1のレバーが下の位置に、S2のレバーが上の位置にあることをもう一度確認する。テストでは68μFコンデンサを外し、1分間待たなくても赤色LEDが点灯するようにする。

それでは電源を接続しよう――もしすべての接続が正しく行われていれば、何も起きない。S2はアラームセンサーを表現したもので、レバーが上の位置にあることは、センサーが閉じていることを示している。レバーを下に動かして、センサーが開状態になったことをシミュレートしよう。回路の一番下にあるテストLEDが、すぐさま点灯するはずだ。スイッチを上位置に戻しても、LEDはオンのままである。この回路は、センサーがリセットされても、警報をオン状態でロックするのだ。

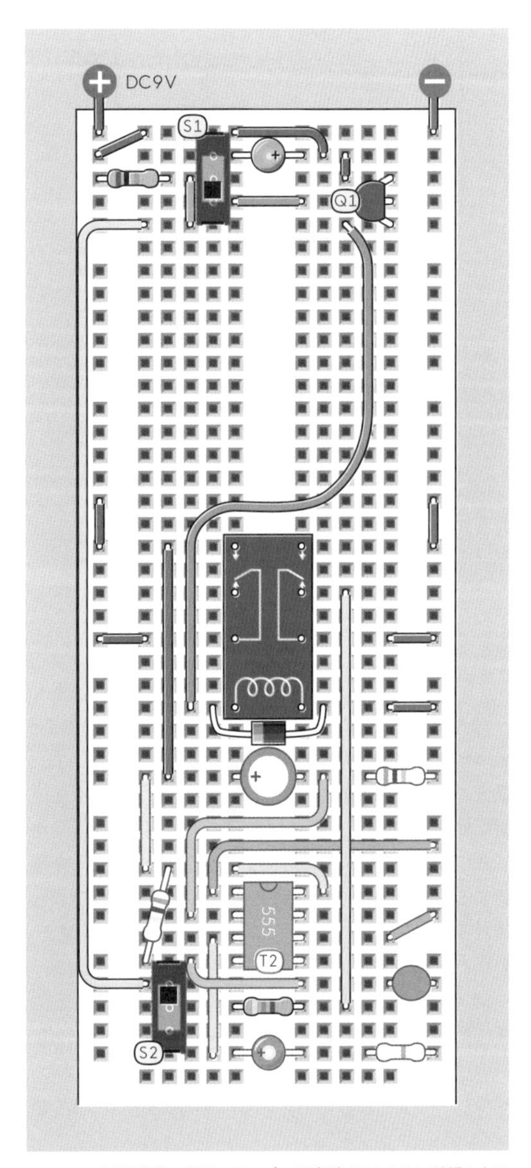

図4-41　回路構築の第2ステップでは実験15のように配置したリレーを組み込む。

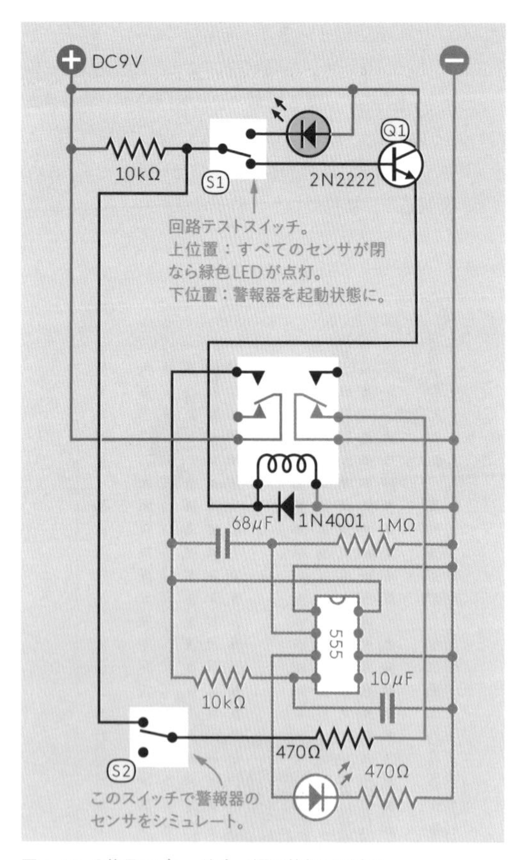

図4-42　2枚目のブレッドボード図と等価の回路図。

電源を切り、S2のレバーを上の位置にしたままで（=センサーが閉じた状態をシミュレートした状態で）、また電源を入れる。今度はS1（上部にある）のレバーを上位置に動かしてみよう。緑のLEDが点灯する。これは回路テスト機能だ。すべてのセンサーが閉じていることを確認するものである。アラームを使うとき、保護エリアから離れる前にこのテストをやっておくのだ。これは実験15のウィッシュリストの項目#7の前半を満たしている。

S1のレバーを上位置にしたまま、S2のレバーを下位置に動かそう（センサーが開状態なのをシミュレート）。緑のLEDは消灯する。S2のレバーを上位置に動かすと、緑のLEDはまた点灯する。つまり、テスト手順はうまくいっている。

これがこの回路を実際に使うときの手順だ。まずはS1のレバーを上（テスト）位置にする。保護エリアを離れる準備ができたら、回路の電源を入れる。緑のLEDが点灯しない場合、どこかのドアや窓が開いている、ということだ。原因を見つけて閉めておこう。緑のLEDが点灯したら、すべてのセンサーが閉じているということだ。これで警報機が起動できる。S1のレバーを下位置にする。緑のLEDが消灯し、警報機が起動する。帰宅したときは、警報機をオフにできなくする前に、555タイマーが解除の猶予を1分間（回路のコンデンサを68μFから変えていない限り）くれる。警報機の解除はS1のレバーを上（テスト）位置に動かすことによる。

さて、回路がなぜ、どのように動作するのか見ていこう。

左上の10kΩ抵抗は、スイッチS1が下位置にあるとき、これを介してトランジスタQ1のベースに接続されている。また、リレーの右側の極の接点は、負極グランドに接続されている。負極の電位は、ここから右の黄色の配線、470Ω抵抗器、スイッチS2（センサーをシミュレートするもの）、そして長い黄色の配線を通って、上に戻る。そしてトランジスタのベースを低い電圧に保つ（オレンジの配線経由）。ベース電圧が低い限り、トランジスタは導通しない。

センサーが開になると、トランジスタのベース電位は低く保持されなくなり、さらに10kΩ抵抗器によるプルアップがあるので、トランジスタの導通が始まる。これは、長い曲線を描くオレンジの配線経由で、リレーをトリガーする。リレーは双安定タイマーに電源を供給し、最終的に、これが警報機を作動させる。リレーは同時に、右側からの負極グランドへの接続を遮断するため、センサが再度閉にされても、トランジスタは導通を続ける。

この回路の概念は、図3-88までで得られたものと、まったく同じだ。大きな違いは緑のLEDである。S1のレバーを「テスト」位置に動かすと、トランジスタへの正電圧が遮断される（つまりトランジスタは警報機を起動することができない）。すべてのセンサが閉じていれば、LEDが、センサ群と470Ω抵抗経由で負極グランドに接続し、点灯することでシステムの準備が整ったことを教えてくれる。

ステップ3

ほかにこのプロジェクトに必要なものがあるだろうか。よし、警報機システムを使っているところを想像してみよう。これをセットしてから保護エリアを出たいものとする。ここで突如気付く。セットした後で、そこから出るためにドアを開ければ、アラームがトリガーされてしまうではないか。

68μFコンデンサ付きの双安定タイマーは警報機を1分間抑制する機能をもたらした。これは帰宅時にオフにする時間を与えるものだ。今度は出発時に1分間警報機を抑制するために、もう1つタイマーが必要だ。

これを組み込むのは、少し難しい。キーになるのは、もう1つのタイマーでトランジスタQ1への電圧を引き下げ、Q1がリレーをトリガーできなくすることにある。

問題は、「オン」サイクルでのタイマー出力が、ローでなくハイであることだ。ハイ出力を変換し、Q1のベース電圧をプルダウンするために、トランジスタをもう1本追加する必要がある。

図4-43および4-44はこれを実現する部品を示したものだ。こちらでも、これまでに配置済みの部品は、グレーに落としてある。

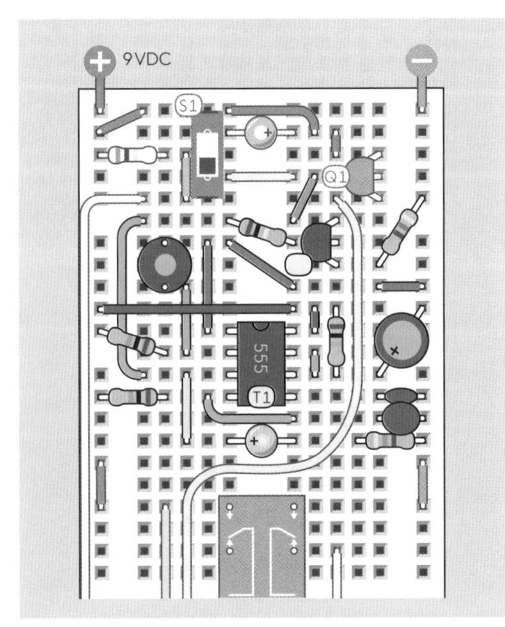

図4-43　警報機回路構築の第3の、そして最後のステップ。

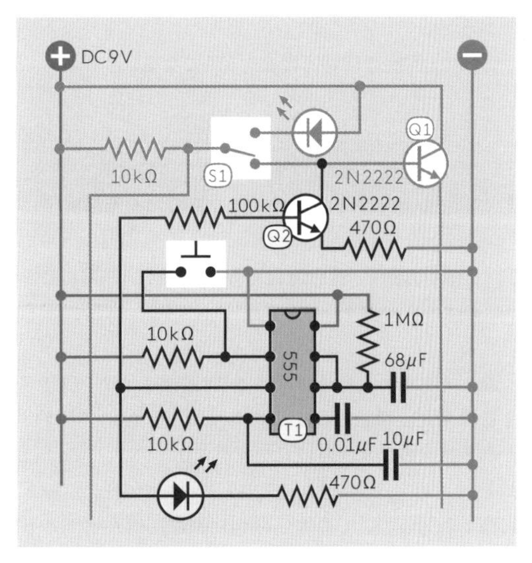

図4-44　回路構築の第3ステップの回路図。

新しい555タイマー（ラベルT1）もほかのタイマー同様、4番ピン（リセットピン）にパルス抑制回路を持つので、電源を入れた時のパルスは出力しない。ボタンを押すとT1が作動する。このボタンはタイマーのトリガーピンを接地するものだ。

タイマーの出力がハイになると、3番ピン（出力ピン）から電流が流れ、黄色のLEDが点灯する。これは警報機システムが起動前のカウントダウン状態にあることを教えてくれるものだ。このLEDが点いている限り、警報機は、センサースイッチを開にする、あらゆる活動を無視する。

3番ピンは、左側の、Cを縦に伸ばしたような緑色の配線にも接続されている。これはカーブして100kΩ抵抗器につながり、抵抗器は第2のトランジスタQ2のベースに接続する。タイマーからの出力は、100kΩ抵抗器経由でベースに達したとき、Q2を導通させるのに十分なものだ。Q2のエミッタは470Ω抵抗を介して接地、コレクタはQ1のベースに接続されている。Q2が導通している間はQ1のベースが接地されるので、Q1によるリレーのトリガーと警報機の起動が抑止される。

T1が警報機の起動を止める仕組みは、このようになっている。1分間の猶予が終わると、T1は導通をやめ、最初のトランジスタをプルダウンしなくなり、警報機はオンになれるようになる——ただし当然ながら、上のスイッチを「テスト」モードから動かすのを忘れていない限り、である。

これで、回路の使い方は次のようになる。

1. まずスイッチS1を「テスト」位置にして、すべてのドアや窓を閉じることで緑のLEDが点灯する。
2. S1のレバーを下位置にする。警報機が準備完了になる。
3. ボタンを押し、黄色のLEDが点灯している間に家を出て、ドアを閉める。

あなたの作ったものは期待通りに動作しただろうか? するはずだ。慎重に配線していれば。タイマーT1はいかなる状況でも黄色のLEDを点灯させるので、テストは簡単だ。また、マルチメータのプローブをQ1のベースに当てれば、ここでの電圧の相対的な高低が確認できる。電圧が相対的に低い間は、警報機はトリガーされない。高くなれば、警報機はトリガーされるようになる。

リレーのすぐ下の68μFコンデンサを戻して、遅延タイマーの機能を回復しておくのを忘れないこと。

ブレッドボード回路の完成版は図4-45、部品の値は図4-46、回路図は図4-47である。

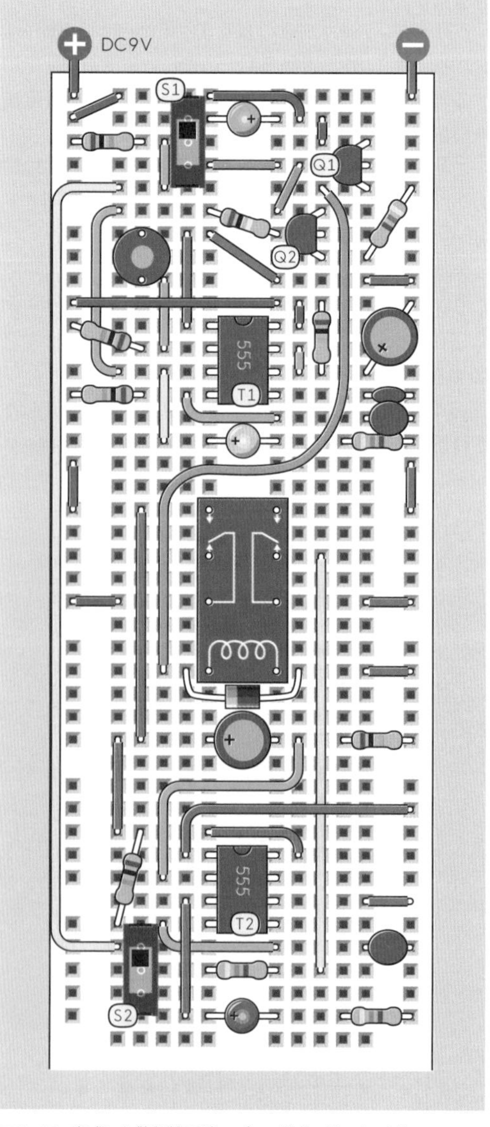

図4-45 完成した警報機回路のブレッドボードレイアウト。

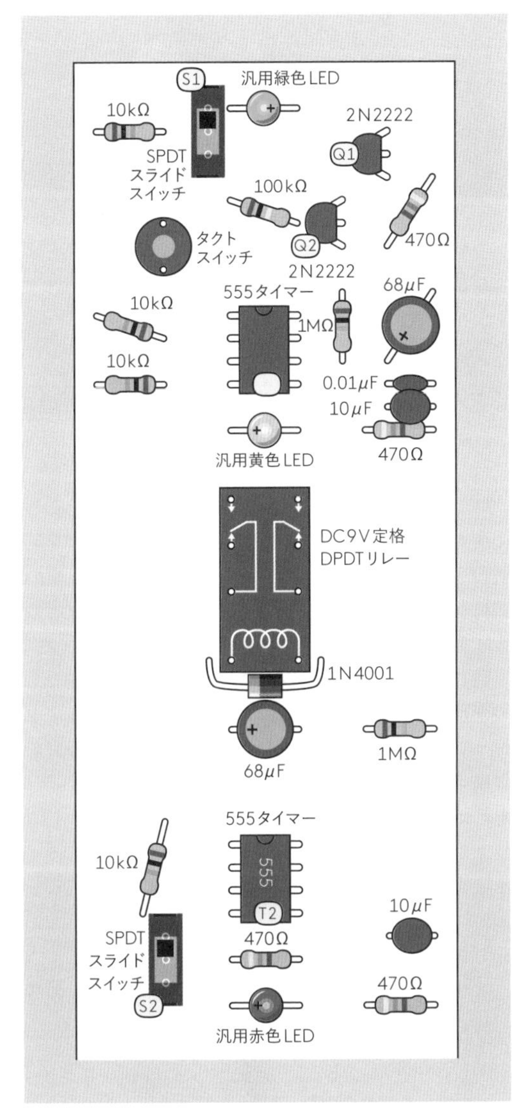

図4-46　前図のブレッドボードレイアウトの部品の値。

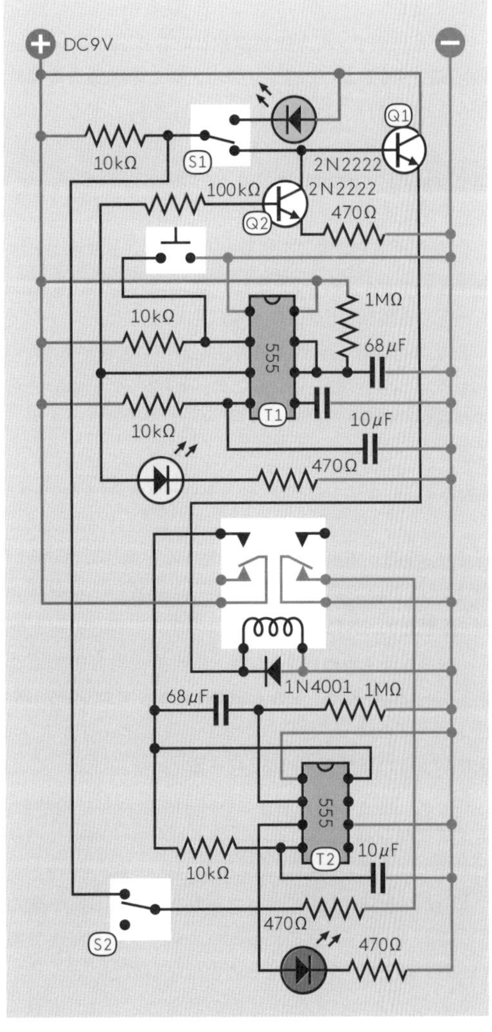

図4-47　ブレッドボードの警報機回路と等価の回路図。

警音はどうなった?

警報機が警音を発するようにしたいなら、テスト用に入れてあるLEDを、何らかのオーディオ回路または機器に置き換える必要がある。

一番簡単なのは既製品を使うことだ。安く買えるサイレンは何百種類も存在し、電源につなぐだけでやかましい音を出すつもりで待ち構えている。この多くはDC12ボルトを要求するが、DC9ボルトをつないでも、ほとんど同じような音が出る。ただしタイマーT2が150ミリアンペアを大きく超える電流を供給できないことは、忘れないでほしい。

全部自作のサウンド機能が欲しいなら、図4-36の図の回路を使うとよい。リレーの出力をこの回路の電源に使うことで、自前のサウンド機能が持てる。

オンオフについては?

回路のテストは電源を接続したり外したりすることで行った。オンオフスイッチを付けることもできるが、数字コードで警報機を切れる方が望ましいだろう。

現状ではこれを実装する方法を示すことはできない。なぜなら、まだ解説していないロジックチップが必要であるからだ。実験21はこれを行う方法を示すものである。

仕上げ

さて、アラーム回路は現状でちゃんと動作するので、仕上げについて話したい。これは、基板にハンダ付けし、基板をケースに入れて、すべてがよい感じの見た目になるようにするということだ。本書で一番大事なのはエレクトロニクスだ。しかし依然として、プロジェクトを仕上げることはモノ作りの経験の重要な部分であり、ゆえにいくつか見せておくことにする。

回路のハンダ付けは、二点間配線を解説した実験14よりは簡単なはずだ。部品はユニバーサル基板に取り付けるが、今度の基板は裏の銅箔パターンがブレッドボード内部の配線と同じになったものだ。対応した位置に部品を持ってきて、裏の銅箔とハンダ付けするだけでよい。線と線をハンダ付けする必要はないのだ。

この種のユニバーサル基板の購入ガイドは巻末近くの305ページ「消耗品」にある。

それでは進め方だ：ブレッドボード上の部品を、位置を注意深く記録した上で、ユニバーサル基板の相対的に同じ位置に移し、リード線を基板のホールに差す。

基板を裏返し、部品が落ちないようにして、リード線が通っている穴の様子をよく見ておく。基板の裏側から見た図4-48（部品は反対側にある）のようになっている。銅箔は、この穴を囲み、さらにほかの穴と接続している。あなたのタスクは、溶かしたハンダで銅箔とリード線の間に強固で信頼性のある接続を作ることだ。

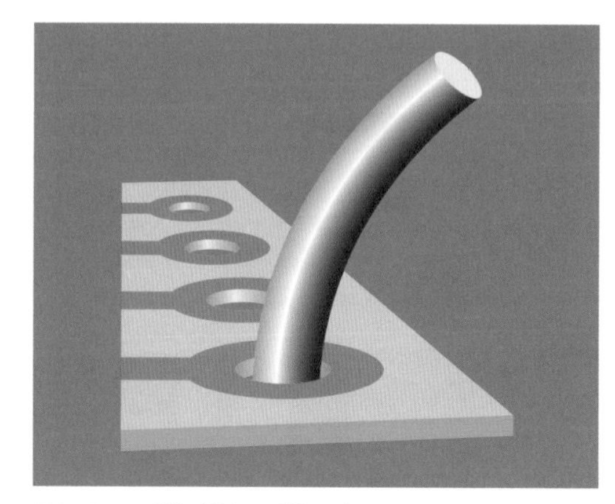

図4-48　リード線が刺さった基板の裏側。

ユニバーサル基板をクランプするか、滑らないところに置く。低ワットのハンダごてを片手に、糸ハンダを反対の手に持つ。コテの先をリードと銅箔に当てて、その間にハンダを少量入れてやる。2秒でハンダが流れ始めるはずだ。

図4-49のような、十分なハンダが丸く盛り上がったものが形成されるようにする。ハンダが完全に固まるのを待って、先の尖ったラジオペンチでリードを持ち、ハンダ付けの強度を確認する。うまくいっていたら、出ているリードをニッパで落とす。図4-50参照。

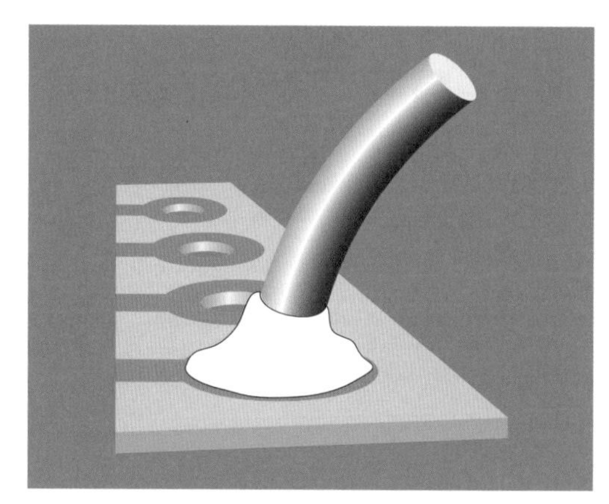

図4-49　理想的には、ハンダ付けはこのようになる。

図4-50　ハンダが冷えて固まったら、余分のリード線をニッパで落とす。

ハンダ付け部の撮影は難しいので、うまくできたハンダ付け前後のリード線の様子をイラストで示している。ハンダは黒の輪郭で囲まれた真っ白の部分だ。

ユニバーサル基板に実際に部品を入れてハンダ付けした様子を図4-51、4-52に示す。

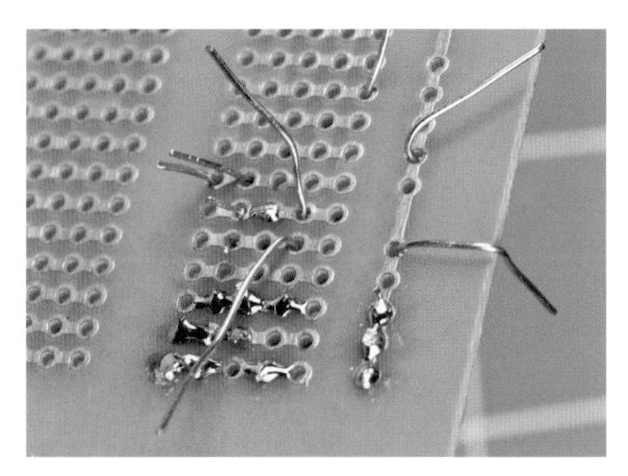

図4-51　この写真はブレッドボードからユニバーサル基板に部品を移植しているところ。一度に2、3個だけの部品を、基板の反対側から入れて、リードを曲げて落ちないようにする。

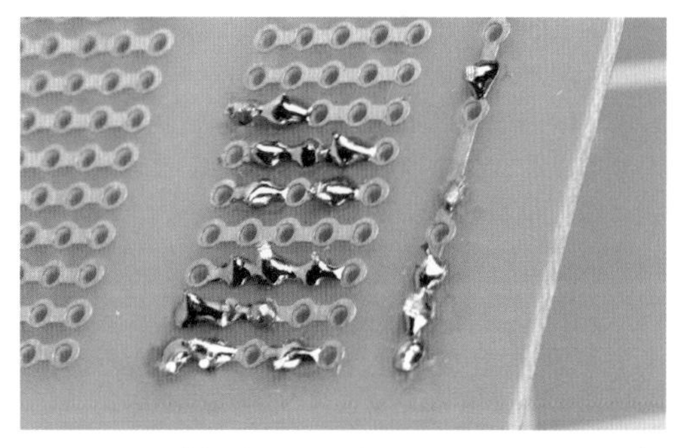

図4-52　ハンダ付け後にリードを短く切り詰め、拡大鏡でハンダ付け部を検査する。これで次の部品を入れられるようになる。あとは繰り返しだ。

基板作業のよくある失敗

1. **ハンダ過多**：ハンダは気づかぬうちに基板上に広がり、隣の銅箔に接触し、そのまま付いてしまうものだ。図4-53のようになる。こうなったらハンダ除去器で吸い取るか、ナイフ（カッター）で切り離すしかない。個人的にはナイフを使うほうが好きだ。なぜならゴム球や吸取り線で吸い取っても、いくらか残るからだ。

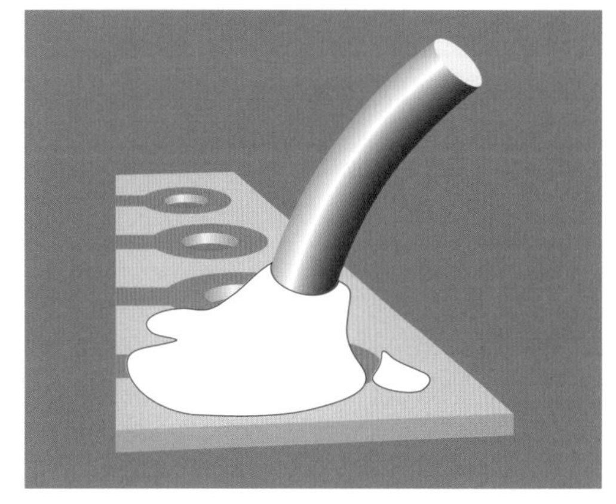

図4-53　ハンダを入れすぎれば望まない場所に行ってしまうものだ。

顕微鏡的なハンダ痕跡でも、回路のショートには十分だ。光がいろいろな角度で当たるように基板を回しつつ、拡大鏡で配線をチェックすること。

2. **ハンダ不足**：ハンダが足りないと、冷めたときにリードが外れる。回路が動かなくなるには、顕微鏡的なヒビが入るだけで十分だ。極端な場合、ハンダがリードにも周囲の銅箔にも付いているのに、両者の間に強固な橋渡しができておらず、リードがハンダに囲まれたまま浮いている、ということすらある（図4-54）。これは拡大鏡で観察しない限りわからない。

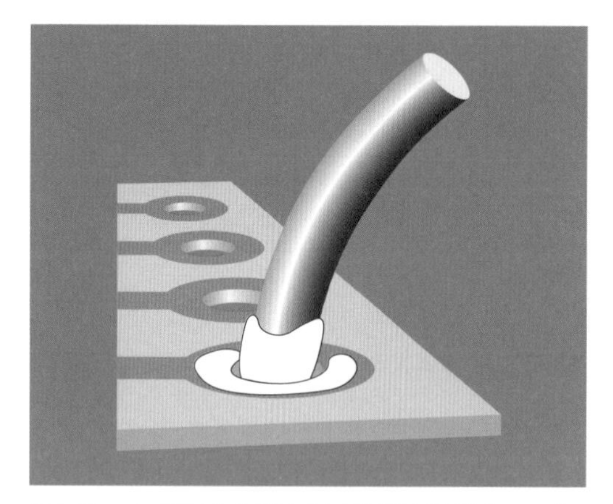

図4-54　ハンダが少なすぎると（または加熱不足だと）、ハンダの付いたリードとハンダの付いた銅箔が分離したままになることがある。毛筋ほどのギャップでも電子的な接続を妨げるには十分だ。

ハンダの不足している部分にハンダを足すことは可能だが、このときは完全な再加熱が必要だ。

3. **部品の入れ間違い**：部品を隣の穴に入れてしまうことは非常によくある。ハンダ付けを忘れるのもありがちだ。
   お勧めは、回路図をプリントアウトしておき、ハンダ付けをした配線を、いちいち赤で消していくことだ。

4. **ゴミ**：リードを詰めるとき、カットした針金は消えてしまうわけではない。ワークエリアに散らかり、基板の裏にひっかかり、やめてほしいところに電気的接続を作り出すのは、よくあることだ。

電源を入れる前に、古い歯ブラシで基板の裏を掃除すること。残ったフラックスを除くため、アルコールを付ける。作業エリアはできるだけきれいに保つこと。こだわり屋になればなるほど、後で問題が起きなくなる。

繰り返す。すべてのハンダ付け箇所は拡大鏡でチェックすること。

基礎：ユニバーサル基板における障害追跡

ブレッドボードで動いた回路が、ユニバーサル基板にハンダ付けすることで動かなくなる場合の障害追跡の手順は、前に書いたものと少し違ってくる。

最初に見るのは部品の配置だ。これが一番確認しやすいからである。

部品がすべて正しい位置に入っているなら、電源を入れた状態で、基板をやさしく曲げてみよう。回路がとぎれとぎれに反応するようなら、ほぼ間違いなくハンダ不良だ。付くべき場所にきちんと付いていないか、ハンダ付け部に微小なヒビが入っている。

マルチメータを直流電圧測定にして、黒リードを電源の負極側に接続し、回路の電源をオンにしたうえで、赤リードで上から下まで1か所ずつ電圧を調べてみる。ほとんどの回路では、だいたいすべての場所に何らかの電圧が出るものだ。デッドゾーンを見つけたり、マルチメータが中途半端な反応をするときは、表面的にはうまくいっているようでもハンダ付けがおかしいので、そこに集中しよう。

この作業には明るいデスクランプと拡大鏡が不可欠である。1/1,000インチ以下のギャップでも、回路を機能停止するには十分なのだ。これを拡大鏡なしに見つけるのは困難だし、拡大鏡があったとしても、ライトがあるのが絶対正しい（ライト）というのがしばしばだ。

汚れ、水分、油分があると、リード線や銅箔にハンダがうまく付かないことがある。できるだけ細心に作業する習慣をつけることの、もう1つの理由がこれである。

プロジェクトボックス（ケース）

ユニバーサル基板を納める手段として、プロジェクトボックスはもっとも簡単だ。（このアイテムは3章冒頭の部品用品リストのところで触れた。）バリエーションは何百種類もある。アルミのボックスはクールでプロフェッショナルに見えるが、ボックス内で基板がショートしないように保護する必要がある。プラスチックのボックスは簡単で安価だ。

すべてをプロっぽく見えるようにするには、スイッチやLEDの穴は、いい加減に空けてはいけない。紙にレイアウトを書こう（または絵を描くプログラムで描いてからプリントしよう）。部品同士の間隔が十分あり、うまく収まるかどうか、いつも必ず確認する。また、なるべく回路図に添った配置にすることで、混乱のリスクを最小限にするとよい。

スケッチができ上がったら図4-55のようにトップパネルの内側に貼り、すべての穴の中心に先の尖った工具（ポンチやピックツールなど）を押し付けて、プラスチックに点を打つ。このくぼみはドリルビットの中心合わせにとても役立つ。

図4-55　プリントアウトした部品レイアウト図をプロジェクトボックスの蓋の裏面に貼ったところ。ドリル加工するすべての穴の中心にポンチで印を付ける。

スピーカーを駆動する回路を（既成品のサイレンではなく）使う場合は、トップパネルの裏に取り付けたスピーカーから音が出るように、穴をたくさん開けておくこと。私の作ったパネルを図4-56に示す。

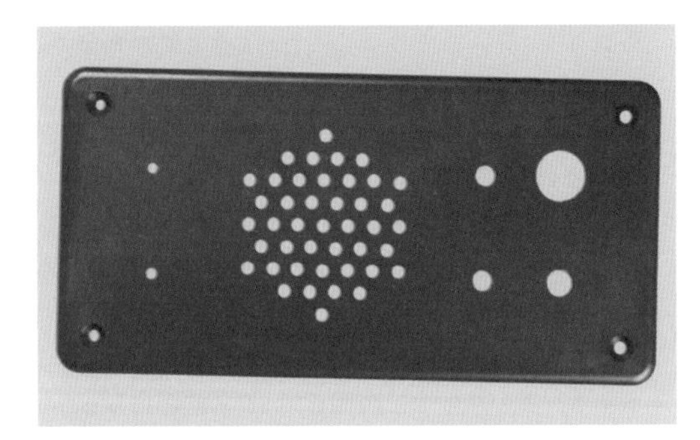

図4-56　穴開け後のパネルの外観。中心にきちんと印を付けておけば、小型のコードレスドリルできれいに仕上げられる。

スイッチとLEDはすべてトップパネルに配置してある。電源ジャックはボックスの一端に設けた。普通、穴の寸法は部品に合わせるものだ。部品の直径を測ってビットを選ぶときは、ノギスがあればとても便利だ。ない場合はできる限りの推定をする。大きすぎるよりは小さすぎる方がよい。部品にぴったりになるよう穴をわずかに広げるには、バリ取りバーが理想的なツールだ。特に5ミリのLED用に3/16インチのドリルを使ったときは必須だろう。穴をほんのわずか広げれば、LEDは実にきっちりと嵌まる。

スピーカー本体に取り付け穴がない場合、接着の必要がある。私は5分間エポキシを使った。はみ出さないよう注意すること。また、スピーカーコーンに接着剤が付かないようにすること。

薄く柔らかいプラスチック製プロジェクトボックスの穴開けには問題が出るかもしれない。ドリルビットが食い込んで割れやすいのだ。この問題に対しては3つのアプローチがある：

- 持っているならフォスナービットを使う。これで開けた穴は非常にきれいだ。ホールソーを使ってもよい。
- 穴径を段階的に大きくする。
- 少し小さい穴を空けておき、バリ取りバーで径を拡げる。

どの方法を取るにしても、穴開けの際はトップパネルの表面（外側）を、いらない木の板にクランプするか押し付けておく。こうしておいてパネルの裏面から穴開けすれば、ビットがプラスチックから木の板にまっすぐ通るので、パネル表面が痛まない。

最後に図4-57のように部品をパネルに取り付けて、次は中味のことを考える番だ。

スイッチのハンダ付け

最初のステップは、スイッチのどちらを上にするか決めることである。マルチメータを使って、スイッチを切り替えた時に、どの端子とどの端子が接続されるか調べておく。ツマミを上位置に倒した時にオン、という形をお勧めする。私の制御パネルの裏側を図4-57に示す。DPDTスイッチを使っているが、これはたまたま持っていたためだ。このプロジェクトにはSPSTスイッチがあればよい。

図4-57　プロジェクトボックスのコントロールパネルに部品を取り付けたところ（裏面より）。スピーカーは接着してある。LEDには万一のため接着剤を盛ってある。

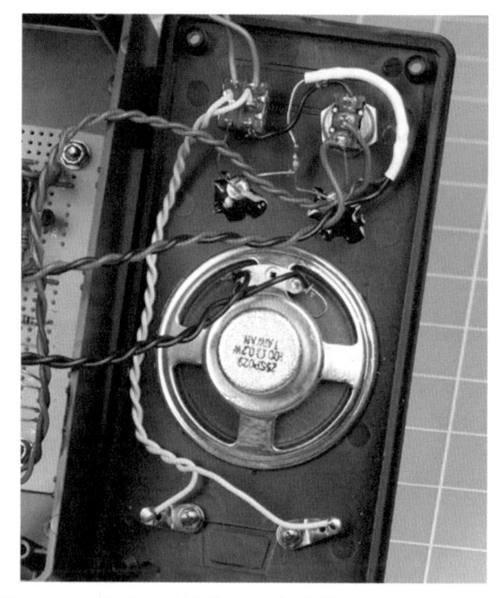

図4-58　ツイストペア線を作って二点間接続してある。これは小さなプロジェクトなので見た目はあまり気にしていないのだ。

双投スイッチの中央端子は、ほぼ確実に極（ポール）である、ということを覚えておこう。

基板とトップパネルの部品類の配線には、より線が適している。これはより線の方が曲げやすく、ハンダ付け部位へのストレスも小さいからだ。組になる線同士をツイストしておけば、あまりゴチャゴチャすることはない。

スイッチの端子に配線をハンダ付けする場合、15Wのハンダごてでは、きちんと付けられるほどの熱が伝えにくい。ハイパワーな方のハンダごてを使えばよいが、LEDをハンダ付けするときは、必ずちゃんとしたヒートシンクを使って保護する必要がある。また、このハンダごては、何に対しても10秒を超えて当て続けてはいけない。被覆はあっという間に溶けるし、スイッチ内部の部品さえ駄目になることがある。

これよりも複雑なプロジェクトでは、トップパネルと回路のリンクに、もっとすっきりした方法を使うのが、よい習慣となるだろう。基板用のプラグとソケットを持った、多色のリボンケーブルが理想的だ。今の初歩的なプロジェクトではそこまでやらない。配線は図4-58のようにバラバラでよい。

基板の固定

回路基板はボックスの底に収め、#4のマシンスクリュー（M3の一般ネジ）に、ワッシャと、ナイロン入りのロックナットで固定する。私は接着剤より、ボルトとナットを使うほうが好きだ。修理の際には基板を取り外す必要があるからだ。ロックナットを使うのは、ナットがゆるんで部品の間に落ちるショートのリスクを、排除するためだ。

基板はボックスに合わせてカットする必要があるが、このとき部品を壊さないよう注意すること。私はバンドソーでカットしているが、ハクソーでもよい。基板にはグラスファイバーがしばしば入っており、これは木工用のノコ刃を鈍らせるのを忘れないこと。

また、カット後は裏面をチェックし、銅箔の切れ端がぶらぶらしてないか確認する。

基板にネジ穴を開ける際にも、部品を壊さないように注意する。この基板の穴位置をボックス底面に写し、ボックスの穴開けを行う。カウンターシンクで面取りして（=穴の縁を斜めに落とすことで平皿ネジが底面と面一になるようにして）、ネジを底から突き出し、基板を固定する。緩まないロックナットを使っているため、やたらに強く締める必要はない。というか、過剰に締めることは絶対に避けること。

基板を取り付けたら、念のためもう一度動作チェックする。

注意：基板にストレスをかけない

基板とプロジェクトボックスを留めるネジを強く締めすぎないように、よくよく注意する。締めすぎると基板に曲げストレスを与え、ハンダ付けや銅箔がはがれることがある。

最終試験

回路が完成した時点で、マグネットセンサースイッチのネットワークの準備ができていない場合は、適当な電線を使えばよい。私は便利なように、ボックスに1組のネジ端子を付けてある。ボックスのフタに小さい穴を空けて、基板から2本の配線を引き出しておけば、同じくらい便利だ。

全体が設計通りに動作したら、配線を押し込んでからトッププレートをネジ留めする。使ったボックスが大型なので、金属パーツが接触するリスクはないはずだが、それでも注意深く進めること。完成した私の製作品を図4-59に示す。

図4-59　完成した警報機ボックス。

警報機の設置

最後にマグネットセンサースイッチを組み込むが、これは設置前に1個ずつテストすること。マルチメータを導通チェックにセットしてスイッチの端子に触れておき、磁石モジュールを近づけたり離したりするのだ。スイッチは、磁石をつけたとき閉状態、離したとき開状態になる必要がある。

次はスイッチとスイッチをつないでいくための配線図を描こう。すべてのスイッチを直列にするのを絶対に忘れないこと。並列ではない！　図4-60はこの概念の模式図だ。2つの端子はコントロールボックス（ここでは緑で描いてある）のターミナル端子で、暗い赤の四角は窓やドアの磁石センサースイッチだ。こうした配線を行うケーブルは2芯が普通なので、図のように途中を切ってハンダ付けしてやることで、分岐ができる。ハンダ付け箇所はオレンジ色のドットで示した。電流が直列に接続された全スイッチを流れ、コントロールボックスに戻っていることに注意してほしい。

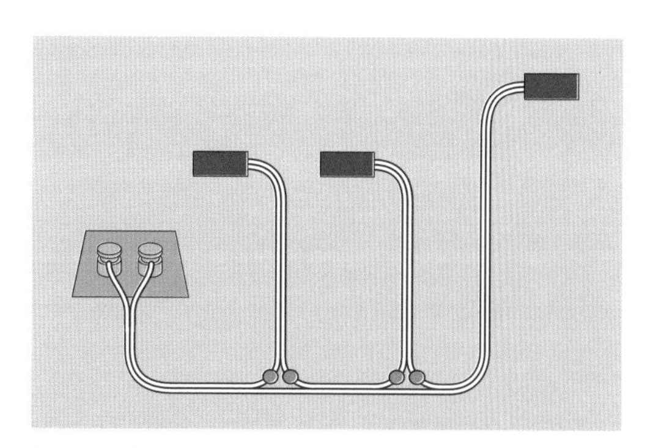

図4-60　白被覆の2芯ケーブルは、警報機のコントロールボックスと磁石センサ（赤の四角）の接続に使える。センサーは直列につなぐ必要があるので、オレンジ色のドットで印を付けた位置で、片方の芯を切ってつないでいる。

図4-61は、上のネットワークを実際に2つの窓と1つのドアに設置する様子だ。青の四角はスイッチモジュールを作動させる磁石モジュールである。

ケーブルがかなりの長さ必要になる、というのは明らかだ。ドアベルや暖房サーモスタット用に販売されている白のより線は、これによく適している。通常これはAWG20番以上だ。

スイッチをすべて設置し終えたら、ケーブルの両端、警報機ボックスにつなぐ部分の芯線に、マルチメータのリードをフックする。メータを導通試験にしておいて、窓やドアを1箇所ずつすべて開閉し、導通が切れるかどうかをチェックする。すべてOKであれば、ケーブルをプロジェクトボックスのターミナル端子につなぐ。

次は電源だ。9ボルトのACアダプタをDC電源プラグに接続する。回路は12ボルトのアラームバッテリーでも動作するが、リレーは12ボルト品に交換する必要がある。

図4-61　窓2枚とドア1枚の場合、センサーの磁石（青の四角）は図のような位置に設置するとよい。スイッチ（暗い赤）は磁石と並ぶようにする。

あと残った仕事といえば、警報機ボックスのスイッチ、ボタン、電源ソケット、ターミナル端子にラベルを付けることくらいだ。あなたはスイッチが警報機の導通テストモードのオンオフであり、ボタンは警報開始前に出るための1分間の猶予を与えるものであることを知っているが、ほかの人は誰も知らないし、不在時にゲストにアラームを使わせることがあるかもしれない。また、何か月も何年も後になると、あなた自身も細部を忘れるかもしれないのである。

結論

この警報機プロジェクトでは、何かを開発するとき通常実行する基本的なステップを、1つ1つ紹介した。

- ウィッシュリストの作成。
- 適切な部品タイプの選定。
- 回路図を描き、自分がそれを理解していることを確認。
- ブレッドボードの接続パターンに合わせてこれを改変。
- ブレッドボードに部品を差し、基本機能を検証。
- 回路を改造したり拡張したりしながら何度もテスト。
- ユニバーサル基板に移植し、テストし、必要ならば欠陥追求。
- スイッチ、ボタン、電源ジャック、プラグ、ソケットなどを追加し、回路を外の世界に接続。
- すべてをボックスに組み込み（そしてラベルを貼る）。

実験19：反射速度テスター

555は毎秒数千サイクルの動作ができるので、ヒトの反射速度の計測に使うことができる。反射速度を友達と競ったり、それが気分、時間帯、睡眠時間などでどのように変化するか記録するのに使えるのだ。

この回路は理屈として難しいものではないが、配線はとても多く、60列（以上）のブレッドボードになんとか入る、という規模になる。それでも依然として、この回路は実験18の回路同様、セクションごとにテストできる。何も間違わなければ、プロジェクト全体を数時間で組み立てることができる。

必要なもの

- ブレッドボード、配線材、ニッパ、ワイヤストリッパ、マルチメータ
- 9ボルト電源（電池またはACアダプタ）
- 4026Bチップ（3）
- 555タイマー（3）
- 抵抗器：470Ω（2）、680Ω（3）、10kΩ（6）、47kΩ（1）、100kΩ（1）、330kΩ（1）
- コンデンサ：0.01μF（2）、0.047μF（1）、0.1μF（1）、3.3μF（1）、22μF（1）、100μF（1）

- タクトスイッチ（3）
- 汎用LED：赤色1、黄色1
- 半固定抵抗器：20kΩまたは25kΩ（1）
- 1桁の数字LEDディスプレイ：縦0.56インチ、低電流の赤が最適。順方向電圧2ボルト、順方向電流5ミリアンペアのもの（3）（Avago HDSP-513Aを推奨。Lite-On LTS-546AWCやKingbright SC56-11EWAや類似品）

注意：チップを静電気から保護する

555タイマーはそう簡単には壊れないが、今回の実験ではCMOSチップ（4026Bカウンター）も使う。こちらは静電気に弱い。

チップを触っている時にパチッと壊してしまうかどうかは、その土地の湿度や履いている靴の種類、作業場の床材といった要素で決まってくる。静電気を蓄積しやすい人がいるようにも思えるが、これは私には説明できない。個人的なことを言えば、チップを静電気で壊したことは一度もないのだが、やったことのある人は知っている。

静電気がリスクになる方は、おそらく自覚があるだろう。金属のドアノブやスチールの蛇口に手を近づけたときに、突然パチっと痛むことがあるからだ。こうした放電からチップを保護する必要を本気で感じるなら、もっとも徹底的な予防措置は、自分を接地することだ。一番よいのは、帯電防止リストストラップを使う方法である。導電性のストラップをマジックテープで手首に巻き、これを大抵抗（普通は1MΩ）とミノムシクリップ経由で、大型の金属物体に接続するのだ。

通販でチップを買うと、導電プラスチックのレールに入っているか、導電スポンジに差した状態で届くことが多い。このレールやスポンジは、すべてのピンをほぼ同じ電位に落とすことで、チップを保護している。包装し直したいが導電スポンジがない、というときは、アルミホイルに差しておく手もある。

注意：接地されているときの注意

帯電防止のリストストラップに入っている抵抗器は、反対の手で比較的高電圧の何かに触れてしまった際に感電を防ぐものだ。これは重要な機能だ。なぜなら、手から手に電気ショックが行くということは、それが胸を通過するということで、つまり心臓を止めるかもしれないのだ。

自分を接地する際に単なる電線を使えば、この保護がなくなる。正しいリストストラップのわずかなコストは、賢い投資なのである。

それでは実験に戻ろう。

クイックデモ

本書の初版では、このプロジェクトに3桁ディスプレイを1個使うように書いていた。この版では、3個の独立したディスプレイに切り替えた。コストはわずかに高くなるものの、配線はずっとシンプルになり、プロジェクトの構築が楽になる。また、1桁のLEDディスプレイは、ずっと後になっても購入可能なままである可能性が高いだろう。

縦0.56インチ（14.2ミリ）のディスプレイを指定したのは、これが標準品であり、ピン配置も標準化されているからだ。サイズの小さいものはピン配置が異なっている。大型のものは、ブレッドボードでほかの部品の間に入らない。

数字1個を4026Bチップで駆動するところから理解していこう。

回路の最初のモジュールを図4-62に示す。（回路図の方が理解しやすいと思う方は図4-63参照のこと。同じ部品が使ってある。）

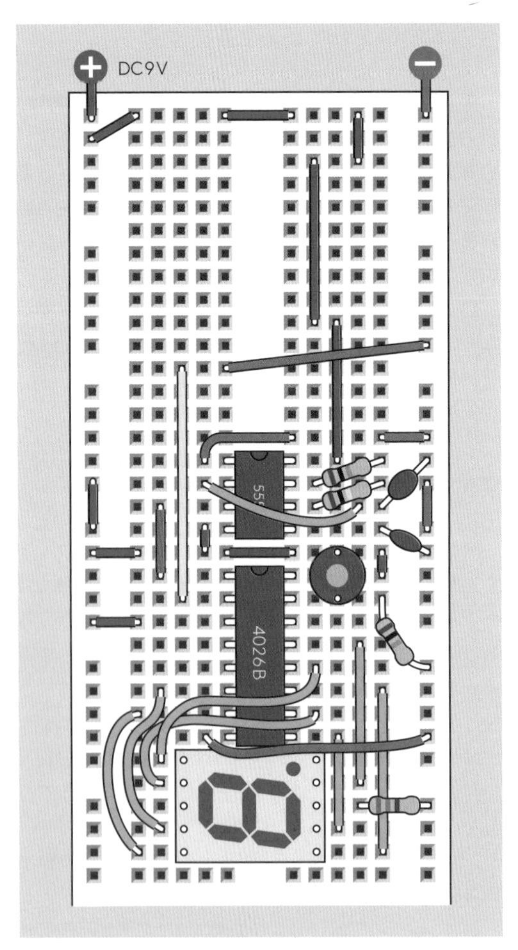

図4-62　反射テスターの最初のモジュールは、1桁数字のLEDディスプレイを駆動するカウンターチップをタイマーで動かす方法を見せるものだ。

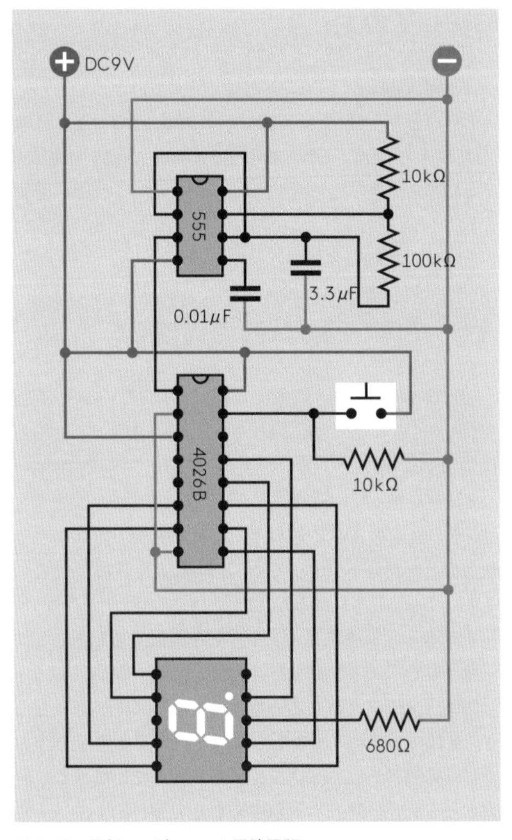

図4-63　最初のモジュールの回路図版。

また、部品の値を図4-64に示す。

ブレッドボードにはこれからかなり多くの部品を追加していくので（実のところ、完成すればボードいっぱいになる）、部品の位置は厳密に図の通りにする必要がある。穴の列をよく数えてほしい！　今のところ意味のない配線もあるが（赤い線がたくさんあるのは何なんだ?）、これらは、先に行って555タイマーをいくつか追加できるようにするためのものだ。

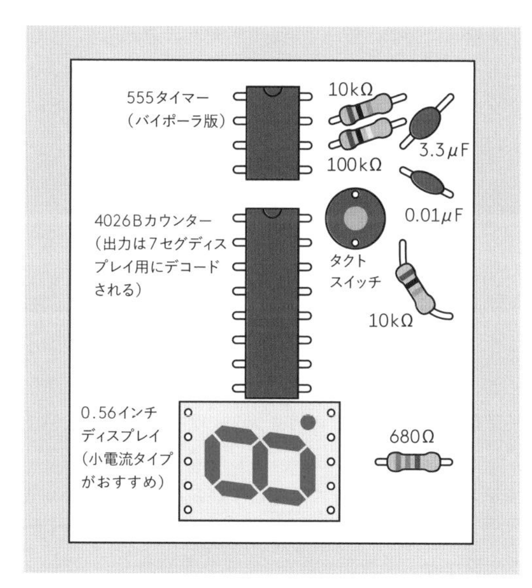

図4-64　回路の最初のモジュールの部品の値。

9ボルト電池かACアダプターで電源を入れると、数字ディスプレイが0から9まで繰り返しカウントアップするはずだ。

数字らしいものが出てこない場合、マルチメータをDC電圧計測にセット、黒色プローブを電源負極に接続してから、チップの電源ピンなど回路のキーになる箇所の電圧を、赤色プローブで調べよう。電圧が問題なさそうであれば、右下の抵抗器が680Ωであることを（カラーコードの似た68kや680kでないことを）確認する。

ディスプレイが数字らしきものの一部を表示したり、表示される数字が連続していないときは、4026Bチップからの緑の配線に間違いがある。

ディスプレイが0を表示したままになるときは、555タイマーの配線が間違っているか、タイマーと4026Bが接続されていない。

数字がカウントアップするようになったら、タクトスイッチを押してみて、カウンターが0に戻るのを確認する。タクトスイッチを放すと、数字はまたカウントアップを始める。

これで反射速度テスターの基礎はでき上がりだ。数字をあと2つ追加し、カウントのスピードを上げ、あとちょっと洗練させるだけだ。とはいえまずは、何が起きているか解説しよう。

基礎：LEDディスプレイ

「LED」という用語は微妙にわかりにくい。これまでの実験で使ったタイプのLEDは、標準LED、スルーホールLED、LEDインジケータなどと呼ばれるもので、小さくて丸い本体の下から2本の長いリード線が生えている。これらがあまりに一般的になったので、誰もがこれを当たり前に「LED」と呼ぶようになった。しかしLEDはほかの部品にも使われる名前であり、たとえば今あなたのブレッドボードに差してある光る数字もそうである。これはLEDディスプレイという方が適切だ。より正確には、7セグメント1桁LEDディスプレイである。

図4-65に、LEDディスプレイの寸法および、下に隠れたピンの位置を示す。注意してほしい重要な点として、この数字が7つのセグメント（と小数点）から成ること、ピン間隔がすべて0.1インチの倍数になっており、ブレッドボードに適していることがある。

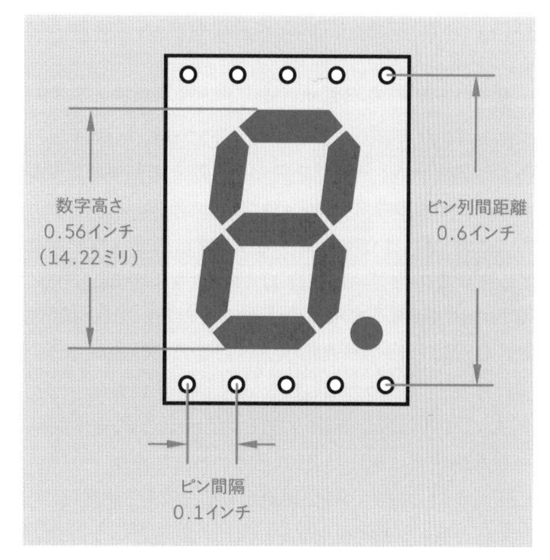

図4-65　標準的な0.56インチ7セグメントLEDディスプレイの寸法とピン位置。

図4-66を見てほしい。これは数字セグメントとピンの内部接続を示したものだ。3番ピンと8番ピンの中が青く塗りつぶしてあるのは、これらを負極グランドに接続することを表す。ほかのピンはすべて、正電源を受けることでLEDセグメントを光らせる。これをカソードコモンのLEDと呼ぶ。なぜなら内部のダイオードの負極側（カソード）が、すべてまとめられているからだ。

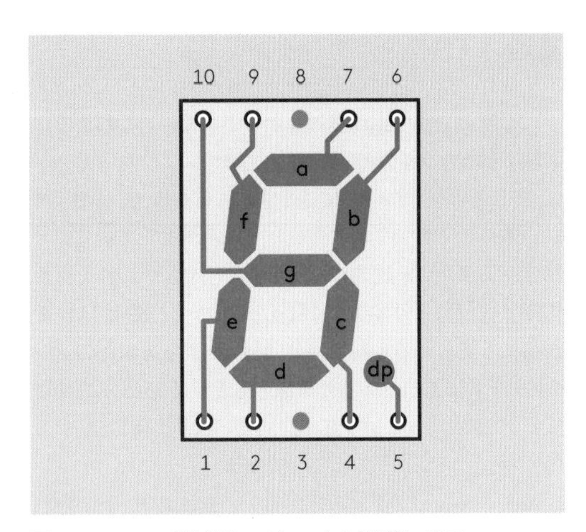

図4-66　ピンの番号付けのパターンと内部配線の様子。

アノードコモンのディスプレイでは状況は正反対になり、各セグメントは負極電源を加えることで発光し、プラス接続を共有する。どちらがよいかは回路によって決めればいいが、カソードコモンの方がより広く使われている。

個々のセグメントは英小文字（および小数点decimal pointのdp）で識別する。このシステムは、ほぼすべての会社のデータシートで共通だ（小数点に文字hを割り当てているものも少数はある）。

ここまではよい、が、私は実は非常に重要な情報を落としている：セグメントは、ほかのすべてのLED同様、直列抵抗で保護してやる必要があるのだ。これは面倒なことだし、メーカーが組み込みにしてないのはどういうわけだ？　と思うかもしれない。その答えは、こうしたディスプレイは広い範囲の電圧で使える必要があるし、必要な抵抗値は電圧によって違うから、である。

それでは、全セグメントに対して抵抗器を1個だけ、たとえば3番ピンと負極グランド間に入れるというのはどうだろうか。実際これは可能なのだが、点灯するセグメントの数は表示する数字によって異なるため、この抵抗器はさまざまな数のセグメントに対し、電圧を降下させて電流を制限しなければならなくなる。数字1が2個のセグメントを点灯させればいいのに対し、数字の8は7個全部を点灯させる必要がある。その結果、数字によって明るく光るものとそうでないものが出る。

これは本当に重要なのだろうか。このデモでは、単純さは完全さより重要であるはずだ。図4-62を見れば実際、右下に680Ωの抵抗器を1本だけ、LEDディスプレイと負極バスの間に置いていることがわかるだろう。これは正しいやり方ではないが、このプロジェクトでは7セグメントディスプレイを3個も使うので、抵抗器は3本にした方が嬉しいと思うのだ。21本でなく。

基礎：カウンター

4026Bチップは10ずつカウントするため、10進カウンター（decade counter）と呼ばれる。カウンターのほとんどはコード化出力を持つ。これは、数字をバイナリーコードのフォーマットで出力する、という意味だ（詳しくは後で論ずる）。このカウンターはそのようにはしない。7本の出力ピンを持ち、これらのピンに、ちょうど7セグメントディスプレイに適したパターンで、電源出力するのだ。ほかのカウンターではバイナリー出力を7セグパターンに変換するドライバが必要であるのに対し、4026Bは単一のパッケージで必要なことをすべてやってくれる。

これは非常に便利だ。ただし、4026Bは昔のCMOSチップであり、出力が低い。データシートによれば、9ボルト電源のときに各ピンから取れる電流は5ミリアンペア以下だ。

理想的には、トランジスタアレイを使ってカウンターからの出力を増幅すべきである。まさにこのために、7個のトランジスタペアを持つ、ダーリントンアレイというチップが販売されている。（小数点を表示したいときはどうなるだろうか。問題ない。8個のトランジスタペアを持つダーリントンアレイを買えばよいのだ。）

このプロジェクトでも、LEDディスプレイの駆動用にダーリントンアレイチップを3個使ってもよかったのだが、しかしこれは複雑さと費用の増大をもたらす上に、ブレッドボードも2枚必要になってしまう。そんなわけで、カウンターから直接駆動可能な低電流LEDディスプレイを使うことは許容範囲である、ということに決めた。あまり明るくはないが、やることはやってくれる。680Ωの抵抗器を使ったのは、どのピンからの出力でも電流を5ミリアンペア以下に制限する必要があり、またLEDによりおよそ2ボルト（点灯するセグメント数により異なる）の電圧降下があるからだ。

では、4026Bの内部動作について少し書いておこう。カウンターチップはどれも便利な機能をいくつか組み込みで持っている。図4-67を見てほしい。このチップのピン配置が書いてある。ピンには「セグメントaへ」のようにわかりやすくラベルしてある。各ピンからLEDの対応したピンに配線を伸ばすだけでよい。図4-62では、緑の線がカウンターの出力ピンと数字ディスプレイの入力ピンを接続しているところがわかる。

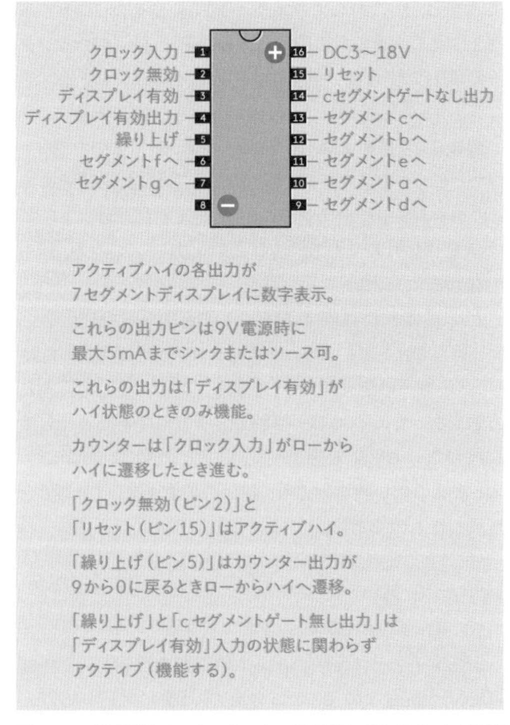

図4-67　4026Bカウンターチップのピン配置。7セグメント1数字のLEDディスプレイを駆動するためのデコードされた出力を持つ。

チップの8番ピンと16番ピンは、それぞれ負極グランドと正極電源のためのものだ。ほとんどすべてのデジタルチップは、このように対角上に電源を供給するようになっている（例外は555タイマーで――しかし実のところ、これはアナログチップに分類されるものだ）。

図4-67には、現状では不要な、将来の参考用の情報も含まれているので、図4-68に簡略化した図を用意した。これは使わないピンを無視し、出力ピンとディスプレイのピンの関係を示したものだ。

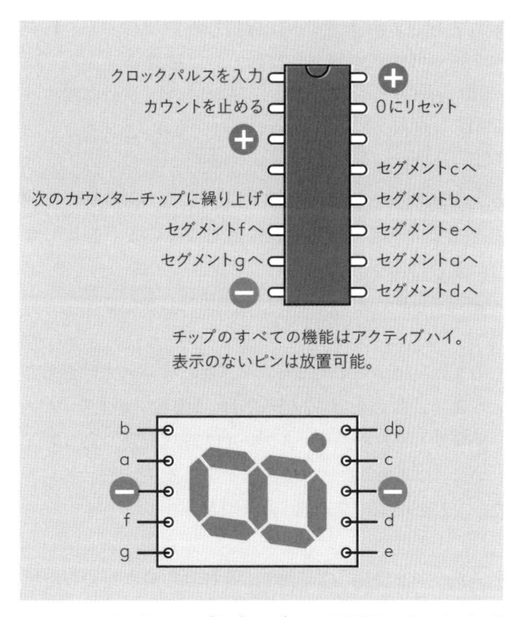

図4-68　カウンターチップとディスプレイの概要図。ブレッドボードに置いた形で描いてある。

15番ピンに注目してほしい。リセットピンだ。そして図4-62を見ていただきたい。押しボタンが、厳密にはタクトスイッチが、押した時に15番ピンに正電圧をかけるように配置してある。（この電圧は、先に触れた赤の配線を通じてボード上を横切り押しボタンに達する。）

ボタンを押していないとき、カウンターのリセットピンには正電圧はかからない。ところが、10kΩ抵抗器は15ピンをブレッドボードの負極バスに恒久的に接続している。これはプルダウン抵抗だ。これはピンの電圧をゼロ付近まで引き下げる。しかしボタンを押した時点で、正電圧入力は抵抗を介した不電圧を打ち負かす。忘れてはならないのは、デジタルチップの入力ピンに定めた電圧を加えないでいると、ランダムで予想不能の、わけのわからない結果を得ることになる、ということだ。これについては前にも触れたが、もう一度強調しておきたい。非常によくあるエラー要因なのだ。

- 入力ピンを通常時ハイに保持したい場合は、これを10kΩ抵抗器（最小。本書の回路ではこれを最小値とする）を通じて正極バスに接続する。これをローに引き下げたいときは、スイッチなどのほかの機器を使い、負極バスへのより直接的な接続でこれをオーバーライドする。

- 入力ピンを通常時ローに保持したい場合は、これを10kΩ抵抗器を通じて負極バスに接続する。ハイに押し上げたいときは、スイッチなどのほかの機器を使い、正極バスへの直接的な接続により、これをオーバーライドする。
- カウンターチップのすべての入力には、何らかの接続が必要である。入力ピンは絶対に浮いた状態にしないこと!
- 使っていない出力ピンには何も接続しないこと。

もう1つ。チップにはまったく必要のない入力があることがある。たとえば4026Bでは、3番ピンが「ディスプレイ有効」入力だ。ディスプレイは常時有効であってほしいので、この3番ピンは正極バスに直接接続しておきたい。「セットして忘れる」の原則だ。

- 入力ピンを使用しない場合、それは自分が定義した状態に置く必要がある。これは電源の正負どちらかの側に直接接続することで可能だ。

では、4026Bのその他の機能について流しておこう。

クロック入力(1番ピン)は、ハイとローのパルスの流れを受け取る。このチップはパルスの長さを問わない。入力電圧がローからハイに上がるのを検出するたびに、カウントに1を加えることだけが反応である。

クロック無効(2番ピン)は、カウンターにクロック入力の遮断を命ずる。ほかのすべてのピン同様、このピンもアクティブハイだ。すなわち、ハイ状態のときにその機能を実行する。ブレッドボードでは、青と黄色の配線を一時的に使って、2番ピンをローに保持してある。言い換えると、クロック無効ピンは無効にしてある。これは混乱のもとなので、状況をまとめておく:

- クロック無効ピンがハイ状態のとき、それはカウンターがカウントするのをやめさせる。
- クロック無効ピンが負極グランドにプルダウンされているとき、それはカウンターがカウントするのを許す。

ディスプレイ有効(3番ピン)についてはすでに書いた。

ディスプレイ有効出力(4番ピン)は、今回は使わない。これは3番ピンの状態を取って、ほかの4026Bタイマーに渡すために、4番ピンに出すというものだ。

繰り上げ(5番ピン)は、9を超えてカウントしたいなら必要不可欠なピンだ。このピンの状態は、カウンターが9に達して0に戻る際に、ローからハイに移行する。この出力を取り、2個目の4026Bカウンターのクロック入力ピンに渡すと、次の桁のカウンターは10の位をカウントすることになる。そちらの繰り上げピンを、3個目のカウンターの入力に使えば、今度は100の位をカウントする。プロジェクトの最後では、この機能を使う予定である。

最後の14番ピンは、カウンターを0、1、2までカウントしたところでリスタートするものだ。これは12時間までしかカウントしないデジタル時計では便利だが、ここでは無意味なものである。使わない出力ピンなので、何もつながないでよい。

どの機能もわけがわからない、と思うかもしれないが、見たこともないようなカウンターチップに当たった時も、メーカーのデータシートを探し出せば(そして忍耐と方法をもってのぞめば)理解できるものである。そして誤解がないことを確認すべく、LEDとタクトスイッチでテストするのだ。実のところ、私はこのようにして4026を理解したものである。

パルス生成

555タイマーは5〜15ボルトの電源を許容し、これは4026Bと同じなので、555の出力(3番ピン)は4026Bの入力に直接接続することができる。これがブレッドボードレイアウトの紫の配線の役割である。555がパルスを供給し、4026Bがそれをカウントするのだ。

555周りの配線の残りは、もうお馴染みのものであろう。無安定モード動作になっていることが見て取れるはずだ。唯一の疑問はおそらく、どうしてこんなに遅い動作なのか、ではないだろうか。このスピードでは、人の反射速度を測るものではなかろう。

まったくその通りなのだが、このデモでは、数字が無意味なボヤボヤになってほしくないのだ。ちょっと後でスピードを上げていく。

計画の時間

反射速度タイマーはどのように機能するべきだろうか。以下は私のウィッシュリストである：

1. スタートボタンが必要だ。
2. スタートボタンが押されたあと、何も起きない遅延を入れる。そして突如として、プレイヤーに反応させるための視覚的な合図が現れる。
3. 同時に000から1/1,000秒単位のカウントが始まる。
4. ユーザーはすぐにボタンを押してカウントを止める。
5. カウントがフリーズし、プロンプトから停止までの時間を表示している。これがユーザーの反射速度を測ったものだ。
6. カウントを000に戻すリセットボタン。

リセットボタンは必要だったので、すでにブレッドボードに設置してある。しかしその前に、カウントを止めるボタンが必要だ。

カウンターのクロック無効ピンはディスプレイをフリーズするが、フリーズしたままにするなら、このピンをハイ状態に保持する必要がある。言い換えれば、ラッチする必要がある。

うーむ、これはどうやら、555タイマーがもう1つ必要ということではないか。双安定に配線したやつだ。

制御システム

図4-69ではこの双安定タイマーが、2個の新しいボタンとともに追加されている。図4-62にあった斜めの青い配線は取り除かれている（新しいタイマーの場所を確保するため）。これまでに差した部品で、ほかに外したものはない。これらはグレーで描いてある。

図4-70は回路の新規部の回路図で、追加部品の値は4-71に示してある。

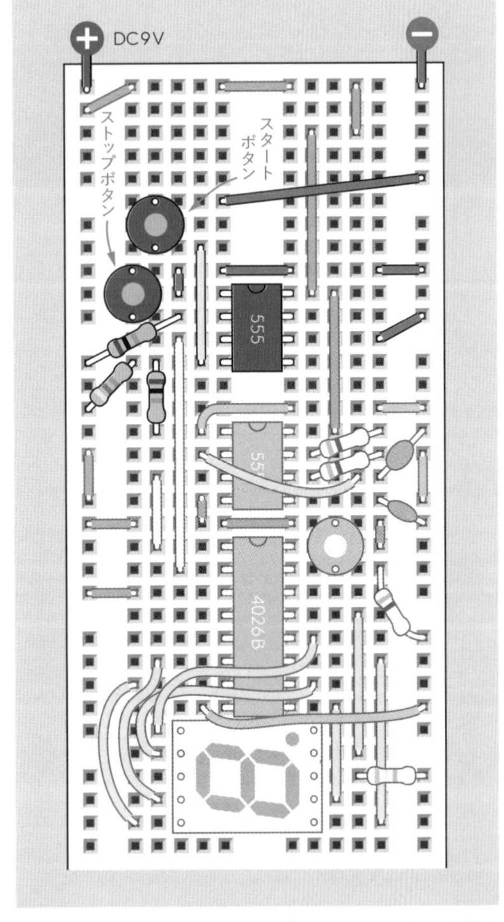

図4-69　双安定の555タイマーが追加された。これまでに配線された部品はグレーに落としてある。

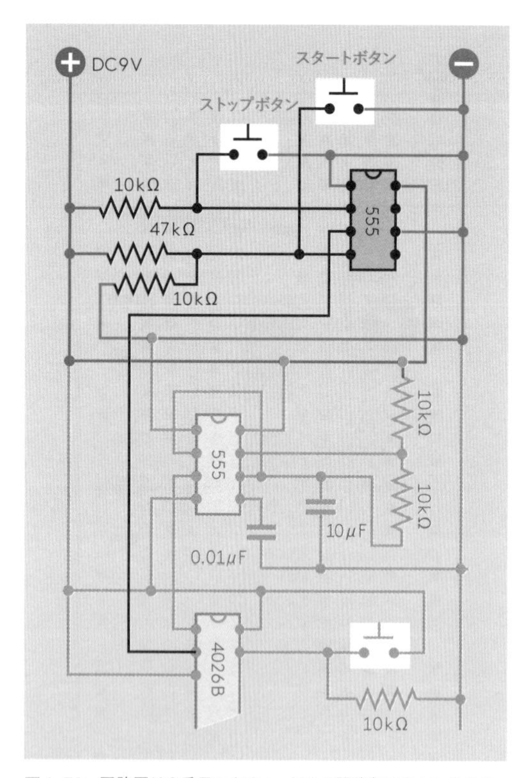

図4-70　回路図は2番目のタイマーとその関連部品を示したもの。これまでの部品はグレーに落としてある。

追加した新しい回路は、すぐに試すことができる。2つの新しいボタンは、カウントのスタートとストップだ。どのように機能するか判るだろうか。

スタートボタンは、押すことで双安定タイマーのリセットピンを接地する。3番ピンのタイマー出力はローになるが、これはカウンターのクロック無効ピンに接続されている。無効ピンをロー状態にするということは、カウンターは無効ではなくなる、という意味であるのを思い出そう。つまり、カウンターはカウントを始める。そのままカウントが続いていくのは、双安定タイマーをトリガーしたら、その出力はラッチされ、永遠に続くからだ。

しかしあなたは、それを止めることができる。ストップボタンを押せばいいのだ。これは双安定タイマーの入力ピンを接地することでトリガーする。このため、タイマーの出力はハイになり、またタイマーは双安定モードで動作しているので、出力はラッチされて永遠にハイのままだ。ハイ出力はクロック無効ピンに行き、これがカウンターを停止する。

最初に付けた右下のボタンを押せば、これは依然として、タイマーを000にリセットする。しかしタイマーは、スタートボタンで再開しない限り、無効モードにラッチされたままである。

双安定の555は、回路を動かすのにまさに必要なものなのだ。

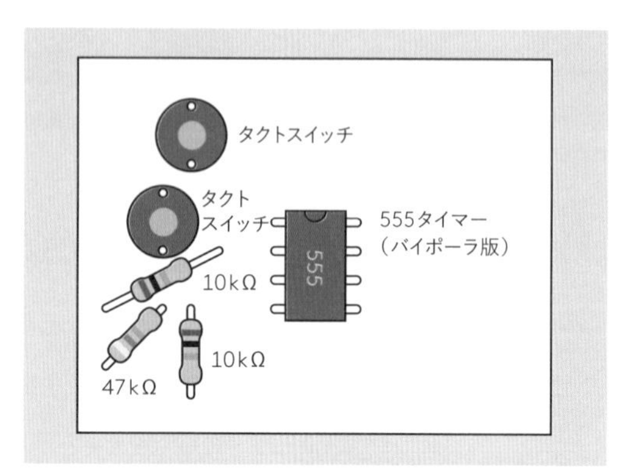

図4-64　回路の最初のモジュールの部品の値。

経過レポート

これまでに、ウィッシュリストがどれだけ満たされているか見てみよう。どうやら、だいたい終わったようなものではないか。ボタンを押してスタート、次のボタンを押してストップ、そしてストップしたら、また別のボタンを押せばゼロになる。

欠けているのは、不意打ち、という要素だけだ。本当のところ、これを使う人はカウントがいつ始まるかを知っているべきではない。もともとの考えは、反応したタイミングにより反射速度を測る、というものなのだ。

それではもう1つ、単安定モードのタイマーを追加して、アクションに入る前に遅延を入れてはどうだろうか。これならスタートタイミングは予想不能になる。

ディレイ

まずはスタートボタンおよび、これを負極バスに接続していた斜めに走る青い配線を外す。縦に走る黄色の配線はその場に残しておくこと。

そして図4-72のようにちょっとした追加部品を組み立ててやる。スタートボタンは事前遅延を入れる3個目のタイマーをトリガーするように、配置換えしてある。このタイマーの出力は5から10秒間ハイになり、それからローになって双安定タイマーをトリガーし、双安定タイマーのロー出力が4026Bのクロック無効機能を抑制して、こうしてカウントが始まる。

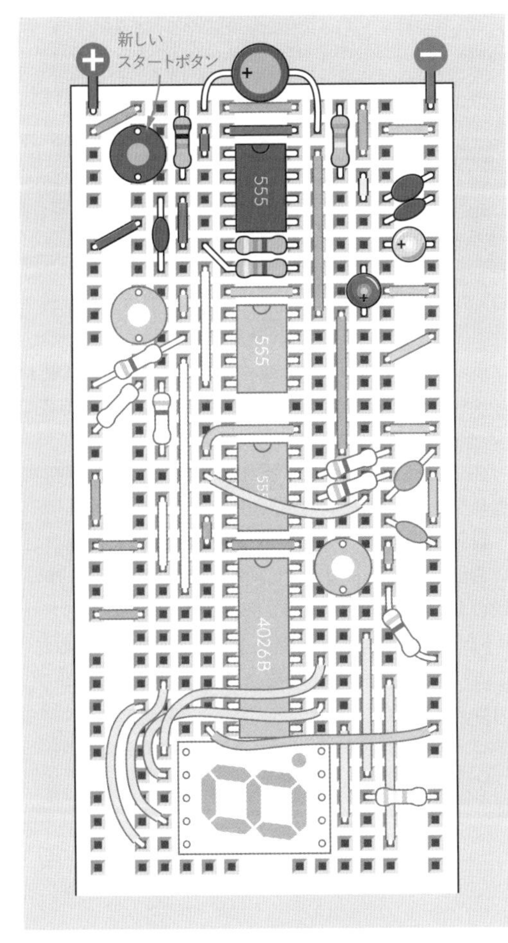

図4-72　反射速度タイマー回路の上半分はこれで完成。

赤と黄色のLEDを差す際は気をつけよう。赤色LEDは直接正電源に接続しているため、普通に考えるのとは反対向きに入れるのだ。つまり、その長い正極リードは上でなく下側を向く。

回路の新しい部分の回路図を図4-73に示す。

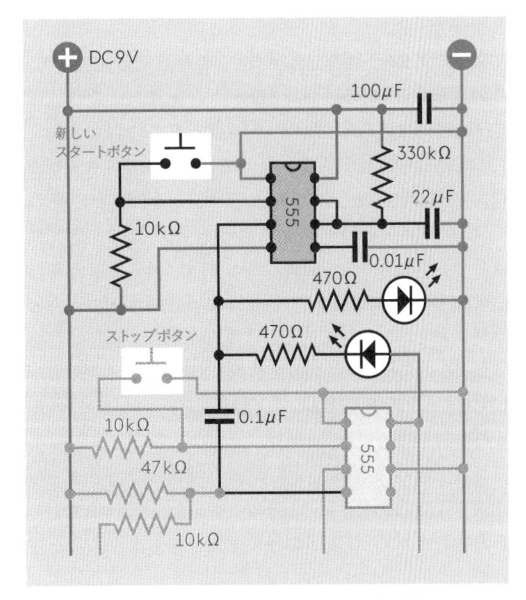

図4-73　コントロール回路の新規追加部の回路（完成）。

ブレッドボードに追加したパーツの値を図4-74に示す。

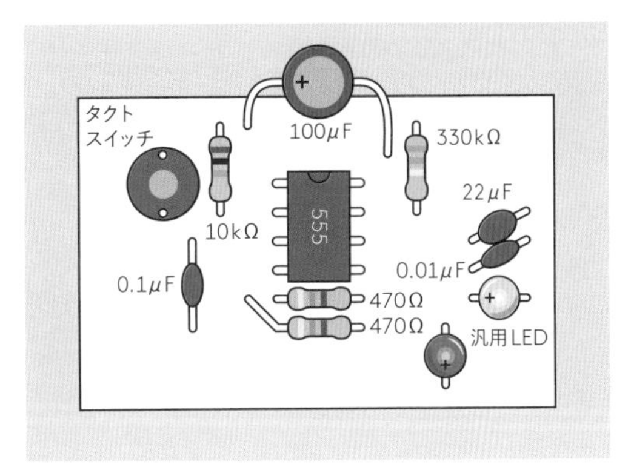

図4-74　ブレッドボードに追加したパーツの値。

テスト

回路の電源を入れると、カウンターは何も聞かずに、いきなりカウントを始める。これは面倒だが、簡単に処理できる。ストップボタンを押してカウントを止める。右下のボタンを押してタイマーをゼロにリセットする。これで準備完了だ。

新しいスタートボタンを押すと、初期遅延が発生する。この遅延の間は、黄色のLEDが点灯する。この遅延は約7秒以内に終わり、終わった時点で黄色のLEDが消えて、赤色LEDが点灯する。そして同時にカウンターがカウントを開始し、あなたがストップボタンを押すまで続く。

ブレッドボードの一番上にある100μFのコンデンサは思い付きの後付け部品のように見えるが、実は非常に重要なものだ。555タイマーには、出力を切り替えると電圧スパイクを発生するという悪癖があり、今度の回路では、このスパイクが次のタイマーを遅延なしにトリガーしてしまう可能性がある。100μFコンデンサは、この困った挙動を抑制する。

これですべての機能は実装した。残りはカウンターの速度を上げるのと、あと2個のカウンターとディスプレイを追加して、コンマ以下の秒を表示できるようにするだけだ。

動作原理は?

図4-75は部品が互いにコミュニケートする様子を示したものだ。

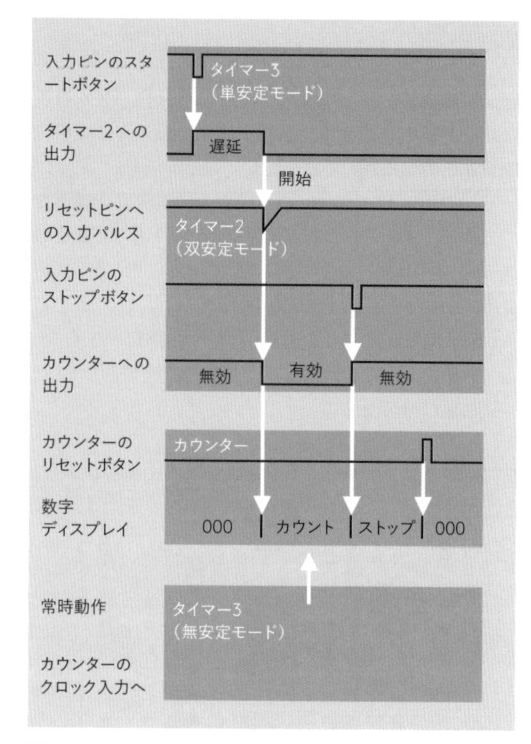

図4-75 タイマーコントロール回路の部品間の相互作用。

この図を上から下に解説しよう。スタートボタン(最上部、タイマー3に接続)は、入力をローに引き下げることで、タイマーをトリガーする。

タイマー3の出力が約7秒間ハイになる。これが初期遅延をもたらす。

遅延が終わると、タイマー3の出力はローに戻る。この遷移は0.1μFのカップリングコンデンサを通じ、双安定のタイマー2に渡る。コンデンサは、タイマー2のリセットピンに、ごく短いパルスのみを伝えるためのものだ。このパルスが、タイマー2の出力をローにする。ロー出力は、4026Bカウンターのクロック無効ピンに行く。このピンがロー状態になればカウンターが有効化され、カウントが始まる。

これでユーザーの反応待ちになる。ユーザーはタイマー2のストップボタンを押す。ストップボタンはタイマー2の2番ピンの入力に接続されており、ここに短いロー入力があれば、タイマーの出力がハイになるので、カウンターのクロック無効ピンを有効にする。これでカウントが停止する。

背景：開発上の問題

このプロジェクトでは問題が発生した。数年前に私が原型の回路を作ったとき、それはきちんと動作した。Make: 誌のインターンたちがこの回路を作った時も、それはきちんと動作した。555タイマーのリセットピンの挙動がメーカーによってわずかに異なることについて、我々はほとんど知らなかった。これはデータシートに記載されていないのだ。

私の本が文字通り何年も刷りを重ねたあとになって、ある読者から手紙をもらった。彼の回路は気まぐれに動作し、ときにはまったく動かないというのだ。回路をまた組み直し、オシロスコープをつないでみると、タイマー3からタイマー2のリセットピンに通じるカップリングコンデンサは、パルスを忠実に伝達していた。しかし思った通り、タイマー2がパルスを認識しないことがあったのだ。

問題はなんだろうか。パルスが短すぎるのか、それとも十分にローでないのか。どちらにしても、解はより低いプルアップ電圧を、タイマー2の4番ピンに加えることだ。これが4番ピンに2本の抵抗器を付けてある理由である。これらは分圧器として機能し、4番ピンに2ボルトをわずかに下回る電圧をかける。回路はこれで動作するようになった。しかしリセット電圧を下げることがリセットを可能にするとは。

これでうまく動作している――私にとっては。次の版を印刷する前に、回路をもう一度テストすることになっている。もしあなたの回路がうまく動作しなかったら、タイマー2の4番ピンに、違った電圧をかけてみてほしい。これは47kΩの抵抗を高くしたり低くしたりすればよい。また、カップリングコンデンサを大きくしてみるのもよいだろう。そしてそのことについて、教えていただきたい。私は本書の回路がいつでもすべて正しく動作することを切望している。しかし結果に影響するような製造上のバリエーションのすべてを予見することはできないのだ。

桁を増やす

2桁の数字を増やすのは、ごく簡単にできる。それぞれに制御用の4026Bカウンターを持つようにすれば、カウンターも数字ディスプレイも配線は基本的に同じようにできる。これを図4-76に示す。

左にある紫色の配線2本に注目してほしい。これらはカウンターの繰り上げ出力を別のカウンターのクロック入力に接続するものだ。

右側を走る黄色の配線は、すべてのカウンターのリセット入力を接続してしまうもので、これにより1度のリセットですべてがリセットできる。

2個目と3個目のカウンターには、2番ピンを接地する青い配線が追加されている。2番ピンがクロック無効ピンであることを思い出してほしい。2番目や3番目のカウンターを止める必要はまったくない。なぜなら、これらは最初のカウンターの完全な制御下にあるからだ。最初のカウンターが止まれば、ほかのものも止まるのだ。

2個目と3個目のカウンターの16番ピン（電源入力ピン）に正電圧を与えるのを忘れないようにしてほしい。これは図の通り、各チップをまたぐ赤色の配線による。

キャリブレーション

回路を正しいスピードで動作させるには、どうしたらいいだろうか。

まずは入れてある10kΩの抵抗を100kΩに交換し、また3.3μFのコンデンサを47nF（0.047μF）に交換しよう。理論的には、これは1,023Hzというタイマー周波数を生成するはずで、望んでいる1,000Hzに非常に近い。

微調整のため、最初のタイマーチップの10kΩ抵抗器の1つを、半固定抵抗器に交換しよう。この回路は非常に密度が高く、ほとんど余裕はないが、半固定抵抗器を押し込む方法は考えついている。これを図4-77に示す。3個のタイマーのうち1番下のもの付近のクローズアップだ。

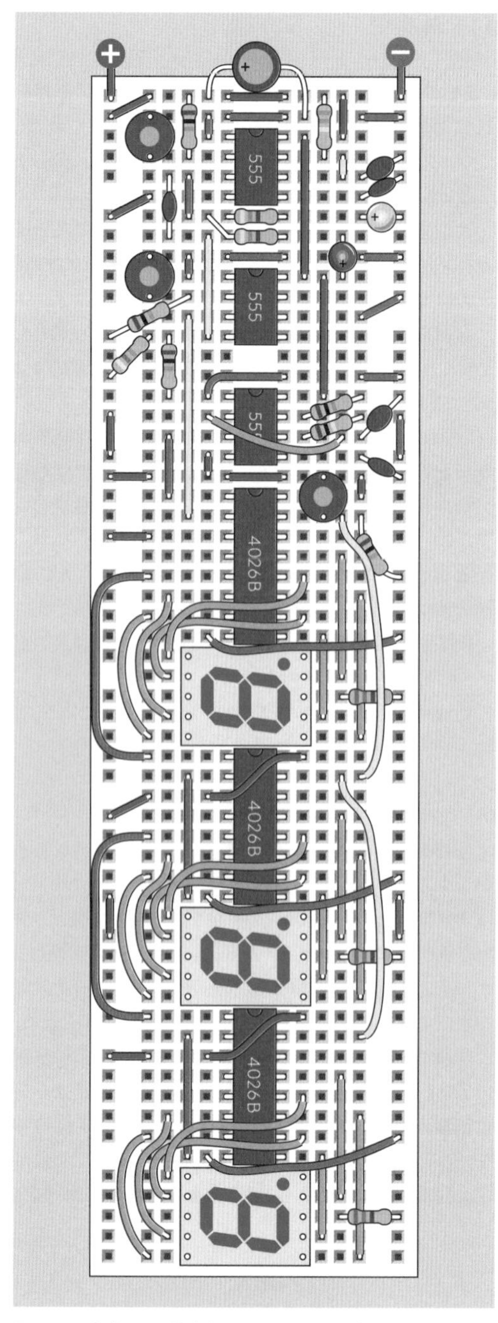

図4-76　完成した反射速度タイマーは60列のブレッドボードにギリギリ収まる。

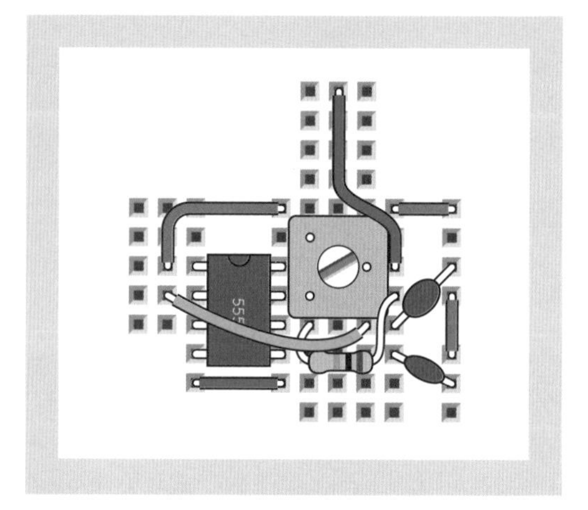
図4-77　反射速度テスターの微調整を可能にする半固定抵抗をねじ込むには。

まずは青い配線を1列上に動かす。縦に走る赤色の配線を右の方に曲げる。残した方の10kΩ抵抗のリード線を引き出す。ほかの裸線に触れないように注意すること。これで半固定抵抗器を入れることができる。ワイパーピンを正電源に、ほかのピンをタイマーの7番ピンに接続するようにする。3番目のピンはブレッドボードの空き列に差し込み、そのまま放置してよい。

半固定抵抗器は20kΩから25kΩ定格のものを、この範囲の中央付近で使う。これであなたは回路を微調整して1kHzで走るようにする方法を3種類手に入れたことになる。

kHz計測にセットできるマルチメータをお持ちの方は、単に黒プローブをグランドに、赤プローブを最初のタイマーの3番ピンに触れておき、マルチメータに1kHzと表示されるように半固定抵抗器を調整すればよい。任務完了だ！

周波数測定のできるマルチメータをお持ちでない方でも、たぶんデジタルギターチューナーなら持っているだろう。eBayなら何ドルもしない。555タイマーの出力を（10μFのカップリングコンデンサと47Ωの直列抵抗を介して）スピーカーにつなげば、チューナーはタイマーが生成している周波数を教えてくれることだろう。

こうしたマルチメータやギターチューナーをお持ちでないという方は、あらゆる時計や、秒が表示できる電話を使うという手がある。タイマーが1kHzで動作しているとき、2番目のカウンターは1/100秒ごとに、3番目のカウンターは1/10秒ごとに進む。3番目のカウンターは

10個の数字を通しで繰り返す。ということは、1秒に1度ずつゼロを表示するということだ。

問題は、数字の表示が非常に短く、ゼロが表示されていることを正しく知るのが難しいことだ。というわけで、やるべきことは次のようになる。

一番遅いディスプレイの、右下以外のセグメントを隠してしまおう。このセグメントはいつも点灯しているが、2が表示されるときだけ消えるのだ。1個のセグメントの明滅をカウントするのは、数字そのものを認識するよりずっと簡単だ。追加した半固定抵抗器を調整すれば、この低速なディスプレイを、次第に時計と同調させることができるだろう。

改良

プロジェクトが完成したらいつも、何か改良できることがないか考えることにしている。アイディアはいくつかあるのだ：

電源投入時にカウントを始めないようにする。最初からカウントが始まってしまうよりも、「レディ」状態の方がいい。これについては自分で考えてみてほしい。

赤色LED点灯時の音によるフィードバック。必須ではないが、あればよいと思う。

カウント開始前のディレイをランダムにする。電子部品にランダムなふるまいをさせるのは非常に難しいが、たとえば1つの手段として、ユーザーが2つの金属接点を指で押さえるようにさせるというのがある。指の皮膚抵抗で遅延を決めるのだ。指が押さえる圧力は厳密に同じにはならないので、ディレイは毎回違うようになる。

次は？

4026Bのようなカウンターは、技術的には「ロジックチップ」である。カウントを可能にするようなロジックゲートが内蔵されているからだ。すべてのデジタルコンピュータは、同様の原理で動作している。

ロジックはエレクトロニクスにおいて非常に根本的なものなので、次の実験から、もっと深く掘り下げていくつもりである。マジックワードAND、OR、NAND、NOR、XOR、そしてXNORが、デジタルな秘め事の、まったく新しい世界を開く。

実験20：論理(ロジック)を学ぶ

ロジックゲートは、個々に扱えば非常に簡単に理解できるものだ。ところがこれを連鎖させると、なかなかチャレンジングなことになる。というわけで、一度に1つというところから始めよう。

この実験にはかなりの量の解説が入っている。全部覚えていただこうとは期待していない。ここでの目的は、後で参照できる情報の格納庫を提供することだ。

必要なもの

- ブレッドボード、配線材、ニッパ、ワイヤストリッパ、テストリード、マルチメータ
- 9ボルト電源（電池またはACアダプタ）
- SPDTスライドスイッチ（1）
- 74HC00 2入力NAND4回路チップ（1）
- 74HC08 2入力AND4回路チップ（1）
- 低電流LED（2）
- タクトスイッチ（2）
- LM7805ボルテージレギュレータ（1）
- 抵抗器：680Ω（1）、2.2kΩ（1）、10kΩ（2）
- コンデンサ：0.1μF（1）、0.33μF（1）

レギュレータ

ロジックゲートは、これまで使った555タイマーや4026Bカウンターに比べると、ずいぶん小うるさい。これから使うバージョンは、電流の変動や「スパイク」のない厳密なDC5ボルトを要求するのだ。

この実現は簡単かつ安価だ。ブレッドボードにLM7805ボルテージレギュレータをセットアップするだけである。これは7ボルト以上のDCを供給することで、よく制御された5ボルトの電圧をもたらしてくれる。

レギュレータとその3本のピンの機能を図示しているのが図4-78である。レギュレータの使い方を示す回路図は図4-79である。レギュレータとその2本のコンデンサを最小限のスペースでブレッドボードの上部に実装している様子が図4-80である。左上には小型のオン-オフ型スライドスイッチを追加、また電源接続時に点灯する小電流LEDも追加してある。視覚的なインジケータは電源が確かに入っているという確信を与え、特に回路の誤りを探している時に便利だと思っている。LED用に

2.2kΩという高い値の抵抗を選んで電流を最小限に抑えてあるのは、9ボルト電池を電源にしている人もいるはずだからだ。

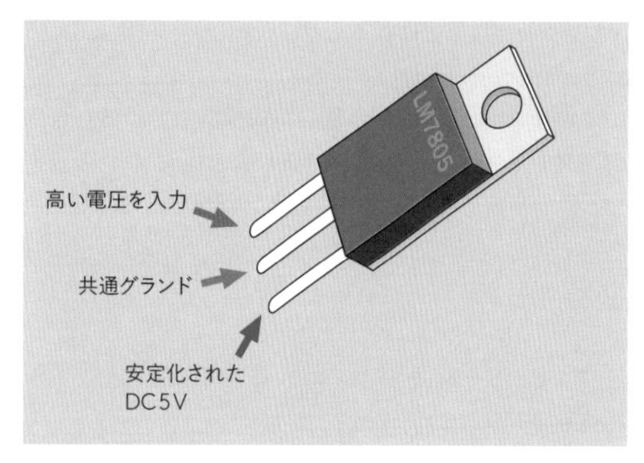

図4-78　LM7805ボルテージレギュレータのピン配列。背面の金属板が後ろに来るように描いてある。

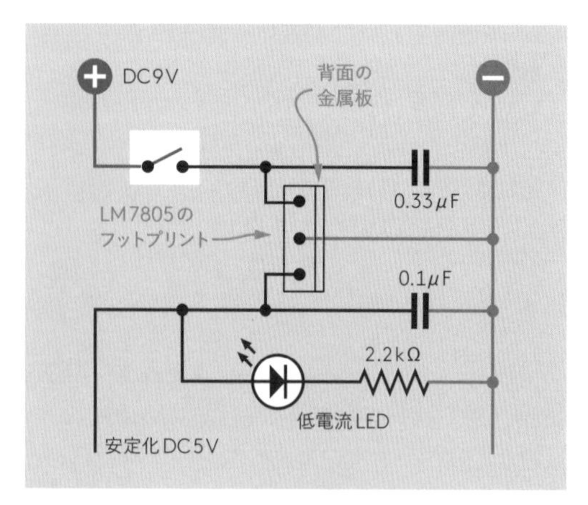

図4-79　LM7805ボルテージレギュレータの使い方。コンデンサは必須である。

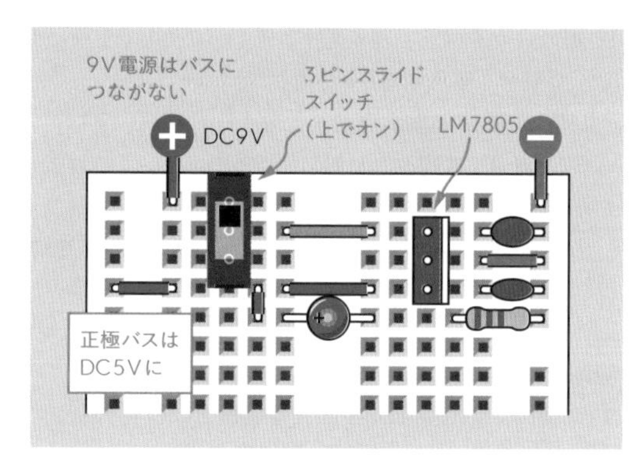

図4-80　ブレッドボード最上部に最小限のスペースでボルテージレギュレータを配置した様子。on-offスライドスイッチと、電源オンを表示する小電流LEDが入れてある。

注意：不適切な入力

DCを。ACではなく：LM7805はDC－DCコンバータであることを忘れないでほしい。家庭のコンセントの交流を受けてDCに変換する、いわゆるACアダプターと混同しないようにしよう。ボルテージレギュレータの入力にACを加えないこと。

最大電流：LM7805は電流量にかかわらず、出力をほとんど定数のような電圧に保つという素晴らしい仕事をする――ただし定格の範囲内で。ボルテージレギュレータから1アンペアを超える電流を流さないようにすること。

最大電圧：ボルテージレギュレータはソリッドステートデバイスではあるが、電圧を下げるプロセスで放熱する、という点においては抵抗器にちょっと似たふるまいだ。レギュレータに入れる電圧が高くなればなるほど、またはその中を流れる電流が大きくなればなるほど、捨てなければならない熱は増える。理論的には、DC24ボルトを入力に使ったとしても、依然DC5ボルトの安定化出力を得ることは可能だが、あまりよい考えではない。良好な入力範囲はDC7～12ボルトである。

最小電圧：ほかのすべての半導体デバイス同様、レギュレータも入力電圧より低い出力電圧しか得られない。これが私が入力をDC7ボルト以上とした理由だ。

ヒートシンク：上部にネジ穴のついた背面の金属板の目的は熱放散であり、アルミは熱伝導率が非常に高いので、ここにアルミの物体をネジ止めするとさらに効率が上がる。このアルミは超吸収体(ヒートシンク)として機能し、たくさんの冷却フィンの付いた素敵なものが販売されている。レギュレータ経由で200ミリアンペア以上の電流を流さない場合は、このヒートシンクは不要である。本書の回路はここまでの電流を必要としない。

使い方

5ボルトロジックチップを使った回路を組み立てる場合、ブレッドボードの正極バス全体にDC5ボルトを供給するとよい。図4-80の9ボルト入力は、正極バスではなく、ボルテージレギュレータの上のピンにのみ接続されているので、よく見てほしい。ボルテージレギュレータの下側のDC5ボルト出力が、正極バスに接続されているのだ。

ブレッドボードの負極バスはボルテージレギュレータと外部電源で共有されている。これを「コモン(共通)・グランド」という。

ボルテージレギュレータを設置したら、マルチメータをDC電圧計測にセットして、ブレッドボードの左右のバス間電圧を、念のため確認しておく。ロジックチップは正しくない電圧や逆接で簡単に壊れてしまうのだ。

初めてのロジックゲート

それではDC5ボルトのブレッドボードが準備できたので、タクトスイッチ2個、10kΩ抵抗2本、低電流LED、680Ω抵抗1本を取り出し、図4-81のように、74HC00ロジックチップの周囲に配置しよう。(低電流LEDを使うので、680Ωの抵抗が適切だ。)

多くのピンを、ショートさせた上で電源の負極側に接続してあるのに気づいたかもしれない。これについてはすぐ後で説明する。

電源を接続すれば、LEDが点灯する。タクトスイッチを一方だけ押しても、LEDは光ったままだ。もう一方だけを押しても、やはり光ったままだ。ところが両方のスイッチを押せば、LEDが消える。

74HC00チップの1番ピンと2番ピンは論理入力だ。デフォルトでは、回路がこれらをロー電圧に保持する。つまり10kΩ抵抗器を介して電源負極に接続してある。しかし押しボタンは、これらの抵抗をくつがえし、入力ピンの電圧を、5ボルト正極バスに近いところまで上昇させる。

- 5ボルトロジックチップの入力または出力がDC0ボルト付近にあるとき、これをロジック・ローと呼ぶ。
- 5ボルトロジックチップの入力または出力がDC5ボルト付近にあるとき、これをロジック・ハイと呼ぶ。

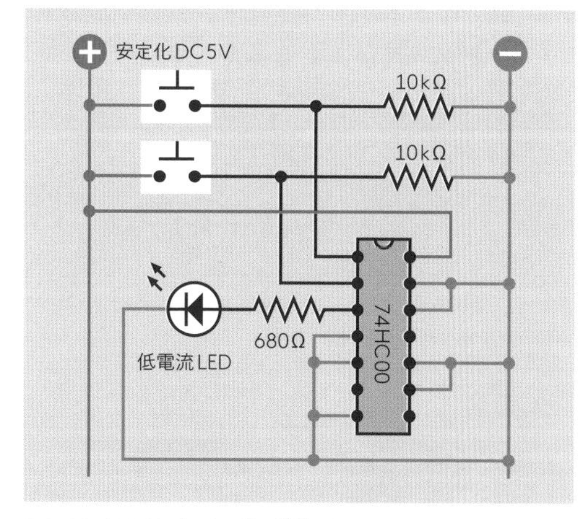

図4-81　NANDゲートの論理機能をわかるようにする。

見てきた通り、チップからのロジック出力は通常ハイで、1番目と2番目の入力がハイのとき、そうでなくなる。チップが「Not AND」の演算を実行するため、我々は、このチップはNANDロジックゲートを持っている、という。

ロジックゲートは特殊な記号で表現され、これをロジックダイアグラムという一種の回路図の中で使う。図4-81の回路図に対応するロジックダイアグラムを図4-82に示す。下に丸のついたU字型の物体がNANDゲートの論理記号だ。ロジックダイアグラムでは電源は示されないが、図4-81の回路図を見ればわかるように、このチップは7番ピン(負極グランド)と14番ピン(正極)に電源が必要だ。チップが入力でもらった以上の電流を出力できるのは、これがあるためである。

- ロジックチップの記号を見たら、これが機能するには電源が必要であることを、必ず思い出そう。

実は74HC00には4つのNANDゲートが含まれており、それぞれ2本の論理入力と1本の論理出力を持つ。これらは図4-83の右図のように並べられている。この単純なテストでは1ゲートしか必要でないので、使っていないゲートの入力ピンは浮動しないように電源の負極側にショートしてある。

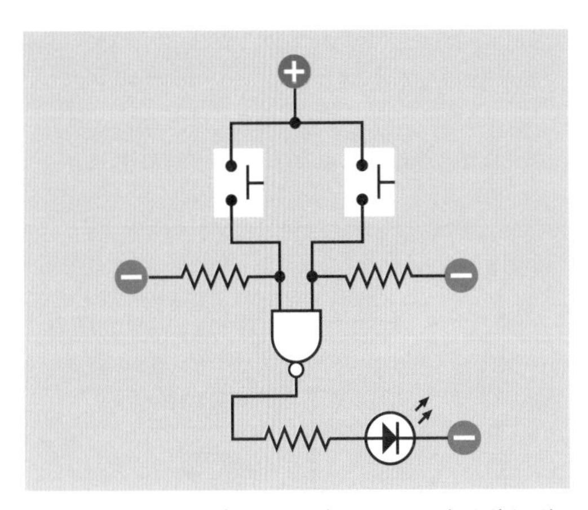

図4-82　ロジックチップの入った回路図よりも、ロジックダイアグラムの方が理解しやすいことはよくある。

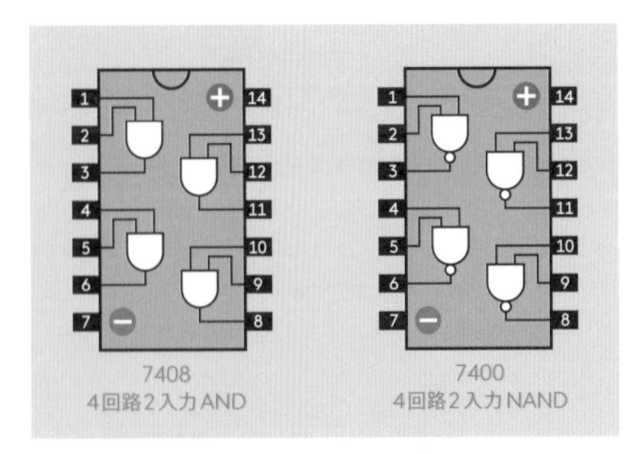

図4-83　2つの論理チップの中のゲートの配置。

多くのロジックチップは交換可能である。よし、今やってみよう。まずは電源を外す。それから、74HC00を慎重に抜き取り、導電スポンジに差す（導電スポンジがなければアルミ箔に差す）。そしてANDチップの74HC08を入れる。正しい向きであることを、つまりノッチが上にきていることを確認しよう。電源をまた接続し、さっきと同じように押しボタンを操作してみる。LEDは第1の入力がプラス「AND（かつ）」第2の入力がプラスであるとき点灯し、その他の場合は消えたままであることがわかるはずだ。つまり、ANDチップの機能はNANDチップとちょうど反対なのだ。ピン配置は図4-83の左図に示してある。

こんなものが何の役に立つのか、と思っているかもしれない。すぐ後で、ロジックゲートの組み合わせにより、電子コンビネーションロックや2個の電子サイコロ、さらにはTVの早押しクイズ番組をコンピュータ化したものなどを作れる、というのを示す。あなたがとてつもなく野心的であれば、コンピュータそのものをロジックゲートで作り出すこともできる。ビル・バズビー（Bill Buzbee）というホビーストは、実際にビンテージのロジックチップでウェブサーバを作り上げている――図4-84参照。

図4-84　このコンピュータ・マザーボードはビル・バズビーが74xxシリーズのロジックチップで手作りしたもので、ウェブサーバの中核として機能する。

背景：ロジックの起源

ジョージ・ブール（George Boole）は1815年生まれのイギリスの数学者で、それが可能なほど幸運または賢い人はごくわずかしか居ない、ということをした。すなわち、数学の新分野を丸ごと1つ開拓した。

面白いことに、それは数字に基づいたものではなかった。ブールは論理に極めて厳密な心を持っており、世界を、興味深い形でオーバーラップする、一連の真／偽言明にまで突き詰めようとした。

ベン図は1880年頃にジョン・ベン（John Venn）という人物が考案したもので、この種の論理関係を図解するのに使うことができる。図4-85は、可能な限り単純なベン図で、1つの非常に大きなグループ（世界のすべての生き物）を定め、1つのサブグループ（水中で生きる生き物だけを含む）を定義してある。このベン図が示しているのは、水中の生き物はすべて世界の生き物に含まれ、世界の生き物の一部だけが水中で生きていることだ。

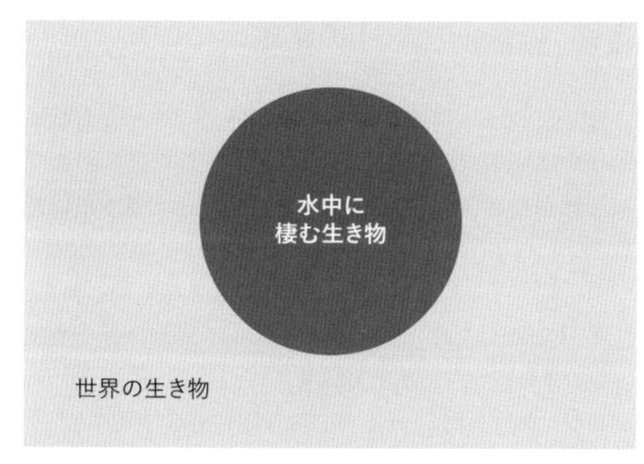

図4-85　あるグループとそれを含むより大きな世界の、可能な限り単純な関係。

次に別のグループを導入する。陸上で生きる生き物だ。しかし、待った――陸上でも水中でも生きられる生物も居るじゃないか。たとえばカエルだ。両生類は両方のグループのメンバーであり、私はこれを新しいベン図に示すことができる。グループに重なりがある図4-86だ。

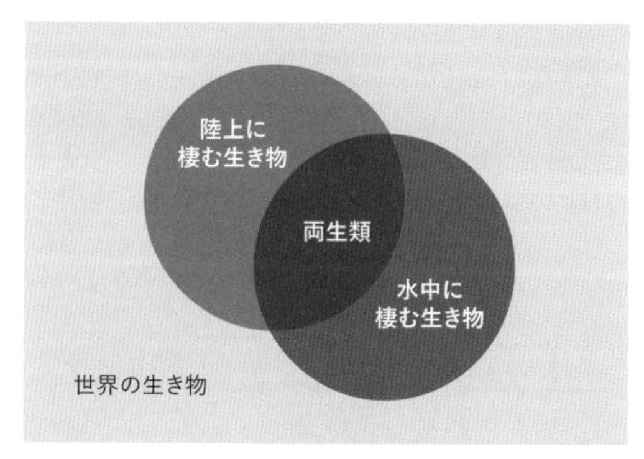

図4-86　このベン図は、世界の生き物の一部が陸上で、一部が水中で、そして一部が陸上と水中の両方で生きていることを示す手段の1つである。

とはいうものの、すべてのグループ同士が重なるわけではない。図4-87では、蹄（ひづめ）を持つ生き物のグループと、鉤爪のある生物のグループを作った。蹄と鉤爪を持つ生き物があるだろうか。そんなはずはない。図4-88のような真理表を作ると、このことを表現できる。

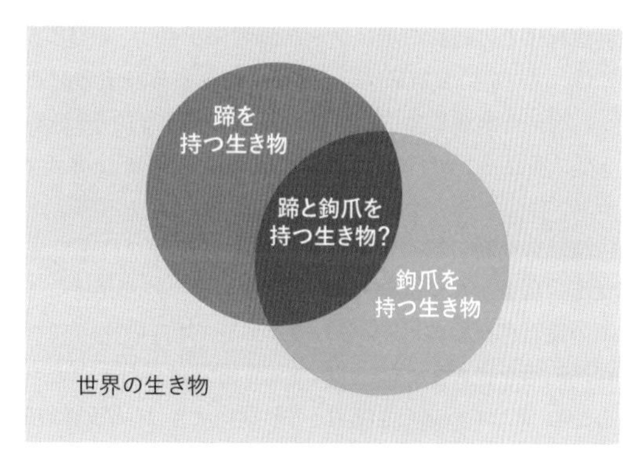

図4-87　サブグループには重ならないものもある。鉤爪も蹄も持っている生き物がいるとは思えない。

この生き物は蹄を持つか	この生き物は鉤爪を持つか	この組み合わせがあり得る
NO	NO	真
NO	YES	真
YES	NO	真
YES	YES	偽

図4-88　真理表のもっとも単純な形は、2つの状態から1つを取る入力が2個あるときの、結果の組み合わせの有効無効を表にしたものだ。

NANDゲートを使えば、この表が表現できる。なぜなら図4-89に示すように、その入力と出力パターンは、この表とまったく同じであるからだ。

NANDの入力A：	NANDの入力B：	このときNANDの出力は：
ロー	ロー	ハイ
ロー	ハイ	ハイ
ハイ	ロー	ハイ
ハイ	ハイ	ロー

図4-89　NANDゲートの真理表は前掲の表とまったく同じパターンを持つ。

こうした非常に単純な概念から始めて、ブールは彼の論理言語を非常に高いレベルまで発展させた。彼は1854年に論文を出版している。電気・電子機器にそれが適用可能になる、はるか以前のことである。実のところ、彼の生きていた時代には、その仕事に現実的な用途があるとは思われていなかった。しかし1930年代になって、クロード・シャノン（Claude Shannon）という人物がMITでの研究の際にブール論理に出会い、1938年には、ブールの分析をリレー回路に適用する方法を記述した論文を出版した。これには直接の現実的用途があった。電話ネットワークが急速に成長しつつあり、スイッチングについて複雑な問題が持ち上がっていたのだ。

電話の問題の非常に単純なものは、次のように言い表せる。はるかな昔、農村エリアに住む2人の利用者が1本の電話線を共有しているものとする。片方の利用者だけが回線を使おうとするとき、もう片方だけが使おうとするとき、そして両者とも使おうとしないときは、問題は起きない。しかし両者が同時にこれを利用することはできない。ここでも図4-89に描いたのと同じ論理パターンが現れる。ある利用者が回線を使おうとすることを「ハイ」、使おうとしないことを「ロー」と解釈できるのだ。

しかし今度は重要な違いがある。NANDゲートはネットワークを表現するだけのものではなくなるのだ。電話ネットワークは電気的状態を使うので、NANDゲートでネットワークを制御できるのだ。(実際はネットワークの黎明期にはすべてがリレーで実行されていた。とはいえリレーの集積もまたロジックゲートとして機能することができるのだ。)

シャノンによる電話システムへのブール論理の適用後、次のステップは、「オン」状態を数字の1に、「オフ」状態を数字の0に使うことで、ロジックゲートによって計数ができるシステムが作り出せることに気付くことだった。そして数が数えられるならば、算術を行うことができるるのだ。

リレーの位置を真空管が占めるようになると、最初の実用デジタルコンピュータが建造された。トランジスタが真空管に取って代わり、集積回路がトランジスタを置き換えて、今われわれが当たり前のものとしているデスクトップコンピュータにつながっていった。この信じがたいほど複雑なデバイスも、はるかに深く、底の底まで下りていけば、そこにはいまだにジョージ・ブールの発見した論理法則が使われている。

ついでにいえば、オンラインのサーチエンジンでANDやORによって検索精度を上げる人は、ブール演算子そのものを使っているのである。

基礎：ロジックゲートの基本

NANDゲートはデジタルコンピュータのもっとも基礎的な構成要素だ。なぜなら、NAND以外に何も使わずに加算ができるからだ。これについてもっと知りたい方は「binary arithmetic(2進法算術)」や「half-adder(半加算器)」といったトピックを検索してほしい。また、拙著『Make: More Electronics』には、論理演算子を使って加算を行う回路がある。

ロジックゲートは、一般的には7種類存在する：

AND、NAND、OR、NOR、XOR、XNOR、NOT

これらの名前は通常、すべて大文字で書かれている。最初の6つのうち、XNORはまず使われない。

どのゲートも2個の入力と1個の出力を持つが、NOTゲートだけが例外で、1つの入力と1つの出力を持つ。これはインバータ(反転器)と呼ばれることの方が多い。ハイ入力を受けるとロー出力を与え、ロー入力を受けるとハイ出力を与える。

7種のゲートの記号を図4-90に示す。一部のゲートの下についている小さな丸が、出力を反転させることに注意してほしい。(この丸をバブルと呼ぶ。)つまり、NANDゲートの出力はANDゲートの反転だ。

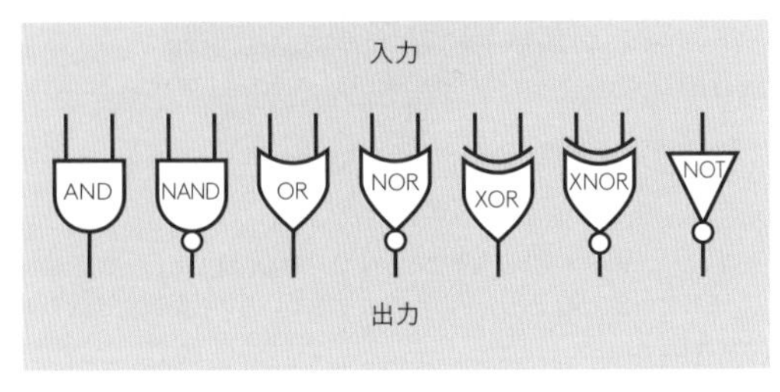

図4-90　6つの2入力ロジックゲートの記号。

「反転」とはどういう意味だろうか。これは図4-91、92、93に示したロジックゲートの真理表を見れば明らかになると思う。これらの表では、2つの入力を左に、その出力を右に示してあり、赤がロジック的ハイ状態、青がロジック的ロー状態である。ゲート同士の出力を比べてみれば、パターンがどのように反転しているかわかるだろう。

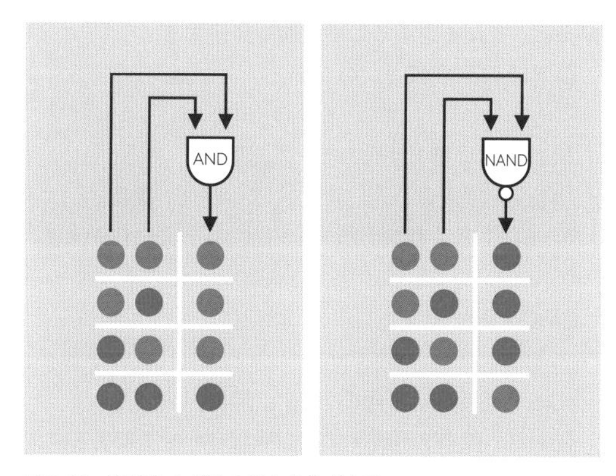

図4-91　左の入力が右の出力を生成する。

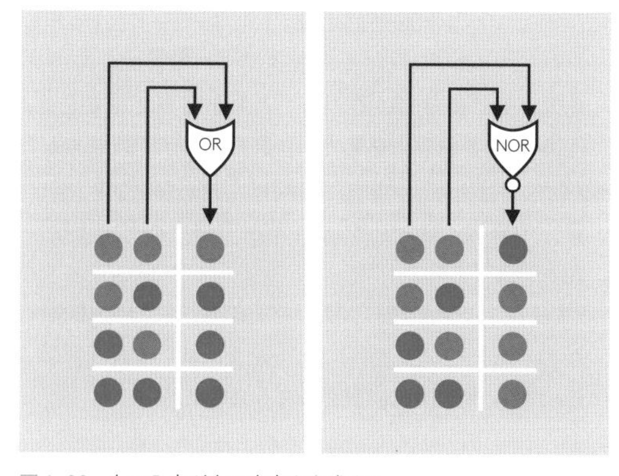

図4-92　左の入力が右の出力を生成する。

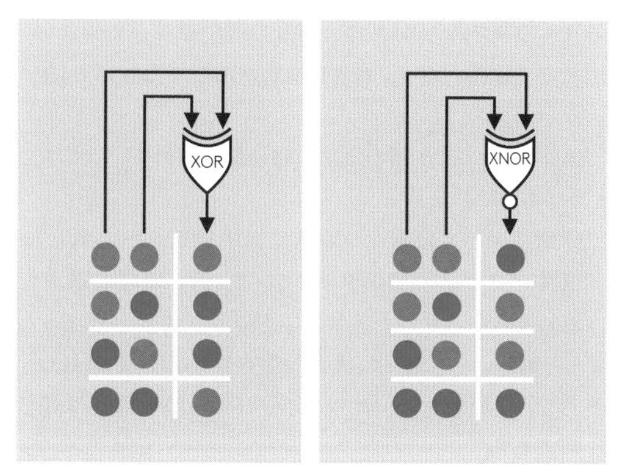

図4-93　左の入力が右の出力を生成する。

背景：TTLとCMOSのわかりにくい世界

1960年代、最初のロジックゲートはトランジスタ－トランジスタ－ロジック、略してTTLで作られた。TTLとは、微小なバイポーラトランジスタ群が1つのシリコンのウエファ上にエッチングされている、という意味だ。すぐ続いたのがComplementary Metal Oxide Semiconductors（相補型金属酸化膜半導体）、略してCMOSである。実験19で使った4026Bは昔のCMOSチップだ。

バイポーラトランジスタが電流を増幅することは覚えているかもしれない。これはつまり、TTL回路は動作するのにある程度の電気の流れが必要だ、ということだ。これに対し、CMOSチップは電圧増幅型であり、信号待ちの状態や信号出力後の停止時に、ほぼまったく電流を流さないことが可能である。

図4-94は、それぞれのもともとの利点と欠点をまとめた表だ。CMOSのパーツナンバー4000番台のシリーズは、低速で静電破壊されやすいものの、消費電力が小さいという価値があった。TTLのシリーズは、パーツナンバーでは7400番台で、消費電力ははるかに大きいものの、壊れにくくてずっと高速だ。つまり、コンピュータを作りたいのであればTTLファミリーを使うべきだし、小さな電池で何週間も動く小さいギズモが作りたいならCMOSファミリーを使えばよかった。

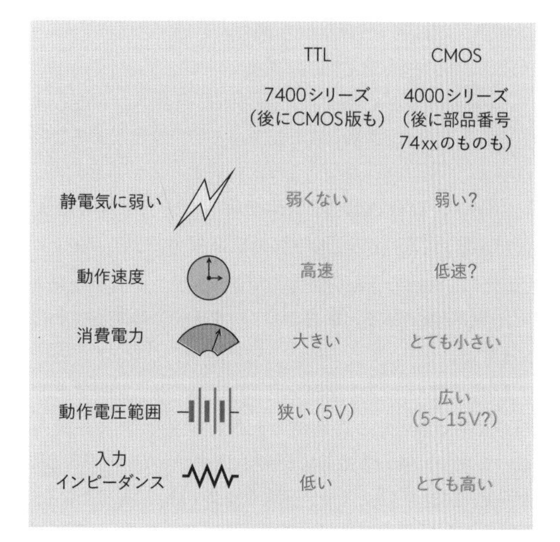

	TTL 7400シリーズ （後にCMOS版も）	CMOS 4000シリーズ （後に部品番号74xxのものも）
静電気に弱い	弱くない	弱い?
動作速度	高速	低速?
消費電力	大きい	とても小さい
動作電圧範囲	狭い（5V）	広い（5～15V?）
入力インピーダンス	低い	とても高い

図4-94　CMOSとTTLの初期のチップの比較表。CMOSの属性でクエスチョンマークの付いたものは、最終的にはTTLの属性に追いついている。

ここからすべてがえらく複雑になる。つまり、CMOSのメーカーが、TTLチップの利点をエミュレートすることで、マーケットシェアを握ろうとしたのだ。新世代のCMOSチップは、パーツナンバーを「74」で始まるものに変えて互換性を強調し、各ピンの機能もTTLチップと同じになるよう入れ替えてある。CMOSの電圧要求も、TTLと一致するように変更された。

現在でも一部の古いTTLチップは存在しており、特にLSシリーズ（74LS00や74LS08などのパーツナンバーを持つもの）はよく見かける。とはいうものの、これらはどんどん珍しくなっている。

4000シリーズのCMOSチップ、たとえば前の実験で使った4026Bなどを見かけることは、もっと多い。これらはいまだに製造されている。広範囲の電源電圧を許容することが便利なためだ。

長年に渡ってCMOSチップは高速化し、静電気にも強くなった。図4-94で、これらの項に疑問符を付けたのはこのためだ。現代のCMOSチップのほとんどは、最大電源電圧をDC5ボルトに落としている。この項にも疑問符を付けたのはこのためだ。

状況は次のようにまとめられる：

- ロジックチップのうち、古い4000シリーズでまだ手に入るものは、図4-94に挙げた性質を持つ。4000シリーズチップはいろいろと使えるはずだ。
- 7400シリーズの古いTTLチップを使うことはまずないだろう。特に利点がないためだ。

74LSxxチップを指定した回路図に行き当たることはまだあるだろう。これは74HCTxxチップで代用することができる。同じ動作をするように設計されているからだ。

74HCxx世代はスルーホールチップとして絶大な人気がある。これはCMOS特有の高い入力インピーダンス（便利だ）を持ち、より現代的でエキゾチックなバージョンよりも安価である。本書のロジックチップはすべてHCタイプだ。

それではパーツナンバーについて。以下のリストで「x」とある場合、ここにはさまざまな文字や数字が入る。つまり「74xx」は7400NANDゲートや7402NORゲート、74150 16ビットデータセレクタ、などなどとなる。「74」の前に付く文字はチップのメーカーを示す記号であり、xxの後に続く文字はパッケージの形式、環境上有毒な重金属を含むか否かなど、細部について示すことが多い。これを図4-3に視覚的に解説する。

以下はTTLファミリーの歴史だ：

- 74xx：古い第1世代のチップ。廃番。
- 74Sxx：高速の「ショットキー」シリーズ。廃番。
- 74LSxx：低消費電力版ショットキー。たまに使われる。

CMOSファミリー：

- 40xx：古い第1世代のチップ。廃番。
- 40xxB：改善されたものの、やはり静電気によるダメージを受けやすい。こちらのチップは、特にホビーエレクトロニクス用途で、今でも普通に使われている。
- 74HCxx：CMOS高速化版。TTLファミリーとマッチしたパーツナンバーとピン配置を持つ。本書でこの世代を大々的に使っているのは、入手が容易であること、回路が速度や電力をあまり必要としないためである。
- 74HCTxx：HCシリーズと同様だが、ロジック・ロー電圧の最大とロジック・ハイ電圧の最小がTTL規格に揃えてある。
- 74xxシリーズでパーツナンバーの中間にほかの文字があるもの：より現代的で高速で、通常は表面実装、低い動作電圧用に設計されているものが多い。

不要なもの：

我々の見地からいえば、速度の違いはどうでもよい。秒あたり数百万サイクルといった回路を作るわけではないからだ。

チップファミリー間の価格差は、普通はわずかなので、どうでもよい。

低電圧チップは我々の用途には不適切だ。これらはほぼすべてが表面実装タイプで、より低い電圧の電源を作る必要もあるからだ。表面実装チップは扱いがずっとずっと難しいし、唯一の大きな利点が小型化であれば、使おうとは思わない。スルーホール版も論理機能は同じなのである。

基礎：パーツナンバーと機能

現在HCシリーズで入手可能な14ピンロジックチップの内部配線を図4-83、95〜101に示した。

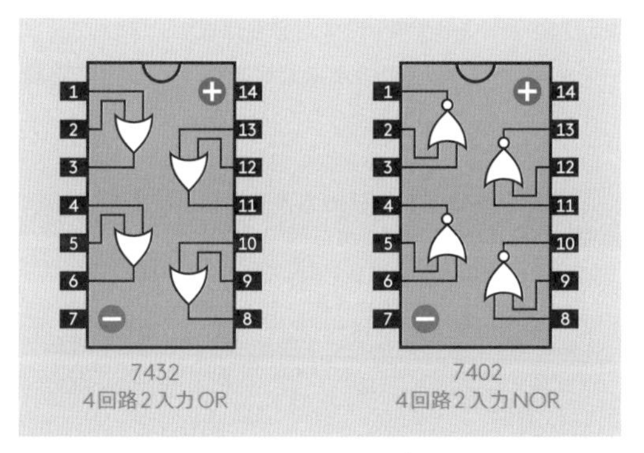

図4-95　74xxファミリーのロジックチップの標準化されたゲート構成。

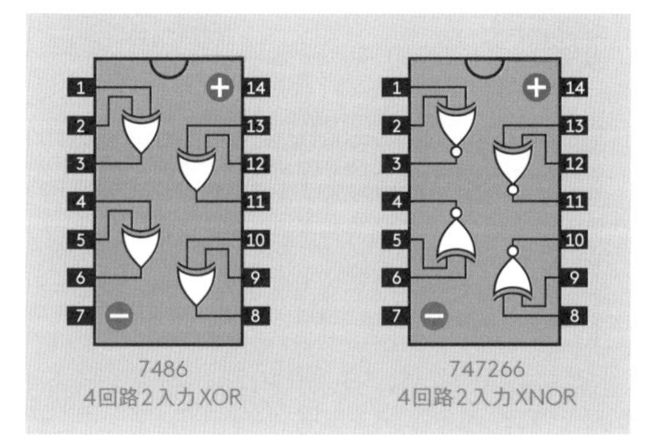

図4-96　74xxファミリーのロジックチップの標準化されたゲート構成。

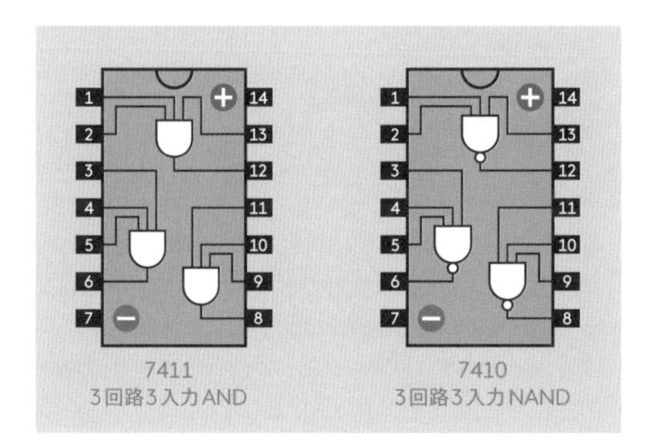

図4-97　74xxファミリーのロジックチップの標準化されたゲート構成。

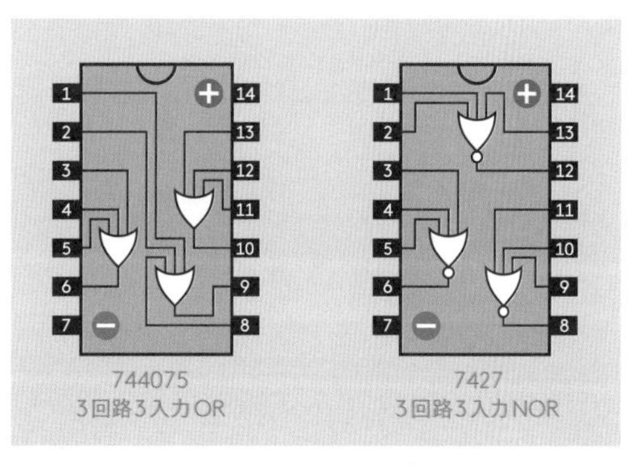

図4-98　74xxファミリーのロジックチップの標準化されたゲート構成。

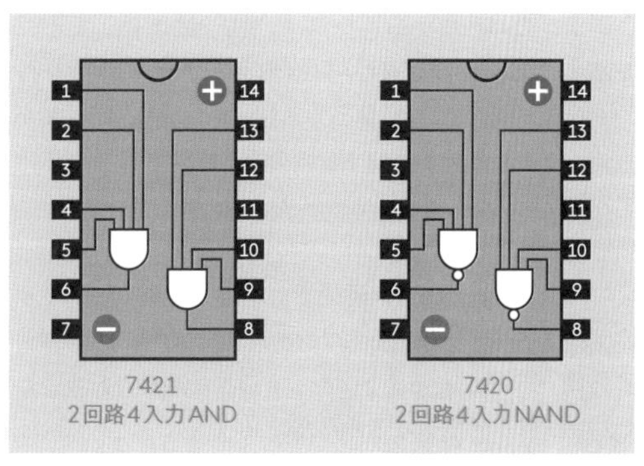

図4-99　74xxファミリーのロジックチップの標準化されたゲート構成。

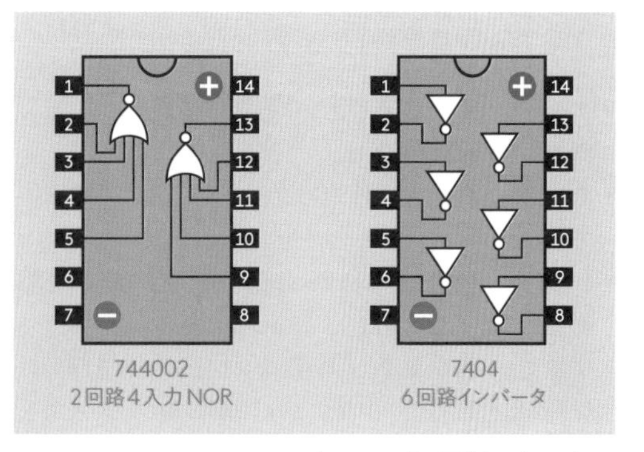

図4-100　74xxファミリーのロジックチップの標準化されたゲート構成。

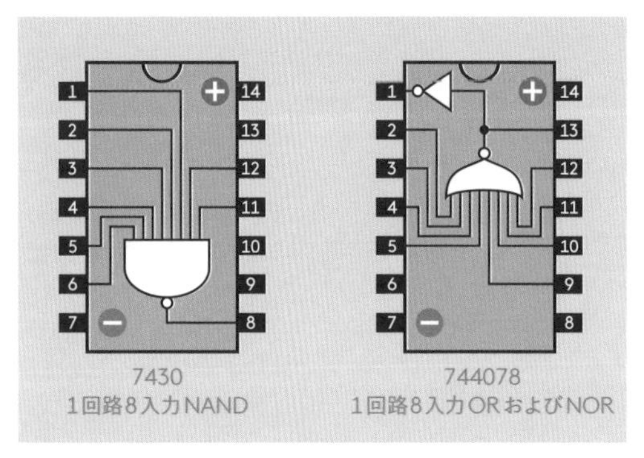

図4-101　74xxファミリーのロジックチップの標準化されたゲート構成。

チップのパーツナンバーはすべて、最小化した形式で示してある。つまり、7400チップの実際の名称は74HC00や74HCT00などであり、さらに前後に数文字付くものである。とはいうものの、一般的にはこれらはすべて7400と呼ばれるものであって、ここでもそのように表示しているのだ。

ロジックチップのピン機能を、これらの表やメーカーのデータシートで確認しておくことは、非常に重要だ。番号に一般則があるように感じることもあるのだが、たくさんの例外が存在するからだ。

基礎：ロジックゲート接続時の規則

やってもよいこと：

- ゲートの入力は安定化電源に直接接続できる。プラス側もマイナス側もOKだ。
- あるゲートの出力はほかのゲートの入力に直接接続できる。
- 1つのゲートの出力はほかの複数のゲートの入力を駆動できる（「ファンアウト」という）。厳密な比率はチップによって異なるが、74HCxxシリーズでは1個のロジック出力電力で、少なくとも10個のロジック入力を賄うことができる。
- 同じDC5ボルト電源を共有している場合、ロジックチップの出力は555タイマーのトリガ（2番ピン）を駆動できる。
- 入力のローは必ずしもゼロではない。74HCxxロジックゲートは1ボルト以下であれば「ロー」と認識する。
- 入力のハイを5ボルトにする必要はない。74HCxxロジックゲートは3.5ボルト以上であれば「ハイ」と認識する。

入力の許容範囲および出力の最低保証を図4-102に示す。

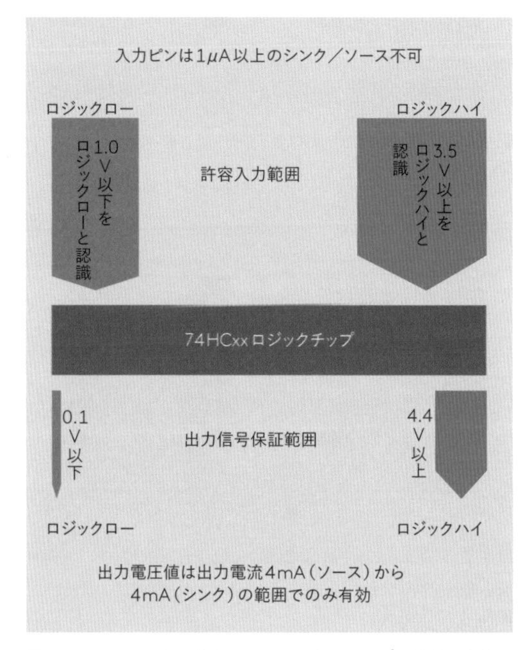

図4-102　エラーを回避するには、ロジックチップの推奨入力範囲を守ること。

許されないこと：

- 入力に浮きピンを作らない！　HCファミリーのようなCMOSチップでは、入力ピンはすべて既知の電圧に接続すること。これは未使用のゲートについても同じだ。
- 単投スイッチや押しボタンにはプルアップまたはプルダウン抵抗を使う必要がある。こうすれば接点が開のときも、入力ピンが浮きピンにならない。
- 74HCxxロジックゲートには、安定化していない電源や5ボルトを越える電源を使わないこと。
- 74HCxxロジックチップの出力をLEDの電源として使う場合には注意が必要だ。チップからは最大で20ミリアンペアまで取れるが、これは出力電圧の降下をともなう。この出力を別のチップの入力としても使用する場合、LEDがもたらす電圧降下が大きければ、次のチップはこれを「ハイ」と認識しなくなってしまう。一般的に、ロジック出力は、LEDの点灯と別のロジックチップへの入力とで同時に使用してはいけない。回路の改造や新規設計の際は、電流と電圧のチェックを必ず行うこと。

- 本書を通じ、ロジックチップ出力にまつわる部分では低電流LEDを使用している。これは覚えるべき習慣であると考えているし、ロジック出力でLEDを駆動しつつほかのロジック入力をまかなう、ということを、やらねばならない場合があるからだ。
- ロジックゲートの出力ピンに顕著な電圧や電流をかけてはいけない。言い換えれば、出力にむりやり入力してはいけない。
- これがあるため、2つ以上のロジックゲート出力をまとめてはならない。

「やれ」や「やるな」はここまでにしよう。最初のロジックチップ・プロジェクトの始まりだ。

実験21：パワフルな組み合わせ

他人に自分のコンピュータを使われたくないものとする。私には2つの方法が思いつく。ソフトウェアを使った方法と、ハードウェアを使った方法だ。ソフトウェアの方は一種のスタートアッププログラムで、通常のブートシーケンスに横入りしてパスワードを要求するというものになるだろう。こうすればWindowsやmacOSの標準機能のパスワード保護だけを使うよりも少しばかり安全になるだろう。

これはもちろん可能なのだが、もっと面白い（そしてこの本に関連する）、ハードウェアを使う方法が考えられるはずだ。私がイメージしたのは、数値キーパッドで秘密の組み合わせ数字を入れないとコンピュータがオンにできない、というものだ。これを「コンビネーションロック」と呼ぼう。まあ実際には何もロックされないが。これは、普通であればコンピュータをオンにするのに使えるはずの電源ボタンを、無効にするものなのだ。

注意：保証について

このプロジェクトを最後の結論のところまで実行すると、デスクトップコンピュータを開け、配線を切断し、自作の小さな回路を組み込むということになる。内部の基板には近づきもしないし、電源ボタンの配線にしかアクセスしないが、それでも依然として、新品で買ったコンピュータに付いてくる保証は無効になる。

私はこれをあまり真剣に考えていないが、不安を感じるようであれば、3つの選択肢がある：

- 回路はブレッドボードで楽しく作り、そこでやめる。
- 回路はほかの機器に使う。
- 古いコンピュータを使う。

必要なもの

- ブレッドボード、配線材、ニッパ、ワイヤストリッパ、マルチメータ
- 9ボルト電源（電池またはACアダプタ）
- 低電流LED（1）
- 汎用LED（1）
- LM7805ボルテージレギュレータ（1）
- 74HC08ロジックチップ（1）
- 555タイマーIC（1）
- 2N2222トランジスタ（1）
- DC9ボルトのDPDTリレー（1）
- ダイオード：1N4001（1）、1N4148（3）
- 抵抗器：330Ω（1）、470Ω（1）、1kΩ（1）、2.2kΩ（1）、10kΩ（6）、1MΩ（1）
- コンデンサ：0.01μF（1）、0.1μF（1）、0.33μF（1）、10μF（2）
- タクトスイッチ（8）
- 任意：コンピュータのフタを開け、4つの穴を明け、穴の間をノコで切り、キーパッド用の四角い窓を付けるための工具（プロジェクトを最後まで実行する人向け）。窓を付けたあとでケースにキーパッドを付ける小ネジも4本必要。

3パート回路

ブレッドボード回路全体を図4-107に示すが、これを作る前に回路図を見ていこう。

この回路は3つの部分に分かれている：

1. 電源と3個のダミーボタン。
2. 生きているボタンとロジック。
3. 出力。

図4-103の回路図は最初のセクションを示している。これは実に単純だ。Aボタンを押すことでDC9ボルトがボルテージレギュレータに接続され、レギュレータが左側バスにDC5ボルトを供給する。このボタンは右にあるマゼンタの配線にもDC9ボルトを供給する。これをする理由は後で述べる。

さらにB、C、Dボタンにも気付くかもしれない。こちらはどれも負極グランドに接続する。

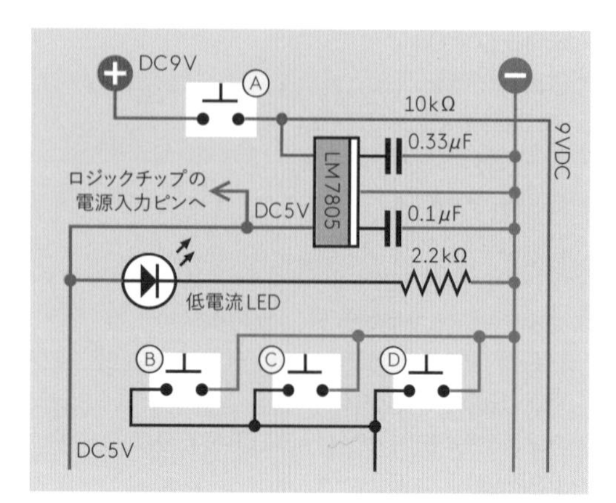

図4-103　回路の上部セクション。

それでは図4-104を見てみよう。こちらは回路の中央セクションで、ロジック記号を使って描いたものだ。これが図4-103で示した最上部の回路とつながっているところを想像してほしい。EからHのボタンはANDゲート左側入力に正電圧を供給することができる。これらの入力は通常は10kΩプルダウン抵抗でローに保持されている。各ゲートの出力は次のゲートの入力に行く。

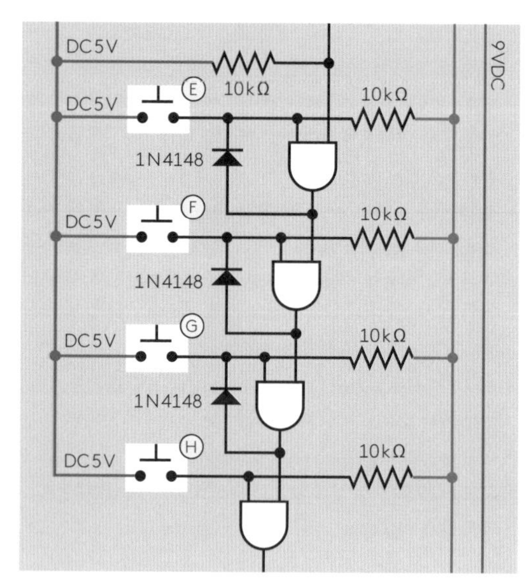

図4-104　回路の上部セクション。

最後に図4-105に回路の下部セクションを示す。最後のANDゲートの出力でトランジスタを作動させ、これが555タイマーをトリガーする。タイマーはリレーを制御し、リレーがコンピュータを（または単純な電源ボタンを持つほかの機器を）ロックしたりアンロックしたりする。

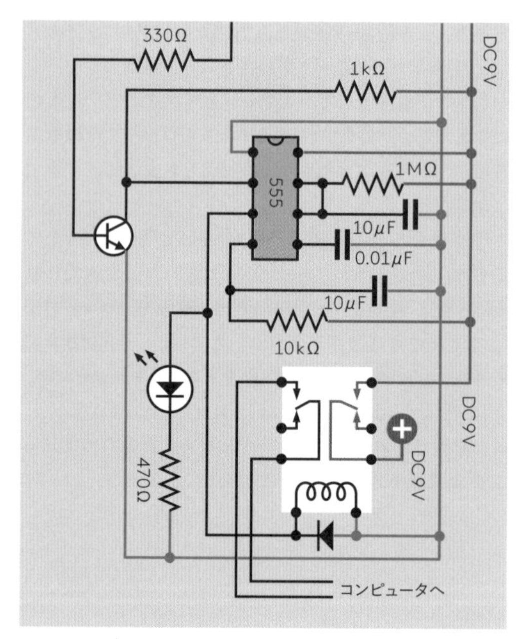

図4-105　回路の下部セクション。

動作原理

Aボタンは、回路の有効化の際に押す必要があり、またほかのボタンで秘密のシーケンスを入力する間は、押し続ける必要がある。これは2つの目的を果たす：回路の不使用時に電力消費がないこと、間違ってオンにしたままにならないこと、である。

秘密のシーケンスとは、Aボタンを押したまま、E、F、G、Hボタンを、この順で押すことだ。もちろん、回路を実際に設置する際には、ボタンの位置はバラバラにできる。このようにレイアウトしたのは、解りやすくするためだ。

回路のアンロックシーケンスの最初に、Aボタンを押したままでEボタンを押すとする。図4-104を見ると、Eボタンは最初のANDゲートに5ボルトを直結するのがわかる。これはプルダウン抵抗をくつがえすので、左側入力はロジックハイになる。

ANDゲートの右側入力は10kΩ抵抗器を通じてハイに保持されている。つまりANDゲートの両方の入力がハイになり、このために出力はローからハイに変わる。

出力からの電流はダイオードを介して左側入力に還流する。このためANDゲートの左側入力は、ボタンEを放しても出力によってハイに保持される。ゲートは自己ラッチするのだ。実験15のリレー同様である。これが可能なのは、チップが自分の電源を（ロジック回路図では描かれてないが）持っており、これが入力電圧の低下にかかわらず出力電圧を保持してくれるからだ。

最初のANDゲートのハイ出力は、2番目のANDゲートの右側入力にも接続している。これで2番目のANDゲートの右側入力はハイになったので、ボタンを押して左側入力をプルアップすれば、このANDゲートの出力もハイになる。このボタンがこれ以前には動作しなかったことに注目してほしい。最初のANDゲートのハイ出力を2番目のANDゲートに与えておく必要があるのだ。

- どのボタンも、押せばANDゲートが自分をラッチするので、その後は放すことができる。
- ボタンは順番に押す必要がある。順番通りでない押し方をすれば何も起きないのだ。
- この手順全体を通してAボタンを押しておく必要がある。

ここでB、C、Dボタンを見てほしい。回路のアンロックのためにコードを入力している間に、これらのボタンを押すと何が起きるだろうか。これらのボタンはどれも、最初のANDゲートの右側入力電圧をプルダウンするものである。ということは、このANDゲートの出力はローになる。ゲートが自分をラッチしていた場合はアンラッチする。さらに、最初のANDゲートのロー出力は2番目のANDゲートをアンラッチし、2番目のANDゲートのロー出力は3番目のANDゲートをアンラッチする。

B、C、D、どのボタンを押しても回路全体がリセットされるのだ。私がこれらを含めたのは、正しいコンビネーションの入力をより難しくするためだ*。当然ながら、実際にこのシステムを設置する際は、すべてのボタンは同じに見えるようにしなければならない。

同時押しは？

（Aボタンを押しながら）2個以上のボタンを同時に押されたときはどうなるだろうか。結果は予想不能である。E、F、G、Hすべてのボタンを同時に押すと、リレーが作動する。ただし、B、C、Dのいずれかのボタンを押して、何も起こらなかった場合は別である。ボタンの同時押しはこの回路の弱点と考えてもよいかもしれないが、B、C、Dボタンを押さずにA、E、F、G、Hボタンを同時に押す可能性は小さい。リスクをさらに減らすため、B、C、Dと並列の「リセット」ボタンはもっと増やしてもいいかもしれない。

リレーのトリガー

正しいコンビネーションの入力ができたものとしよう。最後のANDゲートは図4-105のトランジスタのベースに約5ボルトを加える。トランジスタはオンになり導通を始める。これは555タイマーの2番ピンと負極グランド間の抵抗値を低下し、つまり2番ピンはプルダウンされて、タイマーはトリガーされる。

タイマーは、右側のマゼンタの配線でやって来た9ボルト電源で動作している。これにより、タイマーの出力はリレーを作動させるのに十分なものとなる。今度はこのリレーが何をしているか見てみよう。リレーの右側接点は9ボルトバスに別電源を供給するのだ。

＊訳注：実際はこれらは必須だ。なければでたらめに押し続けるだけで、いつかはロック解除できてしまう。

555タイマーのパルスが続くあいだ、リレーの接点は閉じたままになる。閉じたリレーは回路に電源を供給する——タイマーにもだ。その通り、タイマーがリレーを動かし、リレーがタイマーに電源供給するのである。

今やAボタンを放すことができる。それでもリレーはラッチされており、これはタイマーからのパルスが続く限り続くのだ。パルスがおよそ30秒後に終了すると、リレーへの電源が遮断され、接点は開になる。これはタイマーを、回路全体をオフにする。回路はこれで電力をまったく消費しなくなる。

リレーの左側接点はコンピュータの「オン」ボタンを有効にするものだ。つまり、タイマーがリレーを作動させている短い間だけ、あなたはコンピュータの電源をオンにすることができる。それ以外の時間、「オン」ボタンは機能しないのである。

ロジックチップ

図4-106を見てほしい。これは回路の中央セクションで、実際の2入力ANDゲート4回路74HC08ロジックチップで描き直したものだ。これは図4-104のロジック回路図とまったく同じ動作をする。両回路図を見比べれば、同じ機能になっていることがわかるはずだ。大きな違いは、チップを入れて描いた回路は部品を実際にどのように配置するかを示すことである——そしてこちらの図は、ずっと理解しにくいと思うのではないだろうか。ロジックダイアグラムにはロジックダイアグラムの使い方がある、ということだ。

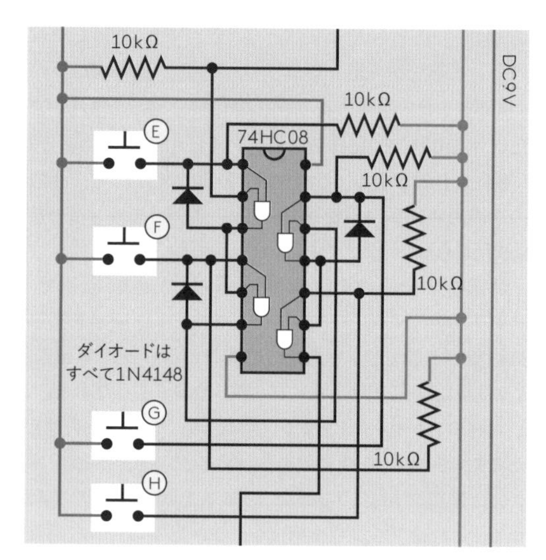

図4-106　回路中央部を実際の部品で示す。

さあ作るぞ！

完全なブレッドボード図を図4-107に示す。このプロジェクトでは、段階的なテストというものができない。一度に全部作り上げる必要があるのだ。各部品の値は図4-108に示した。

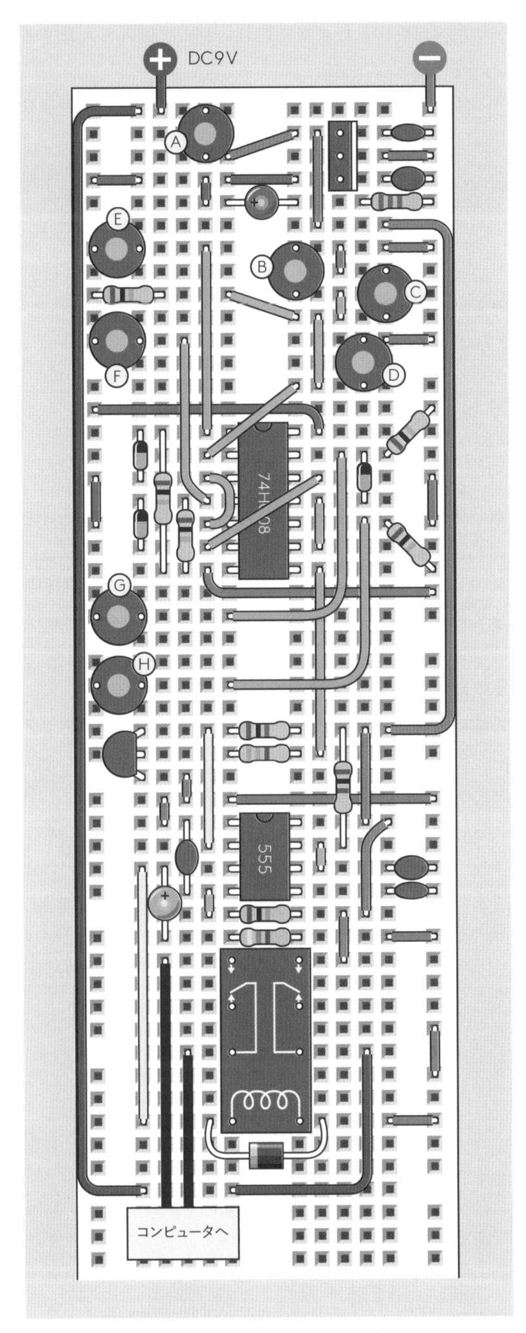

図4-107　電子コンビネーションロックのブレッドボード図。完全版。

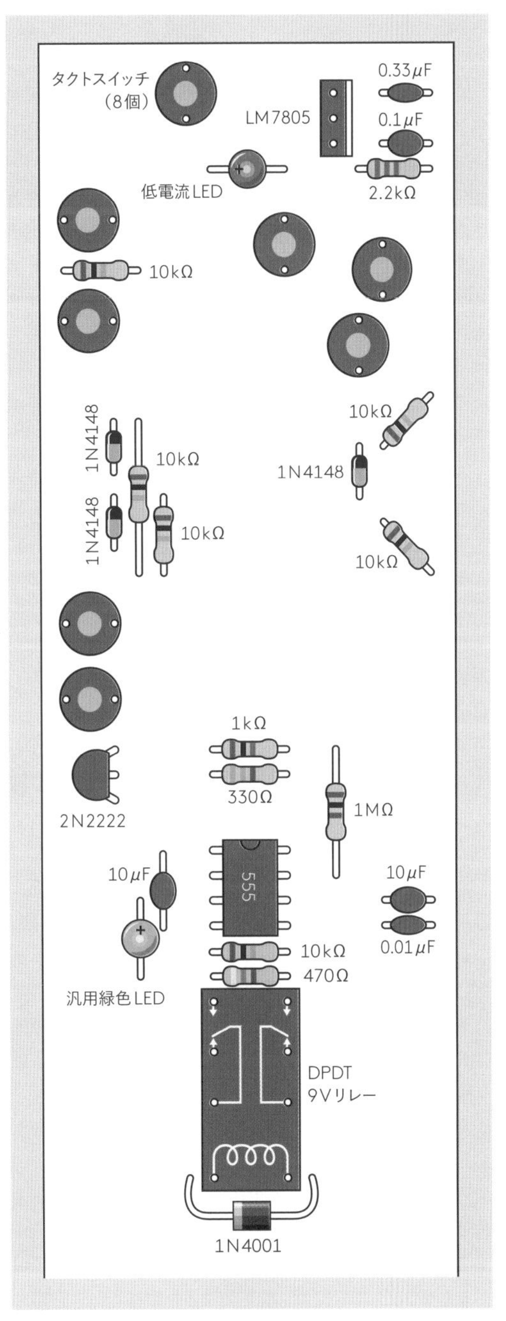

図4-108　ブレッドボード図の部品の値。

準備

回路の2つの電圧がきちんと分離されるように注意すること。DC5ボルト電源はリレーを動かすには不十分であり、DC9ボルトはロジックチップを焼き切る。ブレッドボードの左側バスはDC5ボルト電源用だ。スイッチを通さない常時供給のDC9ボルトは、図4-107のブレッドボードの左を走る茶色の配線で、リレーに通じている。右の方のマゼンタ（赤紫）の配線はDC9ボルトを供給するもので、Aボタンでもリレーの右側接点でもオンになる。

- 茶色は電池やACアダプターから常時供給のDC9ボルト電源である。
- マゼンタはDC9ボルト電源で、リレーからもAボタンからもオンにできる。
- 赤はDC5ボルトで、ボルテージレギュレータから供給される。

回路ができたら、DC9ボルト電源を接続してAボタンを押したままにしよう。赤色LEDがオンになる。しかしほかには何も起きない。

Aボタンを押したままでE、F、G、Hのボタンを上から下に順番に押して放そう。シーケンスを完了すると、緑のLEDがオンになり、リレーが閉じて回路がアンロックされたことを知らせる。

Aボタンを放してみよう。約30秒後に回路が自分をオフにするまで、LEDは点灯したままだ。この30秒の間、コンピュータを起動することができる（回路をコンピュータに設置した場合）。

回路は自分で自分をオフにしたあと、電力をまったく消費しない。9ボルト電池で動かせるし、電池は文字通り何年ももつだろう。

電源ボタンをもう一度押して、シーケンスのボタンを別の順序で押してみよう。また、B、C、Dのどれかのボタンを混ぜて押してみよう。緑のLEDは点灯せず、リレーも作動しないだろう。

この回路の完成版を組み込んだところを考えよう。コードをクラックするには、以下のことを知っている必要がある：

- Aボタンを押したままで正しいシーケンスを入力する必要がある。
- 正しくないボタンを押したとき、コードは最初から入れ直さなければならない。
- E、F、G、Hだけが有効なボタンであり、しかもこの順序で押す必要がある。

これは非常に安全なやり方であるように思う（私は）。そしてもっと強いセキュリティが欲しければ、ボタンはいくらでも増やすことができる！

テスト

マルチメータを導通測定にセットし、プローブを（ミノムシクリップのテストリードで）リレーの左側の、2つの出力接点にそれぞれ接続する。図4-105で「コンピュータへ」とある2本の線になる。この2本の先には電圧が来ていないので、リレー内部の接点が閉じるのを確認するには、マルチメータを導通測定にセットする必要があるのだ。

正しいコンビネーションボタンを押すと、マルチメータのブザーが鳴る。Aボタンを放しても、555タイマーがリレーを作動させている間は、マルチメータのブザーが鳴り続ける。タイマーのサイクルが終わるとリレーが開になり、マルチメータのブザーも止まる。

また、マルチメータを電流計測にセットして、ブレッドボードのDC9ボルト電源入力点と電池の間に入れる。Aボタンを押さない限り、電力消費がまったくないことがマルチメータに表示されるはずだ。

ダイオードの扱い

この回路には2種類のラッチがある。リレーをラッチするシステムは普通ではないものだが、使われていないときの消費電流をゼロにする、という要求を満たすものである。ANDゲートが自分をラッチするシステムはまた別の問題だ。

4番目のANDゲートはラッチの必要がない。タイマーの起動にはほんの短いパルス（Hボタンからのもの）しか必要ではないからだ。しかしその他の3つのANDゲートはラッチの必要がある。E、F、Gの各ボタンを放してからも、出力をハイにする必要があるからだ。ダイオードは、ゲートの出力からの電流を入力に戻すことにより、これを行う。

どこか問題があるだろうか。ダイオードが約0.7ボルトを取ることを忘れてはならないのだ。ロジックゲートは入力のハイ状態とロー状態を明確に区別しなければならないことを思い出そう。電圧の追跡なしにロジック回路中にダイオードをばらまくようになれば、最後には、ハイであるはずの入力を認識しないロジックゲートというものが出てくる。これは実験15で言及したのと同じ問題だ。あちらでは、トランジスタに続いてダイオードが電圧を降下させ、リレーのトリガーに失敗するかもしれなかった。

疑いのあるときは、電圧をマルチメータでチェックし、また図4-102に挙げた入力仕様を確認すること。

ここで見せたコンビネーションロック回路では、最初の3つのANDゲートの出力が1個のダイオードを通じて同じゲートの入力に戻されるだけだったので、信頼性のある動作をしない理由はまったくなかった。それでもダイオードとロジックチップを混在させるときは、注意と分別を利かせる必要があることを忘れないでほしい。

もしかしたら不思議に思っているかもしれない——ダイオードが論理ゲートを自己ラッチする正しい方法でないなら、何が理想なのか、と。

思いつくであろう1つの方法は、ダイオードをただの配線に替え、これで信号をゲートの入力に戻すことだ。だって結局、ダイオードって何のためにあるのさ?

重要な役割があるのだ。ダイオードを単なる電線に置き換えれば、押しボタンからの正電圧もこの電線を通り、ロジックゲートの出力に回ってしまうのだ。

- ゲートの出力に電圧をかけることは絶対によくないことである。

回路のロジックの状態をラッチする正しい方法は、フリップフロップである。前には555タイマーを双安定モードに配線したものをフリップフロップに使ったが、これはすでにタイマーを使っていたのと、この応用をお見せしたかったからである。しかしこの回路のこの機能のためだけに4個の555タイマーを追加するのは意味がない。フリップフロップがいくつも入ったチップを買うこともできるし、2個のNANDゲートや2個のNORゲートでフリップフロップを作ることもできる(これは実験22でお見せする)。

このコンビネーションロックの小さな回路では、チップ数と複雑さを最小にしたかった。ダイオードはこれを達成するのに、もっともシンプルで簡単な方法だったのだ。

疑問点

4番目のANDゲートの出力は単一の正のパルスだ。これでリレーを直接作動させないのはなぜだろうか? タイマーを導入せずに済むではないか。

理由の1つは、リレーには突入電流があり、これがANDゲートが供給できる最大値の20ミリアンペアを超えることだ。そしてもちろん、タイマーによる固定長のパルスが欲しいということもある。

よしわかった。では、どうして回路にトランジスタを追加したのだろうか? これは、ANDゲートが正のパルスを出すのに対し、タイマーがトリガーピンに必要なのは負電位への遷移である、ということだ。トランジスタは正を負に変換する方法を提供する。NOTゲート(インバーター)を追加しても同じ目的を果たすことはできるが、これはチップ数を増やすことになる。

それなら、なぜNANDゲートではなくANDゲートを使うのだろうか? NANDの出力は通常時ハイで、入力が両方ともハイになったときローである。これはまさに555タイマーが必要とするものではないか。NANDゲートを使えばトランジスタが省けるのではないか。

これはその通りである。しかし前段にあるANDゲートたちは、フィードバックして正入力を維持するために、出力が正電圧である必要があるのだ。つまり、最初の3つのボタン用にはANDゲートを使う必要がある、ということだ。NANDゲートに置き換えられるのは、タイマーに正しい出力を与えられる最後の1つだけなのである。これは依然として74HC08チップが必要であるということであり、また74HC00チップを、そのたった1つのゲートを使うために追加する必要があるということである。トランジスタの方が簡単でスペースを取らないのだ。

ほかの疑問もある。回路に2本のLEDを入れたのはなぜだろうか? これは、コンピュータをアンロックすべくボタンを操作するときは、何が起きているか判るべきだからだ。パワーオンLEDは電池切れではないことの確認になる。リレー動作LEDにより、リレーのクリック音が聞こえなくてもシステムのアンロックが確認できる。

最後に大きな疑問がある:本当にやってみようという場合、この回路をコンピュータに実際に設置するにはどうしたらいいだろうか？　これは考えるよりずっと簡単だ。説明しよう。

コンピュータインターフェイス

最初にコンビネーションロック回路の配線が正しいことを確認する。たった1つの配線の間違いが、リレーの左側接点を単に閉じるものではなく、DC9ボルトを出力するものに変えてしまう。これは大変だ！

確認のため、マルチメータをDC電圧測定にセットしてから、回路のタクトスイッチを正しい順序で押す。緑のLEDが点灯し、かつ、マルチメータに電圧が出なければ良好だ。それ以外の場合は配線違いがある。

それではコンピュータのスイッチを入れた時に、普通は何が起きるかを考えてみよう。

古いコンピュータは背面に大型のスイッチがあり、これはコンピュータ内部の重い金属ボックスに付いていた。金属ボックスは家庭用コンセントの電気を、コンピュータに必要な安定化DC電圧に変換するものだ。現在のコンピュータのほとんどはこのような設計にはなっていない。コンピュータをコンセントに差し込み、（Mac以外では）筐体前面の、または（Macなら）キーボードの小さなボタンをタッチすればよい。このボタンは内部でマザーボードに接続されている*。

我々の立場で見ると、これは理想的だ。面倒な高電圧を扱わずに済むからである。コンピュータを開けたとき、電源が入っているファン付きの金属箱は、開けることすら考えないこと。電源ボタンからマザーボードに延びる配線を探すだけでよい。この配線にはほとんどの場合、芯線が2本しかない。ただし例外的に、リボンケーブルの一部となっている場合もある。重要なのは電源ボタンの接点に注目することで、必要な配線はここに接続されているのだ。

まずコンピュータの電源プラグが抜いてあることを確認し、自分を接地する（コンピュータには静電気に弱いCMOSチップが使われているので）。それから慎重に、電源ボタンから伸びている2本の線の、1本だけを途中で切る。そしてコンセントを差して「パワーオン」ボタンを押す。何も起きなければ、たぶん正しい線を切っている。間違った線を切った可能性はあるが、コンピュータが起動しなくなるなら同じことで、その線を使えばよい。

＊編注：iMacなどのデスクトップMacでは、電源ボタンが本体の上面や背面にある。Macの外付けキーボードに電源キーがあったのは10年以上前のことである。また電源ボタンがキーボード上にあるのはMacBookに限らず、多くのノートパソコンで共通である。

われわれが線に電圧をかけたりしないことを思い出してほしい。リレーは、今切ったところをつなぎ直すだけなのだ。クールかつ平静な態度で、すべてを起動する1本の線を探せばよい。どうしても失敗が心配なら、そのマシンのメンテナンスマニュアルをネットで確認する。

さて、配線を見つけてその1本だけを切ったら、以下の手順はまた電源プラグを抜いて行うこと。

カットした配線がマザーボードに接続する場所を探す。普通は抜き差しできるコネクタがあるはずだ。まずは正しく戻せるように印を付けておく。よりよくは写真を撮っておく。それからこの配線を抜き、以下のステップはその状態で行う。

カットした線を皮むきして、図4-109のように、ここに別の2芯線をハンダ付けする。熱収縮チューブを入れてハンダ付け部を保護すること。（とても重要！）

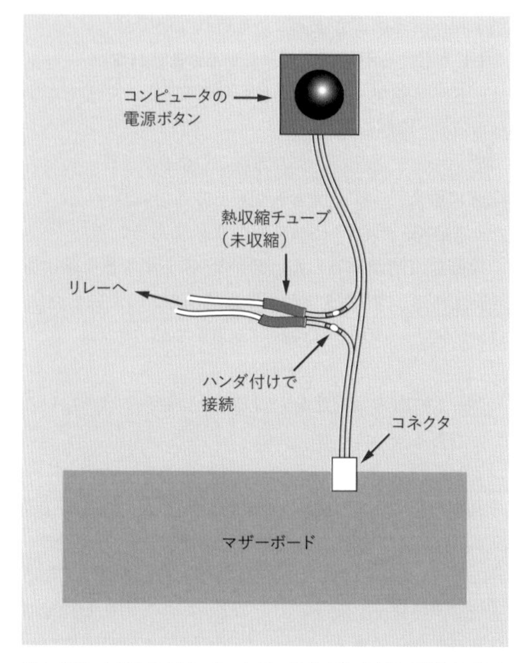

図4-109　このコンビネーションロックプロジェクトは、普通のデスクトップコンピュータと接続できる。「パワーオン」ボタンの配線を1本だけカットし、延長線をハンダ付けして、接続部は熱収縮チューブでカバーする。

ハンダ付けした新しい枝線をリレーまで延ばし、アンロック時に閉じる接点ペアに、よく確認しながら接続する。ロックしたと思ったらアンロックしている、またはその逆、というのは避けたい過ちだ。

抜いたコネクタをふたたびマザーボードに差し、コンセントを入れ、電源ボタンを押してみよう。何も起きなければ、たぶんうまくいっている！　キーパッドに秘密の組み合わせ番号を（電池から電気が来るようAボタンを押しながら）入力し、緑のLEDが点灯するのを確認する。そしてコンピュータの電源ボタンを押してみよう。すべてうまくいくはずだ――回路が許容する30秒以内にボタンを押していれば。

回路のテストが終わったら、最後のタスクは設置だ。図4-110のようなことを考えているなら、ケースとコンピュータのほかの部分を完全に分離してから行うこと。

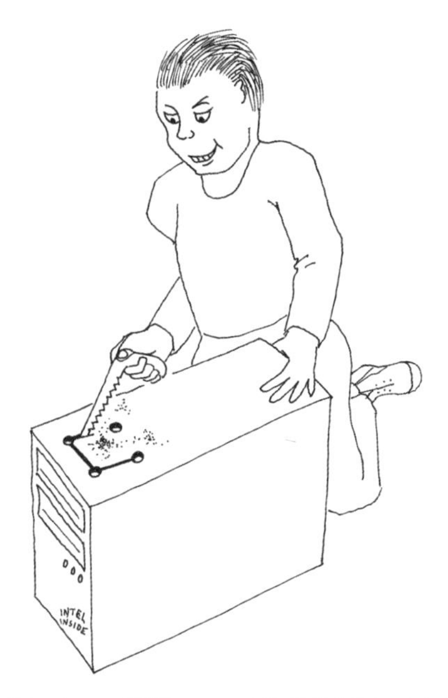

図4-110　キーパッド設置の1つの方法（絶対推奨というわけではない）。

改良

どんなプロジェクトでも、終わってみれば、もっとできることがあるものだ。

キーパッドを使う。本書の初版では、このプロジェクトに数値キーパッドを使うように書いていた。しかしキーパッドは高価すぎると思う人や、正しい種類のキーパッドを見つけるのが難しいという人が出た。少し考えて、今回はただのタクトスイッチを使うことにした。これはブレッドボードに差し込みやすいし、回路をもっと恒久的なバージョンにしたいときも、押しボタンを8個だけ、金属やプラスチックの板に取り付ければよいからだ。しかしマトリックスエンコードのキーパッドというのは、依然として選択肢に入ってくる。この種のキーパッドは本当はマイクロコントローラと使うように作られている。欲しいタイプは、ピン数がボタンの数+1になっているものだ。

リレーへの電源供給。555タイマーの出力でリレーを確実に駆動できるのか疑問に思う方もいるかもしれない。これは実験15で論じたのと同じ疑問で、あちらでは、トランジスタとダイオードの組み合わせでリレーに電源供給するのはやめた。問題は、555タイマーからの電圧が出力負荷によって変動することだ。この実験で高感度のリレーを推奨したのはこのためである。高感度リレーは、典型ケースでは標準的なリレーの1/3程度以下の消費電流になっており、デモ用としては十分であるように思う。本書の全実験を通して、リレーは1種類だけにしたかった、というのもあった。ただ、回路を実用するつもりであり、それも毎回絶対確実に動作すること――9ボルト電池が切れかけているときにでも――を期待するなら、DC6ボルトリレーを使うことを考えてもいいだろう。ホントに？　タイマーの出力をかけても過負荷にならないの？　これは、必ずなるわけではないのだ。リレーには過電圧に耐えるよう作られているものがある。たとえば、オムロンG5V-2-H1-DC6という6ボルトリレーは、定格電圧の最大180％で使用可能だ。いつもの通り、最大のお勧めは、回路を徹底的にテストし、選択肢を検討し、データシートを読むことである。

コンピュータの安全を図る。このプロジェクトをさらにセキュアにしたいなら、コンピュータを組むネジを、いたずら防止ネジに換えるという手段がある。当たり前だが、こうしたネジは取り付けのための（もしくはセキュリティシステムの動作不良時の取り外しのための）特殊工具も必要だ。

秘密コードの変更。ほかの拡張として、必要なときに秘密コードがすぐに変更できるようにする、というのがある。元の回路はハンダ付けすると変更が難しいが、「ヘッダ」と呼ばれる小さなプラグとソケットを取り入れれば、配線の差し替えができるようになる。

破壊型セキュリティ。さらに、あなたが真性の完全な偏執狂（よい意味で）であるなら、入力コードが間違っていたときに追加のリレーを切り替えて、大電力を通じてCPUを焼き切り、HDDに強烈なパルスを送るようにしてみてはどうだろうか。SSDであれば、DC5ボルト入力に高電圧を加える「自殺リレー」の組み込みを考慮してもいいだろう。まあ私は自分にこれを推奨するものではない。

これについては、疑問の余地はない。ハードウェアの破壊はソフトウェアによるデータ消去に対して、大きな優位性がある。それは高速であり、止めることが難しく、たいていは永久的だ。だから、全米レコード協会がやってきて違法なファイル共有がないかコンピュータの電源を入れてくれませんか、と言われても、間違ったアンロックコードを教えるだけでよい。ゆっくり座ってケーブルの焼ける刺激臭がするのを——または核オプションを選んだ場合はガンマ線のバーストを——待とうではないか（図4-111）。

図4-111　真性の偏執狂（よい意味で）の方のために。秘密のキーコンビネーションを使ったメルトダウン／自爆システムは、ファイル共有について面倒な質問をしてくるRIAAの調査員やデータ漏洩に対する強力な保護になる。

現実的なレベルで言うと、完全に安全なシステムなんか存在しないものである。ハードウェアロッキング装置の価値は、誰かがそれを破ったとき（いたずら防止ネジを無理に回すとか、金切りでケースからキーパッドをもぎ取ったりしてあれば）、少なくともそのことが判る——特にネジにペンキを少し塗り、工具でいじればわかるようにしておけば——ということにある。これに対し、パスワード保護ソフトウェアが破られたときは、システムが侵入を受けたことを永久に知ることがないかもしれない。

実験22：早押し

デジタルロジックを使う次のプロジェクトでは、フィードバックという概念に着目する。出力を入力に接続して戻すことで影響を与える——今回の場合はブロックする——ということだ。小さなプロジェクトだが、非常に巧妙で、今後に便利なものである。

必要なもの

- ブレッドボード、配線材、ニッパ、ワイヤストリッパ、マルチメータ
- 9ボルト電源（電池またはACアダプタ）
- 74HC32ロジックチップ（1）
- 555タイマー（2）
- SPDTスライドスイッチ（2）
- タクトスイッチ（2）
- 抵抗器：220Ω（1）、2.2kΩ（1）、10kΩ（3）
- コンデンサ：0.01μF（2）、0.1μF（1）、0.33μF（1）
- LM7805ボルテージレギュレータ（1）
- 汎用LED（2）
- 低電流LED（1）

ゴール

“Jeopardy!”のようなクイズ番組では、出演者は回答の権利を争う。誰かが最初に回答ボタンを押せば、ほかの人たちはボタンが無効になるので、自動的に排除される。同じことをする回路はどうやって作ったらよいだろうか。

検索すれば、このように働くおすすめ回路を載せた趣味のサイトはいくつも見つかるが、これらは私から見

れば、不可欠の機能を持ってない。私の取るアプローチは、よりシンプルで、かつ凝っている。シンプルというのはチップ数が少ないということで、凝っているというのは、リアルなゲームになるように、「クイズマスター・コントロール」を組み込んである、ということだ。

まずは2プレイヤー版で初歩的な部分を示す。これを実装してから、4人以上のプレイヤーに拡張する方法を示す。

概念実験

私はこの種のプロジェクトが最初のアイディアから成長していく様子を見せたいと思っている。回路開発のステップを踏んでいくことで、あなたが将来自分のアイディアを発展させていく参考になれば、と望んでいるのだが、これは誰かの仕事をただ再現するよりも、はるかに価値のあることだ。

まずは基本概念を考えよう。2人の人間がおり、それぞれボタンを握っており、先に押した方が他方を締め出す、である。

この種のことでは、スケッチを描いてみると問題の可視化の助けになることがあるので、まずはここから始める。図4-112では、どちらのボタンからの信号も、他方のボタンによって作動する「ボタンブロッカー」なる想像上の部品を通っている。ボタンブロッカーが何をするものなのか、どうやって動くかは厳密にわかっているわけでは(まだ)ないが、とにかくこれは、一方のプレイヤーが先に動作させると、他方のプレイヤーをブロックするものだ。

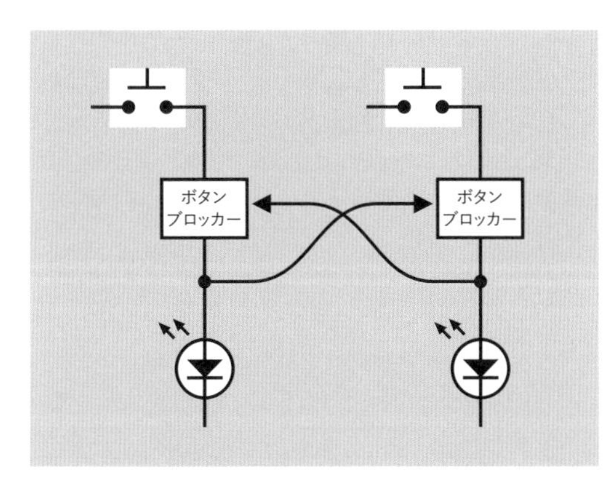

図4-112　基本概念：最初に来たプレイヤーがほかのプレイヤーをブロックする。

さて、これは一目で問題がわかる。3人のプレイヤーに拡張しようとすると複雑になるのだ。なぜなら、各プレイヤーはまずほかの2人の競争者の「ボタンブロッカー」を作動させる必要があるし、4人のプレイヤーに拡張すれば、それぞれが3人の競争者の「ボタンブロッカー」を作動させる必要があるからだ。接続数は管理不能になっていくだろう。図4-113はこのことを示した図だ。

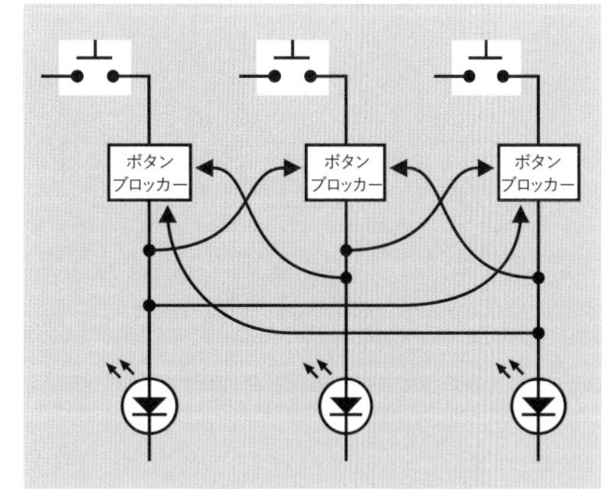

図4-113　参加者を2名から3名にしただけで接続数が2倍以上になっている。

この種の複雑性を見つけるといつも、もっとよい方法があるに決まってる、と思うのである。

また、ほかにも問題がある。プレイヤーがボタンから指を放すと、ほかのプレイヤーのボタンがアンロックされるのだ。これは実験15、19、21と同じだ……フリップフロップ(ラッチ)が必要である。その目的は、最初のプレイヤーのボタンの信号を保持し続けることで、最初のプレイヤーがボタンを放してからもほかのプレイヤーをブロックし続けることにある。

これではさらに複雑になる気がする。だが、ちょっと待ってくれ。最初のプレイヤーのボタンがラッチを作動させるなら、ラッチは最初のプレイヤーの回路を動作させ続けるのだから、ボタンはもう無関係ではないか。つまり、ラッチで*すべての*ボタンをブロックすればよい。これは大きな単純化だ。事象の連なりとして書き出してみよう。

- 最初のプレイヤーがボタンを押す。
- 信号がラッチされる。
- ラッチされた信号がフィードバックして全ボタンをブロックする。

図4-114はこれを示す新しいスケッチだ。これで構成がモジュール化され、ほぼいかなる数のプレイヤーにも拡張可能になった。モジュールを追加するだけでよく、複雑性は増さないからだ。

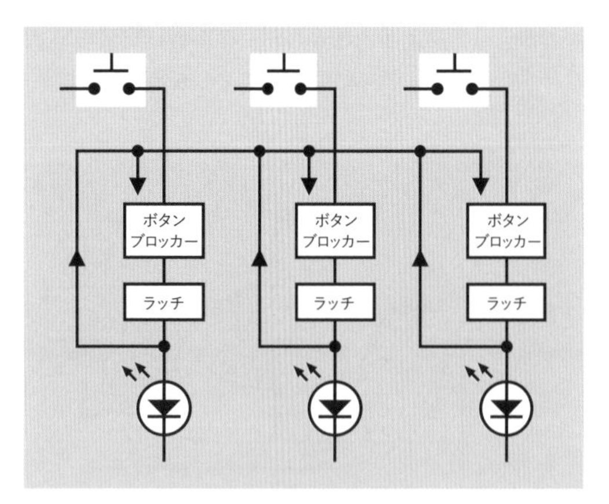

図4-114　どのラッチからも全ボタンをブロックするようにした。

ただ、大事なことが抜けている。1つは、どのプレイヤーが速かったか見たあとでシステムを初期状態に戻す、リセットスイッチだ。また、司会者が問題を読む前にプレイヤーがボタンを押してしまうのを防ぐ方法も欲しい。これらの機能はたぶん、司会者の手元で操作する1つのスイッチに統合できるだろう。

図4-115を見てほしい。司会者スイッチを「リセット」位置にすると、システムをリセットして回答ボタンへの給電を切ることができる。「セット」位置にすると、スイッチはシステムをリセットモードに保持するのをやめ、ボタンへの給電を行う。またプレイヤー2人で示してあるが、これはすべてを可能な限り単純にするためで、概念は依然として容易に拡張可能だ。

次は図中のロジック上の問題を考える番だ。私の描き方だと、すべてがまとめて接続されている。矢印を使って信号の方向を示しているものの、どうやれば信号が逆方向に行くのを防げるかは、考えてもいないのだ。これに対処しなければ、どちらのプレイヤーの信号も両者のLEDを点灯させるだろう。これはどうやったら防げるだろうか。

「上」に向かう配線にダイオードを入れて電流が逆流するのを防ぐ、というのは確かに可能だ。しかし、もっとエレガントなアイディアがある。ORゲートを入れるのだ。ORゲートの入力同士は電気的に隔離されている。図4-116はこのことを示した図だ。

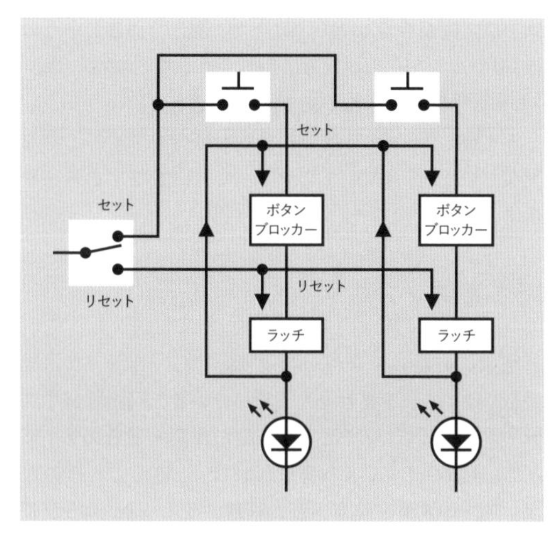

図4-115　司会者スイッチを追加した。

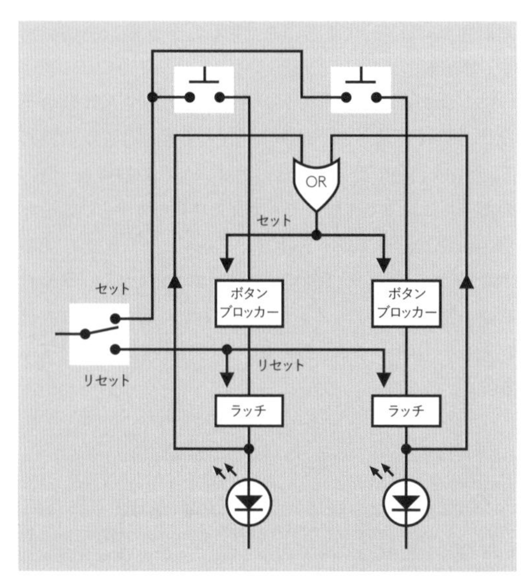

図4-116　ORゲートを追加してプレイヤー同士の回路を分離した。

基本のORゲートには論理入力が2つしかない。ということは、プレイヤーが追加できなくなるのだろうか？そうではない。なぜなら、3入力、4入力、はては8入力のORゲートが販売されているからだ。これは、どの入力がハイになっても出力がハイになる。ORゲートの入力よりもプレイヤーが少ない場合は、使わない入力を接地して、これらを無視するようにする。

これで「ボタンブロッカー」と呼んでいたものが実際にどうあるべきかについて、考えがクリアになった。これもロジックゲートであり、次のようなものであるべきだ。「入力が単発で、ボタンから来た場合には、それを通す。しかし追加の入力があっても、それらは通さない。」

さて、ゲートを選ぶ前に、ラッチをどのようなものにするか決める必要がある。市販のフリップフロップを買ってきてもいい。1つの信号で「オン」に、別の信号で「オフ」になるものだ。しかしフリップフロップの入ったチップには、このような単純な回路には必要ない機能がいろいろ付いてくるのが通例だ。というわけで、私はまた555タイマー（双安定モード）を使うことにした。これは必要な配線が非常に少なく、動作は非常に単純で、明るいLEDを点灯させせられるほど多くの電流まで取れる。唯一の問題は、双安定モードの555が、以下を要求することだ：

- 負のトリガー入力。ハイ出力を行うため。
- 負のリセット入力。ロー出力を行うため。

いいだろう。各プレイヤーのボタンは、正のパルスではなく、負のパルスを生成するようにしよう。これならタイマーの要求に合致する。

それではようやくシンプル版の回路図ができた。図4-117である。555タイマーのピン配置を正しく描きたかったので、配線の交錯が最小限になるように部品を少し動かす必要があったものの、論理的に見れば、同じ基本アイディアであることがわかる。

タイマーのどのピンが、どんな電圧状態か示すために、プラスとマイナスの記号を入れたかったが、場所がない。なのでハイ状態のピンに赤丸を、ロー状態のピンに青丸を付けるようにした。黒丸は、そのピンの状態が変化しうることを意味する。白丸は、そのピンの状態が重要ではなく、未接続のままでよいことを意味する。

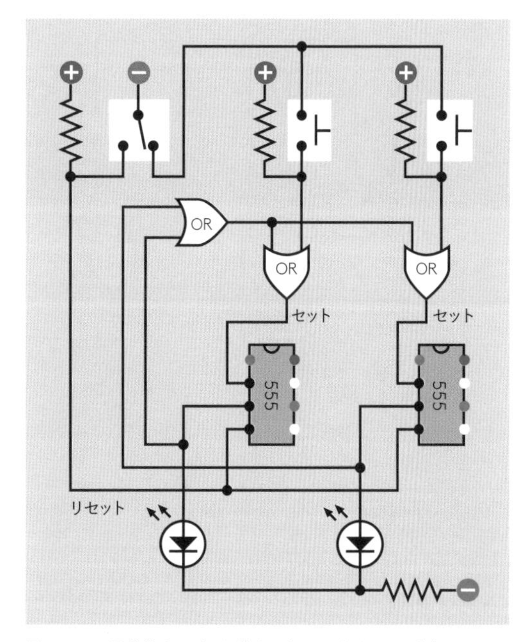

図4-117　予備的なロジックダイアグラム。タイマーの青色のピンはロー状態、赤色のピンはハイ状態に保持されたもので、白色は関係のないピンである。

作り始める前に、もう一度通してみよう。これはミスがないかを確認する最終ステップだ。重要で忘れてはならないのは、555は正の出力を生成するトリガーとして、負の入力を必要とすることだ。これはプレイヤーがボタンを押したとき、回路に負の「流れ」が生まれる必要がある、ということを意味する。

これはちょっと直感に反するので、図4-118から図4-121に動作原理を4ステップで可視化した。

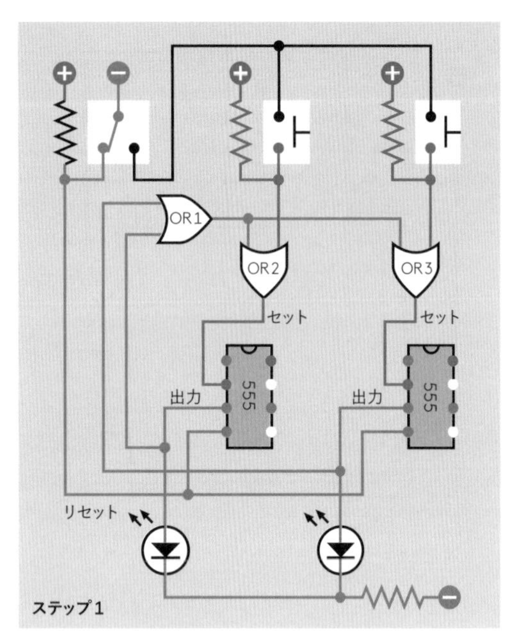

図4-118　回路の可視化。ステップ1。リセットモード。

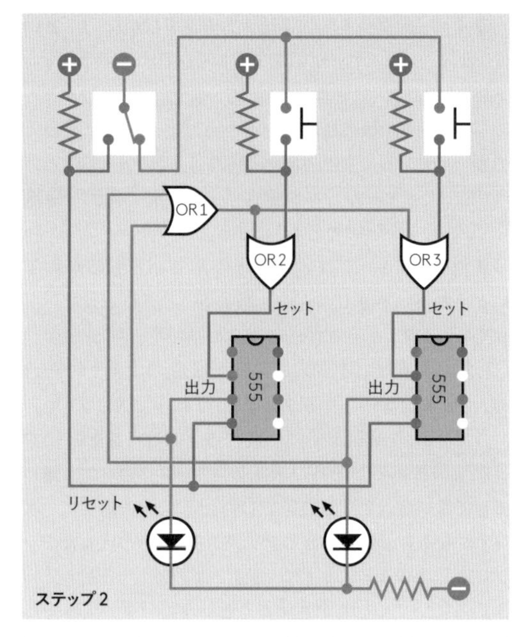

図4-119　回路の可視化。ステップ2。プレイヤーのボタンは使用可能になっているが、まだ誰もボタンを押していない。

ステップ1では、司会者スイッチがリセットモードになっている。両タイマーともリセットピンにロー電圧がかかっているので、出力はともにローで固定されている。この出力によりLEDたちは消灯状態に保たれる。またこれはゲートOR1に達するため、入力がともに負になったOR1の出力はローになるが、それが伝わるOR2とOR3は、ボタンの横のプルアップ抵抗により片方の入力が正になっているため、ハイのままである。ORゲートは出力の片方がハイになっていればハイなのだ。また、双安定モードのタイマーは、トリガーピンがハイである間はトリガーされない。つまり回路は安定状態にある。

ステップ2では、司会者が問題を読み上げてスイッチを右に倒し、(負の)電源をプレイヤーボタンに供給する。とはいえプレイヤーはまだどちらも反応していないので、プルアップ抵抗がタイマーの出力を負に保つ安定状態が続く。

ステップ3では、プレイヤー1が左のボタンを押している。これはOR2に負のパルスを送る。これでOR2は入力が両方ともローになるので、出力がローに変わる。このロー出力パルスは左のタイマーのトリガーピンに行く。ただし(この図では)回路はまだ反応していない。タイマーがこの信号を処理していない状態だ。

ステップ4は数マイクロ秒後で、タイマーが負の入力を処理して正の出力パルスを生成したところだ。このパルスはLEDを点灯し、またOR1に戻る。これでOR1には正の入力があるようになり、出力も正となる。この出力はOR2およびOR3に行き、これらの出力も正とする。こうして両方のタイマーともトリガーピンに正の入力を受ける。こうなれば、どちらのプレイヤーのボタンも無効になる。これはOR1が回路に正電流を流し続けるためだ。

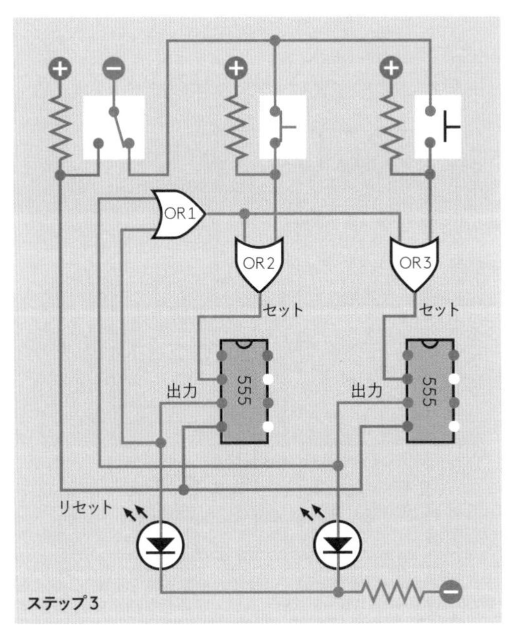

図4-120　回路の可視化。ステップ3。左のプレイヤーがボタンを押したものの、555タイマーはまだ反応していない。

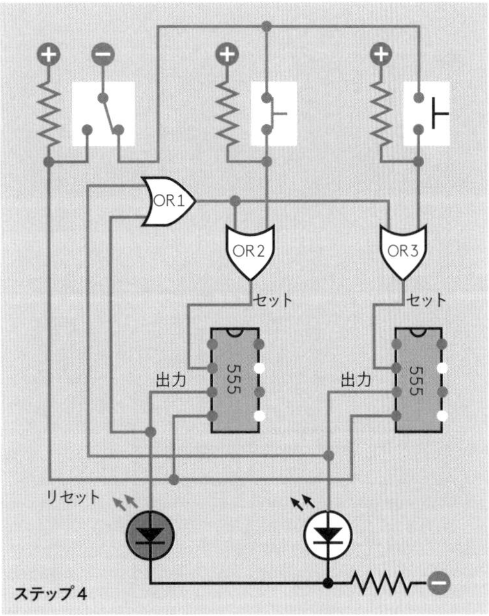

図4-121　回路の可視化。ステップ4。左のプレイヤーの行動が回路を流れ、ついに右のプレイヤーのボタンをブロックした。

- フリップフロップモード動作の555タイマーでは、トリガーピンにロー入力があればハイ出力にフリップするが、これはトリガーピンがハイに戻っても続くことに注意。
- 555のハイ出力が終わるのはリセットピンがロー状態になったときだけである。これは司会者スイッチをリセットモードに戻した時にのみ起きる。

このハッピーなシナリオを覆す状況が、1つだけある。両プレイヤーがボタンを完全に同時に押したとしたら、どうなるだろうか。デジタル電子回路の世界では、これはまず起きないことだ。しかしどうにかしてそれが起きた場合を考えてみると、両方のタイマーが反応し、両方のLEDが点灯するので、引き分けであることを示す。

TV番組“Jeopardy!”では引き分けが起きない。絶対にだ！　もしかしたらこの番組の電子システムは、2人のプレイヤーから同時に反応された時に、片方を選ぶためのランダム化機能があるのかもしれない。もちろん単なる推測ではあるが。

2人用の回路を追加プレイヤーを扱えるようにアップグレードする方法を示すため、図4-122に3人用回路の回路図を簡単に示す。回路は無限に拡張可能で、限界はOR1の入力数のみである。

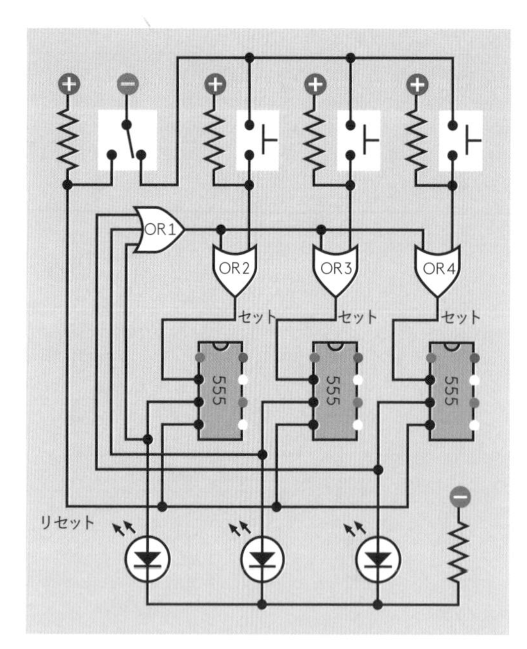

図4-122　回路はもっと多くのプレイヤー向けに簡単に拡張可能だ。

ブレッドボード化

図4-123では、回路図を実際のORゲートチップを使って描き直した。レイアウトを、可能な限りブレッドボードに近づけてあるので、作るのは容易だろう。ブレッドボードバージョンを図4-124に、部品の値を図4-125に示す。

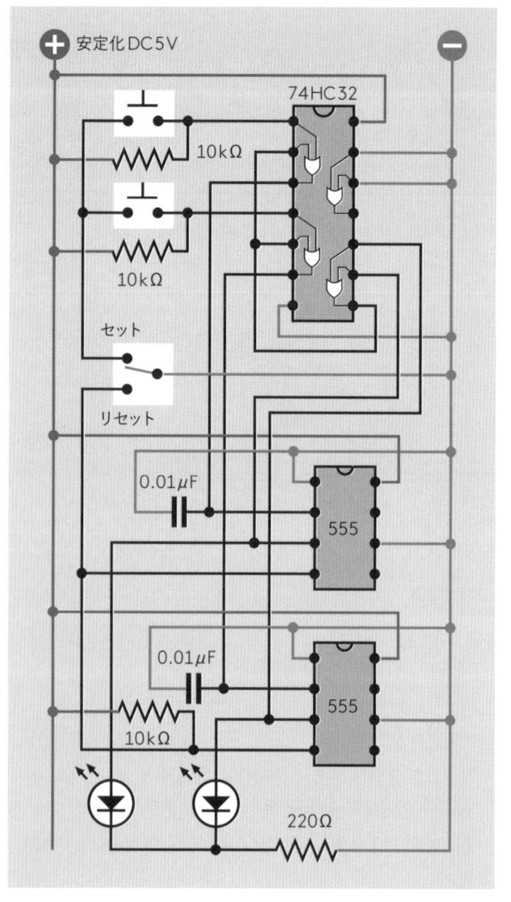

図4-123　2プレイヤーの回路を2入力OR4回路のチップを使って描き直したもの。

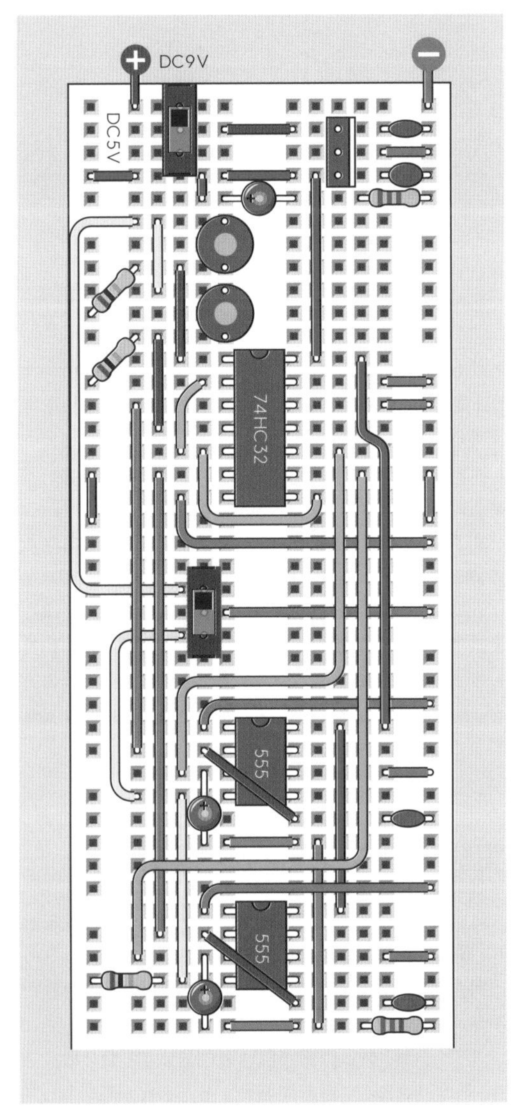

図4-124　回路図と等価のブレッドボードレイアウト。

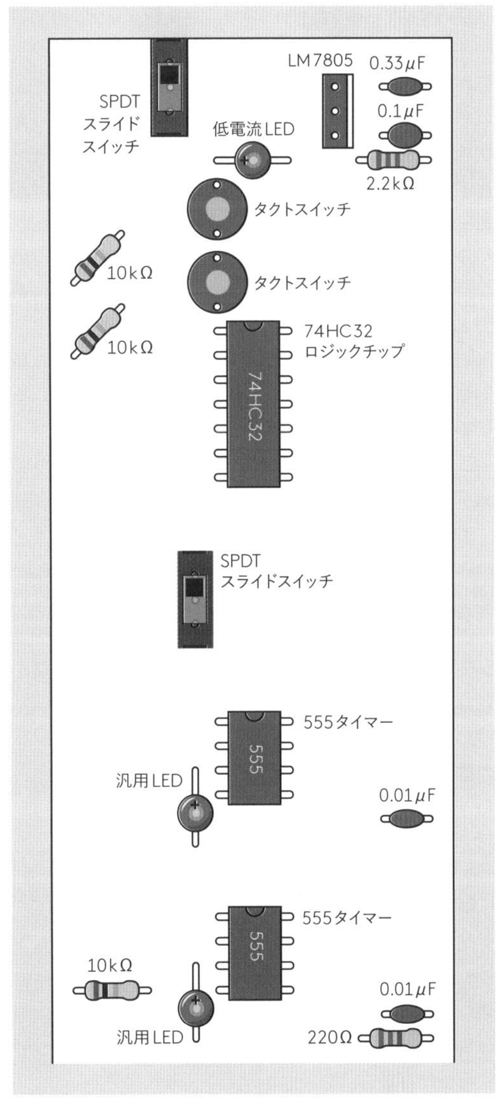

図4-125　ブレッドボード図の部品の値。

使ったロジックゲートはORゲートだけ、それも3本しか必要ないので、ロジックチップは1個だけでよかった。74HC32だ。これは2入力ORゲートを4回路内蔵している。（未使用の4番目の回路の入力はグランドに落とした。）チップの左側の2つのORゲートを、シンプル版の回路図におけるOR2とOR3に、またチップの右下のORゲートを、各555タイマーの3番ピンから入力を受けるOR1として使う。部品がすべて揃っていれば、割とすぐに組み立ててテストができるはずだ。

555タイマーの2番ピン（入力）と負極グランドの間に0.01μFのコンデンサを追加したことに気が付いたかもしれない。なぜだろうか。これは、このコンデンサを入れずに回路を試験していたときに、司会者スイッチS1を切り替えただけで、ボタンにはまったく触れてないのに、片方または両方の555タイマーがトリガーされることがあったからだ。

最初これには頭をひねった。誰もなんにもしてないのに、タイマーがトリガーされるとは？　これはもしや、司会者スイッチの「バウンス」に反応しているのか?——バウンスとは、スイッチが動かされた時に起きる接点の高速な振動のことだ。思った通り、それは起きていた。そして小容量コンデンサで解決した。これは555タイマーの反応をわずかに鈍らせるが、低速な人間の反応の邪魔にはなりえない程度だ。

ボタンについては「バウンス」しても関係ない。タイマーは一番最初のパルスで自己ロックし、後からゆらぎがあっても無視するからだ。

これは実験で確かめられる。回路を組み、0.01μFコンデンサを外し、司会者スイッチを10回くらい切り替えればよい。小型で安いスライドスイッチを推奨したので、「擬陽性」はたくさん出るはずだ。スイッチのバウンスの詳細とその対策については、次の実験で解説する。

改良

回路をブレッドボード化した後で恒久的なバージョンを作るなら、少なくとも4人のプレイヤーに対応できるよう拡張しておくことをお勧めする。これには4入力が可能なORゲートが必要だ。8入力まで可能な74HC4078は当然の選択である。未使用の入力は単純にグランドにつなげばよい。

ただし、74HC32チップをいくつも持っており、74HC4078をわざわざ注文したくない場合は、74HC32のゲートを3つまとめて、4入力ORとして機能させる手がある。図4-126は3つのORによる単純なロジック図だ。ORゲームは、入力が1つでもハイになれば出力がハイになる、ということを留意しながら見てほしい。

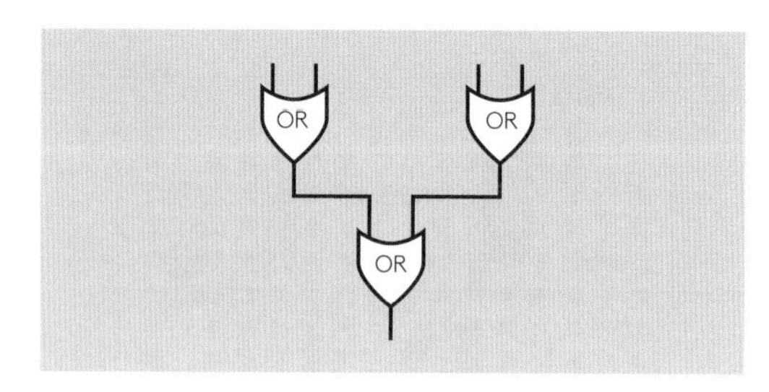

図4-126　2入力ORが3個あれば、1個の4入力ORをエミュレートできる。

これについて考えた機会に、3個の2入力ANDゲートが1個の4入力ANDゲートの代用になるかどうかも、考えてみよう。

4プレイヤーゲームでは、当然ながら、555タイマーがあと2個、LEDや押しボタンも、あと2個ずつ必要だ。

4プレイヤー用の回路図を描くのは——これはあなたの課題としよう。ロジック記号だけのシンプル版のスケッチから始めるのだ。それをブレッドボードレイアウトに変換する（ここが難しい）。ここで1つアドバイス。私見だが、最初の段階においては、紙と鉛筆と消しゴムの方が、回路設計ソフトやグラフィックデザインソフトより素早いことが、依然として多々あるものだ。

実験23：フリップとバウンス

これまでに3つの実験で、555タイマーを双安定モードで使ってきた。今度こそ「本物の」フリップフロップの出番だ。動作説明もやる。また、前の実験で軽く触れた現象——スイッチバウンス——への対処法も説明する。

スイッチが、ある位置から別の位置に切り替えられると、その接点はごく短時間振動する。これが私の言っている「バウンス」で、デジタル回路が非常に高速に応答するような回路の世界では、これが問題になる。微小な振動のすべてを、別々の入力と解釈してしまうのだ。たとえば押しボタンをタイマーチップの入力に接続すると、カウンターは10以上もの入力パルスを1度のボタン押下で記録することもある。図4-127に実際のスイッチバウンスの例を示す。

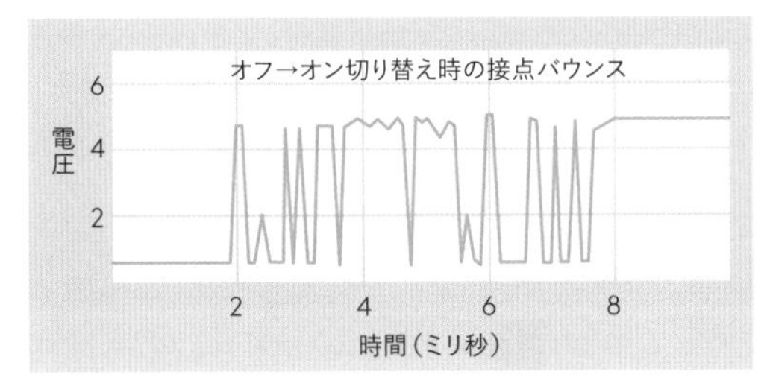

図4-127　スイッチが閉じたときの接点の振動で生成される変動。（Maxim Integratedのデータシートより改変。）

スイッチのバウンス除去には数多くのテクニックがあるが、フリップフロップを使ったものがおそらくもっとも根本的だ。

必要なもの

- ブレッドボード、配線材、ニッパ、ワイヤストリッパ、マルチメータ
- 9ボルト電源（電池またはACアダプタ）
- 74HC02ロジックチップ（1）、74HC00ロジックチップ（1）
- SPDTスライドスイッチ（2）
- 低電流LED（3）
- 抵抗器：680Ω（2）、10kΩ（2）、2.2kΩ（1）
- コンデンサ：0.1μF（1）、0.33μF（1）
- LM7805ボルテージレギュレータ（1）

これらの部品は図4-128のようにブレッドボードに組む。この回路の回路図を図4-129に、部品の値を図4-130に示す。電源を入れると、下のLEDの1つが点灯する。

それではちょっと変なことをしてもらおう。図4-128でAとラベルされた配線を外していただきたい。ブレッドボードから抜くだけである。図4-129の回路図を見れば、電源からスイッチのポールへの接続を切っていることがわかる。こうすると、2つのNORゲートはプルダウン抵抗とのみ接続した状態になる。

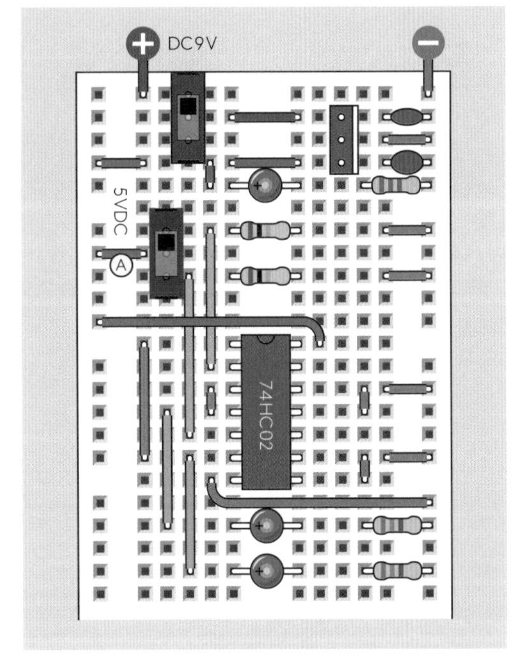

図4-128　NORゲートで作るフリップフロップ回路のブレッドボード。

LEDが点灯したままであることには驚くかもしれない。

配線を戻してスライドスイッチを反対向きに切り替えると、最初のLEDは消え、もう1つのLEDが点灯する。ここでまた配線を引き抜いても、やはりLEDは点灯したままだ。

要するにこういうことだ：

- フリップフロップは最初の入力パルス（たとえばスイッチからの）しか必要としない。
- その後の入力は無視される。

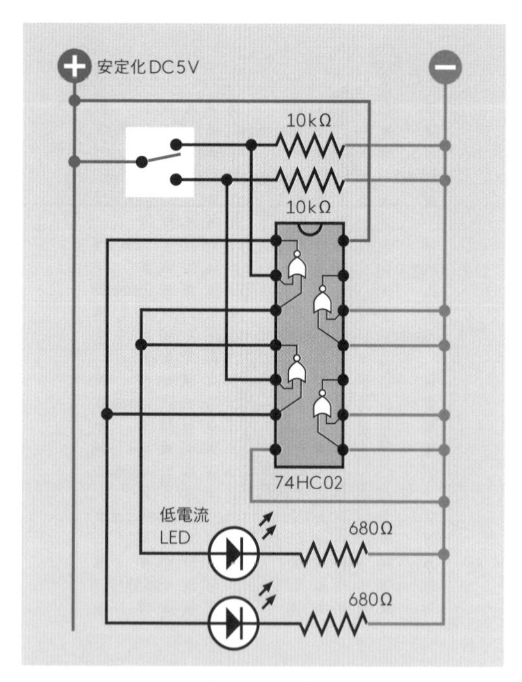

図4-129　NORゲートを使ったフリップフロップ回路。

動作原理

NORゲートやNANDゲートは2回路でフリップフロップの機能を果たす：

- 双投スイッチから正入力が来る場合はNORゲートを使う。
- 双投スイッチから負入力が来る場合はNANDゲートを使う。

どちらの場合にも、双投スイッチが必要である。

双投スイッチについては、これまで三度（この文を含めれば四度）触れているが、これはほかの初心者向けの本が、どういうわけだか大事なところを書いてくれないためだ。私が電子回路を学び始めたとき、2回路のNORまたはNANDで単純なSPST押しボタンのバウンス除去ができるのは何故だろう、ということを理解しようとして、頭がおかしくなりそうだった——そして最後に、除去できないことに気づいた。これが不可能なのは、回路に電源を入れる際に、NORゲート（またはNANDゲート）は、どちらの状態になっているべきかを教えてもらわねばならないためだ。この初期状態は、スイッチが1つの状態、または別の状態にあることから来る。押されていないSPST押しボタンには、これが不可能である。このため、双投スイッチを使う必要があるのだ。（五度目だね！）

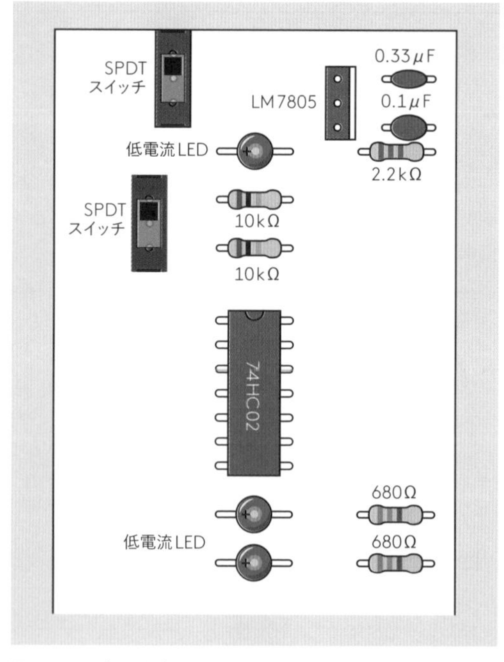

図4-130　ブレッドボードNORベースフリップフロップの部品の値。

NORによるデバウンス

図4-131と132に、2つのNORゲート間でスイッチを切り替えるとき起きることを複数ステップの回路図で示す。記憶のリフレッシュのため、NORゲートの入力と出力の関係を示す真理表も図4-133に再掲しておく。

図4-131から見ていこう。ステップ1では、スイッチは回路左側に正電流を供給し、これがプルダウン抵抗からの負電源をくつがえすので、左のNORゲートは1つの正の論理入力を受けることになる。NORゲートは正の論理入力が1つでもあれば出力を負とする（図4-133の真理表を見てほしい）。この負出力が右のNORに伝わると、こちらは2つの入力がともに負となるので、出力が正となる。これは左のNORゲートに戻る。というわけで、この状態ですべてが安定する。

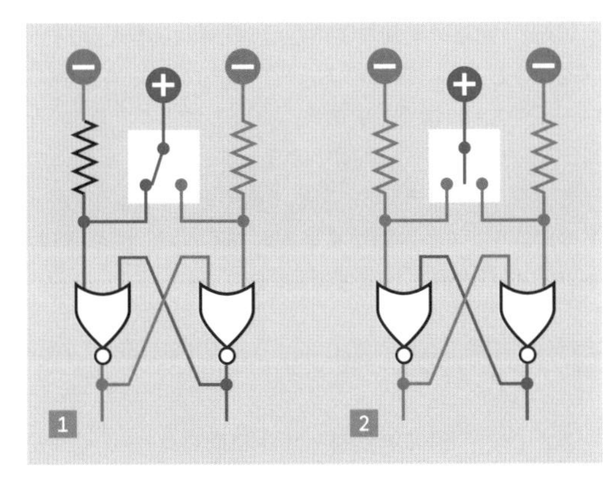

図4-131　スイッチが中立位置に動いても、NORゲートの状態は変化せずそのままである。

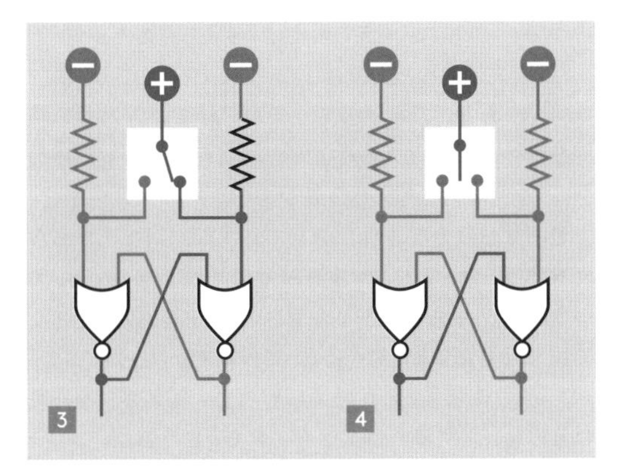

図4-132　NORゲートの状態が反転したあと、スイッチが中立位置に戻っても、やはりゲートの状態は変化しない。

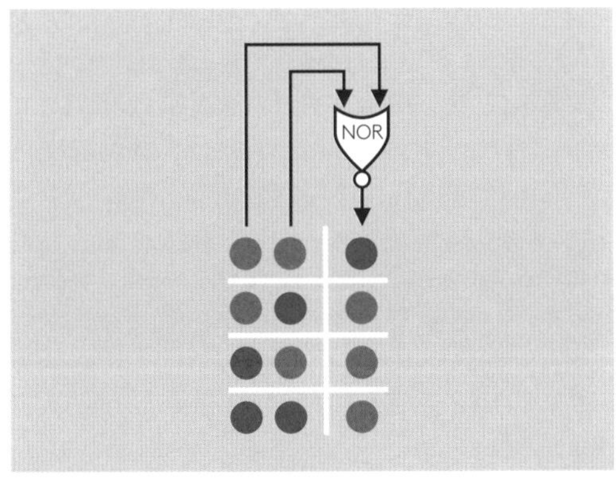

図4-133　NORゲート真理表（備忘用）。

利口なのは次のところだ。ステップ2で、スイッチをどちらの接点にも触れない中立位置にしたものとする。（またはスイッチがバウンスし、ちゃんと接触できていないと考えてもよい。あるいはスイッチを完全に外してしまったことにしてもよい。）スイッチからの正電源の供給がなくなると、左のNORゲートの左側の入力は正から負に落ちる。これはプルダウン抵抗があるためだ。しかし右側の入力は正のままであり、NORの出力を負にするには一方が正であればよいため、変化は起きない。言い換えれば、スイッチが接続されていようがいまいが、回路はこの状態に「フロップ」している（留まっている）。

スイッチを完全に右に倒し、右のNORゲートの右側のピンに正電源が加えられると、NORは瞬時に正入力を認識し、論理出力を負に変える。これがもう一方のNORゲートに伝わると、こちらは両方の入力が負になるので、出力は正となる。そしてこの正出力は右のNORに戻される。

2本のNORゲートの出力状態は、このようにして入れ替わる。これらはフリップし、そこにフロップする。スイッチの接点が切れようが、接続が切れようが変わらない。ステップ4の通りだ。

スイッチのバウンスがあまりにひどく、ポールが反対側の接点に触れてしまうような状況では、この回路は機能しない。出力が片方の接点とだけ付いたり離れたりする場合に機能する。そしてSPDTスイッチでは一般的に、そのようになるのだ。

NANDによるデバウンス

図4-134、135の図は、2つのNANDゲートと負電源を持つスイッチを使った場合に起きることを同じように示したものだ。NANDの動作について記憶をリフレッシュするために図4-136も置いておく。

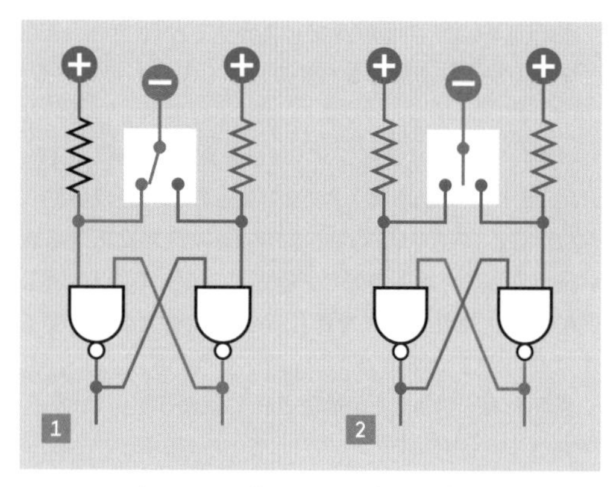

図4-134　2本のNANDゲートはフリップフロップに使える。プルアップ抵抗および負電源を供給するスイッチと組み合わせる。

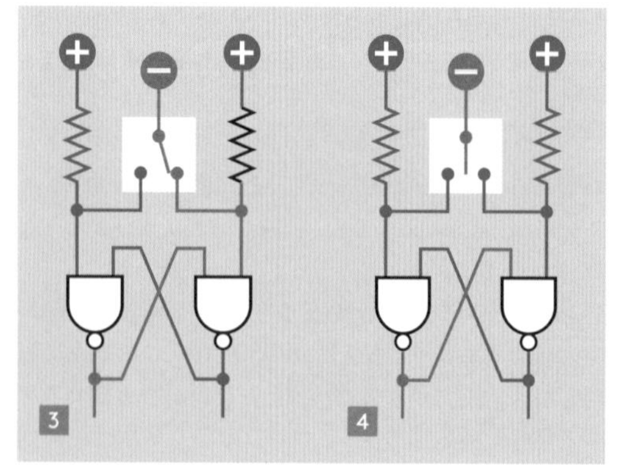

図4-135　この場合も、スイッチと接点の接続が切れたときにゲートの状態が変化しない。

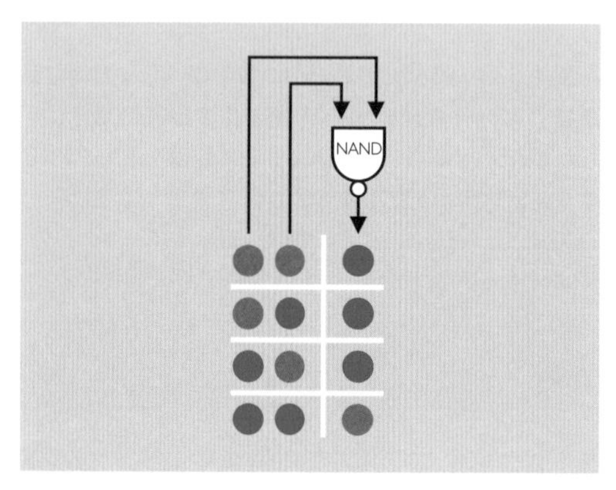

図4-136　NANDゲート真理表（備忘用）。

NAND回路の機能を確認したいときは74HC00チップを使うとよい。自分でテストできるように、本実験のパーツリストに指定してある。ただし注意してほしい。NORチップのゲートはNANDチップとは上下が逆になっている。2つのチップは交換不能であり、ブレッドボードの配線をいくつか動かす必要があるのだ。図4-83および図4-95で仕様を見てほしい。

ジャミング対クロッキング

ここで挙げたNOR回路とNAND回路はジャム型フリップフロップの例である。この名はスイッチが即座の反応を強制し、その場にジャム（はめ込み・押し込み）させることから来る*。これはスイッチのデバウンスとして、いつでも（双投スイッチであれば）使えるものだ。

もっと洗練されたものとして、クロック型のフリップフロップがある。こちらの方法では、最初に各入力の状態をセットし、次にフリップフロップに反応させるためのクロックパルスを与える必要がある。パルスはクリーンで厳密なものでなければならず、つまりスイッチから与える場合には、デバウンス済みでなければならない、ということだ――たぶんジャム型フリップフロップを追加して！　こうしたことを考えると、この本でクロック型フリップフロップを使うことがためらわれた。複雑さの層を重ねるのは、入門書では避けるべきだと思うのだ。フリップフロップについてさらに知りたい方は、『Make: More Electronics』で詳しく取り上げている。これは単純なトピックではないのだ。

単投のボタンやスイッチでデバウンスしたいなら、どうしようか。うん、これは問題だ。解の1つは、専用チップを買うことだ。デジタルディレイの入った4490「バウンス・エリミネータ」チップなどである。実際の型番だとOn SemiconductorのMC14490PGとなる。これは6つの独立した入力のための6つの回路を持ち、それぞれに内部プルアップ抵抗が付いている。しかしながら、少々高い――価格はNORゲートの74HC02の10倍以上だ。実際には、単投スイッチをやめて、デバウンスの容易な双投スイッチ（または双投押しボタン）を使う方が簡単だろう。

＊訳注：日本ではRSラッチと呼ばれる。

でなければ、555タイマーをフリップフロップモードに配線してもよい。私はこれが好きだし、こうなると、さらに理に適っているように思う。

実験24：ナイス・ダイス

サイコロを1個か2個振ることをシミュレートする電子回路は何十年も昔からある。とはいえ新しいやり方は今も出てくるものであり、本プロジェクトではロジックについてさらに学びつつ、何か有用なものを作る機会を提供する。私が特にやりたいのは2進コードの紹介で、これはデジタルチップの世界言語ともいえるものだ。

必要なもの

- ブレッドボード、配線材、ニッパ、ワイヤストリッパ、マルチメータ
- 9ボルト電源（電池またはACアダプタ）
- 555タイマー（1）
- 74HC08ロジックチップ（1）、74HC27ロジックチップ（1）、74HC32ロジックチップ（1）
- 74HC393バイナリーカウンター（1）
- タクトスイッチ（1）
- SPDTスライドスイッチ（2）
- 抵抗器：100Ω（6）、150Ω（6）、220Ω（7）、330Ω（2）、680Ω（4）、2.2kΩ（1）、10kΩ（2）、1MΩ（1）
- コンデンサ：0.01μF（2）、0.1μF（2）、0.33μF（1）、1μF（1）、22μF（1）
- LM7805ボルテージレギュレータ（1）
- 低電流LED（15）
- 汎用LED（1）

バイナリーカウンター

これまで私が見てきたすべての電子サイコロ回路には、何らかのカウンターチップが存在した。その多くは十進カウンターで、1本ずつ順番に通電する10本の「デコード」出力を持つものだ。サイコロには6面しかないが、7番目のカウンターピンをリセットピンにつなぐと、カウンターは6に達したらまた最初から始めるようになる。

私は常に別のやり方をするのが好きなので、十進カウンターは使わないことにした。バイナリー（2進）コードのデモをやりたいという欲求を満たしたかったこともある。これにより回路は少し複雑さを増したが、学習過程は豊かなものとなった。そしてすべての解説と製作のあとには、2つの（1つではない）サイコロを転がす回路ができ上がる。穏当なチップ数で、ブレッドボードに載る。

私が選んだカウンターチップは、広く使われているものだ。74HC393である。これは実際には2つのカウンターを内蔵しているが、2個目は今のところ無視してよい。ピン配列を図4-137に示す。

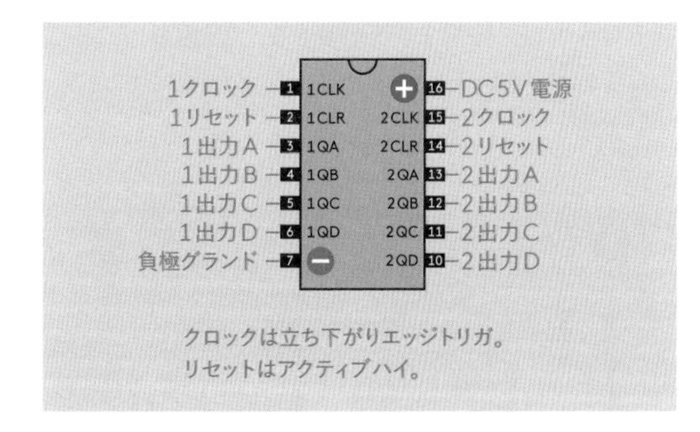

図4-137　74HC393バイナリーカウンターのピン機能。

チップメーカーとは、デジタルチップのピン機能を可能な限り少ない文字数で示したがるという、不思議な習慣を持つものだ。これらの暗号っぽい略号は理解しにくい場合がある。例を示すため、図4-137のチップの内側のラベルは、Texas Instrumentsのデータシートにあったものにしてある。（さらに面倒なのは、ほかのメーカーはほかの略号を使っていることだ。標準化など存在しないのだ。）

チップの外側にはピン機能を比較的平易な言葉で言い直したものを緑の文字で書いてある。各ピン機能に先立つ数字は、カウンター#1およびカウンター#2を示すもので、これらはチップ内で別々にパッケージされている。

カウンターのテスト

チップを理解する最上の方法は、それをベンチテストすることだ。図4-138は回路図、図4-139はブレッドボード版だ。図4-140はブレッドボードでの部品の値である。

留意すること：

- これは5ボルトロジックチップである。ボルテージレギュレータを抜かさないこと。

- タイマーの電源端子とグランドの間に0.1μFのコンデンサがあることに注意。これはタイマーが生成することがある小さな電圧スパイクを抑制するものだ。これをコントロールしておかないと、カウンターを混乱させることがある。

指定したコンデンサと抵抗器を使うと、タイマーはおよそ0.75Hzで動作する。言い換えると、あるパルスの立ち上がりと次のパルスの立ち上がりの間には、1秒ちょっとの間隔があるということだ。これはタイマー出力にある黄色のLEDで見ることができる。(黄色のLEDがこのようなふるまいをしない場合、どこかで配線が間違っている。)

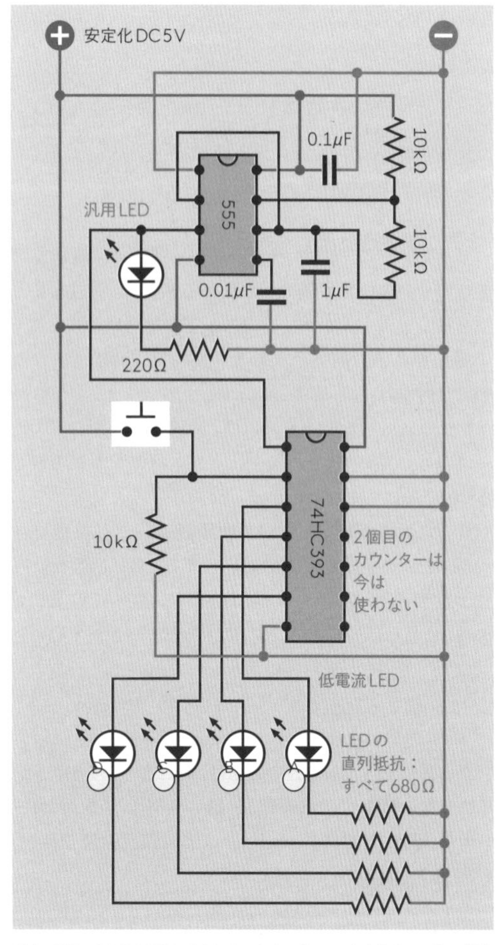

図4-138 74HC393バイナリーカウンターの出力とリセットの機能を見る回路の回路図。

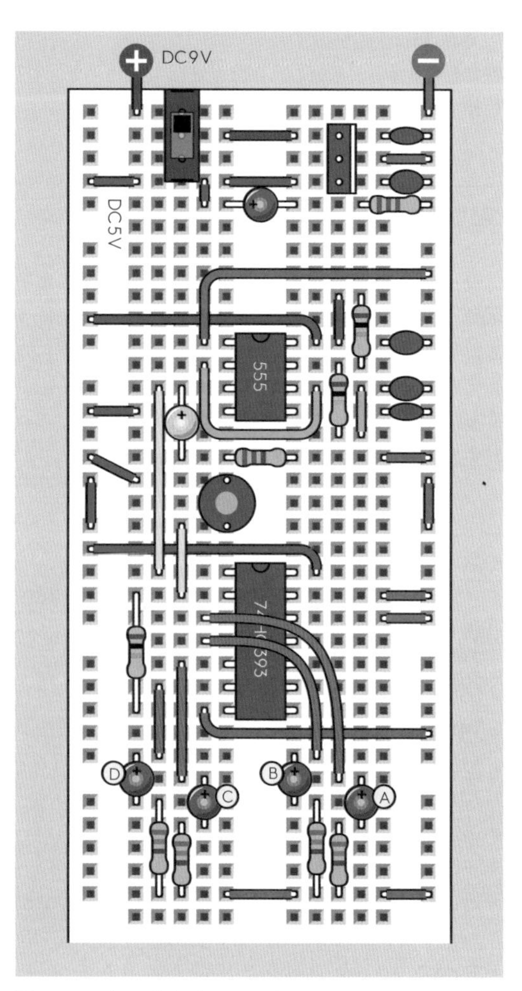

図4-139 ブレッドボードテスト回路。

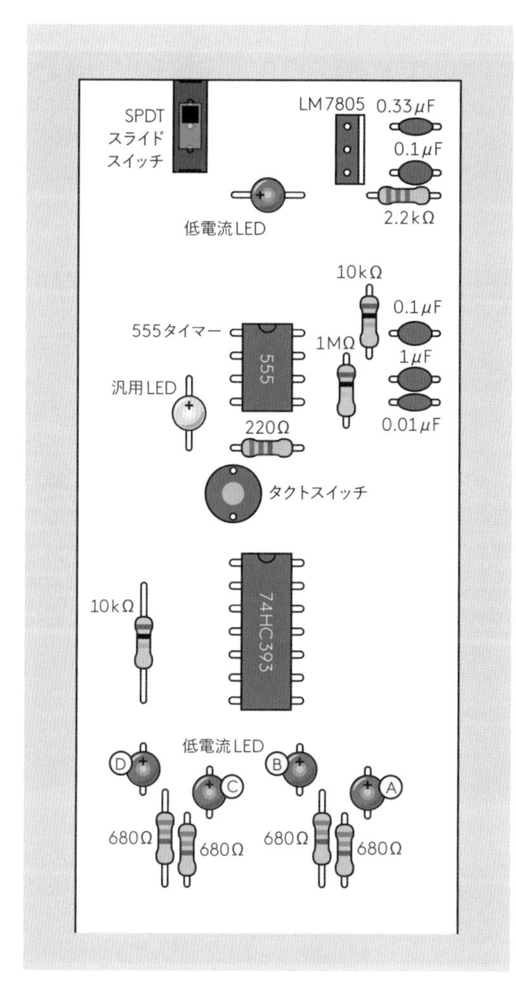

図4-140　ブレッドボード図の部品の値。

A、B、C、Dとラベルされた4個の赤色LEDはカウンターの出力状態を表示するものだ。接続が正しければ、これは図4-141に示した順序で点灯する。黒丸はLEDが点灯していないこと、赤丸は点灯していることを示す。

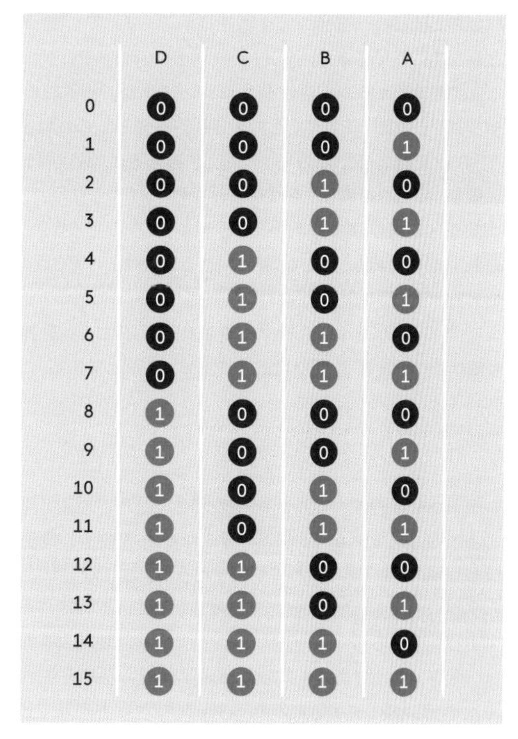

	D	C	B	A
0	0	0	0	0
1	0	0	0	1
2	0	0	1	0
3	0	0	1	1
4	0	1	0	0
5	0	1	0	1
6	0	1	1	0
7	0	1	1	1
8	1	0	0	0
9	1	0	0	1
10	1	0	1	0
11	1	0	1	1
12	1	1	0	0
13	1	1	0	1
14	1	1	1	0
15	1	1	1	1

図4-141　バイナリーカウンターの出力の全シーケンス。

ここでもう少し2進・10進の演算について解説しよう。え、それって本当に必要あるんですか？　あるのです。これは便利なのだ。デコーダ、エンコーダ、マルチプレクサ、シフトレジスタなど、さまざまなチップがバイナリー（2進数）演算を使用しているし、さらには、これまで製造されたほとんどすべてのデジタルコンピュータの、まさに根幹をなすものが、これなのである。

基礎：バイナリー・コード

図4-141を見ればわかる通り、A列のLEDが消えるたびに、B列のLEDが状態を反転する——オンからオフに、オフからオンに。そして、B列のLEDが消えるときは、C列のLEDが反転するし、これは次の桁にも続く。このルールから導かれる帰結の1つに、あるLEDはその左のLEDの2倍の速度で点滅する、というものがある。

LEDの列は2進数を表現する。2進数とは2つの数字だけで書かれる数字であり、その数字とは1と0だ。図4-141に白のフォントで示した通りである。これらと等価の10進数は、左に黒のフォントで示してある。

このLEDは、一般にビットと呼ばれる、2進数の数字とみなすことができる。

2進数で数えるルールは非常にシンプルだ。一番右の列で0から始め、これに1を加えると1——そしてこれは1と0だけで数えているので、また1を加えると、数字は0に戻し、すぐ左の列に1を繰り上げなければならない。

すぐ左の列がすでに1だったときはどうなるだろうか。これをゼロに戻し、さらに次の桁に1を繰り上げればよい。以下同じ。

一番右のLEDは4ビットの2進数の最下位ビットを表している。一番左のLEDは最上位ビットを表している。

立ち上がりのエッジ、立ち下がりのエッジ

テストを実行すると、一番右の赤色LEDの状態が変わるたびに（オンからオフでもオフからオンでも）、黄色LEDが必ず消灯することに気付くだろう。これはなぜだろう。

カウンターのほとんどはエッジトリガーである。これは、カウンターのクロック入力ピンにパルスが加えられて次の値に移るタイミングが、パルスの立ち上がり（上昇する）エッジ、または立ち下がり（下降する）エッジである、ということだ。LEDのふるまいは、74HC393が立ち下がりエッジ・トリガーであることを明らかに示すものだ。実験19では、立ち上がりエッジでトリガーされるカウンターを使った。こうしたタイプの違いが重要かどうかは、用途による。

74HC393カウンターにも、実験19の4026Bと同様、リセットピンがある。

- データシートによってはリセットピンを「マスターリセット」ピンと称し、MRと略すこともある。
- メーカーによっては「リセット」ピンを「クリア」ピンと呼ぶこともあり、データシートではCLRなどに略している。

どんな呼び名になっていても、リセットピンのもたらす結果は、常に同じだ。すべてのカウンター出力をローに——この場合は2進0000に——するのである。

リセットピンには、独立した別個のパルスが必要だ。しかしこのリセット動作は、パルスの立ち上がりで起きるのだろうか、それとも立ち下がりで起きるのだろうか。

確かめてみよう。回路をきちんと作ってあれば、リセットピンは10kΩ抵抗器を介して、ロー状態に保持される。しかし回路にはタクトスイッチもあって、これはリセットピンを正極バスに直接接続する。これは10kΩ抵抗を打ち負かし、リセットピンを強制的にハイ状態にする。

タクトスイッチを押せば、すべての出力は暗転し、タクトスイッチを放すまで暗いままだ。74HC393のリセット機能がハイ状態でトリガされ、またこれにより保持されるものであるのは、明らかであろう。

モジュラス

電源を切ってリセットピン（2番）からプルアップ抵抗とタクトスイッチを外し、図4-142のように1本の配線で置き換える。これまでの配線はすべてグレーに落としてある。黒で示したこの新しい配線は、出力Dからの4番目の数字をリセットピンに接続する。図4-143は改変後のブレッドボードだ。新しい配線は緑の線である。

何が起きるだろうか。

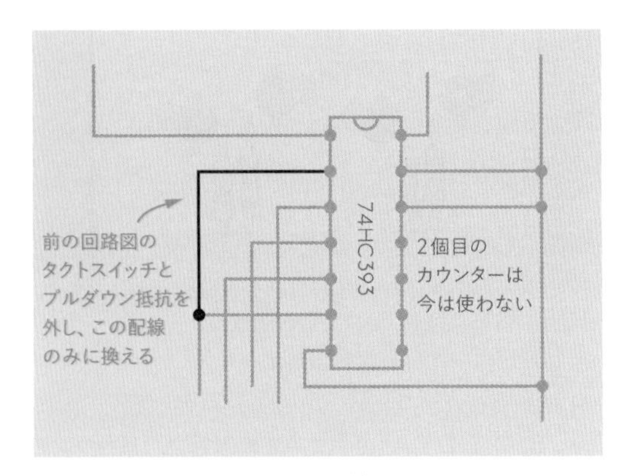

図4-142　タイマーに自動リセットを追加。

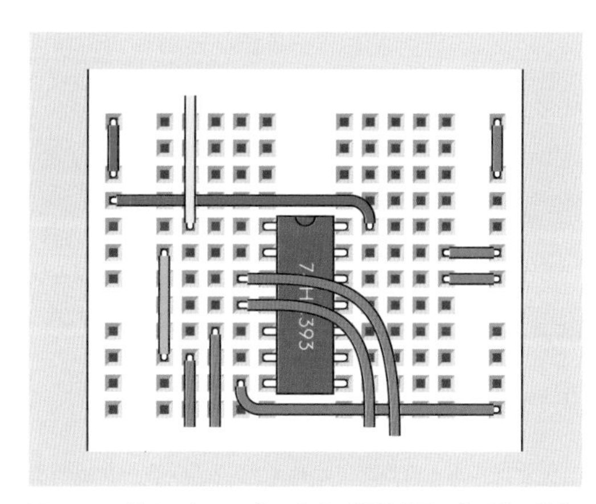

図4-143　新バージョンのブレッドボード版拡大図。プルダウン抵抗、タクトスイッチ、関連の配線を除去。緑色の配線が追加されている。

カウンターをもう一度動かしてみよう。これは0000から0111までカウントする。2進出力では次のカウントは1000になるはずだが、4番目の数字が0から1に変わった瞬間、リセットピンがハイ状態を検知して、カウンターを強制的に0000に戻す。

カウンターがリセットするとき、一番左のLEDがちらっと点灯するのが見えるだろうか。たぶん無理だろう。カウンターの応答時間は数百万分の1秒以下であるから。

これでカウンターは0000から0111までカウントすることを繰り返すようになった。2進数で0000から0111へのカウントは、十進数での0から7までのカウントと等価であり、つまり我々は8分周カウンターを得たことになる。(こうする前は16分周カウンターだったわけだ。)

リセット配線を4桁目から3桁目に移したとしよう。今度は4分周カウンターが得られる。

- ほとんどすべての4ビットカウンターは、簡単な配線で入力パルス2、4、8回ごとにリセットするようにできる。

カウンターがリピートするまでに取る出力状態の数をモジュラスと呼び、よく「mod.」と略される。mod-8カウンターは8パルス(0から7まで)後にリピートする。

モジュラス6に変換する

ところで我々が取り組んでいるプロジェクトって、電子ダイスパターンを生成するものじゃなかったか?　ええ、今やろうとしてたところですよ。サイコロは6面体なので、6状態ごとにリピートするように、カウンターを配線し直さねばならないようにも思う。

出力シーケンスを2進コードでいえば、次のようになる：000、001、010、011、100、101。(D列の最上位ビットは無視できる。必要なのは6つの状態だけだからだ。)10進数の5、つまり2進数の101の後で、カウンターをリセットする必要がある。

(なぜ10進数の6ではなく5なのか。それはカウントが0から始まるからだ。カウンターが1から始まれば、このプロジェクトにはもっと便利だが、そうはなっていないのだ。)

2進数101の次の出力は何でしょうか?　答えは110だ。

何か110を区別できる材料はあるだろうか。シーケンスを見ていけば、110とは2つのハイビットで始まる最初の数であることがわかるだろう。

カウンターに「B列が1、かつC列が1となったときに0000にリセットせよ」と命じるにはどうすればよいだろうか。文にある「かつ(and)」という言葉が手がかりになるだろう。ANDゲートは、2つの入力がともにハイになった時にのみ、その出力をハイとするのである。これこそ必要なものだ。

回路にうまくはめ込むことができるだろうか。もちろんんだ。74HCxxチップファミリーは、メンバー同士が相互に通信できるように設計されているからだ。図4-144は、ANDゲートを追加した様子である。もちろん、ブレッドボード上では、適切なチップを使う必要がある。74HC08だ。これは4回路のANDゲートを内蔵しているが、我々に必要なのは1つだけである。というわけで、電源の配線だけでなく、未使用入力の接地もしておくこと。これはちょっと面倒ではあるが、もう少し機能追加や改造をすませてから、やり方を示す。(未使用の出力の方は、必ず未接続にしておくこと。)

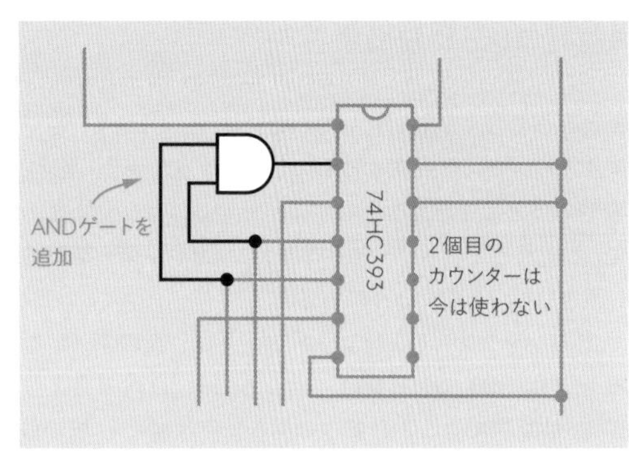

図4-144　ANDゲートを追加して、6つの出力状態だけで循環するようにした（通常は16状態）。

さて、以下の保存版まとめを覚えておいてほしい：

- ロジックチップはカウンターと組み合わせることで、カウンターのモジュラスの変更に使える。出力時状態の特異なパターンを見つけて、リセットピンにフィードバックすればよい。

7セグメントディスプレイを使わない

サイコロの表示として、7セグメントディスプレイで1から6までの数字を出すことはできる。しかしこれは問題だ。カウンターは0から5までなのだ。2進数の000を7セグ数字の1に、001を7セグ数字の2に…と変換していく簡単な方法はない。

2進数の000をどうにかスキップできないだろうか? うーん、たぶんできる。でも方法に確信はない。たぶん3入力ORゲートを使って、この出力をカウンターのクロック入力にフィードバックさせて状態を進める、などすれば――でもこれは通常のクロック信号とぶつかるし、すべてがえらく面倒くさい話になりそうだ。

どっちにしても、このプロジェクトで7セグの数字を使うのが素晴らしいとは思わない。視覚的なアピールがないからだ。実際のサイコロの目をエミュレートするLEDを使おうではないか。そのシーケンスを図4-145に示す。

図4-145　LEDで再現する賽（さい）の目のパターン。

カウンターの2進出力を変換してLEDをこのパターンで光らせる方法が、思いつくだろうか。

ゲートの選択

一番簡単なところから始めよう。カウンターからの出力A（図4-138参照）を賽の目の中央の点を表すLEDに接続すると、なかなかうまくいく。なぜなら中央の点は1、3、5のパターンでのみ点灯し、2、4、6のパターンでは消灯するからだ。これはまさに出力Aのふるまいと同じである。

ここからちょっとトリッキーになる。一方の対角ペアをパターン4、5、6で、もう一方の対角ペアを2、3、4、5、6で点灯する必要があるのだ。これをどうしようか。

図4-146が私の答えだ。2つのロジックゲートが追加してあるのがわかるだろう。3入力NORと2入力ORである。横には2進数と賽の目パターンの対応を示してある。

どうにか動作させるため、パターン6の表示は、カウンター開始時の2進数000で行う必要があった。パターンの順序は本当のところ重要ではないのだ。全部が表示されさえすればよい。これらはどのみちランダムに選択されるものだからである。

図4-147はカウンター出力が賽の目のさまざまなパターンを点灯させる方法を示している。これでもまだ明々白々に感じないという方のために、カウンターが000から101まで増加していくときの、回路のハイ／ロー状態を示す、連続スナップショットを描いた。このスナップショットを図4-148～150に示す。

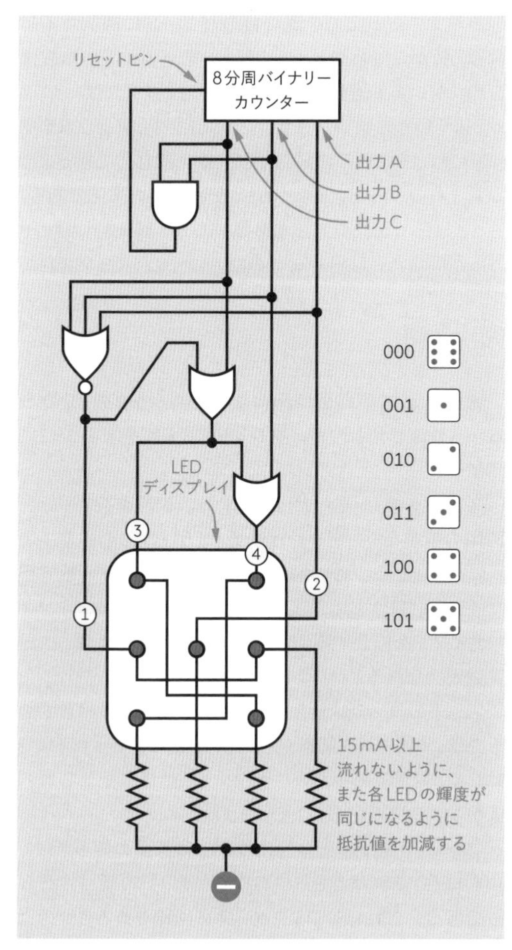

図4-146　賽の目のシーケンスを生成するロジックネットワーク。

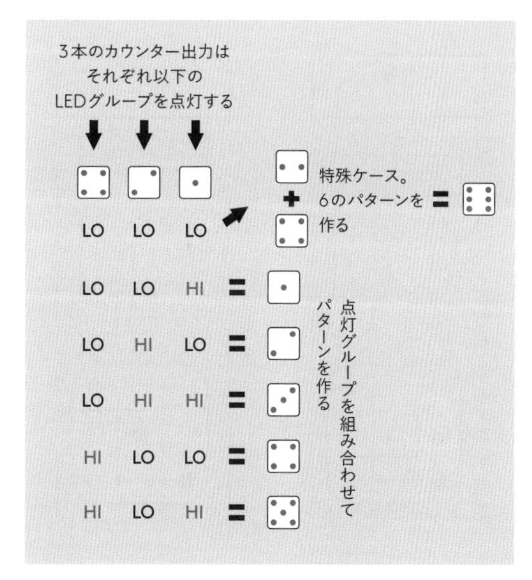

図4-147　バイナリーカウンターの出力を賽の目パターンの点灯に使う方法。

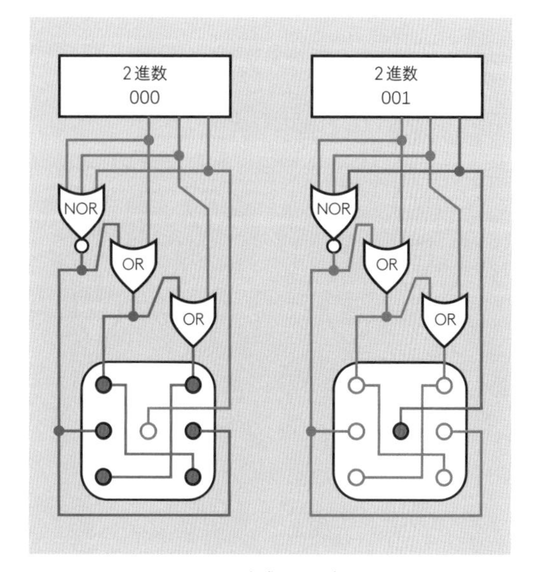

図4-148　6と1のパターンを生成するロジック。

スナップショットはページの段に2図ずつ収まるように細長く絞り、ANDゲートも省いてある。ANDゲートは000から101までのカウントでは何もしていないからだ。これが反応するのは、カウンターが110に行こうとしたときだけだ（このときカウンターを000に戻す）。

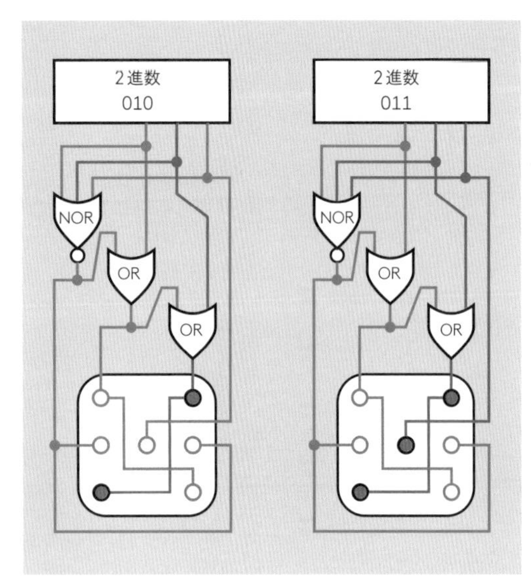

図4-149　2と3のパターンを生成するロジック。

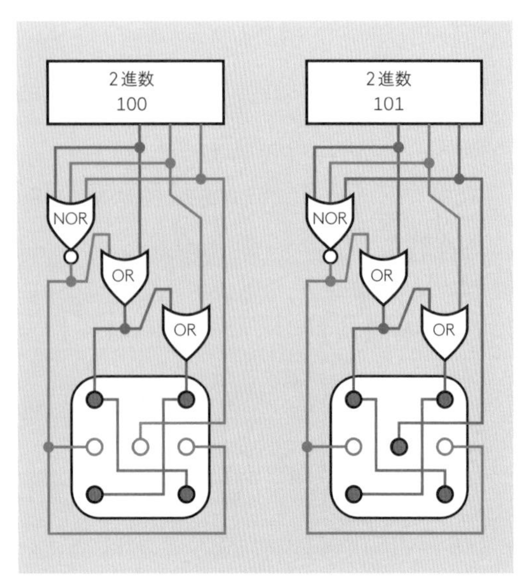

図4-150　4と5のパターンを生成するロジック。

カウンターの出力を賽の目のパターンに翻訳するに際し、私がこれらのロジックゲートを選ぶに至った方法を知りたい方も居るかと思うが、どう説明すればいいのか、よくわからない。こうしたロジックダイアグラムを描く際には、そこそこの試行錯誤と直感的な当てずっぽうが含まれるものだ。少なくとも、それが私の方法である。もっと厳密で正式の方法もあるのだが、個人的には、そちらが簡単だとは思わないのだ。

完成回路

図4-151の回路図は図4-146のロジックダイアグラムから作成したものだ。ブレッドボード版を図4-152に示す。

各部品の値は図4-153に示した。555タイマーの計時用の抵抗とコンデンサは変更し、5kHzで動作するようになっている。この回路の考え方は、タイマーを何百サイクルも動作させた後で、あなたが好きなタイミングでタイマーを停止する、というものだ。こうすれば、結局乱数が得られるということである。

22μFのコンデンサを追加して切り替え可能にしてあるのは、タイマーを低速（約2Hz）で動作させられるようにして、疑問を持った人にカウントの動作を見せられるようにするためだ。

ブレッドボードの下半分については部品の値を示していないが、これはこちらにあるのがチップの類だけだからである。これはロジックベースの回路を作ることのよい面だ：抵抗器やコンデンサをどうやって押し込むか心配する必要がないのだ。チップと配線が仕事の大部分をやる。

図4-151と152の回路の一番下から出ている、数字のついた出力は、図4-154のLEDパターンの入力と対応している。ブレッドボードにはLEDを追加するスペースがなかったので、ブレッドボードをもう1枚用意するか、合板やプラ板に穴を開けてLEDを取り付けるとよい。

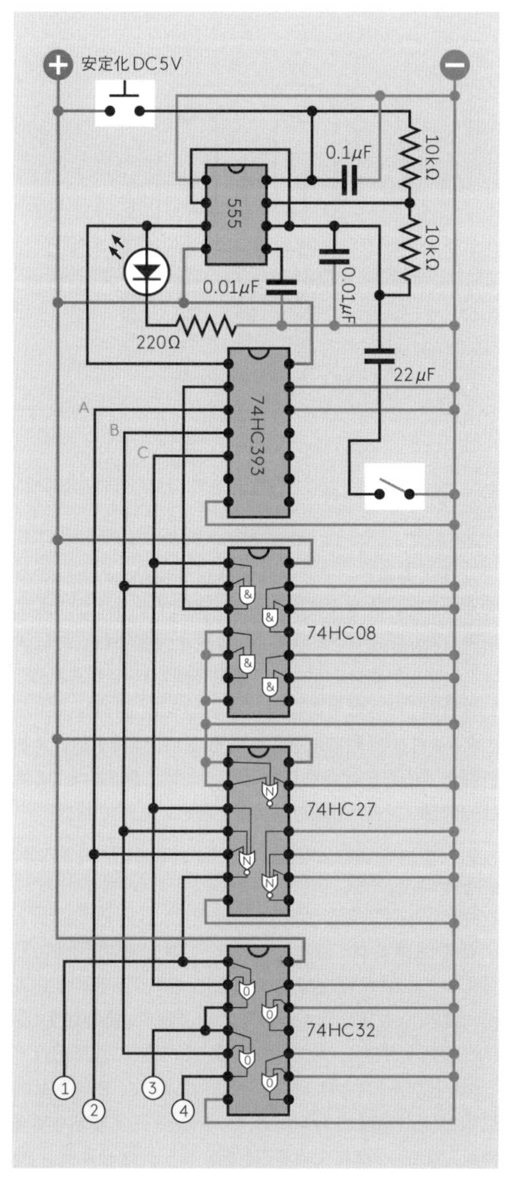

図4-151　1個のサイコロを振ることをエミュレートする回路の完全版。

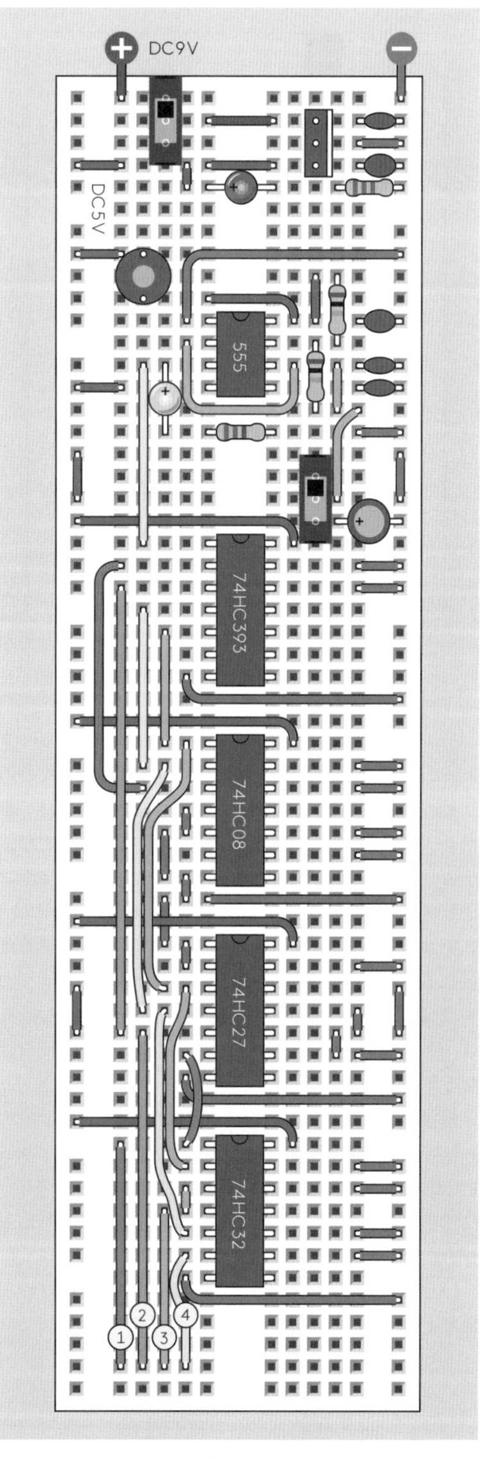

図4-152　1サイコロ回路のブレッドボード版。

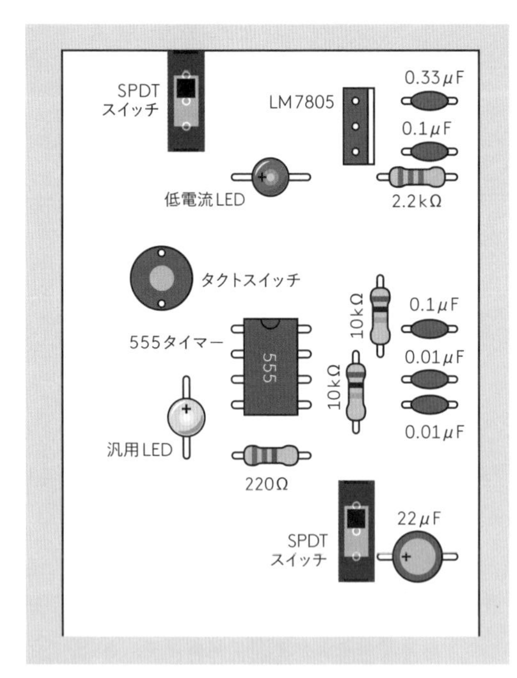

図4-153　サイコロシミュレーションの制御部の部品の値。

3ペアのLEDが直列に接続されているのは、ロジックチップというものがLEDペアを並列つなぎで駆動できるほどパワフルではないからだ。直列つなぎにすると、通常より小さい値の抵抗を使う必要が出てくる。適切な値を調べるには、LEDのペアの一方とミリアンペア計測にしたマルチメータに、DC5ボルトをかけてみるとよい。まずは220Ωの直列抵抗を入れて、どのくらいの電流が流れるか見てみよう。最大15ミリアンペアを狙うようにすれば、HCチップの出力定格内に収まる。必要な抵抗は、使っているLEDの特性によるが、150Ωか100Ωになるだろう。

最後に、中央のLEDに330Ω抵抗を介してDC5ボルトをかけてみて、ほかのペアになっているLEDと、明るさを比べてみよう。中央のLEDがほかと同等になるようにするには、もう少し大きな値の抵抗を使う必要があるかもしれない。

LEDをロジック回路に接続し、ボタンを押し、それから放すと、サイコロの値が出る。

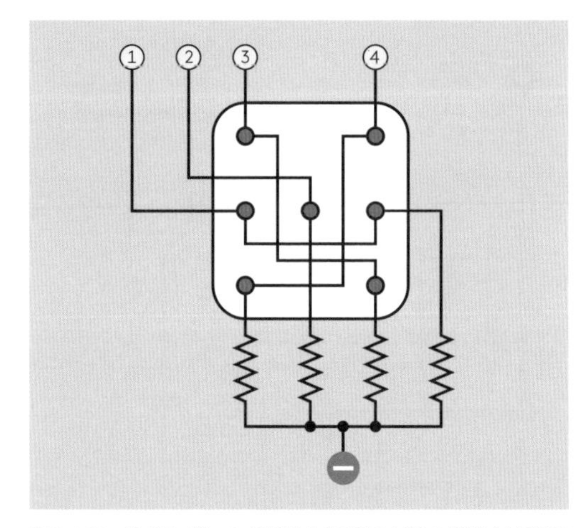

図4-154　賽の目パターンを表現する7個のLEDの配線（6個は直列のペアにする）。

これが本当にランダムな結果になると、なぜわかるのだろうか。実のところ、本当に確信する方法といえば何度も繰り返しやってみて、各数字が何度現れるか記録していくしかない。しっかり確証を得たいのであれば、1,000回くらいはやる必要があるだろう。回路は人間がボタンを押す行動に依存しているので、検証プロセスを自動化する方法は存在しない。私に言えることは、結果は実際ランダムになる*はずだ*、ぐらいのものである。

グッドニュース

この回路には、これまで作ってきたどの回路より多くのチップが存在するが、ここで「グッドニュースだ、諸君」、と言いたい。（私の好きなTV番組の1つ、Futuramaのファーンズワース教授の不滅の言葉だ。）

グッドニュースとは、回路の改造によって、それも単に配線とLEDを追加するだけで、シミュレートするサイコロが1個から2個にできることだ。チップはぜんぜん追加しなくてよい。

AND、NOR、ORの各チップには未使用のロジックゲートがたくさんある。ANDには3本、NORに2本、ORにも2本が残っている。さらに74HC393チップには、完全に別になったカウンターが1個存在している。これこそまさに必要なものだ。

問題は2番目の乱数を生成する方法だ。最初の乱数とは別に、である。違う速度で動作する555タイマーをもう1個追加する、というのはどうだろうか。

このアイディアは好きになれない。2個のタイマーが同期したりしなかったりすることで、何らかの目の組み合わせが、ほかの組み合わせより多く出ることがあるかもしれないからだ。最初のカウンターが2進の000から101まで走ると、2番目のカウンターが000から001に進む、というやり方の方がよいように思う。最初のカウンターがまた000から101まで進むと、2番目のカウンターがトリガされて010に進むのだ。以下同じ。

2番目のカウンターは最初のカウンターの1/6の速度で進むが、駆動速度が十分速ければ、パターンはやはり速すぎて見えないということになるだろう。この構成の大きな強みは、すべてのあり得る数字の組み合わせが同じ回数表示されるために、これらが実際のサイコロを振るのと同様に、ほぼ均等の確率で現れることだ。

「ほぼ均等」とはどういうことだろうか。これは、2進数101から000にリセットする際に、微小な遅れが存在するからだ。しかし左側カウンターを5kHz程度で実行することを考えると、数百万分の1以下という遅延は些細なもののように思われる。

連結型カウンター

最後に残った疑問は、最初のカウンターが101に達して000に戻る際に2番目のカウンターを進めるにはどうすればよいか、である。

これは簡単だ。最初のカウンターが011、101、110と進んで000にリセットされる際に、何が起きるか考えてみよう。C出力はハイ状態になったあとローになる。

2番目のカウンターのクロック入力が1カウント進むのに必要なものは何だろうか。もう判るだろう。ハイ状態がローになることだ。やらねばならないのは最初のタイマーのC出力を、2番目のタイマーのクロック入力に接続することだけだ。実のところ、このチップは一方のタイマーのロー状態への遷移を取って、もう一方のタイマーの「繰上げ」シグナルに使えるように設計されているのだ。

図4-155の回路図はサイコロ2個の回路を示したものだ。ブレッドボード図まで置くことはしない。あなたは新しい配線を自分でできるはずだからだ。これはほぼ既存の配線の鏡像といってよいものだが、各チップに正電源供給の接続があるため、1列ずれることになるのを忘れないようにしてほしい。

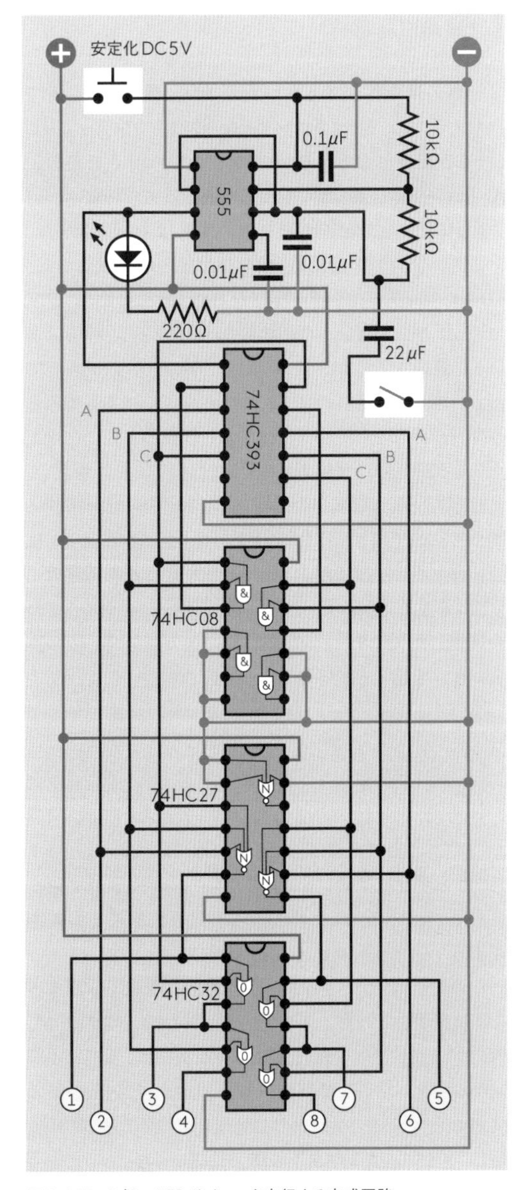

図4-155　2個のLEDサイコロを実行する完成回路。

もっと遠くに

回路の単純化ができないだろうか。最初のところで触れたように、10進カウンターなら2進カウンターよりロジックが簡単になる。モジュラス6でカウントさせるのにANDゲートは必要ない。なぜなら、10進カウンターなら、7番目の出力ピンをリセットに接続すればよいからだ。

とはいうものの、2個のサイコロにしたくなったときに、10進カウンターは2個必要になるし、それは結局、2個のチップが必要ということである。また、2個のディスプレイを処理するには、依然として2個のチップが必要である。理由を知るには、「digital dice」で検索してみるとよい。あなたはもう、これによりGoogle Imagesに出てくる回路図が理解できるようになっているはずだ。

私が考えられる唯一の単純化（ここで扱った回路図に関して）は、ORゲートのそれぞれを2個のダイオードに置き換えることだけだ。オンラインで見つかる回路はよくこれをやっているが、こうすると結局、シグナルが2つの連続したダイオードを通過することが起きて、私の許容レベルを超える電圧降下を引き起こす。

スローダウンの問題

『Make: Electronics』初版のバージョンのこのプロジェクトには、優れた追加機能が含まれていた。「実行」ボタンから手を放すと、サイコロパターンの表示が次第に遅くなってから止まったのだ。これは最終的にどの数字が出るか見守る際のサスペンスを増す。

この機能は、555タイマーに供給する電源を分割することで実現していた。タイマーは「常時オン」なのだが、RCネットワークへの電圧印加プレイヤーが「実行」ボタンから手を放すことで停止するようになっていた。この時点から大型のコンデンサはネットワークにゆっくり放電し、タイマーはこの電圧の降下に従い、遅くなっていくのだ。

ジャスミン・パトリー（Jasmin Patry）という読者がメールをくれて、1の頻度が異常に高くなること、これがスローダウン機能と関連している疑いがあることを教えてくれた。

Jasminはビデオゲームデザイナーだった。ランダム性について、私よりはるかによく理解しているのだ。彼は自分の言っていることを本当に知る人間特有の丁寧かつ我慢強い態度を持ち、見つけた問題の修正を手伝うことに関心があるようだった。

彼がシミュレーションにおける各数字の相対頻度を示すグラフを送ってよこすと、私も問題の存在を認めざるを得なくなった。私はさまざまな説明を試みたが、どれも間違っていた。最終的にJasminが証明に成功したのは、1個のLEDによる消費電流が6個のLEDに比べて低いために、電圧がぎりぎりのときのタイマーがわずかに長く動作できてしまう、ということだった。これがその期間における停止確率を高めていたのだ。

最終的にJasminは、555タイマーをもう1個追加し、2つのタイマーの出力をXORゲートで合成する回路を提案してくれた。これが1つの数字への偏りを排除することを彼はうまいこと証明してみせた。私の本を読むことで、これほど多くを学んでくれる読者がいるとは。私は嬉しかった。彼は問題を発見し、しかも見つけた問題を修正することまでできるのだ。

この版では、初版のトラブルの原因となったスローダウン用コンデンサを省略した。Jasminの回路を採用しなかったのは、それが非常に複雑だからである。1個のサイコロに2個の555タイマーと、さらにXORゲートが必要なのだ。彼は私がORゲートで置き換えたくなるようなダイオードも使っていたが、ブレッドボードにはほとんどスペースが残っていなかった。

彼の許諾の下、彼の回路を登録者全員に無料でお送りする（序文の手順を踏んでいただきたい。前書き「私があなたに知らせるもの」参照。）2段組用に完全に描き直す必要があるため、ここに再掲することも難しいのだ。

スローダウンの別解

ランダム性に影響を及ぼさずに表示をスローダウンするもっと簡単な方法があるはずだ、とお思いかもしれない。オンラインで探すと、NPNトランジスタをタイマーの7番ピンに接続し、そのベースとコレクタをまたぐコンデンサを入れることで、電源が切れた後でトランジスタ出力が次第に減少するようにしている人もいた。同様のことを自作のサイコロ回路でやっている人は、ほかにも何人もいる。しかしこれはJasminが見つけた問題の影響を受けそうである。

また、私が使っていたのとまったく同じ構成の、スローダウンコンデンサを使った回路も見かける（Doctronicsのウエブサイトなど）。これらも、今解説した問題の影響を、ほぼ確実に受けるだろう。

このトピックに対する私の最終回答は、ちょっと残念なものだ。回路を大きく複雑化する部品追加なしにスローダウン降下を得る方法は、私にはわからない、である。

しかしここで——本書の最終稿が出る直前に、友人でファクトチェッカーのフレデリック・ジャンソン（Fredrik Jansson）が、555タイマーを別のボルテージレギュレータで駆動し、電源のゆらぎのほかの回路への影響を分離する、という方法を提案した。このアイディアは気に入った。しかし本の印刷前に試す時間はなかった。

PICAXEマイクロコントローラを使った完全に別のサイコロ回路を作った際は、そちらに特有の乱数性問題が出た。チップに組み込みの乱数生成器が完全ではないのだ。

実験34（本書の最後の実験）では、Arduinoを使って、もう一種類のサイコロシミュレーションをやる。しかし私はここでもまた組み込み乱数生成器に頼っており、数字が範囲内に均等に分布しているか疑問を持っている。

図4-156　この電子ダイスディスプレイはポリカーボネートをサンディングした箱に10ミリLEDを入れたもの。

ランダム性の問題は、実のところシンプルではありえない。Jasmin Patryからのメール以来、このトピックに非常に興味が出たので、『Make: More Electronics』では、相当な分量の解説を描いた。また、Make: 誌の45号では、アーロン・ローグ（Aaron Logue、彼は自分のウエブサイトで自作プロジェクトの解説を書いた）とのコラボレーションでコラムを書いた。彼は逆バイアスをかけたトランジスタを使ってランダムノイズを生成し、これを偉大なコンピュータ科学者ジョン・フォン・ノイマン（John von Neumann）のクレバーなアルゴリズムで処理する、という方法を教えてくれた。これは手に入る限りもっとも完璧に近い乱数生成器だと思う——ただし、チップ数は少々などというものではなくなってしまう。

こうした改良はすべて、入門書レベルの範囲を超えるものだ。読者の中に、このサイコロ回路にスローダウンエフェクトを追加する本当にシンプルな改良案のある方がいたら、メール大歓迎である。喜んで読ませていただく。

とりあえず、完成版の電子サイコロプロジェクトの写真をいくつか置いておこう。図4-156のものは、2009年の本書初版に掲載したものだ。図4-157は、私が1975年頃製作したもので、ダン・ランカスター（Don Lancaster）のすばらしき『TTL Cookbook』が74xxロジックチップの使い方を教えてくれたおかげで製作できた。40年経っても、LEDはちゃんとランダムに光っている。（少なくとも私はランダムだと思う。）

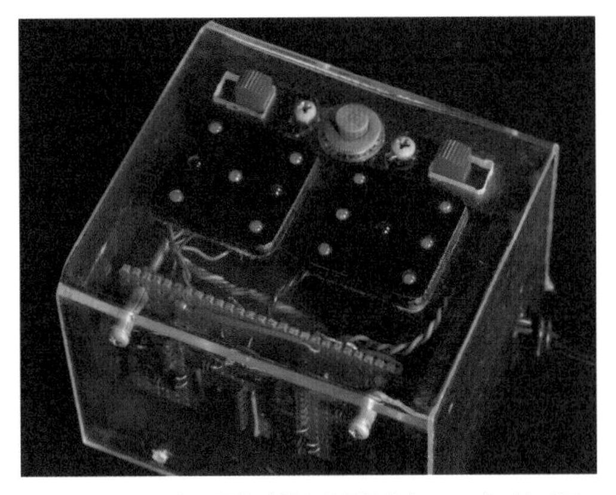

図4-157　1975年頃設計・制作した電子サイコロ。プレキシグラスと黒く塗った合板のボックスに組み込んである。

5 次はどうする？

What Next?

ここまで来たら、いろいろな方向に進むことができる。いくつか挙げてみよう：

オーディオ：これは広大な分野で、アンプや「ストンプボックス」（ギターエフェクタ）のようなホビープロジェクトが含まれている。

電磁気学：これはここまで触れてもいない分野だが、なかなか魅力的な応用がある。

ラジオ周波デバイス：超シンプルなAMラジオをはじめとする、電波を送受信するあらゆるもの。

プログラマブル・マイクロコントローラ：これはチップ1個に載った極小のコンピュータだ。デスクトップコンピュータで小規模なプログラムを書き、チップにロードするのである。このプログラムは、センサから入力を受ける、決まった時間待つ、モーターに出力する、といった手順をシーケンスにして、チップに実行させる。人気のコントローラは、Arduino、PICAXE、BASIC Stampほか、さまざまな種類がある。

こうしたトピックをすべて完全に網羅するだけのスペースはないので、カテゴリーごとにプロジェクトを1つか2つだけ書くことで紹介していくものとする。一番好きな分野を選び、その方面に特化した別のガイドを読むことで、本書を越えて先に進んでほしい。

このほかに、生産的なワークエリアのセットアップのしかた、関連の書籍、カタログ、その他の印刷物の読み方、そしてホビーエレクトロニクスにさらに分け入るための一般的なことについて、いくつかお話ししようと思う。

ツール、機器、部品、消耗品

本書最後のこの章で、さらに必要なツールや機器はない。すべての部品は図6-8にまとめてある。追加で必要な消耗品（特に実験25、26、28、29、31で必要なコイル用電線）については306ページ「消耗品」参照のこと。

ワークエリアのカスタマイズ

この時点で、ハードウェアを作る楽しみにひきつけられながらも、この新しい趣味に恒久的な場所を割いていない方に向け、いくつかお勧めがある。何年も何年もさまざまなやり方を試してきた者として、一番メインになる助言はこれだ：ワークベンチを自作するな！

ホビーエレクトロニクス本の多くは、寸法と形状の厳密な基準を満たすにはワークベンチを特別製にするしかない、とばかりに、ツーバイフォー材と合板を買ってくるように求める。これは理不尽だと思う。私にとって、サイズと形は特に重要ではない。収納が一番大事だと思っている。

小さなトランジスタであろうと、大きな巻線であろうと、工具やパーツは楽に手が届くところにあってほしい。立ち上がって行く必要がある、部屋の反対側の棚を漁りたいとは思わないのだ。

私はこれにより2つの結論に達した：

- ワークベンチの周囲には収納が必要である。
- ワークベンチの下にも収納が必要である。

DIYワークベンチプロジェクトの多くは、下側の収納をほとんど、またはまったく持たない。そうでなければ開放棚を勧めるものだが、これはホコリに弱い。私の最小構成は、引出し2本のファイルキャビネットを左右に並べて、19ミリ厚のベニヤ板かフォーマイカのカウンタートップを渡す、というものだ。ファイルキャビネットは、ファイルのみならず、あらゆる種類の物体の収納に理想的だ。しかもガレージセールやリサイクル屋で安いものがよく見つかる。

これまで使ってきたワークベンチの中で、一番好きだったのは古風なスチールのオフィス机——1950年代から存在するモンスターみたいなやつだ。動かすことすら難しく（その重量のため）、見かけは美しくないが、中古オフィス家具店で安く買え、たっぷりしたサイズで、酷使に耐え、永久に壊れない。引出しは深く、よいファイルキャビネットの引出し同様、スムーズにスライドするのが普通だ。最高なのは、鉄をものすごく多く使っているために、静電気に弱い部品に触る前に触る、グランドとして使えることだ。静電防止リストストラップを持っているなら、板金ネジでデスクの端にネジ留めするだけでよい。

デスクやファイルキャビネットの深い引出しには何を入れるのか？　書類をちょっと入れると有用だ。たぶん以下のようなドキュメントは欲しいだろう：

- 製品データシート
- 部品のカタログ類
- 自分で書いたスケッチやプラン

残りの引出しスペースに残った容量には、プラスチック製の収納ボックスを詰め込むとよい。収納ボックスに入れるのは、使用頻度が低めの工具（ヒートガンや大容量ハンダごてなど）、サイズの大きな部品類（スピーカー、ACアダプタ、プロジェクトボックス、基板）などだ。収納ボックスとしては、長さ28センチ、幅20センチ、高さ12.5センチ程度で、サイドが垂直のものを探すべきだ。ウォルマートではもっと安いものが買えるが、多くはサイドがテーパーになっているおり、スペースが有効に使えない。

私が一番好きなボックスはAkro-Mils製のAkro-Gridsだ（図5-1および2参照）。これは実に頑丈で、オプションに透明でスナップ式のフタがある。写真のせいで側面がテーパーに見えるが、実際はそうではない。Akro-Millsはフル版のカタログをオンラインでダウンロードしたり、オンラインで小売業者を検索したりできる。Akro-Milsが超多種類のパーツビン*を販売しているのにもお気付きかもしれないが、私は中が汚れやすいオープンビンは好きではない。

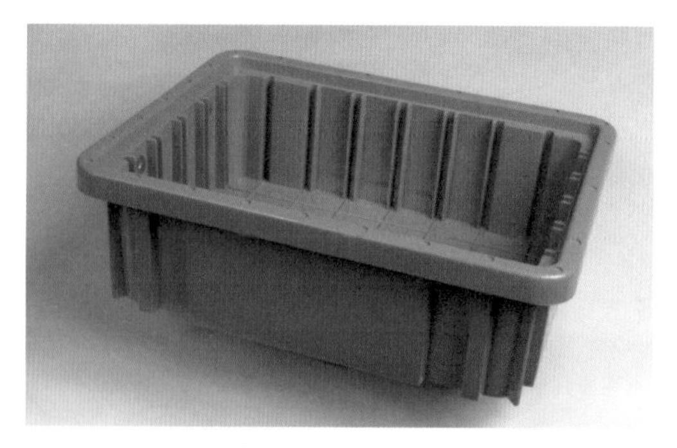

図5-1　Akro-Gridのボックスにはたくさんの小部屋に区画分けできるよう溝が付いており、パーツ収納に便利だ。この写真のボックスの高さだと、一般的なファイルキャビネットの引き出しに3個重ねられる。

図5-2　Akro-Gridのボックスは別売りのフタでホコリを防げる。これは少し高さのあるボックスで、ファイルキャビネットの引き出しには2個重ねられる。

＊訳注：店での分類販売に使いやすい深く奥行きのあるプラの引出し状の箱。手前も上半分が開いており中がよく見える。

可変抵抗、電源コネクタ、コントロールノブ、トグルスイッチといった中くらいのサイズの部品については、長さ28センチ、幅20センチ、高さ5センチで中が4つか6つに分かれた収納ケースが好みだ。こうしたものはMichaels（手芸店）でも買えるが、私はオンラインでPlanoブランドのものを買いたい。頑丈に作られている感じがするからだ。Planoの製品で中くらいの電子部品に最適のものは釣り道具箱に分類されている。

区切りの入らない、フラットな収納ボックスとしては、Prolatch 23600-00がファイルキャビネットの引出しに理想的にフィットするサイズで、これのラッチは長辺方向にいくつも重ねても平気なほど堅牢だ。図5-3参照。

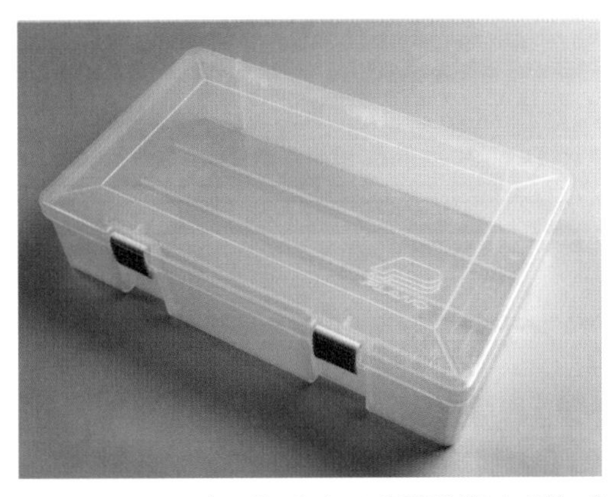

図5-3　このPlanoブランドのボックスには区切りがなく、電線のドラムや中くらいのサイズの工具の収納に便利だ。長辺を下にして重ねると、ファイルキャビネットの引出しにちょうど3個入る。

Planoは実にいい感じにデザインされたツールボックスも発売しているので、これを机上に置くのもよい。ドライバ、ペンチその他の基本工具に簡単にアクセスできる小引出しを備えている。エレクトロニクスのプロジェクトのほとんどで必要なのは、せいぜい1メートル四方なので、デスクスペースの一部をツールボックスに割いても犠牲は大きくない。

スチールデスクの引出しが比較的浅いときは、その1本を紙のカタログに割り当てるのもよい。すべてをオンラインで買えるからって、ハードコピーの有用性を見くびってはいけない。たとえばMouserのカタログには索引が付いているが、これは使い方によってはサイトのオンライン検索より便利だし、このカタログには解りやすいカテゴリー分けもしてあるのだ。私はこれをぱらぱらめくっただけで、存在すら知らなかった便利なパーツを見つけたことが何度もある。PDFをオンラインでめくるよりずっと高速で、ブロードバンド接続だろうがかなわない。現在のところ、Mouserはその2,000ページ以上というカタログの配布について非常に気前がよい。McMaster-Carrもカタログを送ってくれるが、オーダーしたことがなければならず、年に1度だけだ。こちらはおそらく、世界で一番包括的で、一番すばらしいツール&ハードウェアカタログだ。

さて、大問題：このかわいい小さなパーツども、抵抗、コンデンサ、チップたちを、どうやって保管すべきだろうか。私はこの問題に対する、さまざまな解を試してきた。まず目に付く答えは、小さな引出しが並んだケースを買う、というものだ。引出しはそれぞれ外せて、中身を使うとき机上に置いておける。しかし私はこのシステムを、2つの理由から好まない。1、とても小さい部品では、引出しにさらに仕切を入れる必要があり、仕切が本当に信用できることはないということ。そして2、引出しの取り外し可能性が、中身を床にぶちまけてしまうリスクを生むということ。あなたはもしかしたら、そんなことをやるはずがないほど慎重かもしれないが、私は違う。実際、引き出しまるまる1つ分のボックスを床にぶちまけたことがある。

私の個人的嗜好は、図5-4に示したDarice Mini-Storageのボックスを使うことだ。Michaelsでも小売りしているし、オンラインで卸で買えばさらに安くなる——以下を検索しよう：

darice mini storage box

青のボックスは中が5つに区切られており、これは形も大きさも抵抗用に理想的だ。黄色のボックスは10に区切られており、半導体に理想的だ。紫のボックスはまったく分割されておらず、赤のボックスの区切りは上記の混合だ。これらはすべて同じストック番号になっている：2505-12である。

区切りはボックスと一体で、外せる区切りがずれて部品が混ざってしまうような面倒さがない。フタもきっちり閉まるので、落としてもたぶん開かない。フタのヒンジは金属であり、また縁に沿って盛り筋がしてあるため安定して重ねられる。

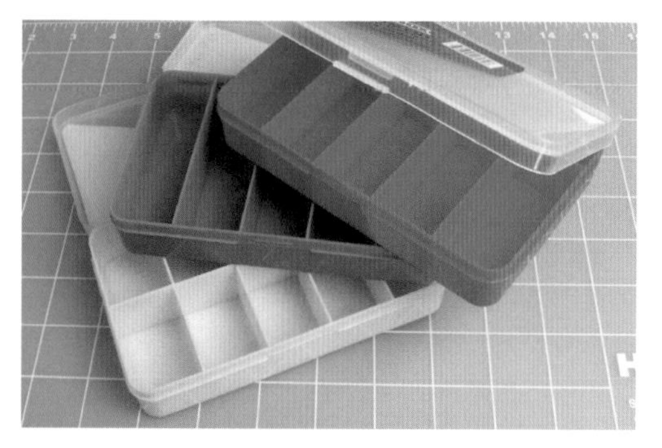

図5-4　Darice Mini-Storageのボックスは抵抗、コンデンサ、半導体などの部品の収納に理想的だ。安定して重ねられるし、棚に入れてもよいし、グループにまとめて大きなボックスに入れてもよい。貼ってあるシールはヒートガンで温めると簡単にはがれる。

図5-5　抵抗が間違った場所に入っていないかチェックできるよう、ラベルにカラーコードをプリントする。

あちこち検索してみて、私はフタ付きの安価な箱を見つけている。8×13インチで深さ5インチのものだ。この箱にはDariceのパーツボックスが9個入る。こうした箱をカテゴリー分けして棚に収納すればよい。

私が本当にきちんとした人間であれば、コンピュータにデータベースを作って、買ったものをすべて記録するだろう。日付、販売店、部品のタイプ、数量などだ。しかし私はそこまできちんとしていない。

ラベリング

パーツの収納方法をどうするにしても、ラベリングは不可欠だ。どんなインクジェットプリンタであれ、見た目のいいラベルが作れるし、剥離可能な（強粘着でない）ラベルを使えば、後で必須になるであろうパーツの再分類ができる。私は抵抗にはカラーコード付きのラベルを使っているので、抵抗の帯とラベルを比べることができるし、間違ったところに入っていればすぐ気がつく。図5-5を見てほしい。

さらに重要かもしれないこと：部品の入る区画それぞれに、もう1枚（非粘着の）ラベルを入れるべきである。このラベルにメーカー型番と購買先を記しておき、再注文を楽にするのだ。私はMouserでたくさんの品物を買っているが、ここのパーツの小さなビニール袋を開けるときはいつも、袋の識別コード部分をちぎってパーツボックスに入れ、その上にパーツを入れている。これが後でフラストレーションを減らしてくれるのだ。

ベンチにて

常に机上に出しておくべき、というほどに不可欠なアイテムも存在する。ハンダごて、拡大鏡付きヘルピングハンド、デスクランプ、ブレッドボード、電源タップ、電源といったものだ。デスクランプは、実験14で説明した理由により、LED電球のものを使うようにしている。

プロジェクト用電源は個人の好みの領域だ。エレクトロニクスに真剣であれば、適切に平滑化した電流を、適切に校正してあるさまざまな電圧で、安定して出力できるユニットを買うのがよい。あなたの小さなACアダプターにはこれができないし、出力は負荷の重さで変わることがある。それでもこれまで見てきた通り、基本の実験には十分だし、ロジックチップを扱うときは、どうせブレッドボードに5ボルトレギュレータを入れる必要がある。総合すると、よい電源はオプションであると考えられる。

ほかのオプションアイテムといえば、オシロスコープだ。これはワイヤや部品の中の電気的な変動をグラフィカルに示してくれるもので、いろいろな場所にプローブを当てて、回路のエラーを追跡することができる。持っていれば快適なガジェットだが、数百ドルはするし、これまでのタスクでは必須ではなかった。オーディオ回路に本気で取り組むなら、オシロスコープがずっと大事なものになる。自分で作った波形が見たくなるからだ。

オシロスコープを安くあげる方法として、USBポートに差し、コンピュータのモニタを波形のディスプレイに使うものを買うという手もある。私は1つ試してみたが、結果は完全に満足とはいえないものだった。動作はするのだが、低い周波数では正確だとも信頼できるとも思えなかったのだ。まあ、不運だったのかもしれない。しかしほかのブランドを試すことは、しないことにした。

デスクまたはワークベンチの表面のあちこちには、間違いなく、ランダムなこすれ、刃の跡、溶けたハンダの滴りなどが付くだろう。私は一番大事なワークエリアを守るのに、半インチ（12.7ミリ）厚で60センチ四方のベニヤ板を使っており、この端にミニチュアバイスをクランプしてある。過去には、このベニヤ版に正方形の導電スポンジシートを乗せて、私からの静電気が繊細な部品に放電するリスクを減らすようにしていた。しかし長年の結論として、私が使っているカーペット、椅子、靴の組み合わせでは、あまり静電気の危険がないことがわかった。これは自分で経験から判断することである。金属の物体に触れたときに小さい火花が出たり、静電気がパチッとなるのを感じたりするなら、自分を接地し、作業台に静電防止フォーム（または金属板）を敷くことを考えたほうがいいだろう。

作業していれば、ごちゃごちゃしてくるのは不可避だ。曲がったワイヤの断片、迷子のネジ、金具、コードの被覆などが蓄積され、それは負債にもなる。金属製の部品や断片が製作中のものの中に入ると、ショートすることもある。だからゴミ入れは必要だ。それも楽に使えるものでなければならない。私はフルサイズのゴミバケツを使っているが、それは何か投げ込もうとしたときに外れようがないほど大きく、見失うことも絶対にないからだ。

最後になったが必須のものがある。コンピュータだ。データシートはすべてオンラインで手に入り、部品はすべてオンラインで発注でき、たくさんのサンプル回路がホビーストや教育者の手でオンラインに置かれているこの時代に、すばやいインターネットアクセスなしに効率よく作業できる人がいるとは思えない。スペースの無駄を防ぐには、タワー型のコンピュ タを床に置いてモニターを壁に取り付けたり、置き場が最小限のタブレットや、安価な小型ラップトップを使うとよい。

スチールデスクを使ったワーキングベンチの構成例は図5-6を参照。さらにスペース効率のいい構成を図5-7に示す。

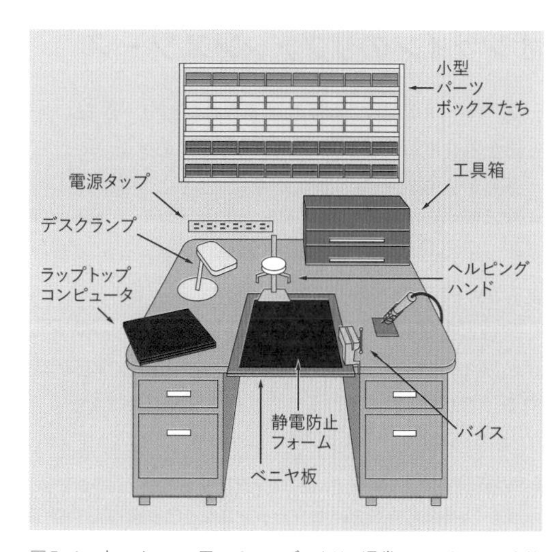

図5-6　古いオフィス用スチールデスクは、通常のワークベンチと比べると小規模なエレクトロニクスプロジェクトの製作用として、よりよいとまでは言わないにしても、同程度にはよい。大きなワークエリアと豊富な収納があり、静電気に弱い部品を扱う際に自分のグランドを取ることができる十分な質量がある。

図5-7　利用できるスペースを最大限に活用するには、自分の周りに壁を作ることを考えるべし。

オンラインのリファレンスソース

入門レベルの基本情報のあるウエブサイトがないかと聞かれたら、私はDoctronics*をお勧めする。

彼らの回路図の描き方が好きだし、私と同様にブレッドボード上の回路の可視化をたくさんやっているのも好きだ。ここはキットも売っているので、英国からの出荷によるコストと時間が許せるなら、利用するとよい。

次に好きなホビーサイトも、やはりイギリスベースだ：the Electronics Club**である。Doctronicsほど網羅的ではないが、非常にフレンドリーで理解しやすい。

より理論ベースのアプローチについては、ElectronicsTutorials***を見てみよう。

ここは本書の「理論」セクションより、さらに詳しい。

独特な選択のエレクトロニクス・トピックを求める向きにはDon LancasterのGuru's Lair****がよい。

Lancasterは30年以上も前に『TTL Cookbook』を書いているが、同書は少なくとも2世代以上のホビーストや実験者にエレクトロニクスの扉を開いた。彼は自分の喋っていることを熟知しており、PostScriptドライバの自作や自前でのシリアルポート接続など、かなり野心的な分野に恐れることなく挑戦する。ここではたくさんのアイディアが見つかるだろう。

書籍

イエス。本は必要だ。私が使っている少々の書籍については図5-8にまとめてある。

もうこの本を読んでいるあなたに対し、ビギナーズガイドの類は取り上げない。代わりに、さまざまな分野に進出したくなるような、またそのときリファレンスとして使えるような本を紹介する。

* 編注：http://www.doctronics.co.uk/のことと思われるが、本書の編集時このドメインは売りに出されていた。もともとあったコンテンツの移転先はわからなかった。インターネットアーカイブ(http://web.archive.org/)でかつての内容を見ることができる。2016年末が最後の更新となったようだ。

** 編注：http://electronicsclub.info/

*** 編注：https://www.electronics-tutorials.ws/

**** 編注：https://www.tinaja.com/(アクセス時にエラーが出たらブラウザを再読み込みするとページが表示される)

『Make: More Electronics』は本書の続編で、本書で取り上げるスペースのなかった、さまざまなトピック（オペアンプなど）を取り上げている。より野心的な回路もある。この本を読めば、普通の予算の個人がアクセス可能なエレクトロニクス分野のほとんどがカバーできるようになるだろう。

図5-8　Don Lancasterの古典であるTTL Cookbookの日焼けした一冊は今も私のリファレンス本の山の一番上にある。これは40年以上も前に、ホビーエレクトロニクスの新時代を開いたのだ。その情報の多くは今もなお有用で、古本はAmazonなど、さまざまなところから買える。

『Encyclopedia of Electronic Components』は、どれほど大きな需要があるか実感する前に私が始めたプロジェクトだ。3冊組のこの本は、何度も遅れた。これを書いている現在、1巻と2巻は出版済みである。これをあなたが読んでいる頃には、おそらくまもなく3巻も出版されるだろう。同書のアイディアは、すばやい参照に理想の電子部品事典である。忘れたことを思い出させ、さまざまな詳細に立ち入るものだ。これに対して『Make: Elactronics』は、ハンズオンのチュートリアルでいっぱいのティーチングガイドで、詳細にはまりこまないように留意している。

それでは私がもっとも重要だと考える、ほかの著者による書籍をリストアップしよう：

『Practical Electronics for Inventors』Paul Scherz(Third Edition, 2013年、McGraw-Hill刊)：これは巨大で包括的な書籍で、定価の40ドルの価値は十分ある。題名にかかわらず、1つも発明しない人にも有用だ。これは私の第一のリファレンスソースであり、抵抗やコンデンサの性質といった基本から、それなりに高度な数学まで、とても広い範囲の概念をカバーしている。

『Arduinoをはじめよう』Massimo Banzi and Michael Shiloh（2014年、Make刊）*：これは一番シンプルなイントロダクションで、Arduinoで使われているProcessing言語（C言語に近いもの）に慣れる助けにもなる。

『Making Things Talk—Arduinoで作る「会話」するモノたち』Tom Igoe（2011年、Make: Books刊）*：これは野心的で包括的な一冊である。Arduinoが持つ力のほとんど全部を使って周囲の環境とコミュニケートし、インターネットのサイトにアクセスする方法まで示す。

『TTL Cookbook』Don Lancaster（1974年、Howard W. Sams & Co刊）：コピーライトの1974はミスプリントではない！　もっと新しい版も見つかるかもしれないが、いずれにしても古本だ。Lancasterがこのガイドを書いたのは、74xxシリーズをピンコンパチでエミュレートするCMOS版の74HCxxなどが登場する前のことだが、概念やパーツナンバーが変化していないこと、彼の記述が正確で簡潔であることにより、依然として優れたリファレンスであり続けている。ハイ・ローのロジック電圧の値についてだけは、現在では不正確なものになっていることを留意すること。

『CMOS Sourcebook』Newton C. Braga（2001年、Sams Technical Publishing刊）：これは隅から隅まで4000シリーズのCMOSチップに捧げられた書籍であり、本書で主に取り上げた74HCxxシリーズのものではない。4000シリーズは古く、後の世代に比べて静電気に弱いので、扱いにはさらに注意が必要だ。しかし依然として、これらのチップの入手性はよく、典型的なものなら5〜15ボルトの広範囲の電圧に耐えるという、素晴らしい特徴がある。これはつまり、555タイマーを駆動する12ボルト回路をセットアップし、タイマーから出力されたものをそのままCMOSチップに入れることができる（一例だ）、ということだ。この本は3つのセクションによく整理されている：CMOSの基本、機能ダイアグラム（主要なチップのすべてのピン配列を掲載）、そしてこれらのチップに基本の機能を実行させる方法を示す、シンプルな回路群だ。

『The Encyclopedia of Electronic Circuits』Rudolf F. Graf（1985年、Tab Books刊）：ものすごく多面的な回路図集で、解説は最小限である。何かアイディアがあり、そこで生ずる問題にほかの人がどうに取り組んだか知りたいときに、持っていると便利な本。実例はしばしば汎用的な解説より有用であり、本書は実例の巨大な総覧である。シリーズには続刊も多いが、この一冊から始めるといい。必要なすべてがあると気付くことになるかもしれない。

『The Circuit Designer's Companion』Tim Williams（Second Edition, 2005年、Newnes刊）：実地の製作で何かを動かすことについての情報が満載である。ただし文体はドライで割と技術的。エレクトロニクスのプロジェクトを現実世界に持っていきたい方に有用だろう。

『The Art of Electronics』Paul Horowitz and Winfield Hill（Second Edition, 1989年、Cambridge University Press刊）：20刷を越える刷数は2つのことを物語っている：(1) たくさんの人々がこれを基礎的な情報源と考えていること、(2) 古本が数多く出回っていること。後者は検討の価値が十分ある。定価は100ドルを超えるのだ。この本は2人の学者によって書かれており、『Practical Electronics for Inventors』より技術的なアプローチを採っているが、代替情報を探すとき、実に便利だ。

『エレクトロニクスをはじめよう』Forrest M. Mims III（Fourth Edition, 2007年、Master Publishing刊）*：初版は1983年に遡るこの本だが、今でも持っていると楽しい。トピックの多くは本書『Make: Electronics』でも取り上げたが、まったく違った情報源からの解説やアドバイスを読むのはよいことだし、一部の電気理論の解説は私がしたより少し詳しく、キュートなイラスト付きで理解が容易なのが基本線になっている。多方面をカバーした小さい本であることには注意。すべての答えを期待してはいけない。

＊編注：邦訳はいずれもオライリー・ジャパン刊。

実験25：電磁気

あなたのこれからの選択肢についてはだいたい見てきたので、後ろに控えていた非常に重要なトピックを紹介させてほしい：電気と磁気の関係だ。これはすぐにオーディオ再生や無線の話につながる。またここでは自己インダクタンスの基本を解説する。これは抵抗と静電容量に続く、受動部品の3番目の（そして最後の）基本特性である*。自己インダクタンスを最後まで残したのは、DC回路ではあまり使い道がなかったためだ。しかし変動するアナログ信号を扱い始めるとすぐに、それは根幹にかかわるものとなってゆく。

基礎：双方向の関係

電気は以下のようなとき磁力を生み出すことができる：

- 電気が電線の中を流れるとき、それは電線の周囲に磁力を生ずる。

この法則は、世界中のほとんどすべてのモーターに用いられている。

磁気は電気を生み出すことができる：

- 磁場の中を電線が動くとき、磁場が電線の中に電気の流れを生ずる。

この法則は発電に用いられている。ディーゼルエンジン、水力タービン、風車その他のエネルギー源は、強力な磁場の中でコイルを回転させる。電気はコイルの中で誘導される。ソーラーパネルを除き、すべての実用的な電力源は、磁石とコイルを使っている。

次の実験では、この効果について、ドラマチックなミニデモを行う。これは学校の理科実験にあるはずだが、やったことがある人も、もう一度やることをお勧めする。準備はあっという間にできるのだ。

必要なもの

- 大きなドライバー（1）
- AWG22番以下の細さの電線（6フィート以下）
- 9ボルト電池（1）
- 紙クリップ（1）

方法

これ以上シンプルにはできない。電線をドライバーの軸の先端近くに巻くだけだ。巻きはきれいできつく、狭い範囲にする必要があり、およそ5センチ以内で100回ほど巻かねばならない。この大きさにフィットさせるには、巻いた線の上にさらに巻き付ける必要がある。巻き終わりがほどけやすければ、テープで留めてやる。

それでは9ボルト電池をつなごう。一見すると、これは非常に悪い考えだ。なぜなら実験2とまったく同じように、電池をショートさせることになるからだ。ところが電線がまっすぐでなくコイルに巻いてあると、電気の流れは妨げられて（どうやってかは後で説明する）、しかもこの電流がいくらかの仕事をするのだ（紙クリップを動かすなど）。

小さな紙クリップをドライバーの先端近くに置いてみよう（図5-9）。

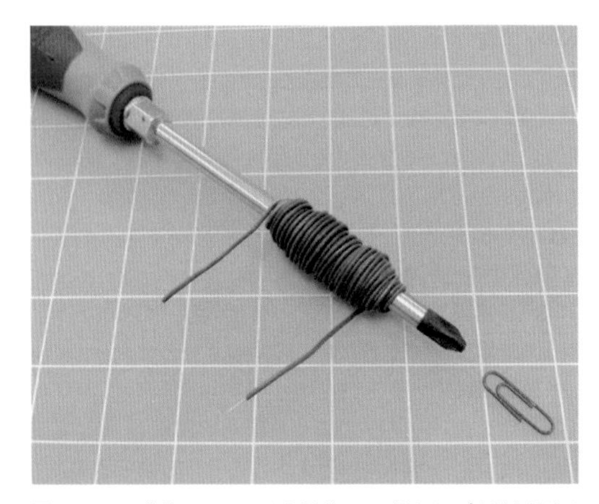

図5-9　この非常にベーシックな電磁石は、紙クリップを引き付ける程度の力しかない。

＊訳注：受動部品とは抵抗器、コンデンサ、コイルのこと。自己インダクタンスはコイルの特性。

紙クリップが簡単に滑るように、実験は平滑面で行う。ドライバーの多くは、もともと磁気を帯びているので、クリップが自然にドライバーの先に引き寄せられることもある。この場合は、誘因力のすぐ外側にクリップを置く。それでは回路に9ボルトをかけてみよう。クリップはドライバーの先端に飛びつくだろう。

おめでとう。あなたは今電磁石を作ったのだ。回路図を図5-10に示す。

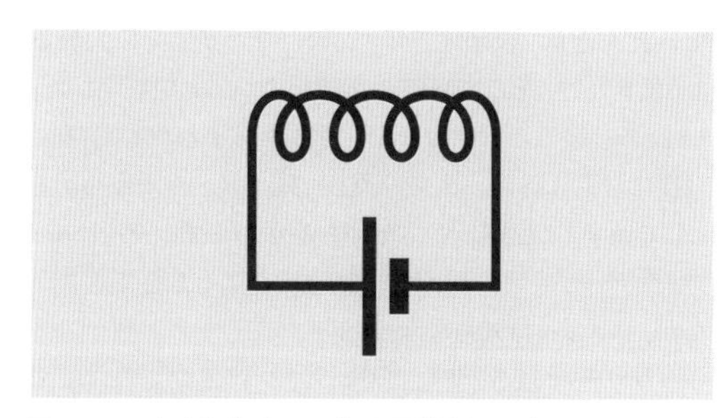

図5-10　これよりずっとシンプルな回路図なんて無理だ。

理論：インダクタンス（誘導係数）

電気が電線を流れるとき、それは電線の周囲に磁場を生ずる。電気がこの効果を「誘導」するため、これは誘導係数と呼ばれる。これを図解したのが図5-11である。

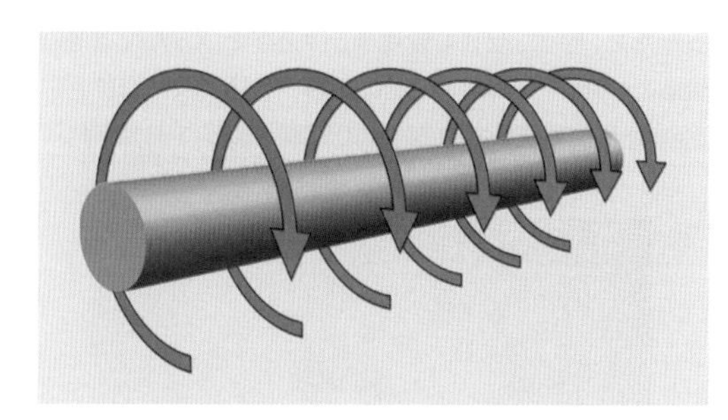

図5-11　電気が導体を左から右へと流れるとき、それは緑の矢印で示したような磁力を誘導する。

まっすぐな電線の周囲の磁場は非常に弱いが、電線を円を描くように曲げてやることで、磁場は図5 12のように、中心を貫くように蓄積を始める。円をどんどん追加してコイルを形成すると、力はさらに強くなる。そしてこのコイルの中心に鋼や鉄の物体（ドライバなど）を入れてやることで、効果はずっと大きくなる。

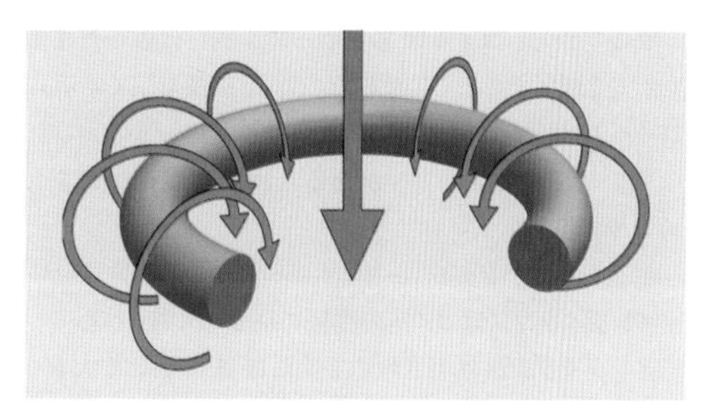

図5-12　円を描くように導体を曲げると、累積磁力が、大矢印で示すように、円の中心を通る形で働く。

図5-13はこれをグラフ化したもので、コイルの内径、外径、幅、巻数からおよそのインダクタンスを計算できる「ウィーラーの近似式」を使っている。（単位はメートル法でなくインチである必要がある。）インダクタンスの基本単位はヘンリーで、米国の電気のパイオニア、ジョゼフ・ヘンリーにちなんでいる。これは（ファラッド同様）大きな単位なので、この式ではインダクタンスをマイクロヘンリーで表す。

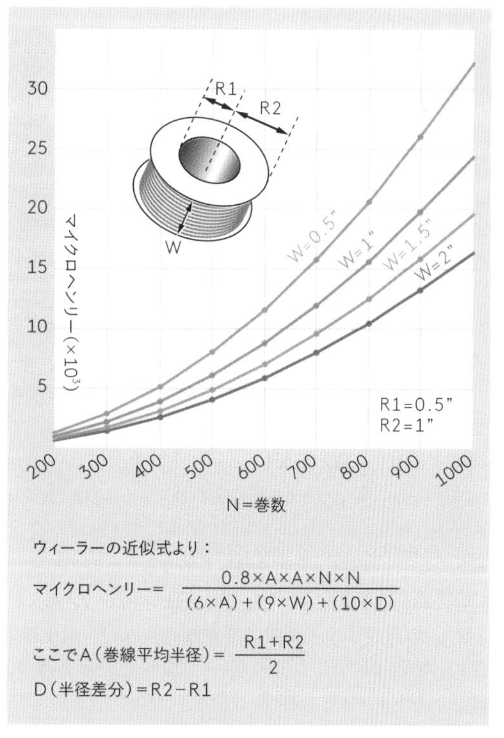

図5-13　コイルの寸法と巻数がインダクタンスに及ぼす影響を示すグラフ。簡単な式から近似的に計算される。

グラフから、コイルの基本サイズを同じに保ったまま巻数を2倍にすると（電線を細くしたり被覆を薄くする）、コイルのインダクタンスが4倍になることがわかる。これは式の分子に係数N×Nがあるためだ。保存版のまとめを少し：

- インダクタンスはコイルの直径に従って大きくなる。
- インダクタンスは巻き数の2乗にほぼ比例して大きくなる。（言い換えると、巻き数が3倍になればインダクタンスは9倍になる。）
- 巻き数が同じ場合、コイルが細長くなるように巻けばインダクタンスは小さくなり、太く短くなるように巻けば大きくなる。

基礎：コイルの基本と回路図記号

図5-14にあるコイルの回路図記号を見てほしい。左から順に、最初の2つの記号は空芯のコイルを示すものだ（左の方が古い記号）。3番目と4番目の記号はそれぞれ鉄心コアとフェライト系コアのコイルである。

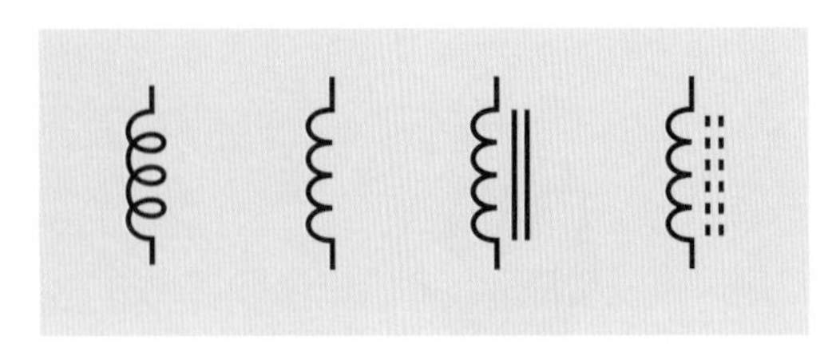

図5-14　コイルを表す回路図記号。詳細は本文を参照。

鉄のコアは磁力効果を高めるため、コイルのインダクタンスを大きくする。

コイルの電線の一端に電源の正極、もう一端に負極をつないで磁場を観察し、それから電源を逆につないで観察すれば、磁場が反転していることがわかる。

コイルの応用でもっとも広く使われているのは、トランスかもしれない。これは一方のコイルに加えられた交流が、たいていは鉄コアを共有しているもう一方のコイルに、交流を誘導するというものだ。1次コイル（入力）が2次（出力）コイルの半分の巻き数であれば、電圧は2倍に、電流は半分になるのだ——100%の効率を持つ、理想的なトランスであれば。

背景：ジョゼフ・ヘンリー（Joseph Henry）

1797年に生まれたジョゼフ・ヘンリーは、強力な電磁石を初めて開発、実演した。彼はまた、電線のコイルの性質であり「電気慣性力」を意味する、「自己インダクタンス」という概念の創始者だ。

ヘンリーはニューヨーク州オールバニーの日雇い労働者の息子として生まれた。よろず屋で働いた後に時計職人の弟子となり、次には俳優になることに興味を持った。友人達は、彼がオールバニー・アカデミーに入れるよう働きかけ、そこで科学の才能を持つことが判明した。1826年、彼はこのアカデミーで数学および自然哲学の教授に任命された。大学卒業生でもなく、みずから「主として独学」と記述していたにもかかわらず。マイケル・ファラデーがイングランドで同じようなことをしてきていたが、ヘンリーは知らなかった。

ヘンリーは1832年にプリンストンに任命され、年間1,000ドルの資金と無料の家を受領した。モールスが電信の特許を取得しようとしていたとき、ヘンリーはそのコンセプトをすでに意識していたし、またPhilosophical Hallの研究室で仕事中に家に居る妻に信号を送るために、類似の原理に基くシステムを実際に構築していたことを証言している。

ヘンリーは科学、天文学、建築学、そして物理学を教え、また現在のように科学が厳密に専門化されていなかったため、蛍光、音、毛管現象、弾道学といった現象を研究した。1846年には新たに創設されたスミソニアン協会の会長に就任している。彼の写真を図5-15に示す。

図5-15　ジョゼフ・ヘンリーは米国の実験者であり、電磁気学研究のパイオニアだ。写真はWikimedia Commons収蔵。

実験26：卓上発電

実験5では、化学反応で発電ができることを見てきた。今度は磁石で発電できることを見てみよう。

必要なもの

- ニッパ、ワイヤストリッパ、テストリード、マルチメータ
- 円柱形ネオジム磁石。直径3/16インチ（5ミリ）、長さ1.5インチ（4センチ弱）程度で、軸方向に磁性化されたもの（1）
- AWG26番、24番、22番電線。合わせて60メートル
- 低電流LED（1）
- コンデンサ、1,000μF（1）
- スイッチングダイオード、1N4001または類似品（1）

あるとよいかも：

- 円柱形ネオジム磁石。直径3/4インチ（1ミリ）、長さ1インチ（2.5センチ）程度で軸方向に磁化されたもの（1）
- 木の丸棒。直径12.5ミリ、長さ15センチ以上
- 鉄のネジ。M3.5で平頭の短いコーススレッドがよい
- 塩ビパイプ。内径3/4インチ（19ミリ）サイズのものを15センチ以上
- 合板。6ミリ厚のものを10センチ四方（2）。φ2.5センチのホールソーまたはフォスナービットで穴あけできるもの
- スプール巻きのマグネットワイヤ。φ0.4ミリ、100g以上（AWG26番1/4ポンド）または100メートル

方法

まずは磁石が必要だ。ネオジム磁石は入手可能のものでは最強で、小型の円筒形ならそこそこ安い。直径5ミリ、長さ4センチの磁石があれば十分だ。AWG22番（0.65ミリ）の電線を図5-16のように、きつく10回巻きつける。ここで巻きをわずかにゆるめ、磁石がこのコイルの中を行ったり来たりできるようにする。

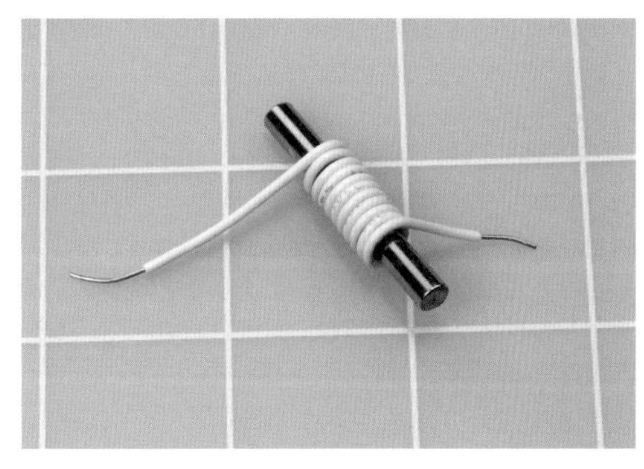

図5-16　電線をたった10巻きしただけでも、磁石が中を行き来したときに小さな電位を作るには十分だ。

マルチメータをACミリボルト計測にセットする（DCではない。これから扱うのは交流のパルスなのだ）。コイルの両端の被覆を少し剥いて、ミノムシクリップのテストリードでマルチメータに接続する。磁石を親指と人差指で持ち、すばやく振ってコイルの中を行き来させる。マルチメータには3ミリボルトから5ミリボルトの値が出るはずだ。そうだ。この小さな磁石と10巻きの電線で、数ミリボルトが発生できるのだ。

もっと大きなコイルを巻いてみよう。図5-17のように重ね巻きする。そしてまた磁石をすばやく動かしてみよう。電圧はもっと高くなっている。

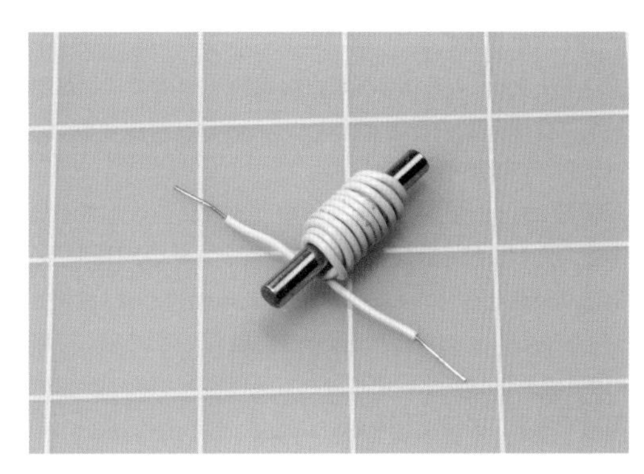

図5-17　電線を多く巻き付ければ、中で磁石を動かしたとき計測される電圧が上がる。

前の実験の式を思い出してほしい。電気を流すコイルの巻数を増やすほど磁場は強くなった。これは逆方向にも言えるのだ：

- コイルの巻き数を増やせば、一般的には電圧が高くなる(コイルの中を磁石が動いたとき)。

こうなると疑問が湧いてくる——それではもし大きくて強力な磁石を使い、コイルの巻き数を増やしてやれば、何かの電源に使えるほどの電気が得られるのではないか——たとえばLEDとか。

LEDを光らせる

ここではAWG22番の電線を使う。ほかの実験で使っており、すでにあなたの手元にあるからだ。問題は、これが結構太いこと、被覆が厚いことだ。200回も巻くと本当に大きくなってしまう。純銅線にエナメルや樹脂フィルムによる極薄の被覆がしてあるマグネットワイヤを使われているのは、これが理由である。マグネットワイヤは可能な限りぎゅうぎゅう詰めにできるように作られている。

とはいうものの、マグネットワイヤを1スプール買う気にはなれない方も、いるかもしれない。ほかの用途がほとんどないのだ。というわけで、AWG22番線でこの実験ができるか、確認することにした。答えはイエスである。が、可能である、というだけだ。

必要なのは60メートルほど。これはちょっとお金がかかるが、ブレッドボードワイヤを作るなど、普通の用途にいつでも転用できる。

コイルを巻くときは2本以上の電線をつなぐことができる。被覆を剥いた端同士をしっかりより合わせれば、ハンダ付けは必要ない。

磁石ももっと強力なものが必要だ。使えたうちで一番小さいのは、長さ2.5センチ、直径2センチの円筒形で、軸方向に磁化されたものだ。軸方向の磁化とは、N極とS極が軸の両端にあるという意味である。(軸とは、円筒の中心を、湾曲した側面に対して平行に貫いた、仮想的な線である。円筒は軸を中心に回る、と考えればよい。)

最終的に私が作り上げたものを図5-18に示す。磁石は右の方にある。このスプールは6ミリ(1/4インチ)厚の合板で作ったもので、直径は10センチをわずかに超える程度だ。内径3/4インチの塩ビパイプが中央を貫いているが、このパイプの内径は磁石の直径よりわずかに大きく、磁石は内部を自由に滑ることができる。

図5-18　22番線をホームメイドのスプールに200巻きしたもの。木の棒に入れたネジに磁石を付ける。

合板の円板の穴にパイプを押し込んでスプールを作る。そして60メートルの電線をスプールに巻きつける——電線の内側の端にアクセスできるようにしておくこと。私は合板の中心付近に小さな穴を空け、この穴から電線を引き出した。

コイルを巻き付ける部分の幅は、磁石の長さとほぼ同じにすること。また、磁石はパイプの内部で、コイルの両端より外に完全に出られるようにすること。これを示したのが図5-19のスプールの断面図である。

磁石をうまく保持するために、木の丸棒の端にドリルで穴を開け、M3.5、長さ25ミリで平頭の木ネジを入れた。これで丸棒をハンドルのように使うことができる。磁石はネジに自分でしっかりついてくる。

それではすごいことをやるぞ。ミノムシクリップ付きテストリードでコイルの両端とマルチメータの入力をつなぎ、AC電圧計測にセットする。今度は2ボルトまで計測できるレンジにする。

磁石を丸棒につけて、塩ビパイプの中に、できるだけ素早く差し込む。または磁石を丸棒から外してパイプの中に入れ、パイプの両端を指で塞いでシャカシャカ動かす。本気でやれば、マルチメータには0.8ボルト程度の電圧が出るだろう。

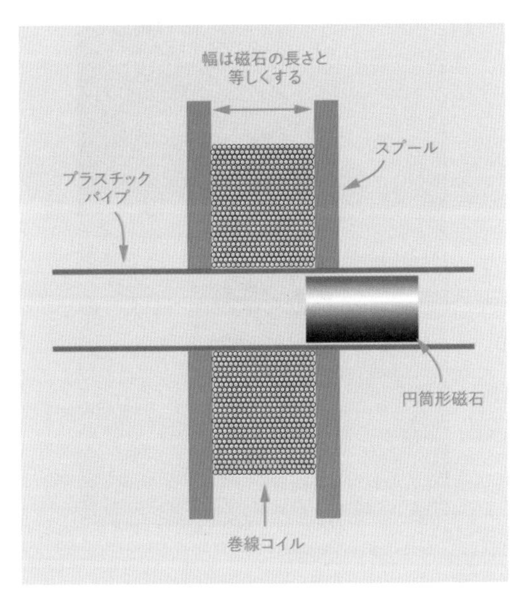

図5-19 LEDが点灯できるほどの電気を発生するための構成。

これだけやって、1ボルトも行かないだって？

あー、でもね、マルチメータは電流を平均してしまう。パルスのピークは、もっと高い電圧になっているはずだ。

テストリードをマルチメータから外し、ここに低電流LEDを付けてみよう。LEDは、ぶらぶらしないように固定する。磁石を激しく動かせば、LEDがまたたくのが見えるはずだ。うまくいかないときは、磁石を逆に入れてもう一度やってみよう。うまくやるには、必ず低電流LEDが必要だ。

自由拡張

少しお金を使う気があれば、ずっと感動的な結果が得られる。

第一に、大型の磁石を使う。直径16ミリ、長さ5センチの磁石を使ったときは、素晴らしい結果が得られた。もちろん、この磁石には、もっと大径の塩ビパイプが必要だ。

第二に、正しいマグネットワイヤのスプールを買う。私はAWG26番の線を150メートルほど使った。これはネットで簡単に買える。販売者は何ダースもある。

マグネットワイヤは、運がよければ、磁石よりちょっと大きな穴を中心に持つ、プラスチックのスプールで売られている。さらに嬉しいことに、こうしたスプールでは、中心穴の内側からワイヤの「お尻」が出ている（図5-20赤丸）。

図5-20 マグネットワイヤのスプール。電線の内側の端にアクセスできる（赤丸）。

マグネットワイヤの被覆の薄いフィルムを取り除くには、カッターの刃でごく優しく削るか、細目のサンドペーパーで磨いてやる。被覆が取れているかは、拡大鏡で確認すること。マルチメータで抵抗値をチェックしてもよい。この場合は100Ω未満になっていること。

それではLEDをマグネットワイヤの両端に接続し、スプールの中心穴にマグネットを出し入れして、発電してみよう（図5-21）。

スプールのサイズが合わなかったり、ワイヤのお尻にアクセスできないときは、ほかのスプールに巻き直さねばならない。ワイヤが150メートルあるとすると、2,000回くらい巻き直す必要がある。1秒に4回巻けるとして、これには500秒かかる――10分弱なので、私ならまあ許容範囲だ。

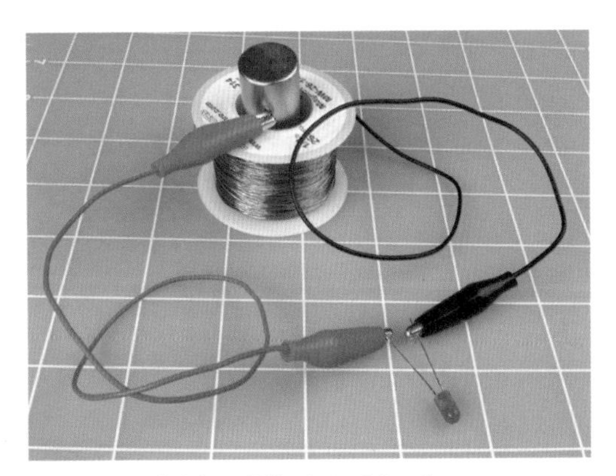
図5-21 発電準備完了。規模はわりに小さいが。

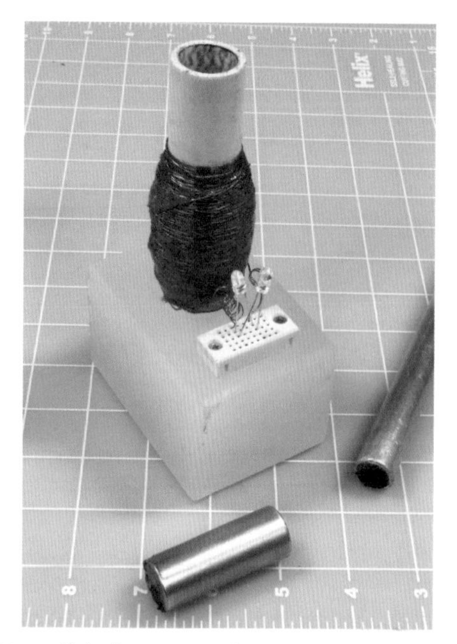

図5-22　魅惑の結果が得られるデモンストレーション・デバイス。

図5-22はデモ用に製作した、少し大規模な装置だ。マグネットワイヤで作ったコイルはエポキシ接着剤でコーティングしてあるのでほどけることがなく、パイプもプラスチックのブロックに固定してある。ネオジム磁石は、写真でもわかるように、アルミの棒の先に入れたネジに付けてある。

コイルには高輝度LEDを2個、極性を逆にして接続してある。磁石を上下に動かせば、LEDは部屋中を照らすほどだ。そして互いに逆の極性で接続してあるので、磁石を下ろしたときと上げたときで、電流の向きが逆になるのを見ることができる。図5-23を見てほしい。

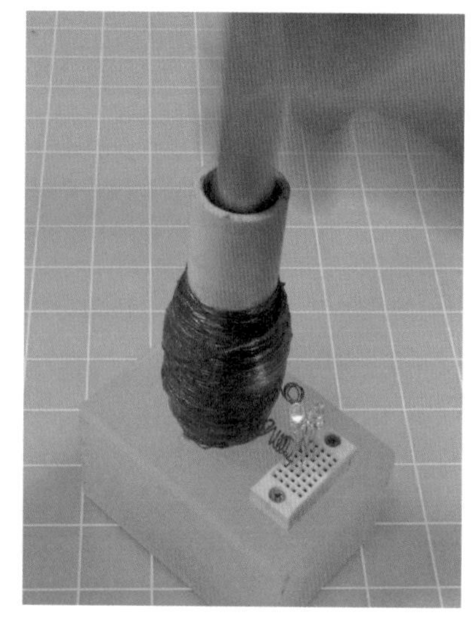

図5-23　動作中のLED発電機。

注意：指の血豆と死んだメディア

ネオジム磁石のホラーじみた能力に注意しよう。

ネオジム磁石は壊れやすい。もろさがあり、磁性の金属に（またはほかの磁石に）ぶつかると砕けたりする。このため、多くの製造者が保護メガネの着用を勧めている。

皮膚を挟んで血豆を作る（またはもっと悪いことを起こす）のは簡単だ。磁石は距離が短くなるほど強い力で引っぱるため、最後の隙間を埋めるときは非常に素早く、非常にパワフルだ。ぎゃー！

磁石は決して眠らない。エレクトロニクスの世界では、何かをオフにすれば、それについて心配する必要はなくなるという考えが大勢だ。磁石はそうではない。それは常に周囲の世界を検知し続けており、磁性体に気付くことがあれば、それを、今、求めるのである。結果は不愉快なものになりうる。特にその磁性体が尖っており、間にあなたの手などが存在していれば。磁石を使うときは、非磁性面に何もない場所を確保し、裏側にも磁性体がないか、気をつける。私の磁石は、キッチンのカウンタートップの裏の鉄のネジを嗅ぎつけ、不意にカウンタートップに飛びついて、砕け散った。

これについて真剣に考えることは難しい。それが自分の身に起きるまでは。しかし本気で言うが、ネオジム磁石でふざけてはいけない。慎重にやること。

また、磁石は磁石を作る、ということも忘れてはならない。磁場が鉄の物体を通り抜けると、物体はいくらかの磁気を帯びる。腕時計を付けているなら、磁化しないように注意しよう。スマートフォンを使っているなら、磁石から遠ざけておくこと。同様に、コンピュータやディスクドライブも脆弱だ。クレジットカードの磁気ストライプも簡単に消されてしまう。また、TV画面やビデオモニタ（特にブラウン管のもの）に磁石を近づけないこと。重要なことを付け加えると、強力な磁石は心臓ペースメーカーの正常な動作を妨げることがある。

コンデンサのチャージ

もう1つやってみよう。LEDを外し、図5-24のように、1,000μFの電解コンデンサと1N4001信号用ダイオードを直列に接続する。マルチメータをDCボルト（今度はACではない）にセットし、コンデンサ両端に接続する。

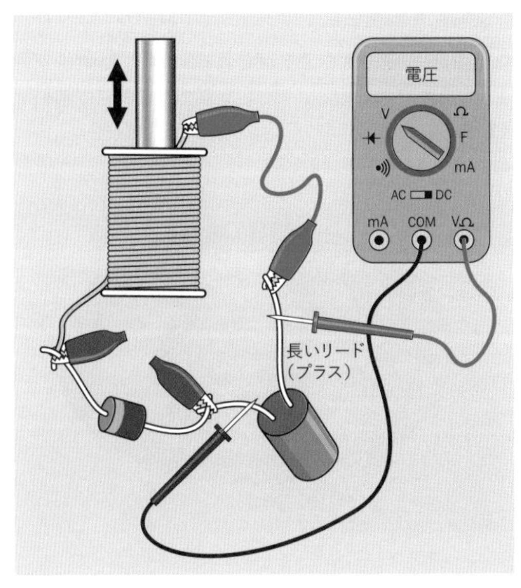

図5-24　ダイオードを使うと、コイルからの電圧をコンデンサに蓄積することができる。

マニュアルレンジのマルチメータを使っている人は、DC2ボルト以上が測れるようにセットすること。ダイオードの正極（マークがない）側とコンデンサの負極（マークがある）側を接続してあるのを確認する。こうすることで正電圧が、まずコンデンサを、次にダイオードを通過するようにする。

それではコイルの磁石を思い切り上下に動かしてみよう。マルチメータはコンデンサがチャージを蓄積するのを示すだろう。磁石を動かすのをやめると、電圧の読みはゆっくり下がってゆくだろう。これは主としてメータの内部抵抗を通じてコンデンサが放電するためだ。

この実験は見た目より重要である。磁石はコイルに押し込んだときにある方向への電流を誘導し、引き出したときは逆の方向への電流を誘導する。あなたは交流を発電しているのだ。

ダイオードは、この回路の電流を1方向にしか流させない。逆方向への流れをブロックする、これがこのコンデンサにチャージを蓄積できる理由だ。ダイオードは交流を直流に変換するのに使えるという結論にいきなり至った方、あなたは完全に正しい。これを我々は、ダイオードがAC電力を「整流（レクティファイ）」している、という。

オーディオ：

実験25では電圧が磁石を生み出すことを示した。実験26では磁石が電圧を生み出すことを示した。今や我々は、これらの概念を音の検知と再生に適用する準備ができている。

実験27：スピーカーの分解

コイルに電気が通ると、小さな金属物体を引き寄せられるだけの磁力が発生できることを観察した。コイルが非常に軽く、物体の方が重いときはどうなるだろうか。そのときは、コイルが物体に引き寄せられるだろう。この原理がスピーカーのキモだ。

スピーカーの動作を理解するのに、分解してみること以上の方法は、まずないだろう。破壊的だが教育的とかいうプロセスに何ドルも使うのは嫌だなあ、という方もいるかもしれない。まあその場合は、ヤードセールで動かなくなったオーディオ機器を拾ってきてスピーカーを外す、などの方法を考えればよいだろう。でなければ、プロセスをステップバイステップで解説する私の写真を見るだけだ。

必要なもの

- 最安のスピーカー。ϕ5センチ以上のもの(1)
- カッター(1)

方法

図5-25は小型スピーカーを後ろから見たところである。磁石は円筒形の部分に隠れている。

図5-25　小型スピーカーの背面。

図5-26のようにスピーカーを表に返す。コーンの周縁部をカッターやX-Actoナイフでカットする。次に中心の丸い部分に沿ってカットし、それでできる黒い○型の紙を取り除く。

図5-26　運命を待ち受ける5センチスピーカー。

コーンを外したスピーカーを図5-27に示す。中央にある黄色の波型の部分は、コーンを横方向には動かさず、上下にのみ動けるようにするために柔軟になっている。

図5-27　コーンを切り取ったスピーカー。

黄色の波型の部分の外周をカットすれば、中に隠れた紙のシリンダーを引き上げられる。これには銅線が巻きつけられている(図5-28)。写真では裏返して見やすくしてある。

図5-28　銅線コイルは通常、下の磁石の隙間の中に隠れている。

この銅コイルの両端は、スピーカーの裏の2つの端子から、柔軟な配線を通じて、電気を受けるようになっている。磁石部の隙間に納まったコイルは、電圧の変化に反応して、磁場の中で上下に運動する力を出す。この力がスピーカーのコーンを振動させ、音波を発生させる。

ステレオセットの大型のスピーカーも、まったく同じ原理で動く。大きな電力(典型的には100ワット程度)を扱える、大きなマグネットとコイルが入っているだけだ。

こうした小型の部品を開くたびに、中のパーツの精密さとデリケートさ、これほどローコストな量産を可能にした技術に、感銘を受ける。ファラデー、ヘンリー、その他さまざまな電気理論のパイオニア達は、現代の我々が当然だと思っているこれをみれば、どれほど驚くことだろう。ヘンリーは何日もかけて手でコイルを巻いて、この安い小さなスピーカーよりはるかに効率の悪い電磁石を作っていたのだ。

背景：スピーカーの起源

本実験の最初のところで書いたように、コイルは、その磁場が、重かったり固定されていたりする物体と相互作用することにより、動く。物体が永久磁石であれば、相互作用はより強くなり、動きは激しくなる。これがスピーカーの動作原理だ。

このアイディアは1874年にドイツの多産な発明家、エルンスト・ジーメンス（Ernst Siemens）によってもたらされた。（彼は1880年には世界最初の電動エレベーターも建造している。）現在のSiemens AGは、世界最大級のエレクトロニクス会社だ。

アレクサンダー・グラハム・ベル（Alexander Graham Bell）が1876年に電話の特許を取った時、彼はイヤフォンの中で可聴周波を作り出すのに、ジーメンスのコンセプトを使用した。この時点から、音響再生機器はその音質とパワーを段階的に高め、1925年には、General Electricのチェスター・ライス（Chester Rice）とエドワード・ケロッグ（Edward Kellogg）が、現代のスピーカー設計でも使われる基本原則を確立する論文を出版する。

Radiola Guyなどのサイトでは、非常に美しい初期のスピーカーの写真が見られる。それは効率を最大にすべく、図5-29のようなホーンデザインを用いている。オーディオアンプがパワフルになるにつれ、スピーカーの効率は、再生品質と製造コストに比べると、重要ではなくなっていった。現代のスピーカーは、電気エネルギーのわずか1％程度を音響エネルギーに変換するにすぎない。

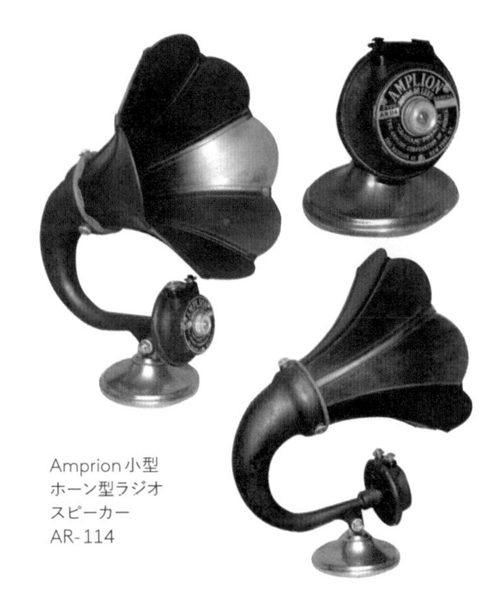

図5-29　この美しいAmplion AR-114xは、オーディオアンプのパワーが極めて限られていた時代に効率を最大化しようとした、初期の設計者たちの努力をはっきり示している。写真は"Sonny, the RadiolaGuy"による。http://www.radiolaguy.comでは初期のスピーカーが数多く展示されている。一部は販売もされている。

理論：音、電気、そして音

音がどうやって電気に変換され、再び音に戻されるかについて、より具体的な考えを確立しておく時がきた。

誰かがバチで銅鑼（どら）を叩くとしよう（図5-30）。銅鑼の平たい金属面が内外に振動することで圧力波が生み出され、これをヒトの耳は音として知覚する。空気圧の高い「山」のそれぞれには、低い「谷」が続く。波長とは、この空気圧のピークとピークの距離である（通常はメートルからミリメートルの範囲にある）。

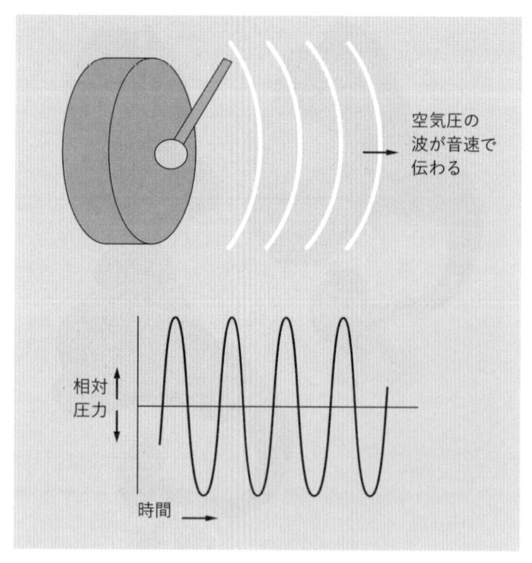

図5-30　銅鑼を打つと平たい表面が振動する。振動が空気中に圧力波を作る。

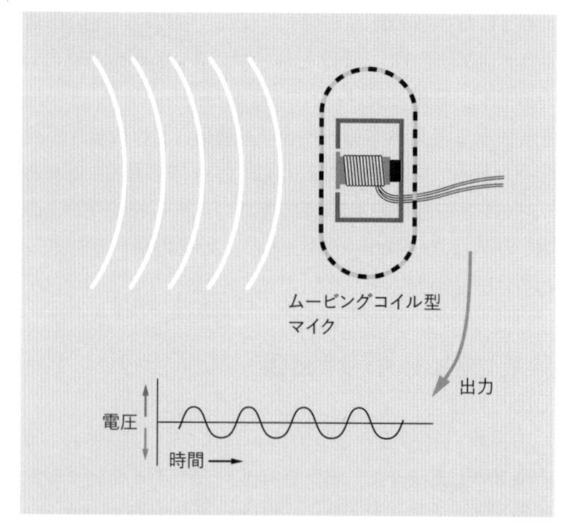

図5-31　音波がムービングコイル型マイクロフォンに入ると、膜が振動する。膜にはコイルが取り付けられている。このコイルを巻きつけてあるスリーブは、磁石を取り囲んでいる。コイルが振動すると、微小な電流が誘導される。

音の周波数とは、1秒あたりの音波の数で、普通はヘルツで表される。

ここで我々が、この圧力の波の通り道に、非常に敏感なプラスチック薄膜を置くとする。プラスチックは、風に反応する木の葉のように、波に反応して震えるだろう。さらに膜の後ろには、非常に細いワイヤを使った小さなコイルを、膜と一緒に動くように取り付けるものとする。そして、コイルの内側には磁石を固定する。この構成は、小型の非常に鋭敏なスピーカーのようなものだ。ただし電気が音を作るのでなく、音が電気を作るようになっている。圧力波が、膜を磁石の軸方向に振動させると、コイルのワイヤと磁場が、変動する電圧を生み出す。この原理を図解したのが図5-31だ。

これはムービングコイル型マイクである。マイクを作る方法はほかにもあるが、この構成が一番理解しやすい。もちろん生成される電圧は非常に低いが、図5-32に示すように、1段から数段のトランジスタ増幅をかければよい。

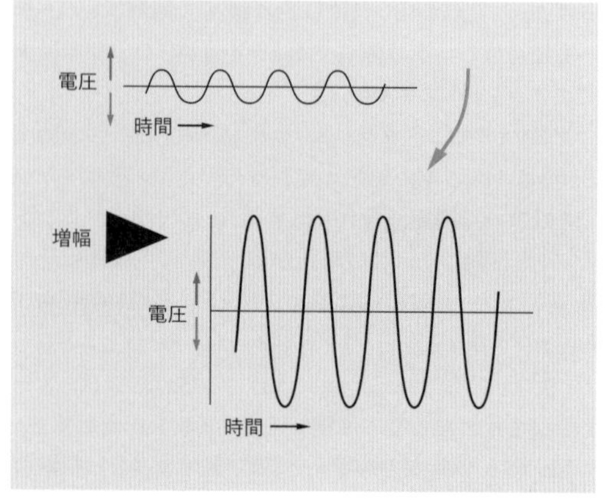

図5-32　マイクからの微小な信号がアンプを通ると、周波数と波形を保ったまま振幅が拡大する。

そして、この出力を、スピーカーの根元を取り巻くコイルに通してやれば、スピーカーは空気中の圧力波を再現する（図5-33）。

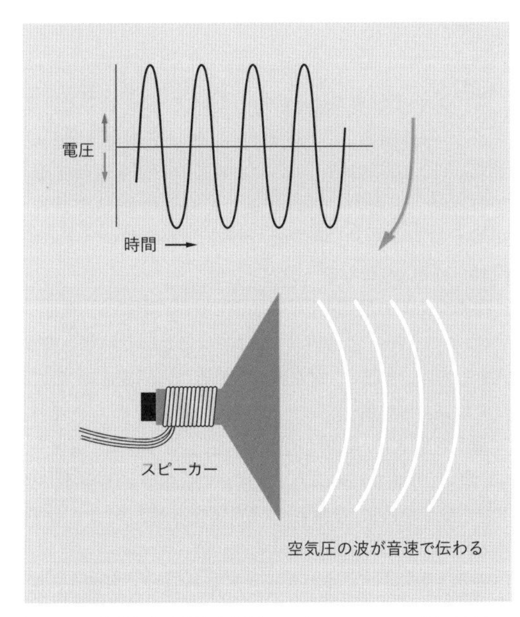

図5-33　増幅された電気信号は、スピーカーコーンの根元を囲むコイルを通過する。電流によって磁場が誘導され、元の音が再生される。

我々はこのプロセスのどこかで、この音を記録したり、再生したりするのだ。原理はいつも同じだ。難しいのはマイク、アンプ、スピーカーを、それぞれの段階で正確な波形を再現するように、適切に設計してやることだ。これは大変な挑戦であり、だからこそ正確な音再現は手に入りにくいものなのである。

実験28：コイルを反応させる

コイルに電流を流すと、電流によって磁場が発生することがわかった。電流を切ったとき、発生した磁場はどうなるのだろうか。

磁場のエネルギーは、短い電気パルスに変換されて戻る。これが起きるとき磁場が崩壊している、と言う。

実験は、これを自分で見られるようにするものだ。

必要なもの

- ブレッドボード、配線材、ニッパ、ワイヤストリッパ、マルチメータ
- 低電流LED（2）
- 配線材、AWG22番（推奨は26番）。30メートル（1スプール）
- 抵抗器、47Ω（1）
- コンデンサ、1,000μF以上（1）
- タクトスイッチ（1）

方法

図5-34の回路図を見てほしい。ブレッドボード版を図5-35に示す。コイルは22番線のスプールを使えばよい。また、実験26で60メートル電線のコイルを作った方は、そちらを使おう。マグネットワイヤのスプールをおごった方は、そちらがよりベターだ。

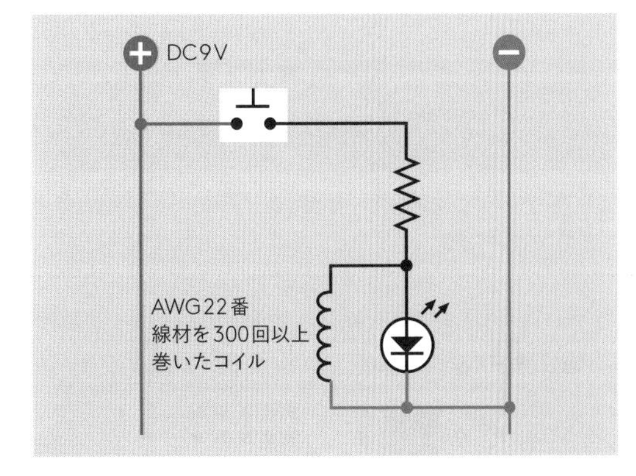

図5-34　コイルの自己インダクタンスのデモのための簡単な回路。

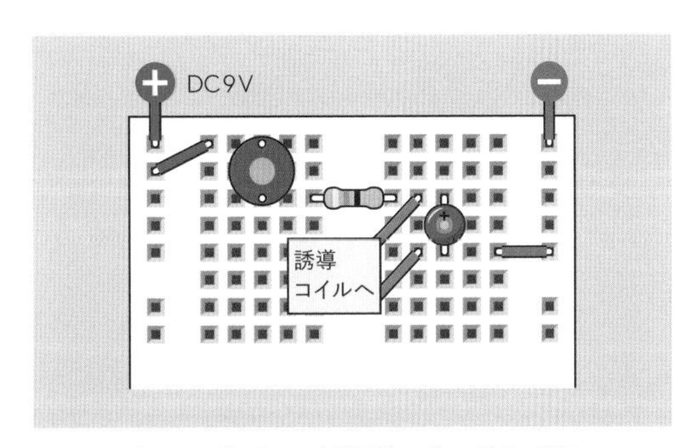

図5-35　自己インダクタンス実験回路のブレッドボード版。

回路図は、あまり意味がないように見えるだろう。47Ωの抵抗器はLEDの保護には小さすぎるように見える——というか、そもそもLEDは光るのだろうか。電気はコイルの方を迂回できるではないか。

それでは回路をテストしてほしい。驚くはずだ。ボタンを押すたびに、LEDが一瞬光るのだ。これがどうやったら可能か、考えられるだろうか。

LEDをもう1個追加してみよう。図5-36および37のように、逆向きに接続する。ボタンをもう一度押すと、最初のLEDが光る。前と同じだ。ところがボタンを離すと、もう一方のLEDが一瞬光るのだ。

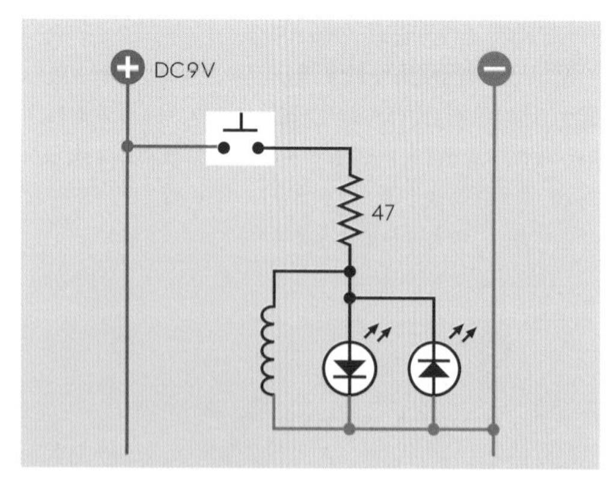

図5-36　一方のLEDは磁場が発生するとき光る。もう一方は磁場が崩壊するとき光る。

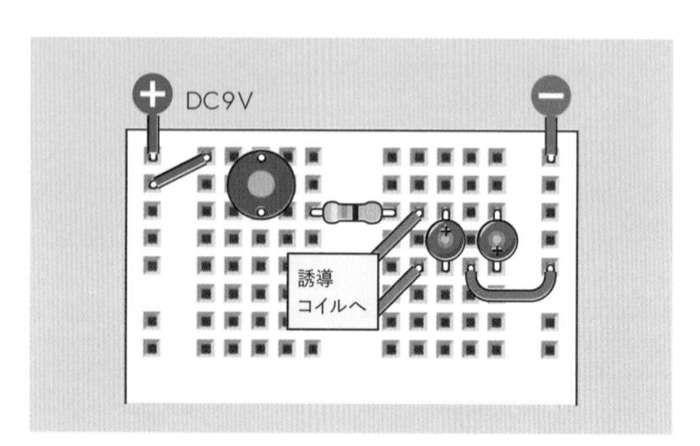

図5-37　2×LEDのデモ回路のブレッドボード版。

崩壊する磁場

この実験で起きているのは、こういうことである。まず、コイルは磁場を形成するのに、短いながら時間が必要だ。この時間の間、コイルは電流の一部を遮断する。このため、電流の一部は迂回して最初のLEDを通る。磁場が確立すると、電流は、もっと当たり前にコイルを流れられるようになる。

このコイルの反応を自己インダクタンスという。誘導リアクタンス、あるいは単にリアクタンスという用語を使う人もいるが、自己インダクタンスが正しい用語なので、ここではこちらを使う。

電源を切ると、磁場が崩壊し、磁場からのエネルギーは、短い、小さなパルスとして電気に変換されて戻る。ボタンを放した時に、2番目のLEDを光らせたのはこれである。

当然ながら、コイルの大きさが変われば、蓄積され解放されるエネルギーの量が変わる。

実験15で、ダイオードをリレーコイルをまたいで接続し、コイルをオンオフしたときのサージを吸収するように、と書いたのを覚えているかもしれない。あなたはこの効果を、今自力で見たのだ。

抵抗器、コンデンサ、そしてコイル

エレクトロニクスにおける3つの主要な受動部品とは、抵抗器、コンデンサ、そしてコイルだ。今や我々は、これらの性質を列挙して比較することができる。

抵抗器は電流が流れるのを制限し、電圧を降下させる。

コンデンサはパルス電流が最初に流れるのを許すが、直流電流は遮断する。

コイル（よくインダクタとも呼ばれる）は直流電流を、最初は遮断するが、継続的に流れることは許す。

先ほどの回路で大きな抵抗を使わなかったのは、コイルが非常に小さなパルスしか通さないのを知っていたからだ。330Ωや470Ωの抵抗器を使えば、LEDのまたたきは、そう簡単には見えないものとなっただろう。

この回路は、コイルなしで通電しないこと。LEDは両方とも、あっという間に焼けてしまうだろう。コイルは何もしていないように見えるかもしれないが、何かしているのだ。

最後にバリエーションとして、あなたが電気の基礎を理解しているかテストする実験を示す。新しい回路を図

5-38および39のように構築しよう。コイルの代わりに1,000μFのコンデンサを使うのだ（極性が正しくなるよう気をつけること。正極側の長いリードが上に来る）。抵抗器は470Ωを使う。コイルが電流を遮断したり迂回させたりしてくれることは、もうないからだ。

最初にボタンBを1、2秒ほど押し、コンデンサを確実に放電する。さて、ボタンAを押したときに何が起きるだろうか？　当てられるのではないだろうか。コンデンサが当初のパルスを通すことを思い出そう。このために下のLEDが点灯する――そして次第にフェードアウトする。なぜならコンデンサが上側の極板に正電荷を、下側の極板に負電荷を蓄積するからだ。これが起きることで、下側のLEDをまたぐ電位は、ゼロに向かって減少する。

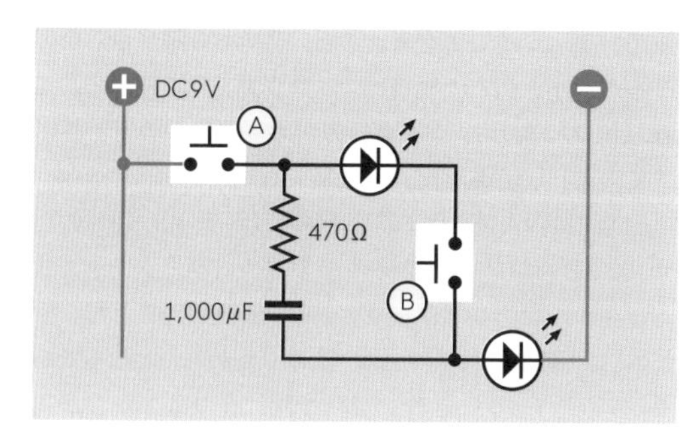

図5-38　多くの点で、コンデンサのふるまいはコイルの正反対だ。

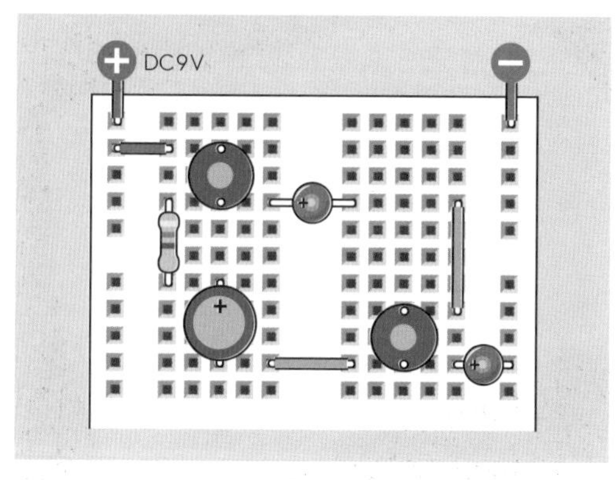

図5-39　コンデンサデモのブレッドボード版。

これでコンデンサは充電された。右のボタンを押すと、コンデンサは上のLEDを通じて放電する。図5-37の実験と同等とみなすことができるが、こちらではコイルではなくコンデンサを使っている。

コンデンサとインダクタはともに電力を蓄積する。このことがコンデンサの方で、より明らかに見えるのは、大きな値のコンデンサが大きな値のコイルよりずっと小型であるからだ。

理論：交流の概念

以下はシンプルな思考実験だ。555タイマーからコイルにパルスを送るようセットアップしたとする。これは原始的な形の交流となる。

コイルの自己インダクタンスは、このパルスの流れと干渉するだろうか。これはパルスがどのくらいの長さであるか、また、コイルがどれだけのインダクタンスを持つかによる。パルスの周波数がちょうどよければ、コイルの自己インダクタンスは各パルスを遮断するのにちょうどいい時間だけ続く。そして次のパルスを遮断するのにちょうどいい時間で回復する。抵抗器とコイルを組み合わせると、ある周波数を抑制し、ほかの周波数が通過できるようになる。

あなたがもし小型スピーカーで高い周波数を、大型スピーカーで低い周波数を再生するステレオシステムを持っているなら、そのスピーカーキャビネットのどこかには、ほぼ確実にコイルが存在し、高い周波数が大型のスピーカーに到達するのを防ぐようになっているはずだ。

コイルをコンデンサに置き替えたら何が起きるだろうか。ACのパルス長がコンデンサの値に対して大きければ、それはおおむね遮断されるだろう。しかしパルスが短ければ、コンデンサはパルスのリズムでチャージ、ディスチャージすることができるので、それを通すようになる。

本書では交流に深入りするだけのスペースがない。それは電気が奇妙で素晴らしいふるまいをする巨大で複雑な分野であり、それを記述する数学は微分方程式と虚数を含み、非常にチャレンジングなものとなりうる。（虚数とはなんだろうか。もっとも明らかな例はマイナス1の平方根だ。そんなものがどうやって存在するのだろうか。そう――それは存在できない。われわれがこれを「虚」数というのはこのためだ。それでもそれは電気の理論に出てくる。面白そうだと思った方は、調べてみるとよい。）

しかしコイルの話が終わっていない。次の実験は、上で触れたオーディオ効果のデモンストレーションだ。

実験29：
周波数ごとのフィルタリング

この実験では、音の聞こえ方を変える。コイルとコンデンサを使うと、可聴域の一部を除去し、多種多様なエフェクトを作り出すことができるのだ。

必要なもの

- ブレッドボード、配線材、ニッパ、ワイヤストリッパ、テストリード、マルチメータ
- 9ボルト電源（電池またはACアダプタ）
- 555タイマー（1）
- スピーカー。8Ω、直径10センチ以上のもの（1）
- オーディオアンプチップLM386（1）
- AWG22番の配線材
- スピーカーエンクロージャになる小型のプラ容器（1）
- 抵抗器、10Ω（2）
- コンデンサ：0.01μF（3）、2.2μF（1）、100μF（1）、220μF（3）
- 半固定抵抗器：10kΩ（1）、1MΩ（1）
- SPDTスライドスイッチ（4）
- タクトスイッチ（1）

スピーカーの家

これまでのプロジェクトで推奨した小さなスピーカーは、ちょっとピーピー鳴らしたい場合にはちょうどよいものだったが、小型スピーカーというものは、低音再生に限界がある。電子部品が音声におよぼしうる影響を音で聞けるようにしていただきたいので、ここでは図5-40のような、大型のスピーカーを使おう。これはコーン直径4インチ（約10センチ）のものだ。

図5-40　本プロジェクトに適したスピーカー。

以前に書いた、スピーカーの背面から出る逆位相音波の抑制ということを考えると、収納する箱が欲しいところだ。ボックスは共鳴によりサウンドを増強する。これはアコースティックギターの胴が、弦からの音と共鳴するのと同じ仕組みだ。

合板のボックスを作る時間があれば、それが理想的だが、もっともシンプルで安価なのはたぶん、スナップ式のフタのついたプラスチックの収納箱を使うことだ。図5-41は、箱の底にスピーカーをネジ止めしたところである。プラスチックにきれいに穴を開けるのはなかなか難しい作業であり——そう、私はあまり一生懸命やってない。

図5-41　スピーカーからの低音（低周波）を聴きたい場合、共鳴型エンクロージャは必須だ。安価なプラスチックの収納箱があればデモ用には十分である。

プラスチックの箱の特性を改善するには、柔らかくて重い布を入れてからフタを閉めるとよい。ハンドタオルや靴下をいくつか入れれば、ある程度の振動を吸収するには十分だ。

シングルチップ

1950年代に遡ると、オーディオアンプの製作には真空管、トランスその他、消費電力の大きな重い部品が必要だった。現在では、同じことをするのに1ドル程度のチップを買い、周囲に何個かのコンデンサやボリュームを追加すればよい。

もっともシンプルで安価で使うのが簡単なチップの1つがLM386だ。さまざまなメーカーから入手可能で、型番の前後には、それぞれさまざまな文字や数字が足してある。LM386N-1、LM386N、LM386M-1はすべて、我々の用途にとっては基本的に同じものだ。ただし表面実装版ではなくDIP版であるのを確認して買うこと。このアンプチップのピン配列を図5-42に示す。

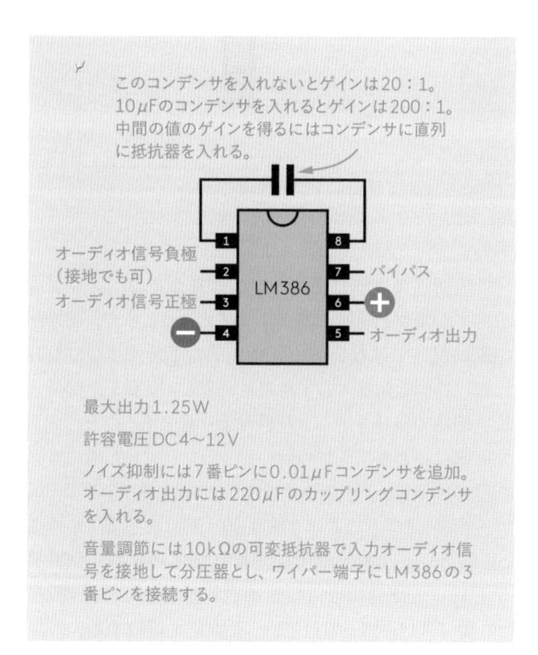

図5-42　LM386シングルチップアンプのピン配列。

この小さなチップは、DC4ボルト〜12ボルトの電源で動作し、定格1.25ワットだが、音の大きいのには驚くだろう。公称増幅率は20：1である。

テスト、1−2−3

テストのためには、可聴域を広くカバーする周波数源が欲しい。これを得る簡単な方法は555タイマーを使うことだ。図5-43の回路図はタイマーを最上部においたもので、1MΩの半固定抵抗器で約70Hz〜5kHzの範囲が出力できるように、部品の値を決めてある。残念ながら反応は線型ではない。つまり、半固定抵抗器を少し回した時の変化が、低い周波数域よりも高い周波数域で大きくなっている。とはいえデモ用には十分であり、低い周波数ではオーディオフィルタリングの劇的なデモができる。

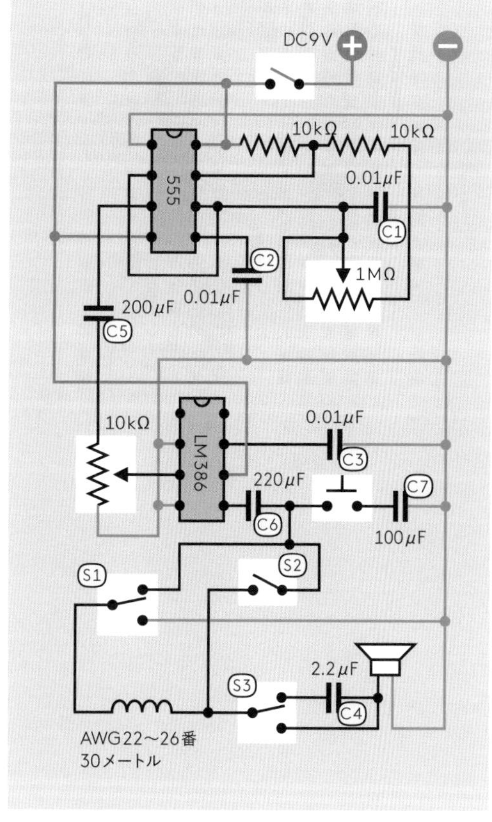

図5-43　基本のオーディオ実験回路。

ブレッドボード版を図5-44に、部品の値を図5-45に示す。

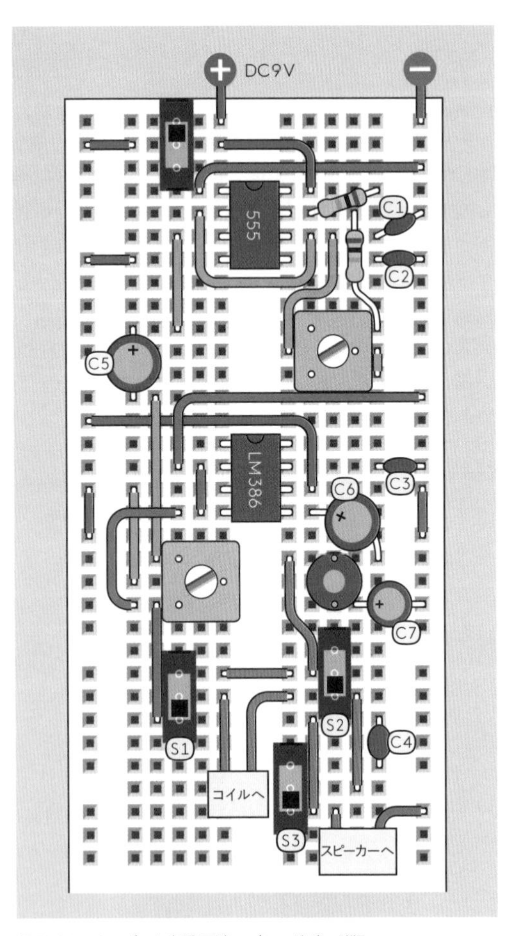

図5-44　オーディオ実験回路のブレッドボード版。

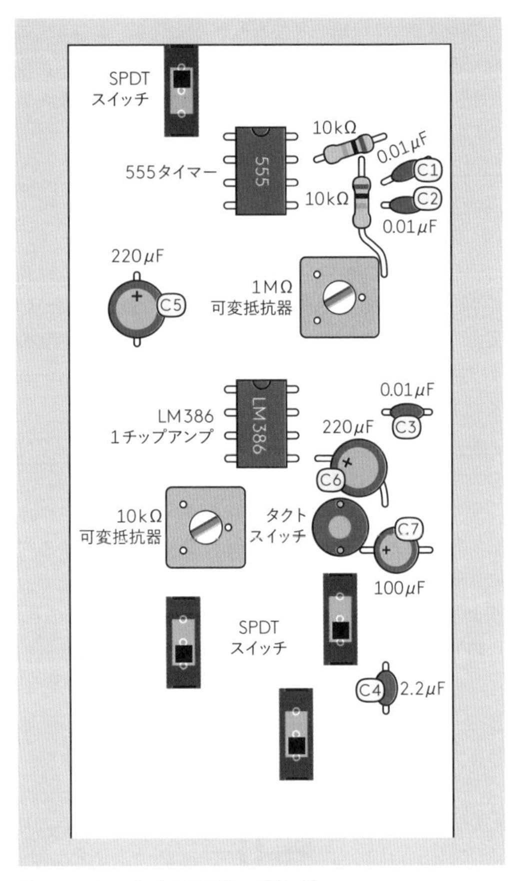

図5-45　オーディオ実験回路の部品の値。

この回路の製作にあたっては警告がある。アンプはすべての電気的変動に敏感であるということだ。聞きたい変動だけではないのだ。電気的な干渉が少しでもあれば、強烈な雑音として再現されるし、部品を意味なく長い配線で接続すれば、問題はより悪化する。

両端に小さなプラグの付いたジャンパ線は、特にダメだ。これはアンテナのようにふるまってしまう。ブレッドボードレイアウトですべての配線が短くなるように頑張ったのが図5-44で、同じ配置をおすすめする。配線長がそれほど問題にならないのは、増幅後の出力側だ。ここにはスピーカーやコイルへの配線を接続する。

コイルについては、AWG22番以下の細さのマグネットワイヤのスプールが理想だが、22番の配線材を巻いた30メートルスプールでも聞いて判るような違いが出るし、前の実験で勧めたような60メートルならもっとよい。

さて、ブレッドボードに火を入れる前に、回路の下部にある3つのスライドスイッチを見てほしい。これがすべて「下」になっていることを確認するのだ。つまり、ブレッドボード下側にスライドしておくこと。また、2個の半固定抵抗は、中ほどに合わせてほしい。

ACアダプタなり電池なりの電源を接続するときに、レギュレータを介す必要はない。とはいうものの、ACアダプタだと多少のハムノイズが乗ることがある。これはブレッドボードの2本のバスの間に、1,000μF以上のコンデンサをかますと軽減することができる。電池を使う場合、アンプの電力消費により2、3時間しかもたないし、サウンドフィルターには多少の電圧降下をともなうものがあるので、555タイマーの生成するオーディオ周波数が影響を受けることがある。

電源を入れると、すぐに音が聞こえるはずだ。音がしないときのトラブルシュート戦略の第一歩は、555タイマーの出力ピンから220μFコンデンサを抜いて、スピーカーの配線の1本を、ほんの一瞬だけ、この出力ピンに触れてみることだ（もう1本はグランドに接続）。何も聞こえないようであれば、タイマーチップ周辺に配線エラーがある。何か聞こえるようであれば、エラーはLM386アンプチップ周辺にある。

電源がLM386の正しいピンに接続されているか確認しよう。正負の電源ピンは、ロジックチップとは違った位置にある。

まだ音がしないって？　10kΩ半固定抵抗の上で垂直方向に走っている短い青色配線の、上の端を抜こう。抜いた端に指で触れると、何らかのピーピー音やバズ音が聞こえるはずだ。これはアンプチップの入力ピン（4番ピン）に接続されているのだ。まだ聞こえないって？　スピーカーを、コンデンサC6の負極側と負電源バスに接続してみよう。C6はカップリングコンデンサで、LM386の出力ピンに直接接続されているのだ。

どれをやってもうまくいかないなら、マルチメータで回路のあちこちの電圧をチェックして回る必要がある。

オーディオの冒険

回路がうまく動き出したものとする。いろいろやってみる前に、各部品の機能を説明しておく。ここでは各部品を図5-44のブレッドボードレイアウトに示したラベルで呼ぶものとする。

コンデンサC1は、1MΩの半固定抵抗器とともに、タイマーの周波数をセットする。5kHzより高い音がするようであれば、0.0068μF（6.8nF）のコンデンサに交換してもよい。

C5はカップリングコンデンサである。これは大きな値なので、広範囲の周波数に対して透明だ。その目的は555タイマーの出力の直流成分を遮断することにある。電圧の底上げ部分でなく、変動成分を増幅したいからだ。

コンデンサC6もカップリングコンデンサで、アンプから来る直流成分からスピーカーを保護している。

コンデンサC7はアンプ出力と負極グランドをカップリングするもので、横にあるボタンを押したとき有効になる。C7の値は、高い周波数の成分をグランドにシャント（分路）して除去するように選んである。高周波成分が除去されると、スピーカーから出る音がメロー（なめらか・甘い）になる。

コンデンサC4は、スライドスイッチS3で、回路に入れたり外したりできる。上位置に切り替えると、555からのサウンドがアンプに行く途中でC4を通るようになる。C4は小さい値であるため、低い周波数を遮断し、細くキンキンした音が残る。

この回路の複雑な部分はコイルまわりにある。コイルがスピーカーと並列に接続されているときと、直列に接続されているときの違いを聴き比べてほしい。これはスイッチS1とS2により選択可能になっている（図5-46、5-47）。コイルがスピーカーと並列に接続されているときのことを、スピーカーをバイパスする、と言うことがある。

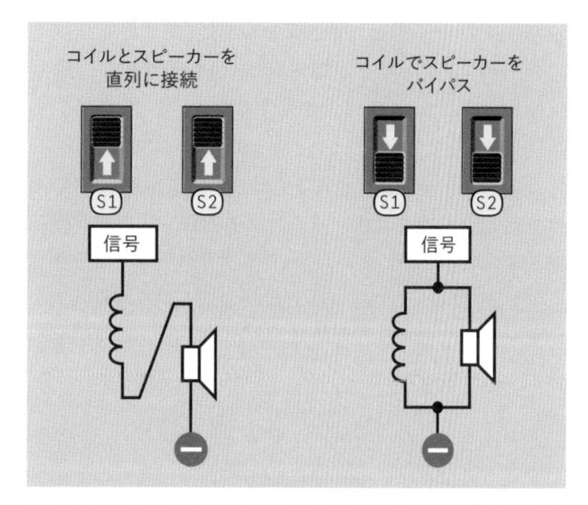

図5-46　スイッチS1とS2（回路のブレッドボード図参照）を使えば、外部コイルとスピーカーを並列に、または直列に接続した状態で、スピーカーにオーディオ信号を送ることができる。

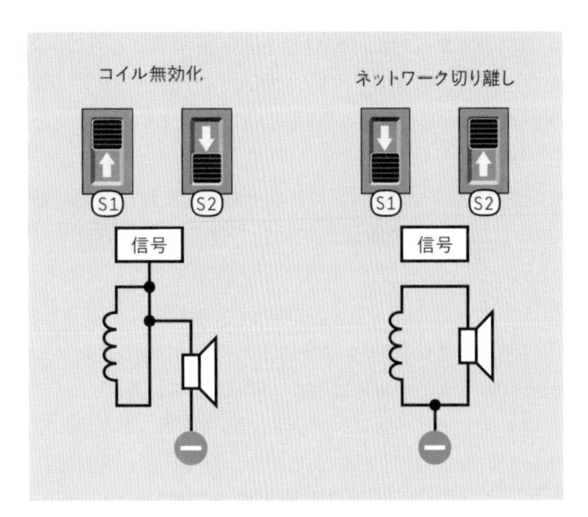

図5-47　S1とS2をその他の設定にすると、コイルをバイパスしたり、アンプからの出力をミュートしたりすることができる。外部コイルとスピーカーを並列に、または直列に接続した状態で、スピーカーにオーディオ信号を送ることができる。

サウンドの周波数と音量を調整しつつ、さまざまなフィルターを試せるので、遊べることがたくさんある。2つのフィルターを同時に使ったときの効果を試すこともできる。たとえばボタンを押してバイパスコンデンサC7（高周波をカットする）を有効にしつつ、スイッチでC4（低周波をカットする）を回路に組み込んでみよう。あなたはバンドパスフィルターを得たことになる。この名称は、中域の狭い周波数バンドだけを通すことからくるものだ。

左下の半固定抵抗器は音量調整用だが、これが正しく機能するのは、範囲の中央付近だけである。上げすぎたり下げすぎたりすると、回路は発振を始める。これは増幅回路の問題だ。解決策としては、さまざまな場所に大小のコンデンサを追加するというものが多い。今回は半固定抵抗の中央付近が使えるので、わざわざやらないことにした。

この回路のコンデンサとコイルはすべて受動動作である。ある周波数を遮断することはあるが、ある周波数をブーストすることはない。もっと洗練されたオーディオフィルタリングシステムであれば、トランジスタを使ってアクティブフィルタリングをやるが、これにはかなりのエレクトロニクスが必要だ。

理論：波形

瓶の口を吹くと聞こえるメローな音は、瓶の中で空気が振動して起きるものだ。もし圧力波をグラフ化することができれば、線の輪郭は丸みを帯びているだろう。

時間を遅くし、家のコンセントの交流の電圧をグラフに描くことができれば、それは同じ輪郭をしているだろう。

真空中でゆっくり振れる振り子の速度を測ることができて、その時間と速度をグラフに描くことができれば、これも同じ輪郭をしていることだろう。

この輪郭が正弦波（サイン波）である。こう呼ばれるのは、それが基本の三角法から導けるからだ。直角三角形において、直角に隣接する辺の1つをaとする。aの長さを斜辺の長さで割ってやると、それはaと向い合う角のサインの値になる。

これを単純化するために、図5-48のように、糸を付けたボールを中心の回りで回転させるところを考えよう。重力、空気抵抗その他の面倒な変数は無視する。ボールが円形の軌跡を動くとき、一定時間ごとにボールの高さを測り、これを糸の長さで割る操作だけをする。この結果をグラフにプロットすれば、それがあなたの正弦波だ。図5-49の通りである。ボールが最初の位置より下がったときは、高さをマイナスと考えるので、正弦波もマイナスになることに注意。

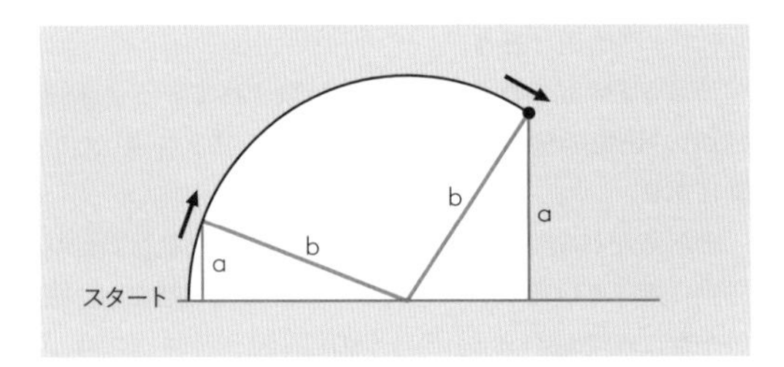

図5-48　単純な幾何学からスタートして正弦波を描く。

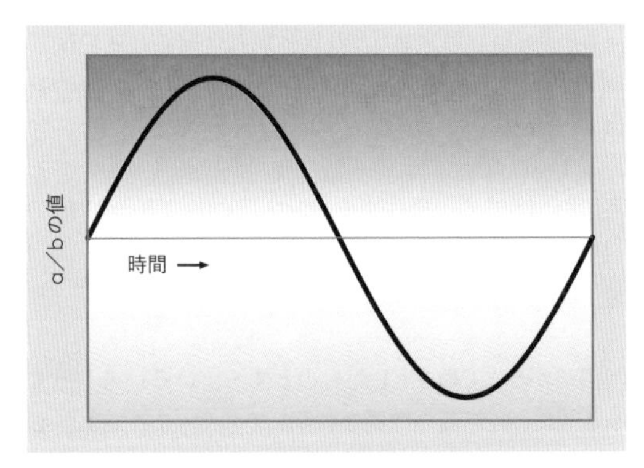

図5-49　オーディオの正弦波は、振動する空気の塊を使うすべての楽器——たとえばフルート——が生成するものである。それはやわらかで調和のとれた音である。

この曲線が、自然の中で、非常に多くの場所と形に現れるのは何故だろう。理由は物理学に由来するが、このトピックを掘り下げるのは興味がある方に任せよう。音声再生の話に戻ると、次のようなことが関係してくる：

- あなたを取り巻く空気の静圧を大気圧という。これは空気が重力によって引き下げられることで生じる。（イエス、空気には重さがあるのだ。）
- ほとんどすべての音は、大気圧より高圧の波と、大気圧より低圧の波から成る——海の波と同じようなものだ。
- われわれはこの圧力の高低の波を、電圧の相対的な高低により表現することができる。これが図5-49で赤と青の背景を使った理由だ。
- すべての音声は、さまざまな周波数と振幅の正弦波のミックスとして分解できる。

逆に言うと：

- さまざまな音声正弦波を正しくミックスすれば、あらゆる音声が生成できる。

2つの音が同時に鳴っているものとする。図5-50では、1つの音を紫の曲線で、もう1つの音を緑色の曲線で示している。この2つの音が、空中を伝わる圧力の波、あるいは電線を伝わる交流として進むとき、これらの波の振幅は加算され、より複雑な曲線（黒色）を描く。それでは何ダース、あるいは何百もの違った周波が加算されたところを思い浮かべてみよう。こうすれば、あなたは音楽の中にある複雑な波形の感じを掴むことができるだろう。

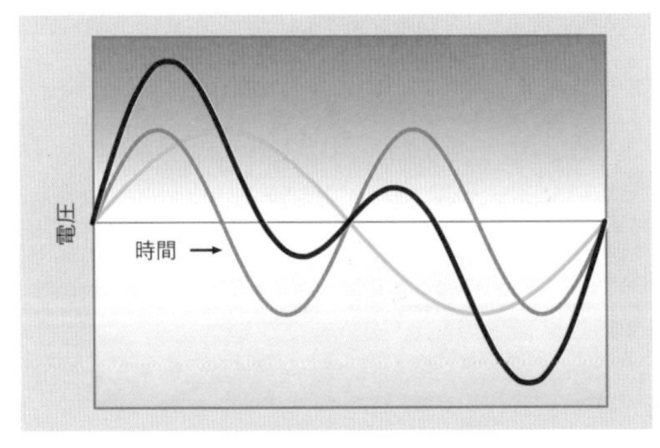

図5-50　2つの正弦波を同時に生成すると（たとえば2人の音楽家が同時にフルートを吹くと）、重なった音は合成曲線を描く。紫色の正弦波は、緑色の正弦波の2倍の周波数である。合成曲線（黒線）は、それぞれの正弦波とグラフの基準線の距離の和である。

無安定555タイマー回路は矩形波を生成する。これはタイマーからの出力がローからハイに、またローに、唐突に切り替わることによる。加工後の様子は図5-51の通り。正弦波はスムーズに変化するので、柔らかくメロディアスに聞こえる。矩形波はギスギスした響きで、バズ音が入っている。このバズ音は実際には倍音で構成されている。倍音とは、基本周波数の整数倍の周波数の音という意味だ。

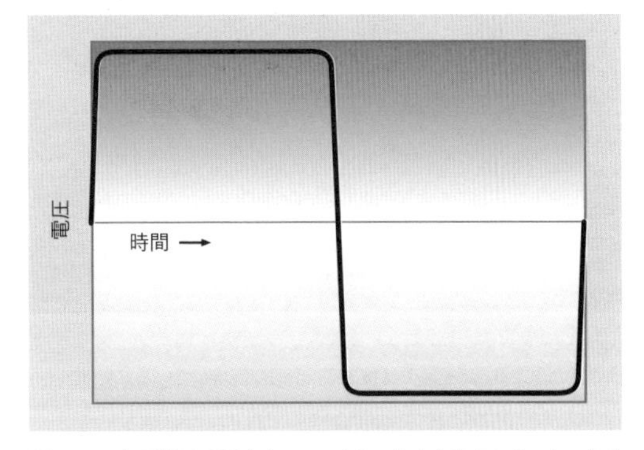

図5-51　矩形波は555タイマーのように出力を唐突にオンオフする音源から得られる。

矩形波は高周波の倍音が含まれているので、オーディオフィルターのテストにはよい選択だ。低い周波数帯のみを通すローパスフィルターは、矩形波の角を丸めてバズ音を除去する。

音楽をひねり回す

LM386がオーディオアンプなら、音楽も増幅できるのでは？　という疑問はあるだろう。できる。実のところ、これはそのために設計されている。これを自分でテストすることができる。ヘッドフォン出力のあるオーディオ機器を使おう。

LM386はモノラルアンプにすぎないので、音楽プレイヤーの左右両方のオーディオチャンネルを聞くことはできない。一方のチャンネルだけ取るには、両端がオーディオミニジャックになったケーブルを使う。この一方を切り落とし、コードの被覆を剥くと、ケーブルをシールドする細かい電線のメッシュがある（これは負極グランドに接続されている）。このシールドの内側に2本の線がある。左右のチャンネルの信号を伝えているのはこれらの線だ。片方を切り落として捨てる（どちらでもよい）

——残った短い先端の導体がシールドの線とショートしないようにすること。

もう1本の線の被覆を剥がす。中のワイヤは非常に細いので、少量のハンダを加えると実験での扱いが楽になる。望ましい状態を図5-52に示す。

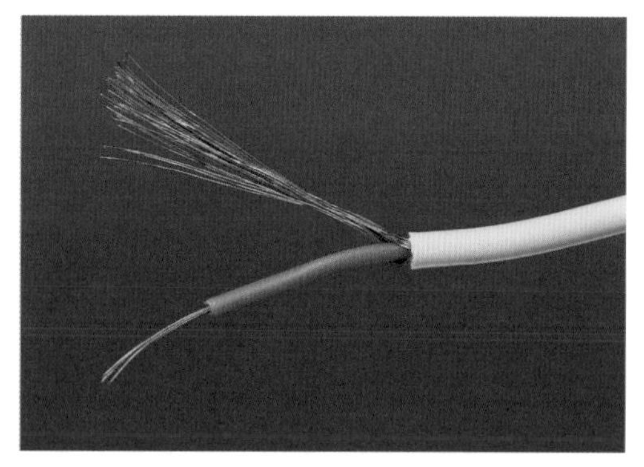

図5-52　オーディオケーブルを剥いてシールドと中の線の導体を露出させたところ。シールドは負極グランドに接続している。

アンプ回路の電源が切れていることを確認し、すべてのスライドスイッチを下位置に動かす。555タイマーの3番ピンとその下の220μFコンデンサを接続している、オレンジ色のジャンパ線を外す。これで555タイマーを回路から外し、コンデンサC5の正極側を入力ポイントとして使う形になった。

ミノムシクリップテストリードの一方を、このコンデンサの正極側のリードに、もう一方を、オーディオケーブルの芯線の導体に接続する。また、あと1本のテストリードで、オーディオケーブルのシールドと、回路の負極グランドを接続する。音楽プレイヤーとアンプ回路は、必ず負極グランドを共有するようにする。これは不可欠だ。

最初にアンプ回路を、次に音楽プレイヤーをオンにする。これで音楽が聞こえるはずだ。音があまりに大きくて歪んでいるときは、1k〜10kΩの抵抗器を、オーディオケーブルとコンデンサの間に入れるとよい。

音量がまともになったら、ハイパスフィルタやローパスフィルタで音楽にどんな影響があるか遊んでみよう。音をよくすることはないにしても、音を変えることは確かだ。

背景：クロスオーバーネットワーク

昔ながらのオーディオシステムでは、スピーカーキャビネットに2個のドライバが入っていた——1つはツイーターと呼ばれる小さなスピーカーで、高音域を再生し、もう1つはウーファーと呼ばれる大きなスピーカーで、低音域を再生する。（現代的なシステムではウーファーが別のボックスに独立していることが多い。このボックスは、ほぼどこに位置させてもよい。人間の耳は、低域音の方角をほとんど感じとれないからだ。このシステムでは、ウーファーをサブウーファーと呼ぶことがある。非常に低い周波数帯を再生可能であるためだ。）

オーディオ周波数はフィルターによりツイーター用とウーファー用に分割される。これでツイーターが低周波帯を処理しようと頑張ることもなくなるし、ウーファーは高周波から保護される。これを処理する回路は「クロスオーバーネットワーク」と呼ばれ、真にハードコアなオーディオマニアが（特にカーオーディオシステム用に）自作して使うことで知られている。彼らはお気に入りのスピーカーを、自分で設計・製作したキャビネットに収め、この回路で鳴らすのだ。

クロスオーバーネットワークを作りたいなら、高品質のポリエステルコンデンサ（無極性で、電解コンデンサより長寿命かつ作りもよい）と、高周波を適切なポイントでカットする、正しい巻き数と大きさのコイルを使うのがよい。図5-53はポリエステルコンデンサ、図5-54は私がeBayで6ドルで買ったオーディオクロスオーバーコイルだ。中に何が入っているか気になったので分解してみた。

図5-53　電解でないコンデンサには無極性のものがある。たとえばこの高品質ポリエステルフィルムコンデンサだ。

図5-54　このハイエンドオーディオ部品の中には、どれほど珍しいものが入っているのだろうか。

図5-56　このオーディオクロスオーバーコイルは、プラスチックスプールとワイヤでできていた。ほかには何もなかった。

まずコイルを固めていた黒いビニールテープを剥がした。中は普通のマグネットワイヤだった——図5-55のように、ニスか半透明プラスチックでコートされた銅ワイヤだ。私はいつものように巻き数を数えながらワイヤをほどいた。

図5-55　黒テープを剥がすと、マグネットワイヤのコイルが現れた。

図5-56がスプールとワイヤだ。

というわけで、あるオーディオクロスオーバーネットワークに入っていた、この特定のコイルの仕様は、次のようになる。40フィートのAWG20番の銅線マグネットワイヤ、巻き数200、小型プラスチックスプール。

結論：オーディオ部品には巨大な神秘がのせてある。オーバープライスで売られていることがしばしばあり、上記のパラメータから始めて自分の用途に合わせれば、コイルは自作できる。

たとえば低音がものすごいスピーカーを、車に付けたいものとする。低い周波数だけを再生するように、フィルタを自作できるだろうか？　もちろんだ——必要なのはコイルを巻くことだけだ。高い周波数を好きなだけカットするように、巻きを増やしていけばよい。100ワット以上突っ込んでもオーバーヒートしないように、十分重いワイヤを使うことだけ注意する。

もう1つ考えられるプロジェクトがある：カラーオーガンだ。ステレオからの出力を横取りしてフィルタをかけ、オーディオ周波数を3つに分けて、それぞれが別の色のLEDをドライブするようにするのだ。赤色LEDは低域に、黄色LEDは中域に、緑色LEDは高域に反応して光るのだ（色はお好み次第だ）。LEDと直列に小信号ダイオードを入れて交流を整流し、また直列抵抗でLEDの両端電圧を、たとえば2.5ボルトに制限することだ（ボリュームを最大にしたとき）。また、抵抗が焼き切れずにその電力を発散できるか確認するために、メータを使って各抵抗を通る電流をチェックし、これに抵抗前後での降下電圧をかけて、抵抗が処理しているワット数を計算するとよい。

エレクトロニクスの設計と製作が楽しめるのであれば、オーディオはあらゆる種類の可能性を与えてくれる分野である。

実験30：ファジーにやろうぜ

実験29の回路のバリエーションにトライしてみよう。これで実演するのはオーディオのもう1つの根本的な性質、ひずみ（ディストーション）である。

必要なもの

- 実験29のブレッドボードサーキット、プラス：
- 2N2222トランジスタ（1）
- 抵抗器：330Ω（1）、10kΩ（1）
- コンデンサ：1μF（2）、10μF（1）

さらなる改造

回路の変更はほんの少しだ。必要なのはトランジスタ1本、抵抗器2本、コンデンサ3本の追加である。図5-57はブレッドボード最上部付近の新しい部品を示した図で、既存の部品はグレーに落としてある。

図5-58は前図の部品とその値を、関連回路とともに示した図である（関係しない部品は省略）。

2N2222トランジスタはLM386の入力に過負荷をかけ、1μFコンデンサのC8とC9は低域を制限してファジー（ファズ）の効果を強調する。

C10はLM386をブーストするためのものだ。これはこのチップの機能である：1番ピンと8番ピンの間にコンデンサを追加すると、20：1だった増幅率が200：1に上がるのだ。

これら2つの方法により、この小さい不幸なアンプチップは、設計者の意図を超えたことを強要されることになる。当然ながら、ひどい扱いには文句を言ってくる。

それでは改造を実行し、電源を入れよう。以前の出力にはいくらかのバズ音が入っていたが、これは基本的には矩形波に由来するものだった。しかし今度の実験で10kΩと1MΩの半固定抵抗器を回せば、出力にジミ・ヘンドリックススタイルの叫びを上げさせられる。

結果が強烈すぎるときは、330Ω抵抗器を外し、もう少し大きな値にするとよい。しかし厳密には何が起きているのだろう。

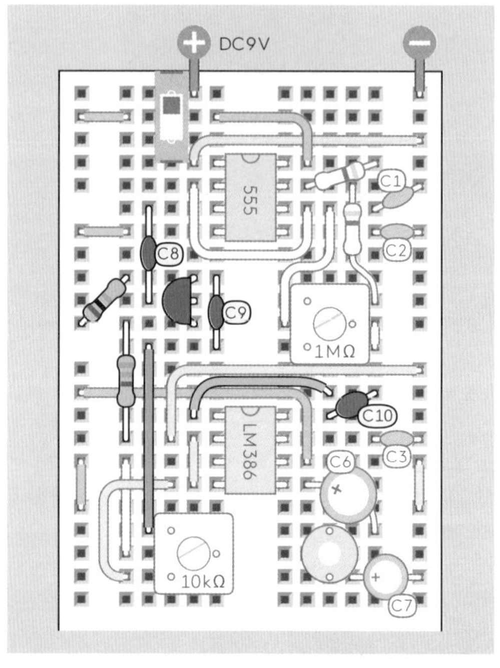

図5-57　実験29の回路にディストーション（歪み）を追加する改造。

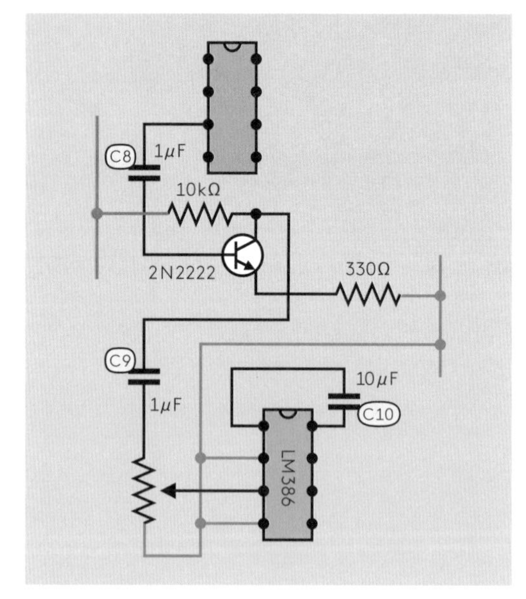

図5-58　追加部品とその値。

背景：クリッピング

「ハイファイ」(ハイ・フィデリティ) サウンドの黎明期、エンジニア達はサウンド再生のプロセスを完成させるべく、雄々しく格闘していた。彼らが求めたのは、アンプの出力端と入力端の波形が同一で、振幅だけがスピーカーをドライブできるほど大きくなることだった。波形のわずかな歪みも許しがたかった。

彼らがほとんど気付いていなかったのは、そうやって美しく設計した真空管アンプが、可能な限りの歪みを作り出そうとする新世代のロックギタリスト達によって濫用されるということだった。

真空管なりトランジスタなりに、その部品の能力を越えて正弦波を増幅させると、それは電力不足から波形カーブの上下を「クリップ（切り落とす）」する。こうなると波形は矩形波に近づくが、実験29で説明した通り、矩形波には粗くガサガサした特性がある。楽音にエッジを効かせようと頑張るロックギタリストにとって、この粗さはむしろ望ましいものだった。

図5-59のシーケンスは、何が起こるかを示したものだ。出力がアンプの電圧限界内にある限り、信号は忠実に再現できる。ところがシーケンス第2図では、出力が限界を超える（カーブの灰色部分）ところまで、アンプの入力が増大している。アンプには使える電力の限界があるため、シーケンス第3図のように、信号をクリップする。

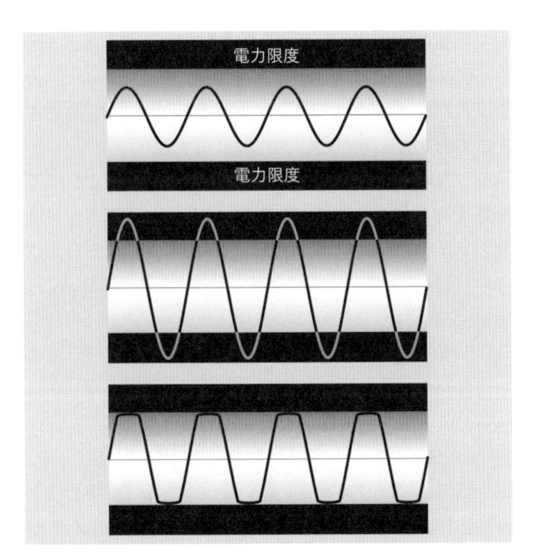

図5-59　正弦波（上）がアンプを通過するとき、部品の限界を超えていると、アンプは波形を切り落とす（下）。

ロックギタリストにとって、クリッピングはよい音だったので、このエフェクトを入れるための「ストンプボックス」が生まれた。ごく初期のものを図5-60に示す。

図5-60　これは初期のストンプボックスの1つ、Vox Wow-Fuzzペダルだ。オーディオエンジニアが除去するために数十年もトライしてきたタイプの歪みを、意図的に引き起こすものだ。

背景：ストンプボックスの起源

ベンチャーズは、初めてファズ・ボックスを使ったシングル「The 2,000 Pound Bee」を1962年にレコーディングした。これまで作られた中で真に最悪の楽曲の1つであるところのこの曲は、ディストーションを単なるギミックとして使っており、ほかのミュージシャンに、こんな音は忘れ去られるに違いないと思わせた。

次にキンクスのレイ・デイビス（Ray Davies）がディストーションを試し始めた。最初はアンプの出力を別のアンプの入力に入れるという形で、おそらくはヒット曲「You Really Got Me」のレコーディング中に行われた。入力が過負荷になることで、より音楽的に許容できるクリッピングが生じた。そこからキース・リチャーズ（Keith Richards）がGibson Maestro Fuzz-Toneを使うまでは短い1歩だった。1965年にローリング・ストーンズが「(I Can't Get No) Satisfaction」をレコーディングしたときのことだ。

現在では、何千人もの支持者が、それぞれ違った「理想の」ディストーションの神話を推進しているのを見ることができる。図5-61に、イタリアの回路デザイナーで作品を無償で（Googleアドセンスからの多少の助けを借りて）提供している、フラビオ・デッレピアーネ（Flavio Dellepiane）による回路図を掲載する。

フラビオは知識の多くを雑誌から、たとえばイギリスの古きよきBritish Wireless Worldなどから得たという独学のメイカーだ。彼はここに掲載したファズ回路で、3本の電界効果トランジスタ（FET）による超高利得アンプを使っており、これがオーバードライブした真空管アンプに典型的な、角の丸い矩形波を、かなり忠実に再現する。

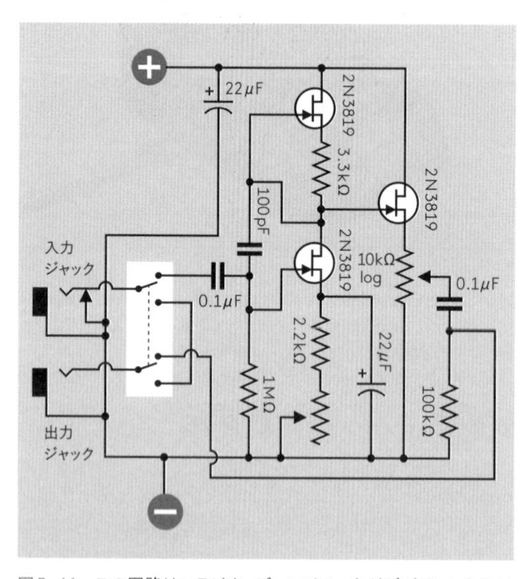

図5-61　この回路はフラビオ・デッレピアーネがデザインしたもので、真空管アンプの入力を過負荷にすることで作られていたようなディストーションを、3つのトランジスタによってシミュレートしている。

フラビオはほかにも精密オーディオ電圧計を使って開発・テストされた何ダースもの回路図をサイトで提供しており、そこにはデュアルトレースオシロスコープ、低歪み正弦波発振器（これによりオーディオ機器に「クリーン」な入力を与えられる）、ディストーションメータ（歪み計）といったものがある。電圧計と発振器については彼自身の設計で制作されており、その回路図も無償で提供している。つまり彼のサイトは、自己管理型学習を探求するホームオーディオエレクトロニクス・ホビーストのための、何でも揃う場所となっている。

ファズの前にはトレモロが存在した。これをビブラートと混同している人が多いので、ここで区別をはっきりさせとこう。

- ビブラートは音に適用して、ギタリストが弦をひねるように、その周波数を上下するものである。
- トレモロは音に適用して、誰かがギターのボリュームを非常に素早く上下させたかのように、その音量を変動させるものである。

ハリー・ディアルモンド（Harry DeArmond）は、世界初のトレモロボックスにTrem-Trolと名付けて発売した。外見はアンチックなポータブルラジオのようで、前面に2つのツマミが、上面にはキャリングハンドルが付いていた。ディアルモンドはコストをカットしようとしてか、電子部品をまったく使わなかった。彼のスチームパンキッシュなTrem-Trolには、先細のシャフトの付いたモーターと、このシャフトに押し付けられたラバーホイールが入っている。ラバーホイールの回転速度は、ノブを回してシャフトに押し付ける場所を変えることで変化する。そしてこのホイールは、「ハイドロフルード」なるものが入った小さなカプセルをぐらぐら回すのだが、このカプセルの中には、オーディオ信号を通すワイヤが入っているのだ。カプセルがゆすられると、フルードがばちゃばちゃ跳ね返り、電極間の抵抗値が変動する。これがオーディオ出力を変化させる。

現在、Trem-Trolはアンチックな収集品だ。ヨハン・ブルカルト（Johann Burkard）は自分のディアルモンドTrem-TrolのMP3をポストしており、あなたも実際に聞くことができる。

機械的な電子サウンド・モッドは、これだけに留まるものではない。オリジナルのハモンドオルガンは、モーターで回転する一連の歯付きホイール（トーンホイール）から、そのユニークでリッチな音を得る。各ホイールは、カセットプレイヤーの録音ヘッドに似たセンサーに、さまざまに波動するインダクタンスを作り出す。

モーター駆動のストンプボックスについて、ほかの可能性を考えるのは楽しいことだ。トレモロに戻ろう：透明のディスクを想像してほしい。このディスクに三日月状のストライプを残して黒ペンキでマスクする（図5-62）。ディスクを回し、ストライプ越しにLEDからフォトトランジスタを照らすと、基本のトレモロデバイスができる。さまざまなパターンのストライプのディスク・ライブラリを作れば、これまで誰も聴いたことがないトレモロエフェクトだって生み出せる。図5-62に私の考えていることを、図5-63にディスクパターンのいくつかを示す。実作チャレンジとしては、ディスクのオートチェンジャーなんてどうだろう?

ソリッドステートエレクトロニクスの世界なら、現代ギタリストは多種多様なエフェクトを選べるし、そのすべてをオンラインの図面から自作できる。リファレンスとしては、この領域に特化した、以下の書籍を読んでみるとよい：

『Analog Man's Guide to Vintage Effects』トム・ヒューズ(Tom Hughes)著。(2004年、For Musicians Only Publishing刊)。これはあなたに想像可能なビンテージのストンプボックス／ペダルのすべてに対するガイドだ。

図5-62　想像上のネオ・エレクトロメカニカル・トレモロジェネレータ。

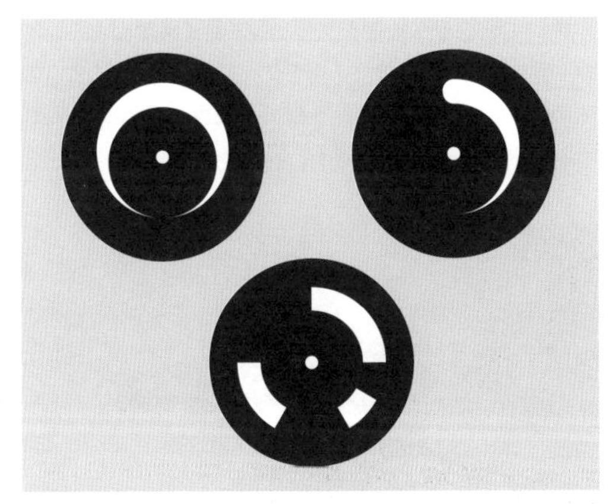

図5-63　さまざまなトレモロ効果を生み出すさまざまなストライプパターン。

『How to Modify Effect Pedals for Guitar and Bass』ブライアン・ワンプラー(Brian Wampler)著。(2007年、Custom Books Publishing刊)。これはビギナー向けの極めて詳細なガイドで、前提知識がほとんど、いやまったく必要ない。現在はOpen Libraryなどからのダウンロード版しか入手できないが、書名と著者名で検索すれば、以前の印刷版を古書店で見つけられるかもしれない。

もちろん数百ドルも並べれば、いつでも既成品のトレモロボックスでショートカットできる。デジタル処理でエミュレートしたディストーション、メタル、ファズ、コーラス、フェイザー、フランジャ、トレモロ、ディレイ、リバーブその他もろもろが全部1つの便利なパッケージに収められたものだ。そして純粋主義者なら、当然のように「自作では同じ音にならない」と言うだろう。でもたぶん、そんなことは重要じゃない。我々の中には、既製品でなく全部自分のものである音を求め、ストンプボックスを自作していじり回す、ということをやらないと、単に満足できないという人間が居るのだ。

実験31：
ラジオあり。ハンダなし。電源なし。

インダクタンスの原理に戻ろう。電源なしでAMラジオ信号を受信する単純な回路を、この原理によって実現する方法をお見せしたい。これがよく鉱石ラジオと呼ばれるのは、最初期のものが、半導体として機能する天然鉱物結晶を使っていたためだ。アイディアはテレコミュニケーションの黎明期に遡るほど古いが、もしやったことがないなら、真に魔術的な経験をし損なっているということだ。

必要なもの

- ビタミンボトルや水ボトルなど、直径3インチ(7.62センチ)内外の丈夫な円柱の物体(1)
- 配線材、AWG22番、60フィート(18メートル)以上
- 太い電線。AWG16番(ϕ1.25ミリ)が最適。長さ50〜100フィート(15〜30メートル。より線でよい。細い線にしてコストを抑えることもできるが、聴取できる局数は少なくなる)

- ポリプロピレンロープまたはナイロンロープ。10フィート(3メートル)
- ゲルマニウムダイオード(1)
- 高インピーダンスイヤホン(1)
- テストリード(1)
- ワニ口クリップ(3)テストリードを増やしてもよい

任意：

- 9ボルト電源(電池またはACアダプタ)
- LM386シングルチップアンプ
- 小型スピーカー(5センチ以上)

ダイオードとイヤホンはScitoys Catalog*で注文できる。高インピーダンスイヤホンはamazon.comからも購入可能だ。

ステップ1：コイル

AM波長の無線通信と共鳴するようなコイルを作る必要がある。このコイルは22番の配線材を65巻きしたもので、長さはおよそ60フィート(18メートル)となる。

コイルはガラスやプラスチックの容器に巻けばよい。直径が3インチ程度で、側面が垂直であること。水のボトルでもよいが、簡単に潰れたり変形する極薄のプラスチックのものは避ける。

私はちょうどいいサイズのビタミンボトルを見つけた。写真を見れば、ラベルがないことに気づくだろう。ヒートガンでラベルの糊を軟化してから剥がしたのだ(ボトルが溶けないように軽く当てた)。わずかに残った糊は少量のキシレンで拭いた。

汚れのない丈夫なボトルが用意できたら、キリや釘など尖ったものを使い、図5-64のように2対の穴を空ける。穴はコイルの端を結ぶアンカーになる。

配線材の端の被覆を剥がし、図5-65のように穴の1対に結ぶ。そしてボトルに5回巻き、ほどけないようにテープで仮止めする。ダクトテープが理想だが、普通のセロテープでもよい。「マジック」テープは接着が弱い上に剥がしにくい。

* 編注：https://scitoyscatalog.com/

図5-64 穴はボトルに巻いたワイヤのアンカーになる。

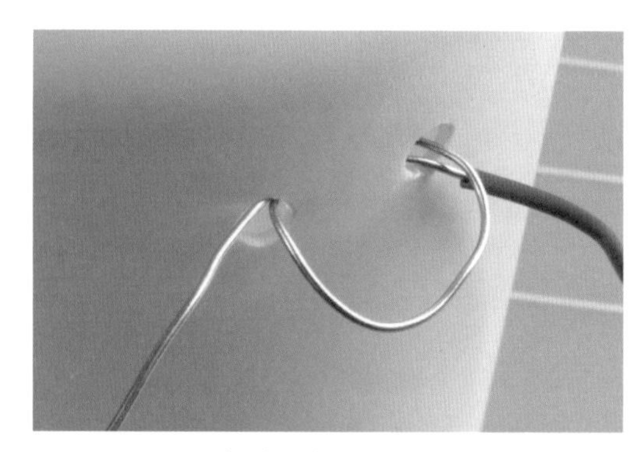

図5-65 ワイヤの一方の先を1対の穴に固定する。

続いて配線から被覆を1、2センチ除く必要がある。芯線を露出させ、そこでコイルをタップできるようにするのである。ワイヤストリッパを使い、被覆に切れ目を入れて、そこから被覆を引っぱる。図5-66を見てほしい。

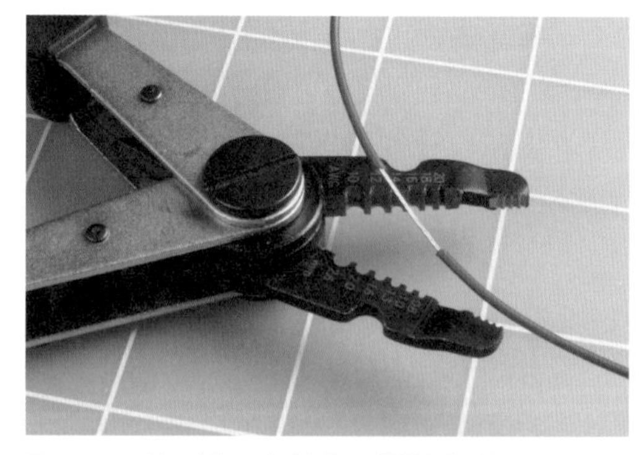

図5-66 ワイヤストリッパと爪を使い、被覆を引っ張って1センチほどあける。

次のステップは、露出した芯線をねじり、簡単にアクセスできるようにしつつ被覆が戻るのを防ぐことだ。図5-67参照のこと。

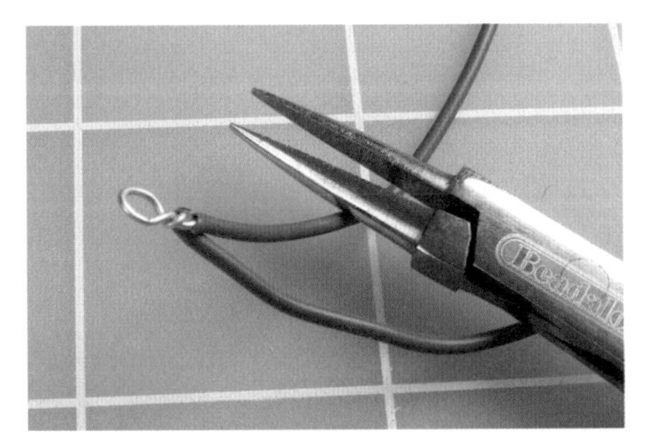

図5-67　露出した芯線にループを作る。

コイルのタップができ上がった。最初の5巻きを保持していた仮止めのテープを剥がし、また5巻き巻く。またテープを貼って、次のタップを作る。これを全部で12個作る。きれいに並ぶ必要はない。最後のタップができたら、さらに5回巻いてから配線材を切る。端を直径1センチほどのU字型に曲げ、ボトルに開けた2つの穴に通す。そのままつまみ出してもう一度巻き、しっかり留まるようにする。

私がビタミンボトルに巻いたコイルを図5-68に示す。

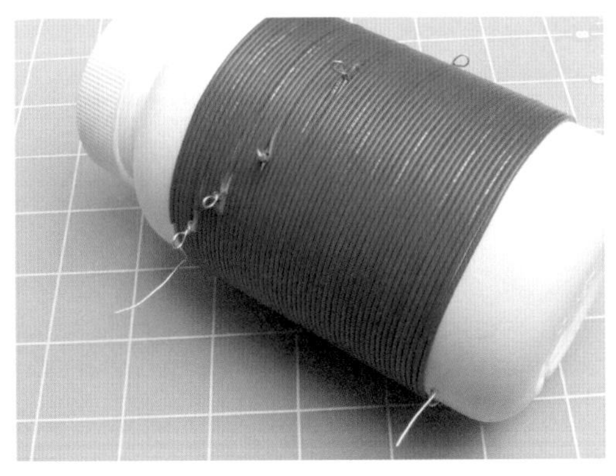

図5-68　ボトルにきっちり巻き付けて完成したコイル。

次のステップはアンテナのセットアップだ。これは可能な限り太く、可能な限り長い、単なる電線にする。庭のある家に住んでいれば簡単である。窓を開け、AWG16番の線の端を掴んでおいてリールを外に投げ、それから外に出て、金物屋などでよく売っているポリエチレンロープかナイロンロープを使って、このアンテナ線を木、雨樋、柱などに結びつけていけばよい。アンテナ線の総延長は30メートルもあればいいだろう。窓から入ってくる部分もポリロープでぶら下げる。アンテナを地面やその他の接地された物体から可能な限り離しておく、ということである。

庭が使えない方は、室内にアンテナを吊ることもできる。窓の装飾やドアノブなど、線を床から持ち上げるのに使えるものを片っ端から使い、ポリロープやナイロンロープでぶら下げるのだ。アンテナがまっすぐである必要はない。というか、部屋中にぐるぐる走らせてよい。

注意：高電圧！

我々の周りの世界は電気に満ちている。普段は意識していないが、眼下の大地と頭上の雲の間にある巨大な電位については、雷雨が突然思い出させてくれる。

屋外アンテナを付けた場合、少しでも雷の可能性のあるとき使用してはいけない。極めて危険なことがあるのだ。室内側でアンテナの接続を絶ち、外に引き出して線の先を地中に埋めて安全を確保しよう。

アンテナとグランド

ミノムシクリップ付きテストリードを使い、アンテナの電線の一端と、先ほど作ったコイルの上側の端子を接続する。

次はグランド線（アース線）を張る必要がある。これは文字通り、戸外の地面（グランド）に接続する必要がある。理想的には裸線を1メートルほど、柔らかく湿った土に埋めるべきだ――しかし砂漠地帯に住んでいる人には、これはちょっと無理がある（私もそうだ）。電気工事部品の店で販売されている、溶接機用の接地杭を使う場合は打ち込む場所に注意しよう。埋設管の類に当てないようにすること。

よく、良質のグランド接続として、水道管が勧められている。しかし（だー！）、これがうまくいくのは金属管の場合だけだ。配管が銅パイプの家でも、過去の修理時に一部が塩ビ管に置き換えられているというのは、ありうることだ。

おそらくもっとも信頼できる選択肢として、コンセントのカバープレートのネジに接続する、というのがある。家庭の配電システムは、最終的には接地されているからだ。ただし、線は確実に固定すること。コンセントの端子には絶対に触れさせないようにすべきなのだ。私はグランド線をコンセントのグランドソケットに差さないようにしている。電気の来ているソケットに入ってしまうリスクがあるためだ。

さて、次は少々レアなアイテムだ。ゲルマニウムダイオードと高インピーダンスイヤホンである。ゲルマニウムダイオードは、シリコンベースのダイオードと同様に機能するものだが、これから扱うような微小な電圧・電流に適している。そしてイヤホンだが、メディアプレイヤーで使う類のものは、ここでは機能しない。高インピーダンスイヤホンは図5-69のような、オールドスクールなアイテムだ。先にプラグがついているなら、まずはそれを切って捨て、2本の線の先の被覆を剥いて、芯線を出しておく。

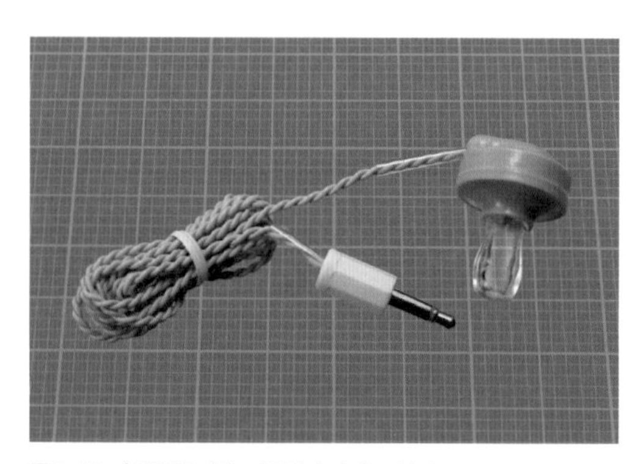

図5-69　無電源ラジオで必要なタイプのイヤホン。

部品はテストリードとミノムシクリップで配線する（図5-70）。私が製作した実世界バージョンは、この模式図のようにスッキリしたものではないが、接続は同じである（図5-71）。コイルの一番下に付けてあるテストリードが、どのタップにも付けられるようになっていることに注意。これが、このラジオのチューニング方法だ。

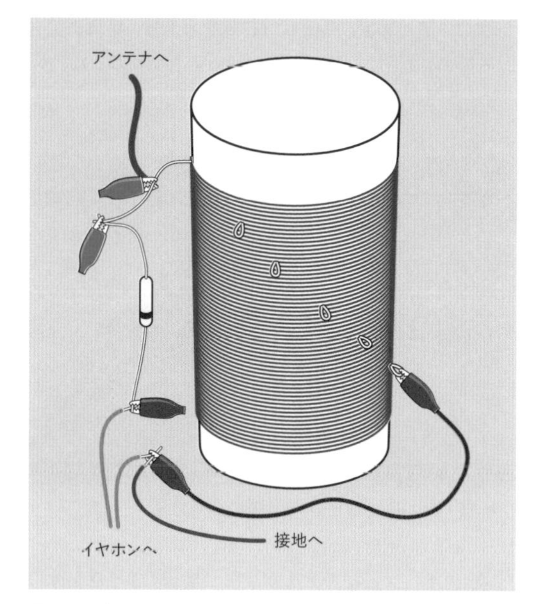

図5-70　組み立て方。

図5-71　実世界バージョン。

手順通りに組み立ててあり、AMラジオ局から30〜50km以内に住んでおり、聴力がそこそこよければ、イヤホンからかすかな音を聞くことができるだろう——回路に電源をまったくつながなくても、だ。このプロジェクトは100年も前からあるものだが、いまだに驚異と不思議を生み出してくれる。（図5-72参照。）

ラジオ局があまりに遠い場合や、アンテナがあまり長くない場合、また、グランド接続がいまひとつである場合は、何も聞こえないかもしれない。諦めてはいけない。日没まで待つのだ。AMラジオの受信状態は、太陽の輻射が大気を刺激しなくなると、劇的に変化する。

選局はテストリードの先に付いたミノムシクリップを、タップからタップへと移動していくことで行う。住んでいる場所によるが、受信できるのが1局だけのこともあれば数局見つかることもあり、複数が混ざって聞こえることもある。

図5-72　超シンプルな部品に電源もなしでラジオ電波をピックアップする、というシンプルな喜び。

これは無から有を得ているように見えるかもしれないが、実はあなたは電源からエネルギーを得ているのだ——ラジオ局の送信機である。送信機は放送塔に電力を送り込んで、定められた周波数を変調する。コイルとアンテナの組み合わせがこの周波数と共振すると、高インピーダンスヘッドフォンをどうにか駆動できるだけの電圧と電流が得られる。

良好なグランド接続が必要だったのは、電気の行き場がなければコイルに電流が流れないからである。グランドは、ほぼ無限の電力シンクと考えることができる。その基準電圧はゼロである。AMラジオ局の送信機もまた、グランドに対する相対電位を持つ。図5-73を参照してほしい。

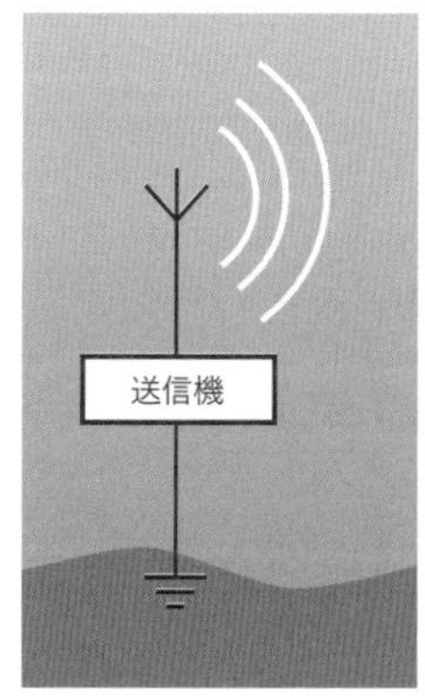

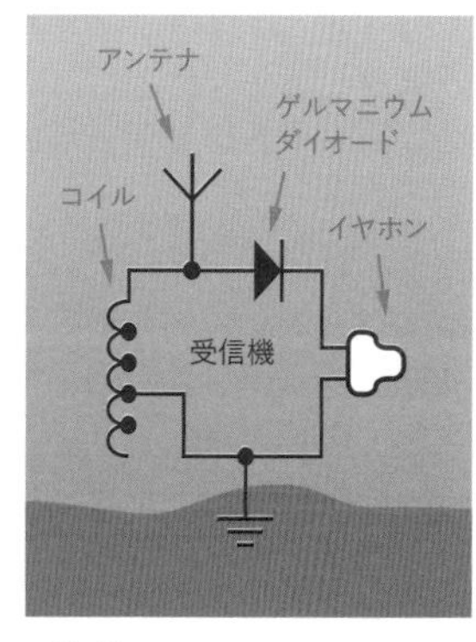

図5-73　無電源ラジオは遠くの送信機から電源を得て、あなたのイヤホンにやっと聞こえるくらいの音を作り出すものである。

改良

イヤホンから何かを聞き取るのが難しいときは、圧電トランスデューサー（ピエゾブザー）を使ってみてほしい。オシレータ組み込みでない受動動作タイプのもの（スピーカーのような）が必要だ。耳にしっかり押し付ければ、イヤホン同様、またはイヤホン以上に機能する。

信号を増幅することもできる。理想的には初段にオペアンプを使う。これは非常に高い入力インピーダンスを持っているからだ。しかし私はオペアンプを『Make: More Electronics』の領域とした。あちらでこのトピックを徹底的に見ていくのだ。代わりに信号をLM386シングルチップアンプに直接入れるというのはどうだろう。実験29で使ったものだ。

図5-74を見ると、回路がどれだけシンプルかわかるだろう。ゲルマニウムダイオードをLM386の入力に直接接続できるのは、音量調節がまず必要ではないからだ。1番ピンと8番ピンの間には必ず10μFのコンデンサを入れること。チップの増幅率を最大にセットするためだ。私の住んでいる場所はアリゾナ州フェニックスから120マイルあるが、ここですらフェニックス地域の放送を拾うことができた。

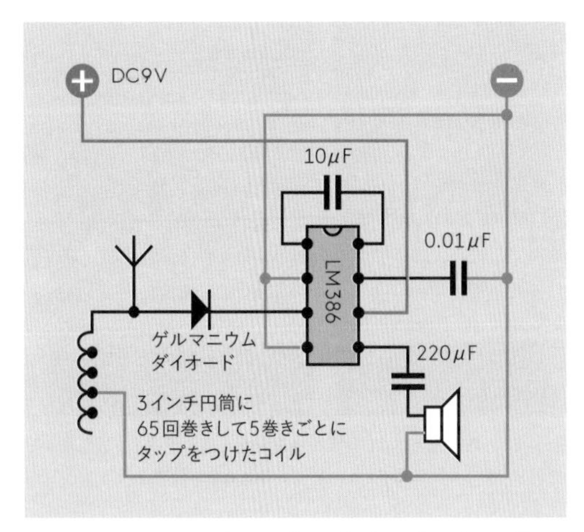

図5-74　LM386シングルチップアンプを使えば、あなたの鉱石ラジオがスピーカーで聞けるようになる。

ラジオの選局能力を改善するには、バリアブルコンデンサを追加して、回路の共振を微調整する方法もある。バリアブルコンデンサは今ではあまり見かけない部品だが、イヤフォンやゲルマニウムダイオードのところでお勧めしたScitoys Catalogで販売されている。

ここはサイモン・クエレンフィールド（Simon Quellan Field）という切れ者が運営しているが、彼のサイトでは、家庭でできる楽しいプロジェクトがたくさん紹介されている。彼の巧みなアイディアの1つに、こうしたラジオのゲルマニウムダイオードを外し、低電力LEDと直列つなぎの1.5ボルト電池に交換する、というものがある。私は送信機から遠くに住んでいるのでうまくいかなかったが、局の近くに住んでいる方は、通り抜ける放送電力の強さによってLEDの明るさが変わるのを見ることができるだろう。

理論：無線の動作原理

高周波の電磁輻射は、何マイルも先まで伝わる。無線送信機を作るには、555タイマーチップを、たとえば850kHz（850,000サイクル毎秒）で動作させ、このパルスの流れを超強力なアンプで増幅し、放送塔に――または単なる長い電線に――送り込めばよい。大気中の他のすべての電磁的活動をブロックする方法さえあれば、あなたは私の信号を検知して増幅することだってできるだろう。

これは大なり小なり、グリエルモ・マルコーニ（Guglielmo Marconi）が1901年にその画期的な実験で行ったこと、そのものだ。違いは、発振状態を作り出すために、彼が555タイマーではなく、原始的なスパークギャップを使う必要があったことだけである。彼の通信は用途が限られていた。オンとオフの2つの状態しか存在しなかったからだ。モールス信号は送れるが、それだけだった。

図5-75にマルコーニを示す。

図5-75　グリエルモ・マルコーニ。無線の偉大なパイオニア。（写真はWikimedia Commonsより）

5年ののち、最初の真の音声信号が送信された。これは低い音声波を高い搬送波に重ね合わせることで行われた。言い方を変えると、音声信号を搬送波に「追加」することにより、搬送波の強さが音声の山谷に合わせて変化するようにしたのだ。これを図5-76に示す。

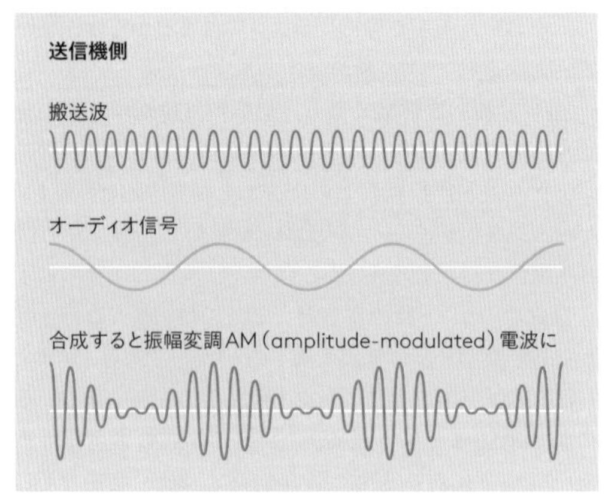

図5-76　固定周波数の搬送波を使って音声信号を送信する。

受信側では、コンデンサとコイルという非常にシンプルな組み合わせにより、電磁スペクトラムに存在するほかのすべてのノイズから搬送波を検出する。コンデンサとコイルの値は、これによる回路が搬送波と同じ周波数で「共振」するように選択する。基本の回路を図5-77に示す。バリアブルコンデンサは、コンデンサ記号に矢印の付いたもので表されている。

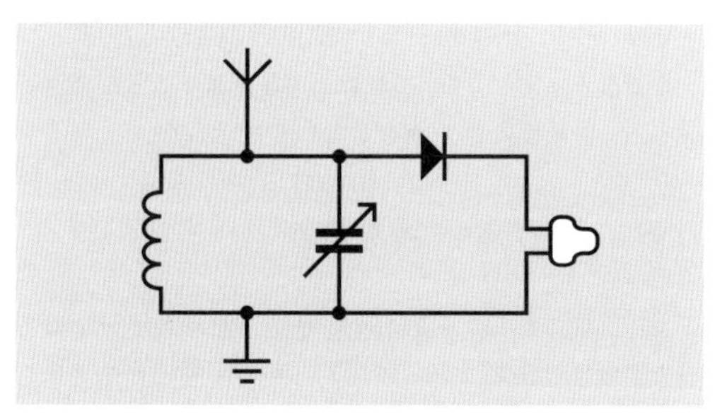

図5-77　前の回路にバリアブルコンデンサを追加すれば、スペクトラムを共有する異なった信号同士の分離を改善することができる。

搬送波は非常に高速に上下するが、イヤホンはこうした正負の変化についていけない。中点でぶるぶる立ちすくんでいるだけで、音を作り出さないのである。ダイオードはこの問題を、信号の下半分を遮断して正の電圧スパイクだけを残すことで解決する。残ったものは依然として素早く、わずかなものであるが、これはすべてイヤホンのダイヤフラムを同じ方向に押しやるので、平均すれば、元の音波をだいたい再構成してくれる。これを図5-78に示す。

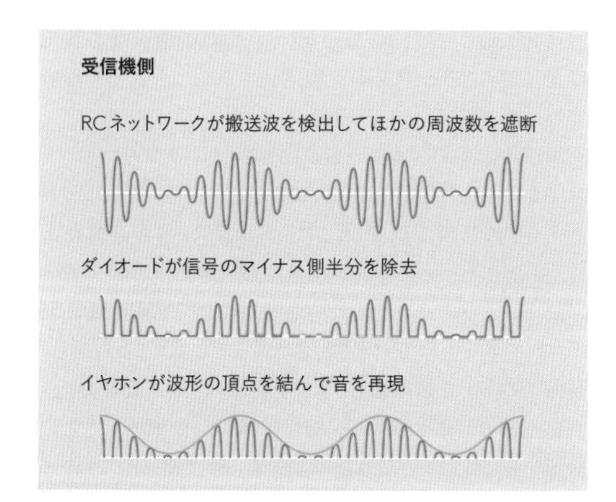

図5-78　シンプルなAMラジオ受信機が信号をデコードし、イヤホンで再生する様子。

受信回路にコンデンサを追加した場合、送信機から来たパルスはまずコイルの自己インダクタンスにより遮断され、同時にコンデンサをチャージする。等しい負のパルスが、コイルやコンデンサの値に見合う、これらに同期した間隔でやって来ると、パルスはコンデンサの放電やコイルの導通と一致する。正しい周波数の搬送波は、このようにして回路に同調し、共振させる。このとき、音声周波による信号の変化は、回路における電圧の変化に変換される。

アンテナが引き込むほかの周波数は、どうなっているのだろうか。低周波はコイルを通じて、高周波はコンデンサを通じて、グランドに行くのだ。これらはただ「捨てられる」のである。

AMラジオに割り当てられている周波数帯は、搬送波で300kHzから3MHzである。ほかのさまざまな周波数帯は、ほかのさまざまな用途に割り当てられている。たとえばアマチュア無線だ。アマチュア無線の試験に合格するのはそれほど難しくないし、適切な機材とうまく配置されたアンテナがあれば、広くちらばるさまざまな人たちと、直接喋ることができる——あなたを接続を提供する通信ネットワークに頼ることなしに、である。

実験32：ハードウェア、ソフトウェアに出会う

この本を読んでいる多くの人——たぶんほとんどの人——は、Arduinoのことを聞いたことがあるだろう。ここからの3つの実験では、Arduinoをセットアップして、プログラムを書いていく。オンラインで見つけたアプリケーションをダウンロードするだけ、などという方法は取らない。

必要なもの

- Arduino Unoボード、または互換性のあるクローン（1）
- USBケーブル。一端がタイプA、もう一端がBになったもの（1）
- USBポートのあるデスクトップまたはノート形コンピュータ（1）
- 汎用LED（1）

定義

マイクロコントローラは、小さなコンピュータのように動作するチップである。あなたはマイクロコントローラが理解できる命令を使ってプログラムを書き、それをチップのメモリにコピーする。メモリは不揮発性である。つまり、電源を切っても内容は保持される。

普通であれば、すぐさまプログラムを書き始めよう、と言いたいところだが、マイクロコントローラの使い方を学ぶには、これまでに扱ってきた部品たちに比べると、膨大な時間と精神エネルギーの投資を要求する。もうちょっと知りもしないで、これに取り組みたいと思うかどうか、判るはずがないではないか。というわけで、私は解説とオリエンテーションから始める必要がある。この実験は、そのあとArduinoのセットアップをして、一番基本のテストを実行する、というプロセスをたどっていく。実験33と34では、Arduinoのプログラミングやほかの部品を組み合わせて使うことに、さらに踏み込んでいく。

最初のセットアップとテストには1、2時間かかる。気が散ることなく手順を踏んでいけるように、時間を割り当てて作業しよう。この最初のプロセスが終われば、すべてははるかに簡単になる。

実世界アプリケーション

マイクロコントローラの一般的なアプリケーションは、たとえば以下のように実行される：

- ロータリーエンコーダからの入力を受け取る。これはカーステレオのボリュームコントローラとして機能するものとする。
- エンコーダの回転方向を知る。
- エンコーダの出したパルス数をカウントする。
- ステレオのボリュームを上げたり下げたり調節するため、プログラマブル抵抗器に、パルス数に相当するステップ数を伝える。
- さらなる入力を待つ。

マイクロコントローラは、ずっと大きなアプリケーションを扱うこともできる。たとえば、実験15の侵入警報機にまつわるすべての入力、出力、決定などといったものだ。この場合は、センサをスキャンし、遅延時間のあとサイレンを作動させ、アラームを止めたいときはキーパッドのシーケンスを受け取って確認するなどとなる――が、さらにはるかに多くのことができる。

現代的な自動車は、そのすべてがマイクロコントローラを積んでおり、エンジンの点火タイミングのような複雑なことを――そしてシートベルトをしていないときチャイムを鳴らすような単純なことまで――処理している。

マイクロコントローラは、小さいが重要なタスクも処理できる。たとえばこれまでの実験で言及した、押しボタンでのバウンスや、オーディオ周波数の生成などだ。

小さなチップ1つで、これほどさまざまなことができるなら、なぜ全部これで済ませないのだろうか。

仕事に合ったツールなのか

マイクロコントローラは万能で強力だが、状況による向き不向きはある。ある線に沿った論理的操作を適用していくには最適だ。「これが起きたらあれをしろ、ただし、あれが起きたら別のあれをしろ」といったものだ。しかし、プロジェクトのコストと複雑さは上昇し、まとまった学習プロセスも、もちろん必要になる。つまり、マイクロコントローラにやることを教えるためには、コンピュータ言語をマスターしなければならないのだ。

言語を学びたくないならば、ほかの人が書いたプログラムをダウンロードして使うことは可能だ。多くのメイカーがこの選択肢を選んでいる。すぐに結果が得られるからだ。オンラインのライブラリには何千ものArduinoプログラムが存在し、しかも無料だ。

ただし、そのプログラムが、あなたが望むことそのものをやってくれるとは限らない。必然として、あなたはそれを改造しなければならない――これであなたの状況は元に戻る。チップを最大限活用するには、言語を理解する必要がある、という場所に。

Arduino用のプログラムを書くことは、アプリケーションによっては、比較的簡単だ。しかしながら、それはワンステップの作業ではない。コードはテストする必要があり、更新とデバッグのプロセスには、時間がかかることがある。1つの小さなエラーが予期しない結果を生んだり、すべてを止めて、何も起きなくしてしまうこともある。自分のコードを読み直し、ミスを見つけ、やり直すのだ。

すべてがうまくいけば、結果は強烈に効果的なことになるかもしれない。こうした理由で、私は個人的に、マイクロコントローラのプログラミングは学ぶ価値がある、と考えている。あなたの期待が現実的なものである限り。

これがあなたにとって追求したいものであるかどうかを判断するには、自分でやってみる必要があるだろう。

1つの基板、多くのチップ

もっとも基本的な問いから始めよう。Arduinoとは何だろうか？

それはチップだ、と思ったのであれば、まったくの間違いだ。Arduinoの名の付いたさまざまな製品は、Arduinoが設計した小さな回路基板であり、それぞれ違った会社の作ったマイクロコントローラが載っている。Arduino UnoはAtmel ATMega328P-PUマイクロコントローラを使っている。この基板はボルテージレギュレータ、配線やLEDを接続するソケット、クリスタルオシレータ、電源コネクタ、そしてあなたのコンピュータと通信するための、USBコネクタを持つ。図5-79には、一部の部品がわかるようにした、この基板の写真がある。

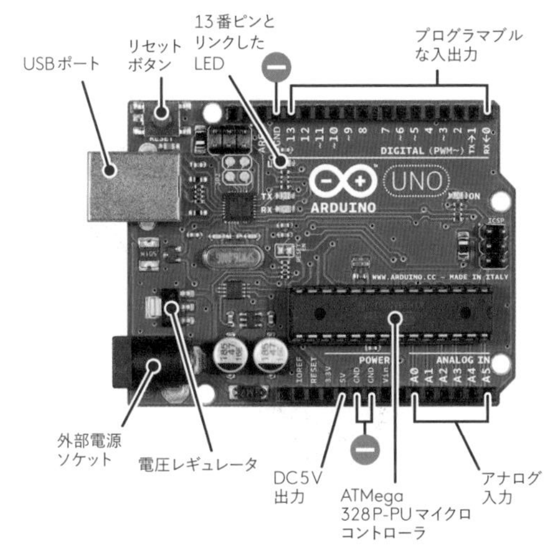

図5-79 Arduino Unoボード。Atmel社のATMega328P-PUマイクロコントローラを搭載している。

ATMega328P-PUチップを部品屋から買ってくれば、同チップを含んだArduinoボードの小売価格の1/6程度だ。なぜこの小さな回路基板に、それほど多く払わねばならないのだろうか？ その答えは、この基板と、これを使うためにあるクレバーなソフトウェアを使って開発することが、些細では済まない違いを生むからだ。

クレバーなソフトウェアは、IDEという。統合開発環境(integrated development environment)の略だ。IDEをコンピュータにインストールすれば、ユーザーフレンドリーな場所でプログラムを書き、これをコンパイルすることができる。コンパイルとは、C言語の命令（人間が理解できるもの）を機械語（Atmelのチップが理解するもの）に変換することだ。変換した機械語を、ATMegaチップにコピーするのだ。

わかりにくいかもしれないので、ここまでの物語を要約しよう。

- Arduinoは、Atmelのマイクロコントローラが差し込んである回路基板である。
- ArduinoのIDEソフトウェアを使えば、あなたのコンピュータでプログラムが書ける。
- プログラムを書き終えたら、IDEはそれをコンパイルして、チップが理解できるコードを生成する。
- IDEソフトウェアは、Atmelチップにコードを送り、チップはコードを格納する。

コードがチップに入ってしまえば、チップは実はArduinoボードを必要としない。理論的にはATMega328チップを抜いて、別の場所で——ブレッドボードなり、自分でハンダ付けした基板なりで——使うことができる。コードはチップに格納されたままであり、チップは依然として、プログラムされた通りのことをする。

現実には、これをやるには小さな問題がいくつかあるのだが、これについてはElliot Williams著の『Make: AVR Programming』という非常によい本がある。これにはまさにATMegaチップの移植方法が載っている。

やり方がわかれば、その効果は大きい。必要なArduinoボードは1枚だけで、あとはたくさんのAtmelチップを非常に安く買ってくればよいということになる。チップをボードに差し、プログラムし、取り外し、チップ単体でプロジェクトに使うのだ。次にはチップをボードに差し、別のプログラムを転送し、別のプロジェクトで使うのだ。

これは、マイクロコントローラがソケットに入ったスルーホールチップになっているバージョンのArduino Unoでは、比較的簡単なことだ。小型のマイナスドライバーでチップを外し、別のチップを指で押しこめばよい。（表面実装版のマイクロコントローラがハンダ付けされた別バージョンのUnoもある。こちらはチップを換装することはできない。）

イミテーションに注意?

基本は説明したので、セットアップの解説に入る。

Arduinoにはさまざまなモデルがあるが、ここで扱うのはArduino Unoで、手順はR3以降のバージョン向けに書くものとする。

Arduinoボードは、さまざまな場所で販売されている。これはArduinoが「オープンソース」で設計、販売されているためで、だれでもコピーを作って販売することができるのだ。555タイマーを、さまざまなメーカーで製造しているようなものだ(実際には少し異なるが)。

Mouser、Digikey、Maker Shed、Sparkfun、Adafruitのすべてが、本物のArduino製品を販売している。ところがeBayでは、ライセンスのないArduinoコピーボードが、1/3の価格で見つかる。ライセンスのないものは、Arduinoロゴがプリントされていないのでわかる。本物とイミテーションのボードを区別するには、図5-80のロゴを見ればいいのだ。

図5-80 Arduinoのライセンスを受けて製造されたボードだけが、このロゴを付けることができる。

ライセンスのないボードも、完全に合法である。これは海賊版のソフトウェアや音楽を買うのとは違う。Arduinoが管理することに決めたものはその商標だけだ。これはほかの製造者は使うことができない。(実際には、このロゴを不正に使用している詐欺業者もいるが、純正Arduinoボードでないことはすぐわかる。非常に安いからだ。)事情をさらに複雑にしているのは、Arduinoと以前の製造者の間に紛争が存在するために、純正のArduinoボードが、米国外ではGenuinoの名で販売されていることだ。

イミテーションのボードを買った場合、その信頼性はどうだろうか。私なら、Adafruit、Sparkfun、Solarbotics、Evil Mad Scientist、およびその他少数であれば、信頼する。私がすべてを買ってきてテストすることはできないので、あなたはほかの購入者のフィードバックや販売者の全体的な印象をもとにして、自分で判断する必要がある。しかし思い出してほしいのだが、あなたはボードを1枚しか買う必要がない。上で書いた計画を使えば、その後はこれを、多数のAtmelチップのプログラムに使うことができる。だからたぶん、純正のArduino製品を買う少しの追加出費は、大したものではない。そうすることで、将来この会社が新製品を開発し続けるのを助けることになる。

個人的には純正のArduinoボードを1枚購入している。

準備

ここからはArduino Unoを、またはあなたが信頼できると思ったイミテーションを、購入済みであるものとする。標準のUSBケーブルも必要だ。一端がタイプAに、もう一端がタイプBになったものである(図5-81)。これは普通はボードに付属していない。余ったケーブルがないなら、セットアップと初期テストの間、ほかの機器から借りてきてもよい。またはeBayなどのサイトで買えば安い。

図5-81 ArduinoボードとコンピュータのUSBポートの接続には、このタイプのUSBケーブルが必要だ。

ボードとケーブルが揃ったら、次はIDEソフトウェアだ。Arduinoのウェブサイト*に行き、「ダウンロード」タブをクリックしよう。続いて、使っているコンピュータに適したIDEソフトウェアを選ぶ。現在のところ、macOS、Linux、Windows用がある。私はバージョン1.6.3を使うが、説明は以後のバージョンでも使えるはずだ。IDEソフトウェアは無料でダウンロードできる。

* 編注:https://www.arduino.cc/

コンピュータはWindows XP以降、またはMac OS X 10.7以降、またはLinux 32ビット/64ビットのものであること。(この必要環境は執筆時のものである。将来Arduinoが要件を変更することもあるだろう。)

この3種類のOSでのセットアップ手順は、下記の通りだ。これは基本的にはマッシモ・バンジ(Massimo Banzi)、マイケル・シロー(Michael Shiloh)著の『Arduinoをはじめよう』という素敵な小さい入門ガイドに基づいたものである。SparkFunやAdafruitなどのサイトにもインストール手順がある。そしてArduinoのウェブサイトにも解説は存在する。

残念ながら、これらの指示はどれも微妙に異なっている。たとえば、Arduinoのウェブサイトではインストーラの実行前にボードを接続するように書いてあるのに対し、『はじめよう』ではボードの接続前にインストーラを実行するように書いてある。これは厄介だ。なにしろArduinoのウェブサイトも『はじめよう』も、Arduinoの開発者との協同で執筆されているのだ。

以下はどのシステムで何がうまくいくかについての、私の最上の推測である。

Linuxでのインストール

これが一番チャレンジングだろう。このOSには非常に多くの変種があるからだ。ガイダンスについてはArduinoサイトを参照してもらわざるをえない。

残念だが、私ではLinuxについて助けにならない。

Windowsでのインストール

ここでは『Arduinoをはじめよう』で推奨される手順が多くなる。同書ではSparkfunのウェブサイトも勧めている。

ボードは初めは接続しない。まずはダウンロードしたIDEインストールプログラムを確認する。ファイル名はarduino-1.6.3-windows.exeなどとなっているだろう(読者が本書を読む時点ではバージョン番号はまず確実に変わっているはずだが)。ファイル名の末尾の.exeは、コンピューターのシステム設定によっては表示されない。

- インストーラがzipファイルである(つまりunzipする必要がある)、と書いてあるガイドもある。私の判断する限り、Arduinoではファイルのzip圧縮をやめている。そのまま実行できるのだ。

アイコンをダブルクリックすると、ほかのベンダーのソフトでもお馴染みの、インストールシーケンスに入る。

使用許諾には同意する必要がある(同意しなければソフトは実行できない)。

デスクトップとスタートメニューにショートカットが必要かどうかを聞いてくるだろう。デスクトップへのショートカットの追加は許可しよう。スタートメニューの方は、あなた次第だ。

IDEソフトウェアをインストールするフォルダを聞いてくる。デフォルトをそのまま承認しよう。

いまだにWindows XPを使っている私同様の恐竜であれば(実のところ我々は米国内に数百万はいる)、図5-82のような警告が出るだろう。実際の見た目はWindowsのバージョンによって違う。この警告は無視して、「continue anyway」を押す。デバイスドライバをインストールする許可を求められたら、「はい」を選ぶ。

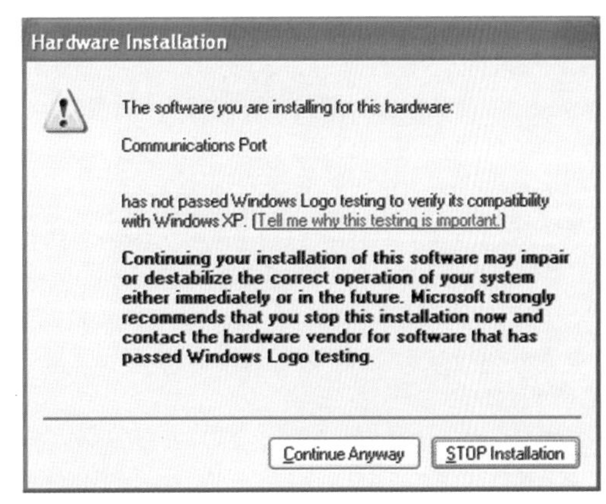

図5-82　昔のWinXPオペレーティングシステムのユーザーは、この警告を無視してよい。

- Windows 8では、セキュリティ機能により未署名のデバイスドライバのインストールができない。これは最近のArduino IDEインストーラでは問題にならないが、何かで古いバージョンを使うときなどはGoogleで次のように検索する:

  sparkfun disable driver signing

このトピックの有用なアドバイスのあるSparkfunのサイトのセクションに飛べるはずだ。

IDEソフトウェアのインストールが終わったら、ArduinoをUSBケーブルでコンピュータに接続する。

Arduinoボードの丸い電源入力ジャックは、USBポートに接続されている限り、使わなくてよい。ボードはUSBケーブルから電源をもらえるのだ。短くて太いUSBケーブルを使えば電圧降下が最小になることを留意しよう。またノートマシンでは、特に古いノートの場合、USBポートの出力電流が250ミリアンペアに制限されているものがある。USBから500ミリアンペア供給できることになっているデスクトップコンピュータでも、それを3口や4口のUSBポートで共有していることがある。外付けハードディスクなど、それなりに電力を使うデバイスもある。

コンピュータに認識されるときは、ボードを注目しておこう。緑色のLEDが点灯し、黄色のLEDが点滅するはずだ。近くにはTXおよびRXとラベルされた、あと2個のLEDがあり、短く明滅するだろう。これはデータが送受信されていることを示すものだ。

次はコンピュータのIDEソフトのショートカットを見てみよう。名前はただの「Arduino」だ。インストーラがデスクトップに置いたものである。デスクトップに置きたくない場合は、別の場所にドラッグしておく。ダブルクリックするとArduino IDEソフトウェアが起動する*。

開いたウィンドウで、「ツール」メニューをプルダウンし、サブメニュー「ポート」(現行のMac版なら「シリアルポート」)に行けば、コンピュータのシリアルポートのリストが表示される。これらにはCOM1、COM2などと続く名前が付けられている。

シリアルポートとは何だろうか。昔のWindowsの(そうなる前はMS-DOSの)コンピュータには、USBポートがなかった。D型のコネクタを介する「シリアルプロトコル」を使っており、使用中のコネクタには「ポート番号」を振ることで、状態を把握していたのだ。このシステムは、今もWindowsのシステムに埋め込まれている。それが作られて数十年が経ち、家庭用アプリケーションでこのプロトコルが使われることがほとんどなくなった、にもかかわらず。

ともあれあなたは、Unoボードに割り当てられたポート番号について、Arduino IDEとWindowsの間に同意があるかどうかを知る必要がある。理想的にいけば、IDEでTools > Portsと選ぶと、リストにUnoがあって、横にチェックマークが付いている。すべて問題なしである。その場合は以下のトラブルシューティングのセクションは飛ばし、続く「昔ながらのArduino Blinkテスト」に直行する(271ページ「昔ながらのArduino Blinkテスト」参照)。

Windowsのトラブルシューティング

ポート割り当てがうまく行っていないとき、2種類の可能性がある。

- Arduino IDEのPortサブメニューで、Arduino Unoがリストアップされているが、チェックマークが付いてないことがある。代わりにほかのポートにチェックが付いているかもしれない。正しいポートにチェックをつけてみよう。使っているUnoボードをIDEソフトが承認しない場合は警告が出ることがある。警告を無視し、「Don't show me this again(次から表示しない)」を選択し、「昔ながらのArduino Blinkテスト」に進む(271ページ「昔ながらのArduino Blinkテスト」参照)。
- Arduino Unoと書かれたポートがリストアップされていないことがある。こちらの場合、リストにあるCOMポートをメモしよう。IDEメニューを閉じる。Unoボードをケーブルから外す。5秒待つ。IDEのPortサブメニューをもう一度開き、なくなっているCOMポートを探そう。そしてまたサブメニューを閉じる。Unoボードをつなぎ直す。サブメニューを開き直す。再度現れたポートをクリックしてチェックマークを付ける。「昔ながらのArduino Blinkテスト」に進む(271ページ「昔ながらのArduino Blinkテスト」参照)。

Windowsではポート設定を確認することができる。スタートメニューをクリックし、「ヘルプとサポート」サービスを選択する。表示されたウィンドウの検索語として「デバイスマネージャ」と入力する。検索結果の最初にその項目があるはずだ。デバイスマネージャを開こう。

＊編注：「Windowsセキュリティの重要な警告」ダイアログボックスで「このアプリの機能のいくつかがWindows Defenderファイアウォールでブロックされています」「名前：Java(TM) Platform SE binary」と表示されたときは、「プライベートネットワーク」のチェックボックスをオン、「パブリックネットワーク」のチェックボックスをオフにして「アクセスを許可する」ボタンをクリックする。

Windows XPであれば、デバイスマネージャに「ポート」というリストが表示される。XPより後のバージョンのWindowsであれば、デバイスマネージャに行ってから、「表示」>「隠しデバイスの表示」を選択して、「ポート」リストを表示する必要がある。

そこにはArduino Unoがリストアップされているはずだ。横に黄色の丸や!マークが付いている場合、右クリックして、何が悪いか見てみよう。

Windowsが、Unoボードのドライバがない、と言ってくるようであれば、インストーラが展開したファイルがすべて入っている、Arduinoフォルダーの中を探すように指定する。

Arduino UnoとWindowsのポートについては、割り当て済みのポートが10ポート以上になるとIDEが混乱する、という既知の問題がある。これは普通はないことだが、該当する場合は、いくつかのポートを割り当て解除するか、手動で1桁番号の未使用ポートを割り当てよう。

それでも問題が解決しない場合は「すべてがうまく行かない場合」に進む。

Macでのインストール

IDEインストーラのダウンロードが終わったら、コンピュータが用意したアイコンをダブルクリックすることで、Arduino IDEソフトウェアを含むディスクイメージが表示される。これを「アプリケーション」フォルダに移動すればよい*。

それではUSBケーブルで、Arduinoとコンピュータを接続しよう。

- Arduinoボードの丸い電源入力ジャックは、コンピュータに接続されている限り、使わなくてよい。ボードはUSBケーブルから電源を取るからだ。

コンピュータに認識されるときにボードを見ておくと、緑色のLEDが点灯、黄色のLEDが点滅するはずだ。近くにはTXおよびRXとラベルされたあと2個のLEDがあり、短く明滅するだろう。これはデータが送受信されていることを示すものだ。

＊訳注：2020年1月現在最新のarduino-1.8.10-macosx.zipでは、ダウンロードするとzipファイルが自動展開され、そのまま使えるArduino.appが現れる。著者の説明は、これをディスクイメージと誤解しているかもしれない。

「新しいネットワークインターフェイス」の検出を通知するウィンドウが開いた場合は、「ネットワーク設定」、「適用」の順にクリックする。Unoは「未設定」となっているが、これは構わない。ウィンドウを閉じよう。

アプリケーションフォルダにドラッグしたArduino IDEのプログラムアイコンを、ダブルクリックする。Unoボードとの通信用に、正しいポートを選ぶ必要がある。これはIDEの「ツール」メニューの「シリアルポート」にカーソルを合わせ、ポップアップしたリストから、/dev/cu.usbmodemfa141（または類似の名前のポート）を選ぶことによる。

ここまでの解説通りうまく進めた場合は、昔ながらのArduino Blinkテスト」に進む（「昔ながらのArduino Blinkテスト」参照）。

すべてがうまく行かない場合

本書は相当な期間、新刊書として並んでいることになる。少なくとも私はそうであることを願っている！　ところがソフトウェアとは、どんどん変わっていくものだ。ここでのArduino IDEのインストール解説は、あなたが読む時点で古くなっているかもしれない。

だから刷が新しくなるたびに、および電子書籍版のバージョンが上がるたびに、可能な限り正確になるよう修正に努めるつもりだ。しかしもちろん、あなたが古い刷の本や古いバージョンの電子書籍を読むということは、当然にありえる。

どうするべきだろうか。ArduinoのサイトやSparkfunのサイトを見て、そこで挙げられているインストール手順を踏むのが一番だ。ウェブサイトは、書籍より楽にすばやく更新されるものだからだ。

昔ながらのArduino Blinkテスト

IDEソフトウェアを起動しているものとする。メインウィンドウは図5-83のスクリーンショットのようになる。ただし新しいバージョンでは、何か変わっているかもしれない。

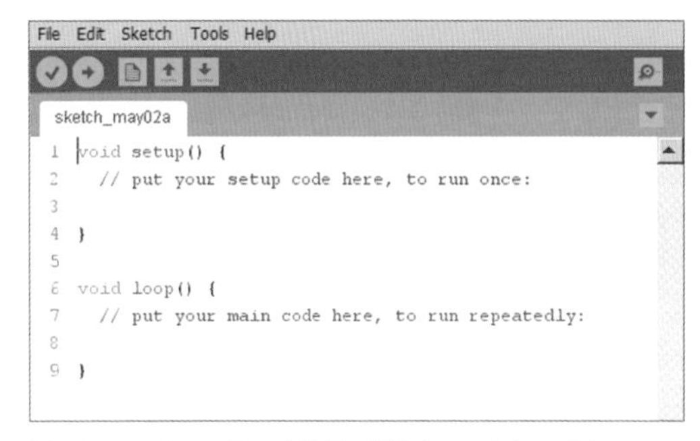

図5-83 Arduino IDEの起動時に開くデフォルトウィンドウ。

Arduinoに何かさせる前に、コンピュータに接続したボードのバージョンをIDEソフトウェアが正しく認識しているか、確認する必要がある。

IDEのメインウィンドウで「ツール」メニューをプルダウンし、サブメニュー「ボード」の中の「Arduino Uno」のところにチェックが入っているのを確認する。入っていない場合はクリックして選択する。

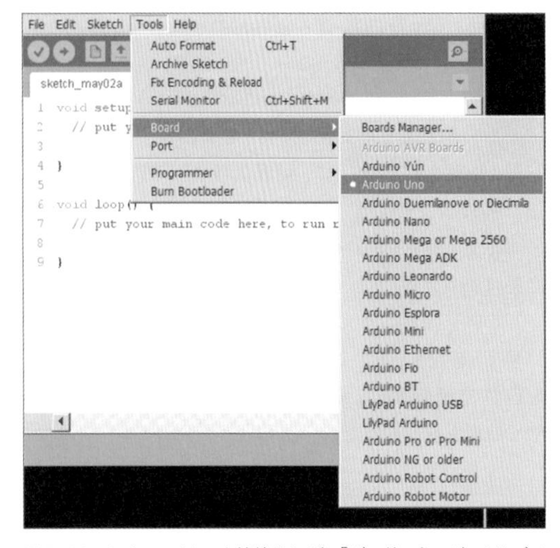

図5-84 Arduino Unoを接続すれば、「ボードマネージャ」サブメニューの中で、ドットが付いて表示されるはずだ。

これでArduinoに命令を与える準備ができた。IDEのメインのワークスペースウィンドウの一番上に、「sketch_今日の日付a」と書いてあるはずだ。「スケッチ」とは何か。絵でも描かせる気なのだろうか。

そうではない。Arduinoの世界では、「スケッチ」とは「プログラム」と同じものを意味する。これはおそらく、これからコンピュータをプログラミングする、と思うことでユーザーが怖がるのを、開発者が望まなかったからだ。これはスティーブ・ジョブズが、彼がまだ生きてたときに、プログラムを「アプリ」と呼べば携帯デバイスユーザーはもっと快適になる、と思っていたかのようだったのに、ちょっと似てる。ジョブズは正しかったかもしれないが、メイカーについては、そんなに簡単に怖がるとは思わない。実のところ、彼らはコンピュータをプログラミングしたいのだ。でなければ、あなたはなぜ本書を読んでいるのか。

「スケッチ」はArduinoでは「プログラム」の意味だが、ここでは「プログラム」の語を使い続ける。本当はそういうことだし、「スケッチ」と呼ぶのは、私にはばかばかしく思われるからだ。オンラインの情報を見ても、「プログラム」と呼ぶ人は「スケッチ」と呼ぶ人より多いくらいだ。

さて、われわれが辿っていくシーケンスをおさらいしよう。最初にIDEウィンドウの中でプログラムを書く。次にメニューオプションを選んでプログラムをコンパイルし、マイクロコントローラが理解できる命令群に変換する。次にこれをArduinoボードにアップロードすると、ボードは自動的にこれを実行する。

私のコンピュータでは、IDEウィンドウに図5-83のようなデフォルトテキストが出ている。将来のバージョンのIDEでは動作が変わる部分も出るだろうが、原則的には同じであるはずだ。スラッシュ2個で始まる行がある：

//put your setup code here, to run once.（ここにセットアップコードを入れる。1度だけ実行される。）

これはコメント行である。人間用に、何が起きているのか説明するものだ。

- あなたが書いたプログラムがマイクロコントローラ向けにコンパイルされる際、//記号で始まる行はすべてコンパイラにより無視される。

次の行はこうだ：

```
void setup() {
```

これはコンパイラとマイクロコントローラが理解すべきプログラムコードの行である。しかしこれが何を意味するかは知っておく必要がある。セットアップルーチンは、すべてのArduinoプログラムの先頭になければならないものだし、私はあなたが将来自分でプログラムを書き始めることを願っているのだ。

voidという語は、コンパイラに、このプロシジャ（手続き）が数値の戻り値や出力を生成しない、ということを伝える。

setup()という語は、続くプロシジャは最初に一度だけ実行されるべきものである、ということを示す。

setup()の後に「{」記号があることに注意してほしい。

- C言語の関数（何らかの機能を実現する命令のかたまりをまとめる単位）はすべて、「{」記号と「}」記号の間に囲まれている必要がある。

「{」記号は、必ず「}」記号で閉じる必要があるので、この最初の画面のどこかには、必ず「}」記号が存在しているはずだ。そう、それは数行下にあるのだ。「{」記号と「}」記号の間には何もないので、このプロシジャには命令が存在しない。なぜなら、あなたがこれから書くからである。

- 「{」と「}」は、別の行にあっても構わない。Arduino用のコンパイラは、単語間の改行や1個を越える数のスペースを、すべて無視する。
- 「{」と「}」は、正式には中カッコという。

それでは「put your setup code here.（セットアップコードをここに入れる）」の下の空行に何かタイプする時がきた。以下を入れてみよう：

```
pinMode(13, OUTPUT);
```

これは正確に入力する必要がある。コンパイラはタイプミスを許さないのだ。また、C言語は大文字小文字を区別するので、あなたもそのように書く必要がある。pinModeはpinModeでなければならず、pin modeやPinmodeであってはならない。OUTPUTはOUTPUTでなければならず、outputやOutputであってはならない。

pinModeという語はUnoへの命令で、ピンの1本の用途を指定するものだ。ピンはinputとしてデータを受け取ることも、outputとしてデータを送出することもできる。13はピン番号であり、ボードを見れば、小さなコネクタの1つに13とあるのが判るはずだ。これは黄色のLEDのすぐそばにある。13という数字は適当に選んだものだ。

セミコロン（;）は命令の終わりを示す。

- 命令の末尾には必ずセミコロンを入れること。常にだ。忘れないこと！

それでは下のようなメッセージの下の空行まで進もう：

// put your main code here, to run repeatedly.
（ここにメインコードを入れる。繰り返し実行される）

ダブルスラッシュ記号を使い、自分の情報のコメント行を書いてもよい。コンパイラは無視してくれる。その下に、以下の命令を注意して入力する。

```
void loop() {
digitalWrite(13, HIGH);
delay(100);
digitalWrite(13, LOW);
delay(100);
}
```

これまでにArduinoに親しみのある方は、「またLチカかよ！」と呻いているかもしれない。その通りであり、またこの節に、「昔ながらのArduino Blinkテスト」と名付けてあるのはこのためだ。Blinkは、ほぼすべての人が、予備的なテストとして実行するプログラムなのだ（ただしdelayの値は後で明らかになる理由により変更してある）。調子を合わせて、IDEにこの通りにタイプしておいてほしい。もうちょっと歯ごたえのあるプロジェクトには、すぐに行き着く。

また、一部の命令の意味が大まかにしか分からない方もいるだろう。

voidは前と同じ意味だ。

loop() はArduinoに、何かを繰り返し実行せよ、と指示する命令だ。何を実行しなければならないのだろうか。やるべきことは、中カッコに囲まれたプロシジャである。

digitalWriteは、ピンから何かを送り出すコマンドだ。どのピンから？　13番を指定した。モードが指定済みであるからだ。

- デジタルピンは、あらかじめモードを指定しておかないと使えない。

ピンは何をすればよいのだろうか。HIGH状態になればよい。

命令の最後にセミコロンを忘れないこと。

delayはArduinoに、しばらく待つように命ずる。どのぐらいの間？　100は100ミリ秒を意味する。1秒間は1,000ミリ秒なので、Arduinoは1/10秒間待つ。この間、13番ピンはハイのままだ。

次の2行の意味は判るのではないだろうか。

プログラムを動かすまで、あと少しだ。しかしまずは、ボードにLEDを差す必要がある。13番とGND（すぐ横にある）のコネクタに差す。

- LEDの短いリードをGNDコネクタに差すのを忘れないこと。
- LEDには直列抵抗は要らない。13番コネクタに内蔵されているからだ。

ボードの小さい黄色のLEDは、デフォルトで、ボードを接続した瞬間から点滅を始める。今差し込んだLEDも同じように点滅を始める。これは、ボードに組み込みの、この黄色の表面実装LEDが、13番ピンと並列に接続されているからだ。

以前のバージョンのUnoでは、ボードを接続しても、即座にLEDが点滅することはなかった。将来バージョンでは、Arduinoはこの「デフォルトのLチカ」をやめるかもしれない。いずれにしてもどうでもいいことだ。あなたのプログラムが点滅速度を変えるからだ。

検証とコンパイル

次は、タイプミスがないかチェックしよう。「スケッチ」メニューから「検証・コンパイル」を選ぶ（図5-85）。IDEがあなたのコードを検査し、問題が見つかれば文句を言ってくる。

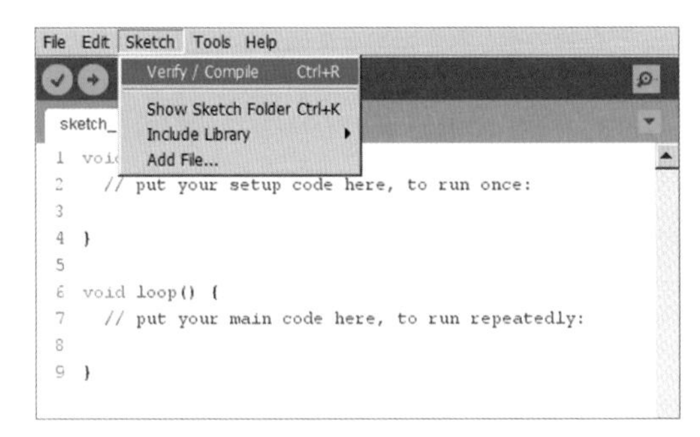

図5-85　プログラムをArduinoに送信する前に、検証・コンパイル（Verify/Compile）オプションを選択する。

これをテストすることもできる。プログラム中のpinModeをpiModeにして「検証・コンパイル」し、何が起きるか見てみよう。

IDEウィンドウの最下部の黒いスペースに、エラーメッセージが出るだろう。この黒いスペースは、マウスで上部の境界をドラッグすれば広げられて、スクロールしなくても複数の行が表示できる。ここで出るエラーメッセージは「piMode was not declared in this scope.」である。

見ての通り、このC言語には予約語と定義済み関数があり、それらは特別な意味を持つ。あなたはすでにこのいくつかを使っていて、digitalWriteやdelayはその例だ。

しかしpiModeは、こうした予約語や定義済関数として存在していない。だからコンパイラは、あなたがそれが何であるかを宣言していない、と文句を言うのだ。

「検証・コンパイル」でエラーが出なくなるまで、プログラムテキストを修正しよう。

アップロードと実行

次は「ファイル」メニューをプルダウンし、Uploadを選ぶ*。個人的には大きなコンピュータから小さなArduinoにダウンロードしている、という感じが強いのだが、誰もがアップロードと呼んでいるので、まあそういうことなのであろう。

アップロードが成功したら、黒いメッセージウィンドウのすぐ上に「ボードへの書き込みが完了しました。」というメッセージが出る。

うまくいかず、アップロードがいつまでも終わらない場合は——これはよろしくない。これは、あなたが依然として通信に何らかの問題を抱えているということであり、おそらくはCOMポートの割り当てがうまくいっていないのだ。上のコンピュータの種類別トラブルシューティングの節に戻ること。ただし、まずはプログラムをセーブしておこう。「ファイル」メニューをプルダウンして「保存」を選び、プログラムに名前を付けよう。COM問題が直ったら、(必要なら)プログラムを再度ロードして、やり直そう。

すべてが計画通りにいけば、オンボードの黄色のLEDと、あなたの差したLEDは、ともに高速で点滅しているはずだ——あなたのプログラム通りの、1/10秒間オン、1/10秒間オフである。

ものすごい手順を踏んだうえで、ずいぶん小さな成果だな、とお思いになるかもしれないが、始めるときはどこかからか始める必要があるものであり、LEDを点滅させることは、マイクロコントローラ・プログラミングを始める普通の場所なのだ。次の実験では、もっともっと役に立つプログラムを、新たに書くことになる。

以下はあなたがここまでに学んできたことのまとめだ。これはArduinoをプログラムするためにしなければならないことのまとめでもある：

- 新しいプログラム（Arduinoお好みの呼び方なら「スケッチ」）を開始する。
- 必要ならファイルメニューから「新規ファイル」を選ぶ。
- すべてのプログラムは、一度だけ実行されるsetup関数から始める必要がある。
- 後でピンを使って何かをする場合、事前にpinModeコマンドで、デジタルピンの番号とモードを宣言する必要がある。
- ピンのモードはINPUTまたはOUTPUTである。
- ピン番号には使用不能のものもある。ナンバリングの仕組みを知るには、自分のUnoボードを見るとよい。
- プログラムの関数やブロックは中カッコで囲まれているが、この中カッコを閉じるのを忘れないこと。ただし複数の行にまたがることができる。
- コンパイラは改行や余分のスペースを無視する。
- 関数やブロックの中の命令は、すべて最後にセミコロンを付ける必要がある。
- すべてのArduinoプログラムは（setup関数の後に）、繰り返し実行されるloop関数を持つ必要がある。
- digitalWriteは、OUTPUTに設定されている端子を、HIGHまたはLOWの指定した状態にするコマンドである。
- delayは、Arduinoを指定のミリ秒（1/1,000秒）のあいだ、何もしないようにさせる。
- コマンドの後ろのカッコの中の数字をパラメータ（引数）といい、そのコマンドをどのように使えばよいかをArduinoに教える。
- プログラムをArduinoにアップロードする前に、「スケッチ」メニューの「検証・コンパイル」を使う。
- 「検証・コンパイル」で見つかったエラーは、すべて修正する必要がある。
- 予約語とは、Arduinoが理解するコマンドのボキャブラリーである。これらは正しく綴る必要がある。大文字と小文字は違ったものと解釈される。
- アップロードしたプログラムは自動的に起動し、ボードの電源を切るか、新しいプログラムをアップロードするまで、実行を続ける。
- UnoボードのUSBコネクタの横にはリセットボタン（タクトスイッチ）がある。これを押すと、Arduinoはプログラムを最初から起動し直す。すべての値はリセットされる。

* 編注：本書編集時の最新版であるArduino 1.8.10では「スケッチ」メニューから「マイコンボードに書き込む」を選ぶ。

注意：コードの紛失

プログラムを変更してマイクロコントローラにアップロードすると、新しいバージョンが古いバージョンを上書きする。言い換えると、古いバージョンは消去される。コンピュータの方で別のファイル名で保存していなければ、それは永遠に失われるのだ。修正したプログラムをアップロードするときは、よく注意すること。各バージョンをコンピュータに新しい名前で保存することは、賢明な予防策である。

プログラム命令がマイクロコントローラにアップロードされた後、それを再び読み出す方法は存在しない。

プログラミングは細部を要求する

気が付いたかどうかわからないが、この実験のまとめは、個別の部品を使ったほかのどの実験のまとめよりも長い。プログラムを書くことには非常に多くの詳細が必要であり、そのすべてを正しく行わねばならない。個人的にはこれは楽しい。なぜなら、一度正しくやったことは常に正しくあり、常に同じように動作してくれるからだ。プログラムは劣化しないのである。プログラムを適切な媒体に保存すれば、それは永遠に残る。私が80年代に書いたプログラムは、30年後の私のデスクトップコンピュータのDOS窓で動く。

細かい作業が嫌いだとか、タイプミスが多いとか、コンピュータ言語が柔軟性のない要求をしてくる（プログラムは必ずsetup関数で始める必要があり、それはsetup作業がなくてもそうであることなど）のが好きになれない、という人はいる。違った種類の人はエレクトロニクスの違った面を楽しむものであり、それはそうあるべきなのだ。誰もがプログラムを書きたいと思い、誰もハードウェアに触れたくないとしたら、私たちはコンピュータなんか持っていないだろう。どんな活動があなたに合っているか決めるのは、あなた自身である。

私としては、さらに興味深い方法でArduinoを使った実験を続けよう。個別の部品よりマイクロコントローラの方が簡単にできることがある、ということを示したいのだ。

さて、この実験を終える前に、Arduinoをコンピュータから外したときに、何が起きるか疑問に思っているかもしれない。

- Arduinoはあなたのプログラムを実行するために電源を必要とする。
- Arduinoはあなたのプログラムを保存するために電源を必要としない。プログラムはマイクロコントローラに自動的に、フラッシュドライブのデータのように保存される。
- ボードをコンピュータに接続せずにプログラムを実行したい場合は、ボードのUSBソケットの隣にある丸い黒いソケットに電源を供給する必要がある。
- 電源電圧はDC7～12ボルトである。この電源は安定化されている必要はない。Arduinoボードは自分のレギュレータを持っており、これが接続した電源をボード上でDC5ボルトにしてくれるからだ。（DC3.3ボルトを使うArduinoもあるが、Unoはそうではない。）
- 電源ジャックはセンターピンがプラスで直径2.1ミリのものだ。このタイプのプラグを持つ9ボルトのAC－DCアダプタを購入すればよい。
- ArduinoとUSBケーブルを接続した状態で外部電源を接続すると、Arduinoは自動的に外部電源を使う。
- Arduinoはいつでもシリアルケーブルから取り外せる。Windowsの「ハードウェアの安全な取り外し」オプションを使う必要はない。

背景：プログラマブルチップの起源と選択肢

工場や研究室では、手順の多くが反復的だ。フローセンサはヒーターエレメントを制御する必要がある。モーションセンサはモーターのスピードを調整しなければならない、などだ。マイクロコントローラは、この種のルーチン作業向けとして完璧だ。

1976年に、General Instrumentという企業が初期のマイクロコントローラ製品群を発売し、これにPICと名付けた。意味はProgrammable Intelligent Computer──またはProgrammable Interface Controllerだ（どの情報源を信ずるかによる）。General Instrumentは、PICブランドを他社に売却した。現在の所有者であるMicrochip Technologyである。

ArduinoはAtmelのマイクロコントローラを使用しているが、PICは依然、選択肢として存在し、イギリスのRevolution Education Ltd.がライセンスするホビー／教育分野用のバージョンの基礎となっている。彼らはこの一連のチップをPICAXEの名──彼らにとってクールに響く、以外の論理的な意味は不明──で呼んでいる。

（彼らが正しいか私にはよくわからない。）

PICAXEには独自のIDEが付属しており、これはBASICという別のコンピュータ言語を使っている。BASICはCよりもいくらか単純な言語だ。別のタイプのマイクロコントローラ、BASIC Stampも、BASICにパワフルなコマンドを追加して使用している。

Wikipedia（英語版）でpicaxeを検索すると、その多様な機能のすべてについての、素晴らしいイントロダクションが見つかるはずだ。実のところ、これはPICAXEウェブサイトのものよりクリアな概説になっていると思う。

Arduinoとは異なり、PICAXEチップをプログラムするために特殊なボードを購入する必要はない。必要なのはカスタマイズされたUSBケーブルだけだ――それに適切なIDEソフトウェアだが、これは無料でダウンロードできる。

本書の初版では、PICAXE製品について導入的な情報も掲載していた。興味がある方は古本を探すとよい。

基礎：長所と短所

さて、基本をいくらか学んでもらったので、あなたがプロジェクトでマイクロコントローラを使うかどうかの決定に関わりそうなさまざまについて、そろそろ論じておくべきだろう。

永続性

ATMega328にプログラムを保存するフラッシュメモリは、読み書き10,000回の製造者保証が付いており、不良部分を自動的に除外する仕組みもある。これで十分すぎるほどにも思えるし、マイクロコントローラはほぼ永久に使えるものと考えてもよいかもしれない。しかしながら、これが本当に古きよきロジックチップと同じ永続性を持つかは、まだ判らない。ロジックチップには、製造後40年経っても、まだ動いているものがあるのだ。これは重要なことだろうか。自分で決めるしかない。

陳腐化

マイクロコントローラは技術として急速に成熟している。この本の初版を書いたとき、Arduinoは比較的新しいものであり、その将来は不確実であった。そのArduinoは現在ホビーエレクトロニクス分野を支配している。しかし、もう5年経ったあとで、この状況はどうなっているだろうか。誰にもわからない。Raspberry Piのように、コンピュータ全体が1チップに載ったものがある。これが、または似たような何かが、Arduinoを一掃するかもしれないし、そうはならないかもしれない。誰にも予測することはできない。

Arduinoがこのままマイクロコントローラシステムの第一選択であり続けたとしても、われわれはそのハードウェアやIDEソフトウェア（チップをプログラムするのに使わなければならないもの）が更新されていくのをすでに目にしている。いずれにしても、分野に発展があれば付いていく必要があるだろうし、あるブランドのマイクロコントローラを捨てて、別のものに乗り換える必要だって出るかもしれない。

これに対し、スルーホールの個別部品は、その開発サイクルの終わりに達している。比較的新しいイノベーションも、導入されてはいる。ロータリーエンコーダ、小型ドットマトリクスLED、LCDディスプレイといったものだ。しかしながら、そうした新商品のほとんどは、マイクロコントローラと使うことを想定したものだ。トランジスタ、ダイオード、コンデンサ、ロジックチップ、シングルチップアンプの単純な世界では、今日得た知識は10年後にも有効であろう。

ハイブリッド回路

最後になったが、おそらくもっとも重要なことだ。マイクロコントローラは単独では使用できない。必ずほかの部品を必要とするし、それが単なる1個のスイッチ、1本の抵抗器、LEDなどであっても、入出力がマイクロコントローラと互換でなければならない。

これがゆえに、マイクロコントローラを実際に使うためには、依然としてエレクトロニクス一般に通じていなければならない。電圧、電流、抵抗、静電容量、インダクタンスといった基本概念を理解する必要があるのだ。あなたは本書でこれまで取り上げてきた、トランジスタ、ダイオード、英数字ディスプレイ、ブール論理その他のトピックについて、おそらく理解していることだろう。そして今後にプロトタイプを作っていくにあたっては、やはりブレッドボードの使い方やハンダ付けの方法を知っておく必要があるだろう。

こうしたすべてを念頭に置くことで、ようやく両者の利点と欠点をまとめることができる。

個別部品：利点

単純さ。
すぐに結果が出ること。
プログラム言語不要。
安価（小規模な回路では）。
今日の知識が明日も使える。
オーディオなどのアナログ用途にはベター。
マイクロコントローラ使用時にも依然必要。

個別部品：欠点

単一機能を遂行する能力しかない。
デジタルロジックが入ると回路設計が難しくなる。
簡単に大規模化できない。大きな回路を作るのが難しい。
回路の修正は困難になりがちで、不可能なことすらある。
部品が増えれば消費電力も（一般的には）増える。

マイクロコントローラ：利点

きわめて用途が広く、多くの機能が実行できる。
回路の追加や修正が簡単（プログラムコードを書き換えるだけ）になりうる。
さまざまな応用の巨大なオンラインライブラリ（無料で利用可能）。
複雑な論理を内包した用途に最適。

マイクロコントローラ：欠点

小規模な回路では比較的高価。
一定のプログラミングスキルが必要。
時間食いな開発プロセス：コードを書き、ロードし、テストし、改訂とデバッグし、再ロードする——回路のハードウェアのトラブルシュートに加え、これが必要。
急速に進化する技術は継続的な学習プロセスを要求する。
マイクロコントローラのそれぞれがそれぞれの癖と機能を持ち、学習と記憶を要求する。
複雑性の増大は壊れうるものの増加である。
デスクトップまたはラップトップコンピュータが必要。プログラム用のデータストレージも必要。データは事故により失われうる。
安定化電源（通常DC5ボルトまたは3.3ボルト）が必要。これはロジックチップと同じ。ピンあたり40ミリアンペア程度（またはそれ以下）の限られた出力電流。リレーやスピーカーの駆動が不可能（555タイマーは可能）。これ以上の電力を供給したければ、別にドライバチップが必要。

まとめ

さて、これで「私はマイクロコントローラを使うべきでしょうか、それとも個別の部品を使うべきでしょうか」という質問に答える準備ができた。

私の答えは、両方必要です、である。主として個別部品について書いているこの本に、マイクロコントローラのことも書いたのは、そのためだ。

次の実験では、センサとマイクロコントローラを連携させた使い方を示す。

実験33：現実世界をチェックする

スイッチが「オン」または「オフ」になるものであるのに対し、われわれが実世界から受ける入力のほとんどは、これらの極値の間の、さまざまな値を取る。たとえばサーミスタは、温度に応じて広い範囲で電気抵抗を変化させるセンサーである。

マイクロコントローラが、このような入力を処理できれば、とても便利である。たとえばサーミスタからの入力を受けることで、サーモスタットのような動作をすることができる。温度が下限値を下回ったらヒーターをオンに、部屋が十分温まったらオフにするのだ。

Arduino Unoに使われているATMega328には、これが可能だ。なぜなら、ピンのうちの6本が「アナログ入力」と区分されている——つまり入力を、単なるデジタルベースの「ロジックハイ／ロー」にとどまらないものとして、評価することができるのだ。これは入力をアナログ－デジタル・コンバータ（ADC）というもので変換することによる。

5ボルトのArduinoでは、アナログ入力はDC0ボルト～5ボルトの範囲になければならない。（実際には上限は変更可能だが、複雑になるので後に回す。）サーミスタは電圧を生成しない。抵抗値が変わるだけである。つまり、抵抗値の変化が電圧の変化をもたらすようにする方法を、考える必要がある。

この問題を処理してやると、マイクロコントローラ内部のADCが、入力のアナログピン電圧を、0から1,023のデジタル値に変換してくれる。なぜこの範囲の数値なのか。それが10個の2進数で表現できるためだ。ADCに、これより細かい刻みと大きな数値を正当化できるほどの精度がない、ということもある。

ADCが数値を出せば、あなたのプログラムはそれを目標値と比較し、適切なアクションを取ることができる——たとえば出力ピンの状態を変えて、ソリッドステートリレーに電圧供給して、部屋のヒーターをオンにする、などである。

サーミスタに始まり、デジタル値に終わる流れを、図5-86に示す。

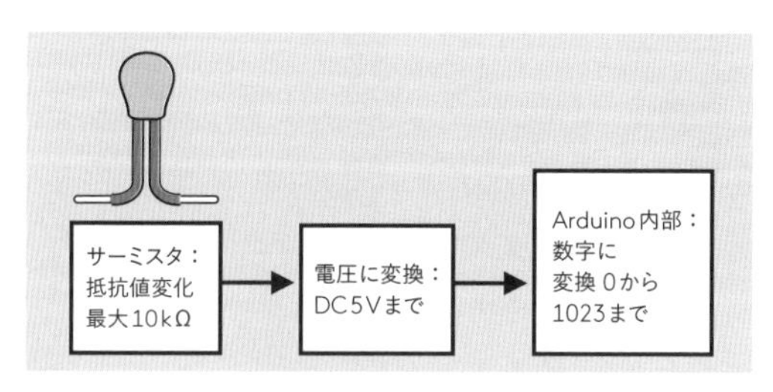

図5-86　サーミスタの状態を処理するプランの概略。

続く実験はその方法を示すものである。

必要なもの

- ブレッドボード、配線材、ニッパ、ワイヤストリッパ、テストリード、マルチメータ
- サーミスタ、10kΩ。1%または5%精度（1）（NTCタイプであること。すなわち温度が上昇すると抵抗値が低下するもの。PTCサーミスタは逆動作である）
- Arduino Unoボード（1）
- USBポートのあるノート型またはデスクトップコンピュータ（1）
- USBケーブル。一端がタイプA、もう一端がBになったもの（1）
- 6.8kΩ抵抗（1）

サーミスタを使う

最初のステップは、サーミスタについて知ることだ。リード線は非常に細い。これは、温度を測定する先端部との熱のやり取りを、最小限にするためだ。リード線は非常に細く、たぶんブレッドボードにきちんと差すことはできないので、ミノムシクリップ付きテストリードを2本使って、リード線とメータープローブを接続するとよい（図5-87）。

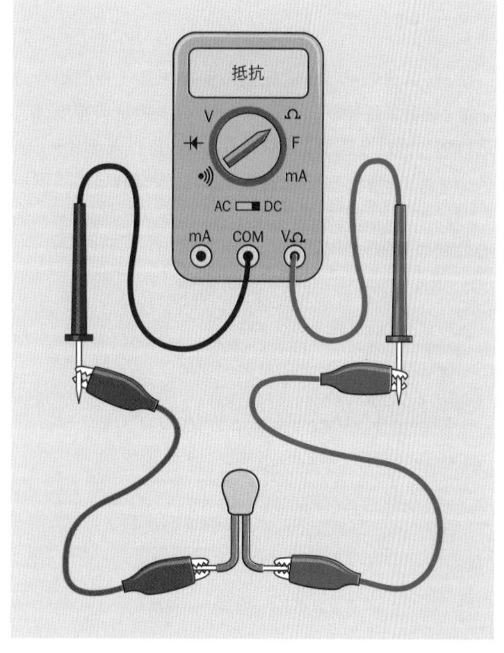

図5-87　サーミスタをテストする。

私が推奨したサーミスタの定格は10kΩである。この値は、非常な低温時の最大値である。抵抗値は25℃付近に上昇するまで、あまり大きくは変化せず、そこから比較的急激に変わるのだ。

これはマルチメータで試すことができる。室温でのサーミスタの抵抗値は、およそ9.5kΩである。それでは指でつまんでみよう。体温を吸収するにしたがい、抵抗値は下がっていく。体温（適当な値として37℃としよう）における抵抗値は、およそ6.5kΩだ。

この範囲の抵抗値を、マイクロコントローラが要求する0ボルトから5ボルトに変換するには、どうすればいいだろうか。

まず、室温に対応した最大値が、実際には5ボルトより低くなければならないことに留意する。現実世界は予想不能なのだ。もし、何らかの驚くべき理由により、サーミスタが予想をはるかに超えて熱くなったとしたらどうなるかということだ。横にハンダごてを置いてしまうとか、温まった電子機器の上に置くなどだ。

アナログ–デジタル変換の最初の教えはこれだ：現実世界を測るときは、予想不能の極端な値を許容範囲とせよ。

範囲変換

サーミスタの抵抗を電圧値に変換する一番簡単な方法は、注目温度範囲におけるサーミスタ抵抗の平均値に近い値の抵抗を選ぶことである。この抵抗器をサーミスタと直列に接続して分圧器を形成し、一端にDC5ボルト、もう一端に0ボルトを印加して、図5-88のように、両者の間の電圧を測るのだ。

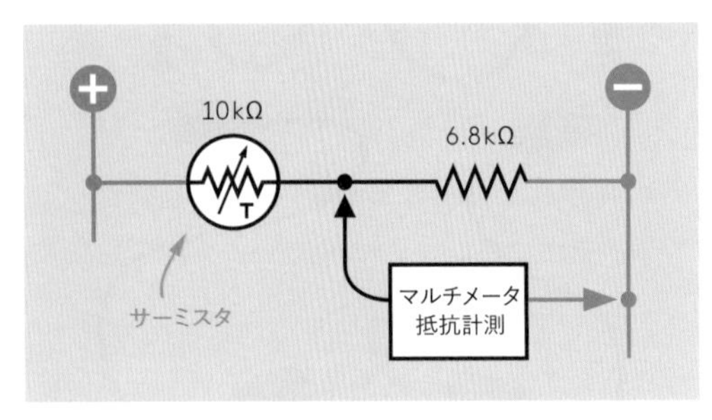

図5-88　サーミスタの変動する抵抗値から電圧を得るもっともシンプルな回路。

普通、この回路を用意するには、DC5ボルトを供給するボルテージレギュレータが必要だ。ところがArduinoは自前のボルテージレギュレータを持っており、DC5ボルト出力を簡単に用意できる（図5-79参照）。出力を引き出して、ジャンパ線でブレッドボードに引きこむ。Arduinoのグランド接続の1つも引き出して、これもブレッドボードに引きこむ。

私がやってみたところ、サーミスタ温度を25～37°Cで変化させたときのマルチメータの読みは2.1～2.5ボルトとなった。自分でやってみて、この値を確かめてみるとよい。

この電圧なら、マイクロコントローラを危険にさらすリスクがないのは明らかだ。ところがここには別の問題が見て取れる：範囲が狭すぎて適切な精度が取れないのだ。

図5-89に、入力電圧と対応するデジタル値の変換の様子を示す。2.1～2.5ボルトの範囲は濃い青で示してある。この範囲はデジタル値にして、およそ430～512に変換される——これは0～1,023という全範囲の、ほんの一部にすぎない。

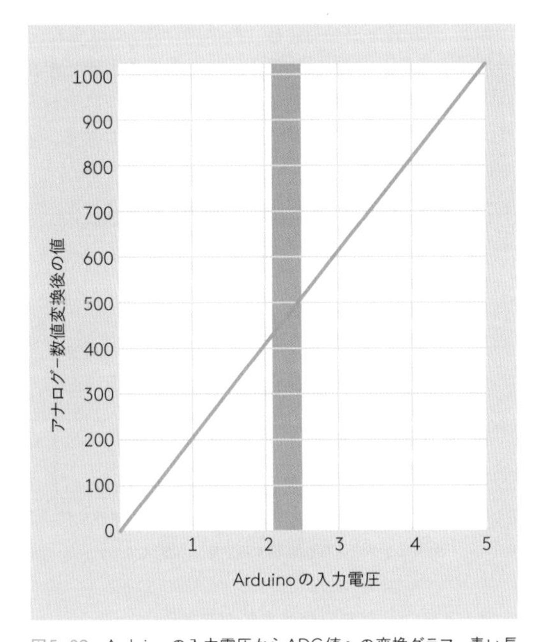

図5-89　Arduinoの入力電圧からADC値への変換グラフ。青い長方形は、摂氏25度から37度の温度範囲で10kΩサーミスタから得られる、およその電圧範囲である（6.8kΩ抵抗器が直列接続されている）。

このように限られた範囲しか使わないのは、高解像度の写真のごく限られた範囲を拡大表示するようなものだ。細部の欠落は必然的だ。この電圧を、82という幅の数字ではなく、500の幅のデジタル値でどうにか表現できたら、素敵ではないだろうか。

これを実現する方法の1つは電圧の増幅だが、オペアンプなどの追加部品が必要になる。これは可能ではあるものの、フィードバックの制御に抵抗器が必要だし、すべてが複雑になる。マイクロコントローラのキモは、すべてを単純に保っておけ！　というところにある。

もう1つ、Arduinoの機能を使って、上限電圧を下げるという方法がある。しかしこの場合、新しい上限の参照電圧を、どれかのピンに供給してやる必要がある。この電圧を作るには、もう1つ分圧器を使い、電圧入力から

ADC値への換算式も作り直す必要がある。そういうことは、少なくともシンプルなプログラムが動き出すまでは、やりたくない。

いろいろ考えた挙句、華氏75〜95度を表すだけなので、もう82個の値でやっていけるんじゃないか、ということにした。これはADCが生成するデジタルステップの1が、約1/4°Fになるという精度だ。体温計には不十分かもしれないが、室温にはまったくOKだ。

配線

それでは試してみよう。でもちょっと待った――マイクロコントローラの載ったファンキーな見た目のUnoに加え、ブレッドボードもまだ必要なのだろうか。

イエス。そういう計画だ。これらすべてを接続するには、3つの方法が存在する：

- プロトシールドというガジェットを買う。これはUnoボードの上に収まりコネクタにも接続する、ミニブレッドボードといったものだ。私はこのデバイスのファンではない。最終的に普通のブレッドボード上に完成する回路から遠ざけられることになるからだ。
- マイクロコントローラをUnoボードから抜いてブレッドボードに差す。この方法では、部品は普通のやり方でピンによって接続できる。しかしこのようにすると、マイクロコントローラをプログラムする方法がなくなり、またマイクロコントローラをArduinoボード上にあるときと同じ速度で動かすために、クリスタルオシレータが必要になる。
- サーミスタと抵抗器を普通のブレッドボードに差し込み、このサーミスタ回路からの電圧をジャンパ線経由でUnoボードに飛ばす。これは、正電源と負グランドをArduinoからブレッドボードに供給するという、すでにやっている方法と同じやり方だ。面倒ではあるが、大多数の人が採用しているやり方でもあるようだ。プログラムが完成してマイクロコントローラ上にすっかり落ち着いたら、チップをもっと便利な場所に動かすこともできるだろう。

図5-90に配置を示す。図5-91には外観写真を示す。ここで認めなければならないが、これこそ両端にプラグの付いた小さなワイヤが便利な場面である。依然として完全に信頼しているわけではないにしても。

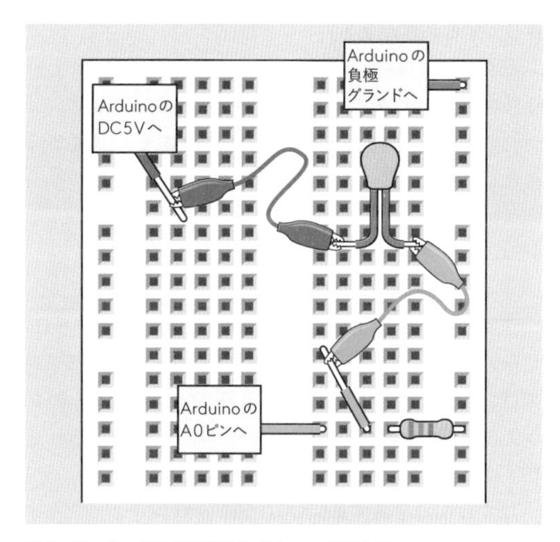

図5-90　サーミスタ回路をArduinoに接続する。

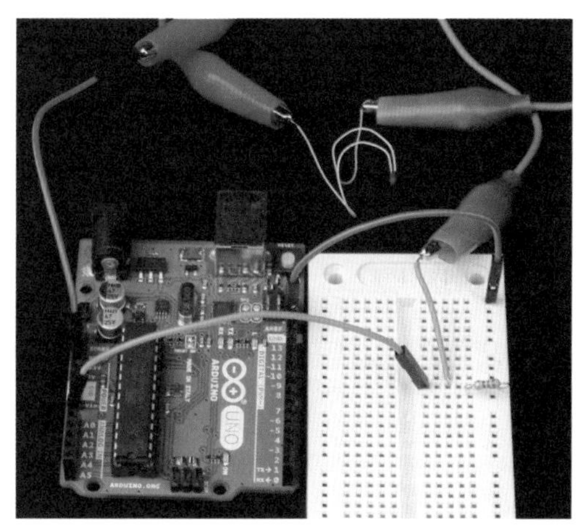

図5-91　サーミスタ回路とArduinoの接続にジャンパ線を使う。

あれ？　出力なし？

さて、アナログ入力を内部的なデジタル値に変換する準備はすべて整った。でもちょっと待った――まだ何か足りないぞ。出力がない！

理想の世界では、Unoボードには小さな英数ディスプレイが付属してて、本物のコンピュータのように使えるだろう。実際、そうしたディスプレイを入手してUnoと使うことはできるのだが、これもまた複雑さを招くことになる。マイクロコントローラの世界のほかのすべてと同様、これもまたプラグ&プレイではないのである。マイクロコントローラでテキストを送出するには、そのようにプログラムする必要がある。

だから私は単純さを保つことにする。Unoボード上の小さな黄色LEDをインジケータに使うのだ。このインジケータが、部屋のヒーターを表すものとする。温度が低ければオンに、高ければオフになるものだ。

ヒステリシス

温室の暖房を想定しよう。快適な華氏85度(29.5°C)に保ちたいものとする。この気温で、抵抗とサーミスタのコンビから来る電圧を2.3ボルトとする。図5-89のグラフを見ると、マイクロコントローラのADCが、これを約470というデジタル値に変換することがわかる。

だから470を閾値としよう。値が469に下がったらヒーターを点けるのだ(またはLEDを点灯することで、これをシミュレートする)。値が471になったらヒーターを止める。

だがちょっと待った。これって意味があるのだろうか。これはサーミスタが感知した温度のわずかな下降がLEDをトリガし、わずかな上昇がオフにすることを意味している。このシステムは永遠に不安定ではないだろうか。

本物のサーモスタットは、誰かがドアを開けたり閉めたりするときの小さな温度変化に、いちいち反応しない。ひとたびオンになれば、温度がターゲットより少し高くなるまではオンのままだ。そしてひとたびオフになれば、温度がターゲットより少し低くなるまではオフのままだ。

このふるまいをヒステリシスという。ヒステリシスについては、コンパレータという部品との絡みで、本書の続編『Make: More Electronics』で詳しく論じる。

ヒステリシスをマイクロコントローラにプログラムするには、どうしたらいいだろうか。469から471よりも広い範囲の値が必要だ。プログラムでは、「LEDがオンの場合は、温度の値が490を超えるまではオンのままにせよ。それからオフにせよ」のように言うことができる。そして「LEDがオフの場合は、温度の値が460を下回るまでオフのままにせよ。それからオンにせよ」だ。

これがわれわれにできるだろうか。できる。とても簡単だ。図5-92に示したプログラムは、この論理を使ったものだ。これはArduino IDEの画面キャプチャから取ったもので、つまり、しっかり動く根拠のあるものだ。

```
// Heater Control Simulation
// by Charles Platt

int digitemp = 0;
// digitemp is a variable to store
// a digitized temperature value.

int ledstate = 0;
// Will be 0 if LED is currrently off.
// Will be 1 if LED is currently on.

void setup()
{
    pinMode (13, OUTPUT);
    // Onboard LED shows the output.

    // (No need to set the analog pin
    // which is input by default.)
}

void loop()
{
    digitemp = analogRead (0);
    // Thermistor is on analog input A0.

    if (ledstate == 1 && digitemp > 490)
        {
        ledstate = 0;
        digitalWrite (13, LOW);
        }

    if (ledstate == 0 && digitemp < 460)
        {
        ledstate = 1;
        digitalWrite (13, HIGH);
        }

    delay (100);
}
```

図5-92 想定ヒーター装置の制御プログラムのリスト。

このプログラムでは、新しいコンセプトをいくつか導入している――しかしまずはIDEに打ち込もう。コメント行をすべて打ち込む必要はない。説明用に加えたものだからだ。図5-93のずっと短いバージョンを打ち込んでもよい。こちらではコメント行が省略してある。

```
int digitemp = 0;
int ledstate = 0;

void setup()
{
    pinMode (13, OUTPUT);
}

void loop()
{
    digitemp = analogRead (0);
    if (ledstate == 1 && digitemp > 490)
        {
        ledstate = 0;
        digitalWrite (13, LOW);
        }
    if (ledstate == 0 && digitemp < 460)
        {
        ledstate = 1;
        digitalWrite (13, HIGH);
        }
    delay (100);
}
```

図5-93　前掲と同じプログラムだがコメント行を省略したもの。

プログラムを「検証・コンパイル」して、タイピングの誤りを修正する（たぶんセミコロンがないところがあるのでは。これがもっとも一般的な誤りである）。

Arduinoを接続してプログラムをアップロードしよう。サーミスタの温度が29.5°C以下になると、黄色のLEDが点灯する。

指でサーミスタをつまみ、室温が上がったと思いこませてみよう。数秒でLEDが消えるはずだ。手を放せばサーミスタは冷えていく――しかしLEDは、しばらくはオンのままだ。これはシステムのヒステリシスが、温度がそれなりに下がるまで待て、と命じるからである。いつかはLEDが再点灯するだろう。成功だ！

ところで、このプログラムはどんな風に機能するのだろうか。

1行ごとに

このプログラムでは、変数という概念を導入している。これはマイクロコントローラのメモリの小さな空間で、デジタル値を格納できるものだ。あなたはそれを「メモリボックス」と考えることができる。ボックスの外側にはラベルがついていて、変数の名前が書いてある。中にあるのは数字の値だ。

「int digitemp = 0;」は、私がdigitempという名前の変数を作り出した、という意味である。これは整数（integer）（断片ではない1個の数のまるまる）であり、初期値はゼロという値にしておいた。

「int ledstate = 0;」は、ボード上のLEDが点灯しているか消灯しているかを追跡するために、整数の変数をもう1つ作り出した、という意味だ。マイクロコントローラにLEDを見に行かせ、それがどんな状態か言わせる簡単な方法は存在しないので、自分で追跡する必要があるのだ。

このプログラムの「setup」は、マイクロコントローラに、ピン13を出力に使うことを伝えるだけのものだ。ピンA0を入力に使うことは、伝えておく必要がない。アナログピンはデフォルトで入力になっているからだ。

それではプログラムの心臓部であるループを見ていこう。まずanalogReadコマンドを使い、マイクロコントローラに、アナログポートの状態を読み取れ、と伝える。どのポートだろうか。私が指定したのは0で、これはアナログポートA0を意味する。ブレッドボードからの線が、ここに接続されているのだ。

ポートを読んだADCからやって来る情報をどうしようか。分別のある置き場は1つだけ：このために作っておいた変数digitempである。

これでdigitempには値が入っている。調べてみよう。最初に指摘しておくが、もしヒーターがオンで（LEDが点灯していて）、かつ温度値が490を超えていれば、ヒーターをオフにする時である。if部分では、次のようにテストされている：

```
if (ledstate == 1 && digitemp > 490)
```

二重の==は、「比較を行い、この2つの項目が同じであるか確認せよ」という意味だ。1個の等号は「この値を変数に格納せよ」の意味だった。これらは異なる。

そして二重の&&は「論理AND」である。その通り、ブール論理だ。ロジックゲートのANDを使っているようなものなのだ。違いは、チップの配線をする代わりに、コードを1行書けばよいことだ。

>記号は「左が大きい」を意味する。

ifのテスト内容は、カッコで囲われた部分だ。カッコ内の声明が真であれば、マイクロコントローラは直後の中カッコで囲まれたプロシジャ（手順）を実行する。このプロシジャ、「ledstate = 0」では、LEDがこれからオフになることを記録している。「digitalWrite (13、LOW);」で、これを実際にオフにする。

2番目の「if」テストもよく似ているが、LEDがオフで、かつ、温度がかなり低くなった場合にのみ適用されるものだ。このときはLEDをオンにする。

最後に1/10秒のディレイが入れてある。これは、それ以上の頻度で温度をチェックする必要がないためだ、

さて、以上である。

さらなる詳細

ここではifテスト、二重等号、&&論理演算子などのさまざまな構文を、構文リストの提示をすることもなく投げ込んだ。構文リストはオンラインにあるだろう。こちらにはスペースがない。

プログラミングではいくつか注意がある：

- 行が字下げ（インデント）されているのは論理構造を明確にするためである。余分のスペースはコンパイラが無視するので、好きなだけ加えることができる。
- IDEは色を使い、タイプミスをしたときに見つけやすくしてくれる。
- 変数の名前には、アルファベット、数字、アンダースコア文字を、あらゆる組み合わせで使うことができる──ただし、Arduino言語で特別な意味を持つ単語と同じものを除く。たとえば「void」という変数は使えない。
- 変数名を大文字で始めたい人も、そうでない人もいる。それはあなたの選択だ。
- 各変数はプログラムの先頭で宣言しておくのがよい。そうすればコンパイラは何が来るべきであるのかを知ることができる。
- 整数（intで宣言）は、−32,768から+32,767までの範囲の値をとることができる。このマイクロコントローラのC言語では、もっと広い範囲の値の、あるいは小数の値の保持が可能な、ほかの種類の変数を使うことができる。しかし実験34までは、大きな数値を使う必要はない。

最初の言語リファレンスとしては、Arduinoの本家Webサイトの https://www.arduino.cc/reference/jp/ がある（日本語）。Arduino IDEの「ヘルプ」メニューから「リファレンス」を選んでもよい（こちらは英語）。

改良

このプログラムは私がやるようにしたことをしっかりやるが、それはとても限られたことだ。一番の制限は、温度値の最小最大について特定の値を使っていることだ。これでは温度設定ノブが接着してあって、変えることができないようなものだ。プログラムを拡張して、ヒーターの閾値温度をユーザーが調整できるようにするには、どうしたらいいだろうか。

私が考えたのは、可変抵抗器を追加する方法である。可変抵抗器の両端の端子を0ボルトと5ボルトに、ワイパー端子をマイクロコントローラのほかのアナログ端子に接続するのだ。こうすれば、可変抵抗器は分圧器として機能し、DC0ボルトから5ボルトの全範囲が供給できる。

そして、マイクロコントローラが可変抵抗器の設定をチェックしてデジタル化するプロシジャを、ループ内に追加する。

こうすれば0から1,023までの全範囲の数値が出る。この数値は、digitemp変数のありそうな数値範囲と互換性があるように、変換する必要があるだろう。次にこれを、新しい変数に入れる。usertempとでもしようか。そしてサーミスタで測定した実際の室温が、usertempより著しく高かったり低かったりしていないか、調べればいいのだ。

ここで小さな詳細を飛ばしたことに注意：可変抵抗器の出力をusertempに適した範囲に変換するには、実際にはどうすればいいだろうか。よろしい、今やって見せよう。

上での見積もりの通り、サーミスタ出力のありそうな範囲が430から512であるなら、これは中央値471、プラスマイナス41と考えることができる。可変抵抗器は中央値512、全範囲はプラスマイナス512である。したがって：

```
usertemp = 471 + ((potentiometer - 512) * .08)
```

である。ただしpotentiometerは可変抵抗器入力からの値、アスタリスク記号（*）はC系の言語での乗算記号である。これで十分な値が得られる。

イエス、算数はプログラミングに出てくるものなのだ。遅かれ早かれ・あちらかこちらで。そうではない振りをする方法なんかない。とはいえ、高校数学より上に行く

ことも、ほとんどない。

この拡張版では、まだヒステリシスの世話を焼く必要がある。最初のif文は、次のような感じに変換する必要があるだろう。

```
if (ledstate == 1 && digitemp > (usertemp +
10) )
```

こうなればLEDをオフにする。また

```
if (ledstate == 0 && digitemp < (usertemp -
10) )
```

こうなればLEDをオンにする。これにより、ADCからの値プラスマイナス10のヒステリシス範囲が得られる。

さて、改造の記述はした。あなたはそろそろ自分でやることを考えてもいい頃合いだろう。新しい変数があるたびに、プログラム本体で使う前に宣言することが必要なのを忘れないこと。

実験34：ナイサー・ダイス

最後の実験では、実験24を振り返る。ロジックチップを使ってダイスパターンを創り出した実験である。今回はロジックチップに代えて、マイクロコントローラ・プログラムの論理演算子とif文の組み合わせを使う。ハードウェアのいくつかは、1ダースほどのコンピュータコードで置き換えることができる。そして555タイマー、カウンター、3つのロジックチップに代えて、1個のマイクロコントローラが必要になる。これは適切な利用のお手本みたいなものだ。（LEDやその直列抵抗が依然として必要なのはもちろんだ。）

必要なもの

- ブレッドボード、配線材、ニッパ、ワイヤストリッパ、テストリード、マルチメータ
- 汎用LED（7）
- 直列抵抗、330Ω（7）
- Arduino Unoボード（1）
- USBポートのあるノート形またはデスクトップコンピュータ（1）
- USBケーブル。一端がタイプA、もう一端がBになったもの（1）

発見による学習の限界

発見による学習は、電子部品について知っていく際には、よく機能する。ブレッドボードに載せ、電源を通じ、何が起きるか見る。回路を設計するときにすら、トライアル&エラーで改良を進めていける部分がある。

プログラムを書くときはそうではない。規律よく論理的である必要がある；そうしなければ、動作の怪しいバグっぽいプログラムコードを書きがちになる。前もって計画する必要もある；そうしなければ、多くの作業をやり直すのに多くの時間を費やすとか、全部捨てたりすることになる。

私は計画するのが好きではないが、時間を無駄にするのはもっと嫌いだ。だから私は計画するし、この最終プロジェクトでは、計画のプロセスについても書くつもりである。部品をいくつか組み立てて何が起きるか見るようなお楽しみが出せないのは申し訳のないところだが、ソフトウェアの開発プロセスを解説しないでいれば、プログラミングを実際よりも単純なものだと誤解させてしまう。

ランダム性

最初の質問は明白であろう：「自分がこのプログラムに本当にさせたいことは何だろう」である。この質問は不可欠だ。なぜなら、ゴールを明確に定めることなしに、マイクロコントローラがそれを推測してくれる方法なんか存在しないからだ。これは実験15で書いた、侵入警報機の「ウィッシュリスト」を作ったときのプロセスに似ている。ただしマイクロコントローラ向けの場合、だいぶ詳しくやる必要がある。

基本的な要求は非常に簡単だ。私がほしいのは、乱数を1つ取って賽の目のパターンで表示するプログラムである。

乱数を1つ取るのはこのプログラムの肝なので、これについては正しく知っておく必要がある。というわけで、言語リファレンスのあるArduinoのウェブサイトをチェックしよう。私の好みはもっと包括的な情報だが、このサイトは出発ポイントとしては優れている。

Arduinoのホームページに行き、「Learning」タブをクリックして「リファレンス」を選択すると、「乱数」と題されたセクションがある*。クリックすると、Arduino専用に作られたrandom()という関数が存在していることがわかる。

これはすごい驚きというわけではない。高水準のコンピュータ言語のほとんどすべてには何らかのランダム関数が組み込みになっており、人間の観察者には予想不能で、繰り返しが起きるまで非常に長くかかるような数列を、数学的なトリックを使って生成するようになっているものだからだ。唯一の問題は、それが数学的に生成されるため、プログラムを実行するたびに同じものが繰り返されることだ。

数列の別の場所を開始点にするようにしてはどうだろうか。Arduinoにはもう1つ、randomSeed()という関数があるが、これは乱数ジェネレータを未接続のピンの入力状態で初期化して、任意の位置から開始するようにするものだ。前にも書いたように、ロジックピンが浮いていれば、周囲のさまざまな電磁放射を拾うものであり、そこから何が出てくるかは予想がつかない。つまりrandomSeed()は純粋にランダムなものになり得るのだ——その未接続ピンがほかの何にも使えないことを覚えておく必要はあるものの。

乱数生成器の初期化の問題はひとまず措いて、ダイスプログラムの出力用の数字を選ぶにはArduinoのrandom()を使うということにしておこう。実際にはどんな動作にしたいだろうか。

プレイヤーがボタンを押すと、ランダムに選択された数字の賽の目パターンが出る、というのではどうだろう。任務完了だ！　そしてもう一度「サイを振る」必要がある場合は、もう一度ボタンを押せばよい。それでまたランダムに選択された別の賽の目のパターンが表示される。

これは非常に便利そうだ——が、非常に面白そうに見えるとは思えない。それらしさ、についても怪しいように思う。本当にランダムなのか、見た人が怪しむのではないだろうか。ここでの問題は、手順の制御がユーザーの手から離れているところにあるように思う。

ハードウェア版のプロジェクトを振り返ると、表示が高速で変わっていくところ、プレイヤーがボタンを押して自由に止められるところが、私の好みの部分なのだ。

プログラムはrandom()関数を使うのではなく、これをエミュレートする方がよいかもしれない。1から6までの数字を非常に高速に繰り返すのだ——ハードウェア版のナイス・ダイスと同様に。

しかしこれには別の心配がある。プログラムが1から6までカウントし、それを繰り返す場合、マイクロコントローラはループの始点に戻るときに何マイクロ秒か余計に使う可能性があるのではないか。その場合、6はほかの数字に比べて、わずかながら長いこと表示されることになる。

それでは2つのコンセプトを合体するというのはどうだろう。乱数生成器で数字の列を生成し、これを超高速で連続的に表示して、プレイヤーが好きな瞬間にボタンを押したらストップするのだ。

この計画は好みだ。さて、それでどうしようか。高速数字表示の再開には別のボタンを付けてもよい。しかしこれは不可欠というわけではない：同じボタンでできるのだ。押して停止、また押して再開だ。

こんなわけで、プログラムに何をさせたいか、よりよい考えが得られてきた。次の段階、マイクロコントローラに為すべきことをさせるための命令を考えていくにあたり、これは助けになるだろう。

擬似コード

私は擬似コードを書くのが好きだ。これは人語で書いた一連の命令で、コンピュータ言語に容易に変換できるというものだ。以下はナイサー・ダイスと名付けたこのプログラム用に、私が書いた擬似コードプランである。命令は極めて高速に実行されるので、表示はちらちらにしか見えないことに留意する。

＊訳注：デザインが変わり、公式リファレンスに到達する一番簡単な方法はGoogle検索となっている（2019年6月現在）。また公式の日本語版はたいへん不完全で、「乱数セクション」はあるが、中の関数のドキュメントがない。少し古いが、船田巧氏（『Arduinoをはじめよう』訳者）の公開している版 http://www.musashinodenpa.com/arduino/ref/index.php をお勧めする。

＊＊編注：本書の編集時、日本語のリファレンスは https://www.arduino.cc/reference/jp/ にあるが、訳注の通り日本語化されているのは一部にとどまる。英語のリファレンスのURLは https://www.arduino.cc/reference/en/。

Main loop:

- ステップ１。乱数を取る。
- ステップ２。これを賽の目のパターンに変換し、適切なＬＥＤを点灯する。
- ステップ３。ボタンが押されているかチェックする。
- ステップ４。ボタンが押されていなければ、ステップ１に戻って新たな乱数を取り、シーケンスが高速に繰り返される。そうでなければ……。
- ステップ５。表示をフリーズする。
- ステップ６。プレイヤーの２度目のボタン押しを待つ。押されたらステップ１に戻って繰り返し。

このシーケンスに、どこか問題はないだろうか。マイクロコントローラ視点で可視化することを試みよう。プログラムの命令を受け取ったときに、仕事を終わらすのに必要なものが、すべて揃っているだろうか。

揃ってない。命令がいくつか抜けているのだ。ステップ2には「適切なLEDを点灯する」とある——ところがこれをオフにする命令がどこにもない！

常に忘れてはならない：

- コンピュータは言われたこと*だけ*をする。

点灯してあるLEDを、新たな数字を表示する前に消灯したいなら、それをする命令を入れる必要があるのだ。

どこに入れればよいだろうか。うん、表示の消灯は、新しい数字を取って表示する直前にしたい。つまり、表示クリアはメインループの一番最初だ。これをステップ0として入れよう。

- ステップ0。すべてのLEDをオフにする。

だがちょっと待った。前に表示した数字によって、LEDのあるものはオン、あるものはオフになっている。表示をクリアするためにすべてのLEDをオフにする、ということは、すでにオフであるLEDも含まれることになる。マイクロコントローラは気にしないが、これはその命令を実行するのに時間の無駄が起きるということだ。オンになっているLEDのみをオフにし、すでにオフのLEDは無視するほうがたぶん効率的ではないだろうか？

このようにすることはプログラミングにさらなる複雑性を持ち込むし、たぶん必要でもない。コンピューティングの初期には、人々はプロセッササイクルを節約するためにプログラムを*最適化*する必要があったが、今ではマイクロコントローラすら十分に高速で、すでにオフのLEDをオフにするために無駄になる時間など、気にする必要はない。すべてのLEDを、現在の状態にかかわらずオフにする、万能ルーチンを使うとしよう。

ボタン入力

擬似コードの命令のリストに足りないものは、もうないだろうか。

ボタンの問題がある。

プログラムに何をしてほしいか、もう一度可視化してみよう。高速表示が、とても速く数字を変え続ける。プレイヤーがそれを止めようとボタンを押す。表示が現在の数字を見せたままフリーズする。ステップ6では、マイクロコントローラはプレイヤーがもう一度ボタンを押して、高速表示を再開するのを永遠に待つ。

ちょっと待った。プレイヤーは、放してもいないボタンを、どうやって「もう一度」押せるのだろうか。

現在の擬似コードで、マイクロコントローラが実際にやることは、実行速度が非常に非常に高速であることを考えると、このようになる：

- プログラムがマイクロコントローラにボタンの状態をチェックさせる。
- マイクロコントローラはボタンが押されていることを知る。
- 表示はフリーズする。マイクロコントローラはボタンがもう一度押されるのを待つ。
- しかしマイクロコントローラはボタンがまだ押されていることを知る。プレイヤーにはそれを放すひまがないから。
- マイクロコントローラは言う。「OK、ボタンが押された。高速表示を再開しなきゃ。」

ゆえに表示のフリーズは、一瞬しか続かない。

この問題の解はこれだ。シーケンスにもう1ステップ加える：

- ステップ5A。プレイヤーがボタンを放すのを待つ。

これはプレイヤーの準備ができるまで、プログラムの実行とそれ以上の数字表示を止めさせる。

これでよし？　もうやり遂げた？

いや、まだじゃないかと思う。ちょっと面倒になってきたなとお思いかもしれないが、この場合の私は、悪いね、でもプログラミングってこういうものだから、と言わざるを得ない。命令を何個か投げてみて動くかどうか見ようぜ、と言う人も居るかもしれないが、今回はうまくいかないね、ということに、しばしばなってしまうのが、私には心配だ。

ボタン問題は、実はもう1つ存在する。ステップ6では、ボタンがもう一度押されるのを待ち、高速表示を再開するという。OK、プレイヤーがボタンを押し、表示が再開する——ところがマイクロコントローラは非常に高速で、表示の消去と新しい数字パターンの表示は一瞬で済んでしまうので、ここでもまた、再チェックまでにプレイヤーがボタンを押すのをやめる暇がない、ということになる。そんなわけで、ステップ4に到達したマイクロコントローラは、ボタンがまだ押されていることを発見し、再度表示をフリーズする。

じゃあどうする？　新たにステップ7として、高速表示を再開する前に、マイクロコントローラにボタンの解放を待たせるようにすればよいだろうか。

これは直感に反している。押したボタンを放すまで高速表示が再開しないことを、誰もが理解するとは思えない。「いいのいいの、これはやらなきゃいけないんだ、だってプログラムが要求するからね」と言えばいいかもしれない。しかしこれは非常によくない考えだ。

- プログラムが、ユーザーの期待することを、するべきである。プログラムを満足させるためにユーザーに何かさせるのは、絶対に避けるべきである。

いずれにせよ、ボタンを放すまで高速表示を再開するのを待つ、という方法はうまくいかないだろう。ほかにも問題があるのだ：スイッチバウンス（チャタリング）である。これはボタンを押したとき、および、ボタンを放したときに起きる。このため、ボタンを放し、プロセスが再開し、プログラムが1ミリ秒後にボタンの再チェックをしたときには、接点はまだ振動しているので、オープンとクローズのどちらの状態に見えるかは予想不能だ。

これはマイクロコントローラが物理世界と相互作用するときに我々が直面する問題の典型だ。マイクロコントローラはすべてが正確で安定したものであることを望むが、物理世界は不正確で不安定なものなのだ。

この問題については、どのように解決するか決める前に、慎重に考えねばならない。

1つの解決策は、2つのボタンを持つことに戻ることだ。1つは高速表示を開始するためのもの、もう1つは停止するためのものとする。このようにした場合、「スタート」ボタンが押された瞬間から、マイクロコントローラはボタンの状態も、その接点バウンスも無視して、「ストップ」ボタンが押されるのを待つようにすることができる。

しかしプレイヤーの視点で、私はボタンを1つだけにする単純さが気に入っている。どうにかして動作させる方法がないだろうか。

プログラムに何をさせたいか、できるだけ明確に記述することに戻ろう。私は自分に言う。「プログラムは2度目にボタンが押されたら、すぐに高速表示シーケンスを再開してほしい。しかしその後は、プログラムはボタンを無視すべきである。これはボタンが放されて、接点のバウンスが収まるまでだ。」

シンプルに1、2秒くらいボタンをロックするのはどうか。実際これはよい考えだ。ランダムな表示がしばらく続いた後で、プレイヤーが止められるようになるべきだからだ。あらゆる数字をめぐるようになることで、「よりランダムに」見えるようになるだろう。

高速表示が始まってから、たとえば2秒間、ボタンをロックしたものとしよう。ステップ4は次のように書き換えねばならない：

- ステップ4。ボタンが押されていない場合、「または（OR）」高速表示の実行時間が2秒未満の場合、一番上に戻って別の乱数を取る。そうでなければ……。

「または（OR）」という語に着目だ。こうしたブール演算子は本当に便利なのである。

システムクロック

ボタンの問題はすべて解決した感じだが、ここで新しい問題が出た。2秒測る必要があるのだ。

マイクロコントローラの中にはシステムクロックがあるだろうか。たぶんある。たぶんC言語でアクセスして、時間間隔を測るように頼むことができる。

言語リファレンスをチェックしよう。よし、ミリ秒が測れるmillis()という関数がある。これは時計のように動作し、プログラムが起動する度にゼロからカウントする。この関数の返す数字の最大値は非常に大きく、ゼロに戻って繰り返すまで50日ほどかかる。これなら確実に足りるだろう。

しかし——1つ小さな問題がある。Arduinoは私のプログラムに、必要に応じたシステムクロックのリセットを許していないのだ。クロックはプログラムが実行されるとストップウォッチのようにカウントを始めるが、ストップウオッチと違って、止めることができない。

どうしたらいいだろうか。システムクロックは、現実世界のキッチンの壁の時計と同じように使う必要がある。固ゆで卵をゆでたいときは、お湯の沸き始めで心の中にメモをする。今が午後5時2分で、卵を7分間茹でたいものとしよう。私は自分に言う。「5:02プラス7分間は5:09だ。つまり5:09に卵を取り出せばよい。」

私が頭の中でしているのは、記憶したタイムリミットの5:09と、動き続ける時計の比較だ。「時計はもう5:09になってるかな?」と自問しているのだ。時計の時刻が5:09またはそれ以上の値になっていれば、卵は茹で上がりだ。

ダイスプログラムでこのようにするには、卵を茹でるプロセスで茹で始めに時間を覚えておいたのと同じような機能をする、変数を作ればよい。高速表示が始まる直前に、システムクロックの現在値プラス2秒という値を、変数に格納するのだ。そうすれば、プログラムに、「システムクロックは変数の値に達したかな?」と考えさせられるようになる。

変数には「ignore(無視)」という名前を付けるものとしよう。これはプログラムがボタンを無視するのをやめるべき時を教えてくれるからだ。それでステップ4では、「システムクロックはもうignore変数を超えているか?」とマイクロコントローラに聞き、超えているときは、ボタンへの注目を再開する、とすることができる。

システムクロックはリセットできなくても、ignore関数をmillis()の現在の値プラス2秒にリセットすることはできる。これを、新しく高速表示セッションを始めるたびに行えばよい。

擬似コードの最終ドラフト

これらすべての問題を念頭に置いたうえで、以下がプログラムのイベントシーケンスの改訂&最終版(願わくば)である:

- ループに入る前に、ロジックピンの入力・出力を確定し、ｉｇｎｏｒｅ変数を現在時刻プラス２秒にセットする。
- ステップ０。すべてのＬＥＤをオフにする。
- ステップ１。乱数を取る。
- ステップ２。これを賽の目のパターンに変換し、適切なＬＥＤを点灯する。
- ステップ３。ボタンが押されているかチェックする。
- ステップ４。システムクロックがｉｇｎｏｒｅ変数に追いついているかチェックする。
- ステップ４ａ。ボタンが押されていない場合、「または（ＯＲ）」システムクロックがｉｇｎｏｒｅ変数に追いついていない場合、ステップ０に戻る。そうでなければ……。
- ステップ５。表示をフリーズする。
- ステップ５Ａ。プレイヤーがボタンを放すのを待つ。
- ステップ６。プレイヤーが表示を再開するためにもう一度ボタンを押すのを、待ち続ける。
- ステップ７。ｉｇｎｏｒｅ変数をシステムクロック＋２秒にリセットする。
- ステップ０に戻る。

これでうまく行くだろうか。確かめてみよう。

ハードウェアの準備

図5-94は7個のLEDで賽の目のパターンを表示できるように配線したところだ。コンセプトは図4-146と同じだが、Arduinoは各出力ピンから40ミリアンペア供給できるので、ペアのLEDを直列に接続する必要がないところは違っている。40ミリアンペア供給できると、1本の出力ピンで並列つなぎのLEDペアを簡単にドライブできるし、汎用LEDに330Ωの抵抗で十分である。

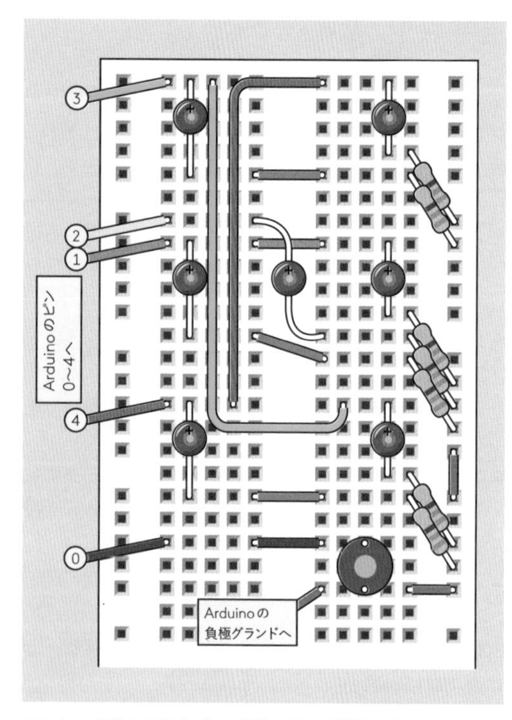

図5-94　7個のLEDをブレッドボード上で配線して賽の目のパターンを表示する。

配線のナンバリングは図4-146と同じシステムだ。番号はサイコロの数字とは無関係である。配線の区別のために適当につけただけのものだ。そしてこの1から4までの配線は、Unoのデジタル出力の1番から4番までに接続できる。こうすればすべてが明瞭になる。

ここでは、Unoのデジタル接続0番を、ボタンの状態をチェックする入力に使っている。ところが、UnoはUSBからのデータ受信時にデジタルピン0と1を使う。プログラムのアップロードに問題が生じるようであれば、一時的にこの配線をデジタル入力0から抜いてみよう。

ブレッドボードとUnoを結ぶグランド線は、まだ接続しない。プログラムのアップロードを先にした方が安全だ。なぜなら、どのピンが入力であり、どのピンが出力であるかを、マイクロコントローラに指定するのは、プログラムだからである。すでに入っているプログラムで別の指定になっていることがあるし、Arduinoは電源が入れば、メモリに入っているのがどんなプログラムであろうと、すぐにそれを起動する。これはArduinoの出力にとって危険である：

- 出力に指定したデジタルピンには、いかなる電圧も決してかけないように、よくよく注意する必要がある。

初めてのプログラム

図5-95は、擬似コードにマッチするように書いたプログラムである。同じプログラムのコメントを除去して、すばやくタイプできるようにしたバージョンを、図5-96に示す。IDEの編集画面に打ち込もう。

```
// Nicer Dice
// by Charles Platt

int spots = 0;      // How many spots to display.
int outpin = 0;     // The number of an output pin.
long ignore = 0;    // When to stop ignoring the button.

void setup()
{
  pinMode(0, INPUT_PULLUP);
  pinMode(1, OUTPUT);
  pinMode(2, OUTPUT);
  pinMode(3, OUTPUT);
  pinMode(4, OUTPUT);
  ignore = 2000 + millis();
}

void loop()
{
  // First, we must blank the display.
  for (outpin = 1; outpin < 5; outpin++)
  { digitalWrite (outpin, LOW); }

  // Now pick a random number from 1 through 6.
  spots = random (1, 7);

  // Now display the appropriate spot pattern.
  if (spots == 6)
  { digitalWrite (1, HIGH); }   // Side pair of spots

  if (spots == 1 || spots == 3 || spots == 5)
  { digitalWrite (2, HIGH); }   // Center spot

  if (spots > 3)
  { digitalWrite (3, HIGH); }   // Diagonal spots, left

  if (spots > 1)
  { digitalWrite (4, HIGH); }   // Diagonal spots, right

  // Add a small delay for a pleasing display speed.
  delay (20);

  // After 2 seconds have passed, stop ignoring the button.
  // If the button is pressed, call the checkbutton function.
  if ( millis() > ignore && digitalRead(0) == LOW )
  { checkbutton(); }
}

// This function waits for the button to be released,
// then waits for it to be pressed to start the next run.
void checkbutton()
{
  delay (50);                        // Button pressed; debounce.
  while (digitalRead(0) == LOW)      // While button is pressed,
    { }                              // do nothing while waiting.
  delay (50);                        // Button released, debounce.
  while (digitalRead(0) == HIGH)     // While button is released,
    { }                              // do nothing while waiting.
  ignore = 2000 + millis();          // Set the new ignore time,
}                                    // and return to the main loop.
```

図5-95　ナイサー・ダイスのプログラムリスト。

```
int spots = 0;
int outpin = 0;
long ignore = 0;

void setup()
{
  pinMode(0, INPUT_PULLUP);
  pinMode(1, OUTPUT);
  pinMode(2, OUTPUT);
  pinMode(3, OUTPUT);
  pinMode(4, OUTPUT);
  ignore = 2000 + millis();
}

void loop()
{
  for (outpin = 1; outpin < 5; outpin++)
  { digitalWrite (outpin, LOW); }

  spots = random (1, 7);

  if (spots == 6)
  { digitalWrite (1, HIGH); }

  if (spots == 1 || spots == 3 || spots == 5)
  { digitalWrite (2, HIGH); }

  if (spots > 3)
  { digitalWrite (3, HIGH); }

  if (spots > 1)
  { digitalWrite (4, HIGH); }

  delay (20);

  if ( millis() > ignore && digitalRead(0) == LOW )
  { checkbutton(); }
}

void checkbutton()
{
  delay (50);
  while (digitalRead(0) == LOW)
    { }
  delay (50);
  while (digitalRead(0) == HIGH)
    { }
  ignore = 2000 + millis();
}
```

図5-96　同じプログラムのコメントを削除したもの。

打ち込んでいるとき、2番目のif文に見慣れない文字があるのに気がつくだろう。この文字をタイプしたことがまったくな人もいるかもしれない。この垂直の線は「パイプ」記号と呼ばれるものだ。Windowsのキーボードだと、Enterキーの上にあると思う。Shiftを押しながらバックスラッシュ(＼)を押すと入力できる*。このリストでは、2番目のif文でパイプ記号を2ペア使用しているが、これについての解説は、プログラムを1行ずつ見ていくときにする。

打ち込み終わったら、IDEの「スケッチ」から「検証・コンパイル」を選んでミスがないか確認しよう。

* 編注：英語配列のキーボード(Shift＋；が「:」)の場合。日本語配列のキーボード(Shift＋；が「＋」)では、パイプはEnterキーの左上にあり、Shift＋¥で入力する。

エラーメッセージには難解なものもあり、それらには行番号が付いている。ところがプログラムリストには行番号がない！　何行目がエラーだと言っておきながら、行番号を見せないというのは、残酷ジョークのようだ。行番号をオンにする方法があるのではないだろうか。ところがヘルプを見ても、「line number」で検索しても、何も見つからないだろう。Arduinoフォーラムを見ると、たくさんの人が行番号の表示ができないことに不満を言っているのがわかるだろう。

でもしかし。フォーラムは古いメッセージから表示するのである。全部スクロールして一番新しい投稿まで来れば、この問題は最終的に解決しているのがわかる。Arduinoがまだ文書化していないだけなのだ。「ファイル」の「環境設定」を開けば、「行番号を表示する」チェックボックスがある。

もちろんエラーメッセージが、ちょっとばかり理解しにくい場合もあるので、ここに非常によくある、何かを修正する前にまず見ておきたい、エラー要因を書いておく。

- 行の最後のセミコロンの入れ忘れ。
- カッコの閉じ忘れ。中カッコ「{」は、常に「}」とペアにする必要があるのを忘れないこと。
- コマンドにはpinModeのように、大文字と小文字の混ざった語も多いが、すべて小文字で入力していることがある。IDEは、コマンドの語が正しく入力されれば、赤文字で表示するはずである。もし黒文字で表示されていたら入力ミスがある。
- void loop()のような関数名のカッコを書き忘れる。
- 等号2個(==)を使うべきところで1個(=)にしてしまう。=は「値を代入する」、==は「値を比較する」を意味するのを忘れないこと。
- ペアにすべき|記号や&記号を1個で使っている。

「検証・コンパイル」を実行してもエラーが出なくなったら、プログラムをアップロードしよう。それからブレッドボードとUnoのグランド線を接続すると、LEDが光り始めるはずだ。何秒か表示させておき、それからボタンを押せば、ランダムな数字の賽の目パターンで表示が止まるだろう。ボタンをもう一度押すと、表示が再開する。そのままボタンを押し続けていると、2秒間の無視時間の後、表示がまた停止する。

擬似コードの実装に成功した！

さて、このプログラムは、どんな風に機能するのだろうか。

短整数と長整数

このプログラムには、これまでに出てきていない単語がいくつかと、非常に重要な新しい概念が含まれている。

新しい単語の1つはlongだ。これまで変数名の前にはint（integer：整数の意）と書いてきた。しかしintの値は−32,768から+32,767の間に限られている。これよりも大きな値を格納したい場合は、−2,147,483,648から2,147,483,647の範囲の値を取れる、長整数（long integer）を使うとよい。

なぜすべてに長整数を使わないのだろうか。そうすれば通常の整数の制限を意識する必要がないではないか。その通り、なのだが、長整数は処理に2倍（以上）かかり、2倍のメモリを取るのだ。Atmelのマイクロコントローラでは、すごく多くのメモリを使えるわけではない。

システムクロックはmillis()関数でミリ秒をカウントする。32,767までしかカウントアップできないとしたら、1分の半分ちょっとしか測れない。さすがにもっと必要なはずなので、この関数は値を長整数に保存する。（どうして知っているのかって？　言語リファレンスを読んだのだ。プログラム言語を使うにはドキュメントを読む必要があるものである。）

システムクロックの現在値を記憶するignore変数は、クロックと互換性があるように定義する必要があった。ゆえにこれにはlongという語を使い、長整数として定義したわけだ。

整数の（あるいは長整数の）変数に許容範囲外の値を格納しようとすると、何が起きるだろうか。このときプログラムは、予想不能の結果を出すようになる。これが起きないように保証するのは、あなた自身の仕事だ。

準備

このプログラムのsetup節はかなり単純だ。並んでいるpinMode()命令は、これまで使ったことがないが、理解はたやすい。

最初のものはINPUT_PULLUPという引数を持つが、これは非常に便利なものである。マイクロコントローラに内蔵されているプルアップ抵抗を有効にする、というもので、つまり自分でプルアップ抵抗を付ける必要がなくなるのだ。ただし注意してほしいのは、これがプルアップ抵抗器であり、プルダウン抵抗器ではないことだ。つまり、ピンの入力状態は通常時にハイであり、ボタンを押してローにするためには、ピンを接地する必要があるのだ。留意すること：

- ボタンを押したとき、digitalRead()関数はLOW値を返す。
- ボタンを放したとき、digitalRead()関数はHIGH値を返す。

forループ

void loop()関数の冒頭には、別の種類のループがある。これはforという語で始まるので、forループと呼ばれている。これは、マイクロコントローラに一連の数字をカウントさせ、それぞれの数字を変数に格納し、以前の値を捨てるのに、非常に基本的かつ便利な方法だ。構文は以下のようになる：

- 予約語forの後のカッコ内に3個のパラメータを取る。
- 各パラメータはセミコロンで区切る。
- 最初のパラメータは、指定の変数に格納される最初の値である。（正式には初期化節という。）このプログラムでは最初の値は1で、outpinという変数に格納される。
- 第2のパラメータは、ループがカウントを停止する値である（正式には条件式という）。ループはこの時点で停止するので、変数の実際の最大値は、ここにある値よりも1小さくなる。このプログラムでは、これは<5、すなわち「5未満」である。だからこのループはoutpin変数を使い、1から4までカウントする。
- 3番目のパラメータは、ループが各サイクルで変数に加える量である（正式には反復式という）。今回は1ずつカウントしているのだが、Cのような言語では、この操作に++記号が使える。だからoutpin++は、「各サイクルでoutpin変数に1を加えよ」である。

forループでは、あらゆる種類の条件を指定できる。極めて柔軟なのだ。言語リファレンスを読んでおくべきだろう。このforループは1から4までカウントするだけだが、100から400までなど、あらゆる範囲（ループ内で使用される整数のタイプ［intまたはlong］の制限内）

が簡単にカウントできる。

ループの各サイクルでは、マイクロコントローラに何かをさせることができる。実行するプロシジャは、ループの定義に続く、中カッコ内にリストアップする。ほかのプロシジャと同様、ここにはたくさんのオペレーションを含むことができる。それぞれの末尾にはセミコロンが必要だ。今回のプロシジャに含まれているオペレーションは1つだけである：outpin変数で指定されたピンにLOW状態を書き込むこと。outpinは1から4までカウントするので、このforループでは、デジタルピンの1から4までをロー出力にする。

おーー！　何がどうなってるか、すっかりわかったじゃないか！　このループは、LEDをすべてオフにしているのだ。

もっと単純にやる方法はないだろうか。ある。以下の4つのコマンドを使えばよい。

```
digitalWrite(1, LOW);
digitalWrite(2, LOW);
digitalWrite(3, LOW);
digitalWrite(4, LOW);
```

しかし、ここではforループの概念を紹介したかったのだ。それは基本的で重要なものだから。また、9つのLEDをオフにしたかったらどうするかとか、マイクロコントローラにLEDを100回点滅させたければどうするのか。forループは、繰り返しが関係する場合にプロシジャを効率化する最上の手段になることが、しばしばある。

ランダム関数

forループで表示をクリアすると、次はrandom()関数が来る。これはカッコ内の値の範囲の、数字を選ぶものだ。サイコロの値として1から6までの数字がほしいのに、なぜ1から7という範囲になっているのだろうか。なぜならこの関数は実際には1.00000001から6.99999999のような値を選んだ上で、小数点以下の数字を捨てるものだからだ。つまり、7とは実際には到達しえない限界値であり、出力は1から6になる。

生成された乱数は別の変数に格納される。変数名がspotsなのは、サイコロの表面のスポットの数を意味するからである。

if文

さて、spotsの値を調べ、適切なLEDを点灯する時がきた。

最初のif文は簡単だ。6個のスポットがある場合、これは右と左のLEDに接続された出力ピン1にハイ値を書き込む、唯一の場合となる。

このとき、角のLEDも同時に点灯させないのはなぜだろうか。答えは、これらはほかの値のときにもオンにするものであること、ifテストの数を最小限にする方が効率的であることである。どのような動作になっているかは、すぐにわかる。

次のifは前述のパイプ記号を使っている。ペアになったパイプ記号「||」は、C言語ではORを意味する。つまりこの関数は、サイコロの値が1または3または5の場合に、中央のLEDを点灯する、つまり、ピン2をハイにすると言っているのだ。

3番目のifは、spots値が4以上のときに、対角に配置されたLEDのうち2個を点灯させる必要がある、としている。これらは4、5、6のパターンの表示に必要なものだ。

最後のifは、spots値が2以上の場合に、もう一方の対角ペアのLEDも点灯する必要がある、というものだ。

図4-146のスポットパターンを見直せば、これらのif文のロジックを検証できる。同図のロジックゲートは、カウンターチップの出力にフィットするように選んだものなので、ここでのif文とは違った論理演算になっている。それでもLEDの組み合わせ方は同じなのだ。

点滅速度

if文の後には20ミリ秒の遅延を入れた。この方が面白い表示になると思ったからだ。この遅延がないと、LEDの点滅はあまりに高速で、単にちらちらしているだけになる。遅延があれば、点滅していることはわかるが、依然として好きな数字で止めるのは不可能なほど速い——やってみるといい！

遅延の値を20から加減してみてもよいだろう。

新しい関数を作る

重要なところに来た。私の書いた擬似コードでいえば、ステップ3、4、4aまで来たところだ。記憶のリフレッシュだ；

- **ステップ3。ボタンが押されているかチェックする。**
- **ステップ4。システムクロックがｉｇｎｏｒｅ変数に追いついているかチェックする。**
- **ステップ4ａ。ボタンが押されていない場合、「または（ＯＲ）」システムクロックがｉｇｎｏｒｅ変数に追いついていない場合、ステップ０に戻る。そうでなければ……。**

これらのステップは1つのif文に集約できる。擬似コードでは、このようになる：

- **ｉｆ（ボタンが押されていないＯＲシステムクロックがｉｇｎｏｒｅ値未満）なら、ステップ０に戻る。**

しかしここには問題がある。「〜に戻る」には、私はマイクロコントローラをプログラムの特定部分に行かせたい、という意味合いが含まれている。これはやって自然なことだと思うかもしれない。しかしCで書くプログラムでは、ある部分から別の部分に制御を移すのは、なるべく避けるべきことなのだ。

なぜかというと、「あっちへ行け」「こっちへ行け」の命令がたくさんあると、プログラムが理解しにくくなる——ほかの人だけでなく、あなた自身にも——からだ。あなたが今思い浮かべていることを、6か月後に再び見たとき思い出すのは不可能だ。

Cのコンセプトは、プログラムの各部分を別々のブロックに入れ、必要に応じてそれらを呼び出すことで、プログラムを実行することにある。命令のブロックのそれぞれを、1つの仕事、たとえば、皿を洗うとか、ゴミ出しをする、といったことしかしない、従順な召使であると考えるとよい。そうしたタスクを実行したくなったとき、あなたはその召使を、名前で呼び出せばよい。

このようなブロックを、正式には関数（function）と呼ぶ。これには混乱するかもしれない。すでにsetup()やloop()といった関数を使っているからだ。しかし実のところ、あなたはあなたの関数を書くことができるし、それは基本的にシステムの関数とまったく同じに動作する。

このプログラムを正しく書くには、ボタンチェックの機能（function）を関数（function）に分割すべきであると、私は判断した。これにはcheckbutton()と名付けたが、名前自体は、ほかのことに使われていなければ、何でもよい。

checkbutton()関数はリストの最後にある。名前の前にはvoidとあるが、これはこの関数が、プログラムのほかの部分に、いかなる値も返さないからである。

void checkbutton()は、この関数のヘッダーであり、その後には、中カッコでくくられたプロシジャ（本体）が続く。この関数のすることをすべて書くと：

- バウンスが収まるまで50ms待つ。
- ボタンが放されるのを待つ。
- ボタンを放すことで発生するバウンスが収まるまで、さらに50ms待つ。
- ボタンが再度押されるのを待つ（言い換えると、ボタン放し状態が終わるのを待つ）。
- ignore値をリセットする。

関数の最後まで来ると、マイクロコントローラは、どこに行くのだろうか。簡単だ：関数を呼んだ行の、次の行である。それはどこだろう。上のif文のすぐ下である。これが関数の呼び出し方である：ただその名を言え（カッコも含めること。今回はやらないが、カッコの中には引数を入れることもある）。

あなたはプログラムに、好きなだけの数の、それぞれが違ったタスクを実行する関数を作り出すことができるし、そうすべきである。これについて学ぶには、C系の言語の一般的なリファレンスを読むのがよいだろう。Arduinoのドキュメントでは、関数については、あまり詳しく説明していない。これは値のやり取りをするようになったとき、理解が少し難しくなるからだ。とはいえ依然として、これはC系の言語のキモなのである。

構造

「if (millis() >」で始まる行は、擬似コードのステップ4と同じ機能を持っているが、動作は異なる。この行は、マイクロコントローラを最初のところに戻すかどうかではなく、checkbutton()関数を呼び出すかどうかを決めている。従来、このロジックは「if（ボタンが押されていない OR システムクロックがignore値未満）なら、ステップ0に戻る。」というものだった。改訂版は、「if ボタン無視期間が終了している、AND ボタンが押されているなら、checkbutton()関数に寄り道する」となる。

寄り道をして戻ったら、マイクロコントローラはmainループの終わりに達する。そしてループ関数とは、常に自動的に繰り返しをするものである。

実のところ、このプログラムは、たった1つのことしかしない。乱数を取り、スポットパターンとして表示し、これを何度も何度も繰り返す、である。ボタンが押されれば停止して待つが、ボタンが再度押されれば、それまでしていたことに戻る。ボタンチェックのルーチンは、一時的な中断にすぎない。

というわけで、このプログラムの自然な構造は、数字を選んで表示するだけのmainループを持つことであり、また、もしボタンが押されたときは、マイクロコントローラはcheckbutton()関数に短い寄り道をして、再び元に戻る。

Arduinoのドキュメントには、構造については何も書かれていないが、これは可能な限り早く、あなたに何かができるようになってほしいからである。だからArduinoは、必須のsetup関数とloop関数を使うことを強制し、それだけしかしない。

しかしプログラムが大きくなり始めればすぐに、それが複雑極まりない混沌と化すのを防ぐため、自前の関数に分割することは必須になる。C系言語の標準的なチュートリアルは、これについて、もっと詳しく解説している。

もちろんあなたがArduinoを1つの単純なこと、たとえば部屋が冷えたらヒーターをオンにする、といったことに使いたいのであれば、すべてのプロシジャをメインループ関数に突っ込めば、それでよい。しかしこれは、マイクロコントローラの能力の無駄遣いというものだ。もっともっと多くのことができるのだ。問題は、より野心的なこと――サイを振る動作をシミュレートするなど――をしようとすれば、命令が積み上がっていくことである。構造化はすべてを明白にする助けとなる。

プログラムを関数に分割することには、もう1つの利点がある。関数を別に保存することで、後でほかのプログラムから再利用することができるのだ。checkbutton()関数は、ボタンを押すことでアクションを停止し、再度押すことで再開する、あらゆるゲームで再利用することができる。

同様に、ほかの人が書いた関数は、それが著作権で制限されていない限り、自分のプログラムで使うことができる。C系の言語で書かれた、自由に利用できる膨大な数の関数がオンラインには存在し、中にはArduino専用に書かれたものも沢山ある。たとえば、ほとんどすべての英数字ディスプレイについては、制御用の関数がある。これは非常に重要だがしばしば無視される助言につながっている：

- 車輪の再発明はするな。

である。

誰かが使わせてくれるなら、自分の関数を書いて時間を無駄にする必要はないのだ。

Cにおいて、関数の概念が非常に重要なもう1つの理由はこれである。

でも、これってあまりに難しいのでは?

プログラムは書けば書くほど簡単になる。学習曲線は最初は急だが、少し練習すれば、forループなどあまり考えずとも書けるようになる。すべてが明白に見えるようになる。

これはプログラマーが言いたがることである。本当だろうか。

本当であり、本当ではない。メイカームーブメントの中で、我々はよく、誰もが私たちの周りのテクノワールドを支配できる、ということを考える。実際私は、この信念の支持者である――しかしプログラミングというものは、この哲学を極限まで押しやる。

私は初級のプログラミング講座で教えていたことがあるが、生徒の適性が非常な広範囲に及ぶことに気が付いた。プログラミングを、非常に自然な思考プロセスと感じる者も居たが、極端に難しいという者も居り、しかもこれは、知性と常に大きく関連する、というわけではなかった。

スケールの一方の端には、12週間36時間のプログラミングコースの終わりに、スロットマシン全体のシミュレーションを書いてくる学生がいた。回転するホイールに、転がり出るコインのグラフィックまで含んだものだ。

スケールのもう一方の端には、薬剤師である学生がいた。彼は非常に頭のよい、多くの教育を受けた人物だった。しかしどんなに頑張っても、文法を、単純なif文でさえも、正しく理解できなかった。「これには本当にイライラします」彼は言った。「自分がバカに見えてきますからね。バカじゃないのは分かってるのに。」

彼は正しくて、彼はバカではなかった。しかし私は、彼を助けることはできない、という結論に達さざるを得なかった。私は根本的な事実を学んだのだ。

- プログラムを書くのが上手くなるには、コンピュータのように考えられる必要がある。

である。

どういうわけか、彼にはこれができなかったのだ。彼の脳は、単にそのようには動作しなかった。彼はある薬物の薬理を、その分子構造を、その他たくさんのことを説明してくれた。しかしそうしたことが、彼のプログラミング能力に寄与することはなかった。

Arduinoが発売されたとき、エバンジェリストたちはそれを、創造的な人、および、自分をプログラマーとは考えていなかった人のためのデバイス、と描写したものである。こんなに単純なのだから、誰にでも使えるだろう、ということだ。

困ったことに、私はHTMLが同じ考えで導入された当時のことを覚えている程度には、年寄りなのである——あまりに簡単なので、みんなが自分のウェブページをコーディングできるようになるでしょう、というやつだ。うん、たしかにちょっとした数の人々がそれをした。しかしそれは「みんなが」ではなかった。現在HTMLをハンドコードする人は、極小のマイノリティにすぎない（私はやるが、ほとんど妄執からである）。

さらに遡ると、我々の知るような形のコンピューティングの黎明期、BASICというコンピュータ言語が「みんなが」使える言語という考えのもと作り出された。1980年代、エバンジェリストたちは、デスクトップコンピュータの出現にともない、人々がBASICで小さいプログラムを書いて、小切手の管理やレシピの保存をするようになる、と予測していた。たしかに、たくさんの人がそれを試してみた。しかし現在、何人の人がそれを続けているだろうか。

これを強調するのは、もしあなたが困難を感じる一人であったとしても、それで押される烙印などない、と安心してもらいたいからだ。あなたにはほかに追求すべきスキルが必ずあることを、私は確信する。実際、個別の部品を使ってモノを作るというのはその1つだし、私の考えるところ、それは別の思考プロセスを要求する。個人的には、回路を設計するよりもプログラムを書く方がはるかに簡単だと思っているが、人によっては、その正反対が同様に正しいはずだ。

ナイサー・ダイスプログラムのアップグレード

実験24のバージョンのプログラムに対する明らかなアップグレードは、2個目のサイコロの表示だ。これはArduinoボードをもってすれば簡単に実現できる。2組目のLED群を駆動できるだけの、多数のデジタル出力を備えているからだ。必要なのは、単にプログラムの一部を（表示をクリアするところからdelay(20);関数までを）、複製することだけだ。digitalWrite()関数に入れる数字を、追加のLEDのための新しいピン番号に置き換えれば、完成だ！

その他のマイクロコントローラについて

PICAXEについてはすでに書いた。ドキュメントがよく、技術サポートはエクセレントで、プログラム言語はC系よりも簡単だ。ではなぜPICAXEがみんなのイマジネーションを捉えることはなかったのだろうか。わからない。ヘンな名前のせいかもしれない。私としては、あなたもチェックすべきものだと思っている。Wikipediaのエントリを眺めるところから始めるとよい。

BASIC StampにはPICAXEより豊かな語彙のコマンド群や、さまざまなアドオンデバイス（グラフィック機能のあるディスプレイや専用設計の小型キーボードなどを含む）がある。表面実装部品たちをブレッドボードやユニバーサル基板に差せるように集約したボード（図5-97）という形でも買える。これはとてもよい設計だ。

図5-97　BASIC Stampマイクロコントローラ。ブレッドボードやユニバーサル基板に差せるピン間隔1/10インチのプラットフォームに表面実装部品で構成されている。

欠点としては、BASIC Stampにまつわるすべてが PICAXEワールドより少し高価で、ダウンロード手順もこれほどシンプルではない、ということがある。

Raspberry Piのような新しい製品は、マイクロコントローラの機能を、本物のコンピュータのレベルまで拡張している。あなたがこれを読む頃、この乱気流渦巻く分野には、さらに多くの選択肢が登場していることだろう。どれかを詳細に学ぶことにコミットする前に、オンラインのドキュメントやフォーラムに1日2日耽溺してみるとよいと思う。

私が何か新しいことを学ぶことを考えているときは、Googleで次のように検索する：

マイクロコントローラ 問題 OR 難しさ

(この検索フレーズの「マイクロコントローラ」は実際の製品名に置き換える。)

これは私が本質的に否定的だから、ではない。未解決の問題があることが判っている製品に、あまり時間をかけたくないだけだ。

未探査領域

ついに全体のまとめを書くところまで来てしまった。

本書のプロジェクトの多くを自分の手で完成させる時間を取れば、エレクトロニクスでもっとも根源的なさまざまな領域について、非常に急速な理解が得られたはずだ。

見落としてきたものは？　以下には探求の道が広く開かれている、さまざまなトピックを記す。興味があれば、オンラインで検索するのがよいだろう。

私が本書で取ってきた、発見による学習アプローチは、理論に不足が出やすいものだ。この主題における、もっと過酷なコースでは学ぶと期待される数学のほとんどを、私は避けた。数学に適性のある方は、それを使うことで、回路の動作について、ずっと深い見識が得られるだろう。

バイナリコードに突っ込むこともせず、半加算器を作ることもしなかった。半加算器の製作は、コンピュータの機能の仕組みを、もっとも根本的なレベルで理解する、偉大な方法だ。まあ、これを実行するやり方は、『Make: More Electronics』で示す。

交流が持つ魅惑的でミステリアスな性質についても、深く突っ込むことを避けた。ここでも多少の数学が入り込むが、たとえば高周波電流のふるまい1つとっても、それだけで興味深いトピックである。

前の方で宣言した理由により、表面実装部品も避けた——とはいえ、あなたが魅惑的なほど小さいデバイスを生み出すことに興味があるなら、比較的わずかな投資で、この領域に自力で踏み込むことができる。

真空管について言及しなかったのは、現時点では、主として歴史的な興味の対象でしかないからだ。しかし真空管には何か非常な特別さと美があり、手の込んだ指物(高級木工家具風)細工に収めることで、それは強化される。熟練職人の手にかかれば、真空管アンプや真空管ラジオは美術品となる。

プリント基板を自分でエッチングする方法も見せなかった。これへの興味は一定のわずかな方々しか持ち合わせるものではないし、その準備には、図面を引いたり、専用のソフトウェアによる下ごしらえが必要だ。こうしたリソースを偶然お持ちの方は、自力でのエッチングをしたいかもしれない。それはあなたの自作製品の量産に向けた、第一歩になるかもしれない。

静電気については、まったく取り上げなかった。高電圧スパークには現実的な用途がまったくなく、安全性の問題もいくらか関わってくる——しかしそれはシビれるほどに印象的で、機材の製作に必要な情報は容易に得られる。やってみるべきかもしれない。

オペアンプや高レベルのデジタルロジックも、ここで触れなかったトピックだ。とはいうものの、これらは『Make: More Electronics』に収録した。

結びに

私の信ずるところによれば、入門書の役割とは、広範囲の可能性を試してみられるようにすることであり、そこから何を探求していくかは、あなたが決めることである。エレクトロニクスは自分で何かをやりたい人には理想のものだ。なぜなら、ほとんどすべての応用——ロボット工学、ラジコン飛行機、テレコミュニケーション、コンピュータハードウェアなど——を、自宅で、単独で、限られた資源で追求することが可能であるからだ。

一番興味を引くエレクトロニクス分野を深く掘り下げるにしたがい、あなたが満足するような学習体験を得ることを、私は信じている。しかし何より私は願う。あなたが多くの楽しみを得んことを。

ツール、機器、部品、消耗品

Tools, Equipment, components, and Supplies

6

この章は5つの部分に分かれている。

「**キット**」。さまざまなキットが用意されている。これらは本書のプロジェクトを完成するだけの部品と消耗品を含んだものだ。詳しくは、すぐ下の「キット」を参照のこと。

「**オンラインでの検索と購入**」。キットを買うより自力でのショッピングがお好きな人もいるだろう。その際に助けになりそうな小技をまとめておいた。詳しくは、すぐ下の「オンラインでの検索と購入」を参照のこと。

「**消耗品と部品のチェックリスト**」には、必要なものがすべて列挙してある。消耗品のリストは305ページ「消耗品」から、部品のリストは306ページ「部品」から始まる。

「**ツールと機器の購入**」。ここでは本書各章の冒頭で論じたすべてのツールをリストアップし、どこで探すとよいかについてもコメントした。315ページ「ツールと機器の購入」を参照のこと。

「**購入先**」は買える店のリストだ。各店に付けられた略号は、購入ガイドの中で使われている。316ページ「購入先」参照のこと。

キット

本書の実験のための部品キットは、本書印刷中の現在では、まだ仕上げ段階だ。キットの1つは1章、2章、3章で必要な部品のすべてが入ることになっている。追加キットには4章の部品が入る予定だ。別売りのハンダ付けキットもある。

詳しくはwww.plattkits.comを見てほしい。

このページは、何かが発売されるたびにアップデートされる。これらのキットはMaker Media（原書出版社）とはまったく無関係の独立業者から発売されることに留意されたい。

オンラインでの検索と購入

ここでは電子部品の検索について、一般的なアドバイスを書く。これは本書初版の読者の多数が、うまい検索結果を得られていない、という印象による。私の場合、一番基本的に考慮すべきことから始めて次第に洗練させる。熟練のショッパーの方でも、ここに挙げる小技のいくつかは、役に立つと思っていただけるはずだ。

おすすめの購入先の一覧については316ページ「購入先」参照のこと。以下は私が最重要と考える事柄だ：

「**電子部品**」は、オンラインの大手小売サイトから入手できる。ショップのほとんどは最低購入数量を押し付けてきたりしない。Mouser、Digikey、Newarkなどが目立った選択肢で、これらは膨大な在庫を維持している。以下を見てみよう：

Mouser Electronics（http://www.mouser.com/）発送はテキサス
Digi-Key（https://www.digikey.com/）発送はミネソタ
Newark element 14（https://www.newark.com/）出荷はアリゾナ

また、ほかより安価なサイトと言えば、eBayも忘れてはならない。アジアのセラーを使いたいなら特に、だ。eBayは、ロジックチップのように需要の小さい部品に対しては、あまり役に立たない。

「**ツールと機器**」はeBay、Amazon、Searsなどで手に入るが、究極的な製品が欲しいなら、McMaster-Carr（https://www.mcmaster.com/）は外せない。

ここには素晴らしいチュートリアルもある。例を挙げれば、さまざまなタイプのプラスチックの特性について、あるいはさまざまなドリルビットのそれぞれの相対的優位性について、といったことが掲載されている。

検索の技巧

もっとも簡単な検索とは、特定のパーツナンバーを検索することだ。mouser.comなどの検索窓に、それを入れればよい。アルゴリズムはいくらかの柔軟性を持つほど賢い。たとえば7402ロジックチップが欲しいとする。Mouserは有能なことに、Texas InstrumentsのSN7402Nを薦めてくる。Texas Instrumentsが元のチップ名の頭にSNを、末尾にNを追加しているのを承知しているのだ。

とはいえ、付加される文字がパーツナンバーの途中にあれば、検索は役に立たない。7402を検索すると、Mouserは74HC02ファミリーの、いかなるチップも見せてくれようとしない。間にHCが入っているからだ。

チャットを試す

不完全なパーツナンバーしか持っていない、あるいはそのパーツが廃盤かもしれない、または、単に助けが欲しいものとする。このとき、電話をかける、という選択肢を見過ごしてはいけない。大きな業者なら補助してくれる営業担当者がいるはずだ。少量購入の個人だからといって気にすることはない。

もっとよいのは、チャットウィンドウを開くことだ。チャットウィンドウにパーツナンバーをコピー&ペーストできるし、在庫していないときは、類似の品を、それなりに素早く見つけてくれる。

Googleで部品探し

あちこちを見比べたい場合は、汎用の検索エンジンを使おう。いろいろ都合がよいので、Googleがあなたのデフォルトと想定しよう。

パーツナンバーが長くて複雑であれば、欲しいものが見つかり、要らないものが出てこない可能性が高くなる。Googleで7402を検索すると、生成される結果には、パントーンのインク色や、国立衛生研究所の規格が入ってくる。74HC02で検索すれば、ロジックチップに絞り込める。

ただ残念なことに、今度はデータシートのリセーラーが山ほどヒットするだろう。これらの会社は、電子部品メーカーからデータシートを集めてきてパッケージし直し、この「サービス」の対価をまかなうために、広告を付ける。べつに問題はないのだが、こうしたリセーラーは、しばしばデータシートを1ページずつしか表示してくれない。各ページごとに広告を一揃い載せれば、どんどん稼げるからである。ページごとの表示を待つのは時間の無駄であり、だから私は、Googleで部品を検索するときは、次のようにマイナス記号を示すハイフンを付けて、データシートをブロックする：

74HC02 -datasheet

部品番号で検索するときは、検索エンジンが小さな誤りを許容しにくくなるであろうことに注意しよう。Googleは「components」を「compoments」と打ち込んでも理解してくれるが、「84HC02チップ」が74HC02のことだとは、わからないだろう。

データシート

本当にデータシートが見たい、たとえば購入前に部品の仕様をチェックしたいときは、どうすればいいだろうか。大手の部品ショップで欲しい部品を探そう。そこにはデータシートのアイコンがあるはずだ。これは印刷可能で複数ページの（まずほとんどはPDF形式の）、メーカー自身が維持している、ドキュメントへのリンクである。私にはこの方が、Goolgeで出てくるデータシートリセーラーと付き合うよりも、はるかに速い。

一般的な検索テクニック

部品のタイプを探すとき、簡潔で曖昧な検索語では不十分なものだ。こんな検索をしたとする：

スイッチ

私のところでは、この検索の最初のヒットは電気のスイッチ、2番目は地元のワインバー、そしてさまざまなネットワークスイッチ（ルータのようなもの）が提示されていた。転職仲介業で、そういう名前の会社もヒットした。こうした無関係のヒットを避けるには、どうすればよいだろうか。

最初のステップとして、着目分野を定義する単語を追加する。たとえばこのようにすれば役に立つ：

スイッチ 電子機器

もっとよいのは、定格1アンペアのDPDTトグルスイッチが欲しいなら、単にそう書くことだ：

“トグルスイッチ” dpdt 1a

引用符の使用により指定フレーズに絞り込まれ、Googleが、そのものずばりでない、ニアミスの検索結果を表示しにくくなっているのに注意してほしい。また、検索語が大文字小文字を区別しないことにも注意。dpdtなどの語を大文字にする意味はないのだ。

販売者を指定することで、さらに絞り込むこともできる：

“トグルスイッチ” dpdt 1a amazon

Amazon.comに行けば検索できるのに、なぜここでAmazonと指定するのか。それは、amazon.comの検索がGoogleよりも低機能であるからだ。この例で言えば、引用符を認識してくれない。

さいわいAmazonはGoogleに、サイト全体のクロールと、そのすべてに対するインデックス付けを許しているので、Googleの検索からAmazonのトグルスイッチのリストに、直接ジャンプすることができる。

除外

マイナス記号を使うことで、欲しくないアイテムを除外できる。たとえば、フルサイズのトグルスイッチだけが欲しい、というときは、このようにしてみるとよい：

“トグルスイッチ” dpdt 1a amazon -“ミニ”

（マイナス記号もAmazonの検索が理解できない検索構文の1つだ。）

別称

論理演算子のANDやORも忘れてはならない。双極双投スイッチでも単極双投スイッチでもよいような場合、Googleで次のように試すとよい：

“トグルスイッチ” dpdt OR spdt 1a -ミニ

ただ、こういうものですら問題の元になることがある。電子機器の命名が一貫していないことがあるからだ。DPDTスイッチを2P2Tスイッチと呼ぶ人もいるのだ。SPDTスイッチを1P2Tスイッチと呼ぶ人もいる。こうしたさまざまな別称をカバーするには、たくさんのORが必要だろう。

タイピングが多すぎる

個人的には、検索語を慎重かつ詳細に構成することは、追加でだらだら検索することを防ぐので、時間の節約になると気付いている。とはいうものの、複雑な検索語をタイピングする苦役に従事したくないのであれば、ほかにも選択肢はある。1つはGoogleが検索結果のすぐ上に表示する「画像」という文字（「すべて」の隣）をクリックすることだ。Google Imagesは、あらゆる種類のスイッチの画像を表示するし、我々の脳は画像を高速に認識するようにできているので、たくさんの写真をスクロールする方が、たくさんの文字をスクロールするより、欲しいものを見つける効率がよい。

ほかには、Googleの検索結果の上の「ショッピング」オプションをクリックするのもよい。これは幾十幾百のベンダーの商品を、価格順などで並べることができるものだ。とはいえ、一部のベンダーは含まれていない。

ベンダーカテゴリー

あとは、ベンダーのサイトへ行って、そこのカテゴリーから探す方法もある。mouser.com、digikey.com、newark.comでswitchを検索すれば、さまざまなスイッチのリストが表示される。欲しいタイプをクリックしていけば、検索結果をさらに絞り込むためのオプションが1段階ずつ出てくる。

mouser.comなどの大規模ベンダーサイトなら、電圧、アンペア数といった定格値が並んだ小さなウィンドウが出るかもしれない。こうしたリストは頭のよい並びになっておらず、イライラさせられることもある。たとえば0.5アンペアのスイッチがあるとき、あるものは0.5アンペア以下に、ほかのものは500ミリアンペアで、別にまとめられていたりする。両者の定格は同じだが、リストを作った人たちは、データシートから仕様をコピーしただけであるように見える。そのあるものはアンペア単位、あるものはミリアンペア単位になっているのだ。

どうするべきだろうか。コントロール+クリック（Macなら Command +クリック）オプションを使おう。Ctrlキー（またはCommandキー）を押したまま別の選択肢をクリックすることで追加選択すれば、0.5アンペアと500ミリアンペアのスイッチを、また1アンペアなどのほかのスイッチも、同時に選ぶことができる（定格電流の高いものは低いものと同様にきちんと動作する）。

どれを先にクリックしようか

ベンダーサイトのカテゴリー機能を使うときは、絶対必ず必要な属性から選んでゆくのがよい。たとえばロジックチップを買うのであれば、スルーホール版を選ぶことから始めるのだ。だって、小さな表面実装版なんて絶対にいらないから。ただし、「DIP」パッケージ（デュアル・インライン・ピン）と「PDIP」（プラスチックDIP）がほぼ同じ意味で、「スルーホール」バージョンを示していることに注意だ。

逆に、Sで始まる略号のチップ形式はほとんどすべて、あなたが欲しくない表面実装バージョンだ。特に「SMT」はsurface mount（表面実装）を意味する。

実際の検索

実際の検索例を載せよう。本書で使ったパーツを検索したものだ。その部品に何をさせたいかは分かっていたが、パーツナンバーは知らなかった。

私は「ナイス・ダイス」の回路で使うために3ビット出力のカウンターが欲しかった（208ページ「実験23：フリップとバウンス」参照）。それでMouser Electronicsのサイトに行き、まずは次のように検索した：

counter

この検索語を打ち込んでいる最中に、Mouserが自動補完で出してきたのが以下だ：

Counter ICs

ICとは集積回路であり、つまりチップと同じものだ。だからこの自動補完の候補をクリックしたところ、821の検索結果がマッチした、というページに移動した。小さなウインドウをスクロールすると、メーカー、カウンターの種類、ロジックチップのファミリー、その他たくさんのオプションで絞り込めるようになっていた。ここからどう進めようか。

ウインドウを横向きにスクロールすると、マウント形式を選ぶことができた。オプションは2つだけだった：SMD／SMT（これは表面実装チップ）とスルーホール（ブレッドボードに差せて拡大鏡も要らないもの）だ。「スルーホール」を選んで「フィルタを適用」ボタンを押す。これで177マッチになった。

本書のロジックチップはすべて7400ファミリーのHCタイプなので、「ロジックファミリー」ウィンドウで74HCをクリックした。ここで急がない！ Mouserが同じものを違った名前で出してくることはよくあるので、スクロールしてほかの選択肢も探した。思った通り、74HCとは別に、HCが載っていた。Controlキーを押しながら両方とも押す。

これで選択肢は52になった。バイナリ出力が欲しいので、カウンターのタイプとしてBinaryを選ぶ。これで33マッチが残った。

3ビットチップはなかったが、4ビットチップを使って最上位ビットを無視すればよい。「ビット数」には2つの選択肢があった。「4」と「4ビット」だ。Control－クリックで両方選ぶ。

カウントシーケンスは「Up」または「Up/Down」だった。Upしか必要なかったので、そちらをクリックした。これで残りは9マッチだ！　検索結果を調べる時がきた。もっとも一般的なチップが使いたかったので、それぞれの在庫数を見てみた。すると、Texas InstrumentsのSN74HC393Nが7,000個以上あった。

データシートのリンクをクリックして、たしかに欲しいものであることを確認する。最大出力電流（連続）±25ミリアンペア、公称電源電圧5ボルト（「公称」とは「一般的に使われる」ということだ）の14ピンチップだ。イエス、これぞ74HCxxファミリーの標準ロジックチップだ。これには2個の4ビットカウンターが入っており、必要なのは1個だけだったが、そこをガタガタ言う気はなかった。それに実のところ、プロジェクトの規模を拡大するなら、2個目のカウンターの使い道も見つかるだろうと分かっていた。

74HC393はだいたい50セントだった。6個くらいカートに入れてしまえ。これでたったの3ドルだ。というわけで、何か別のものを探すべきところである。軽くて小さく、追加送料なしに買えるものだ。だが、まずは74HC393のデータシートをプリントして、紙ベースのファイルフォルダーシステムに入れた。

このプロセスにたくさんのクリックが必要だったのがお解りだろう。とはいえ10分もかかっていないし、まさに欲しいものが見つかった。

別のやり方もできた。欲しいチップが74xxファミリーなのは分かっていたので、すぐ出せるようにブックマークしてある、以下のURLを開くのだ：

www.wikipedia.org/wiki/List_of_7400_series_integrated_circuits

ここには、これまでに製造された、すべてのロジックチップが掲載されている。このページに行ったら、Control－Fでページ内検索を開き、以下を打ち込む：

4-bit binary counter

これは完全一致である、つまり、4 bitでなく4-bitと打ち込まなければならない。この検索は13ヒットになるので、各チップの機能を比較すればよい。欲しいものが選べたら、型番をコピーしてMouserなりのサイトの検索窓に貼り付ければ、その部品に飛べる、というわけだ。

ただ1つ問題なのは、Wikipediaのページでは、どのチップが古くて生産中止になっているか、どのチップが今でも人気であるかが、わからないことだ。私の目的、つまり、しばらくの間は出回ってほしい本を書くことのためには、もっとも人気のある部品を追い続ける必要がある。逆にあなたが昔のチップを中心に回路を組みたいなら、過去の世界に留まらせてくれるこれは、役に立つかもしれない。

さらにもう1つの方法として、カウンターチップについてディスカッションしたり、アドバイスを交換している人たちを、Google検索することもできただろう。そんなわけで、一般則が得られた。欲しいものを探すのにパーツナンバーを知っておく必要は、ない。

eBayのオプション

私はたくさんの部品をeBayで買っている。これは安売りが見つかるからであり、また、eBayで販売している業者のほとんどが、非常に反応がよく、信頼性があるからだ。かかる時間と面倒を最小限にするには、eBayにおける検索の基本を知っておく必要がある。

まずは遠慮なく“Advanced”オプションをクリックしよう。これはeBayのホームページの検索ボタンのすぐ右にある。これを使うと、出荷国などの設定ができたり（海外業者を避けたいときによい）、検索をBuy It Now（在庫あり）のみに絞れるようになる。また、最低価格を設定することもできる。これは安すぎの、まともであるはずのないものを排除するのに便利だ。そして実際の検索時には、私は普通、「Price＋Shipping: Lowest First（価格＋送料：安い順）」をクリックする。

欲しいものが見つかったら、今度は業者のフィードバックをチェックする。米国内の業者については、私は評価99.8％以上を求めている。評価99.9％では問題が出たことがないのだが、99.7％の業者については何度か失望させられているのだ。

中国、香港、タイなど、アジアの業者については、フィードバックを気にする必要はあまりない。なぜなら、配送が期待より遅かったたくさんの人たちが、悪いフィードバックを付けているからだ。小物の配送に10〜14日かかることを海外業者は注意しているのだが、客はそれでも文句を言うので、フィードバック評価が下がるのだ。現実には、まあ私の経験だが、海外発送の業者に頼んだ品はすべて届いているし、品物が間違っていたこともない。ほんの少しの慣れが必要なだけだ。

eBayで欲しいものが見つかったら、「Buy it Now」より「Add to Cart」ボタンを押すほうがいいだろう。これは同じ業者でほかの品が見つかったときに、まとめた方が手間が省けるからだ。送料も安くなるだろう。

Seller Information（販売者情報）ウィンドウでVisit Store（ストアに行く）オプションを押すか、業者がeBayストアを持たない場合は、See Other Items（ほかの商品）を押す。すると、その業者の製品リストから検索するオプションが出る。欲しいものをカートに入れたらチェックアウトだ。

海外業者についてはeBayで見つけるのではなく、直接コンタクトできることもある。タイのTayda Electronics（略号tay——316ページ「購入先」参照。）*はポピュラーだ。

Amazon

私は部品についてはamazon.comがそれほど有用だとは思っていない。しかし工具だとか、配線材やハンダといった消耗品については、なかなか優れた調達先になりうる。1つだけ問題だと思うのは、Amazonは安い順では表示したがらないということだ。このオプションは、検索のたびに選び直す必要があり、また、探しているものがさまざまなカテゴリーに分散している場合、結果を並べ直すオプションに出てこない。しかも、安いもの順で並べ替えるについても、Amazonは（eBayとは異なり）送料を考慮に入れるほど賢くない。本体4.95ドルで送料6ドルのプライヤーは、本体5.5ドル送料3ドルのものより先に来るのだ。一方で、Amazonは配送が速く、また、さまざまな商品を一度に購入する際に、すべてがAmazonの倉庫にあれば、送料無料にできるほどの購入額になるだろう。

* 編注：https://www.taydaelectronics.com/

自動補完を切る

Google検索最後の小技である。この検索エンジンは、デフォルトで、検索語を打ち込んでいる最中に類似の検索語をポップアップさせるモードになっている。私はこの自動補完オプションというやつが本当に不快なので、オフにしている。これはあなたにもできることだ。

ブラウザのアドレスバーで、次のURLを使ってGoogleに飛ぶ：

http://www.google.com/webhp?complete=0

これをブックマークに保存して、こちらから検索すれば、Googleが考えた「あなたの探しもの」を、押し付けられないで済む。タイプし終わるまで黙って待っているようになる。

このURLを、ブラウザ立ち上げ時に開くデフォルトページに設定するのもよい。

検索の面倒さにその価値はあるか

これらの検索テクニックをみんな覚えておくような気にはなれない人もいるだろう。OK、それこそMaker Shed、および私自身が、書籍に沿ったキットを用意した理由だ。キットを買えば必要な部品はすべて揃い、検索は必要ない。

でも、この本の範囲を超えるプロジェクトに興味が出たら？　オンラインで見つけた回路や——でなければ、回路を改造したいとか、自分で設計したいときは？　そうした時点で、あなたは自分でパーツを買う必要が出るだろうし、1か所で全部買うような場合でも、検索テクニックは価値あるものになるだろう。

消耗品と部品のチェックリスト

写真や一般情報については、各章の冒頭に掲載している。1ページ「1章で必要なもの」37ページ「2章で必要なもの91ページ「3章で必要なもの」133ページ「4章で必要なもの」をそれぞれ参照のこと。

下記は必要なすべての部品、および、消耗品のリストである。ここでこの2つの区別を明確にしておくべきだろう。

「**消耗品**」は、ハンダや配線材といった、1度に買ってしまえばすべての実験に使えるアイテムだ。それぞれのプロジェクトで配線材が何センチ必要だ、などというレベルのことを考える意味はない。

「**部品**」は、プロジェクト成果物の代替不能な一部をなすものだ。こうしたアイテムは再利用可能だが、その場合には、前のプロジェクトから取り外す必要がある。このため、たとえばブレッドボードは「部品」に分類される。

消耗品

以下の消耗品は、すべてのプロジェクトをまかなうに十分な分量となっている。これらの消耗品が購入できる場所と、それぞれの店の略号は、316ページ「購入先」にリストアップしてある。

○フックアップ・ワイヤ(配線材)

AWG22番の単芯線、最低2色(赤と青)が必要だ。さらに2色あればなおよい(お好きな色を)。単芯線であれば自動車用配線材でもよい。eBayかGoogleで

solid wire 22 gauge OR awg(単芯線 22ゲージ OR AWG)

で探すか、all、elg、jamといったディスカウント店やada、spkといったホビーショップをチェックする。(AWGはAmerican Wire Gauge:米国電線規格の略号である。)

数量はどうしよう。インダクタンスの世界を探求する実験26、28、29、30、31を実行したい場合は、60メートルはどうしても必要だ。コイルを巻くにあたっては、別々の色の配線材を、一時的につなぎ合わせるのもよいだろう。終わったら解き直せばほかの用途に使える。

これらインダクタンスまわりのプロジェクトをスキップする場合は、各色10メートルずつ購入するのがお勧めだ。10メートル以下のスプールも売っているが、メートル単価が急速に上昇する。

○ジャンパ線

個人的にはカット済みのジャンパ線は好きではないが、これを購入する場合は、1箱あれば足りるはずだ。これに加えて10メートルの生電線が欲しい。一番長いジャンパ線でも短いような接続をするためだ。カット済みジャンパ線を見つけるには正しい検索語を使う必要がある。Googleでは:

jumper wire box

「box」が見つけるための鍵である。こうすると、要らないタイプのジャンパ線が、自動的に排除できる。両端にプラグの付いた柔らかいジャンパ線は、ボックスではなく束(bundle)で売られているのが一般的なのだ。あれはよいものではないと思っている。

○より線材

こちらは柔軟性が重要という場合に備えたオプションだ。10メートル巻きのスプールが1本あれば十分だ。

○糸ハンダ

販売は重量単位になっているのが通例だ。097ページ「必須:糸ハンダ」に鉛入りハンダの利点と欠点を解説したので参照されたい。いずれにしても、購入するのは中心にヤニの入った電子工作用糸ハンダである。太さは0.5ミリから1ミリまでさまざまだ。プロジェクトをいくつかハンダ付けで仕上げたいだけであれば、1メートルもあれば十分だ。eBayには、このような非常に少量での販売をしている店もある。それ以外の人は、all、elg、jam、ada、amz、spkといったところを当たろう。

○熱収縮チューブ

これはオプションだが便利なものだ。3、4種類の太さのセット(細いもの)が1つあれば十分だ。これは自動車用に使われるので、ホビースト向けの店だけでなく、hom、har、norといった現場用品店にもある。

○ユニバーサル基板（パッドなし）

実験14でのみ必要なものだが、2点間配線のハンダ付けによりほかのプロジェクトの永続化バージョンを作りたい場合にも使える。標準的なプロジェクト3回分につき、4×8インチの小さなものがあれば、まず十分だろう。ハンダ付け用のパッドが付いてない基板を見つけるのは難しいことがある。ほとんどの場合、銅箔やニッケルの丸いパッドが付いているのだ。しかしこれは2点間配線では望ましくない。ショートのリスクが増大するからだ*。以下のように検索する：

perforated board bare -copper

ほかに、“prototyping board”、“proto board”、“phenolic board”といった検索語も試してほしい。メッキなし（パッドなし）のボードを“unclad”と呼ぶ場所もあるので注意しよう。執筆時、Keystone Electronicsは非常に小さく安価なパッドなしの穴あき基板を製造しており、mouとdgkを通じて入手可能であった。パッドなしの基板はjamでも入手可能である。

○ユニバーサル基板（パッドあり）

こちらのタイプの基板は実験18の完成バージョンを作るのに使うが、もちろんほかのプロジェクトの永続化バージョンを作るのにも使える。便利なので、ブレッドボード内部の配線パターンと同じ銅箔パターンのものを使うとよい。これは見つけるのが難しいことがある。基板にはさまざまなパターンがあり、このタイプのものに、一般的に受け入れられている名称はないからだ**。

BusBoard SB830という製品では「solderable breadboard（ハンダ付け可能なブレッドボード）」と書いている。これは現在amzから入手可能だ。adaでは類似のものを“Perma-Proto”の名で扱っている。GC Electronics 22-508はもう1つの選択肢で、jamで入手可能だ。

* 訳注：日本では「穴あきベーク板」と呼ばれるものだが、今ではなかなか見つけられない。サンハヤト等でも穴のないものしかない。欲しい方は本文のように検索して米国のサイトで買うのがよいだろう。

** 訳注：日本では「ブレッドボード配線パターンのユニバーサル基板」で問題ない。一流メーカー品から安価なものまで、よりどりみどりだ。

Schmartboard 201-0016-31（mouで購入可能）は、ブレッドボードと対応したパターンの基板の、セット商品だ。同社では、開発の際にブレッドボードの上に基板を載せ、部品を差していくことを勧めている。基板を持ち上げれば、部品はすでに正しい位置にあり、あとはハンダ付けすればよい。ただしこれは、足が非常に短い部品ではうまくいかない。

○小ネジ（ボルト）

小ネジやナット（ナイロンの緩み防止付き）は金物屋（現場用品店やホームセンター）で購入可能だが、基板をボックスに固定するなどの作業に使う小サイズのものは、あまり売っていないかもしれない。#4サイズの平頭ボルトで長さ3/8インチと1/2インチを買えばいいだろう（M3で長さ10ミリと12ミリに相当）。私はこの種の金物系はMcMaster-Carrが好みの購入先だ。

○プロジェクトボックス（ケース）

これは値段のばらつきが非常に大きい。ABS樹脂のものが普通は一番安い。all、elg、jamといったディスカウント店か、adaやspkのようなホビースト向けの店を見てみよう。

部品

抵抗器、コンデンサ、その他の部品の数量と仕様を以下に示す。購入先とそれぞれの略号は、316ページ「購入先」にリストアップしてある。もっとも大きなショップはdgk、eby、mou、nwkあたりだ。all、elg、jam、spkでは、もっと安いことがあるが、選択の幅は狭くなるし、あちこちから買うようなときは、少し高いが1か所で揃う店との送料の比較はしたほうがいいだろう。

○抵抗器

製造者は問わない。リード線の長さも普通は重要ではない。本書の全プロジェクトで1/4ワット電力定格（もっとも普通の値）の品が使用できる。誤差も10%品でよい。10%誤差品のカラーバンドは5%品や1%品より読みやすくもある。とはいえ、お望みならば、5%や1%誤差の抵抗を買うのは自由だ。

本書の各章で使う抵抗器の合計数量は図6-1に示しているが、抵抗器やコンデンサはまとめ買いだと非常に安いので、各実験で必要な数だけ購入することに意味があるとは思わない。セットになったパッケージを買えば、時間とお金の節約になる。

本書の全プロジェクトに十分な数の抵抗器(あと予備を少し)を買いたいなら、以下の各値をそれぞれ10個以上購入する：47Ω、220Ω、330Ω、1kΩ、2.2kΩ、4.7kΩ、6.8kΩ、10kΩ、47kΩ、100kΩ、220kΩ、330kΩ、470kΩ、680kΩ、1MΩ。別に470Ωを20本購入する。パッケージになったセットを買うのが一番だ。指定した数量は、一部の抵抗器を、シンプルなデモの実験に使った後で再利用することを想定している。

抵抗器	章ごとの必要数					合計
	1	2	3	4	5	
47Ω				2	1	3
100Ω				6		6
150Ω				6		6
220Ω				8		8
330Ω				3	8	11
470Ω	2	6	4	12		24
680Ω				10		10
1kΩ	2	2	1	4		9
2.2kΩ	1			5		6
4.7kΩ		4	2			6
6.8kΩ					1	1
10kΩ		1	1	41	4	47
47kΩ				1		1
100kΩ		2	1	4		7
220kΩ		2				2
330kΩ				1		1
470kΩ		4	2			6
1MΩ		1		4		5

図6-1　本書の各章の実験で使用される抵抗器の数量。

○コンデンサ

購入は上の抵抗器と同じ店でよい。製造者は問わない。リード線がコンデンサの同じ側から出ている(両端ではなく)「ラジアルリード形」のものがよい。最大の電源電圧がDC12ボルトなので、動作電圧は最低でもDC16ボルト品にすること。もっと動作電圧の高いものを使ってもよいが、これは部品が物理的に大きくなる。その他の定格、耐熱やインピーダンスなどは、我々の用途では重要ではない。

セラミックコンデンサが何十年でも持ちそうなのに対し、電解コンデンサの寿命は論議の的だ。大きな値については電解コンデンサを使う必要がある。これはセラミックコンデンサだと、法外に高くなるためだ。個人的には10μF未満についてはセラミック、10μF以上では電解コンデンサを使うが、1μF以上に電解コンデンサを使えば、お金の節約になるだろう。

本書の各章で必要なコンデンサの厳密な数が知りたい方は図6-2を参照されたい。

- 本書の全プロジェクトに十分な数のコンデンサ(あと予備を少し)を買いたいなら、以下の各値をそれぞれ5個以上購入する：0.022μF、0.047μF、0.33μF、1μF、2.2μF、3.3μF、100μF、220μF。また、0.01μFと10μFを10個以上購入すること。以下の値は2個ずつだけ必要だ：15μF、22μF、68μF、1,000μF。指定した数量は、一部のコンデンサを、シンプルなデモの実験に使った後で再利用することを想定している。

コンデンサ	章ごとの必要数					合計
	1	2	3	4	5	
0.01μF		2		18	3	23
0.022μF				1		1
0.047μF				1		1
0.1μF		3		9		12
0.33μF		2		5		7
1μF		2		4	2	8
2.2μF					1	1
3.3μF		2	2	3		7
10μF		1		8	1	10
15μF				1		1
22μF				2		2
33μF		1				1
68μF				2		2
100μF		2		5	1	8
220μF		1	1		3	5
1,000μF		2			2	4

図6-2　本書の各章の実験で使用されるコンデンサの数量。

部品（抵抗器・コンデンサ以外）	1〜3章	4章
LED（汎用）	4	2
LED（低電流）	1	15
9V乾電池	1	
9V電池スナップ	1	
1.5V乾電池	2	
1.5V電池ボックス	1	
ブレッドボード	1	
半固定抵抗器 500kΩ	1	
半固定抵抗器 100kΩ		1
半固定抵抗器 20k〜25kΩ		1
トランジスタ 2N2222	6	
スピーカー（小型）	1	
トグルスイッチ	2	
タクトスイッチ	2	6
スライドスイッチSPDT		2
リレーDC9V DPDT	2	
AC-DCアダプター	1	
ダイオード 1N4001	1	
ベニヤ板 90×180センチ	1	
ヒューズ 3アンペア	2	
可変抵抗器 1kΩ	2	
レモン（またはレモンジュース）	2	
亜鉛メッキの金具	4	
ダイオード 1N4148		3
555タイマーTTLタイプ		4
7セグLEDディスプレイ		3
4026Bカウンター		3
74HC00 2入力NAND		1
74HC08 2入力AND		1
LM7805レギュレータ		1
74HC32 2入力OR		1
74HC02 2入力NOR		1
74HC27 3入力NOR		1
74HC393 カウンター		1

図6-3　最低限の部品必要数。実験で使用した部品を後の実験で再利用する想定。4章の数は、1、2、3章向けにリストアップした分に追加で必要なものである。

その他の部品

抵抗器とコンデンサ以外の部品について、1、2、3章のプロジェクトをすべて制作するための最低必要数を図6-3に示した。これらの数量は、各実験で使用した部品をすべて後の実験で再利用することを想定したものだ。4章の部品は、それ以前の部品に加えて必要なものである。5章の部品は、ここにリストアップしていない。これは実験があまりに多岐にわたるためである。選択肢の概要については、5章各実験の冒頭を参照されたい。

壊れやすいチップやトランジスタを飛ばす（焼き切る）ことが心配な向きは、図6-3の数量に加えて1個以上を追加していただきたい。

製作したプロジェクトを、いくつか取っておきたい、後続のプロジェクトで部品を再利用しないようにしたい場合、どうしたらよいだろうか。以下に掲載する各実験の表を参照し、その実験の部品数を追加すればよい。

これらの部品を見つけて購入するための情報も同様に掲載する。

名称を略号で示したショップについては、316ページ「購入先」に一覧があるので、参照されたい。ほとんどの電子部品について、安売りを探したいならall、eby、elg、jam、spkに、すべて揃った店でのワンストップ・ショッピングがしたいならdgk、mou、nwkに行けばよい。

1章の部品

1章で使う、抵抗器とコンデンサ以外の部品は、図6-4にまとめてある。

1章の部品	各実験での必要数					合計
	1	2	3	4	5	
LED（汎用）			1	2		3
LED（低電流）					1	1
9V乾電池	1		1	1		3
1.5V乾電池		2				2
1.5V電池ボックス		1				1
ヒューズ3アンペア		2				2
レモン（またはレモンジュース）					2	2
亜鉛メッキの金具					4	4
可変抵抗器 10kΩ				2		2
脱イオン水（コップ1杯）					1	1

図6-4　1章で使用される部品（抵抗器とコンデンサ以外）。

○汎用LED

Lumex SLX-LX5093IDやLite-On LTL-10223Wなどが例だが、汎用LEDはどのメーカーのものでもよい。たぶん5ミリLEDの方が扱いやすいのだが、3ミリLEDの方が、混雑したブレッドボードへの収まりがよい。

一般的な順方向電流は20ミリアンペア、順方向電圧はDC2ボルトである（青色と白色LEDには、より高い電圧が必要だ）。eBayなどで沢山のLEDが安価にまとめ売りされているのを見つけたら、まず汎用LEDである。

○低電流LED

順方向電流の定格値が3.5ミリアンペア以下のものである。Kingbright WP710A10LIDが一例だが、メーカー、物理サイズ、色は重要ではない。実のところ、この種のLEDを、すべての実験で使うこともできる。ただしその場合、これを保護する直列抵抗の値は、すべて2倍にする必要がある。絶対最大定格が6ミリアンペア程度しかないからだ。

○電池

9ボルト電池は日用品のアルカリ電池でよい。これはスーパーマーケットやコンビニエンスストアで購入可能だ。充電式の9ボルト電池も、選択肢として許容範囲だ。

実験2の1.5ボルト単3電池は、必ずアルカリ電池を使うこと。この実験には、どんなものであれ、充電式の電池を使ってはならない。

○電池ボックスと電池スナップ

1.5ボルト電池の電池ボックスは1個だけ必要であり、1個で十分だ。電池ボックスにはbattery carrier、battery holder、battery receiverなどの記載が使われる。単3電池が1本だけ入るタイプ（2本、3本、4本用ではなく）を購入すること。Eagle 12BH311A-GRが一例だ。

9ボルト電池用のスナップは、最低でも3本必要だ。製作した回路に接続したままにしたくなることがあるからだ。9ボルト電池スナップには、battery connector、snap connector、battery snapなどの記載が使われる。一般的な例としてはKeystone model 235やJameco Reliapro BC6-Rがある。一番安いものを買っておけばよいが、出力がリード線になっていることを確認すること。

○ヒューズ

実験2の3アンペアヒューズは、自動車用のものがブレードをミノムシクリップで掴みやすく、理想的であり望ましい。自動車部品・用品店ならどこでも、このタイプのヒューズを在庫しているだろう。物理的サイズは重要ではない。代替品としては、管ヒューズで最小の2AGサイズのものがある。これは電子部品のショップで購入可能だ。溶断特性は即断型を使うこと。遅延型（スローブロー）を使ってはならない。電圧定格は重要ではない。Littelfuse 0208003.MXPが一例だ。

○可変抵抗器

実験4で必要なフルサイズの1kΩ可変抵抗器については、直径1インチ（25.4ミリ）タイプが理想だが、0.5インチタイプなら許容範囲だ。電力定格、電圧定格、許容誤差、シャフトタイプ、シャフト径、シャフト長は、すべて重要ではない。リニア型、1回転、パネル取り付け型、ハンダ端子付きのものを選ぶこと。2個購入する。Alpha RV24AF-10-15R1-B1K-3やBourns PDB181-E420K-102Bが例である。

○ジュースとブラケット

実験5でレモンのスクイーズボトルを使う場合、非希釈・非加糖であることを確認する。酢は許容可能な代替品である。

実験5の1インチブラケットは必ず亜鉛メッキ品であること。パイプや雨樋の固定に使う金具は、許容可能な代替品である。現場用品店ならどこでも安価に販売しているだろう。

○脱イオン水

蒸留水とも呼ばれるものだ。あなたの地元のスーパーマーケットにあるはずだが、「ミネラルウォーター」の類でないことを確認すること。ミネラル分がゼロでなければならないのだ。

2章の部品

2章で使う、抵抗器とコンデンサ以外の部品は、図6-5にまとめてある。

2章の部品	各実験での必要数						合計
	6	7	8	9	10	11	
LED（汎用）	1		2	1	1	1	6
9V乾電池	1	1	1	1	1	1	6
9V電池スナップ			1	1	1	1	4
ブレッドボード			1	1	1	1	4
半固定抵抗器 500kΩ					1		1
トランジスタ 2N2222					1	6	7
スピーカー（小型）						1	1
トグルスイッチ SPDT	2						2
タクトスイッチ		1	1	2			4
リレーDC9V DPDT		2	1				3

図6-5　2章で使用される部品（抵抗器とコンデンサ以外）。

○ブレッドボード

ここではブレッドボードを部品に分類している。これは回路と不可分であり、むしろ回路の基盤をなすものだからだ。いくつの回路をブレッドボード上に取っておき、いくつを解体してブレッドボードを再使用するか、あなたは決める必要がある。理想的には図2-10に示した、両側シングルバスで700接点のブレッドボードがよい。GoogleやeBayの検索語は以下がよいだろう：

solderless breadboard 700

とはいうものの、お好みであればデュアルバスのブレッドボードを使い、余分の穴を無視することもできる。

○半固定抵抗器

半固定抵抗器については、図2-22の左や右のタイプをお勧めする。ほかのタイプについては、写真に触れた本文で論じている。電力定格は重要ではない。1回転型が望ましい。ピン間隔は0.1インチ（2.5～2.54ミリ）の倍数であること。Vishay T73YP504KT20はローコストの500kΩ可変抵抗器である。

○トランジスタ

2N2222トランジスタは、購入前に44ページ「必須：トランジスタ」を読んでおくこと。重要な注意が書いてある。

○トグルスイッチ

パネル取り付け型がよい。理想的にはネジ端子のものだが、ピン端子やハンダ端子でも許容範囲だ。SPDTまたはDPDT。電圧、電流定格は、本書の実験においては重要ではない。NKK S302Tが一例だが、eBayで、もっと安いものが見つかるだろう。

○タクトスイッチ

図2-19に示したタイプのタクトスイッチを強く強く推奨する。2本のピン間隔が0.2インチで、ブレッドボードへの差し込みに理想的なものだ。4本のピンやリード線を持つタクトスイッチは、ずっと一般的だが避ける。Alps SKRGAFD-010が望ましい（執筆時点ではMouserで購入可能）。2ピンでピン間隔0.2インチのタクトスイッチであれば、何でも代用可能だ。Panasonic EVQ-11シリーズなどもある。

○リレー

推奨するDC9ボルトでDPDTのリレーについては、43ページ「必須：リレー」を参照のこと。Omron G5V-2-H1-DC9、Axicom V23105-A5006-A201、Fujitsu RY-9W-Kは、どれも適合性の評価済みだ。

3章の部品

3章で使う、抵抗器とコンデンサ以外の部品は、図6-6にまとめてある。

3章のプロジェクトの部品の多くは、1章、2章ですでに触れているので、そちらも参照のこと。

3章の部品	各実験での必要数			合計
	13	14	15	
LED（汎用）	2	1	1	4
DC9V電源	1	1	1	3
ブレッドボード			1	1
トランジスタ 2N2222		3	1	4
ダイオード 1N4001			1	1
リレーDC9V DPDT			1	1

図6-6　3章で使用される部品（抵抗器とコンデンサ以外）。

○ACアダプタ

これは必ずDC9ボルト出力を持っていること。加えてほかの電圧を供給できるようになっているのは構わない。その他の選択肢については91ページ「必須：電源」を参照のこと。出力は最低でもDC500ミリアンペア（0.5アンペア）あること。

複数電圧出力のアダプタは、見つけるのが難しいかもしれない。ac adapterで検索すると、単一出力電圧のユニットが何百何千とヒットするからだ。これは、たとえばeBayで、次のように検索すれば解決する：

ac adapter 6v 9v

これで手頃な複数電圧出力のものがいくつか見つかるだろう。製品写真を見て、電圧を選択する、小さなスイッチがあることを確認すること。

○ダイオード

1N4001スイッチングダイオードは安価な一般品だ。これを8〜10本と、1N4148信号用ダイオードも同じくらいの数を、同時に買っておく。

○ピンヘッダ

この小さなプラグとソケットはオプションだ。例としてはMill-Maxのパーツナンバー800-10-064-10001000と801-93-050-10-001000や、3Mの929974-01-36RKと929834-01-36-RKといったものがある。

4章の部品

4章で使う、抵抗器とコンデンサ以外の部品は、図6-7にまとめてある。

○スライドスイッチ

推奨するスライドスイッチは、SPDTで、3本のピンが0.1インチ間隔になったものだ（図4-5）。E-switch製のEG1218はお勧めだ。ほかのものを買う場合、ブレッドボードに差し込めるように、基板用端子のものにすること。たとえばNKK CS12ANW03であるが、eBayなどで検索すれば：

slide switch breadboard

ずっと安価なものがいくつか見つかるだろう。接点材質、電圧定格、電流定格は本書のプロジェクトでは重要ではない。

4章の部品	各実験での必要数									合計
	16	17	18	19	20	21	22	23	24	
LED（汎用）	1	4	3	2		1	2		1	14
LED（低電流）					2	1	1	3	15	22
DC9V電源	1	1	1	1	1	1	1	1	1	9
ブレッドボード	1	1	1	1	1	1	1	1	1	9
半固定抵抗器 20k〜25kΩ	1			1						2
半固定抵抗器 100kΩ		1								1
半固定抵抗器 500kΩ	1									1
タクトスイッチ	2	1	1	3	2	8	2		1	20
スライドスイッチSPDT			2		1		2	2	2	9
ダイオード 1N4001			1			1				2
ダイオード 1N4148		1				3				4
555タイマーTTLタイプ	1	4	4	3		1	2		1	16
スピーカー（小型）		1	1							2
7セグLEDディスプレイ				3						3
4026Bカウンター				3						3
74HC00 2入力NAND					1			1		2
74HC08 2入力AND					1	1			1	3
LM7805レギュレータ					1	1	1	1	1	5
リレーDC9V DPDT			1			1				2
トランジスタ 2N2222			2			1				3
74HC32 2入力OR							1		1	2
74HC02 2入力NOR								1		1
74HC27 3入力NOR									1	1
74HC393 カウンター									1	1

図6-7　4章で使用される部品（抵抗器とコンデンサ以外）。

○集積回路チップ

チップにまつわる議論は134ページ「基礎：チップの選び方」参照のこと。図6-7には必要なチップがすべて（実験29で必要な追加の555タイマー1個を除いて）掲載してあるが、各タイプ1個ずつの予備を買っておくのはよい考えだ。これらは電圧の誤り、逆極性、出力過負荷、静電気により簡単に破壊されるからだ。

製造者は問わない。チップの「パッケージ」とは、その物理サイズや接続方法を規定するものなので、発注時にはよく確認すること。ロジックチップはすべてDIPパッケージ（デュアル・インライン・パッケージ、0.1インチ間隔のピン列が2列ある）であること。これはPDIP（プラスチック・デュアル・インライン・パッケージ）とされていることもある。「スルーホール」と記述されていることもある。DIPやPDIPといった表記には、DIP-14やPDIP-16のように、ピン数を伴うことがある。この数字は無視してよい。

表面実装チップのパッケージ記述子は、SOTやSSOPのように、Sで始まるものが多い。「S」タイプのパッケージのチップを買わないこと。

本書で使用しているチップファミリーはHC（高速CMOS）で、一般型番では74HC00、74HC08などとなる。これらの型番の前後に各メーカーが付加した文字や数字がついて、SN74HC00DBR（Texas

Instrumentsのチップ）やMC74HC00ADG（On Semiconductor製）などとなる。これらは機能的には同一である。注意して見れば、それぞれのメーカー固有型番の中に74HC00という一般型番が埋め込まれているのがわかる。

74LS00のような古いTTLチップには互換性の問題がある。本書のプロジェクトでは、これらを一切推奨しない。

○555タイマー

ロジックチップとは異なり、CMOSではなくTTL版（バイポーラ版ともいう）のチップを使う。いくつかガイドラインがある：

TTL版（購入するもの）では、データシートに、「TTL」または「バイポーラ」の表記、電源電圧は4.5ボルトまたは5ボルト以上、静止時消費電流3ミリアンペア以上、出力電流200ミリアンペアといった記述がしばしばある。型番はLM555、NA555、NE555、SA555、SE555などで始まるものが多い。価格で選ぶならTTL版の555タイマーが最安だ。

CMOS版（買わないこと）は、常にデータシートの最初のページに「CMOS」の表記があり、多くは電源電圧2ボルト以上で動作、静止時消費電流はマイクロアンペア単位（ミリアンペアではない）を誇り、出力電流は100ミリアンペアを超えない。型番はTLC555、ICM7555、ALD7555などだ。価格で検索すると、最安のCMOS版555タイマーでも、最安のTTL版に比べれば2倍近くする。

○7セグメントディスプレイ

実験19のディスプレイはLED仕様である必要がある。また高さ0.56インチ（14.2ミリ）、順方向電圧2ボルトおよび順方向電流5ミリアンペアで動作可能であること。Avago HDSP-513Aが最適だが、Lite-On LTS-546AWCやKingbright SC56-11EWA、およびこれらの類似品でもよい。

5章の部品

5章の抵抗器とコンデンサ以外の部品は、図6-8にまとめてある。

○ネオジム磁石

購入先としてはK&J Magnetics*をお勧めする。サイトで非常に情報豊かなマグネット入門を維持しているのだ。

ヨーロッパではsupermagnete.deが人気である。

○AWG16番電線

これは実験31のアンテナでしか使わない。コストが法外だと思うなら、AWG22番を15から30メートルで試してみよう。AMラジオ局から比較的近いところにお住まいであれば、これでなんとかなるはずだ。

○高インピーダンスイヤホン

実験31でのみ必要。これはScitoys Catalogで購入可能だ。

Amazonでも扱いがあることがある。eBayでは以下のように検索する：

crystal radio earphone

イヤフォンでなくヘッドホン（crystal radio headphones）で検索すると、ラジオ時代初期のアンティーク品がヒットすることがある。

＊編注：https://www.kjmagnetics.com/

5章の部品	各実験での必要数										合計
	25	26	27	28	29	30	31	32	33	34	
LED(汎用)								1		7	8
LED(低電流)		1		2							3
9V電源	1					1					2
ブレッドボード				1		1			1	1	4
紙クリップ	1										1
ダイオード 1N4001		1									1
ネオジム磁石		1									1
スピーカー(小型)			1								1
タクトスイッチ				1	1						2
スライドスイッチ					4						4
半固定抵抗器 10kΩ					1						1
半固定抵抗器 1MΩ					1						1
555タイマーTTLタイプ					1						1
プラボトル					1						1
スピーカー(10センチ以上)					1						1
LM386アンプチップ					1						1
ダイオード 2N2222						1					1
AWG16番電線15メートル							1				1
ポリ/ナイロンロープ3メートル							1				1
高インピーダンスイヤホン							1				1
ゲルマニウムダイオード							1				1
Arduino Uno								1	1	1	3
USBケーブル タイプA-B接続								1	1	1	3
NTCサーミスタ 10kΩ									1		1

図6-8　5章で使用される部品(抵抗器とコンデンサ以外)。

○ゲルマニウムダイオード

高インピーダンスイヤフォンと同じショップ(上記)で購入可能。dgk、mou、nwkにもいくらかある。

○Arduino Unoボード

購入先についての議論は268ページ「イミテーションに注意?」参照のこと。

○サーミスタ

実験33に推奨するサーミスタは、Vishay 01-T-1002-FPである。別の品を使う場合、10kΩ NTCタイプのサーミスタで、誤差1%または5%、リード線付きのものを使うこと。

ツールと機器の購入

部品のリストは306ページ「部品」、消耗品のリストは305ページ「消耗品」を参照。

ツールや機器の一般情報や写真は、各章の冒頭に掲載している。1ページ「1章で必要なもの」、37ページ「2章で必要なもの」、91ページ「3章で必要なもの」をそれぞれ参照のこと。4章、5章に追加で必要なツールはない。

製品には消長があるので、ツールと機器については、メーカー型番や製品名を記していない。各章冒頭にある仕様と写真で十分なガイドラインになるはずであり、amazon.comやebay.comのような大きなサイトで検索すれば、必要なものはなんでも、だいたいすぐに、1か所で見つかるはずだ。

高価なツールが高精度、高耐久に製造されていることは確かだが、本書の目的には最安の製品で十分なはずだ。

各サイトのURLと3文字の略号の一覧は316ページ「購入先」参照。

1章のツールと機器

各アイテムの写真と解説については1章を参照のこと。特に触れない限り、必要数は1台だけだ。

○マルチメータ(テスター)

マルチメータの機能についての論議は1ページ「マルチメータ」参照。all、amz、eby、jamはどれもよい購入先だ。

○テストリード

両端接続型テストリードは、両端に3センチほどのミノムシクリップの付いたものであること。間の電線の長さは25〜35センチ程度であること(これより長くないこと)。赤3本、黒3本以上が必要だ。ほかの色があると便利である。

両端が小さなプラグになったものを買ってはいけない。こちらはジャンパ線と呼ばれるものである。eBayなどでの検索語は：

test leads double ended alligator

とすれば欲しいものが見つかるはずだ。10本購入する。購入先はall、eby、jam、spkなど。

○安全メガネ

amz、eby、har、hom、walなどで探そう。理想的にはANSI Z87規格のメガネを探す(これを検索語にする)。着色のものは避けること。

2章のツールと機器

各アイテムの写真と解説については2章を参照のこと。

○小型ラジオペンチ

長さ13センチ程度で嵌合面が平たい(丸型でない)もの。amz、eby、mcm、micなど。

○ニッパ(ワイヤカッター)

長さ13センチ程度のもの。amz、eby、har、hom、nor、mcmなど。

○精密ニッパ

これはオプションだ。amz、eby、har、hom、nor、mcmなど。

○ワイヤストリッパ

線径ごとに個別に指定された穴を持つタイプのものが必要であるが、もっとも一般的なサイズ(AWG10番〜20番用)のものは適さない。

ここでは22番専用の穴のあるワイヤストリッパを買うべきである。タスクを必然性なしに難しくする意味など存在しないからだ。オンラインで以下のように検索する：

wire strippers 20 30

これでAWG20、22、24、26、28、30番の穴のある製品が見つかるはずだ。ほかにamz、eby、elg、jam、spkを見て回る手もある。

3章のツールと機器

各アイテムの写真と解説については3章を参照のこと。

○**低ワットハンダごて**
15Wで、コテ先が半田メッキされた細い円錐形のもの。all、amz、eby、jam、mcmで探す。

○**汎用ハンダごて**
定格30Wまたは40Wのもの。amz、eby、har、hom、mcm、nor、srsで探す。

○**ヘルピングハンド**
ada、amz、eby、jam、spkにある。
小型の拡大鏡はamz、eby、walを探す。こちらは拡大鏡またはルーペで掲載がある。

○**小型万力(ミニグラバー)**
Pomona model 6244-48-0はamz、dgk、mou、nwkで購入可能。安価な代用品はebyで探せる。先がミノムシクリップのメーターリードも、まずこちらを探すとよい。

○**ヒートガン**
一般工具として販売されていることが多いので、金物店(現場用品店)で購入可能だ。amz、har、hom、norで探す。小型ヒートガンについてはebyで探す。

○**ハンダ外し道具**
amz、elg、jam、spk、そしてebyにさまざまな選択肢がある。

○**ハンダごて台**
ハンダごての購入先で見つかるだろう。

○**ミニチュアソー(極小の手ノコ)**
個人的に好きなのが#15のX-Actoブレードだ。ハンドルも必要である。オンラインだとTower Hobbies*、Hobbylinc**、その他のアート/クラフト系のショップで手に入る。ついでに#234や#239など、蛇の目基板を切るのに使える、少し大型のX-Actoブレードも見ておくとよい。

○**バリ取りバー**
あなたの地元の資材金物店では置いてないかもしれないが、amz、mcm、nor、srs、その他の専門店で安く手に入る。この工具の標準刃は右利き用だ。左利き用の刃も製造されてはいるが、見つけるのが難しい。特別に硬度の高い刃も存在するものの、柔らかい金属やほとんどのプラスチックに適合するのは「E300」である。

○**ノギス**
私はミツトヨのノギスが好きだが、もっと安価なブランドも数多く存在し、日用品的に使うなら十分だ。ミツトヨのウェブサイト***には購入可能な全モデルが掲載されているので、そちらを見た後にGoogleで“Mitutoyo”で検索して販売店を探すとよい。多くの人はデジタル表示付きでメートル法とインチ単位が切り替えられるノギスを好む。私は電池が必要ないノギスを好む。

○**銅のワニ口クリップ**
dgk、mou、nwkといった一般電子機器サプライヤーから安価に少量購入できる。

購入先

ショップ名に先立つ3文字の略号は本書を通して購入先の記述に使用しているものである。

ada:Adafruit
all:All Electronics
amz:Amazon
dgk:Digi-Key
eby:eBay
elg:Electronic Goldmine
evl:Evil Mad Scientist
har:Harbor Freight
hom:Home Depot
ins:Instructables
jam:Jameco
mcm:McMaster-Carr

* 編注:https://www.towerhobbies.com/
** 編注:http://hobbylinc.com/
*** 編注:https://www.mitutoyo.co.jp/

mic：Michaels crafts stores
mou：Mouser Electronics
nwk：Newark Electronics
nor：Northern Tool
plx：Parallax
spk：Sparkfun
srs：Sears
tay：Tayda Electronics

これらのサイトの多くはまた、多岐にわたるチュートリアルその他の有用な情報の提供元でもある。ページをブラウズしていくことで、多くのことが学べるようになっている。

訳者あとがき

［第1版へのあとがき］

ある分野の体系を修めようとするなら、理論と実践の両方が必要だ。

分野によっては実践の割合が高い。スポーツや木工や写真、そして飛行機の操縦のように、経験時間が非常に重要になる分野がある。これらは主として、扱う対象が多くのことを語ってくれる分野である。触ってみなければ何もわからないし、実践することで確実に熟達していくことができる。

逆に理論の割合が高い分野もある。経済学のような分野は対象に直接触れることができず、形而上的に構成されている。だから検証済みの理論の組み合わせを机上で学んでいくことで習熟していくことができる。とはいうものの、多くの分野は実践に重きを置いている。人間は体験したことしか理解できない。理論は実践を体系付け、さらなる高みに上るための道具なのだ。理論を先に学ぶことがあるのは、それによって体験による学習の効率が上がるからだ。

エレクトロニクスは、この意味で特殊な分野だ。理論なしに実践することは可能ではあるが、そのようにすること、つまりキットをひたすら組み立てるとか、お手本の回路をコピーして動かしてみるだけでは、絶対に自分で何かを作り出せるようにはならない。それだけではない。理論をひたすら学んでいても、やはり何かを作り出せるようにはならないのだ。これは実際のデバイスのふるまい、特にデバイス同士を組み合わせたときの理解が難しいというのが第一の理由だが、カバーする分野が恐ろしく広いため、ある分野の理論だけを詳細に学習しても実用的な応用に結びつかないということもある。

カバーする分野の広さは、エレクトロニクスの独習を非常に困難なものにしている。素子のふるまいを説明する物性物理、回路の各部分での電気の状態を教えてくれるアナログ電子回路、論理動作を規定するデジタル電子回路の話だけでもそれぞれ1冊の分量になるほどなのに、電磁気学、プログラミング、音響学、その他諸々の、深入りしようとすればいくらでも深入りできる、学ぶことで作品の質が飛躍的に高まりそうな分野が背景に控えており、それぞれの優先順位がとても付けにくくなっているのだ。

優先順位の問題は、出版される書籍にすら反映されている。超初心者向けの、あまり実用につながらない総合的な入門書、わかっている人に向けた個々のトピックを掘り下げる解説書、授業の副読本として使う備忘録のような「教科書」ばかりなのだ。ウェブの情報も同様だ。このような状況では、独習するのは非常に難しいものがある。

また、これは日本特有の問題だが、日本人には“イントロダクション”が弱い、という非常に明らかな弱点がある。全体をまとめる概説をやらないために、個々のトピックが非常にバラバラに説明されてしまうのである。著者の能力は高く、細部は非常に強いのだが、それをまとめる考え方の説明が足りないのだ。「ここではXXの使い方を学びます」と書いてあっても、それを学ぶ意義が語られていないため、著者を信じて黙ってついて行く必要があったりする。意義を説くのは技術者らしくない、という考えがあるようだが、著者の能力を測ることができない初心者に、これを強要する傲慢さは許しがたい。このようなことから、本で独習するというアプローチが実用にならない場合は多い。エレクトロニクスのようにカバーする範囲の広い分野では、特に顕著だ。

それでは先人たちは、どうやってエレクトロニクスを学んだのだろう。先生に付くことによって、である。師匠が居れば、実際の回路を作るのに何が重要で何が重要でないかを教えてくれる。膨大な理論とデバイスの性質について、どれを詳細に知る必要があり、どれを軽く流してよいかを教えてくれる。理論と実践の狭間に大きなギャップがあれば、そのありかを教えてくれる。設計しやすいように回路を分割する方法を教えてくれる。どのツールが便利か、またそれを選ぶ基準はどこにあるかを教えてくれるのだ。授業で、研究室で、技術屋同士の会話の中で、それらは伝えられ、電子回路が「できる」

人は、そのようにして作られていく。

それでは、独習は本当に不可能なのだろうか。体系立った知識をもとにした「回路観」を、書籍から学ぶことは不可能なのだろうか。実のところ、それに真っ向から応えたのが本書、『Make: Electronics』である。

この本では、読者に可変抵抗器やリレーを分解させ、LEDを焼損させる。電池を舐めさせ、ショートさせた上で、そこに流れた電流を計算してみせる。実際に手を汚した上で、その裏にある理論を実感的に解説するのだ。

扱うトピックを現実的な範囲に限っていることもよい。1章はオームの法則をはじめとする電気一般、2章はスイッチング、3章は実製作上のノウハウと考え方、4章は555タイマーとロジック回路、5章は応用分野の紹介だ。

このようなスタイルと構成のおかげで、他で得られない体系的な基礎が身に付く。知識の優先順位が巧妙に考えられているのだ。そしてこの本を終えた後は、どの分野を掘るにしても自信を持って踏み出せるようになっている。米国ですでに「21世紀のエレクトロニクス入門書」との評価を得ているのだが、これは当然だとすら感じられる。

このような書籍が、このタイミングで出てくることは必然ではある。メディアアートやパーソナル・ファブリケーションの勃興は、大量のアマチュア回路技術者を生み、これからもたくさんの人が電子回路を学ぼうとしている。既存の学校やワークショップでは、すでに容量が不足しており、コストももっと安くなるべきなのだ。エレクトロニクスにも、優れた書籍による独習が可能になるべき時なのだ。

翻訳に当たっては、原文の平易な文体を崩さないことに気を配った。体系的な平明さ、非プロの知的な読者に理解しやすいことを重視した本であるため、一般的な電子回路用語とはどうしても相容れない表現もあったが、その場合は原文の様子を尊重しつつ、日本の用語に出会ったときにそれと判るようにした。

みずからを電子回路のライトユーザーとしか考えていなかった人たちが、本書によって体系的な回路観を得て、これまでプロすら考えも付かなかったような作品群が現れることを訳者は確信している。

[第2版へのあとがき]

本書は2015年に出た『Make: Electronics Second Edition』の日本語版である。まずは訳出の遅れをお詫びする。

いろいろと現代的にアップデートされ、大きく変わったように見える本書だが、特徴的な精神は変わっていない。著者言うところの「発見による学習」により、エレクトロニクスの基礎から一通りの応用知識までを、ひと繋がりの自分の知識として身に付けさせてくれる。

第2版で大きく変わった点は以下の通りである：

- マイクロコントローラにArduinoを使うようになった

これが一番目立つところだろう。初版ではPICAXEを使っていた。PICAXEは接続に特殊なUSBケーブルを必要とするものの、マイコン自体は高くなく手軽だ。主にチップとして販売されているという無駄の無さと、BASICによるトラブルの少ないプログラミング環境は、自己学習に向いていると思う。ただし英語の情報が読めれば、である。著者の方では、なるべくよく出回っていて消えそうにない、情報の多いものを使うという方針を採用したことにより、Arduinoに切り替えたようである。訳者はPICAXEが好きなので、すこし惜しくも感じたが、むしろ当然の選択だろう。

筆者のプログラミングスタイルが割に「ウォーターフォール」スタイルに偏っており、まずはかんたんに動かしてみる、というArduinoの「スケッチ」的なスタイルを踏襲しないのには注意が必要だ。電気一般については「まずはやってみろ」なのに、プログラミングについては妙におかたく「計画しろ」と言っているのは、ちょっと可笑しくもある。とはいえプログラミングでも発見的に「やってみてエラーを見て考える」は十分に可能だし、よく言われるようにプログラムは計画通りに動くわけではなく、書かれた通りに動くものなので、これは不可欠でもある。ここらはArduinoの本で補うのがおすすめである。

- 囲み記事扱いだった「背景」「基礎」などが本文の章になった

これは電子書籍に対応した変更である。囲まれていた部分が本文同様の扱いになると、本文の分量が増えたように感じられ、読み切るのがすこししんどく思えるかもしれないので、どんどん飛ばして、あるいは箸休めのつもりで読んでほしい。

- ブレッドボードの写真がイラストになった

これはかなり明快になったと思う。

- 点滅回路がPUTからトランジスタになった
- 74LSシリーズのICをに使っていたのが74HCに統一された
- プラ工作がなくなった

これらは手に入りにくい部品の置き換えや、人気のなかった記事の差し替えによるものだ。逆に変わっていないのは、上述の哲学部分と基本構成だ。「1.電気の基礎」→「2.スイッチング」→「3.少し応用（ハンダ付けやプロジェクトの進め方）」→「4.チップと555タイマー」→「5.さらなる応用（電波、音、マイコン等）」のままである。訳者の大好きな555タイマーの解説など、さらに充実した部分もあるので、楽しく読んでもらえると嬉しい。

――鴨澤 眞夫

索引

さ

た

な

わ

◎著者について

Charles Platt

チャールズ・プラット

チャールズ・プラットがコンピュータに興味を持ったのは、1979年にOhio ScientificのC4Pを入手したときのことである。ソフトウェアを書いてメルオダで販売した後、BASICプログラミング、MS-DOS、後にはAdobe IllustratorやPhotoshopを教えた。
彼はまた、『バーチャライズド・マン』(原書出版元は当初Bantam、後にWired Books。日本ではハヤカワ文庫SFシリーズ)、“Protektor”(AvonBooks、未訳)といったSF小説も執筆している。1993年にSFの執筆をやめて「Wired」誌への寄稿を開始し、数年後には同誌の三人の上級執筆者の一人となっている。チャールズは「Make:」誌の3号から寄稿を開始しており、現在では寄稿エディターである。「Make: Electronics」は「Make: Books」シリーズにおける彼の最初の書籍である。最近は北アリゾナの荒野にある自分の作業場で医療機器のプロトタイプの設計製作を行っている。

◎訳者について

鴨澤 眞夫

かもさわ まさお

昭和44年生まれ。大家族の下から2番目として多摩川の河川敷で勝手に育つ。航空高専の航空機体工学科に入った頃から一人暮らしを始める。高専を中退して琉球大学の生物学部に入学。素潜り三昧。研究室ではコンピュータと留学生のお守りと料理に精を出す。進化生物学者を目指しRedqueen hypotesisまわりの研究をしていたが、DX2-66MHzの超高速マシンを手に入れてLinuxや*BSDやOS/2で遊ぶうち、英語力がお金に換わるようになって、なんとなく人生が狂い始める。大学院を中退後も沖縄に居着き、気楽に暮らしている。日本野人の会名誉CEO。趣味闇鍋。jcd00743@nifty.ne.jp。訳書に『Pythonチュートリアル 第3版』、『CoreMemory —ヴィンテージコンピュータの美』など。共訳書に『集合知プログラミング』『Pythonクックブック』(いずれもオライリー・ジャパン)。また「Make:」日本語版の記事翻訳・技術検証も多数行なっている。

Make: Electronics | 第2版 |

作ってわかる電気と電子回路の基礎

2020年 2月25日 初版第1刷発行

著者 Charles Platt（チャールズ・プラット）
訳者 鴨澤 眞夫（かもさわ まさお）

発行人 ティム・オライリー
カバーデザイン 中西 要介（STUDIO PT.）
本文デザイン 寺脇 裕子
編集協力 今村 勇輔

印刷・製本 日経印刷株式会社

発行所 株式会社オライリー・ジャパン
〒160-0002 東京都新宿区四谷坂町12番22号
Tel (03) 3356-5227 Fax (03) 3356-5263
電子メール japan@oreilly.co.jp
発売元 株式会社オーム社
〒101-8460 東京都千代田区神田錦町3-1
Tel (03) 3233-0641（代表）Fax (03) 3233-3440

Printed in Japan (ISBN978-4-87311-897-0)

乱丁、落丁の際はお取り替えいたします。
本書は著作権上の保護を受けています。
本書の一部あるいは全部について、株式会社オライリー・ジャパンから
文書による許諾を得ずに、いかなる方法においても無断で
複写、複製することは禁じられています。